毕生发展心理学

第二版

主　编 佘双好
副主编 张荣华　黄代翠

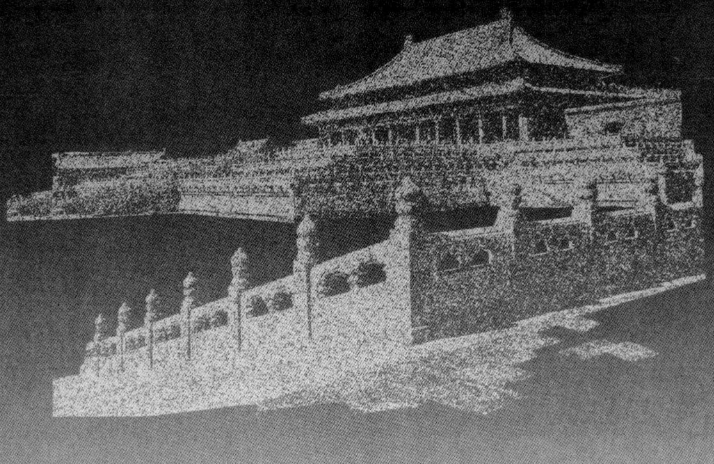

WUHAN UNIVERSITY PRESS
武汉大学出版社

总　序

进入新世纪，中国高等教育发展形成的共识之一，就是要着力教育创新。教育创新共识的形成，是以对时代发展的新特点的理解为基础的，以对当今世界和我国教育发展的新趋势的分析为背景的，以实现中华民族的伟大复兴和社会主义教育事业发展的历史任务为目标的，深刻地反映了高等教育确立"以人为本"新理念的必然要求。

教育创新的首要之义就在于，教育要与经济社会发展的实际相结合，要与我国社会主义现代化建设对各类高层次人才培养的需要相适应，努力造就具有创造精神和实践能力的全面发展的人才。为了达到教育创新的这些要求，高等教育不仅要实行教育理论和理念的创新，而且还要深化教育教学改革，着力提高教育教学质量和水平。特别要注重学科与专业设置的调整和完善，形成有利于先进科学技术发展和提高国民经济发展水平的学科专业和教学内容；要注重人才培养结构的优化，形成既能适应现代化建设对各级各类高层次人才的需求，又能体现和反映高校优秀的办学特色、办学风格和办学传统的人才培养模式。教育教学创新的这些措施，必然提出怎样对传统意义上的以"学科"、"专业"为主体的教育教学结构进行整合，并使之与现代社会发展要求相适应的"通识"教育相兼容和相结合的重大问题。

高等教育人才培养模式中的"专"、"通"关系问题，并不是现在才提出来的。至于与"专业"教育相对应的"通识"教育的思想，出现得更早些。在亚里士多德那里，就有与"自由"教育相联系的"通识"教育的思想。这里所讲的"通识"教育，通常是指对学生普遍进行的共通的文化教育，使学生具有一定广度的知识和技能，使学生的人格与学识、理智与情感、身体与心理等各方面得到自由、和谐和全面的发展。

世界高等教育的发展曾经经历过时以"通识"教育为主、时以"专业"教育为主，或者两者并举、并立的发展时期。从高等教育发展历史来看，早期的高等教育似倚重于"通识"教育。随着经济、科技和社会分工的不断发展和进步，高等教育也相应地细分为不同学科、专业，分别培养不同领域的专业人才，"专业"教育的比重不断增大。20世纪中叶以来，经济的迅猛发展、科技的飞速进步、知识的不断交叉融合，使学科之间更新频率加快，高度分化和高度综合并存，"专才"与"通识"的需求同在。但是在总体上，"通识"似更多地受到重视。这是因为，新时代高等教育培养的人才，应该具有很强的应变能力和适应能力，应该具有更为宽厚的知识基础和相当广博的知识层面，应该具有更强的信息获取能力和多方面的交流能力。显然，仅仅依靠知识领域过窄的专业教育，是难以培养出这样的人才的。

我国大学本科教育专业一度划分过细，学生知识结构单一，素质教育薄弱，人才的社会适应性多有不足。随着国家经济体制改革的深入、产业结构调整步伐的加快和国民经济的飞速发展，国家和社会对人才需求的类型和结构发生了急剧变化，对人才的规格和质量的要求也不断提高，划分过细的专业教育易于造成人才供给的结构性短缺。经济全球化发展和我国加入WTO，对我国高等教育人才培养提出了更为严峻的课题，继续走划分过窄、过细的专业教育之路，就可能出现一方面人才短缺、另一方面就业困难的严峻局面，将严重阻碍我国经济社会的发展，也将使我国高等教育陷入困境。我国教育界的有识之士和国家教育主管部门，已经深切地认识到这种严峻的形势。教育部前几年就在多方征求意见的基础上，推出了经大幅度修订的新的本科专业目录，使本科专业种类调整得更为宽泛些。各高等学校也在进一步加大教学改革力度，研究和修订教学计划，改革教学内容，努力使专业壁垒渐趋弱化，基础知识教育得到强化。这些都将有利于学生拓宽知识面，涉猎不同学科和专业领域，增强适应能力，全面提高综合素质。

在高等教育“通”、“专”关系的处理上，教育创新提供了解决问题的根本方法。通过教育创新，一方面能构筑高水平的通识教育的平台；另一方面也能增强专业教育的适应性，目的就是做好“因材施教”，实现“学以致用”。在这一过程中，除了要解决好选人制度即招生制度创新和教师队伍建设创新外，还要注重教学内容、教学方式和方法，以及教材建设等方面的创新。

近些年来，武汉大学出版社经过精心组织与策划，奉献给广大读者的这套通识教育系列教材，力图向大学生展示不同学科领域的普遍知识及新成果、新趋势或新信息，为大学生提供感受和理解不同学术领域和文化层面的基本知识、思想精髓、研究方法和理论体系，为大学生日后的长远学习提供广阔的视野。我们殷切地希望能有更多更好的通识教材面世，不仅要授学生以知识、强学生之能力，更要树学生之崇高理想、育学生之创新精神、立学生以民族振兴志向！

武汉大学校长　顾海良

目　录

第1章　发展与毕生发展

本章要论

发展是指事物由小到大、由简到繁、由低级到高级、由旧质到新质的变化过程。

毕生发展观认为发展是一个持续一生的过程，发展具有多维性、多向性、可塑性和背景性等特点。

天性与教养、连续与不连续、稳定与变化是发展的基本主题。

毕生发展选择了科学研究作为研究方法，毕生发展心理学是一门科学。

我们从何处来，又向何处去？人生的道路该如何走？如何对人生进行设计和规划？这是任何个人都无法回避的人生课题。对于这些问题，我们每一个人都会有不同的回答，或清晰，或模糊；或自觉，或自发；或系统，或零星。从这个意义上说，我们每一个人都是朴素的哲学家和心理学家，都自觉不自觉地对人生的发展提出解释，进行预测、规划和干预。发展心理学就是一门对个体人生发展过程进行描述、解释、预测和控制的科学，与一般人偶然地、零星地、表面地解释、预测和控制相比，发展心理学家采取了更为客观、系统、严格和科学的方式对人的一生中的发展进行记录和解释，它能够更好地解释和说明整个人的一生发展变化的基本历程，并提出较为科学合理的应对策略。有一位哲人说，如果人能够从80岁往1岁走，那么多数人会成为天才。可想而知，如果一个人拥有了80岁的人生智慧，但他却从1岁开始走，他无疑会少走许多人生的弯路，更好地设计和规划自己的一生。发展心理学就是一门教人拥有80岁的人生智慧而又从1岁开始走的科学。那么，下面我们就一起跟随发展心理学的研究，来看看这门科学是如何对整个人的一生进行记录、解释、规划和控制的。

1.1　毕生发展的基本观点

发展是一个使用非常广泛的概念，从哲学意义上说，发展是指事物由小到大、由简到繁、由低级到高级、由旧质到新质的变化过程。发展既包括量的变化，也包含着质的变化；既包含结构的变化，也包含特性和功能的变化；发展既是一种自然的过程，也伴随着人的作用和努力。从心理学来看，根据朱智贤主编的《心理学大词典》，发展也具有多重含义：“(1) 泛指某种事物的增长、变化和进步。如分子系统、器官、组织、情绪、思想、认知方式、道德系统、人格、关系、团体、文化，等等；(2) 与生长为同义语。如有机体组织功能、复杂程度的提高、组织结构增长，等等；(3) 指成熟；(4) 较为严格地指一种持续的系列变化，尤其指有机体在整个生命期的持续变化。这种变化既可是由于遗传因素，也可是环境和学习的结果；既可是量变，也可是质变。还有人将发展局限于从出生到青春期这一段时间。”看来，要界定发展的内涵，即使单纯从心理学角度来界定，也是不容易的。为了便于说明问题，我们把发展看成是在一定的自然条件基础上，在与环境不断发生双向互动的过程中，个体随着年龄的增长，不断地在生理、心理和社会方面发生持续的、多样的、复杂的变化过程。

发展既与成长（growth）相关，又与成长不完全相同。一般来说，“成长”或“生长”一词含义较狭窄，“发展”一词含义较广。成长主要是指量的改变，例如身高与体重的改变，结构与大小的改变；发展则既包括量的改变，也包含质的改变。发展是指个人随年龄及经验增长而发生的一切改变，这些改变既有系统的、前后及彼此关联的，比如身体的发展不仅依序进行，前后各期密切相关，而且身体内外各部的发展亦相关联；也有看似毫无联系、呈现出明显的阶段性的现象，比如认知的发展及道德和社会性的发展，呈现出一定的阶段性。成长一般来说是单向度的，也就是随着年龄的增长不断地增长；而发展则是多向度的，发展中既包含成长、维持，也包含衰退，是发展和衰退的辩证统一。发展要比成长更为复杂、运用更为广泛。

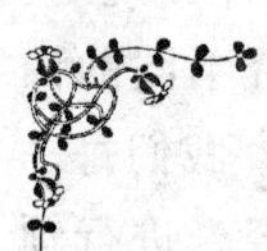

发展心理学简史

与心理学发展历史一样，发展心理学的发展也有一个“漫长的过去和短暂的历史”。尽管在古希腊时期和我国春秋战国时期，人们就有关于个体毕生发展的一些观念，但现代意义的发展心理学是从研究儿童开始的。

在中世纪时期，儿童并未被作为个体发展的重要阶段来对待，只被视为“小大人”。文艺复兴以后人本主义思想家和教育家们以自然主义的教育思想为指导，提出了解儿童、尊重儿童的基本教育观念，认为儿童教育中要以“儿童天性”为依据，应遵循“自然的法则”的教育思想，如卢梭、蒙台梭利、裴斯泰洛齐、福禄贝尔等，在历史上称之为“教育的心理化运动”。其中福禄贝尔、达尔文等不仅继承了上述思想，达尔文还根据长期观察自己的孩子的心理发展记录写成了《一个婴儿的传略》一书，它对推动儿童发展的传记法的研究具有重要影响。

1882 年，以德国生理学家和实验心理学家普莱尔出版的以他对自己孩子从出生到 3 岁每天进行的系统观察、有时也进行一些实验性的观察为基础而写的《儿童心理》为标志，关于发展的研究进入到科学心理学阶段。20 世纪早期出现的心理学理论和流派主要以儿童心理为研究对象，形成了较为丰富的儿童心理发展理论。

1904 年美国学者霍尔出版了《青少年：它的心理学及其生理学、人类学、社会学、性、犯罪、宗教和教育的关系》，把发展的年龄拓展到青少年期。瑞士著名分析心理学家荣格发现成年时期是个体心理发展的一个关键时期，认为成年期是个体发展的一个转折时期，因而使人们把研究视角转向成年期。美国精神分析家埃里克森把个体发展拓展到人的生命周期，认为人的一生可以分为八个不同的阶段，每一个阶段都有不同的人生任务，一个阶段的人生任务的解决为下一个阶段人生任务的解决创造条件，而不能解决的问题却留下发展的隐患。为此，关于发展的研究已经涵盖个体生命全程。

1957年《美国心理学年鉴》用发展心理学取代了长期惯用的"儿童心理学"，发展心理学研究进入到毕生发展心理学阶段。

在对待个体发展的历史上，长期以来有一种发展观，即把发展与发育联系起来，这种观点把人看成是生物有机体，其心理活动随着机体的发展而发展，随着机体的衰退而衰退；认为心理发展是单向前进的、不可逆转的；认为年龄（即时间）是心理发展或衰退的根据。根据这种发展观，一个人的人生发展在青春期以前处于不断发展的状态，而进入到成年期以后就基本上处于稳定状态，没有什么发展，到老年以后开始逐渐衰退（如图1.1实线所示）。这种发展观强调早期经验对以后发展的重要性，认为儿童和青少年是发展的主要年龄，而把主要关注点放在儿童和青少年发展上，比较缺乏对中老年时期个体发展和生活背景的关注。实质上是把发展等同于生理的发育成熟，等同于成长。

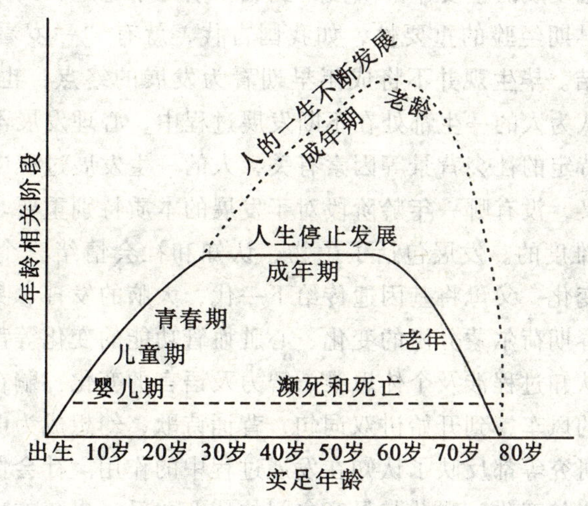

图1.1　两种不同的发展观

把发展等同于成长，尽管能够说明一些心理现象和功能，但成长毕竟不是发展的全部，正是因为成长的发展观具有种种的局限性，所以一些发展心理学家提出了一种新的发展观，即毕生发展观。

毕生发展是近30年以来西方心理学研究个体发展的一种新观点。他们认为人的一生都在不断地发展，发展是毕生的过程，发展贯穿于人的生命全过程，在发展中既有增长也有衰退，有些新特点新形式是在发展过程中逐步出现并得到增强的；心理发展总是由生长和衰退两个方面结合而成的；不同心理机能发展的形态和变化速率也有差异，发展较早者（如感知觉）衰退也早，发展较迟者（如逻辑推理）衰退也晚；心理发展有很大的个体可塑性，即由于生活条件和经验的变化，个体心理发展也会出现发展形式的变化；影响心理发展的因素有多种，其中主要有成熟（年龄阶段）、社会历史文化、非规范事件，以及三者之间相互作用。年龄并非影响心理发展的唯一要素。人的心理并不像过去认为的那样，到了青春期就停止发展，在成人期的相当长时间内保持停滞状态，到老年则开始衰退，而是处于不断发展变化的过程之中，心理功能的衰退只是在成年晚期很短时间内迅速发生衰退（如图 1.1 的虚线所示）。

毕生发展心理学的代表人物是德国柏林普朗克人类发展研究所的巴尔特茨。巴尔特茨和他的同事于20 世纪 70 年代提出毕生发展心理观后，围绕毕生心理发展提出了一系列观点，如他们认为发展是动态的、多维度的、多功能的、非线性的和与背景十分相关的；具有多维性、多向性、可塑性、情景性与跨学科的性质，它涵盖了成长、维护、调节三方面，心理结构和功能在人的一生中都有获得、保持、转换和衰退的发生。具体来说，有以下观点：

（1）发展是延续一生的。人的一生都处在不断发展变化中，亦即个体从受精卵开始到死亡的整个一生都在发展，发展不仅仅限于儿童和青少年，中年、老年也在发展，其中任何一个时期都可能存在发展的起点和终点。传统的发展观主张发展从生命之初开始，儿童和青少年是发展的主要年龄阶段，到成年期处于稳定，到老年期则处于衰退状态，因而特别注意早期经验的重要性，如我国古代，就有“一岁看三，三岁看七，七岁看老”的人生总结。毕生观并不将成年早期看为发展的终点，也不认为某个年龄可以决定发展。他们认为人的一生都处在不断发展过程中，心理发展不仅与先前的经验有关，而且也与当时特定的社会背景等因素有关，人的一生发展过程中任何阶段的经验对发展都有重要的意义，没有哪一年龄阶段对于发展的本质特别重要。

（2）发展是多维度的。发展包括了生物、认知和社会情绪三个维度。生物过程涉及个体身体特性的变化：父母将基因遗传给下一代，大脑的发育、身高体重的增加、动作技能的改变、青春期荷尔蒙分泌的变化、心脏血管功能的变化等都显示着生物因素对个体发展的影响。认知过程涉及个体思维、智力及语言的变化：躺在小床上看着头上转个不停的五颜六色的风车，到开始讲双词句，背诵诗歌，幻想成为电影明星的生活，再到进行复杂的科学研究等都反映了认知在发展过程中的作用。社会情绪过程涉及个体人际关系、情感及人格的变化：婴儿与母亲之间的依恋关系，男孩的攻击和利他行为的形成，女孩矜持的形成，青年期男女之间的恋爱，老年夫妇间的相依为命等都反映了社会情感在发展过程中所扮演的角色。这几个维度既有各自的发展规律和特点，又是紧密交织在一起的。社会情感过程对认知过程有重要影响，认知过程会促进或限制社会情感的过程，生物过程又会影响认知的过程，并且每一维度又有很多的成分，如生理发展就包含身高、体重、大脑发育及才华等方面；认知维度就包括了感知觉、记忆、思维、智力等多方面；情绪维度包括情绪、情感、依恋和爱等方面，形成发展的多维性。

（3）发展是多方向的。成长与衰老都是发展的特征。发展并不是简单地意味着功能上的增加，生命历程中任何时候的发展都是获得与丧失、成长与衰退的整合，任何发展都是新适应能力的获得，同时也包含已有能力的丧失，只是其得与失的强度与速率随年龄变化而有所不同。发展是多样的，有些方面的发展变化可以表现为一条不断平稳上升的直线；有些方面则可能表现为一条波动的曲线；有些方面发展先慢后快，也有些方面是始终保持不变或是终身都在不断地改变；有些维度或某个维度的一些成分会进一步扩展，而有些则会减弱。比如在语言的发展中，在个体获得本民族语言的同时，掌握第二门、第三门语言的能力会随年龄增长而减退，尤其是在过了儿童早期。在社会情绪的发展中，当青年人开始与异性伙伴建立密切的关系后，他与同性伙伴的关系会变得疏远起来；与某一个特定的异性形成亲密的关系后，与其他异性的关系也会逐渐变得疏远起来。在认知的发展中，有一种智力会随着年龄的增长而增长，而另一种智力则会随着年龄增长而减弱。巴尔特茨把前一种智力称为实用认知，即主要与知识体系的获得和文化的作用密切相关的智力，它多以语言知识、专业特长等为指标，类似于卡特尔所说的晶体智力。后一种智力称为机械认知，即反映认知的神经生理结构特征，它随生物进化而发展，主要以信息加工过程的速度和准确性为指标，类似于卡特尔所说的液体智力。从认知发展过程来看，个体信息加工的速度和准确性会下降，但所获得的生活经验和背景知识会增长，因此，我们可以看到，老年人会变得更明智，因为他们凭借自己的经验来做决定，然而老年人在完成一些需要快速处理信息的工作中却表现得比较差。

（4）发展是可塑的。传统发展观过分重视个体早期发展经验的作用，认为早期发生的经验对个体发展是不可逆转的、很难修复的。在毕生发展观看来，尽管个体发展存在着特殊的关键期，在关键期内，个体时刻处在一种积极准备和接受状态，更易于形成某种技能和特征。但是发展心理学者并不把关键期看成是绝对的，他们并不特别突出某一个特殊的年龄对个体发展的特殊性，而是认为在任何一个年龄都有可能发生变化，可以通过一些策略进行改造，即具有可塑性。比如衰老的问题，如果衰老总要伴随着智力能力的衰退，那么这种衰退是否可以逆转，老年人是否能形成某种策略以阻止、减少这种变化？毕生发展心理学的研究表明，通过再训练，老年人的推理能力可以得到改善。毕生发展心理学者还发现，一个小男孩被切除了大部分的左脑以阻止严重的中风发作，此时他的右脑开始执行一些左脑的功能。这就是所谓脑的机能代偿的功能，即通过其他的方式来进行替代弥补。一个盲人，可能他的听觉和触觉更为发达；相反，一个耳聋的人，他的视觉和触觉也会更为敏感。这些说明个体发展具有很大的可塑性。

（5）发展具有情景性。个体发展是由多种因素共同形成的，在个体发展过程中，个体对情景做出反应，同时也作用于情景。这些情景既包括个体的生物构造、生理环境、认知过程，也包括历史、社会与文化的环境。毕生发展研究关注最多的是我们生活着的社会与文化环境，它们小到家庭、同龄人、邻居，大到整个文化。情景如同个体一样，都是不停地变化着的，不断变化的个体处于不断变化的世界中，构成了个体生命的独特性和不可复制的特点。由于上述特点，情景对个体会产生三种影响：

第一，规范性年龄等级影响，指生物性上的成熟和与年龄有关的社会文化事件。这些影响既包括青春期、更年期等生理过程，也包括社会文化等环境因素，如开始接受正规教育（大多数文化里是在六岁），退休（大多数文化中是在五六十岁）。这些情境因素对于处于某一特定年龄段的个体而言相差不大。

第二，规范性历史等级影响，指与历史时期有关的生物和环境因素。由于历史条件，它对特定的某一代人影响是普遍的，如经济的转变（我国由计划经济向社会主义市场经济转变），战争（第二次世界大战，抗美援朝，对越自卫反击战等），妇女角色的转变，科技革命，政治动乱（“文化大革命”），“9·11”恐怖袭击及其所造成的变化，等等，这些历史事件会对成长的个体打下深深的烙印。

第三，非规范性生活事件影响，指对个体生活产生重要影响的不平常的事件，包括小时候很早就失去父亲或母亲，青少年怀孕，毁掉居所的大火，彩票中奖或意外获得待遇优厚的工作机会等。

这三类影响共同决定了个体发展的性质、规律和个体间的差异。

(6) 发展涵盖了成长、维护和调节。巴尔特茨和他的同事相信，对生活的把握通常涉及发展的三方面：成长、维护和调节间的竞争和冲突。在儿童期和青年期，其发展的主要特点是成长，而在步入成年中期和成年晚期后，维护和调节就取代了成长，成为发展的中心，所以对许多中年、老年人而言，他们的目标不在于追求智力（如记忆力）或体能（如力量）等方面的进一步发展，而是要保持原有技能的水平，尽量减少这种退化。个体人生发展遵循三个基本原理：第一是进化选择的优势随年龄增长而衰退，也就是随着年龄的增长，个体生物学方面的能力会衰退；第二是对文化的需求随着年龄的增长而增长，对个体来说，要使自己的身体和心理发展达到高水平阶段，就需要具有更加丰富的文化资源，同时，由于个体生物功能的衰退，也越来越需要文化资源来弥补；第三是文化的效能随年龄的增加而下降，也就是随着年龄的增加，个体在学习以后所取得的效益会下降，要达到高水平的技能，就必须付出比年轻时更多的努力。

为此，巴尔特茨等人提出了一个应用建构个体人生发展的总体模式，即带有补偿的选择性最优化模型。他们认为人的一生随时随地都处于选择、最优化和补偿过程之中，选择是个体对方向性、目标性和结果的趋向或回避；最优化是反映获取、优化和维持有助于获得理想的结果，并避免非理想结果的手段和资源；补偿是由资源丧失引起的一种功能反应，也就是既可以创新手段以达到目标，也可以调整目标以降低焦虑。总之，成功的发展也许包括尽量多地获得新知识，尽量减轻因变老而导致的某些能力下降所带来的影响，适当调整或降低自己生活的目标，对自己最为重要的方面进行锻炼或训练，或采用其他方法来应对不可避免的丧失。这既是延缓衰老的明智选择，也可以看成是一个人很好地优化自己人生策略的必然选择。

从上述毕生发展观的基本特点来看，毕生发展是一种全面、持续和协调的发展观，也是一种辩证的发展观。毕生发展观把发展看成是全面的发展，而不只是某一方面心理结构和功能的发展；看成是贯穿于人的整个一生的持续过程，而不只是个体成熟的过程；看成是一种心理和行为协调的发展，而不只是某一个单方面的发展过程。毕生发展观既为我们更全面、更深刻地认识人的发展过程提供了理论指导，同时也为我们优化自己的人生、调整心态、接受终身教育提供了理论支持。

1.2　毕生发展的基本主题

同普通的发展心理学一样，毕生发展心理学也经常思考下列一些问题：人的发展的基本动因究竟是什么，即在人的发展中到底是遗传因素影响大些，还是环境因素影响大一些，以及两者各自发挥作用的程度有多大？人的发展的基本过程和轨迹是什么，即人的一生发展到底是连续成长和发生变化的，还是呈现出一定的阶段性？人的发展是稳定的，还是变化的？人的一生发展到底是呈现一种模式的发展过程，还是存在着多种发展的可能性？发展是开放的，还是封闭的？个体发展与年龄和教育到底有什么样的关系？等等，这些都构成毕生发展心理学的基本主题。与普通发展心理学不同的是，毕生发展心理学把发展纳入人的整个一生的发展过程，对人生发展有一个更为宏观、整体的观照。

1.2.1　天性与教养

这一主题涉及心理发展基本动因。制约心理发展的因素，大体可以归为两类：一是遗传因素；二是环境因素。天性指的是生物体的遗传；教养则指生物体的环境因素。个体发展究竟是天性使然，还是由教化而成？这在某种程度上还是一个到底是先有蛋还是先有鸡的问题。

强调天性的人认为，人的成长是有规律的，就如同向日葵的生长，除非为恶劣的环境所毁坏。进化与基因决定了人生长发育呈现共同的特征。如我们先学会走路，然后开始说话，从说一个字到说两个字，在婴儿时期成长迅速，童年期变化渐缓，青春期性荷尔蒙大量产生，在成年期时体力达到顶峰，然后下降。这一观点的支持者承认极端贫乏和敌意的心理环境会压制人的发展，但他们相信基本的生长趋势是由内部的基因决定的。

相反，有的心理学家强调发展中教养或环境因素的重要性。经验贯穿人的生理环境（营养、医疗护理、药物、生理事件）和社会环境（家庭、同伴、学校、社团、媒体、文化）。研究人员发现如果父母亲能有效地监控青少年的生活，那么他们的孩子就不大会染上不良习惯或走向犯罪。还有研究者发现如果小孩经常被同伴拒绝，他们常会出现行为方面的问题。

关于天性和教养的问题，在历史上曾经出现过极端决定论的观点，认为遗传和环境在心理发展中的作用是不可调和的，持“非此即彼”的观点。主张心理发展由遗传决定的观点称为“遗传决定论”，其代表人物是英国的高尔登。他在《遗传的天才》一书中断定：“人的能力是得自遗传”；“一两遗传胜过一吨教育”。主张心理发展由环境决定的观点称为“环境决定论”，代表人物是美国的行为主义心理学者华生。他认为环境和教育是行为发展的唯一条件，主张教育万能。他有一句名言：“请给我一打强健而没有缺陷的婴儿，让我放在我自己之特殊世界中教养，那么，我可以担保，从这十几个婴儿中，我随便拿一个来，都可以训练其成为任何专家——无论他的能力、嗜好、趋向、才能、职业及种族是怎样，我都能够任意训练他成为一个医生，或一个律师，或一个艺术家，或一个商界首领，或可以训练他成一个乞丐或小偷。”

这两种观点都存在着片面性，20世纪三四十年代以后，遗传与环境相互作用的观点逐渐为多数学者所接受。他们从不同的方面阐述遗传因素和环境因素在儿童心理发展过程中的相互联系、相互影响的动力作用。如有研究表明，在个体一生发展过程中遗传和环境是影响人一生发展的最主要的因素，其中遗传因素对人的影响率为40%，而环境对个体人格的影响率达60%，并且遗传与环境因素对人的影响并不是一种孤立的因素，它们是互为条件的一种双向互动的关系。美国生物学家沃丁顿曾有一个非常生动的比喻，他把遗传与环境对人的影响比喻为一个球从一片风景地滚过。风景地（表示遗传因素）上有许多或少数几个小丘和山谷，各自有不同的高度、深度、坡度，滚过风景地的球代表发展和环境力的影响。球只能在风景地的轮廓内滚动。对于球来说，滚上小丘和滚出具有陡峭山壁的山谷是很困难的事。因此，这样的运动路径或发展只能通过相当重要的环境影响才能产生。对球来说，存在一个“自然”的进程，或最小的抵抗的途径，但它可以向各个方向偏斜。大量可能的途径取决于球到达特定点时可供选择的不同斜坡或山谷的数目。因此，在某些发展阶段，发展的许多选择或过程是开放的。一般来说，每一路径代表对其他发展过程的潜能的取消或削弱。当球滚过风景地时，他们预期球的最终位置会越来越确定，正如我们预期随着年龄增长，人格特征越来越确定，变化的可能性越来越小一样。

遗传因素与环境因素不仅可以相互依存、相互渗透，而且可以发生改变，进行控制。某些遗传因素所决定的不良倾向可以通过环境的作用得到防止和纠正，人们也可以利用环境来促进良好遗传的发展方向。例如像苯丙酮尿症这种遗传性疾病，如果适当处理与之有关的环境，遗传的作用就会在很大程度上受到控制；又如，身高和体重等身体特征一般受亲代遗传因素所制约，但是由于整个生活环境的改变和提高，他们一般会高于亲代；再如，环境在心理机能发展方面的作用可以通过环境的贫乏化和环境的丰富化两方面得以说明。

关于环境对遗传的影响，现代人格心理学有一个流派叫进化论人格心理学，其主要观点依据进化论观点来研究遗传问题。根据进化论观点，物种在战胜环境和繁衍后代的过程中，生理特点不断进化，其中关键是自然选择，也就是说，物种中有些个体具有一些先天遗传的特性，这些特性能帮助他们适应自然环境，并在环境的威胁，如恶劣气候、弱肉强食和食物匮乏的条件下生存下来。这些幸存者比那些不能适应环境的个体更容易繁衍后代，同时把他们的特性遗传给后代。经过世代的选择，最终结果是进化成了某一物种特定的特点。经过自然选择的过程，这些物种发展了能帮助他们生存并兴旺昌盛的特点，而那些未形成这样特点的物种就灭绝了。许多情况下，物种为了对付自然环境对生存的威胁而改进自身的生理特点。例如，对人类来说，疾病的问题被免疫系统的进化解决，刀割或受伤导致血流致死的潜在问题使得人类进化产生了凝血机制。这些都表明，环境因素对个体的影响在生物界自然选择过程中以遗传方式保存下来，环境和遗传对个体的影响并不是绝对的，大多数发展心理学家在遗传和环境对个体的影响方面持一种折中的观点，即环境和遗传的相互作用，共同影响着个体的发展。

1.2.2　连续性与非连续性

这一主题涉及心理发展的过程。发展中变化的发生是循序渐进的还是突然的？我们回顾一下自己的发展经历，我们是逐渐成为现在这个样子的，如同一株幼苗，慢慢成长，最后成为一棵参天大树？还是在成长中经历突然、显著的变化，如同小蝌蚪变成青蛙、毛毛虫变成一只蝴蝶呢？这就是连续性与非连续性或者连续性与阶段性的问题。如何认识心理发展过程中连续性与非连续性问题，就形成了心理发展历程的基本看法。从总体上来讲，重视教养的发展学家通常认为发展是渐进的、持续的过程，而强调天性的发展学家则会认为发展由一系列显著的阶段组成，见表 1.1。

表 1.1　**几种主要发展理论在个体发展连续性和阶段性上的立场**

发展理论	立场	观点
精神分析观	不连续发展	强调性心理的阶段和心理社会的发展
行为主义和社会学习理论	连续发展	发展是习得行为的不断增加
皮亚杰的认知发展理论	不连续发展	强调认知发展的阶段
信息加工学说	连续发展	个体的感知、注意、记忆和思维是不断提高和发展的
习性学理论	兼而有之	个体逐渐发展起一系列的适应性行为，强调在能力上出现质的飞跃的敏感期
维果茨基的社会文化理论	连续发展	通过与社会中专家型成员的交往，个体逐渐获取了适应于文化的技能

连续性与非连续性的争论焦点在于持续渐进的变化和显著的变化在发展中的程度。从连续性上讲，就如同橡树从幼苗长成参天大树，生长得越来越像橡树，它的发展是连续的，同样，小孩开始说第一个字，这看起来是个突然的事件，但事实上是通过几个月的成长与练习的结果；青春期看似突然，其实也经历了持续几年的渐进过程的积累。

从非连续性来讲，每个人都要经历一系列的阶段，在这些阶段中的变化并非仅是量上的不同，而且存在质上的区别。如同小蝌蚪变成青蛙、毛毛虫变为蝴蝶，小蝌蚪、毛毛虫没有长成更大的蝌蚪、毛毛虫，而是变成了另一种生物，它的发展是不连续的。同样，小孩从没有抽象思维能力到有抽象思维能力，这也是发展中质的、不连续的变化。

越来越多的发展心理学者在心理发展的历程方面持折中观点，他们认为，正如光的波粒互动性特点一样，人的心理发展既具有连续性，也存在着非连续性。人的心理发展并不是匀速发展的，有发展的快速期和发展缓慢的平稳期。由于发展速度上的这种不平衡，心理进展的连续性就被快速期中断，成为不连续的进程。也就是说，以发展的快速期作为分界点，发展的进程呈现出一个个不同的阶段。心理的发展包含着量变和质变的矛盾运动过程。在心理发展的快速期，起主导作用的心理过程或心理特征发生急剧的更替，这就是一种质的飞跃，表现为阶段的划分。但是从另一个方面来看，每一种心理过程或心理特征都不是在瞬间产生的，在产生之前，都有孕育过程，即在质变之前有量的逐步积累；在新的心理过程或心理特征形成之后，还要继续发展，还要积累新质，准备新的飞跃；即使在快速发展期，也不是将前后发展进程截然分割，快速期本身也有一段发展过程，也包含着一定的渐变。心理发展的任何时刻都体现着质变与量变的统一关系。

1.2.3 稳定与变化

这个问题涉及个体早期的特质或特征是延续一生还是发生改变。一个在客人到来时害羞地躲到沙发后面的小孩是否注定会在大学舞会上成为作壁上观的观众，他有可能成为一个会交际和健谈的人吗？一个爱玩的无忧无虑的青少年在成人时，他是否能一生保持乐观愉快、充满信心，或者成为忧心忡忡、郁郁寡欢的人？这些问题都反映了稳定和变化这个话题。

很多强调稳定的发展心理学家认为稳定是遗传的结果，也可能是早期生活经验的结果。如一个人一生都非常害羞，这可能是遗传或早期经验决定的，当他还是婴儿或幼童时就与他人在交往中遇到了相当大的压力。

强调变化的发展心理学家则持比较乐观的看法，认为后期经验可以使人发生变化，个体发展具有很强的可塑性。成年人的发展长期被忽视、直到最近才有所研究的一个重要原因，就是人们认为在成年期几乎没有什么改变，最主要的变化发生在儿童期，尤其是出生后的前五年时间里（如我们前面提到的“一岁看三、三岁看七、七岁看老”的观念）。如今，大多数的发展心理学家相信，发展是持续一生的过程。发展心理学家并不把某一年龄出现的心理危机绝对化。发展心理学研究发现，儿童的问题行为相当普遍，而且随着年龄的增长会发生变化。但儿童幼年时期的一些问题行为并不具有绝对的意义，比如情绪不稳、依赖性过强、忧郁和易激是每一个儿童成长过程中的共性问题，长大以后就会自然消退；如厕训练问题、言语问题、恐惧和吮吸手指等问题看似十分令父母烦恼，但它们发生的频率会随着年龄的增长而下降；活动过度、搞破坏和发脾气等问题尽管到相当晚的阶段才开始缓解，而且缓解速度较慢，但也并非不能改变的顽疾。一个人尽管到了成年期甚至老年期，也有很大的发展和生长的空间，尽管老年人比中青年人变化的能力弱得多，但也不是完全不能变化的。

早期经验和晚期经验在发展中的作用是一个常常被激烈争论的话题，这也是稳定与变化这个话题的另一方面。有些人认为如果婴儿在其出生的第一年或前几年中没有体验到温暖仔细的照顾，他以后就达不到最令人满意的发展。比如柏拉图确信时常摇晃婴儿能让他成为更好的运动员；19 世纪新英格兰的牧师在礼拜日的传教中告诉父母说家长对待婴儿的方式将决定孩子将来的性格。早期经验很重要，这一观点是建立在以下这个认识之上的，即生命是一条延续完好的轨道，沿着这一轨道我们可以追溯到个体心理素质的源泉。

后期经验的支持者则认为在整个儿童时期的发展中，儿童都是易于改变的。后期精心的照顾与前期的养育同样重要。许多毕生发展学家都强调，人们对发展中后期的经验关注的太少。他们认为尽管早期的经验对发展很重要，但这不意味着它就比后期经验更为重要。如有研究者就指出即使那些害羞胆小（一种与遗传相关的拘谨不自然的气质）的孩子也有能力改变自身的行为。根据他们的研究，在那些有这种气质的儿童中，约有三分之一的人在四岁时变得没有以前那么害羞或惧怕了。

总之，在这三个有关发展的问题上，大多数发展心理学家所持的态度并非是两极化的，这点需要明确，他们承认发展并非全赖天性或教养，也非完全稳定或完全变化，也不是完全延续或间断的。事实上，人一生的发展都显示了天性与教养、稳定与变化、连续和非连续这三种特点。在天性与教养这个争论上，对发展最关键的就是天性与教养间的相互作用，如个体认知的发展是遗传与环境相互作用的结果，而不是两者中某一个因素所致。尽管大多数发展学家没有在这三个问题上有极端的态度，但对于这些因素到底在多大程度上影响了发展仍存在着争论，如女孩子不易学好数学是因为女性的天性还是社会上对女性的偏见所致？到老年时，我们的记忆到底要衰退多少？是否能应用某种技术阻止或减少这种衰退？青少年时期所获得的经验是否可以弥补儿童期因贫困、父母的疏忽、贫乏的教育所造成的不良后果？这些问题的答案都取决于天性与教养、稳定与变化、连续与非连续的相对重要性。

1.2.4　年龄与心理发展的关系

同毕生发展心理学的三个主题一样，它也经常考虑年龄与心理发展之间的关系。年龄问题是发展心理学的一种基本的尺度，离开年龄，心理发展就无从谈起。发展心理学所说的年龄有两层含义：一是表示时间的长短；二是表明心理发展阶段与年龄阶段的大致对应关系。心理发展是心理在时间上的变化过程，人的成长所经时间以年、月计算，这就是年龄。

但是，在我们的社会，很多发展现象正越来越与年龄不相关，如有 28 岁的教授，有 35 岁的祖母，有 70 岁的学生。年龄这一自然概念中蕴含了越来越多的社会内容。发展心理学一般从四个维度来衡量年龄的大小，即实际年龄、生理年龄、心理年龄和社会年龄。

实际年龄指出生后所走过的年数。很多人认为实际年龄与年龄这一概念是同义的，事实上，实际年龄只表示一个人出生后实际存活时间的长度，与个体健康状况、心理感受和社会上人们对他的年龄的评价并不存在着一一对应的关系，年龄还有其他的维度。

生理年龄是就个体生理、健康状况而言的年龄，即指从生理学的角度来标示到达某一实际年龄阶段时个体身体机能发育或退化的状况和程度，主要通过了解个体一些重要器官的功能来决定。某人重要器官的功能会好于或不及同龄的人。事实上，一个人的生理年龄越小他便可以活得更长，与实际年龄无关。电视广告中所说：三十岁人六十岁心脏，六十岁人三十岁心脏，说的就是生理年龄和实际年龄的关系问题。

心理年龄指的是与其他同龄个体相比其心理适应能力，即从心理学的角度来标示个体达到某一实际年龄阶段时个体心理的实际发展水平和程度。如老年人的心理年龄与实际年龄就存在着较大差别，有的老年人不断学习，善于变通，有所追求，能控制自己的情感，并且思维清晰；而有的老年人则正相反，停止学习，僵化，无所追求，无法控制自己的情感，思维混乱。

社会年龄是与年龄相关的社会角色和社会期望，即从社会学角度来标示个体在某一个实际年龄段所承担的社会角色或表现出的社会适应的程度。从社会年龄来看，有时社会年龄比实际年龄更能说明个体发展的状态和特征，如思考母亲这一角色及其行为，对于推测一个成年女性的行为，知道她是一个3岁小孩的母亲要比知道她20岁或30岁更重要。社会年龄包含了比实际年龄更为丰富的信息。

尽管如此，年龄与个体发展依然存在着很密切的关系，机体是心理的生理基础，它是随年龄而成长的；个体与环境相互作用的经验也随个体年龄增长而积累，因此，心理发展有一个随年龄的增长而上升的趋势，表现出心理发展水平同年龄之间的大致对应关系。心理发展在不同的年龄阶段都会出现本阶段所特有的典型特征，这些特征具有相对稳定性，从而表现出与年龄的大体对应关系。当然，这种对应关系并不是机械的，而是相对的。

为了便于读者更好地理解年龄与个体发展之间的关系，发展心理学一般把人的一生划分为若干的时期或阶段。本书主要将人生划分为以下八个发展阶段：产前期，婴儿期，幼儿期，童年期，青年期，成年早期，成年中期，成年晚期。

产前期是从受孕到出生这一时期，包括胚种期、胚胎期和胎儿期，是个体从一个细胞发育成一个有大脑、生理功能齐全、会动的生命的过程，这一时期大概有9个月。

婴儿期是指从出生到24个月（0~2岁）这段时间，这一时期也是极度依赖他人的时期。婴儿期是身体快速发展的时期，也是心理功能迅速发展的时期，感觉、知觉、运动和言语的发展是这一时期的主要心理任务，婴儿也主要通过感知、运动来表现自己的思维发展。同时这一阶段婴儿与母亲和其他看护人之间形成的情感联结也对后期情绪情感的发展起着重要作用。

幼儿期是婴儿期结束到6岁左右的时期，有时也被称为“学前阶段”。这一阶段的主要特点是他们的思维方式和活动主要通过游戏和玩耍体现出来，儿童从学着自立，照顾自己，发展到为上学准备技能（听从指示，识字），有更多的时间与同伴玩耍。同时，这一阶段也是语言形成和发展的关键时期，在西方，人们普遍认为语言的获得就标志着婴儿期的结束。英文“infant（婴儿）”一词来自拉丁文，意思是“不能说话”，也就是如果一个婴儿会讲话了，就成了幼儿，通常以进入小学一年级表示这段时期的结束。

童年期大致在6岁到11岁之间，也称为“学龄时期”，即指儿童进入小学学习的时期。在老师指导下进行间接经验的学习就成为这一时期的主导活动，儿童在这一阶段掌握了一些基本的读写算的技能，他们将面对一个更大的世界和文化。学业既是童年期儿童发展的中心主题，也是他们心理发展的主要方式，在学校生活和与同伴交流竞争中，他们的自我控制能力也得到进一步增强。

青年期是从儿童走向成人的阶段，大致在10~12岁到18~22岁。青春期个体身体发生剧烈的变化：身高与体重急速增长，身体的轮廓发生改变，性别特征（如胸部增大，阴部、脸部的毛发增加，声音变得低沉等）。此阶段最显著特点就是追求独立和自我，思维变得更有逻辑、抽象、理想化，但他们的思维方式主要还是以形式逻辑为主，存在着一定的片面性，他们的情绪也具有明显的两极性。“天上的云，少女的心”，非常恰当地描述了青年时期少男少女们丰富的情绪情感特点。

成年早期从 19 ~ 23 岁开始，直到 35 岁左右，是个体生理成熟、心理和社会性功能特别旺盛的时期。这一阶段个体精力充沛、情绪稳定、思维活跃、具有无穷的创造力和活力，是个体形成自我同一性和发展事业的黄金时期。这一时期主要的人生任务是个人在经济上的独立，追求事业的发展，选择配偶与组织家庭，学会与他人亲密地生活和抚育小孩。

成年中期大致从 35 岁延续到 60 多岁，是个体生理的成熟期、心理的稳定期，又是青年期向老年期转化的过渡时期。成年中期虽其体力与精力已不如成年早期那么充沛，但身心仍相当健康而稳定，50 岁以后，开始略有衰弱之感。这个时期的心理发展特点既体现出平稳性，又表现出过渡期的变化性。成年中期是长达 25 年之久的漫长的人生路程，其前期多以成熟和旺盛为主，同时伴有新的变化特征；其后期往往以变化为主，同时也保持着稳定性的特点。成年中期人生任务繁重，被称为“上有老下有小”的“三明治”时期，其主要人生任务是进一步扩大个人与社会的交往和个人责任，帮助下一代成为能干、成熟的个体和赡养老人；追求事业的满足感，并保持这种满足感。

成年晚期从 61 岁时开始，延续到生命的结束。这一时期是走向人生的完成阶段，也是追及作为人的生活价值的最后时期。老年期是所有发展阶段中跨度最大的阶段。毕生发展学家越来越注意区分处于老年期中的两个年龄群：中老年或老龄（65 ~ 74 岁）和暮年（75 岁以上），由于这一阶段跨度很大并且进入这阶段的人数急速增加，对老年阶段内不同时期的划分将吸引越来越多的注意。老年期也是一个调整的阶段，老年人需要适应体力与健康状况的衰退，需要对自己一生进行回顾与反思，需要适应退休生活和新的社会角色。

从上述分析来看，尽管个体心理发展与年龄并不存在着一一对应的关系，但是，揭示年龄同发展的相互关系是十分重要的。我们探讨毕生心理发展的各种问题，是以年龄为基本标尺展开的，年龄问题也自然成为毕生发展心理中不可回避的基本标尺。

1.3　毕生发展的研究方法

和心理学其他领域的研究方法一样，毕生发展心理学也采取了科学的研究方法。所谓科学研究方法，是指从确定研究对象的性质和规律这一目的出发，通过观察、调查和实验而得到的系统知识的方法，“科学研究是以系统的、实证性的方法获取知识”。科学要使用实验、观察、检验等实证方法，以保证所获得的知识是真实可靠的。科学判断知识真假的标准是客观事实与逻辑法则，不符合事实或逻辑的知识是虚假的知识。科学与形而上学是对立的，后者使用的是主观、思辨的方法，它对同一个事实可以有不同的理解和解释，而科学是客观的，任何人只要采用同样的科学方法都能得出同样的结论。尽管科学知识说明的是普遍规律，但科学研究却是具体的、分析性的，研究通常是将事物分解，然后对具体问题做出具体分析，最后才加以综合概括。

1.3.1　科学研究方法的基本特征

科学研究方法与传统权威法、思辨法和经验法不一样，它有一些基本的特点。

（1）客观性。首先，科学研究方法本身是客观的，科学方法作为一种探究客观世界和主观世界的工具，本身是客观存在的，任何一个研究者都可以按照科学研究的基本程序和要求，学习和使用科学研究方法。其次，科学研究对象是客观的，科学研究的问题是客观存在的真实问题，是一种不以人的意志为转移的客观实在，而科学研究正是在对客观存在现象进行研究的基础上形成的认识。再次，科学研究过程是客观的，像大多数人一样，科学家也有自己的价值观并且常常做出价值判断，也有可能会把个人价值观自觉不自觉地流露于研究过程中，影响研究结果的有效性，因此，在研究过程中，科学家尽量采取小心谨慎的行动以规避自己的偏好或偏见对研究结果产生影响。同时，大家都认识到，完全客观性是不可能的，一定程度的主观性是不可避免的，这些因素或多或少影响着所有的研究结果。但为了获得真理，科学家们要评估主观性的作用及其后果，尽量做到客观。

（2）实证性。科学是从观察客观现象开始的，它的所有发现、所有结论都必须经过实践检验才能确认，也就是说采取科学方法而得到的知识是基于对客观世界的直接观察的，而不是基于某个人的想法或理论。科学的知识要经历一个严格的评估和确认过程，以判定假定的事物是否正确，或者我们所认为是正确的事物是否正确。

（3）累计性。科学研究要求知识通过研究的不断积累来获得，因此，科学研究的过程既是一个不断积累对客观世界和主观世界经验和认识的过程，也是一个不断推翻前人研究成果、不断超越前人研究成果的过程。从这个意义上说，任何科学研究获得的知识不可能穷尽真理，都只是迈向真理过程的台阶。在人类追求真理的过程中，难免出现各种各样的错误和偏差，需要不断地接受实验和实践的检验。科学研究的过程和结果不是一劳永逸的，而是人类不断探求真理的阶梯。

（4）公开性。科学研究还有其相应的伦理要求，由于科学研究的领域超越于一般公众的视野之外，一般普通民众无法了解在科学研究领域科学家做了什么，这样就提出了一个道德要求，科学家应该诚实地把自己的研究成果向公众进行说明，以让公众了解研究者究竟做了些什么和做得怎么样，这既是科学研究者的责任和义务，也是科学研究精神的一种体现。在科学界，研究者仅仅与同行和公众分享研究结果是不够的。人们还期望研究者能把产生研究结果的方法向大家公开，接受批评以便其他研究者能得到类似的结果。这样，研究者的结论就能被检验，而且一旦被确认，就往往具有较大的可信度。

（5）程序性。科学研究有其基本的程序和步骤，比较典型的步骤如下：第一步建立假设，通过观察、思考或对理论的演绎提出一些对问题看法的设想。第二步操作化。通过设计具体的程序和设计方案来对假设进行检验。第三步经验观察，依据一定的研究方案，采用各种方法收集经验资料，并对资料进行整理和分析，获得实证材料。第四步得出结论，即通过对资料的分析、归纳整理，获得相应的结论。

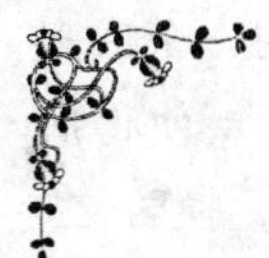

社会科学研究方法

社会科学的研究方法包括两个方面：研究方法和表述方法。研究方法或称经验研究的方法，包括搜集数据的方法和分析数据的方法。常用的搜集资料的方法有：问卷调查、参与观察、深度访谈、历史文献法、实验法等。这些方法可以单独使用或者合并使用，要看研究对象的性质和研究的需要。

数据搜集好了之后，要进一步加以分析，才能显示数据的意义，以帮助了解研究对象。常用的分析数据的方法有：各种统计方法（如单变量分析、多变量分析、回归分析、路径分析、时间序列，等等）、内容分析法、比较法、结构分析法、功能分析法、网络分析法，等等。

资料分析完成，研究就告一段落了。下一个步骤就是把分析的结果用某种论述形式表达出来，这是表述的阶段。一般称之为撰写研究报告。或许有人会认为只要上述的研究工作圆满完成，研究结果的表述只是“余事”而已，不需要特别讲究。其实不然，即使研究做得非常细致成功，如果研究成果表述得不恰当，也是功亏一篑。表述方法很多，可以根据时间顺序来论述，也可以根据重要性的顺序来论述，或者根据其他的逻辑来表述。

资料来源：黄瑞祺：《迈向后实证主义与后经验主义：社会科学方法论集》，台北硕亚2012 年版。

1.3.2　毕生发展的研究设计

毕生发展的研究涉及整个生命区间个体随时间变化发展的过程，这是一个时间跨度大、心理发展内容十分丰富的领域，需要通过各种各样的方式才能获取个体发展的相关信息，这就需要对毕生发展的研究进行系统设计。一般来说，对毕生发展的研究可以采取以下几种设计方法：

一是描述性设计。主要是对个体心理现象的发展过程进行观察并记录，如研究者要观察人是利他的还是经常侵犯他人。描述性研究自身并不能解释是什么引起了这种现象，但它可以揭示关于人的行为的一些重要信息。

二是相关设计。相关研究不仅只通过描述现象来发现那些可以预测人行为的信息，在相关研究中，其目标是要描述两件事或特征间的关系强度。两件事关系越紧密，我们就能越有效地通过一件事预测另一件事。比如，要研究受父母放纵的儿童是否比其他的儿童更缺乏自我控制的能力，你需要仔细地记录父母对孩子的放纵，以及儿童的自我控制情况。通过对资料数据的分析得出一个数据尺度，称为相关系数。这个系数是建立在数据分析的基础上的，用于描述两个变量间的联系程度。相关系数的取值介于+1.00 ~ -1.00，负数表明是负相关。在父母的放纵与小孩的自我控制两者间通常是负相关的，而在父母对儿童的监管与儿童的自我控制间是呈现正相关的。

三是实验设计。实验是被严格管理的一系列步骤，通过控制所研究行为的一个或多个因素而保持其他因素都不变，当控制了一个因素（所有其他的因素都不变）使得所研究的行为发生了变化，我们就可以说这一受控制的因素引起了行为的改变，换言之，实验演示了原因与结果的关系。受研究者控制的那个因素是原因，因所操纵的因素引起的行为变化就是结果。非实验性的研究方法（描述性或相关研究）并不能建立因果关系，因为它们没有方法来控制某个因素。实验设计是研究者在被试所处的环境中引发一系列变化，然后测量这些变化对被试行为有何影响的研究设计。

四是跨文化设计。跨文化设计是对来自不同文化或亚文化背景的人们的行为或发展进行观察、测试和比较的研究设计。跨文化设计不仅能够考察不同国家的人的相似性和差异性，也用于比较同一国家内部存在的各种亚文化的差异，因而有学者认为它是避免研究结果过度概括化，同时也是确定在人类的发展中是否真的存在共同性的唯一方法。

毕生发展的设计主要采取纵向和横断研究两种方式，也可以将两种方式结合起来，组成纵横结合的研究方法。

(1) 纵向研究。纵向研究是研究者按照研究设计，每隔一定的时间去考察同一些个体，以得到他们的心理活动随时间的进展而发生的变化信息。追踪考察的整个时间长短视被试的年龄而异。年龄越小，心理变化进程越迅速，考察时间的间隔就要越短。年龄越长，变化较慢，间隔时间可变长些。有以日计、周计、月计，也有以年计的。纵向研究的优点是：它可以系统地了解同一些个体的心理发展过程，便于揭示量变质变现象，了解心理发展过程中的比较稳定和比较迅速的变化时期，容易发现事件之间的因果关系。它的局限性在于样本少而且在追踪历程中容易丢失样本，延续时间长和反复测查，可能会影响某些被试情绪，从而影响某些数据的可靠性。

(2) 横断研究。横断研究是在同一时间内考察不同年龄组群被试的心理发展特点和水平，并进行横向比较。横断研究是了解心理随年龄而产生的变化。横断研究可以研究儿童某一方面或几个方面的心理特性，也可以进行综合性研究。被试组的选择与各组间年龄间隔的抉择，可根据研究的需要而确定。横断研究的优点是可以同时研究较大样本，可以在较短的时间内取得大量的资料，使研究工作降低成本，减少费用，节省时间和人力。其局限性在于难以得出个体心理的变化过程，难以了解心理变化中各事件的因果关系，所呈现的组间差异结果中可能会有不属于心理发展的因素。

(3) 纵向与横断相结合的研究。为了弥补纵向和横断研究的不足之处而取其所长，研究者们也采用两种方式相结合的设计。比如将纵向追踪研究的年龄（如3~6岁）分成不同的阶段组分别进行追踪考察，如3岁、4岁、5岁各取一组群，同时进行追踪研究，一年以后三个组的发展历程衔接起来。同时在各年龄的衔接期上最好有一段时期的搭界，使衔接期成为平行重复期，以便增强各组群之间的连续性。

除了纵、横两种设计方式以外，近些年，在毕生发展研究中，微观发生设计也日益受到重视。所谓微观发生设计，是在个体处于发生重要发展变化时，反复地向他们呈现某种可能引起发展变化的任务，并监控其行为发展过程，以探究发展的进程和原因。

表 1.2　　毕生发展设计的优缺点

设　计	描　述	优　点	局　限
纵向设计	研究者对同一参与组在不同年龄时反复研究	允许对一般模型和发展个体差异以及早期、晚期事件与行为关系的研究	与年龄相关的变化可能因为有偏样本、选择性分配、练习效应和同质效应而有所歪曲，在长期研究中相关理论方法变化可能使发现变得过时
横断设计	研究者同时对一组不同年龄的被试进行研究	比纵向设计更有效率。不受选择性分配、练习效应、相关领域理论变化影响	不允许对个体发展趋势的研究。年龄差异可能由于追随效应而受到歪曲
纵横结合	研究者同时研究两组或两组以上不同年份出生的被试	允许纵向和横断比较，揭示了同质效应的存在。能比纵向设计更有效地追踪与年龄相关的变化	可能与纵向设计与横断设计有相同的问题，但设计本身能帮助认识困难
微观设计	当被试进行每天的或新的任务时，研究者从被试变化发生到稳定下来对其连续追踪	提供了独特的、深入发展过程的透视	要求对被试每一刻的行为进行集中研究，而被试发生变化的时间难以预料，练习效应可能歪曲发展的趋势

1.3.3　毕生发展研究的资料收集方法

毕生发展的研究需要通过客观科学的研究方法获取个体发展的相关资料，并对资料进行分析和探究，收集相关资料是科学研究的基本环节。以下是一些基本的资料收集方法。

(1) 观察法。观察法是有目的、有计划地通过观察记录被试的言语和行为表现，并以此为依据分析心理发展特征和规律的研究方法。根据不同的分类标准，观察法可以分为不同的类型。根据观察情境的不同，观察可以分为自然观察和实验室观察；依观察的手段，观察可以分为直接观察和间接观察；依观察的结构性，观察可以分为无结构观察和结构观察；依观察者与观察对象的关系，观察可以分为参与观察和非参与观察；依观察内容的完整性和记录观察的方式，观察可以分为时间取样观察和事件取样观察。

实验室观察和自然观察是使用较普遍的两类方法。实验室观察法是在一个受控制的、去除了现实生活中许多复杂因素的场所进行观察的方法；自然观察即在日常生活场所对个体行为表现进行的观察。在实验室观察中，我们可以控制一些会影响行为但不是研究重点的因素。但实验室的研究也有缺陷：第一，在研究中，实验参加者必定知道自己是研究对象，否则无法进行实验；第二，实验室中的环境是人工的，而非自然的，因此会让被试的表现不自然；第三，愿意到大学实验室当被试的并不能很好地代表我们所想要研究的人群，那些对大学环境不熟悉并有“帮助科学”想法的人可能会被实验室的各种设备吓着；第四，毕生发展中有些方面是很难甚至是不可能在实验室的条件下考察的。

自然条件下的观察提供了一些在实验室无法获得的洞察。自然条件下的观察是指在真实的条件下观察行为，无需对环境进行操纵或控制。毕生发展研究者会在体育比赛、日间护理中心、工作场合、购物中心和一些人们居住或经常出入的地方进行这一类观察。若要研究校园中的文明程度，你最可能做的就是运用自然条件下的观察，观察学生在咖啡馆、图书阅览室等地方是如何对待他人的。但自然观察容易受无关因素的影响而干扰观察结果。

（2）自我报告法。自我报告法是通过被试的口头或书面报告的方式获取被试有关发展信息的研究方法。一般分访谈法、问卷法和临床法几种。访谈法是通过口头交谈了解、收集被试有关心理发展和问题的资料的一种方法。访谈法因其研究的性质、目的或对象的不同而有不同的方式或类型。根据调查者对访谈过程的控制程度和访谈结构模式的差异，访谈可分为结构式访谈和非结构式访谈。根据调查者与访谈对象间交流方式的不同，可分为直接访谈和间接访谈。根据调查者一次性同访谈对象交谈人数的多少，可分为个别访谈和集体访谈。

问卷法是通过书面方式，要求被试把答案写在纸上来获取资料的一种方法。问卷法按照调查方式可分为两种基本类型：一是自填式问卷法，指调查者将调查问卷发送给（或者通过邮寄、互联网传输等手段传送给）被调查者，由被调查者自己阅读和填答，然后再由调查者收回的方法；二是结构式问卷法，指调查者根据结构式的调查问卷，向被调查者逐一提出问题，让被调查者在问卷上选择合适答案的方法。按照问卷排列问题的详尽程度及各问题的关联程度，问卷法又可以分为结构式问卷法和非结构式问卷法。在结构式问卷中，调查者根据调查目的、理论假设，把所提的问题有规则地排列起来，其中每个问题的提问方式、措辞、供选择的答案都已做了规定，各个问题之间存在着内在的逻辑联系和较强的顺序性。而非结构式问卷是各个问题的提问方式、措辞、表述形式、提问顺序都没有硬性规定，只是根据研究目的限定了调查方向与询问内容。在问卷中，结构最好的问卷是量表，它是一个具有单位和参照点的连续体，将被测量的事物置于该连续体的适当位置，看它离开参照点多少单位的计数，便得到一个测值。这种连续体就是量表。量表有统一的实施和评分步骤。很多量表可以将个人的完成情况和他人进行比较对照。

临床法是皮亚杰率先卓有成效地运用的研究方法，实际上是谈话法、观察法和实验法的综合运用。第一步由主试提出任务，由被试回答，主试根据回答情况进一步提出问题，以深入了解被试未能表达出的心理活动。

（3）个案研究方法。个案研究方法是在自然、真实的生活情境中，通过对一个具有界限的个案（个体、机构等单个社会单元）进行全面深入的考察与分析，达到其发生过程和产生原因的理解，并希望能够超越“个别”解读整体，从而构建出规律性的理论或提出行动建议的研究方法。在个案研究中，研究者广泛收集个体生活中的各种信息，通过分析个体生活中的历史事件来检验发展假设的一种研究方法。个案研究方法是一种综合方法，访谈法、问卷法和行为观察法都可以应用于个案研究中。

个案历史可以提供人们生活的极多而有深度的信息，但是我们在对这些信息归纳时必须谨慎。个案研究的对象是独一无二的，个人基因构造和历史是与众不同的。此外，个案研究还涉及一些不知可信度的判断。心理学家在进行个案研究时很少去核实其他的心理学家是否同意他们的观察一生历史的记录。它是指对个体一生所经历的事件与活动的编年式的记载，通常会记录教育、工作、家庭和居住方面的信息。这些记录可以从公共记录、历史文件中获得，也可以通过采访获得一些主要的生活经历。生活的履历记录了生活事件与各方面转变发生的年龄（年、月），描绘了人的一生，在编纂生活历史时，研究者越来越多地使用各种材料，包括书面与口头的报告、重要的记录、观察以及公共文件，运用各种材料的优点是来自各方面渠道的信息可以相互对照，因此可以减少一些不实之处，从而得到更为准确的生命历史记录。

（4）民族志研究方法。民族志研究方法原为人类学者对人及人的文化进行详细、动态、情境化描绘的一种方法，它探究的是一个文化的整体性生活、态度与行为模式，它要求研究者长期与当地人在一起生活，通过参与观察与切身体验来获得对当地人及文化的理解。民族志研究方法是研究者与某个文化或亚文化群体成员住在一起，对之进行广泛的观察和记录，以便了解其独特的价值观、传统和社会化过程的一种研究方法。

一般来说，民族志研究方法的资料收集方法与技巧有：田野调查，选择与抽样，得到允许，参与观察，访谈（系统化、半系统化、非正式或回顾的方式），访谈礼仪与策略，会见关键人物或资料提供者，生活史的累积及意义深刻的自传性访谈，目录与表格的使用，问卷调查法，投射法及种种谨慎的评估等，其中，参与观察、访谈、利用现有资料、收集生活史是民族志法重要的资料收集方法。民族志研究方法是一种描述群体或文化的艺术与科学，相应地，民族志研究方法也不是森林一日游般地容易，而是一段不平凡的旅程，即研究者在步入田野调查的社会及文化的荒野中，通过浸泡在被研究者日常生活世界里，试着学习从各式各样的人的眼中去看这个世界，经历着文化的洗礼、深刻的体验、深入的洞察，以及在社会互动的复杂世界里呈现整个体系运作的全貌及被研究者的生存状态与意义世界。麦金泰尔对民族志研究方法有个评述："虽然使用的是质性研究中的人类学方法，但并不表示我们的分析基本上与统计处理者的地位不同，也不表示我们的研究只是描述性而非解释性的。"当然没有任何一种研究方法是十全十美的，而民族志研究方法也只是在特定状况、问题、时间、人力及物力下才可以适当运用。

（5）心理生理研究方法。心理生理研究方法是一种运用测量生理反应和行为之间关系的技术，以探索个体感觉、认知和情感反应的生理基础的研究方法，即一种通过测量个体生理过程与其身体、认知、社会化或情绪行为和发展之间关系的一种方法。心理生理研究方法可以测量心理生理过程和行为之间的关系，通过这种测量可以找出影响发展和个体差异的中枢神经系统结构，比如通过测量心率、血压、呼吸、瞳孔扩张及皮肤的变化等，可以测量个体心理状态细微敏感的变化；通过脑电图和大脑成像技术，可以了解个体睡眠状态和大脑某些特定区域的功能等；再比如对行为遗传学，特别是双生子的研究。

心理生理研究方法也存在着一些局限性，比如对生理反应的解释包含着高度的推理，但研究者并不能断定研究对象是有意识地在以特定的方式推进这些活动；还比如这种方法排除了许多可能影响生理反应的其他因素，因此，心理生理研究方法也有其运用的特定领域和局限性。

表 1.3　　各种研究方法的优缺点

研究方法		优　点	缺　点
观察法	自然观察	能够研究在自然环境中实际发生的行为	观察者的存在可能会影响被观察对象的行为；在观察期间，那些不经常发生的行为或不被社会赞许的行为，不一定会出现
	结构观察	提供一个标准化的环境，使每个观察对象都有机会表现出目标行为。是观察不经常发生的行为和不被社会赞许的行为的良好方法	设计出来的观察往往不能捕捉观察对象在自然情境中的行为
自我报告法	访谈法和问卷法	收集信息速度较快；标准化模式使研究者能直接比较来自不同被试的数据	所收集的数据可能不够精确或不够真实，或者反映的只是被试对所理解问题的口头表达技巧、表达能力的变化
	临床法	可以灵活地把被试当做独特的个体来考察；自由的追问可以保证被试真正理解所问问题的意义	因为没有同等对待被试，所得结论可能不可靠；灵活的追问在一定程度上在于研究者对被试反应的主观解释；只适用于有一定口头表达能力的人
个案研究方法		是在对被试个体进行推论和得出结论时考虑到数据的多种来源的一种很宽泛的研究方法	来自不同个案的数据类型不同，数据本身也可能不准确或不真实；从个案得出的结论带有主观性，且不适用于其他人
民族志研究方法		比起观察法和访谈法，民族志研究方法能对文化中的信仰、价值观和传统进行丰富的描述	所得的结论会受研究者的价值观和理论偏好的影响，结论不能推广到所研究文化之外的群体中去
心理生理研究方法		可以用来评价人的发展的生理基础，可以考察无法用口头报告法研究的婴幼儿的知觉、思维和情感	不能确定被试所感觉的到底是什么；除了所研究的因素之外，还有很多因素会产生相似的生理反应

资料来源：参见［美］David R. Shaffer & Katherine Kipp：《发展心理学》（第八版），邹泓译，中国轻工业出版社 2009 年版，第 18 页。

各种研究方法各有其优势和局限（见表 1.3），最近十年，毕生发展的研究呈现出一些新的发展趋势，比如多元整合的发展趋势，倡导从多个不同角度、采取混合研究方法来探讨发展的主体；从静态到动态的发展趋势，日益关注个体毕生心理发展过程；从实验室到现场研究，越来越趋向于在自然环境下对毕生发展进行现场研究；从个体发展研究到发展背景研究，越来越关注发展的背景在个体发展中的作用；从量化研究到质性研究，越来越采取具有人文性质的科学研究方法对毕生发展进行研究。这些都反映了毕生发展研究的一些基本趋向，值得关注。

当代心理学的困境与出路

种种事实表明，现代心理学面临的各种问题和困境在根基上皆由于错误地采纳了经典自然科学的科学观和方法论。这种科学观和方法论在研究自然现象方面有它的合理性，并且取得了成功。但是当心理学在一心一意摆脱哲学的愿望驱使下，在“物理学的殷羡”推动下，不假思索地把这种研究模式应用于人的研究时，其局限和弊端就显现出来了。因为人虽然源于自然，但又超越了自然；虽然心理现象有它的自然性的一面，但人的心理和意识作为一种精神现象超越了产生它的物质，是高于自然现象的精神现象，其本质是它的社会文化属性，因此，研究人的科学不同于研究自然的科学，二者分属不同的领域。心理学若要摆脱目前的困境，其出路只有摆脱自然科学的科学观和方法论的困扰，确立适合意识和行为研究的新的科学观和方法论。

资料来源：叶浩生：《当代心理学的困境与心理学的多元化趋势》，上海教育出版社 2006 年版。

1.3.4　毕生发展研究中的伦理问题

毕生发展的研究过程涉及与人打交道，研究的过程和结果会对研究对象产生或多或少的影响，因此应处理好一些伦理问题。最主要的伦理准则包括知情同意、尊重个人隐私和保密、公正合理、公平回报。

(1) 知情同意。知情同意是指研究者应该让被研究者清楚地知道研究的所有必要信息，这些信息包括研究的目的和程序，研究过程中可能存在的问题和风险等，以便被研究者决定是否参加研究，也就是被研究者应是自愿参与研究，并且也可以自由地退出研究。

(2) 尊重个人隐私和保密。尊重个人隐私和保密原则是指研究者对研究过程中被研究者的隐私和其他研究资料进行保密，确保资料的保密和安全，对被研究者的个人隐私方面的资料进行保护，以免泄露后对被研究者造成伤害。总之，作为研究者，我们享有一定的特权，可以进入别人的生活，倾听别人的生活故事，通过别人的眼睛看世界，因此，我们不仅要珍惜自己的这些特权，而且要意识到这些特权有可能被误用。在研究的过程中，我们应该谨慎小心地行使自己的权利，注意不给对方造成伤害。一条基本的原则是，无论发生了什么问题，我们应该首先考虑到被研究者，然后才是我们自己的研究，最后才是我们自己：被研究者第一，研究第二，研究者第三。

（3）公正合理。公正合理原则指研究者按照一定的道德原则公正地对待被研究者以及收集的资料，合理地处理自己与被研究者的关系以及自己的研究结果。公正合理原则可以表现在研究者对被研究者的态度与评价上，前者可能在很多情况下注意不够而违背了这一原则。如果研究者从事的是一项评估型研究，研究者对被研究者的评估是否公正合理——这是一个非常重要的问题。如果研究者的评估将直接影响到当事人的生存状态（如失去学籍、能否入党、能否获奖学金），那么研究者则需要确切地知道自己的评估是否确切、中肯。公正合理原则还涉及当研究者与被研究者对资料的解释不一致时如何处理冲突的问题。有时候，研究者的研究结果与被研究者自己认为的不太一样，被研究者可能感到十分生气，对研究者产生敌对情绪。在这种情况下，研究者应该认真考虑双方的观点，衡量彼此的异同，找到协调的可能性，然后采取合适的策略处理冲突。公正合理原则还涉及研究者如何结束与被研究者之间关系的问题。研究在某一时刻必须结束，而研究者与被研究者之间可能已经建立起了某种友谊，也需要公正地处理个人感情与研究结果的问题。

（4）公平回报。公平回报是指对参与研究的被研究者给予公平的补偿的问题。一般来说，被研究者通常需要花费很多时间或精力与研究者交谈或参加其他一些活动，他们为研究者提供对方需要的信息，甚至涉及自己的个人隐私，因此研究者对被研究者所提供的帮助应该表示感谢，不应该让对方产生“被剥夺感”。但是，研究者应该用何种方式向被研究者表示感谢呢？什么感谢方式可以真正表达研究者的感激之情？研究者的感激是不是可以用一些有形的方式表达出来？这些都需要研究者慎重处理。应该承认，所有公平回报都是相对的，事实上，作为研究者无论如何也不能回报被研究者给予的帮助，但如果我们在研究过程中注意到这个问题，会使得研究过程更符合伦理和人情味。

1.4 本书的写作特点

一般来说，目前发展心理学的写作方式主要有两种：一种是编年式。编年式的描述方式以人的生命历程作为组织材料的主线，覆盖整个人生发展过程，即产前期、婴儿期、幼儿期、童年期、青年期、成年早期、成年中期、成年晚期。而在某个特定的生命阶段中所出现的生理、认知和社会过程则被放在一起讨论，并在其发展的下一个生命阶段中，再对同样的过程进行又一次讨论。

另一种是专题式。专题式的描述方式关注的是一定的生命过程在个体一生中的发展与变化，这样也就是把某一特定的主题放在几个生命阶段（如婴儿期、幼儿期、童年期、青年期、成年期等）加以讨论。在专题式描述中不再有“童年期”、“青年期”等这样的章节，而代之的是“生理发展”、“认知发展”、“情绪发展”、“道德和社会性发展”等专题。

两种描述方式各有其优缺点：编年式的描述方式看起来更接近生活，采用这种方式写成的书，读起来就像在读传记或传记汇编，如同现实生活中一样，每一章中都综合了生物学、认知、情绪和社会等方方面面的情况，增加书的趣味性。但是这种描述方式也有缺点，即人生活中的许多问题，从一个阶段到另一个阶段所发生的变化并不大，因而如果处理不恰当，后面章节往往会重复前面已经说过的东西。这种体例的另一个缺点是分裂了完整的生命过程，因而难以将完整的生活图景呈现出来。

专题式的描述方式对贯穿整个人生的每一生命过程，都进行完整的描述，便于人们更好地把握某种心理特征在人的整个一生中的发展轨迹。另外，许多对理解人的发展特别有帮助的理论，也经常限定于个别论题之中，例如认知发展理论、情绪发展理论、道德和社会性发展理论等。而在编年式的描述方式中，则很难提出这些理论，因为这些理论建构于跨越不同年龄阶段的研究基础之上。专题式的描述方式最主要的缺点是：可能会将完整的个体生命分裂开来，可能脱离认知发展单纯地谈情绪发展，或是在讨论职业时忽视了来自家庭的相关影响，因而这种描述方式比编年体看起来更抽象，感觉上也不太贴近真实的生活。

鉴于国内大多数发展心理学著作和教科书均采取编年的方式进行写作，本书拟采取专题的描述方式对个体毕生发展进行整体勾勒，以便读者能从个体发展的全过程中得到更为丰富的体验和帮助。全书共有 15 章，第 1 章“发展与毕生发展”，主要讨论发展与毕生发展的关系、毕生发展的基本观点、基本主题、发展的研究方法及本书的基本写作方式，以便读者对毕生发展心理学有一个大致的了解。第 2 章“毕生发展的理论”，主要论述发展心理学的一些主要理论，包括精神分析理论、认知理论、行为与社会学习理论、习性学理论及系统生态理论等，它们对个体发展的基本观点，对发展心理学的贡献，为人们运用发展心理学理论透视人的毕生发展提供理论视角。第 3 章“生命的起始”，主要探讨生命的起源，探讨遗传、环境和个体发展的关系，产前发育和分娩过程，特别探讨遗传的基本过程及一些遗传性发展性疾病的产生过程及其机制，以及优生和新生儿的健康问题。第 4 章“生理发展”，主要论述身体发展及生理老化，探讨身体发育、成长，特别是大脑的发育、成长及老化，探讨个体身体健康及寿命问题，探讨运动、锻炼和物质滥用及上瘾等与健康及寿命的关系，帮助人们培养健康的生活方式。第 5 章“运动、感知觉和语言发展”，主要探讨运动、感觉、知觉及语言在人整个一生的发展的基本过程，特别是个体发展中一些具有里程碑意义的事件，并探讨了语言学习策略及第二门语言学习的问题。第 6 章“语言发展”，主要探讨语言的产生，语言的发展以及语言的学习与教育问题。第 7 章“认知发展”，主要论述皮亚杰信息加工理论的认知发展观和维果茨基社会文化发展观。第 8 章“智力发展”，主要从认知能力的角度探讨智力发展、智力测量及创造性思维的培养等问题。第 9 章“情绪发展”，重点探讨情绪及情绪发展的问题，探讨早期的依恋及以后产生的亲密的情感对个体的影响，并在此基础上提出情绪控制与调节的一些理论和方法。第 10 章“性别与性的发展”，主要探讨性别与性观念的发展，包括生物、社会和认知对性别的影响，性别的发展，性的观念的发展等，并从生殖与健康的角度探讨生殖教育及性教育的策略问题。第 11 章“自我发展”，主要探讨自我的发展，包括个体对自我的认识发展过程，特别是青年期及整个人生过程中对自我同一性的探讨问题，提出个体自我发展的人生策略。第 12 章“道德与社会性发展”，主要探讨道德和社会性的毕生发展过程，探讨同伴关系、友谊的发展过程，探讨社会联系对老化的影响以及如何更好地优化人生、延缓衰老的策略问题。第 13 章“家庭与教养方式”，主要探讨家庭背景与教养方式对个体发展的影响。第 14 章“学校、职业与社会”，主要探讨学校和社会环境对个体发展的影响，把个体发展放在一个更为广阔的生活背景下进行思考，进而探讨个体发展与环境之间的双向互动关系。第 15 章“结束语”，主要探讨死亡问题，包括死亡的基本观点，个体一生发展过程中对死亡的态度，个体如何面对死亡以及如何处理他人的死亡等问题，为个体毕生发展写上最后一个灿烂的音符。

在写作的思路上，我们尽可能照顾到读者的特点，既为非心理学专业的读者提供一些毕生发展心理学的基本观念和知识点，也为有志于从事发展心理学或心理健康教育与咨询的读者提供一个人生毕生心理发展的清晰脉络，同时，还尽可能地为广大读者提供值得思考和借鉴的人生发展和优化的基本策略，我们希望读者能从中获得有益的启示。

【阅读书目】

1. 林崇德主编:《发展心理学》，人民教育出版社 1995 年版。

2. 雷雳:《发展心理学》，中国人民大学出版社 2009 年版。

3. 桑标主编:《当代儿童发展心理学》，上海教育出版社 2003 年版。

4. 李晓凤、佘双好编著:《质性研究方法》，武汉大学出版社 2006 年版。

5. 佘双好主编:《大学生思想政治教育研究方法》，高等教育出版社 2010 年版。

6. [美]Dennis Coon 著:《心理学导论——思想与行为的认识之路》，郑刚等译，中国轻工业出版社 2004 年版。

7. [美]约翰 · W. 桑特洛克著:《毕生发展》(第三版)，桑标等译，上海人民出版社 2009 年版。

8. [美]David R. Shaffer & Katherine Kipp 著:《发展心理学——儿童与青少年》(第八版)，邹泓译，中国轻工业出版社 2009 年版。

9. [美]谢弗著:《发展心理学的关键概念》，胡清芬等译，华东师范大学出版社 2008 年版。

10. [美]劳拉 · E. 贝克著:《儿童发展》(第五版)，吴颖等译，江苏教育出版社 2002 年版。

11. John W. Santrock. *A Topical Approach to Life-span Development*. Mcgraw-Hill Companies, Inc., 2004.

【思考题】

1. 什么是发展？心理发展有什么样的特点？毕生发展有哪些基本观点？

2. 毕生发展的基本主题是什么？

3. 简述毕生发展与年龄和教育的关系。

4. 毕生发展研究具有什么样的特殊性？如何设计和研究毕生发展？

第2章　毕生发展的理论

本章要论

个体发展的理论试图理解和解释个体在一生当中是如何变化的，以及变化的原因。个体的变化包括许多方面和领域：情绪、道德、智力、社会性、感知觉和人格的发展。不同的理论所关注的领域和人的发展方面都是不同的，每一种理论对人的本性和发展原因都有一系列的假设。

精神分析、行为主义理论、认知发展理论、习性学理论和生态系统理论从不同的角度和个体发展领域对个体发展进行了阐述。

不同流派的研究者与理论家都提出了各具学术风格和科学特色的理论，如精神分析理论、行为主义理论、认知发展的理论等。正是因为这些蕴含着研究者热情与心血的理论的出现，才使得发展心理学不断地丰富和完善，不断地向前进步。但是另一方面，由于各家各派的理论对于发展的一些基本问题的观点很不一致，这就使准确地理解发展成为一个具有挑战性的任务。当人们自认为某一理论能够正确解释毕生发展时，另一种理论的出现又使得人们不得不重新考虑原先所得出的结论。实际上，至今并没有哪一学派的理论能够全面解释毕生发展中的所有问题，我们应该认识到，各学派的理论所包含的观点之间并不是相互矛盾的，而是相互补充的，正是所有这些理论才让我们更好地领略到个体发展的全貌。下面先谈谈理论的概念与理论的判断标准，然后逐一介绍个体发展的各种理论，从精神分析、行为主义理论、认知发展理论、习性学理论到生态系统理论。

2.1　理论好坏的判断标准

理论其实是科学家用来表达自己思想的一组抽象概念或者命题。理论的作用是它能把众多具体的经验组织抽象起来。理论是通过反复的观察、测试，并整合众多的现象、事实、广泛接受的观念、假设而形成的。

一般来说，一个好的理论应具备简约性、可证伪性和启发性。简约性是指理论是简洁的，但是又能对大量的现象作出解释。一个能用很少的原则解释大量的经验和现象的理论，远比一个用很多原则和假设来解释同等或者更少的观察现象的理论更好。可证伪性是指理论应该能够对未来的事件作出预测以便得到支持或者推翻。从这个角度来看，好的理论不把自己局限在已知的领域，它是开放的。启发性是指理论通过不断产生可检验的假设来建构现存的知识，如果这些假设被将来的研究验证了，它将丰富我们对所关注的现象的理解。

托马斯总结了判断理论好坏或者说是否有价值的14条标准，虽然理论不一定同时满足以下的标准，但是理论符合的标准越多，就说明该理论越好。

（1）理论能够准确反映儿童真实世界的事实。理论与事实不符主要有两个原因：首先，理论是通过对少数人的研究得出的结论，然后把这些结论运用于更多的人身上。科学的抽样和推论统计分析就是来避免犯这个错误的。但是，当有充分理由确定两个群体的条件显著不同时，把小群体的结论运用于大群体是错误的。例如，18世纪，卢梭对儿童的天性进行了系统的论述，他把自己的信念建立在三类证据上：①作为欧洲几个贵族家庭男孩教师的经历；②对法国农村儿童的一些因果关系的观察；③原始文化中“贵族原始人”的传闻。人们对卢梭的批评在于，他根据这样有限的资料建立起对儿童发展的描述，是否能运用于所有的儿童。其次，理论与事实不符可能源自于研究者对研究对象的不精确观察，这会带来误差，影响理论的好坏。

（2）理论易于理解。

（3）理论不仅能解释过去发生的事件为什么发生，而且能正确预测未来的事件。人们对人的发展的过去和未来都感兴趣。过去事件发生的原因，有助于人们理解儿童现在状态；而对未来事件的预测，可以指导人们（教师、家长）当前的行动。

（4）理论能够为关注儿童发展的实践工作者提供儿童日常抚养问题上的实际指导。

（5）理论内部是一致的。

（6）理论是经济的：建立在尽可能少的未经证实的假设上，要求以最简单的可能机制来解释它包含的所有现象。

（7）理论是可证伪的。理论里阐述的原则和命题是可以用事实来证明和检验对错的。许多学者把这条标准纳入判定理论价值的标准体系。在本书讨论的各种理论中，弗洛伊德的理论可能是最不具有可证伪性的。弗洛伊德理论体系中提出的概念如潜意识、性驱力等都很难观察和验证。

（8）支持理论的论据是令人信服的，这包括论据的来源、种类和数量。不同的人对某一来源的论据的价值判断会不一样。有人更信服于权威出版物，有人信服于权威人士。人们对论据种类的偏好也不一样。有的人信服对儿童个案研究的记录，如弗洛伊德；有的人满足于对儿童成长的叙事说明；有的人喜欢通过抽样进行统计分析。这里关键的是研究者所关注的对象能在多大程度上代表总体的情况，所以有人批评弗洛伊德的理论是建立在有问题的人身上的，不能解释正常人的发展。

（9）理论能容纳新的数据。当理论的某些方面受到新数据或新现象的挑战时，评价一个理论的好坏是判断该理论的支持者在重新解释、整合或拒绝新数据的合理程度。

（10）理论能提供儿童发展的不同寻常的观点，这里指的是理论的新颖性和创造性。

（11）理论能为所有能想象到的与儿童发展有关的问题提供合理答案。

（12）理论激发了新的研究技术的产生和新知识的发现。

（13）理论在长时间内持续引起注意和支持。持久的理论之所以受尊敬，是因为它经得起时间和社会发展变迁的考验。

（14）理论是令人满意的，能以我们认为的有意义的方式解释发展问题。

2.2　精神分析理论

精神分析又称心理分析，由奥地利精神病医生弗洛伊德于 19 世纪末 20 世纪初创立。作为现代西方心理学的一个重要流派，精神分析理论所产生的影响无疑是极其广泛而深远的，"很难找到心理学或精神病学的某个领域未曾受到弗洛伊德的思想影响的，他的学说曾经激起无数富有成果的假说和鼓舞人心的实验。他的影响在社会学和人类学方面也都同样不可估量"。甚至在我们日常生活的谈话中，也能时常听到诸如潜意识、自我、防御机制等精神分析理论中的重要术语。在精神分析理论的发展过程中，精神分析经历了从经典精神分析理论到新精神分析理论的转变。在这一转变中，精神分析理论中的生物学色彩逐渐淡去，而融入了更多的社会文化的因素。这里我们将着重介绍弗洛伊德和埃里克森的心理发展理论。

2.2.1　弗洛伊德的发展理论

弗洛伊德（1856—1939）是奥地利著名的精神病医生，他在从事精神疾病的治疗工作中逐步发展起了精神分析学说。在治疗精神疾病的过程中，弗洛伊德发现有些疾病的根源并不在于生理，而起因于深刻的心理因素，他将这种内在的心理因素归结为儿童时期被压抑的性意识，弗洛伊德将这种发现不断地加以总结，最终形成了极富创见的理论。晚年他还将精神分析理论推广到哲学、社会、宗教和文化领域，成为了一种无所不包的哲学观，并形成了现代西方社会的一种主要的社会思潮。他的主要代表著作有：《梦的解释》(1900)、《日常生活的心理病理学》(1901)、《性学三论》(1905)、《图腾与禁忌》(1913)、《精神分析引论》(1917)、《文明及其缺憾》(1930) 等。

（1）人格结构理论。人格学说是弗洛伊德学说的核心。早期，弗洛伊德认为人的心理可以分成潜意识、前意识和意识三个层次，被称为人格"地形观"。所谓意识，指的是人们正意识到的想法，是个人当前觉知的心理内容。前意识即指那些容易带入意识的想法。而潜意识即指不易带入意识的想法。换句话说：意识是描述我们在任何时候都能意识到的现象，前意识是如果我们注意它就能意识到的现象，而潜意识是我们意识不到，也不可能意识到的现象，在特殊的情境下例外（如做梦、自由联想等）。

潜意识是指被压抑的欲望、本能冲动及其替代物等。弗洛伊德认为潜意识的主要特点是非理性、冲动性和无道德性。潜意识的内容大多为社会、伦理道德所不容许，有着强烈心理能量的负荷，它是人类活动的内驱力，决定了人全部有意识的生活。前意识介于潜意识与意识之间，担负着一定的稽查任务，不准潜意识闯入意识中。意识是心理的表层部分，负责同外部的联系。

后来，弗洛伊德在 1923 年出版的《自我与本能》一书中对此做了修正，提出了人格由本我、自我、超我三部分组成，称作人格"结构观"。本我（伊底）是人格中与生俱来的最原始的潜意识结构部分，是人格形成的基础，它蕴含着先天的本能和欲望，如同一口沸腾的大锅，具有强大的非理性的生物能量。本我"不知道价值判断，是不好的、邪恶的和不道德的”，遵循快乐原则，追求本能能量的释放和紧张的消除。自我从本我中分化出来，是意识的结构部分，儿童出生后只有本我，直到本我与环境相互作用时，人的自我才发展起来。自我既要满足本我的需求，又要按照现实原则行事，它代表的是理性，监督着本我，并予以适当的满足。正如弗洛伊德所比喻的：本我像匹马，自我犹如骑手，通常骑手控制着马前进的方向。不过仅有自我还不能完全控制本我的冲动，自我还需要超我的支持。超我是人格中最道德的部分，它代表良心、自我理想，处于人格的最高层，按照至善原则，指导自我，限制本我，以达到自我理想的实现。

根据弗洛伊德的观点，自我必须要解决本我的需求与超我的约束这两者间的矛盾，这种矛盾让人产生焦虑感，而焦虑又提醒自我运用自我防御机制来解决这对矛盾。防御机制是指通过无意识对现实的扭曲来减轻焦虑的保护性措施。弗洛伊德认为压抑是所有防御机制中最强有力、最常用的。它会将无法为社会所接受的冲动（如性欲和攻击欲）压抑到无意识的层面。

（2）性心理发展理论。在弗洛伊德倾听、探究、分析病人的过程中，他逐渐相信病人的疾病是因早期生活经验所致。他认为在儿童成长的过程中，他们的快乐中枢与性冲动从嘴部转移到了生殖器。每个人都要经历五个性心理发展阶段：口唇期、肛门期、性器期、潜伏期和生殖期。弗洛伊德认为，儿童在这些阶段中获得的各种经验决定了他们成年时的人格特征。

①口唇期（0～1岁）。这一时期婴儿的主要活动大部分以口唇为主，诸如吮吸、咬、吞咽等，口唇区域是快感的中心。如果婴儿的口唇活动没有受到限制，成年后个体的性格倾向于乐观、慷慨、开放等积极的人格特征；反之个体成年后的性格就倾向于依赖、悲观、被动、猜疑等消极的性格特征。

②肛门期（1～3岁）。幼儿因对排泄解除压力而获得快感，肛门是这一时期的快感中心。在这个时期，儿童必须学会控制生理排泄过程，以使其功能符合社会的要求。大小便排泄对成人的人格有很大的影响。肛门排泄活动如果不加限制，成年后性格倾向于肮脏、浪费、凶暴和无秩序；如果排泄受到严格限制，成年后的性格倾向于清洁、忍耐、吝啬和强迫性。

③性器期（3～5岁）。这一时期，性器官成为儿童获得快感的中心。此时，儿童以异性父母为“性恋”的对象。弗洛伊德认为，这是一种本能的异性爱的倾向，一般由母亲偏爱儿子和父亲偏爱女儿所致。这种幼年的性欲受到压抑在男孩心理上就成了“恋母情结”，在女孩心理上就成了“恋父情结”。如果这两种情结获得正当的解决，则儿童会认同父母的价值观念，就会形成与同性父母亲相似的人格特征。

④潜伏期（5～12岁）。在这一时期，儿童离开家庭和父母进入学校，他们的性欲冲动转移到了其他事物上，如学习、体育、艺术等。这一时期儿童将男女界线划分得很清楚，团体活动也常常男女分开进行，在游戏中以同性者为伙伴，这种现象一直会持续到青春期才有所改变。

⑤生殖期（12～20岁）。这是人格发展的最后阶段，个体在身体和性上趋于成熟，性的能量和成人一样涌现出来，异性恋的行为明显。个体在这一时期最重要的任务是力图从父母那里摆脱出来，建立自己的生活。

弗洛伊德认为，性心理的发展过程如不能顺利地进行，而停滞在某个发展阶段，即发生固着；或在个体受到挫折后从高级的发展阶段倒退到某一低级的发展阶段，即产生了退行，就可能导致心理的异常，成为各种神经症产生的根源。

弗洛伊德对无意识心理现象和规律所做的系统全面的研究开创了无意识研究的新纪元，他的探求心理现象背后所隐匿的精神作用的努力表明了他要比传统心理学家对人内心的认识深刻得多。精神分析理论对西方心理学界，乃至整个西方社会所产生的巨大影响是无可否认的。然而，由于弗洛伊德的理论过分夸大了个体发展中的性本能和无意识作用，将人类的形象描述得过于消极，甚至被认为存在文化和性别的偏见，因而也受到了不少人的批评。

2.2.2　埃里克森的发展理论

埃里克森是美国的精神分析医生，也是美国现代最有名望的精神分析理论家之一，师承于弗洛伊德的女儿安娜·弗洛伊德。尽管他自认为是弗洛伊德学说的积极拥护者，但他与弗洛伊德有很多不同，埃里克森认为人的发展是经历了一系列的心理社会阶段，而非弗洛伊德所认为的性心理发展阶段；埃里克森的人格发展理论学说除了考虑到生物学的因素，更多地考虑到社会文化因素。此外，埃里克森强调人的一生都处于变化发展之中，在这一过程中，个体按照一定的发展顺序分阶段地向前发展。而弗洛伊德则认为，人出生后的五年左右的时间就决定了一个人的基本人格。

1963 年，埃里克森在他的著作《儿童期与社会》中提出了人一生要经历八个阶段的观点，他认为这八个阶段以不变的序列逐渐展开，普遍存在于不同的文化中。但是，每个阶段能否顺利地度过则是由社会环境决定的，在不同文化的社会中，各阶段出现的时间可能不一致。在发展过程中，以个人的自我为主导，按自我成熟的时间表，将内心生活和社会任务结合起来，形成一个既分阶段又有连续性的心理社会发展过程。

埃里克森认为，人格发展的每个阶段都由一对冲突所组成，并形成一种危机。所谓危机，并不是一种灾难性的威胁，而是发展中的一个重要转折点。危机的积极解决，就会增强自我的力量，人格就得到健全发展，有利于个人对环境的适应；危机的消极解决，则会削弱自我的力量，会使人格不健全，阻碍个人对环境的适应。而且，前一阶段危机的积极解决，会扩大后一阶段危机积极解决的可能性，反之亦然。

埃里克森提出的八个阶段分别是：

（1）信赖与不信赖（0～1 岁）。处于这个阶段的儿童非常需要成人的照料，对成人有很强的依赖性。如果父母能够爱抚儿童，并很好地照料他们，满足他们的基本需求，就会使儿童对周围的人产生基本的信任感，感到世界和人都是可靠的；相反，如果儿童的基本需求没有得到满足，那么儿童就会产生不信任感和不安全感。儿童的这种基本信任感是形成健康人格的基础，是以后各个阶段人格发展的基础。

（2）自律与羞愧、怀疑（1～3 岁）。这个阶段的儿童已经能够走、爬和说话了，他们可以自己决定做什么或不做什么，因而与父母意愿的冲突也随之而起。这个阶段，父母对儿童的养育，一方面根据社会的要求对儿童的行为要有一定的限制；另一方面又要给儿童一定的自由，不能伤害他们的自主性。父母对儿童的行为限制过多，会使儿童感到羞怯，并对自己的能力产生怀疑。如果这一阶段的危机得到积极解决，就会形成自我控制和意志的品质；反之，就会形成自我疑虑。

(3) 主动与内疚（3～5岁）。这一阶段的儿童开始有了创造性思维、活动和幻想，开始有能力对未来事件进行规划。如果父母肯定和鼓励儿童的主动行为，儿童就会获得主动性；如果父母经常讥笑和限制儿童的主动行为，儿童就会缺乏主动性，并感到内疚。这一阶段危机的积极解决，主动将超过内疚，就会形成方向和目的的品质；反之，则会形成自卑感。

(4) 勤奋与自卑（5～12岁）。儿童在这一阶段最重要的是“体验从稳定的注意和孜孜不倦的勤奋来完成工作的乐趣”。儿童可以从中获得勤奋感，满怀信心地在社会中寻找工作。如果儿童不能发展这种勤奋，会使他们对自己能否成为一个对社会有用的人缺乏信心，从而产生自卑感。这一阶段危机的积极解决，就会形成能力的品质；反之，则形成无能。

(5) 自我同一性与角色混淆（12～20岁）。这一阶段的儿童必须思考所有他已经掌握的信息，包括对自己和社会的信息，为自己确定生活的策略。如果儿童可以做到这一点，儿童就获得了自我同一性，否则就会产生角色混乱和消极同一性。角色混乱指个体不能正确地选择适应环境的角色；消极同一性指个体形成与社会要求相背离的同一性。这一阶段危机的积极解决，青少年获得的是积极的同一性，形成忠诚的品质，而消极解决就会形成不确定性。

(6) 亲密与孤独（20～24岁）。这一阶段属于成年早期。在这个阶段中，建立了牢固自我同一性的人会追求与他人建立亲密的关系，而没有确立自我同一性的人，由于担心同他人建立亲密关系会丧失自我，所以离群索居，不与人建立亲密关系，从而会产生孤独感。这一阶段危机的积极解决，会形成爱的品质，而消极解决则会导致混乱的两性关系。

(7) 繁殖与停滞（25～65岁）。这个阶段属于成年期，个体一般建立了自己的家庭和事业。如果个体形成了积极的自我同一性，并且过着充实而幸福的生活，他们就试图把这一切传给下一代或直接与儿童发生交往，或生产和创造能提高下一代精神和物质生活水平的财富。这一阶段危机的积极解决，就会形成关心的品质，消极解决则形成自私自利。

(8) 自我整合与失望（65岁以后）。这一阶段属成年晚期。这时主要的工作都差不多完成。前七个阶段顺利度过的人，具有充实、幸福的生活和对社会有所贡献，他们有充实感和完善感，不惧怕死亡，在回忆过去的一生时，自我是整合的。而过去生活中有挫折的人，在回忆过去生活时，则会体验到失望，感觉自己的人生目标没有达到，然而重新开始已经太晚了，他们不愿匆匆离开人世，对死亡没有心理准备。危机的积极解决会形成智慧的品质，而消极解决则会产生失望和无意义感。

八个阶段中，其中前五个是与弗洛伊德划分的阶段大体一致的。但他在描述这几个阶段时，并不强调性本能的作用，而是把重点放在个体的社会经验上。

埃里克森把自我放在心理和社会的相互作用中，强调社会环境在自我形成和发展中的作用，并且将以自我为中心的人格发展阶段扩展到整个生命周期，突破了其他自我心理学家仅仅描述幼儿早期人格发展的局限性，将自我心理学的理论研究提升到了一个新的水平。他所提出的诸如自我同一性、同一性危机等概念广泛为人们所接受，对心理学的发展产生了重要的影响。但也有学者提出不少批评，如埃里克森的理论体系不够严密，思辨性多于科学性，这些也是埃里克森的理论所存在的不足之处。

学者将埃里克森的心理社会发展理论与弗洛伊德心理性发展理论相比较，形成表 2.1：

表 2.1　埃里克森与弗洛伊德的人格发展理论比较

Ⅷ成年后期								自我整合对绝望
Ⅶ成年中期							繁衍对停滞	
Ⅵ成年前期					提携感对社会的孤立	亲密对孤独		
Ⅴ青前期	时间前景对时间前景扩散	自我肯定对自我意识过剩	角色实验对消极同一性	成就预期对工作瘫痪	同一性对同一性扩散	性别同一性对性别扩散	领导的极化对权威扩散	思想的极化对理想扩散
Ⅳ儿童期				勤奋对自卑	劳动同一性对同一性丧失			
Ⅲ幼儿期			主导性对罪恶感		游戏同一性对同一性空想			
Ⅱ婴儿后期		自律性对羞耻、怀疑			两极性对自闭			
Ⅰ婴儿前期	信赖对不信赖				一极性对早熟自我分化			
社会性发展	1 口唇期	2 肛门期	3 性器期	4 潜伏期	5 生殖期	6 青年期	7 成年期	8 老年期
生物性发展 中心环境	母亲	双亲	家庭	近邻、学校	伙伴及朋友集团	性爱、结婚	家教、传统	人类、亲友
品质	希望	意志力	目标	能力	诚实	爱	关心	贤明

2.2.3 精神分析理论的贡献与局限

弗洛伊德最大的贡献也许是他关于无意识动机的论述。弗洛伊德之前的研究者关注意识经验的单个方面的理解，如感知觉、错觉等，正是弗洛伊德提出了人类的许多精神经验都是在意识水平之下的。弗洛伊德还强调早期经验的重要性，这一点也是备受人们认可的。

弗洛伊德的工作证明了不是所有的疾病都有生理原因，他还为文化差异对人的心理和行为的影响提供了证据。他的工作和著作有助于我们理解人的人格、个体发展、临床心理学和变态心理学。

弗洛伊德的理论过于强调潜意识、性和儿童早期经验。理论中的许多概念很难测量和量化，从而难以得到验证。精神分析学派关于人格发展的理论到现在仍然非常有影响力。在弗洛伊德关于性心理发展的理论中，对将来的预测过于模糊。我们如何能知道当前的行为是受童年时期的何种经历影响的？在原因和结果之间的时间跨度太大，以至于很难确定原因和结果的细致关系。

弗洛伊德的理论是建立在个案观察的基础上的，而非实证性的研究。另外，弗洛伊德的理论依据来自于他对他成年病人的观察，而不是来自于对儿童的实际观察和研究。

很少有发展心理学家是弗洛伊德理论的强力支持者。弗洛伊德强调早期的口唇期、肛门期和生殖期冲突能够可靠地预测成人的人格，但是没多少证据支持这一观点。

在精神分析的理论中，弗洛伊德过于强调本能，埃里克森强调理性和适应，这为许多人所接受。埃里克森强调的人们记忆中的或者当前经历的社会冲突和个人困境，这是人们很容易观察到的。

看起来，埃里克森的八个心理社会阶段似乎抓住了生命的主要问题。但是，埃里克森对于个体发展的动因阐述得并不清楚，他无法回答人们必须拥有什么样的经验才能成功解决各个阶段的各种心理社会冲突，前一阶段是如何影响到后一阶段的。埃里克森的理论对人类的社会性和情感发展进行了描述，却没有解释发展的动因。

2.3 行为主义理论

行为主义理论包括华生的行为主义、斯金纳的操作学习理论和班杜拉的社会认知理论。

1913年，美国心理学家约翰·华生发表了自己的论文《行为主义者心目中的心理学》，宣告了行为主义的诞生。行为主义有两个突出的特点：一是反对心理学研究意识，主张要研究外显的行为；二是坚持用实验的方法，反对内省。在行为主义者眼中，意识是看不见、摸不着的，因而也就无法对其进行客观的研究，他们认为心理学的研究对象应该是可以观察的事件，即行为。

行为主义的产生和发展对世界很多国家的心理学界产生了很大的影响，以至于它被称为心理学的“第二势力”。它的发展可以分为两个时期：（1）早期行为主义，或称为古典行为主义，包括第一代行为主义心理学家华生、霍尔特、拉什利等。他们基本上主张放弃意识改以行为作为心理学的研究对象，抛弃内省改以实验作为心理学的研究方法。（2）新行为主义，包括托尔曼、赫尔、斯金纳等的行为主义，他们不像早期行为主义者那样完全无视有机体的内部过程，开始关注对动机和认知机制的研究。现在的一些行为主义学者尽管没有摆脱经典行为主义的理论构架，但是他们已经大胆地把传统上被行为主义拒之门外的心理学概念，如意识、思维等，回归为心理学的研究对象，并以趋向认知、整合吸收和突出内涵为主要特征。

行为主义用实验的方法研究可观察的行为，对心理学走上客观研究的道路起了积极的推动作用，但由于其早期理论在心理发展问题上所持的机械环境决定论的观点，忽视了对心理活动内部结构和过程的研究，否定意识的重要性，从而也限制了自身的发展。

2.3.1　经典行为主义理论

（1）巴甫洛夫的条件反射学说。巴甫洛夫（1849—1936）是俄国的生理学家和心理学家，是当时俄国生理学和与其相关的客观心理学的代表，他被西方心理学界称为“现代行为主义理论之父”，他的思想对华生有重要影响。在他显赫而多产的一生中，他主要从事有关大脑神经机能、消化腺和大脑的高级神经中枢的研究，并在 1904 年获得了诺贝尔奖。

巴甫洛夫的一个重要贡献就是通过实验研究创立了经典条件反射理论。他发现狗在进食时会分泌唾液，甚至在进食前，狗也会因各种视听觉的刺激物而分泌唾液。通过对这一现象系统而深入的研究，他总结出了经典条件作用：当一个中性刺激与无条件刺激联结后，这个中性能引发与无条件刺激同样的反应。这一理论和技术深深地影响了心理学的发展，尤其对此后产生的行为主义。

尽管巴甫洛夫本人拒绝将他的研究和心理学联系在一起，但还是有不少心理学史专家都将巴甫洛夫归于行为主义流派，但巴甫洛夫与行为主义也有诸多的不同之处，如他反对将心理与生理两者截然分开，而是强调两者的统一。

（2）华生的行为主义理论。约翰·华生（1878—1958）曾经师承杜威学习哲学，但是他对哲学的兴趣并不持久，在安吉尔的影响下，他开始对心理学产生兴趣。此外他还师从洛布学习生物学和生理学，直到 1908 年，他都在芝加哥大学当讲师。在此期间，他做了大量的动物行为实验，并表现出对以动物为行为研究对象的偏好，并逐渐形成他的行为主义的信念。

长期以来，华生一直在思考如何使心理学的研究更加客观化。早在 1908 年的一份讲义中他第一次公开了对这个问题的思考。1912 年他应卡特尔的邀请，在哥伦比亚大学做了一系列的讲演，在讲演中他也提到了这个问题。1913 年他在《心理学评论》杂志上发表了题为《行为主义者心目中的心理学》的论文，是对传统心理学方法和理论框架的公开挑战，文中他阐明了行为主义心理学的基本观点和原理，并正式宣告行为主义心理学的诞生。1914 年又出版了他的第一本系统阐述行为主义的专著《行为：比较心理学导论》。文章的发表和专著的出版在美国心理学界产生了重要影响，特别是得到了广大青年心理学家的响应。两年后，38 岁的华生被选为了美国心理学会主席。1919 年他出版了第二本专著《行为主义的心理学》，书中他对行为主义观点进行了最为全面系统的阐述。尽管华生在心理学领域探索的时间并不算长，但是他的思想所产生的影响是巨大的。1957年，美国心理学会在授予华生荣誉时的一段褒奖文字中这样说道："（他的工作）是现代心理学形式与内容的极为重要的决定因素之一，是持久不变的、富有成果的研究路线的出发点。"他的主要著作有：《行为：比较心理学导论》(1914)、《行为主义的心理学》(1919)、《行为主义》(1925) 和《行为主义的方法》(1928) 等。

在20世纪20年代，华生将经典条件作用应用于人，他试图用刺激（S）—反应（R）这一简便的公式来解释和预测所有人类的行为。华生认为行为反应都是由刺激引起的，刺激源于客观的环境而不是来自遗传，因此，他认为是客观环境决定了人类心理的发展，完全否认遗传的作用。华生非常注重学习的重要性。

华生所倡导的行为主义运动对此后心理学的发展产生了积极的意义和影响。首先，华生把行为作为心理学研究的对象，使心理学获得了与其他自然学科共有的客观性，从而在研究对象和方法上具有自然科学的特征。客观的行为观察代替主观的内省，可以获得较为可靠的结果，有利于心理学的发展。其次，华生的行为主义扩大了心理学研究的领域，在他之前的心理学只局限于对意识的研究。再次，华生的行为主义促进了心理学的应用，他曾经说过，行为心理学的目的就在于预测和控制人的行为。在美国，心理学应用之广、涉及领域之多举不胜举，这部分地要归功于行为主义。

2.3.2 斯金纳的操作条件反射作用

弗雷德里克·斯金纳（1904—1990）出生于美国宾夕法尼亚州东北部的一个小城镇，并在那度过了他的童年和中学时代。出于对文学的爱好，他在大学时主修英国文学，毕业后从事写作，但两年后他又进入哈佛大学读研究生课程，改修心理学。在1931年获得博士学位后，他相继执教于明尼苏达大学和印第安纳大学，1947年，他受聘重返哈佛大学，担任该校心理学系的终身教授。斯金纳一生兴趣广泛，著述颇多，主要著作有：《有机体的行为》(1938)、《科学和人类行为》(1953)、《言语行为》(1957)、《教学技术》(1968) 和《关于行为主义》(1974) 等。此外，他还写了几部小说，如《沃尔登第二》(1971) 等，曾引起美国社会的强烈反响。

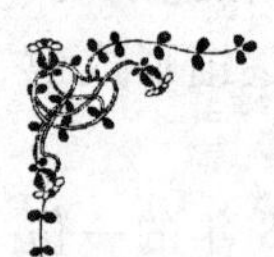

斯金纳的职业生涯

当斯金纳的职业生涯在1990年结束时，没有哪个美国心理学家比他更知名。1975年的一项研究显示，他是大学生最熟知的美国科学家。这位哈佛大学教授在公众中的声望源于他能巧妙地将自己的学习理论运用于教育实践、个人调适和社会问题的解决，尽管这些运用常常引起争议。20世纪50年代中期，他改进并普及了诸如教学机器和程序教材这样的学习装置。20世纪60年代晚期，治疗障碍人群的行为矫正方法主要是以斯金纳的学说为基础。20世纪70年代，他的著作《超越自由与尊严》提出了一项通过操作条件作用进行社会控制的计划，他坚信这将产生一个日益和平的、有秩序的、合作的且有效率的社会。他的理论还对儿童发展领域产生了明显的作用。

资料来源：R. 默里・托马斯：《儿童发展理论：比较的视角》，上海教育出版社 2009 年版。

在所有新行为主义者中，斯金纳在坚持行为主义基本立场方面也许是最激进的一位，他也是对当今心理学影响最大、最重要的新行为主义者。在他漫长的学术生涯中，他始终坚持行为的实验分析方法，由此发展了一套理解动物和人类行为的操作行为主义体系，并将它推广应用到教学和社会控制中。

20 世纪 30 年代后期，斯金纳开始在“斯金纳箱”里进行各种动物实验。通过一系列的研究，斯金纳区分出了两种类型的学习：一类是由刺激情境引发的反应，称为应答性反应，类似于经典条件作用；另一类则是操作性条件作用，它并不是由刺激情境引发的，而是有机体自发的行为。影响这类行为再次发生或巩固的关键因素是行为后所得到的结果，即强化。斯金纳认为，“凡是使反应概率增加，或维持某种反应水平的任何刺激物”都可以称为强化物。按照斯金纳的观点，强化作用分为正、负两种。当外界的刺激增加而行为反应出现的概率也增加时，这种刺激就是正强化；而当环境中的某种刺激减少，行为出现的概率增加时，这种刺激就是负强化。两种强化都导致行为反应的概率增加。斯金纳还非常强调强化对儿童发展的作用。在他看来，强化作用是塑造儿童行为的基础，在儿童行为发展过程中起着重要的作用。他的理论被应用到现实生活的儿童教育中，致力于更好地发展儿童的心理，提高儿童教育的质量。他的思想对美国的教育界产生了深刻的影响。

斯金纳及其操作行为主义体系对心理学发展产生了巨大影响。同时，他的行为理论还被人们广泛应用于行为治疗和行为矫正中，使他的理论至今还有较强的生命力。

2.3.3　班杜拉的社会认知理论

阿尔伯特・班杜拉（1925—　）是美国当代著名的心理学家，出生于加拿大。从 1953 年开始他在美国的斯坦福大学任教，曾任教授和系主任，1974 年当选为美国心理学会主席。他的主要著作有：《青少年的攻击》(1959)、《社会学习与人格发展》(1963)、《行为矫正原理》(1969)、《心理学的示范作用：冲突的理论》(1971)、《攻击：社会学习的分析》(1973)、《社会学习理论》(1977)、《思想与行为的社会基础：一种社会认知理论》(1986)、《变化社会中的自我效能》(1997)。

班杜拉的观察学习理论主要形成于 20 世纪 60 年代，这一时期正是认知心理学日益崛起并迅速发展的时期，认知心理学的思想方法无疑对他产生了强烈的冲击。然而由于在斯彭斯的指导下接受了多年的行为主义思想方法的训练，行为主义的客观性原则给他留下了难以抹去的深刻影响。在他看来，行为主义过于关注操作而忽视了认知功能对人的行为的作用，而认知心理学虽然关注了对人内部意识过程的研究，却又相对忽视了对人的外显行为的观察。“这样他便想走一条既不同于传统行为主义，又不同于认知心理学的中庸之道，成为一名新的行为主义者”。他认为社会认知理论“要在它的框架内既包含有机体的内部过程，也包括与操作相关联的决定因素”。因此，他成为一位相当强调认知功能以及自我选择、自我调节机制的社会学习理论家。正是基于此，班杜拉后来把自己的理论归为社会认知理论。

（1）社会认知理论。班杜拉早期的研究主要集中在观察学习上。所谓观察学习，就是通过观察他人的行为而进行的学习，也称为模仿或榜样化。它有几个明显的特点：第一，观察学习不一定具有外显的行为反应。班杜拉认为人们可以通过观察他人的示范行为，在自己尚未表现行为时就已经学到了如何去做，这样就可以避免许多不必要的错误。第二，观察学习并不依赖直接强化。因为观察者仅仅通过观察别人的行为就能学到复杂的行为过程，因此不需要亲自体验强化。第三，观察学习具有认知性。班杜拉认为观察学习基本上就是认知过程，观察者利用内部的行为表象来指导自己的行为，学习活动必然包含内部的认知过程。第四，观察学习不等于模仿。模仿仅指学习者对他人行为的简单复制，而观察学习指的是从他人的行为及其后果中获得信息，观察学习既可能包含模仿，也可能不包含模仿。

在班杜拉有关观察学习的论述中，我们可以归纳出几种观察学习的基本类型：

直接观察学习：指对示范行为的简单模仿。日常生活中大部分观察学习属于这种类型。

抽象性学习：指观察者从他人的行为中获得一定的行为规则或原理。以后在一定条件下，观察者会表现出能体现这些规则或原理的行为，却不需要模仿所观察到的那些特殊的反应方式。

创造性观察学习：指观察者通过观察可将各个不同榜样的行为特点组合成不同于个别榜样特点的新的混合体，即从不同的示范行为中抽取不同的行为特点，从而形成一种新的行为方式。创造性表现在观察者通过观察，受到他人行为的启发，把自己原有的行为成分进行新的排列组合，从而形成一种新的反应方式。

在观察学习的研究中，班杜拉提出了两种强化模式：一种是替代强化，即通过从行为者的行为结果中学习，如当儿童观察到他人的行为受到奖励时，他们就会倾向于表现出这种行为，而当行为遭到外界惩罚时，他们就会较少地表现该行为；另一种是自我强化，即当行为达到自己设定的标准时，以自己能支配的报酬来增强维持自己行为的过程。班杜拉认为，凡是依据直接经验的所有学习现象，都可以通过对他人的行为结果的观察而学得。通过观察学习，不仅可以使习得过程缩短而迅速掌握大量的整合的行为模式，而且可以避免直接尝试的错误和失败所可能带来的不良后果。

（2）自我效能理论。班杜拉于 1977 年首次提到了“自我效能”这一概念。1980 年，在荣获美国心理学会杰出科学贡献奖时发表的演说中更为透彻地阐述了“自我效能”这一概念。1986 年，他出版了《思想与行为的社会基础：一种社会认知理论》这一重要著作，其中对自我效能的机制进行了更加系统全面的阐述。

刚开始时，班杜拉把自我效能看成是对自己在特定情境中是否有能力操作行为的预期。他认为预期是认知和行为的中介，是行为的决定因素。他还进一步将预期划分为结果预期和效能预期。结果预期是个人对某种行为导致某种结果的预测；效能预期是个人对自己能否顺利进行某种行为以产生一定结果的预期。他认为被知觉到的效能预期越强，越倾向于做更大程度的努力。20 世纪 80 年代以后，班杜拉把自我效能看成是对行为的知觉和有关恪守自我生成能力的信念。他又提出了两个观点：自我效能感和自我效能信念。知觉到的自我效能是一种对自我生成能力的知觉，被感知到的自我效能结果即自我效能感。它深化到价值系统就成为自我效能信念，即有关自我能力判断的认知取向。班杜拉认为自我效能信念有近似于认知、动机及情感的功能，是人类行为操作中的一种强大的力量，它在控制和调节行为方面有着不可估量与代替的价值。

在对自我效能的形成条件及其对行为的影响的大量研究中，班杜拉发现自我效能的形成依赖于五种信息源：①行为的成败经验；②替代性经验；③言语劝说；④情绪的唤醒；⑤情境条件。

自我效能对个体的行为影响很大，班杜拉认为可以通过以下途径来进行培养：适当的外部强化、及时自我强化和加强归因训练。外部强化能促进任务的完成，激励人不断奋斗，同时让人看到自己的进步，提高对自我能力的判断；自我强化以自我奖赏的方式激励和维持一个人达到目标，目标的实现会提高自我效能感；归因影响着个人的行为、情绪和期待，良好的归因能帮助人们树立自信，让自己在每一次进步中意识到自己的努力是有成效的。

班杜拉在其研究观察学习的过程中，重视社会因素的影响，改变了传统学习理论重个体轻社会的思想倾向，把学习心理学的研究同社会心理学的研究结合在一起，对学习理论的发展做出了重要的贡献。同时他还吸收认知心理学的研究成果，把强化理论与信息加工理论有机结合起来，改变了传统行为主义重“刺激—反应”、轻中枢过程的倾向，使解释人的行为的理论参照点发生了一次重要的转变。此外，班杜拉的理论建立在丰富坚实的实验实证资料的基础上，因此他的结论也比较具有说服力。但他的理论也存有明显的不足和局限性，如由于他的理论的开放性，导致了其缺乏富有内在统一性的理论框架；他的理论没能说明儿童在多大程度上能独立进行学习，以及发展阶段在多大程度上对儿童的观察学习产生影响；在他的研究中以行为为主要的目的，实际上并未给予认知因素应有的位置，等等。

2.3.4　行为主义理论的贡献与局限

行为主义理论通过严格控制的实验来测定个体对各种环境影响作出的反应，是非常严格的、可检验的。行为主义理论关注外显行为的直接原因具有重要的临床和实践应用价值。许多问题行为可以通过行为矫正技术加以快速控制和矫正。如果用精神分析的方法，可能要很长时间。

行为主义是建立在可观察的行为之上的，在研究的时候易于量化和收集信息。以行为主义为基础的集中行为干预对于适应不良和问题行为的儿童、成人都很有效。

行为主义从单一的外部维度解释人的行为，忽略了人的主观能动性，也忽略了人内部因素对人行为的影响，如情绪、思维和情感。行为主义也不能解释许多个体的发展，尤其是在不需要强化和惩罚就发生的学习上。另外，当面对新的信息和情境的时候，人和动物都能调整其行为，甚至于这种行为模式在事先已经被行为主义强调的强化和学习所习得。

人们认为行为主义理论对于人类发展的描述过于简单。行为主义理论过于强调后天的经验，而忽视先天个人独特的遗传特质。另外，虽然行为主义理论强调情境对个体发展的影响，但是生态系统论的观点认为，个体发展的环境是一系列复杂的社会系统（家庭、学校、社区、文化），这些系统以复杂的方式交织在一起，共同影响个体的发展，这也就导致了在实验室的人为情境与人们的实际情境有很大的不同。生态系统论强调在自然环境中去研究个体的发展，才有可能真正地理解环境是如何影响个体发展的，这是行为主义理论流派的研究人员无法在实验室情境中实现的。

行为主义理论家对个体内部因素（认知、情感）在发展中的作用关注太少。儿童智力改变的方式是行为主义者完全忽视的，而且儿童对环境的印象和反应很大程度上取决于他们的认知发展水平。

2.4 认知发展理论

在20世纪五六十年代以前，人们普遍认为儿童的认知能力极为有限，然而随着研究方法和技术的不断进步，人们对儿童认知能力的看法也不断更新，儿童惊人的能力与潜能不断被揭示出来，其中瑞士的心理学家皮亚杰堪称是对这种变化影响和贡献最大的一位，他对儿童心理和认知发展过程进行了大量的研究。

2.4.1 皮亚杰的理论

皮亚杰（1896—1980）出生于瑞士纳沙特尔的一个历史学者家庭。少时天资聪慧，博览群书，1907年，年仅11岁的皮亚杰便发表了一篇关于软体动物的论文。13岁时便开始独立工作，发表更多的论文，19岁时完成动物学博士论文。20岁时放弃生物学，转向心理学研究，在巴黎大学学习病理心理学，后在著名的比内实验室工作，开始儿童心理的研究。1921年皮亚杰回到瑞士，任日内瓦大学卢梭研究所研究部主任，29岁时任日内瓦大学教授，并多次连任瑞士心理学会主席。皮亚杰还广泛参与联合国教科文组织的活动，曾任联合国教科文组织国际教育局局长，并在日内瓦大学建立“国际发生认识论中心”，直到1971年退休，仍然继续担任国际发生认识论中心主任一职，直到1980年去世。美国心理学史专家墨菲在《近代心理学历史导引》一书中这样评价皮亚杰：“看起来几乎有三个皮亚杰：20年代进行初步研究的年轻的皮亚杰和进行道德判断研究的中期皮亚杰（1932）；但接着又出现了第三位皮亚杰，更坚韧，更倾向科学的概括，以坚定不移的精神使心理学成为一门严密而首尾一贯的科学。”皮亚杰60多年的学术生涯，为我们留下了“几乎可以装满整整一个书橱”的学术著作，为人类思想宝库增添了宝贵的财富。

皮亚杰发展心理学理论的核心是发生认识论，是用发生学的观点和方法来研究人类认知的发展顺序和阶段，主要探讨儿童出生以后认识是如何形成的，儿童的智力、思维是怎样产生和发展的，它是受哪些因素所制约的，它的内在结构是什么，各种不同水平的智力、思维结构是如何出现的，等等。

（1）认知结构概念。皮亚杰认为，每一种认识活动都包含一定的认识发展结构。

认识结构包括以下四个基本概念：

①图式。图式是皮亚杰心理发展理论中的一个核心概念，指主体动作的认知结构，是人类认识事物的基本模式。它最先来自先天的遗传，后与环境相互作用，在适应环境的过程中不断发展变化，逐渐丰富起来。随着个体年龄和经验的增长，图式的种类、数量和质量都得到提高。初生的婴儿只有极少数的且粗糙的图式，如吮吸、抓握、哭叫等，随着他的成长，图式的种类逐渐增加，内容也日趋丰富多彩，开始从简单的图式到复杂的图式，从外部的行为图式到内部的思维图式，从无逻辑的图式到逻辑的图式。到成年时，就形成了比较复杂的图式系统，这个图式系统就构成了人们的认识结构。根据儿童智慧发展的整个进程，皮亚杰划分出了感知运动图式、象征（言语）图式、具体运算图式和形式运算图式。

②同化。同化是指主体将外界的刺激有效地整合于已有的图式之中，也就是个体以其已有的图式或认知结构去吸收新经验的过程。因此，同化受到个体已有图式的限制，个体所拥有的图式越多，他所能同化的事物范围也就越广泛；反之，他所能同化的范围也就越狭窄。

同化具有三种形式：一是再生性同化，指的是基于儿童对出现的一种刺激作用相同的重复反应。例如，每一次物体出现时，儿童便出现抓握反应，这有助于儿童同化物体的不同特征和属性。二是再认性同化，指的是基于儿童辨别物体之间的差异并借以做出不同反应的能力。它是在再生性同化基础上出现的，并有助于向更复杂的同化形式发展。三是概括性同化，指的是基于儿童知觉事物之间的相似性并把它们归于不同类别的能力。

同化的直接结果是促进图式范围的扩大，但是同化本身并不能促使图式种类的发展，它只引起图式量的变化，因此为了更好地适应环境，人类又发展了认识成长的第二种机制——顺应。同化与顺应相互配合才能为生存创造一个更理想的环境。

③顺应。顺应是指主体改造已有的图式或建立一个新的图式以容纳一个新的刺激的过程。它包括两个方面：一是把原有的图式加以改造，使其可以接纳新的事物；二是创建一个新的图式，以接受新的事物于图式中。顺应过程使图式产生质的变化，导致人的认知结构的成长。

一切认识都离不开图式的同化和顺应作用，对于那些与个体原有的图式一致的刺激，个体就同化其于原有的图式之中；而对于那些与个体原有的图式不相一致的或不能用原有的图式去处理的刺激，个体就改变原有的图式，或创造一个可以包容新刺激的图式。实际上，每个人的认识过程都涉及同化和顺应两个方面，缺一不可。

④平衡。平衡首先是同化和顺应两种活动的平衡。人们认识的发展需要在这两种活动中间有一种和谐一致的关系。如果只有同化，就会把许多类似的事物都看成相同的东西，不能发现事物之间的差异，这样最终只会得出为数极少的、很粗略的图式；相反，如果只有顺应，就会把许多事物看成不同的东西，不能发现事物的共同之处，这样最终会导致个体仅有大量但缺乏概括性的图式，两者都将给适应带来困难。只有当同化和顺应的交替发生处于一种均势时，才能保证主体与客体的相互作用达到某种相对稳定的状态，也就是达到某种暂时的平衡。

皮亚杰认为，平衡也是认知发展的动力因素。同化成功，个体的认识就处于平衡状态；同化失败，个体就会出现不平衡。不平衡可以推动个体运用调节机制，以达到新的平衡。通过这样一种平衡——不平衡——再平衡的过程，个体的认知活动不断向前发展。

（2）皮亚杰心理发展的阶段理论。皮亚杰花了大半生的时间，通过大量的观察和实验，按照儿童认知发展的水平，把儿童心理发展划分为四个阶段：感知运动阶段、前运算阶段、具体运算阶段和形式运算阶段。

①感知运动阶段（0～2岁）。处于该阶段的儿童还没有语言和思维，主要依靠感觉和动作探索周围世界，由此形成动作图式的认知结构，该阶段儿童所蕴含的逻辑是动作逻辑，他们只有动作智慧而没有表象和运算的智慧。

②前运算阶段（2～7岁）。处于该阶段的儿童，各种感觉运动行为模式开始内化而成为表象或形象模式，特别是由于语言的出现和发展，促使儿童日益频繁地使用表象符号来代替或重现外界事物，出现了表象思维。这种表象思维有三个特点：一是具体形象性。儿童是凭借表象来进行思维的，依靠这种思维，他们可以进行各种象征性的活动或游戏。由于表象和语言的出现以及行走能力的发展，极大地扩展了儿童的空间和时间的范围。二是不可逆性。儿童能够理解 A＝B，B＝C，但是不能理解 A＝C，同时缺乏概念守恒结构。三是自我中心性。儿童只能站在自己经验的中心，只有参照自己才能理解别的事物，而认识不到还有他人或外界事物的存在，也认识不到自己思维的过程。

③具体运算阶段（7～12岁）。此阶段是在前一阶段的许多表象图式融合、协调的基础上形成的。儿童的认知活动具有了守恒性和可逆性，掌握了空间关系、分类和排序等逻辑运算能力，但运算的形式和内容仍以具体事物为依据，而不能将逻辑运算扩展到抽象概念之中。

儿童在具体运算阶段所表现出的特征是：他们产生了类的认识，形成了类的概念，也能把许多同类事物按照某种性质排成一个序列，还能把不同类事物进行序列的一一对应。在包含关系和序列关系的基础上，儿童真正在运算水平上掌握了数概念，并使空间和时间的测量活动成为可能。

④形式运算阶段（12～15岁）。这一阶段儿童不再依靠具体事物来运算，而能对抽象的和表征的材料进行逻辑运算。该时期的思维主要特征是把逻辑运算结合成各种系统，并根据可能的转化形式去解决脱离了当前具体事物的观察所提出的有关命题；或是根据掌握的资料，进行实验，从而发现规律。这个阶段也是儿童开始掌握理论的时期。

根据皮亚杰的理论，儿童在这四个发展阶段中会积极地建构自身对世界的认识，每一阶段对应着相应的年龄，并与其他阶段存在着本质的区别。儿童在每一时期都有其自身独特的思维方式，并且这些思维方式逐级向高级演化。

在第一阶段，婴儿的认知能力初步发展，他们依靠感觉和运动认识周围的事物，而到了第二阶段，儿童的语言能力得到了飞速的发展，他们开始学习，逐渐地能够运用符号表征事物，并用符号从事简单的思考活动。进入第三阶段后，儿童抽象思维的能力进一步提高和完善。值得注意的是，尽管皮亚杰将儿童认知的发展划分为四个阶段，然而这些阶段并不是截然断开的，它们是紧密联系的，前一阶段的发展构成后一阶段发展的基础，后一阶段发展是前一阶段发展的提升。

皮亚杰的理论极大地丰富和深化了儿童心理学的研究，成为了发展心理学史上的一个重要里程碑。在教育方面，他重视幼儿教育，强调学生学习的主动性，重视开发学生智力，这些独到的思想，启发并推动了许多教育家开展实验和教育改革运动，从而对西方中小学教育的发展做出了巨大贡献。

2.4.2　维果茨基的文化历史理论

同皮亚杰一样，前苏联的发展心理学家维果茨基也认为儿童能够积极地建构自己的知识，但他并没有将这一过程划分为一个个阶段。维果茨基（1896—1934）出生于莫斯科的一个职员家庭。童年酷爱文学、戏剧和艺术，1917年毕业于莫斯科大学法律系和沙尼亚夫斯基大学历史—哲学系，他对心理学具有浓厚的兴趣，先后在莫斯科实验心理学研究所、缺陷研究所、莫斯科心理研究所工作，并在高等学校讲授心理学。1934年因患肺病去世，年仅38岁。尽管他英年早逝，但为后人留下著作186种，为用马克思列宁主义改造心理学理论体系做出了卓越贡献。

与皮亚杰相比，维果茨基更强调社会交流与文化在认知发展中的重要作用，他的文化历史理论试图阐明文化与社会交流是如何引导认知发展的。维果茨基认为个体心理发展就是指人的心理在环境和教育的影响下，从低级的心理机能逐渐向高级的心理机能的转化过程。这种由低向高的发展主要表现为四个方面的变化：心理活动随意机能的提高、心理活动的抽象—概括能力的增强、以符号或词为中介的心理结构的形成以及心理活动的个性化。维果茨基指出，这种发展变化有三个因素：第一是社会文化、历史的发展，由社会发展规律所致；第二是儿童在与成人交流过程中逐步掌握了语言符号这一工具，这使得各种高级心理机能的形成成为了可能；第三是机能的不断内化。

维果茨基还特别重视儿童心理发展与教学两者间的关系。他认为以前的不少观点，如皮亚杰的“儿童的发展过程不依赖于教学过程”的观点，詹姆斯的“教学即发展”的理论，以及卡夫卡的二元论发展观等，都没有正确估计教学在心理发展，尤其是在智力发展中的作用。维果茨基明确指出，作为传递社会文化经验的教学在个体心理发展中起着主导作用，一个人心理的发展离不开教学。在教学与发展两者的关系上，维果茨基认为，教学应与儿童的发展水平相一致，这乃是通过经验而确立的并多次验证过的无可争辩的事实。但在确定发展过程与教学的可能性的实际关系时，“无论何时我们都不能只是限于单一地确定一种发展水平。我们应当至少确定儿童的两种发展水平”。第一种水平叫做儿童现有发展水平，第二种水平叫做最近发展区。所谓最近发展区，就是现有发展水平与通过指导、帮助所能够达到的水平之间的区域，而教学决定了这两个发展水平之间的运动。基于最近发展区的概念，维果茨基提出“教学应走在发展前面”，他认为教学就是一种人为的发展，它决定了个体智力的发展，这种决定作用既表现在智力发展的内容、水平和智力活动的特点上，也表现在智力发展的速度上。

维果茨基的心理发展理论，特别是最近发展区的理论，为教育教学活动供了广阔的发展空间，对心理发展研究产生重要的影响。美国心理学家布鲁纳在1996年9月的日内瓦“国际第二届社会—文化研究，纪念维果茨基—皮亚杰百周年诞辰”学术会议上指出：“对于我们这些研究人类发展的人来说，有皮亚杰和维果茨基这样两位巨人激发我们的科学探索，该是多么幸运啊！……他们馈赠给我们的是一种真正值得珍视的反对还原论简化法的精神遗产。”“如果说皮亚杰是首先全神贯注于心理发展次序的研究的一个人，维果茨基便是专心致志于探讨使教学过程可能实现客观的文化模式的人。”“选择他们中任何一个人作为导师都是值得的。”

2.4.3 信息加工理论

信息加工理论的认知发展的新观点改变了发展心理学家看待儿童的思维方式。信息加工理论从认知心理学和电脑科学的角度分析和研究个体的思维。信息加工理论认为个体大脑对信息的加工过程类似于电脑的信息输入、存储和输出，如个体大脑的感知觉、记忆和问题解决，信息加工理论承认生物成熟因素对认知发展的重要作用，并对此做了明确的阐述。它认为个体的认知发展是连续的，人们在收集、存储、提取和加工信息的策略是随着年龄逐渐发展的，这是一个量变的过程。

2.4.4 道德发展理论

认知发展学家主要考察个体在判断各种行为对错的过程中道德推理能力的发展。根据认知理论的观点，个体认知的发展和社会经验能够帮助个体发展和丰富对规则、法律及人际责任等意义的理解。当儿童对此获得了新的理解后，他们会按照道德阶段的一定顺序发展。

柯尔伯格对一群年龄小的孩子进行研究和访谈，在此基础上建立了自己的理论。一系列道德两难问题呈现给孩子们，然后对他们进行访谈，确定了他们对每一个情节进行判断后面的道德推理。每个两难问题都要儿童在下列两个方面做出选择：（1）遵守规则、法律或者权威人士；（2）为了满足个体需要而采取与规则冲突的行为。柯尔伯格的道德发展理论概括了三个不同水平上的六个阶段，他认为道德发展是一个持续不断的过程，会伴随人的一生。下面是柯尔伯格道德发展的不同水平和阶段。

水平 1：习俗前道德

阶段 1——服从与惩罚

这是道德发展最早的阶段，在年幼的孩子中尤其普遍，但大人也有可能表现出这种道德推理类型。在这个阶段，孩子把规则看做是固定和绝对的。遵守规则很重要，因为它意味着可以避免惩罚。

阶段 2——利己主义与交换

在这一个道德发展阶段，孩子们以如何满足个人需要为基础来考虑建议和决定。在道德两难中，孩子们认为，最好的行动方针就是能最好地满足个体的需要。互惠是可能的，但要满足个人的需要。

水平 2：习俗道德

阶段 3——人与人之间的关系

这一道德阶段经常被说成是“好女孩—好男孩”定向，并集中于遵从社会期待和角色。这里强调一致，强调成为“和蔼的人”，考虑选择怎么影响关系。

阶段 4——维持社会秩序

在这一道德发展阶段，人们做决定时，开始把社会作为一个整体来考虑。这一阶段集中于通过遵守规则，完成责任，尊重权力来维持法律和秩序。

水平 3：习俗后道德

阶段 5——社会契约与个人公正

在这个阶段，人们开始考虑他人不同的价值、观点和信念。法律法规有利于维持一个社会的稳定，但人们需要在很多标准上达成一致。

阶段 6——普遍性原则

柯尔伯格的道德发展的最高水平是建立在普遍伦理道德和抽象推理基础上的。在这个阶段，人们遵循一些内化的公平原则，即使是这些原则违背了法律或者规则。

对柯尔伯格道德理论的批评是：道德推理一定导致道德行为吗？柯尔伯格理论关注道德思考，但是，知道我们应该做什么和我们实际上做的行为是有很大不同的。

公平是我们需要考虑的关于道德推理的唯一方面吗？批评指出，柯尔伯格的道德发展理论过分强调做出道德选择的公正概念。其他的因素，如同情，关心，还有其他人与人之间的情感，可能在道德推理中占有重要地位。

柯尔伯格理论是否过分强调了西方哲学？个人主义文化强调个人权利，但集体主义文化强调社会和团体的重要性。

2.4.5　认知发展理论的贡献与局限

皮亚杰认为儿童的发展是先天的成熟和后天的环境交互作用的结果。皮亚杰关注儿童质性的发展对教育有着重要的影响。虽然他的理论并没有专门针对教育，但是许多的教育计划都是建立在皮亚杰的观点上的。这个观点是：教育应该考虑儿童先天成熟的水平。另外，许多的教学原则都源自皮亚杰的工作。比如，为儿童提供丰富的环境，充分运用社会交互作用和同伴互教，帮助儿童发现思维中错误和矛盾的地方。

对皮亚杰工作的批评许多是他采用的研究方法。皮亚杰理论的灵感主要来自于他对自己三个孩子的观察。另外，皮亚杰观察的其他样本的儿童都是来自于社会经济地位较高、父母接受过良好教育的家庭。样本的代表性不好，因此很难把他的结论推广到总体的儿童身上。

皮亚杰认为所有的儿童都会自动地从上一个阶段发展到下一个阶段，可是有数据表明环境的因素在儿童进入形式运算阶段起着重要的作用。

皮亚杰低估了儿童的能力。当呈现一些更为熟悉的简单任务，并允许表现自己的能力的时候，儿童能表现出很强的问题解决能力。许多研究者都认为儿童在早期就能展现出许多的能力。近期关于心理理论的研究发现 4 ~ 5 岁的儿童在理解他们自己和他人的心理过程的时候，就能展现出相当复杂的水平。

信息加工研究者所采用的严密的研究方法，使他们能够识别儿童和青少年是如何解决问题的，以及他们为什么会犯逻辑错误。这在教育儿童的过程中有重要的实践运用价值。

人们的批评在于：信息加工的理论是基于人为设计的实验室研究，理论的适用性值得怀疑。另外，人们认为以电脑模型为基础的信息加工理论严重低估了人类认知的丰富性和多样性，因为人类有想象、创造、自我意识、反省自我与他人。

2.5 习性学理论

习性学理论的基本观点是：所有的动物生来就有许多生物性的程序化的行为，这些行为是：(1) 进化的产物；(2) 有利于生存的适应性行为。

习性学是生物学的一个分支，主要研究物种在它的自然环境中进化的、有意义的行为，是一种研究动物行为的学科。习性学者主张把人类置于动物世界这一广阔的背景中加以研究，认为行为受生物与进化的巨大影响，强调在人的一生中，对不同经验的感受性是变化的。换言之，对于某些经验存在着关键期或敏感期，如果在敏感期内得不到这些经验，人的发展就不太可能达到最佳的水平。大部分习性学家并不研究人类行为，但他们的研究对发展心理学具有重要的影响。

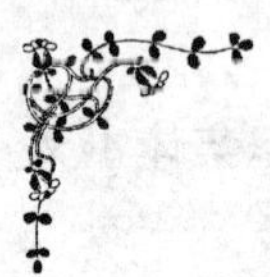

利他主义是人类的天性吗?

达尔文的适者生存观似乎反对利他行为是人类的天生动机的观点。许多学者对此做出的解释是：把自己的需要放在他人需要之前的强有力的自私个体最有可能生存下来。如果是这样的话，进化论支持利己主义和自我中心主义是人性的基本要素，而不是利他主义。

霍夫曼对此观点提出了挑战，指出适者生存实际上意味着利他主义。他认为人类如果生活在合作的群体中，他们可能避免天敌的袭击、满足基本的需要、顺利地繁殖。如果此假设成立，合作、利他的个体最有可能存活，并把这种“利他基因”传给后代；独立的个体则有可能屈服于自己不能应对的灾荒、掠夺者以及其他的自然灾害，因此，经过世代相传，自然选择有助于“利他”这样的先天社会动机的发展。或许符合社会的生存价值使得利他、合作和其他社会动机比竞争、自私等更有可能成为人性的要素。

认为婴儿一贯会帮助他人的观点显然是很滑稽的。然而，霍夫曼认为，即使新生儿也能识别和体验他人的情绪。这种能力称为移情，是利他的重要影响因素。一个人要帮助他人首先必须识别他人处于困境之中，因此霍夫曼认为，移情至少是利他的一个方面，是出生就具备了的。

霍夫曼的观点基于对出生不到两天的婴儿的实验之上，此时让婴儿听：(1) 另一个婴儿的哭声；(2) 电脑模拟婴儿同样的哭声；(3) 无声（沉默）。结果是听到真正婴儿哭声的婴儿很快也哭了，表现出如踢打之类的焦躁不安和痛苦的表情；听到模拟哭声和无声的婴儿哭得较少，似乎没有表现出明显的不安。

霍夫曼认为人类的哭是很奇特的，他认为听到和体验到另一个婴儿哭的婴儿，自身也会变得痛苦。当然，这种结果并没有完全证明人类生来就具有利他行为。但是它的确表明移情能力是天生就有的，从而也就成为利他行为发展的生物基础。

资料来源：[美] D. R. 谢弗著：《发展心理学：儿童与青少年》(第六版)，邹泓等译，中国轻工业出版社2005年版。

2.5.1　洛伦茨的印刻理论

习性学理论对人发展的理论做出了重要的贡献，这一贡献主要来自于欧洲的动物学家，尤其是康纳德·洛伦茨（1903—1989）。他们通过对动物的观察和实验来论证自己的理论。在一组实验中，洛伦茨把由同一只鹅下的蛋分成两组，他将其中一组放入母鹅要孵的蛋中，而将另一组放入孵化器中。第一组蛋孵出的幼鹅的行为正如人们所预料的，它们一孵出就紧跟着自己的母亲；而第二组幼鹅孵出时最先看到的是洛伦茨，于是幼鹅就跟着他到处走，好像洛伦茨就是它们的母亲。

接下来，洛伦茨将这些幼鹅作上标记，并将两组鹅用一个盒子盖住，母鹅与洛伦茨分别站在两边。当盒子被掀起时，幼鹅纷纷径直走向各自的“母亲”，洛伦茨将这一过程称为印刻：一种在有限的关键时间内的学习，对第一眼看见的会动的活体的依恋行为。印刻的功能显然是把幼小的动物吸引到父母身边，以得到食物和保护，免遭天敌的危害和其他灾难。洛伦茨进一步发现，很多物种都有其关键时期，如山羊在出生后的最初五分钟内就必须与母山羊建立联系，否则再回到母山羊身边就要受到攻击。而出生五分钟以后离开母亲的山羊回到母亲身边时，却能相安无事，显然它们已经建立了母子关系。

那么，人类发展是否存在着关键期呢？这是洛伦茨与其他的欧洲动物学家的习性学的观点对心理学者提出的挑战。在胎儿的发育过程中，如果一个孕妇服用了一种药物，可能会对不同时期的胎儿产生不同的影响，显然在胎儿发育过程中，也存在着发育的关键期。同样心理学者研究发现在个体发展的某些阶段，其学习某种技能的能力要明显优于另一些时间。比如儿童在出生第一年的后期开始掌握语言，并能在很短的时间内迅速地掌握母语口语，准确地运用和创造，其速度和能力令人折服和赞叹，而错过这个时期，学习起来就相对困难。但是，到了20世纪70年代，关于关键期的概念又有了新的变化，人们发现即使是鸟类，也有不发生印刻反应的特例，并且有些物种，在关键期过了以后，如果将适宜的刺激呈现足够长度，同样也能产生印刻现象。关键期的概念要比想象的复杂。对于人类来说，更是如此，由于人类具有适应不断变化的环境的高度灵活性和变通性，而很少只把自己限定在固定的行为模式之中苟且生存，人类创造和发展的各种文化及其传递，使人类连续发展的文化适应能力远远超出了呆板的印刻。因此，在谈到人类的关键时期时，更多地用敏感期来代替，以表明在这一时期个体对某一刺激特别敏感或发展水平高。

2.5.2 鲍尔比的依恋理论

习性学理论在人发展中的另一个重要应用是约翰·鲍尔比的“依恋理论”。鲍尔比（1907—1990）是英国伦敦的一位精神分析学家，长期从事儿童精神病学的研究和心理分析训练。1936年以后，他主要从事儿童指导工作。他发现在教养所和孤儿院长大的儿童经常表现出各种各样的情绪障碍问题，包括不能与别人建立亲密持久的人际关系；在经历短期的正常家庭生活后被迫与亲人长期分离的儿童中，也有类似症状，因此鲍尔比相信新生儿与母亲之间的联结是十分重要的。20世纪50年代，鲍尔比受世界卫生组织委托对在非正常家庭中成长和养育的儿童作了大量调查，并提交了调查报告《母亲照看与心理健康》，提出与家庭分离的儿童，其心理健康将受到极大危害。随后，他先后发表了《儿童与母亲关系的本质》(1968)、《依恋》(1969)、《分离》(1973)、《缺失》（1975）等著作，系统地提出了自己的“依恋理论”。

从习性学的角度看，人们认为依恋的形成有着深刻的生物根源。鲍尔比在解释母婴依恋形成的原因是：人类进化过程中使婴儿产生了一种先天的倾向，即婴儿具有在无力照顾自己时发出信号（哭、笑、依附等）以吸引成人接近、从而满足自己各种需要的倾向，同时成人也具有对这些信号作出适当反应的倾向，这两种倾向相互作用就形成了依恋。

在习性论者看来，依恋是一套生物学上的本能反应，它是人类长期进化的结果，其作用在于保护幼小，为他们提供一种心理安全感。习性学依恋理论的另一个突出特点是采用“内部工作模型”来解释依恋的内在作用机制。鲍尔比指出，儿童在与他人交往的基础上形成一种“无意识的内部工作模型”，其实质是儿童对自我、重要的他人以及人际关系的一种稳定认知。此外，习性学依恋理论还看到了依恋作用的双向性，改变了传统上只重视婴儿对成人的依恋而忽视成人对婴儿的依恋倾向。

鲍尔比认为，依恋是亲子之间形成的一种亲密的、持久的情感关系。依恋一旦形成，婴儿会以一系列相互关联的行为系统保持与依恋对象之间的联系。这些行为包括探寻和吸吮、姿势调整、注视和跟随、倾听、微笑、有声信号、哭泣、抓握和依偎等，这些行为表达了儿童与依恋对象情感联系的程度和水平，不同年龄的个体与看护对象之间的依恋程度是不一样的，所表现出的依恋形式也是不一样的，这样就构成了依恋的阶段性特点。鲍尔比把依恋分为四个阶段：

第一阶段，鲍尔比称之为“不分依恋对象的导向和信息阶段”。具体表现为对周围人物、事件的探索活动和在识别各种刺激过程中所表现出的感情技能，但是这一阶段儿童对母亲的反应方式与对其他人的反应方式之间还没有出现明显的分化，因而也称为无分化阶段。

第二阶段，低分化阶段，鲍尔比称之为“指向一个对象已分化的导向和信息”的阶段。从3个月到6个月。在这一阶段中，婴儿继续探索环境，能够识别一些熟悉的人与不熟悉的成人之间的差别，同时，婴儿还积极地扩展依恋行为技能，对熟悉的人，尤其是母亲更加敏感，婴儿的社会反应主要指向母亲，但对陌生人也表现出友好的态度。这一阶段，婴儿一方面有了偏向的意识，但还不具有排他性，还没有形成真正的依恋。

第三阶段，依恋对象形成阶段，鲍尔比称之为“运用运动信号同已识别的对象保持亲近”的阶段。出现在 6 个月到 2 周岁半。这一阶段婴儿在寻求和获得与偏爱对象亲近和接触上比以前更为积极主动，而不像前一阶段那样依靠信号行为实行亲近。处于这一阶段的婴儿为了促进亲近和接触，能更加仔细地调节自己的行为以适应成人的行为。

第四阶段，修正目标的合作阶段，出现在 2 岁半以后。鲍尔比认为这一阶段的主要特征是儿童的自我中心减少了，能从母亲的角度来看问题。这样，就能推测母亲的感情和动机，决定采取什么样的行为和计划来影响母亲的行为。

尽管鲍尔比主要研究母亲与儿童的依恋关系，但是他认为婴儿与其他人的依恋模式也是接近一致的，依恋贯穿于人的一生。儿童对父母的依恋可能会随年龄的增长而减少，可能会被其他的依恋所替代、所补充，但没有一个人不受早期依恋的影响，并在一定程度上依恋着早期依恋的对象。

2.5.3　习性学理论的贡献与局限

习性学的发展理论把人类置于动物世界这一广阔的背景中加以考察，从观念、成果和方法论上，都为发展心理学提供了认识人类行为和发展的新视角，扩大了我们的视野，让我们从更大的空间（广阔的社会背景）和时间（物种进化史）的维度来理解人类的行为，使发展心理学家承认行为的生物基础的重要性。

另外，习性学认为儿童生来就有许多适应性，这些先天的特性可能影响到个体发展的进程和结果。习性学家在个体发展的研究方法上做出了很大贡献：强调在日常环境中研究个体；把人类发展与其他生物发展相比较。

但习性学的研究与理论还需要补充一些成分才能将其提升到前面所讲的那些理论的层次。在经典的习性学观点中几乎没有论及人的社会关系的性质，这在其他主要的发展理论中是必须解释的。此外，生态学所说的关键期，即发展早期的一个固定的时间段，在这段时间里出现的行为是最佳的，这一概念似乎有些夸大其辞。习性学家虽然提出了建立个体生态学的构想，但他们在模拟人类的研究方面是很不够的，存在着一定的局限性。

另外一个对习性学的批评在于：习性学的理论很难证明，如何证明各种动机、习惯、行为是先天的、适应性的和历史进化的产物？运用习性学的观点容易解释已经发生的事情，但是它能够预测将来可能发生的事情么？

2.6　生态系统理论

2.6.1　生态系统理论的内容

生态系统理论是俄裔美籍心理学家尤芮·布朗芬布伦纳提出的一种揭示个体与周围环境相互作用的宏观发展理论。

与习性学家强调生物因素在个体发展中的作用不同，布朗芬布伦纳更注重环境在个体发展中的作用，他认为自然环境这一常被在人为情境中研究发展的研究者所忽视的因素，正是对发展中的人施以最大影响的因素。环境中包含了多个系统，而发展的个体则处于多重环境系统的中央，这些系统既包括像家庭这样直接的环境，也包括诸如文化等宽泛的环境。这些环境系统不仅自身之间相互影响，而且与个体也相互影响，从而极大地影响着个体的发展。为此，布朗芬布伦纳把儿童的发展视为周围多层次环境关系的复杂系统，把环境视为一系列相近结构，从家庭一直扩展到学校以及个体每天生活其中的街坊环境，环境的每一个层次都被认为对人的发展产生有力的影响。由于认为人的生物倾向和环境因素都是塑造人的发展的力量，布朗芬布伦纳把他的观点定为生物生态模型，把个体发展的环境分为五个层次：

（1）微观系统。环境最内部的层次是微观系统，它指的是个体在即时环境中的活动和相互作用。布朗芬布伦纳强调，为认识这个层次的个体发展，必须看到所有关系是双向的。换句话说，成人影响着儿童的反应，但儿童决定性的生物和社会特征——其生理属性、人格和能力也影响着成人的行为。如一个友好、有礼貌的孩子很可能引起父母积极、耐心的反应，而一个令人烦心的小孩则更容易受到约束和惩罚，当这些交互反应很好的建立并经常发生时，它们就会对发展产生持久的作用。

（2）中间系统。为了使个体获得最好的发展，育儿同样需要大环境的支持。布朗芬布伦纳模型的第二个层次就是中间系统。中间系统包括微观系统中的联系，如培养儿童成长的家庭、学校、邻里和幼儿园。例如，一个孩子的学业进步不仅仅依靠在班级中的活动，它也是父母参与学校生活以及学业学习渗入家庭的结果。同样，父母、孩子的交互关系很容易受到儿童与幼儿园照料者关系的影响，反之亦然。当父母—儿童和照料者—儿童的关系彼此发生联系时，就通过在家庭和幼儿园的访问和信息交流相互支持。

（3）外在系统。外在系统是指不包括儿童在内，但在即时环境中影响他们经历的社会环境。这些社会环境是正式的组织，如父母的工作场所或社区的健康福利服务机构。例如，变换不定的工作提供了产假，以及在孩子生病时父母可请假的制度，是工作环境帮助父母在他们的育儿角色中间接培养孩子的发展方式。外在系统的支持也可以是非正式的，如父母的社会关系网——朋友和大家庭成员，他们可以给出建议、提供陪伴甚至提供经济上的支持。研究表明，外在系统活动的崩溃会产生消极作用以及致使家庭与社会的隔绝，因为他们没有人际和社会联系，或受失业影响，表现为冲突和虐待儿童比率的上升。

（4）宏观系统。布朗芬布伦纳模型的最外层是宏观系统。宏观系统不是一个特殊的内容，相反，它包括价值观、法律、习惯和特定文化来源。宏观系统给予儿童需要的优先权影响着他们在低层次环境中得到的支持。例如，在一些国家，对儿童的照料和儿童活动的场所有着高质量的标准，从而使有职业的家长从中受益，个体能在即时环境中得到愉快的经历。

（5）动态变化系统。根据布朗芬布伦纳的观点，环境并非是按固定方式始终如一地影响着个体发展的静态的力量，相反，它是动态的、时时变化着的。诸如弟妹诞生、入学、搬家、父母离异等重要事件，导致了影响发展的新情况，改变着个体和环境之间现存的关系。另外，环境变化的时间也影响着它的作用。一个新的弟妹的到来，对于在家中蹒跚学步的幼儿和有着家庭以外许多愉快关系和活动的学龄儿童产生作用是很不相同的。

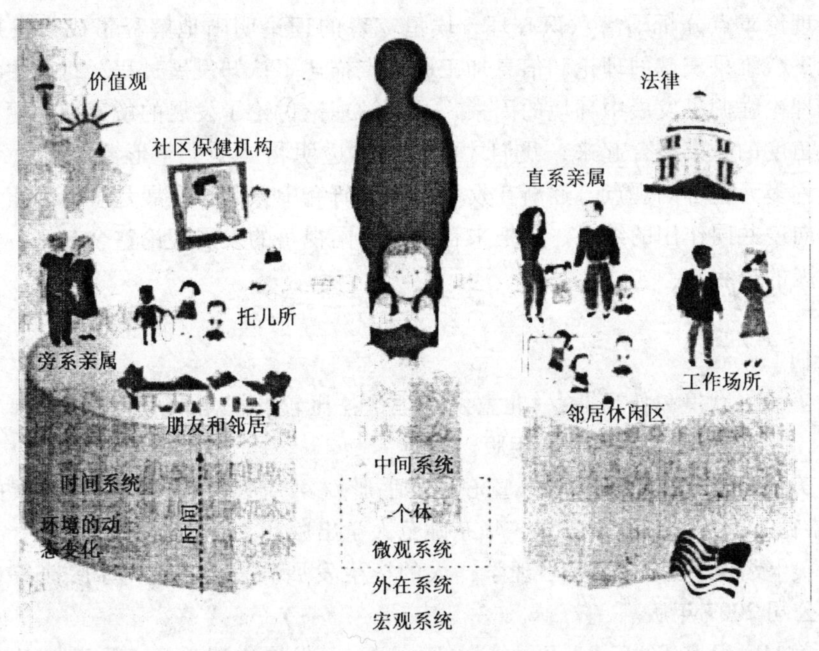

图 2.1　生态系统理论示意图

布朗芬布伦纳认为其模型的标准是时间系统，他强调生命中事件的变化可以从外部施加像上面例子中给出的影响。相应地，它们也可产生于机体内部，因为个体可以选择、更改和创造许多他们自己的环境和经历。他们如何去做，取决于他们所拥有的生理、智力、人格特征以及环境机遇。然而，在生态系统理论中，发展既不由情景环境控制，也不由内部倾向所驱动。相反，个体既是其环境的结果，也是环境的创造者，这两种关系构成一个相互依存、相互影响的网络。

2.6.2　生态系统理论的贡献与局限

生态系统理论比任何一个学习理论对环境的描述都丰富细致，它强调只有在自然情境中观察个体与各种自然环境的互动，才能理解个体是如何影响他们的环境并受环境影响的。生态系统理论对环境影响的细致分析，可以使人们从环境的不同层次来对个体发展进行指导和干预。

尽管生态系统理论有许多优点，但它还是未能全面解释个体的发展。布朗芬布伦纳认为他的理论是生物生态模型，但是他很少论述生物因素对人类发展的影响。虽然生态系统理论强调个体与变化的环境之间的复杂互动，但是它并没有指出发展的标准模式是什么？如果独特的个体影响特定的环境，又受到该环境的影响，是否每个个体都是独特的呢？生态系统理论过于强调了变化的意义，不能提供个体发展的一般模式。

以上我们介绍了七种发展理论，每一种发展理论都对我们理解发展做出了贡献，但没有任何一种理论可以完全解释毕生发展的多样性、复杂性、多变性。一种发展理论就像照在黑暗房间里不透明物体的一束光线，它只是照亮了不透明物体的一个侧面。经典精神分析理论重点分析了潜意识心理，埃里克森的理论明晰地解释了成人发展中的变化，皮亚杰、维果茨基的理论和信息加工的观点描述了认知发展过程，行为主义理论和生态系统理论强调了发展中环境的因素，习性学理论讨论了发展的敏感期问题。只有把来自不同角度的光束整合起来，我们才能获得不透明物体的完整形象。因此，最近20年来，一种多元整合的观点，逐渐在发展心理学研究中兴起，发展是多种因素、多种维度、多样向度共同作用的结果，应把来自多个不同视角的发展理论整合起来，才能完整展现出发展的全貌。

【阅读书目】

1. ［美］R. 默里·托马斯：《儿童发展理论：比较的视角》（第六版），郭本禹、王云强等译，上海教育出版社2009年版。

2. ［美］戴蒙、勒纳主编：《儿童心理学手册》（第六版）第一卷《人类发展的理论模型》，林崇德、李其维、董奇等译，华东师范大学出版社2009年版。

3. ［美］费尔德曼：《发展心理学：人的毕生发展》（第四版），苏彦捷等译，世界图书出版公司2007年版。

4. ［美］David R. Shaffer & Katherine Kipp 著：《发展心理学——儿童与青少年》（第八版），邹泓译，中国轻工业出版社2009年版。

5. 林崇德：《发展心理学》，浙江教育出版社2002年版。

6. ［美］谢弗著：《发展心理学的关键概念》，胡清芬等译，华东师范大学出版社2008年版。

7. 雷雳、张雷主编：《青少年心理发展》，北京大学出版社2003年版。

8. 杨丽珠、刘文主编：《毕生发展心理学》，高等教育出版社2006年版。

【思考题】

1. 如何判断一个发展理论的好坏？

2. 以理论好坏的判断标准对各种发展理论进行评价。

3. 各种发展理论对个体发展的基本主题持什么样的观点？

第3章　生命的起始

本章要论

人的生命在出生前已经开始，新的生命兼具父母及各自家族的遗传信息，遗传基因决定一个人的生物特征。

受精卵经过胚种期、胚胎期和胎儿期三个阶段共280天的产前期发育成成熟的胎儿，产前期是个体发生的时期，它为个体心理的发生提供了自然的物质前提。

母亲自身因素和致畸因子对胎儿发育过程起着至关重要作用，应趋利避害以优生优育。胎教能给予胎儿良性刺激，也对父母有益。

生命从何而来呢？这是一个人们经常思考和探索的宇宙之谜。从盘古开天地、女娲造人、上帝造人说等神创论到达尔文的进化论，再到科技高速发展的今天，人们始终没有停止对生命奥秘的探索。自从19世纪60年代奥地利修道士孟德尔用豌豆做实验，证明细胞中存在决定发育的遗传因子以来，人们就开始对生命现象的本质进行系统科学的研究。1990年，一项规模宏大的科学计划——人类基因组计划启动，旨在测定人类染色体中所包含的30亿个碱基组成，从而绘制出人类基因组图谱，进而破译人类遗传信息。人类基因组计划被誉为生命科学的“登月”计划，它由美、英、日、法、德、中六国1000多名科学家联合攻关，耗资10亿多美元。2000年6月，人类基因组“工作框架图”完成。2003年4月14日，人类基因组研究项目负责人弗朗西斯·柯林斯博士隆重宣布，人类基因组序列图绘制成功，人类基因组计划的所有目标全部实现。从此人类对生命的探索进入了后基因时代，科学家们致力于研究人类基因组里3万多个基因的功能，进而揭示基因是怎样控制生命现象的。那么，个体生命是如何诞生的？又为什么成为目前这个样子？在早期生命历程中，他是如何发展发育的呢？本章我们将就此进行探讨。

3.1　生命的生物基础

当人们谈到生命开始的时候，总会想到新生命的诞生。实际上人的生命在出生前就已开始了，甚至在父母体内就开始孕育了。新的生命既带有父亲及家族的遗传信息，也带有母亲及家族的遗传信息，那么这种信息是通过什么载体、采取什么样的方式传承的呢？

3.1.1 遗传的物质基础

我们知道，我们每一个人都是由无数个细胞组成的，每个细胞的细胞核中都包含着一种杆状结构的组织，称为染色体。它是细胞内一种具有特殊结构、特殊的个体性及特殊功能性质的小体，能够通过细胞分裂复制它们的理化结构并保持其形态和生理的性质。每种生物都有恒定数目和形态的染色体，比如黑猩猩有48条，狗有78条，马64条，鼠40条，而人体细胞含有46条染色体，它们双双成对，共23对，孩子从父亲和母亲那里得来的所有的遗传物质都包含在这23对染色体中，其中22对为常染色体，第23对为性染色体。

染色体由一种叫做脱氧核糖核酸（即DNA）的高分子化合物组成。DNA就是遗传物质，它载有决定各种性状发育的信息，它由两条分子链组成，它们互相盘旋，形成一个双螺旋，就像一个盘旋上升的梯子。梯子的两边由磷酸和脱氧核糖一个隔一个地连接组成，梯子的横档是配对的碱基（一种化学物质），每个碱基一边与脱氧核糖相连，另一边通过氢键与相对位置的碱基相连。基因是遗传信息的基本单位，是位于DNA上的一个个离散的片断。基因本身对人类的外貌并不产生直接的影响，真正对人体施加影响的是由基因决定的遗传密码的产物——蛋白质。基因指示着细胞自我复制并合成蛋白质，反过来蛋白质是给生命万物搭建骨架的化学结构单元并指挥着身体的行动。正是由于DNA分子的自我复制功能，使祖辈能够把他们的DNA复制一份传递下去，保持物种的延续，而一个人的生命就得以从一个单一的受精卵中创造出来了。

3.1.2 遗传的基本过程

人体中存在两类结构和功能完全不同的细胞，即体细胞和生殖细胞。生殖细胞由女性的卵细胞和男性的精细胞组成，人类所有的其他细胞称为体细胞。卵细胞和精细胞这两种生殖细胞含有胎儿全部的遗传物质。卵细胞是人体最大的细胞，精细胞是人体最小的细胞，一个卵细胞的重量大约是精细胞的9万倍。尽管这两种生殖细胞的体积和重量悬殊如此之大，但它们对后代的遗传特征所起的作用几乎相等。

减数分裂是在生殖细胞成熟过程中发生的，生殖细胞和其他人体细胞一样，含有46条染色体，当生殖细胞成熟时，发生了减数分裂。在减数分裂过程中，睾丸（或卵巢）中的细胞会复制其染色体，再各自分裂两次，就产生了四个精子（或卵子），每个仅携有原细胞一半的遗传物质，即每个精子（或卵子）只有23条不成对的染色体。遗传物质通过减数分裂部分地分配到精子和卵子中去，然后通过受精作用，精子和卵子结合生成合子（受精卵），合子中染色体又恢复到原来的数目——46条染色体。

可见，减数分裂和受精作用是相辅相成的两个不同的过程，形成并保持了一个物种所特有的染色体数目和内容。受精卵中23对染色体所载的DNA全部基因决定了一个人的遗传基因，而父母各为受精卵提供了一半染色体和基因。

精子和卵子生成受精卵即合子后就开始细胞分裂，到新生儿出生要经过44次细胞分裂，产生2^{44}个细胞，婴儿出生后，再经过4代细胞分裂达到成人的细胞数。通过细胞的不断增殖与生物化学过程，构造许多器官，这一过程在人体是通过细胞的有丝分裂进行的。

有丝分裂与减数分裂不同，它是细胞染色体有规则的分裂变化的过程。有丝分裂时，染色体自行复制，复制后的染色体相互分离，46条染色体朝一个极移动，另外46条染色体朝另一个极移动，成为两个相同的子细胞，它们具有相同数目的染色体，染色体内DNA的结构也相同。正是这样，受精卵的遗传基因通过不断的有丝分裂传递给人体的全部细胞。

综上所述，我们可以看到，通过减数分裂，父母生殖细胞中的遗传物质部分地分配到配子（精子和卵子）中去，通过受精作用，精子和卵子结合形成受精卵，这样受精卵就具有父母各一部分的遗传物质。受精卵形成后，经过不断的有丝分裂，使发育成的个体的全部细胞中都含有与受精卵相同的遗传基因，而正是遗传基因决定一个人的生物特征，父母的生物特征就是这样传给子女的。

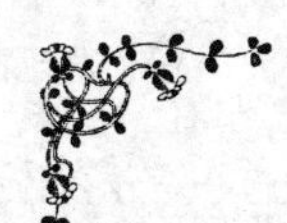

为什么你是男性或女性？

每一个精子与每一个卵子中的23个染色体中，有一个被称为“性染色体”，决定后代将是男性或女性（其他22个染色体被称为“常染色体”）。父亲产生两种类型的精子：一种带有更大一些的性染色体，被称为“X染色体”；另一种带有更小一些的染色体，被称为“Y染色体”。如果使卵子怀孕的精子含有“X染色体”，后代将是女孩；如果精子细胞含有“Y染色体”，后代将是男孩。由于卵子仅有“X染色体”，我们能够准确地说，是父亲的精子决定后代的性别。

资料来源：[加] Guy R. Lefrancois著：《孩子们——儿童心理发展》(第九版)，王全志、孟祥芝等译，北京大学出版社2004年版，第103页。

3.1.3 遗传的基本法则

即使人类基因组工程已取得巨大成就，人们对基因的秘密仍然只知道一些皮毛。不过，以下几条遗传法则已被人们发现。

（1）显性—隐性基因法则。在许多杂合配对中，只有一种等位基因影响孩子的特征，另一种对偶基因对孩子的特征不产生影响，前者即显性基因，后者为隐性基因。显性—隐性基因法则规定，当父母双方所携带的基因中，一个是显性，另一个是隐性，则个体会显现显性基因的特性，隐性基因的特征会被压制不表现出来。只有当一对基因都是隐性的情况下，个体才会表现隐性基因的特征。例如，头发颜色就是一个显性—隐性基因法则运用的例子，假设在父母两人决定发色的基因对中都有一个黑发的显性基因和一个金发的隐性基因，根据显性—隐性基因法则，父母两人都会是黑发。但同时两人的金发隐性基因也会传给后代，他们生的小孩中可能会有一个同时继承了两个金发的隐性基因，从而表现出金发特征（如图 3.1 所示）。

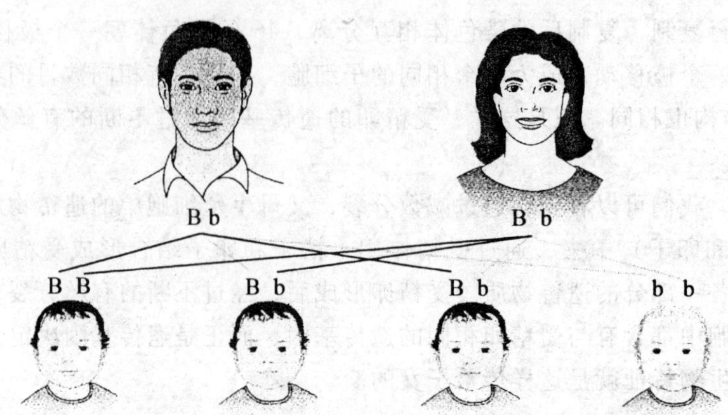

图 3.1　为什么橙色头发的父母能够生一个金黄色头发的小孩？图中 B 为橙色的头发的基因；b 为金黄色头发的基因。

表 3.1 为一些常见的显性特征和隐性特征举例：

表 3.1　显性特征和隐性特征举例

显性特征	隐性特征
黑发	金发
头发正常生长	秃顶
卷发	直发
非红色发色	红色发色
有酒窝	无酒窝
听觉正常	多种形式的耳聋
视力正常	近视
远视	视力正常
视觉正常	先天性白内障
色觉正常	红绿色盲
肤色正常	白化病
双关节	关节正常
A 型血	O 型血
B 型血	O 型血
血的 Rh 呈阳性	血的 Rh 呈阴性

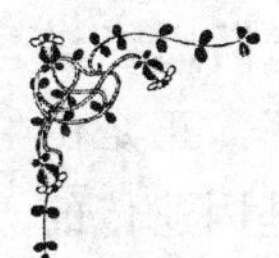

奇怪！中国夫妻生出“洋娃娃”

甘肃兰州的葛建军刚刚体会到初为人父的喜悦，就被眼前的现实弄糊涂了：他和妻子刁萍都是黑头发黄皮肤的中国人，而妻子生下的儿子竟然是一个黄头发、白皮肤、高鼻深眼的“洋娃娃”！葛建军的第一反应就是妻子背叛了他。然而，亲子鉴定显示：刁萍和葛建军与孩子的血亲关系达 99.9%，这就是说，儿子的确是葛建军的亲生骨肉！

既然孩子是他们俩亲生的，为什么却是一个外国人的模样呢？经过多方调查，他们终于了解到，孩子的母亲是抱养的，而她的出生地是甘肃永昌县一个叫者来寨的村子，奇怪的是，在这个村子里生活的居民很多拥有西方人的特征：高鼻梁、白里透红的皮肤，甚至眼睛还是蓝绿色的。学者考证，者来寨的这些村民很可能就是历史上消失的古罗马军团的后裔，专家通过对该村村民 DNA 的检测，认定他们的祖先来自中亚和西亚。

虽然刁萍的父亲是者来寨罗马人的后裔，但母亲是黄种人，决定刁萍五官特征的是来自母亲的显性基因，所以她的欧洲特征不明显，而到儿子这一代，她血脉中欧洲人的特征又成为了显性，所以她的儿子就成了“洋娃娃”。（戎丹妍）

资料来源：《合肥晚报》2010 年 8 月 2 日。

（2）伴性遗传。有一些遗传病，只在一种性别中的发病率高，在另一种性别的发病率较低，甚至很少见，这种现象称为伴性遗传。后面要讲到的 X 染色体携带遗传疾病，就是因为个体遗传了一条基因发生了变异的 X 染色体。这种病的患者大部分是男性，即使有的女性遗传了这种 X 染色体，她们也不会有任何疾病表现，而只是携带者。可能是因为男性只有一条 X 染色体，当 X 染色体发生变异时，没有“备份”可做补充。而女性还有另一条 X 染色体，基因就不容易变异。最有名的 X 染色体携带的遗传疾病是英国的“皇家病”，即血友病。维多利亚女王是一个血友病基因携带者，她的一个儿子利澳波德死于血友病，女儿普林赛斯、比阿丽斯也同样是血友病基因的携带者。普林赛斯的儿子中有两个患血友病，一个女儿埃娜女王也是血友病基因携带者，她也生了两个患血友病的儿子。

（3）遗传性印刻作用。人类基因的绝大多数遗传遵循等显遗传规律，也就是在大多数情况下，不管亲代哪一方为新个体提供一个基因，这个基因就会以同一方式发生作用。但是也存在着一些例外，基因是从父亲还是从母亲那里遗传过来的，有时会产生不同的结果，这种情况就是遗传性印刻作用。印刻的基因会支配没印刻的。例如，从父亲那里遗传亨廷顿氏症的个体跟从母亲那里遗传的个体相比，他们会在较早的时期表现出该疾病的症状。

（4）多基因遗传。人类的许多性状和疾病不是由一种单一基因引起的，而是由两对或更多对基因相互作用共同决定的，这种情况被称为多基因遗传。前面我们已经讲了，人的基因有3.4万至3.5万个，这么多基因组合出来的数字是个天文数字。正是由于不同基因之间的互相组合起作用的可能性如此之大，多基因遗传远远比单基因遗传的方式要复杂，它的许多情况现在仍未研究清楚。

（5）反应范围。反应范围是指每种基因型表现的显性的变动范围。美国行为遗传学家Sandra Scarr是这样解释反应范围的：我们每个人都有一个发展潜能的范围，比如，一个有着“中等个头”基因的人如果生长在一种物资贫乏的环境中，他可能比平均身高矮；然而如果他生长在营养良好的生活环境中，他可能就比平均身高要高一些。不过，那些带有“矮个子”基因的人不论营养多么丰富，也会局限在一定范围之内。这就是所谓“雄鹰虽然也有比鸡飞得低的时候，但鸡永远也没有雄鹰飞得高”。这个法则强调的是每个人因各自的遗传物质不同，对环境做出的反应也是不同的。

3.1.4 遗传疾病

遗传病或遗传缺陷是由于遗传基础发生变化所引起的疾病或缺陷。据统计，遗传疾病有6000多种，遗传病患者约占总人口的15%。近年来，随着人类对遗传学研究的深入，平均每年增加100多种新探明的遗传性综合症。遗传性疾病主要有两种：有一些遗传缺陷是由于染色体的数目或结构发生变化而引起的，称为染色体异常综合症；还有一些遗传疾病是由于基因突变或致病基因引起的，总称为基因疾病。

（1）染色体异常综合症。唐氏综合症是一种最为常见的染色体变异所导致的疾病。在减数分裂过程中，第21条染色体分裂不成功，这时新的个体就遗传到三条染色体，而不是正常情况下的两条，所以唐氏综合症又被称为21三体综合征。

唐氏综合症患者有以下特征：身材矮小，面部扁平，圆形头，伸舌，杏眼，发育迟缓，智力迟钝。30年前，只有少数患者能活到成年，现在随着医疗水平的提高，许多人可以活到60多岁，甚至更长。唐氏综合症的发病率与母亲的年龄关系密切，母亲的年龄为20岁时，孩子患唐氏综合症的发病率为1/1900，30岁时为1/900，39岁时为1/130，到45岁达到1/30。在许多染色体综合症中，变异的染色体是性染色体，大约有1/500的新生儿的性染色体不是XY或XX，如克莱恩费尔特氏综合症患者的性染色体为XXY，特纳氏综合症患者的性染色体为XO。表3.2为一些常见的染色体异常疾病。

表3.2　　常见的性染色体异常综合症

疾病名称	描　　述	治　　疗	发 病 率
克莱恩费尔特氏综合症（XXY）	男性多遗传了一个X染色体，影响与文字表达有关的智力因素，患病男童性征发育不全，胸部丰满，身材特高，通常不育	在青春期通过激素疗法刺激性状发育，另外通过特殊教育解决文字表达的困难	男性为1/800

续表

疾病名称	描　述	治　疗	发　病　率
特纳氏综合症（XO）	女性的第二个 X 染色体整体或部分缺失，影响与空间有关的智力因素，但口头表达能力非常好，性征发育不完全，可能不育	在儿童期和青少年期进行激素疗法，刺激身体生长发育和性征发育，通过特殊教育解决空间认知能力	女性为 1/2500
XYY 综合症	男性多遗传一个 Y 染色体，身高明显高于平均水平，牙大，有时有严重的痤疮，智力、性状发育及生殖能力均正常	无需特殊治疗	男性为 1/1000
脆性 X 染色体综合症	X 染色体细小且易碎，导致心智发育迟缓，学习能力差，注意力不集中	通过特殊教育来解决语言表达困难的问题	男性发病率比女性高

说明：治疗并不能完全解决问题，但可能改善个体的适应能力和生活质量。

1965 年，杰克逊等人提出，XYY 型男人常有违法行为，其后英、美等国的一些人类遗传学家对收容所的男性犯罪进行染色体检查，发现 XYY 型男子在收容所里的比例为 4% ~20%，是正常人群中发生率的 4 ~20 倍，这一事实引起了遗传学家和司法部门的关注。甚至有人称那条额外的 Y 染色体为“犯罪染色体”，有个别国家在法律上也予以承认。1965 年，美国芝加哥有一名叫佩斯克的身材高大的男子，闯入一家医院，一气杀死了 8 名护士。在法庭上，罪犯承认一切罪行，但说不清楚杀人的动机。对其进行了染色体检查，发现他是 XYY 型，于是，律师就以多余的 Y 染色体是“犯罪染色体”为理由要求法庭减罪。1968 年，一名叫翰尼尔的澳大利亚男青年杀死了他的女房东，当地法院在审理此案时，罪犯说自己的染色体是 XYY 型，不久，法院宣布翰尼尔无罪释放。法国也有因此而为罪犯开脱的报道。尽管如此，目前有关“犯罪染色体”的问题在世界绝大多数国家还没有得到社会学家、伦理学家、法学家和人类遗传学家的认可。因为犯罪是一种复杂的社会现象，不能完全从生物学的角度加以解释。不过 XYY 型的男人在一生中因触犯法律而入狱的概率比普通人大得多，并且有些人重复犯罪。对此应予以关注。

资料来源：王正询等：《简明人类遗传学》，高等教育出版社 2002 年版，第 111 页。

（2）基因疾病。以苯丙酮酸尿症（PKU）为例，这种先天性代谢疾病是由于致病基因使人体肝脏无法形成苯丙氨酸羟化酶（PAH），从而导致人体内的苯丙氨酸转化受阻，在血液和其他组织中积累，这会破坏中枢神经系统。如果不及时医治，就会造成智力低下，精神发育迟缓。现在苯丙酮酸尿症很容易被诊断出来，如果发现新生儿患有该病，医生可以给他（她）开出一个苯丙氨酸含量较低的食谱，接受治疗的孩子如果严格按该食谱来进食，他们的智力通常可以达到平均水平，寿命也是正常的。表 3.3 为一些常见的基因疾病。

表 3.3　　几种常见的基因疾病

疾病名称	描　述	治　疗	发病率
囊肿性纤维化	腺功能紊乱妨碍了黏液的产生；呼吸和消化困难，导致较短的寿命	理疗或氧气治疗，人造酶，抗生素；大部分患者可以活到中年	1/2000
尿崩症	身体不能产生足够的胰岛素，从而导致新陈代谢糖分的异常	早期发作将致命，除非用胰岛素治疗	1/2500
血友症	血液不能及时凝结，能导致内部和外部出血	输血能减少或避免由于内部出血带来的伤害	男性发病率为 1/10000
亨廷顿氏症	中枢神经系统退化，导致肌肉协调产生困难，精力衰退	直到 35 岁或更晚才出现症状；症状显现后 10～20 年后死亡	1/20000
苯丙酮酸尿症(PKU)	新陈代谢异常，不治疗会引起心智发育迟缓	特殊的食谱能使患者达到平均智力水平和正常寿命	1/14000
镰状细胞贫血症	限制了人体氧气供应的血液异常，能引起关节肿胀及心肾功能衰竭	青霉素，止痛药，抗生素及输血	非洲裔美国儿童的发病率为 1/400（比其他群体低）
脊柱裂	脊柱异常，引起脑部和脊骨异常	出生后进行相应的外科手术，整形装置，及物理或药物治疗	2/1000
泰萨二氏病	神经系统里积累的脂质导致智力和身体发展减退	使用药物治疗及特殊食谱，但往往在 5 岁以前死亡	美洲犹太人中 1/30 是该病基因的携带者

3.1.5　遗传、环境与个体差异

前面我们讨论了遗传的种种要素，可以明显地看出，遗传因素对我们每个人的发展都是至关重要的。父母亲的相貌、身体特征，甚至个性，在很大程度上决定了他们的孩

子将会成为什么样子，他（她）也许没那么幸运，能继承父母亲的全部优点，但必定或多或少地拥有与父母一样的某些特征，熟悉他们的人一眼能看出他们的相似之处，也能轻而易举地发现他（她）和父母的显著差别。总而言之，他（她）是一个独一无二的个体。

精子和卵子的自由结合可形成 $2^{23}\times2^{23}$ 种不同遗传类型的后代，这个数据说明了遗传因素对个体差异的形成是多么重大，在精子和卵子结合的瞬间，很大程度上决定了你的眼睛像父亲还是母亲，会不会有遗传疾病，甚至喜不喜欢运动，性格是内向还是外向。尽管如此，即使有一天，基因密码全部被人类破译，我们还是无法预测一个婴儿长大后会成为一个什么样的人，因为孩子不仅仅是父母基因组合的产物，环境对个体差异的作用几乎同等重要。

人们一直在争论究竟哪个更重要：是遗传还是环境？是先天禀性还是后天养育？这个问题的争论曾数度陷入僵局，因为目前这个问题无法被证明，一方举出一个论据，另一方马上可以对其进行驳斥。

比如，持遗传论观点的研究者通常喜欢通过研究双生子来支持自己的观点。一项双生子研究中，研究者比较了 7000 对芬兰的同卵和异卵双生子的心理稳定性，由外向性和神经质两个指标组成。在这两项人格特征指标上，同卵双生子的相似性均高于异卵双生子，他们得出的结论是遗传对这两种特性起着重要的作用。但是，有人提出质疑说，这种结果可能是由于同卵双生子生长的环境比异卵双生子的更相似，可能大人们更看重同卵双生子的相似性，同卵双生子自己也更相信他们是一个整体，所以在一起玩的时间比异卵双生子多。如果真是如此，环境对同卵双生子身上观察到的相似性的影响可能比结论中要大得多。

另一方面，环境论者的观点也同样遭到驳斥，他们喜欢举这样一个例子：一个出生在书香门第的孩子长大后喜欢看书，是因为在他的生活环境中，满屋子都是书，这曾被当做一个明显的、简单的环境因素。然而，反对者指出，这些书可能是父母基因的反应，而不是严格的环境因素，我们无法判断孩子对书的喜爱是来源于摆满书的环境，还是来源于继承了父母爱书的基因。在这个例子中，后天因素中充满了先天因素。

到目前为止，我们还无法将遗传和环境各自对形成个体差异的作用严格分开。如今单方面强调自己的观点已经不盛行，几乎所有的行为遗传学理论都认为遗传和环境对个体有影响，而且这两种影响并不是孤立的，而是相关联的。遗传和环境之间有一种持续进行着互相改变对方的力量，个体的发展就是它的产物。

3.2　产前发育和分娩

新的生命是从受精卵开始的，到胎儿出生，约 40 周，称为产前期。产前期是个体发生的时期，它为个体心理的发生提供了自然的物质前提。胎儿的发展对人整个一生发展具有重要意义，它预示着人生发展的方向，产前期形成的生理特征对心理发展的影响将在人生以后的各阶段发展中深刻地反映出来。

3.2.1 受孕

女性每28天左右在月经期中期有一个卵细胞成熟，并从卵巢中排出进入输卵管，再通过输卵管到达子宫，在宫颈处接受精细胞。卵细胞在受精时已是一块有生命的组织，而依其本身的生长规律变化和发展着。一个女性终生所能排出的卵细胞数目是360～420个，生育年限是30～35年，即从12岁左右至45岁左右。一个男性一生产生的精子数量大得惊人，一次射精的精子数约3亿6千万个，但只有300个到500个精子能和卵子相遇，其余的精子都在游往女性输卵管的过程中死去。

创造一个受精卵至少要有一个精子找到并穿透一个卵子，这个瞬间称作受孕（见图3.2）。来自男性的精子经女性阴道、子宫到达输卵管壶腹部，在此处与来自女性卵巢经输卵管不期而至的卵子相遇，精卵结合形成受精卵，受精卵再不断分裂并经输卵管到达子宫，种植于子宫内膜上，在此继续分化形成胎儿。

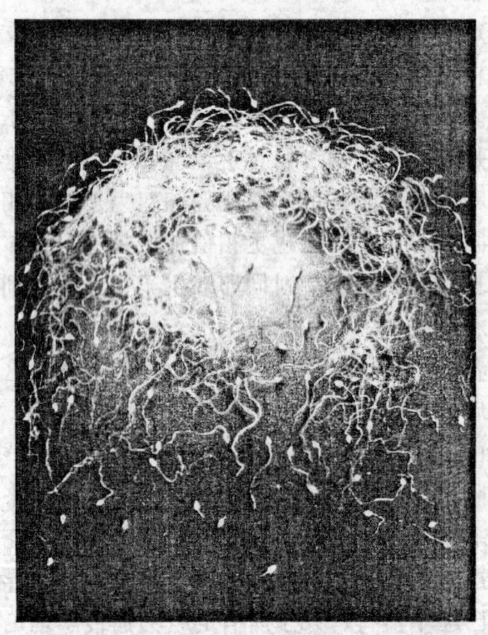

图3.2 以扫描电子显微照片为基础的人卵细胞图，卵细胞被大量精子包围

成功受孕就意味着形成一个合子。对一对夫妇来讲，成功受孕的必备条件是：

（1）卵巢必须释放一个正常健康的卵细胞；

（2）这个卵细胞必须能移动到输卵管；

（3）所提供的大量精细胞必须能接近或到达宫颈处；

（4）至少某些精细胞能游入正确路线，到达输卵管；

（5）至少某些精细胞在全程存活；

（6）少量精细胞必须能触到那个卵细胞；

（7）一个精细胞必须穿透那个卵细胞，形成合子。

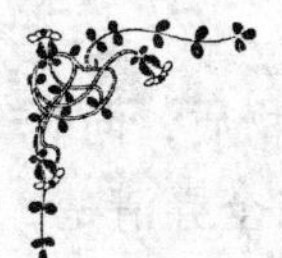

什么是试管婴儿?

试管婴儿应称为体外受精及胚胎移植（简称 IVF-ET），它是在精确研究人类生殖生理的基础上发展起来的生殖工程技术。其主要内容是，从人体内取出配子，用人工方法让卵子和精子在人体外受精和发育，培养成早期卵裂的胚胎，再植入母体的子宫内发育成胎儿。由于早期的体外受精及受精卵的培育是在试管或在特制的培养皿内进行的，故俗称“试管婴儿”，这种生殖方式也叫体外发生。当然，在体外完成人类胚胎和胎儿全部发育，还只是一种设想，目前做到人卵在体外受精并进行了早期发育到胚胎早期。一般把 2 ~ 8 个细胞时期的胚胎移植到母体子宫内，任其继续发育至诞生。

资料来源：王正询等：《简明人类遗传学》，高等教育出版社 2002 年版，第 150 ~ 151 页。

3.2.2　产前发育

受精卵要经过 280 天才能发育成成熟的胎儿，可分为三个阶段。第一阶段是胚种期；第二阶段是胚胎期；第三阶段是胎儿期，如图 3.3。

（1）胚种期。从受孕后算起的两周为胚种期。在此期间，合子形成，并进行细胞分裂，最后植入子宫壁上。精子和卵子结合后产生合子（即受精卵），合子产生后开始进行细胞分裂，这是胚种期的开端。一开始细胞复制的时间较长，到受孕后 30 个小时左右，才达到较快的速度。大约一周后，合子的细胞已达到 100 ~ 150 个。合子在进行细胞分裂的过程中同时缓缓向子宫移动。约在第八天（第九天）进入子宫，这段时间受精卵靠自己的卵黄生存。大约第十天，合子逐渐把自己像种子一样埋在子宫壁上，这个过程叫植入。在合子深入子宫壁后，便和母亲建立了依附关系，从此开始从母体吸收营养。这时，虽然胚种只有针头那么大，但已经产生出了一个内部细胞群和一个相连的外部细胞群。外部细胞群成为滋养层，最后发展成保护胚胎和为胚胎提供营养的附属组织；内部细胞群变为胚胎本身。

（2）胚胎期。从受孕后的第二周到第八周为胚胎期。在此期间，合子细胞分层的速度加快，出现发育早期的脑和脊髓、心脏、肌肉、脊骨、肋骨，消化道开始发育，许多外部组织和内部器官形成。在胚种期，合子细胞已经开始分三层——外胚层、中胚层和内胚层，同时开始形成保护和滋养发育机体的组织。到了胚胎期，分层的速度加快，胚胎的内胚层将发育为消化系统、肺、尿路和腺体，外胚层会形成神经系统、感受器（如耳鼻眼）及皮肤，中胚层将发育为循环系统、骨骼、肌肉、排泄系统及生殖系统。身体的各个部分都是由这三个胚层发育而来的。

在三个胚层形成的同时，滋养层也迅速生长为胚胎的生命维持系统，包括羊膜、胎盘和脐带。羊膜是一个具有保护作用的囊，它将漂浮在羊水中的胚胎包住，为其提供一个恒温的环境，同时也能对母体运动所引发的震颤起减缓作用。

胎盘由一团圆盘状的组织构成，通过胎盘，母亲给胚胎提供氧气和营养物质，同时胚胎也把它血管中的废物还给母亲。母亲和胚胎之间物质交换的机制还没完全弄清楚，我们目前只知道母亲血液的氧气、水、盐分和食物以及来自胚胎血液的二氧化碳和排泄物的分子很细小，可以来回传递，而幸运的是像母体中的许多有害物质这样的大分子无法渗透胎盘壁。

胎盘是通过脐带和胚胎相连接的，脐带由三大血管组成，两条动脉和一条静脉，静脉血管提供营养，动脉血管将废弃物运走。脐带中无神经，所以剪掉它时不会感觉到疼。

胚胎期还有一个重要的事件，就是所谓的器官形成，即胚胎的各个主要器官开始形成的过程。在第三周，神经管形成，顶端膨大发育成大脑。大约 21 天后，出现眼睛，24 天后心脏细胞开始分化。第四周，生殖系统显现，手脚开始形成。心脏开始沿着胚胎循环系统的周围泵血。第五周到第八周，手和脚进一步分化，脸开始形成，但还不太容易辨认。肠胃也开始出现。到第八周，胚胎已初具人形，四肢、内脏各系统、器官初步形成，头部抬起，躯干伸直，脐带延长，神经、肌肉已发育。

（3）胎儿期。从受孕后两个月到七个月为胎儿期。在此期间，胎儿迅速地成长发育着。

第三个月，胎儿已有 7.3 厘米长，14 克重，它的脸、前额、眼皮、鼻子和下巴已经可以清楚地辨认出来，神经系统、各种器官和肌肉变得有组织和有联系，能够动动手脚，转转脑袋，张张嘴巴。胎儿的外生殖器在此时已经形成，能识别出他的性别。

在第二个三月时段（即怀孕的第四个月到第六个月），胎儿继续迅速生长发育。到第四个月底，胎儿已经长到约 24 厘米，310 克。母亲可以感受到胎动，妊娠反应更强烈。到第五个月底，胎儿大约长到 30 厘米，640 克，开始形成手指甲和脚指甲，表现出对在子宫中某一特定位置的偏好。到第六个月底，胎儿约 36 厘米，1080 克，汗腺在这一阶段形成，眉毛和眼睫毛出现，头皮上开始出现软软的头发，呈现出抓握反射和不规则的呼吸运动。

到第三个三月时段，早产婴儿有机会存活下来。如果是在第七个月和第八个月之间出生，婴儿的呼吸会有困难，需要进行辅助性补氧。此时大脑上控制呼吸的神经已经发育成熟，但肺中的气囊还不足以膨胀并实行二氧化碳和氧气的交换。

到第七个月底，胎儿约为 41 厘米，1670 克。在第八和第九个月，胎儿还会继续生长发育。在这两个月中，胎儿的脂肪层生长起来，肺逐渐成熟，大脑的快速发育使感觉和行为能力增强。在更多的时间里胎儿是醒着的，他会对外面的刺激做出反应，活动更为频繁，也学会了偏爱熟悉的声音，如母亲的声音。到第九个月底，胎儿已经达到 50 厘米，3300 克，母亲温暖舒适的子宫对他来说，越来越狭小，逐渐容不下他，他已经做好降临人世的准备。

3.2.3 产前诊断

前面我们已经谈过，许多染色体和基因异常的疾病会由父母遗传给孩子，如果夫妇

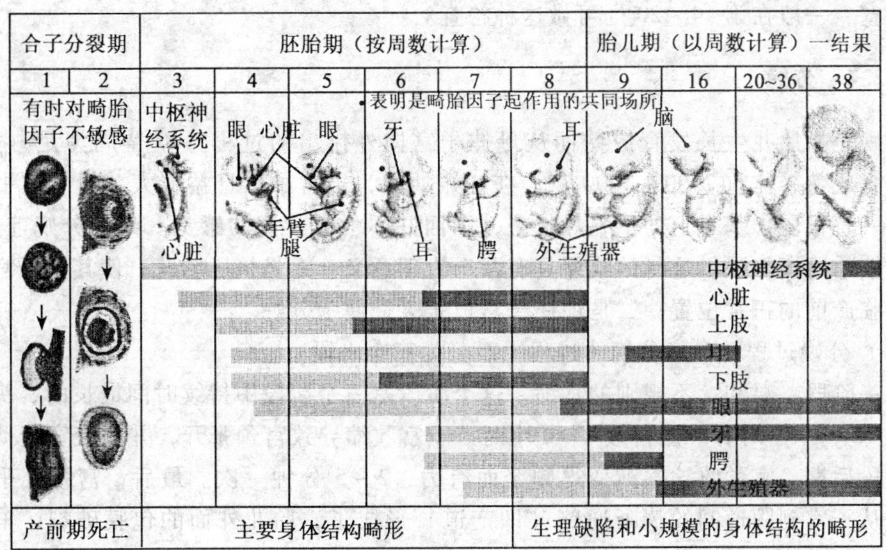

图 3.3 产前期发育及敏感期

想知道胎儿是否发育正常、是否患病，有以下几种产前诊断方法可以使用：

羊膜穿刺法。它是一种应用最广的技术，是用注射器穿透腹壁伸至子宫，抽取羊水作为样本，通过检验细胞来查胎儿是否有染色体或新陈代谢的异常。羊膜穿刺法最适合的时间是怀孕后的 16 ~ 20 周，此时羊水比较多，一次成功率高（98% 以上），且羊水中活细胞的比例较大（20%），因此相对安全，同时有利于细胞培养和染色体分析。羊膜穿刺法应在 B 超监测下进行，以免碰着胎盘。可能有轻微的流产风险，200 ~ 300 例中约有 1 例孕妇做过检查后会流产。

超声波法。它是一项简便且几乎无创伤的产前诊断手段，是用高频声波对孕妇的子宫进行探测，声波反射回来转变为图像，并在显示屏上显示出来，从而可以观察到胎儿的大小、形状、位置及内部组织，以对总的生理缺陷进行断定。超声波法通常和羊膜穿刺法、绒毛取样法以及胎儿镜观察法结合使用。该法如果用过五次以上，可能会使孕妇产下低重儿的风险增加。

绒毛取样法。羊膜穿刺法必须在怀孕中期进行，而绒毛取样法可以在早期（第 8 ~ 11 周）使用，这样终止妊娠就只需在门诊进行吸宫术，可以减少病人痛苦。采取绒毛取样法，具体操作一般在 B 超的指示下，吸取胚囊周围的小块绒毛，直接或经培养后进行测定。绒毛取样法比羊膜穿刺法更容易造成流产，且有可能导致肢体畸形，手术进行得越早，造成畸形的可能性越大。

胎儿镜观察法。该方法一般在怀孕后第 15 ~ 18 周使用，是将一种羊膜腔镜或宫腔镜插入子宫直接观察胎儿，也可采取胎儿活体组织和胎儿血，对诸如血友病和镰状细胞贫血症之类的疾病，以及神经系统的缺陷进行诊断。胎儿镜观察法有轻微的流产风险。

孕妇血液分析法。它可用来评估血液中 alpha-胎甲球蛋白含量。alpha-胎甲球蛋白含量的增长可能意味着诸如无脑、脊髓分叉之类的神经管疾病、肾脏疾病、食管的非正常性堵塞，一般在第 14 ~20 周可做这种检查。

3.2.4 分娩

分娩是指胎儿生长发育成熟而从母体子宫向外排出的过程。40 孕周为足月妊娠，胎儿发育成熟，体重 2500 ~4000 克。在妊娠期间，子宫虽然日益膨大，但子宫平滑肌的收缩一直很弱，基本上处于平静状态，因而并不引起孕妇的感觉。到了分娩前几天，子宫收缩才逐渐加强。这时的收缩具有两个生理意义：一是挤压胎儿，使其在子宫内逐渐转到临产前的正常位置；二是促使子宫口张大，便于分娩。

（1）分娩过程。自然分娩的过程一般分为三个阶段：

第一阶段：温和、不规则的宫缩。这个阶段是三个阶段中持续时间最长的，头胎平均持续 12 ~24 小时，二胎持续 4 ~6 小时。子宫收缩导致宫颈张开，并且变宽变薄。在这一阶段后期，宫颈收缩逐渐变得频繁而有力，2 ~5 分钟一次。最后，宫颈几乎全部张开，从子宫到阴道间的清晰通路（即产道）形成了，胎儿外面的包膜破裂，羊水被排出体外。

第二阶段：婴儿出生。这个阶段比第一阶段短得多，从看见胎头到胎儿产出，大约持续一个半小时。此阶段宫缩虽然仍在继续，但主要是靠孕妇用力屏气收腹肌来帮助将婴儿不断往下挤压，直至最后产出。宫缩的作用是在挤压胎儿外出。每当宫缩发生时，产妇应配合作屏气运动，闭住声门，使腹壁肌和膈肌都用力收缩，这将有助于分娩。

第三阶段：胞衣出体。这在三个阶段中最短，约几分钟。胎儿生产出后，胎盘、脐带与子宫分离。这一阶段的收缩作用是把胎盘挤出体外，并使子宫壁的静脉窦和破损的血管压紧，以免流血过多。分娩过程完毕后，子宫乃逐渐缩小，但已不能恢复到妊娠前的状态。

整个分娩过程不仅对母亲来说是相当疼痛的，对婴儿来说也意味着很大的压力。想想看，一天前，这个小家伙还舒服地躺在妈妈温暖安全的子宫里，突然就要被迫离开，进入一个完全陌生的世界。每一次收缩都会对胎盘和脐带造成挤压，婴儿的头部也会承受较大的压力。同时由于子宫肌肉不断拉扯，提供给胎儿的氧气会减少。如果分娩花的时间过长，可能会导致缺氧症。不过我们不必担心，健康的婴儿完全可以承受分娩中的痛苦，他会分泌出大量的肾上腺和非肾上腺激素，向大脑和心脏输送更多的血液，以应对缺氧的环境。另外，分娩还通过让肺吸收过量的液体和扩张支气管的方式让婴儿为呼吸做好准备。

大多数产妇可顺利分娩，但也有 18% 的产妇可能会发生不同程度的难产。分娩的难易取决于产道、产力和胎儿三个因素，如果这三个因素都很正常且互相协调，就可顺利分娩。产道可以通过孕期骨盆测量和阴道检查或 X 光骨盆测量，可以做出较为准确的判断；胎儿的大小与胎位是否正常到妊娠晚期也可大致上做出判断。只有产力这个因素，在临产之前还是个未知数，要到临产后才能表现出来。

（2）分娩地点及方式。人类的分娩过程遵循着自然统一规律，基本上是一致的，但不同的孕妇对于分娩地点和方式可以有不同的选择。

①分娩地点。在美国，99% 的分娩在医院进行，其中超过 90% 由医生来接生。许多医院设有分娩中心，分娩过程中，除了医生外，还有孩子的父亲和接生指导陪同。产房装饰成家的样子，既可让孕妇体会到自然分娩的环境，又可提供精心的医疗护理。在欧洲，许多妇女认为在分娩过程中使用强效药物和器械夺走了她们宝贵的经历，所以她们选择在家里分娩，这部分人为数不少，比如在荷兰，就有 35% 的婴儿出生在家里。通常有一名接受过训练的助产士在整个分娩过程中给孕妇提供帮助。对那些健康孕妇而言，如果助产士训练有素的话，是完全可以在家顺利生产的，但如果助产士没经过较好的训练，在有紧急情况发生时，婴儿的死亡率会增加。当孕妇可能会有某些并发症时，最好还是在医院生产。

在我国，随着经济的发展和公共卫生服务条件的提高，越来越多的孕妇选择在医院或卫生保健机构里分娩，但由于经济困难、来不及和认为没必要等原因，也有少数孕妇在家分娩。在家分娩的农村孕妇比例明显大于城市孕妇。

城市地区 59.7% 的产妇在县级及以上医院分娩，27.7% 的产妇在妇幼保健机构分娩，6.4% 在街道或乡镇卫生院分娩。但仍有 1.2% 的城市产妇是在家分娩的，其中大城市有 3 人、中城市 5 人、小城市 9 人。农村地区 40.3% 的产妇在县级及以上医院分娩，30.4% 的产妇在乡镇卫生院分娩，15.3% 的产妇在妇幼保健机构分娩。农村地区还有 9.9% 的产妇在家中分娩，且农村地区在家分娩的比例随着地区经济发展水平的降低而明显增加，其中四类农村在家分娩率高达 33.4%。

本次调查的 17 名城市产妇在家分娩的原因分别是经济困难 8 人、来不及（急产）5 人、没有必要去医院 2 人、其他原因 2 人。城市地区在家分娩的产妇中 8 人由家人接生、5 人由专职接生员接生、1 人由非专职接生员接生、1 人由村级医生接生、2 人由其他人员接生。

农村地区在家分娩的 582 个产妇，在家分娩的主要原因依次是来不及、没有必要去医院和经济困难。这些产妇有 45.8% 由家人接生，16.1% 由村医生接生，16.4% 由专职接生员接生，12.3% 由非专职接生员接生，8.0% 由乡及以上医院接生。各类农村在家分娩的主要接生人员构成比例各不相同，如在四类农村在家分娩的产妇中，家人接生比例高达 68.1%，而在一类农村没有家人接生的情况，主要是专职和非专职的接生员。

资料来源：卫生部统计信息中心：《2008 年第四次国家卫生服务调查分析报告》，2009 年。

现在有些大医院还借鉴国外的家庭式产房的模式，建立“豪华产房”，从环境上下工夫，使产妇从心理上消除对医院的恐惧感，进而可以轻松地分娩。套间里，客厅、厨房、卧室、淋浴间一应俱全，布置得有如一个温馨小家庭。不但产妇可以像在家里一样舒适，还给陪产的家人提供了很好的条件。一切必要的医疗设备都被很巧妙地掩盖起来，色彩也不再是单调的白色。待产室与产房合而为一，消除了产妇因为对环境陌生而产生的不良情绪。有的医院还给每个产妇配备一个专业团队的照顾，包括麻醉师、助产士、医生、新生儿医生等。

②分娩方式。传统的分娩方式有自然分娩、产钳助产术、胎头吸引术和剖腹产。阴道自然分娩是大多数产妇采取的分娩方式。产程中随着宫缩、胎头下降，产妇于宫口开全后用力，胎儿即可娩出。自然分娩后，产妇的体力恢复较快，稍加休息，即可活动自如。

产钳助产术多于宫口开全后因宫缩乏力或胎位不正时采用，以防止产程延长；或因有妊娠合并症而采用，以缩短第二产程，或因胎儿出现异常，为抢救胎儿，采取阴道产钳助产；有时剖宫产胎头娩出困难时，也可借助产钳。采用此方法时，为使产钳放正，使胎儿免受挤压，孕妇的会阴伤口要稍大些，出血量也稍多，故对产妇的损伤稍大。采用此方法时，如产钳使用不当会造成产妇或胎儿产伤。由于产钳助产术较剖宫产方便、快捷，且牵引力较大，是临床较多采用的阴道助产术。

胎头吸引术一般用于胎儿即将娩出但产力不足者。由于其牵引力没有产钳大，虽然其使用适应症与产钳助产术相似，但使用率却低于产钳术。

剖腹产在孕妇有合并症或胎儿有问题时才采取，也有因孕妇怕宫缩痛或产程进展不顺利而行剖宫产的，但不提倡。

除了这四种分娩方式外，近年还出现了许多新的分娩方式，比如，“导乐陪产”就是在分娩过程中雇请一名有过生产经历、有丰富产科知识的专业人员陪伴分娩全程，并及时提供心理、生理上的专业知识，这些专业人员被称为“导乐师”；水中分娩；坐式分娩；“笑气”分娩，即让孕妇吸入一种叫氧化亚氮的气体和氧气的混合气体，来降低分娩的痛感；硬膜外麻醉分娩是通过硬膜外腔阻断支配子宫的感觉神经，减少疼痛。

3.2.5 新生儿健康

经过漫长的分娩过程，在家人的殷切盼望中，小宝贝终于出生了。然而，有的父母在欣喜之余，还不得不替自己的孩子担忧。因为不是所有的新生儿都是健康正常的，有些新生儿是早产儿，有些是低重儿，他们的特点与正常新生儿很不一样，因而要求医生和父母给予特殊的照顾。

首先，我们来看看正常新生儿的特点。正常新生儿是指胎龄 37 ~ 42 周，出生体重在 2.5 千克以上，无任何疾病的新生儿。他们头大，头部与全身的比例约为 1∶4，皮肤红润，上面覆盖一层胎脂。胎毛少，毛发分条清楚。四肢短，呈屈曲状，足底有足纹。正常新生儿有六种意识状态：深睡、浅睡、安静觉醒、活动觉醒、哭和瞌睡。不同的状态可有不同的表现，如安静觉醒时新生儿能注视面孔，听讲话的声音，并能对移动的人脸和红球产生追随注视。新生儿有活跃的视觉能力，听力也发育得较好，能辨别来自不同方向的声音。新生儿还有良好的嗅觉、味觉，触觉也很发达，觉醒状态时四肢常进行蹬腿、伸臂等活动。新生儿睡眠—觉醒周期不规则，出生后一周内每日睡眠多达 18 小时以上。啼哭原因多为饥饿、不舒服或疼痛。

早产儿指胎龄不足 37 周的新生儿，发生的原因多为母亲孕期急，有产科并发症，或母亲经济条件差，年龄过小或过大。胎龄越小、体重越低，死亡率就越高。国内报告的死亡率为 12.7% ~20.8%。早产儿的外观特点是皮肤红嫩、水肿发亮，胎毛多，胎脂丰富，皮下脂肪少，足底纹理少，仅在足底前三分之一可见，足跟光滑。早产儿由于呼吸中枢发育得不够成熟，呼吸常不规则，并可出现停止现象。他们的消化能力弱，易发生胃食管反流、腹胀、腹泻。早产儿的觉醒程度低、嗜睡。由于体温中枢发育不成熟，不能稳定地维持体温，易出现低体温和寒冷损伤。早产对于婴儿的损害并不是必然的，如果护理得当，早产儿的神经发育会在出生后继续进行，与在子宫中胎儿发育的进程大致相同。

大部分早产儿是低重的，虽然他们的体重较轻，但还是与他们在子宫中停留时间的长短成比例的。还有一种低重儿的情况较特殊，他们的体重低于同胎龄的正常体重，被称为小胎龄儿，可能是足月儿，也可能是早产儿。他们的问题通常更严重一些，在第一年中易死亡，易患传染病，脑损害的发生率较高，主要为颅内出血。

医院对早产儿和低重儿的护理比对正常新生儿的要严格得多，通常会将他们放在一个暖箱中，为了防止婴儿感染疾病，里面的空气是经过过滤的，工作人员都必须健康，不可带致病菌，暖箱里的温度也是经过严格控制的，因为这些新生儿还不能自主有效地调节自己的体温。有的体重过低或一般情况差的新生儿还要延迟母乳喂养，给予静脉补液。有的吸吮力差的婴儿要给予胃管或肠管喂养。有呼吸困难的婴儿还用呼吸器供氧。

除了医院的这些机械护理外，还有一项要素对这些新生儿的健康成长是非常必要的，那就是对他们的特殊刺激。原来人们认为这些柔弱的婴儿经不起刺激，但现在经过证实，进行一定形式的适度刺激对这些早产儿和低重儿非常有益。比如，给他们放心跳声的录音、轻音乐或母亲的声音，可以让婴儿的体重增加，帮助他们形成有规律的睡眠时间，提高他们的警觉性。在美国，还有科学家专门研究触摸和按摩对改善婴儿的发育和健康状况的作用。迈阿密大学医学院触摸研究学会的主任 Tiffany Field 在她对这片领域的第一项研究中提出，按摩治疗主要是用手掌稳定地轻拍早产儿，每天三次，每次 15 分钟。使用按摩治疗后，婴儿的体重比使用标准的药物治疗增加了 47%。做过按摩的婴儿也比没做过按摩的早产儿要更积极和警觉，他们在发育测试中也表现得好些。由此可见，良好的医疗护理外加上父母亲耐心和关爱的抚养方式可以让这些与正常婴儿存在差距的孩子迎头赶上。

3.3　优生与胎教

很早以前，人类就产生了优生的思想，希望自己的后代健康聪明，从而促进整个民族的繁盛。据有关文字记载，早在三千多年前，我国殷商王朝的档案甲骨文中，就有占卜祈求生男为嘉（佳）、生女为不佳之记载。继而有记载周文王因其母之胎教良而出明圣。春秋《左传》中曾记载“男女同姓，其生不蕃”，意思是同姓亲属结婚，后代多夭折，这是近亲婚配影响后代健康的最早记载。唐代孙思邈对胎儿优生在《备急千金要方》中有具体的阐述，比如：妊娠期间要忌毒药，避诸禁的原因是，“儿在胎，日月未满，阴阳未备，脏腑骨节皆未成定，故自初论于将产，饮食居处皆有禁忌”。

古代欧洲同样也有许多优生思想，古希腊哲学家柏拉图被认为是倡导优生的先驱，他在《理想国》中提出：“国家负有选优、淘汰劣的责任，保护良种，人口要受国家洗涤。”还提出要杜绝不健康的个体出生，即以后所倡导的“消极优生”。亚里士多德也主张政府应干预婚姻制度，反对早婚，认为早婚所生的婴儿发育不良。到19世纪，随着达尔文进化论的提出，“适者生存，优胜劣汰”的观念得到许多人的赞同。1883年，达尔文的表弟高尔顿出版了《人类才能及其发育》一书，提出了“优生学”(eugenics)一词。高尔顿的本意是倡导人口素质，然而他的思想后来却被种族主义者歪曲和利用，进行种族仇杀和歧视。直到第二次世界大战后，优生学才还以本来面目，重新被人们广泛接受。

3.3.1 影响胎儿发育的因素

胎儿的发展既受到遗传和生物学的控制，也受外部环境的影响，在遗传影响和外部环境的相互作用下开始了生命的发展。在产前期发育过程中，有两种因素在胎儿发育过程中起着至关重要的作用。

(1) 母亲的因素。

①母亲的自身条件。母亲自身条件，例如年龄、体重、身高、孕史等，对胎儿发育都是有较大影响的。研究资料表明，母亲的年龄对于能育性和母子健康有一定程度的影响。一般妇女从18岁开始，持续30年的时间，是生殖功能及内分泌功能的旺盛时期。这个时期是妇女的生育期，或称性成熟期。从医学的角度而言，并结合我国情况考虑，24~29岁生孩子最好。这个时期各年龄组妇女的性格及生殖器官都已发育成熟，正值生育旺盛时期，而且夫妻双方的观念比较成熟，学习与工作已取得相当的成就，各方面都具备了做父母的条件，对孩子的抚养、教育条件比较理想。青少年怀孕危害很大，婴儿很可能有神经缺陷和身体疾病，婴儿出生时体重偏轻，从而易造成婴儿的死亡。其次，母亲自己也可能得并发症，如毒血病和贫血。

35岁以上的妇女生育率较低，并随着年龄的增加继续降低。高龄妇女分娩较难，时间长，难产机会增加，死胎增多。如前所述，40岁以上的妇女生下患有染色体异常，特别是唐氏综合症的婴儿的危险性较大。母亲的年龄为20岁时，婴儿的发病率仅为1/1900,30岁时为1/900，39岁为1/130，到45岁达到1/30。总之，年龄越大，产生这些问题的可能性就越大。研究表明，女方24~29岁、男方26~35岁是比较适宜的最佳育龄，有益于后代健康。

当然，这个最佳育龄也不是绝对的，拿母亲的年龄来说，虽然24~29岁是最佳生育期，但现在随着人们接受教育程度的提高，步入社会工作的时间普遍比原来晚，许多大城市的女性在这个年龄正是忙于事业的时候，家庭的经济条件也不是很稳定。当她们到了三十四五岁时，夫妻俩的事业趋于稳定，有了良好的经济基础，这时再考虑生育，也未尝不可。而且，有的女性坚持锻炼身体，保持良好的身体和心理状态，即使到三十多岁，其生育能力也很完好。

母亲的体重也会影响胎儿，如果体重超过正常体重的25%，这样肥胖的母亲患高血压的比例要比一般体重者大得多。过瘦的母亲往往因本身缺乏营养，也没有补充足够的营养物质，她们在怀孕后很容易出现贫血、肌痉挛和甲状腺肿三种疾病，这样会影响胎儿的体格与智力的发育。

过矮及骨架过小的母亲会影响胎儿的发育，还会面临生产困难。同时，如果一个妇女有过四次以上的孕史，她再怀孕时会有一定危险性，她的孩子更容易是低重儿，甚至是死胎。

②母亲的营养。母亲的营养与未出生的婴儿之间的关系是不言而喻的。当胚种种植在母亲的子宫壁上以后，胚胎的营养就通过脐带和胎盘渗透膜从母亲的血液系统中汲取。许多研究表明，母亲营养良好，妊娠和分娩都会比较顺利，出生的孩子也更为健康；如果营养不良，母亲易患贫血、毒血病、流产、早产，也易生出不足月或体重较轻、对疾病（如肺炎和支气管炎）抵抗力差的孩子，甚至出现死胎或者产后不久死去。

另一方面，孕妇的营养影响胎儿大脑的发育和孩子的智力。人的脑细胞数量在胎内时期是直线上升的，出生后增长速度就缓慢了，半年至两年内，脑细胞就停止增殖，之后就只有脑细胞体积与重量的增加。如果母亲严重营养不良，胎儿脑细胞数量达不到正常标准，就会损害脑的发育，影响孩子智力的发展。

因此，孕妇要为未来的孩子着想，即使妊娠反应如恶心、呕吐很严重，也应尽到母亲的责任，多吃肉、蛋、奶和豆类等蛋白质丰富的食物，多吃新鲜水果、蔬菜，确保胎儿蛋白质、维生素、脂肪等营养物质的吸收，为孩子提供良好的发育条件。

③母亲的情绪及状态。孕妇的情绪、心理状态对胎儿的发育是有影响的。尽管母亲和胎儿的神经系统没有直接的联系，但持续、强烈的情绪波动，如忧伤、发怒、恐惧、焦虑会使母亲的身体产生巨大的变化。在情绪波动状态下，自主神经系统激活内分泌腺，产生各种激素，尤其是肾上腺素，使细胞的新陈代谢发生变化，血液中的合成物也发生了变化，这些物质透过胎盘作用于胎儿，并影响胎儿的发育。

因此，妊娠期间母亲长期不安、情绪紧张，对儿童有持久的影响。情绪烦躁、不愉快的母亲所生的婴儿较有可能早产、体重轻、活动过度、易激动不安，或者表现出某些困难，如饮食不安、睡眠障碍、过度哭叫等现象，所以，孕妇要学会放松自己，保持愉快的心境。

除了以上谈到的几点，还有很多生物、化学、物理等方面的致畸因子对胎儿发育也产生很大的影响。

（2）致畸因子。在怀孕前和怀孕后，有许多因素会引起孩子的出生缺陷，这些有可能导致胎儿畸形的作用物被称为致畸因子。

①药物。孕妇所服用的药物会进入胞胚和胎儿血管，很多药物都能影响胎儿，有的药物对成人的药效是温和的，对胎儿却会产生大剂量的效果。比如在已知的致畸药品中，镇静剂能引起胚胎出现严重的身体缺陷；奎宁化合物与天生的耳聋有关；巴比妥酸盐以及其他的止痛药，会减少婴儿的氧气供应，导致不同程度的大脑损伤；四环素会让婴儿的牙齿出现色斑。其他对胎儿有害的药品还有抗抑郁剂、黄体酮和人造激素，还有用来治疗痤疮的复合维生素、减肥药丸和阿司匹林。孕妇在使用药物时要特别慎重，孕期尽量不要用药，尤其在怀孕初期（1~4个月），如病情需要用药，必须在医生的指导下使用。

20 世纪 50 年代后期，当时的联邦德国（西德）一家制药公司售出了大量镇静剂，这是一种常见的镇静剂，可减轻孕妇的晨吐（许多女性在怀孕的第一阶段会出现定期的恶心、呕吐）。据动物实验证明，这种药物应该是完全安全的，然而事实证明这种药物对人是有副作用的，所以孕妇在服用镇静剂时一定要谨慎。

在怀孕的前两个月里服用了这种镇静剂的上千名孕妇，她们生出的孩子有的没有四肢，有的只有一小部分四肢，手或脚直接和躯干相连，就像鳍状肢，或者眼睛、耳朵、鼻子和心脏发育不完全。人们发现，不同的残缺都有其各自的关键期。如果母亲在怀孕后的第 20 ~ 22 天（女性最后一次来经第一天之后的 34 ~ 36 天）服用了镇静剂，孩子可能没有耳朵；如果在怀孕后的第 22 ~ 27 天服用这种药物，孩子可能会缺少大拇指或大拇指比较小；如果在怀孕后的第 27 ~ 33 天服用这种药物，孩子可能腿比较短或者没有腿；如果母亲到了怀孕后的第 35 ~ 36 天服用这种药物，孩子一般不会受到影响。因此，镇静剂对胎儿发育有特定的影响，这取决于服用这种药物时哪种身体结构正在发育。

资料来源：［美］卡拉·西格曼、伊丽莎白·瑞德尔：《生命全程发展心理学》，陈英和审译，北京师范大学出版社 2009 年版，第 118 页。

②酒精。孕妇饮酒对胎儿的损害很大，胎儿醇中毒综合症（FAS）就是那些酗酒的母亲生出孩子反映出来的一系列异常，包括面部畸形，肢体、面部和心脏有缺陷。大多数孩子的智力处于平均水平以下，有的心智发育迟缓。孕期即使只是轻度饮酒，尽管不会导致胎儿醇中毒综合症，也会对胎儿造成影响。有研究显示，在轻度饮酒的母亲所生产后代中，10 岁时的体重与身高与胎儿期对酒精的接触之间存在显著的相关，因此，医生的建议是孕妇应完全远离酒精。

③尼古丁。孕妇抽烟同样对胎儿发育、出生和出生后的成长有不良影响，死婴、早产、低重儿、呼吸困难以及婴儿猝死症，都会由孕妇吸烟引起。吸烟的妇女更容易导致宫外孕。一项研究表明，胎儿如果处在吸烟的环境下，到四岁时的语言和认知能力将差一些。

丈夫在妻子怀孕期间吸烟也会给孩子带来危险。一项研究显示，在中国，父亲抽烟史越长，孩子得癌症的风险越大。同样，一个对七项研究进行分析的报告得出结论说，父亲抽烟和孩子患脑瘤之间有关联，而且孕妇吸入的“二手烟”中的致癌物质的含量通常比吸烟者直接吸入的还要多。

④毒品。大麻、可卡因、海洛因等让人产生精神依赖的麻醉品很容易通过胎盘屏障，直接对胎儿造成危害。孕妇吸食大麻，所生的孩子个头较小，以后遇到的学习和记忆困难也较多。怀孕妇女吸食可卡因更可能使婴儿流产，或者死于婴儿猝死综合症，即使出生后也可能会显示出发育迟缓的迹象。有大量资料显示，对海洛因上瘾的母亲生出的小孩都会表现出行为方面的困难，这些婴儿身体颤抖，焦虑，哭叫反常，睡眠困难，

运动控制能力受损——所有这些症状都是因为摄入海洛因的结果。许多孩子直到一岁还有这些行为问题，有些小孩在后来的成长过程中显示出注意力不集中的缺陷。有的母亲接受普通的戒毒治疗，服用一种叫美沙酮的药物，她们生出的小孩可能也会表现出严重的停服药物的症状。

⑤环境危害。前面讲的致畸因子都是孕妇可以避免的，但周围环境带来的危害却是她们容易忽略和无法控制的。辐射、很多化学物质以及我们现代社会的许多方面都对胚胎或胎儿有潜在危害。如果男人处在铅、辐射、某些杀虫剂和石化产品的环境中，可能会导致他的精子不正常，从而引起胎儿的流产或类似儿童期癌症的疾病。暴露在各种辐射中能引起基因突变，那些工作在高辐射地的父亲生出的小孩染色体变异的比例要高。

环境污染和有毒废物同样是危害未出生孩子的根源。这些危险的污染物有一氧化碳、铅和汞。人们很容易就暴露在含铅的环境中，因为他们的房子墙壁上刷的油漆中含铅，或者住在离繁华马路很近的地方，那里充满了汽车排放出来的含铅的尾气。研究人员认为，早期暴露在含铅的环境中会影响孩子的心智发育。

⑥传染病。孕妇所患的许多疾病和感染会穿过胎盘的保护对胎儿造成影响，或直接在分娩过程中对孩子带来损害。

最典型的例子是风疹，1964—1965 年爆发的风疹病导致了 30000 个出生前后的婴儿死亡，超过 20000 个存活下来的婴儿也因为被感染而天生畸形，脑发育不全、失明、耳聋和心脏有问题。现在已有预防风疹的疫苗给婴儿注射，以确保风疹再不会造成那样灾难性的损害。

孕妇如患有梅毒，会损害胎儿已经形成的器官，比如引起失明、损害皮肤。如果梅毒是在分娩时作用于婴儿的，就会造成婴儿中枢神经系统和肠胃受损。

另一种近来引起人们广泛注意的传染病是生殖器疱疹。在分娩过程中，如果母亲的产道带有生殖器疱疹，婴儿就会接触到这种病毒。通过感染了生殖器疱疹的产道出生的婴儿中有 1/3 死亡，另外 1/4 有脑受损。假如在孕妇临产前检查出患有生殖器疱疹，可以进行剖腹产，这样可以避免病毒感染新生儿。

艾滋病是一种由人类免疫缺陷病毒（HIV）引起的性传播疾病，这种病毒能摧毁人体的免疫系统。大部分受到感染的婴儿通过子宫中或在出生时的血液交换直接从母亲那里获得病毒。在缺乏产前药物治疗与剖腹产的情况下，带有艾滋病病毒的母亲将这种病毒传染给胎儿的概率是很高的。

3.3.2　孕前保健和受孕准备

（1）受孕时机的选择。除了夫妻的年龄外，受孕季节也是一个可选择的时机。一般认为，一年中的 7、8、9 月是受孕的最佳季节。受孕后的前三个月是胎儿致畸的敏感期，而在 7 ~9 月里，呼吸道感染、病毒流行的机会相对较少，可以预防胎儿遭受病毒的侵害，避免由于病毒感染而造成胎儿畸形。如果在此期间受孕，则临产期正好是春末夏初，此时气候温和宜人，给新生儿提供了良好的外部环境，不会因为天热而中暑，洗澡也不至于着凉，还能到户外呼吸新鲜空气，晒太阳。同样，受孕季节的好坏也是相对的，并不是说一定要在此期间受孕，只要注意预防病毒感染，注意孕期营养，在任何时期受孕都不会对胎儿健康造成不良影响。

（2）孕前保健。夫妇做出受孕计划后，应注意孕前保健，为怀孕做好生理和心理准备。

首先，应建立良好的工作生活环境。在计划受孕前，夫妇应安排好工作时间，尽量不过于紧张和劳累。安排好每日作息时间，保持有规律的生活节奏。进行娱乐活动时，避开吵闹嘈杂的环境。保持充足的睡眠。

其次，应保持最佳的心理状态。夫妇双方在孕前应彼此适应，遇到矛盾，应宽宏大量，平时有可能要进行争论的非原则性问题，这时可先容忍下来，留待以后的适当时机解决，也可借其他方法使之自然消化。总之，应调节好双方的情绪，创造和谐的孕前心理环境。

再次，应注意饮食。注意孕前补充营养，既为男女双方提供合格的精子和卵子服务，又为女方作好受孕后的营养储备。有研究表明，母亲的孕前体重与新生儿出生体重明显相关，低出生体重往往是由孕前体重低或孕后体重增加少的母亲所生，因此，孕前营养对提高胎儿的身体素质有直接影响。计划受孕前，夫妇应多摄入含蛋白质、维生素和微量元素的食物，比如猪肝、瘦肉、花生、芝麻等。为保持营养物质的均衡，不要偏食。水果蔬菜要尽量选择新鲜未受污染的，食用时注意卫生，充分清洗干净。尽量少喝或不喝各种饮料，最好饮用白开水。

最后，应加强锻炼，提高身体素质。

3.3.3 胎教

胎教是优生一个很重要的部分，在我国古代，人们就形成了“外象内感”、“感于善则善”的胎教理论，这是建立在“子在腹中，随母听闻”的认识基础上。如隋朝的巢原方在《诸病源候论》中说：“欲子美好，宜佩白玉；欲子贤能，宜看诗书，是谓外象而内感者也。”这种佩白玉、读诗书等人为的措施事实上就是通过加强孕妇的品德修养，培养其高尚情操，保持良好的精神状态，来促进孩子的智力发育、性格培养。

古人的胎教理论在现在看来，虽然有一定道理，但颇为简单。现代医学的发展，已为当今的胎教理论奠定了良好的基础。

从前面谈到的产前发育过程，我们可以知道，人的胚胎在第 4 周时神经系统就开始形成；第 8 周，大脑皮质开始出现，脑细胞迅速发育；第 12 周，胚胎发育成胎儿，多种器官逐渐形成，在母体内变得活跃；第 16 周，胎儿有了协调性动作，可以在羊水中翻身，并表现出对在子宫中某一特定位置的偏好；第 20 周时，大脑皮质结构形成，沟回增多，声音可以对其产生刺激或使其兴奋；在第三个“三月时段”，胎儿对外界环境的反应越来越多了，在第 24 周左右，胎儿可以感觉到疼痛；在第 25 周，胎儿能通过身体运动来对其附近的声音作出反应；到第 35 周，随着胎儿脑皮层褶皱越来越明显，胎儿的感觉能力和行为能力也开始拓展，多数时候他是醒着的，对外面刺激作出的反应更加频繁，喜欢听熟悉的声音，尤其是母亲的声音；到临产时，胎儿的内脏和神经系统的功能已经健全，四肢富有活力，脑细胞的分裂基本定型。科学研究表明，大脑细胞分裂增殖有两个高峰期：第一个高峰期是怀孕的 2 ~ 3 个月；第二个高峰期是怀孕的 7 ~ 8

个月。

胎教的原理就是根据上述的胎儿发育特点，特别是脑部发育的阶段性，通过控制母体内外环境，排除对胎儿的不良刺激，给予胎儿大量良性刺激的活动及措施。近 20 年来，欧美一些国家纷纷成立了胎教研究机构和胎教中心，致力于对胎儿智力、体力的全面开发，取得了令人瞩目的成绩。在我国，现在基本上每对夫妇只生一个小孩，大家都希望自己的孩子聪明伶俐，谁也不愿孩子在起跑线上就输给别人。再加上生活水平的提高，胎教越来越受人们的重视。目前流行的几种安全易行的胎教方法有：音乐胎教、抚摸胎教、语言胎教。

音乐胎教是古今中外各种胎教方法中最常应用的一种。前依斯特曼音乐学院名誉教授多拉德·谢特勒做了一个著名的胎教实验。在长达 14 年之久的研究中，谢特勒研究了怀孕期间听古典音乐如何对儿童智力产生影响。一组胎儿从怀孕 5 个月一直到出生，每天听特定的古典音乐两次，每次 5 分钟，而另一组胎儿不接受音乐刺激。孩子出生后，谢特勒每隔一两周就去拜访实验中两个组所有的父母和孩子，这种访问一直持续了 10 年。谢特勒发现音乐胎教组的儿童比无音乐胎教组的儿童提前 3 ~ 6 个月开始说话，他们有更多的音乐天赋，学习也更好。谢特勒认为胎教对儿童语言和音乐等方面的认知力发展有显著的影响。

从怀孕第 4 ~ 5 个月，可给胎儿音乐胎教，每日两次，每次 3 ~ 5 分钟。选择一些轻松愉快、优美动听的音乐，频率为 250 ~ 500 赫兹，强度为 70 分贝，准妈妈距音响 1 ~ 2 米。有人建议用胎教传声器放在胎头部位，但也有人认为这样距离胎儿太近，有可能对其听觉刺激过大，或容易产生疲劳，故还是避免此法。孕妇在听音乐时，可以同时做自由的情景联想，借以调节情绪，达到心平气和的愉悦心情。母亲自己给胎儿唱歌或哼乐曲，可以达到更好的胎教效果。

抚摸胎教是孕妇或其丈夫用手轻轻抚摸孕妇腹壁的胎儿部位，使胎儿感受并作出反应。抚摸胎教可以促进胎儿的运动神经发育。抚摸胎教应选择在孕 6 个月以后，以晚上胎动较频繁时进行。每次持续 5 ~ 10 分钟，每日 1 次，每周 3 日，如配以轻松、愉快的音乐进行，效果更佳。不过要注意的是，宫缩出现过早的孕妇以及有不良产史（如流产、早产、产前出血等）的孕妇不宜使用这种方法。

语言胎教是孕妇及其丈夫与胎儿进行语言沟通。孕妇可以经常与胎儿交谈一些日常用语，给胎儿讲故事，读一些轻松幽默、积极向上的文学作品。丈夫也应积极参与语言胎教，它能使孩子从出生前就感受到父爱，有利于孩子出生后与父亲建立亲切、深厚的关系。

虽然胎教现在全世界都很盛行，但也有少数研究者对其持反对意见。比如前不久，由英国生理学家大卫·迈勒教授领导的研究小组声称，他们发现哺乳动物的胎儿在出生前大脑都是处于深度的麻痹状态，胎儿在出生后正式呼吸空气之前，其大脑都尚未启动，这意味着准父母煞费苦心的胎教只不过是白费力气。还有研究者认为听觉、视觉和触觉这些都是生理学参数，给胎儿听音乐，得到的结果是胎儿的听力阈值下降了，胎教专家因此判断这种方法是科学的、可行的，它产生了良性效果。然而国际生理学界的共同评判是，胎儿听力阈值下降证明，这种音乐通过母体的传递，被胎儿的听觉神经感受到时已不再是原有意义上的和谐的旋律与节奏，而只是一个单纯的物理声波，是有害的噪声，而不是音乐教育，它造成胎儿的易干扰和易激惹性。也就是说，本来给胎儿一定音量的声音才能引起他的反应，而现在，一个比原来音量还要低的声音就能引起他的反应，表面上看起来，胎儿变得伶俐了，但实际上，这使得胎儿神经紧张，得不到安静的环境，而且这种伤害还不是短期内就能表现出来的。

到目前为止，我们对处于母亲体内的胎儿的种种感受都是根据其发育过程和临床反应推断而来，正如证明胎儿有知觉很困难一样，要证实他们没有知觉同样也很困难，所以，关于这一点的辩论还会继续下去。

对于胎教，做父母的要正确对待，有的父母认为进行胎教的目的是为了培育天才和神童，所以在怀孕期间，不遗余力地使用各种胎教方法，希望能创造奇迹。这种观念和做法是不科学的。胎教的真正目的是为胎儿健康快速的成长提供良好的环境，来改善胎儿的素质。孩子以后能否成为天才和神童，并不只取决于胎教，还有遗传、教育环境及个体差异等许多因素的影响。

不管进行哪种胎教方法，应保持适度和适宜的原则。其实，对胎儿进行胎教的作用虽然褒贬不一，但可以肯定的是，胎教对父母是有益的。比如，在进行音乐胎教时，母亲在欣赏音乐的过程中，心情会保持愉快；抚摸胎教和语言胎教，在夫妻共同与胎儿用动作和语言进行交流的过程中，既能促进夫妻感情，为以后共同养育孩子打下良好基础，又可以缓解孕妇对怀孕和分娩的恐惧和焦虑情绪，这些对胎儿都是无形但又有深远影响的。

【阅读书目】

1. [加]Guy R. Lefrancois 著：《孩子们：儿童心理发展》(第九版)，王全志、孟祥芝等译，北京大学出版社 2004 年版。

2. [美]卡拉·西格曼、伊丽莎白·瑞德尔著：《生命全程发展心理学》，陈英和审译，北京师范大学出版社 2009 年版。

3. [英]朱莉娅·贝里曼等著：《发展心理学与你》，陈萍等译，北京大学出版社 2000 年版。

4. [美]劳拉·E. 贝克著：《儿童发展》(第五版)，吴颖等译，江苏教育出版社 2002 年版。

5. 林崇德著：《发展心理学》，浙江教育出版社 2002 年版。

6. 王正询、林兆平主编：《简明人类遗传学》，高等教育出版社 2002 年版。

7. [英]大卫·班布里基著：《体内小访客：性、怀孕、分娩的生命奥秘》，林丹卉、杨育明译，汕头大学出版社 2003 年版。

8. [美]威廉·赖特著：《基因的力量——人是天生的还是造就的》，郭本禹等译，江苏人民出版社 2001 年版。

9. [英]马丁·布鲁克斯著：《遗传学》，李彦译，生活．读书．新知三联书店 2003 年版。

10. 张湖德主编：《安胎　养胎　胎教》，中国人口出版社 2003 年版。

11．吴刚、伦玉兰主编：《中国优生科学》，科学技术文献出版社 2000 年版。

【思考题】

1．遗传是如何决定个体生物特征的？

2．胎儿是如何生长发育的？

3．如何做到优生优育？

第4章　生理发展与健康

本章要论

身体发展遵循头尾原则、近远原则和大小原则。

身体的发展会经历两个高峰期，到成年中期以后身体逐渐老化。

身体发展存在着性别差异，这种差异在青春期表现得尤为明显。

从婴儿期到青少年期，随着大脑结构的发育成熟，大脑机能不断进步。

成人大脑在老化的过程中也以多种方式达成适应。

合理的饮食和营养以及运动对于维持各年龄阶段人的健康都有重要意义。

抽烟、酗酒、维生素滥用、药物滥用、网络成瘾是常见的物质滥用和成瘾现象，它们对人的身体和心理健康都有极大危害。

尽管每人的人生道路各不相同，因而不可能找到一种有代表性的人生发展模式，然而，人们的生命旅程也有很大的相似性：他们都要经历婴儿期、儿童期、青少年期、成年早期、成年中期和老年期这些普遍的生命阶段。那么人是如何生长发育成熟的？又是如何衰老走向死亡的？什么是健康以及如何保持健康和良好生活习惯以延年益寿？这些都是本章所要讨论的问题。

4.1　身体发展

身体的变化是个体发展中最外显的部分，同时也是个体发展中共性最多的部分。从出生到成熟，个体身高一直在增长，体重也不断地增加，此外，还伴随着内部不可见的变化，比如骨骼、肺等其他身体器官的变化。通常，女性身体发育到18岁左右停止，男性到20岁左右停止。当然，这种发育的停止并不意味着身体不发生变化，事实上，人的身体始终在不断发展变化过程中，我国古代就有“人到三十慢慢悠”的说法，即到30岁以后都还在成长。

4.1.1　身体发展的规律

人的生命历程中经历许多身体上的变化，从出生、成长、成熟直至衰老。在这个过程中，个体身高和体重的变化都十分明显。个体生长发展遵循一些基本的次序和原则：

(1) 头尾原则。所谓头尾原则，是指从上到下的发展顺序，儿童身体的发展严格遵循着头——颈——躯干——下肢的发展次序。在个体发展中，头部是最先发展的部位，比如在胎儿期以及婴儿早期，头部都占身体的很大比重（见图4.1）。这种发育模式的顺序同样也适用于头部。头部上方的部位——眼睛和大脑都比下边的部位成长要迅速，比如眼睛和大脑的发展比下巴的成长要迅速。感官和运动的发展也遵循着头尾原则，例如婴儿先能看到物体，然后才能控制他们的躯干；先用手，好长时间后才能爬或走。

（2）近远原则。所谓近远原则，是指从中轴向外围的发展顺序，儿童运动的发展顺序是从躯干开始向四肢再向手和脚，最后达到手指和脚趾的小肌肉运动。这种模式的身体发育顺序是先中间后外周，例如躯干和胳膊的肌肉的控制能力先成熟，然后是手和手指的发展。还有就是婴儿先把手作为一个单位运用，然后才能用手指头。

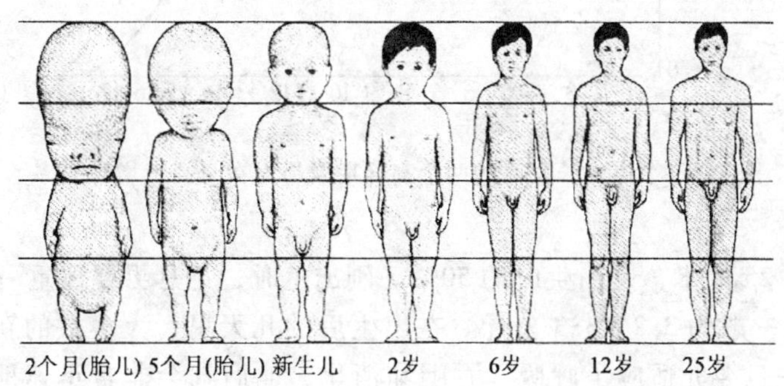

图 4.1　从出生到成年期人体比例的变化

（3）大小原则。所谓大小原则，是指个体首先学会大肌肉、大幅度的粗动作，以后才逐渐学会小肌肉的精细动作的发展过程。例如幼小婴儿只会蹬腿、挥臂这些粗大动作，四五个月的婴儿是用手臂甚至整个身体转去拿放在面前的玩具，而不是用手、手指。随着神经系统和肌肉的发育，动作逐渐分化，婴儿开始学习控制身体各个部位的精细动作。他们在身体某部受到刺激后能控制仅有部分关节作出相应的动作反应，而抑制身体其余部分的动作，使反应更加专门化。

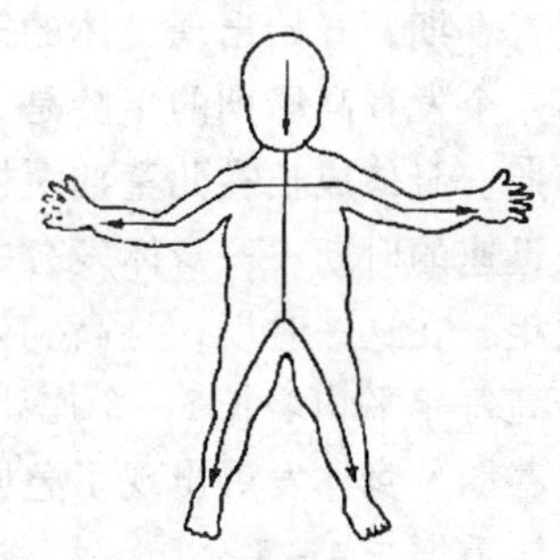

图 4.2　身体和运动发展的直线倾向图

4.1.2　个体身体发展的非均匀性

个体身体发展并不是随年龄增长而等速增加的，发展过程既有快速期，也有相对平衡期。从出生到成熟过程可划分为四个阶段：0～2 岁是快速发展阶段；2～11、12 岁是平缓发展阶段；11～13 岁（女）、13～15 岁（男）是急速发展期；15、16 岁以后是缓慢发展阶段。

在身体发育过程中存在着两个高峰期。如图 4.3 所示：第一个发育高峰期的年龄是 0～1、2 岁，第一年发育速度最迅速。新生婴儿身高为 50 厘米左右，在第一年内，身

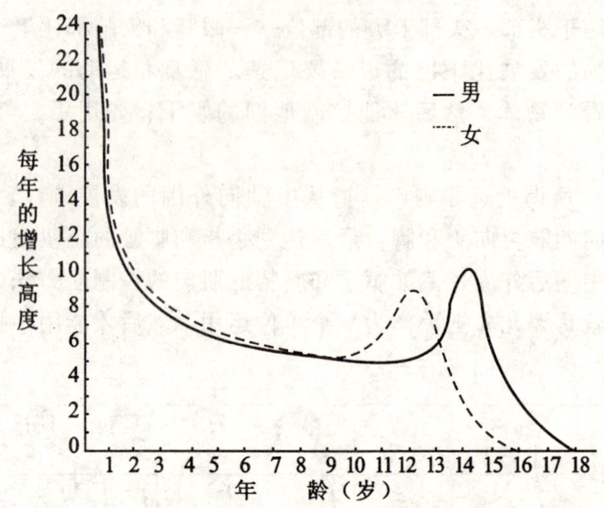

图 4.3 个体生长发育的两个高峰期及男女在身高上增长速率

长就增加了 20～25 厘米，是出生时的 50%。刚出生时，足月男婴体重一般为 3.3～3.4 公斤，足月女婴一般为 3.2～3.3 公斤。在出生后的几天里，大多数的新生儿体重会减少 5%～7%。一旦婴儿适应了呼吸、吞咽和消化，他们就会非常迅速地发展。婴儿大约 6 个月体重增加一倍，一岁时达到出生时的两倍；身高比出生时增长 50%。第二年与第一年末相比，身高增长 10 厘米，体重增加 3.5 公斤。从 2～12、13 岁儿童的身体发育保持相对平稳的速度，期间 2～5 岁比 5～12、13 岁发展速度要快一些。这种情况一直到青春期，开始出现身体的第二次发育高峰期。

第二个发育高峰期的年龄是 11～13 岁（女）至 13～15 岁（男），这个年龄阶段属于青春期。身体成长在儿童期缓慢了下来，但是到了青春期则进入了继婴儿期后的又一个生长迅速的时期——身体发育的第二个加速期。女孩子的青春期发育高峰大约比男孩子早两年。在这一时期，身高和体重迅速发展。童年期身体的发展相对来说是比较平稳的，身高每年平均增长 3～5 厘米，体重增长 2.5 公斤，骨骼、心脏的发育比较平稳。进入青春期，身体发展出现了急剧的变化。每年身高增长少则 6～8 厘米，多则 10～11 厘米，体重增长 4～5 公斤，骨骼的增长比肌肉增长快，四肢增长比躯干增长快，体形像“豆芽”。人身上骨头共有 206 块，对身高作用的主要是几块脊椎骨和下肢骨。从人的毕生发展来看，身体的高矮往往成为了健康的重要标志之一。肺的发展加速，肺小叶结构逐渐完善，肺泡容量增大，从而使呼吸功能得到加强，肺活量增强。心脏机能也有了提高，心率为 70～80 次/分钟，接近成人水平。骨骼发展比肌肉快。肌肉力量的增长，为青少年体力的增强提供了可能性。在肌肉力量的发展水平上，男女之间存在明显的差异。进入青春期后，个体身体外形也发生了变化。青少年期女孩子的髋骨变宽，男孩子肩膀变阔。女孩子髋骨变宽和雌性激素有关，男孩子肩膀变阔与雄性激素有关。男孩子后一个生长高峰是腿比女孩子的长。当然大多数情况下，青春期男孩子的脸型变得棱角分明，而女孩子的脸型变得更圆更柔软。与之相适应，青春期的个体头面特点也发生了微妙变化。童年期的面部特征在逐渐消失，以前较低的额部发际逐渐向头顶部及两鬓后移，嘴巴变宽，原来较为单薄的嘴唇开始丰满，而且随着青春期个体身体其他部分骨骼的迅速增长，头部骨骼的增长速度却在显著减慢，童年期那种头大身小的特征逐渐被头身比例协调的身体特征所代替。

个体身体发展的非均衡性还表现在各生理系统的发展也是不平衡的。神经系统在出生后的头几年发育较快，到幼儿末期接近成人水平，此后发展速度趋于平稳。

淋巴系统在 10 岁以前发展速度非常迅速，发展量达到成人时期的 200%，10 岁以后发展量迅速下降到成熟期水平。

生殖系统中生殖器在 10 岁以前基本上没有发育，10 ~ 11 岁以后迅速发育成熟。

一般生理系统，如肌肉、骨骼、呼吸、消化系统的发育过程有两个快速期和一个缓慢期。4 岁以前是第一个快速期，发展迅速；5 ~ 10 岁处于相对缓慢发展期；从 10 ~ 11 岁开始到成熟阶段又进入发展非常迅速的快速期。

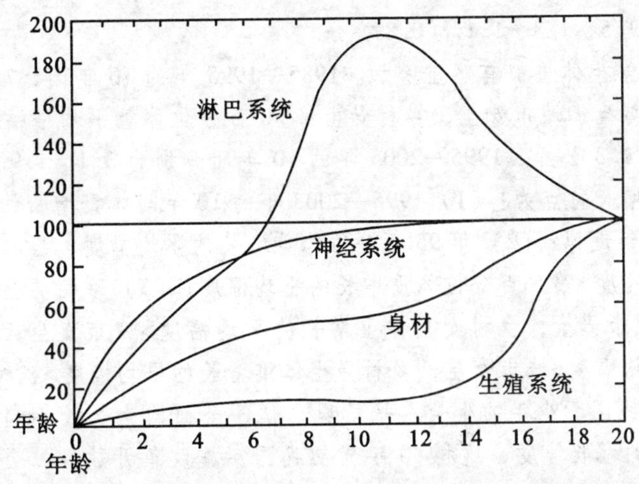

图 4.4　身体不同系统的生长曲线。每一条曲线表示一组器官或身体部位大小与 20 岁时大小的比例（20 岁时的发展水平在坐标上显示为 100%）

1985—2005 年中国儿童、青少年身高、体重变化趋势

1985 年起，由教育部、卫生部、科技部、国家民族事务委员会和国家体育总局五个部委联合开展的全国学生体质与健康调研，每五年开展一次，调研对象涵盖全国 30 个省、市、自治区（除西藏、台湾、香港、澳门外）的 7 ~ 18 岁中、小学生。

调研结果显示，从 1985 年到 2005 年这 20 年间，各年龄组身高都有明显增长，1985—1995 年的 10 年间，7 ~ 18 岁城市男生、乡村男生、城市女生、乡村女生第 50 百分位身高平均增幅分别为 3.1、3.5、2.2、2.8 公分，1995—

2005年，7~18岁城市男生、乡村男生、城市女生、乡村女生第50百分位身高平均增幅分别为2.0、2.3、1.3和1.7公分；第5百分位身高平均增幅，1985—1995年分别为2.5、2.7、1.8和2.3公分，1995—2005年分别为1.5、2.0、0.9和1.3公分；第95百分位身高平均增幅，1985—1995年分别为3.4、4.2、2.6和4.2公分，1995—2005年分别为2.4、2.5、1.6和2.5公分。身高增长特点为：（1）1995—2005年的10年间，身高增长平均幅度明显小于1985—1995年的10年间；（2）第95百分位身高增长的平均幅度>第50百分位身高增长的平均幅度>第5百分位身高增长的平均幅度；（3）乡村男生身高增长的平均幅度>城市男生，乡村女生身高增长的平均幅度>城市女生。以18岁学生的身高作为成年身高的估计值，20年间，我国学生成年身高明显增加。1985—1995年的10年间，18岁城市男生、乡村男生、城市女生、乡村女生第50百分位身高的增幅分别为0.8、1.8、0.5和1.3公分，1995—2005年的10年间分别为1.5、1.8、1.1和0.8公分。

20年间学生体重都有明显增加。1985—1995年的10年间，7~18岁城市男生、乡村男生、城市女生、乡村女生第50百分位体重平均增幅分别为3.2、1.9、2.0和1.3公斤，1995—2005年的10年间分别为3.1、1.9、1.7和1.2公斤。体重增长特点为：（1）1995—2005年的10年间体重增长的平均幅度与1985—1995年近似；（2）第95百分位体重增长的平均幅度>第50百分位体重增长的平均幅度>第5百分位体重增长的平均幅度；（3）乡村男生体重增长的平均幅度>城市男生，乡村女生体重增长的平均幅度>城市女生，城市男生体重增长的平均幅度>城市女生，乡村男生体重增长的平均幅度>乡村女生。

20年间我国青少年的生长水平呈现迅猛、全面的生长长期趋势，明显快于发达国家的增长速度，这和80年代初我国实施改革开放，社会经济条件改善，儿童、青少年营养状况改善，影响儿童、青少年健康的常见疾病得到有效预防和控制以及儿童、青少年生长发育出现长期加速等因素有关。同时儿童、青少年身高、体重的增长趋势存在两极分化，即身高较高的儿童，青少年身高增长幅度更大；身高较低的儿童，青少年身高增长的幅度更小。体重较重的儿童，青少年体重增加的幅度更大；体重较轻的儿童，青少年体重增加的幅度更小。社会经济水平发展不平衡（即儿童青少年生长发育水平较高地区的发展速度高于其他地区）可能是造成这一趋势的一个原因。另外，随着现代居住条件的改善、交通的发展，加之学习负担的加重，学生进行户外活动、体育锻炼、走路或活动、做家务、劳动等身体活动的时间越来越少，而静态活动时间却在不断增加，造成儿童、青少年摄入的总能量与身体活动消耗的总能量不平衡，超重肥胖日趋严重，已成为影响我国某些社会经济发展水平较高地区儿童青少年身心健康的重要问题。

资料来源：马军、吴双胜、宋逸等：《1985—2005年中国7~18岁学生身高、体重变化趋势分析》，《北京大学学报》(医学版) 2010年第6期。

在青春期显著的身体变化之后，成年早期的发展相对平稳。这个时期的身高基本保持平稳，个体身体健壮，骨骼坚强且较柔韧，肌肉丰满且有弹性，脂肪所占体重比例适中。内部各种机能良好，心脏血液输出量和肺活动量均达到最大值，这一时期个体消化机能也很强，因此食欲较好。体力和精力均处于鼎盛时期，能承担较繁重的脑力劳动和体力劳动。个体自身的抵抗力强，疾病的发生率也相对较低。

到了成年中期以后，个体身体外形上发生了缓慢的变化，中年人身高变矮，体重增加。从 40 多岁开始，成人每 10 年身高降 1 厘米。青少年期，身体脂肪占体重的 10%，而在中年期占到了 20% 甚至更多。显著的老化迹象通常在 40 岁到 50 多岁。因为皮下组织缺少脂肪和胶原质，皮肤开始出现皱纹和下垂。皮肤上局部色素沉着，产生老年斑，尤其是暴露在外的地方，比如手和脸。由于代谢速度减慢和类黑素的衰退，头发稀疏变白。手指甲和脚趾甲隆起变厚变脆。

成年晚期或者老年期身体变化就更加显著了。最显著的变化是皱纹和老年斑。随着年岁的增加，我们的身高变矮，从 30 岁到 50 岁，男性在身高上矮 1 厘米，从 50 岁到 70 岁，可能矮 1 ~2 厘米；女性的身高从 25 岁到 75 岁可能矮 2 ~3 厘米。当到 60 岁时，我们的体重通常会下降，这或许是因为我们的肌肉丧失，这使我们的身体看起来很松弛。

4.1.3　身体发展的性别差异

在个体身体发育过程中，男性和女性在身高和体重的发展顺序和程度是不同的，根据当前个体发育的水平，女孩在 11 岁左右开始进入青春发育期，她们身高和体重的年增加量超过男孩，平均增加量曲线位于男孩之上，形成第一个增长曲线交叉。男孩进入青春发育期约比女孩晚两年。在女孩身体发育高峰期已过、发育速度减缓时，男孩正好进入青春发育高峰，他们不仅追上女孩发展速度，身高、体重、肩宽等身体发展水平也都超过女孩，形成第二个年增长曲线的交叉。此后，男孩的身高和体重一直处于领先地位。

如果说男女性之间的身高和体重的变化是非本质的，那么性别特征的变化则是根本性的。

(1) 青春期第二性征的出现。青春期身体的另一个变化是第二性征的出现。第二性征是性发育的外部表现，是青春期身体外形变化的重要标志。随着第二性征的出现，个体开始从童年的中性状态进入到两性分化状态。在男性身上，第二性征主要表现为喉结突出、嗓音低沉、体格高大、肌肉发达、唇部出现胡须、周身出现多而密的汗毛、出现腋毛和阴毛等。在女性身上，第二性征则表现为嗓音细润、乳房隆起、骨盆宽大、皮下脂肪较多、臀部变大、体态丰满、出现腋毛等，引起青春期的儿童出现心理的恐慌。

①生殖系统的成熟。生殖系统是人体各系统中发育成熟最晚的，它的成熟标志着人体生理发育的完成。性激素分泌是整个内分泌系统活动的一个重要内容。青春期以前，无论男女，都仅分泌少量的激素。进入青春期以后，个体下丘脑的促性腺释放因子的分泌量增加，从而使垂体前叶的促性腺激素的分泌也增加，进而导致性腺激素水平相应提高，促进性腺发育。女性的性腺为卵巢，男性的性腺为睾丸。性腺的发育成熟使女生出

现月经，男生发生遗精。

两种性激素在男性和女性身上浓度大不相同。雄性激素是男性的主要性激素，雌激素是女性的主要性激素。男性性激素在男性青春发育中起重要作用。整个青春期，上涨的男性性激素水平伴随着男孩子的大量身体变化——外生殖器的发展、身高的增长和声音的改变。雌激素在女性青春发育中起重要作用。随着雌激素水平增加，乳房和子宫发育，随之开始骨骼的变化。在一项研究中表明，在青春期，男孩子的男性荷尔蒙水平增加了 18 倍，而女孩子仅仅是两倍；女孩子的雌性激素增加了 8 倍而男孩仅仅是两倍。

不仅脑垂体腺释放促性腺激素刺激睾丸和卵巢的生长，而且通过下丘脑和脑垂体腺相互作用也分泌激素直接导致成长、骨骼成熟，或者通过和位于脖子部位的甲状腺相互作用影响成长。最初，成长激素在青春期夜间分泌，后来在白天也分泌，但白天分泌的水平比较低。成长也受其他内分泌系统的影响，例如由肾上腺皮质分泌的皮质醇。

②性器官与性功能的成熟。女性的性器官包括卵巢、子宫及阴道。在青春期前，发育缓慢，8～10 岁发育加快，以后的发育速度则直线上升。子宫的发育从 10 岁开始到 18 岁止，长度增加了一倍，其形状及各部分的比例也有所改变。

女性的身体变化顺序是怎样的呢？首先是乳房发育和阴毛出现，这是女性青春期发育的两个重要方面。后来，腋毛出现。随着这些变化，女性身高增长，髋骨比肩膀宽，接着出现月经初潮，最后，月经周期会很有规律。青春期的女性不像青春期男性那样变声。青春期结束时，女性乳房已经发育丰满。

男性的性器官包括睾丸、附睾、精囊、前列腺及阴茎。男性的性器官发育比女性要晚些，在 10 岁以前，发育很慢，进入青春期后发育加速。

研究者发现，男性青春期发育遵循以下顺序：阴茎、睾丸的发育，阴毛初现，较小的变声，第一次射精（遗精，通常发生在手淫或做梦时），出现阴毛，身体全面发育，腋毛出现，更加明显的变声，胡须的出现。男孩子的青春期性发育有三个显著区域是：阴茎、睾丸和阴毛。随着性器官的发育，男女都出现第二性征。

性器官的迅速发育，使青春期女性出现月经。月经初潮的年龄一般在 10～16 岁，女性月经初潮出现的早与晚，与其所处的地理环境、气候条件、经济水平以及营养状况等因素有关。月经初潮后，由于卵巢发育尚未完全成熟，因而在一个阶段内月经周期并不规律，一般在一年内可达到正常。男性在 15、16 岁时出现遗精。首次遗精的时间也存在个别差异，一般在 12～18 岁。

理解每个人青春期的开始和进程的极大差异是很重要的。男孩子青春期可能 10 岁就开始，也可能 13 岁半才开始；可能在 13 岁就结束，也可能要到 17 岁才结束。正常范围很宽。两个男孩子一样大，一个人可能完成了青春期，而另一个却刚刚开始进入青春期。女孩子的年龄范围更广，据认为是从 9 岁到 15 岁都是正常的。

③青春期的长期趋势。青春期通常被认为是青少年期最重要的组成部分。青春期不是由环境决定的。进入青春期的时间是由每个人的基因决定的。青春期不会发生在 2～3 岁，也不会在 20 多岁才发生。它发生在 9～16 岁期间，环境因素可以影响青春期的开始和持续时间。

长期趋势指一般的代与代之间的变化。设想一下，一个初学步的孩子具备所有青春期的特征：一个 3 岁的女娃有着发育完全的乳房或一个稍大一些的男孩子有着男低音。假如按照 20 世纪进入青春期年龄继续降低下去的话，这就是 2250 年的一个情形。例如，在挪威女性月经初潮年龄是 13 岁多一点，而 19 世纪 40 年代是 17 岁；在美国，19 世纪 40 年代是 15 岁，现在是 12 岁半。较早进入青春期可能与完善的健康和营养有关系。

在一项大规模的对 1.7 万美国女孩子青春期发育的研究中，非拉丁白人女孩子青春期始于 10 岁左右，美籍非洲女孩子 8～9 岁。作者总结出美国女孩的青春期要早一些。然而，一些报告指出我们需要更多的研究来证实青春期是否如以上研究说明的那样早。一些研究者报告说在过去 10 年里青春期的提前现象现在有所减缓。

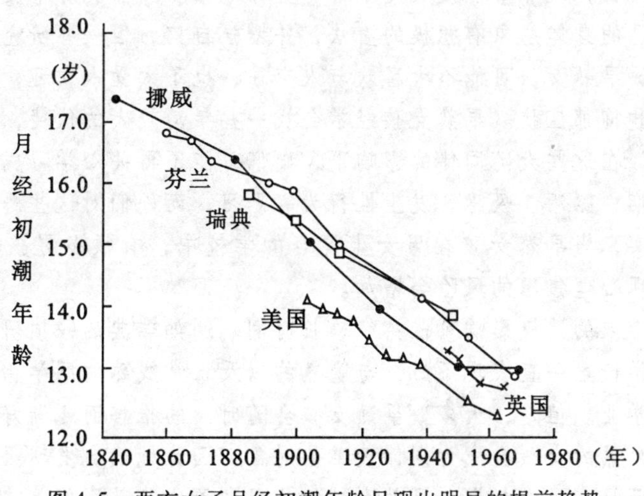

图 4.5　西方女子月经初潮年龄呈现出明显的提前趋势

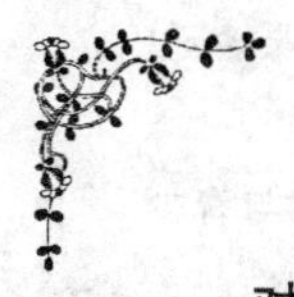

青春期开始早晚对青少年的影响

对男孩的可能影响

美国加利福尼亚大学所进行的追踪研究表明，青春期开始较早的男孩比成熟较晚的男孩具有一些社会优势。一项对 16 位早熟青少年和另外 16 位晚熟青少年的历时 6 年的追踪研究发现，晚熟组的青少年与早熟青少年相比更为焦虑、更加渴望成熟，希望获得别人的注意。早熟的青少年在各种社交场合下表现得更为自信，更有可能获得运动方面的奖励，在学生组织的选举中获胜。与早熟男孩相比，晚熟男孩还可能有更低的学习动机，在青少年早期时，其考试成绩也低于早熟的男孩。

为什么早熟的男孩会拥有某些优势呢？一个成因可能是较为出众的体形和身体力量使他们在运动能力方面表现得更为出色，这种结果反过来有助于他们获得成人和同伴的认可。早熟者的外表看起来更像成人，这也可能使其他人高估他的能力，并给予他一般成人才有的特权和义务。确实，父母对早熟儿子的教育和成就期望比对晚熟儿子要高，而且父母在诸如作息时间和交友等问题上较少与早熟儿子发生冲突，这种积极的和谐的环境使早熟青少年更加自信、更受欢迎，在同伴群体中居于一定的领导地位。

一般而言，早熟和晚熟的差异会因时间的推移而逐渐消失。例如，12 年级时，早熟者和晚熟者的成绩差异就已经消失了。但是琼斯发现，直到加利福尼亚研究中的男孩 30 多岁时，那些青春期早熟的个体与晚熟的个体相比，仍然表现得更为自信，社交能力更强，更有责任感，所以，早熟带来的某些优势可能持续到成人期。

对女孩的可能影响

对女孩而言，早熟可能使其处于某种劣势地位。虽然乳房早发育可能使早熟女孩对自己的身体意象有积极的看法，并增强自信，但一些研究发现，与晚熟女孩相比，早熟女孩可能不大喜欢与人交往，也不太受人欢迎，并可能出现更多的焦虑和抑郁症状。早熟女孩经常会找一些年龄较大的伙伴，特别是年龄较大的男孩。在这些大龄同伴的影响下，她们可能不再关心学习成绩，并沾染上一些如吸烟、酗酒、吸毒、发生性行为等恶习，而她们对这些恶习还没有抵抗能力。确实，当早熟女孩在男女生混合的学校中，有很多男孩可以交朋友时，她们出现心理焦虑的风险会增加。

早熟所带来的消极影响可能持续较长时间。例如瑞典的一项研究发现，早熟的女孩在学校里一直表现不好，与晚熟的以及正常成熟的同学相比，她们更有可能放弃学业。但是，大多数早熟女孩会随时间的推移而逐渐好转。到了初中高年级，早熟的女孩会成为同伴羡慕的对象。因为她们会发现男孩更喜欢早熟的女孩，而且在成人初期，早熟女性的状况并不比晚熟同伴差。

总而言之，男孩因早熟所带来的优势和晚熟所带来的劣势都比女孩大。虽然晚熟男孩和早熟女孩有可能体验到更多的焦虑，但到成年期时，这种早熟和晚熟之间的差异会变得越来越小，越来越模糊。

资料来源：［美］David R. Shaffer & Katherine Kipp 著：《发展心理学——儿童与青少年》(第八版)，邹泓等译，中国轻工业出版社 2009 年版。

（2）成年中期的更年期现象。在发展心理学上所说的更年期是指个体由中年向老年过渡过程中生理变化和心理状态明显改变的时期。更年期的年龄在 50 岁左右，有女性更年期和男性更年期，女性更年期的年龄早于男性。更年期是人生进入衰老过程的起点，同时又可称为“第二个青春期”。

①女性更年期。在更年期，妇女的生殖器官逐渐萎缩，其他与雌性激素代谢有关的组织也随之退化，表现为植物神经功能紊乱。绝经出现在中年期，通常在 40 岁后几年和 50 岁前几年，女性的月经停止。女性月经停止的平均年龄是 52 岁。少数的女性，大约 10%，在 40 岁之前就已经停经。正如青春期的早熟和晚熟一样，更年期也存在早和晚的问题。确切的导致晚绝经的原因还没有被证明，但是完善的营养和传染病的低发生

率或许是原因所在。女性更年期有向后推延的趋势。

女性绝经是一个复杂的生理过程。它主要是脑垂体与卵巢的内分泌平衡失调。更年期的主要生理特征是月经紊乱和绝经，生殖能力丧失与生殖器官的逐渐萎缩。这个时期的心理特点是：潮热感，偶发性枕部或其他部位的疼痛，出汗，头痛头昏，血压波动，阵发性眩晕，精神容易疲乏，失眠，神经过敏，情绪不稳定，易激动，感觉过敏或迟钝，易怒，焦虑，忧郁，猜疑，记忆力减弱，精力不集中，耳鸣等。卵巢分泌雌性激素的水平显著下降，这种下降能产生“潮热”、头晕、乏力和心跳加速。跨文化研究揭示了妇女在经历绝经的巨大差异，比如玛雅人就很少出现“潮热”，亚洲妇女出现“潮热”比西方妇女要少。很难确定这些跨文化差异是否取决于基因、饮食、生育或文化因素。

需要明白的是，更年期是每一位妇女在生命历程中都要经历的一个生理阶段，它是自然的生理现象。绝经并不是像大多数女性以前想象的那样是个消极的经历。然而，生育能力的丧失是女人的一个重要组成部分，所以，每一位妇女应以科学的态度对待更年期。消除顾虑，排除紧张、消极、恐惧情绪，以积极的态度对待生活和生理变化，保持精神愉快，从而顺利地度过这一特殊阶段。

②男性更年期。男人是否也像女人经历绝经一样要经历一些什么呢，也就是说，有男性绝经期吗？男性虽然没有女性的月经那样明显的标志，但是，睾丸会逐渐萎缩，性功能也由盛到衰，出现以性功能减退为主要表现的一组临床症状。在成年中期，大多数男性没有丧失生育能力，尽管他们的性激素水平和活动能力上有适当的衰减。在成年中期，男性荷尔蒙的产生开始每年衰退 1%，减少了性活动能力，精子数量减少，但男性没有失去生育能力。

男性更年期和女性更年期一样，是生命历程中必须经历的一个阶段。要以科学的态度去对待更年期的种种变化，注意安排好自己的工作和学习，保持精神愉快，情绪稳定，顺利地度过人生这一重要的转折期。

4.1.4　身体老化的生物学理论

从身体的毕生发展过程来看，在成年早期以前，身体处于积极发展变化和成熟的阶段，身高和体重增长的幅度较大，而在成年早期以后，身高会逐渐变矮，而体重有所增加，而到老年期，特别是老年晚期，随着肌肉的萎缩，体重又会变轻，身体变得虚弱。这些都反映了个体身体的自然发展历程。

实际上，在毕生发展的历程中，衰老并不是仅仅出现在老年人身上的，而是延续终生的过程，并且衰老不是单一的过程。目前主要解释老化现象的生物学理论主要有以下四种：

（1）细胞钟理论。细胞钟理论是从人体的基本构成的细胞来解释个体老化的。美国学者海弗里克提出，细胞最大量能分裂 75 ~ 80 倍，当我们变老时，我们的细胞分裂能力下降。海弗里克发现取自五十多岁到七十多岁老年人身上的细胞分裂少于 75 ~ 80 次。基于细胞分裂的方式，他重置了人生命潜力的上限是 120 ~ 125 岁。在过去的十年里，科学家们已经填补了细胞钟理论的缺陷。海弗里克没有弄清楚细胞为什么会死亡。

最近，科学家们发现答案在于染色体顶部的端粒。端粒是覆盖在染色体上的。每一次细胞分裂，端粒就变得越来越短。大约经过 70 ~ 80 次的复制，端粒大大减少，细胞就不能再分裂。研究者还发现注射酵素到生长在实验室里的人体细胞里可以延长细胞的生命，超过了 70 ~ 80 次正常细胞分裂。在一项研究中，与年龄有关的端粒消除与从压力和比率增加的癌症中恢复有关。

(2) 自由基理论。第二个关于老化的微生物理论是自由基理论。这种理论解释了人的老化是因为当他们的细胞分解能量而产生的废物包括不稳定的氧分子，就是我们所知道的自由基，细胞周围的这些分子的弹跳破坏了 DNA 和其他的细胞结构，这种破坏导致了一系列的紊乱，包括癌症和关节炎。研究者发现，减少热量摄入，食用低热量但富含蛋白质、维生素和矿物质的食物，可以减少自由基的产生。

(3) 线粒体理论。对于线粒体这种能提供功能、成长和修复能量的小细胞体，在老化中起的作用或许越来越让人感兴趣。关于老化的线粒体理论表明老化是由于线粒体的老化。线粒体的老化看上去主要是由于氧化破坏和由细胞提供的决定性的微量营养元素的损失。

线粒体能量产生的副产品就是我们刚刚描述过的自由基。根据线粒体理论，由自由基导致的破坏开始一个自身永久的循环，在这个循环里，氧化的破坏削弱了线粒体的功能，导致产生更多数量的自由基。结果是一段时间后，受影响的线粒体不能有效地产生足够的能量来满足细胞的需要。

为了支持线粒体理论，研究人员已经发现迟暮之人的线粒体没有中老年人的有效力。线粒体的缺陷和心血管疾病、神经变性的疾病有关，如痴呆、肺功能衰退。然而，线粒体的缺陷是否导致老化或仅仅是伴随老化进程还不得而知。

(4) 荷尔蒙压力理论。前面三个关于老化的理论都试图解释在细胞层次上的老化，而荷尔蒙压力理论认为身体的荷尔蒙系统的老化能够降低压力的抵抗力，增加疾病的可能性。根据这个理论，下丘脑—脑垂体—肾上腺（HPA）轴在老化中起主要作用，它是身体反映外部压力和维持身体内部平衡的主要系统（注意：下丘脑是大脑的下丘脑，脑垂体是位于下丘脑附近的人体的主要腺体，肾上腺是位于肾脏的两个肾上腺体）。当人老化时，由压力引起的荷尔蒙刺激与年轻时相比较保持更长更高水平。这些持续很久的水平很高的与压力有关的荷尔蒙能增加患许多疾病的风险，比如心血管疾病、癌症、糖尿病和高血压。

尽管衰老总是让人想起身体健康状况的下降，让人想起死亡的渐近，但是我们也看到衰老仍然能与活力和高质量的生活联系起来，所以老年人要采取积极的生活方式来应对衰老，保持良好的精神状态，提高生活质量，提高对疾病的抵抗能力。

4.2 大脑的发展

心理是脑的活动的产物，脑的功能主要在于产生人的心理活动，并使人不断地认识自身、认识和改造世界。个体的发展直接影响个体心理的发展。个体心理的发展与人脑的发展是密不可分的。脑的发展既包含脑的结构和机能的发展，也包括老化。

4.2.1　婴儿大脑的发展

人脑的结构和机能是统一的，结构决定机能，机能也影响结构。婴儿大脑的形态发展就直接影响、制约着机能的发展，决定着其发展的速度。

（1）婴幼儿期大脑结构的发展。胎儿出生时脑的基本结构已经初步具备，但发育不完善。出生时脑神经细胞的数目与成人相同，但其细胞较小；大脑皮层已经出现 6 层结构，但是沟回不明显；树突短小，大部分神经纤维髓鞘化。出生后脑的结构迅速发展。

脑重的变化。大脑从胚胎时期开始发育，出生时已达重达 350～400 克，是成人的脑重 25%（而这时体重只占成人的 5%）。此后一年内脑重增长最快，6 个月时已达 700～800 克（约占成人的 50%）；1 岁时已达 800～900 克；2 岁时增到 1050～1150 克（约占成人的 75%）；3 岁儿童的脑重约 1011 克，相当于成人脑重的 75%；7 岁儿童脑重约 1280 克，12 岁时约达 1400 克，基本上已接近于成人的脑重量（平均为 1400 克）；20 岁脑的重量停止增加。脑重量增加并不是神经细胞大量增殖的结果，而是由于神经细胞结构复杂化和神经纤维分支增多，长度延伸的结果。随着神经纤维的髓鞘化也逐渐完成，使得神经兴奋的传导更加精确、迅速。

脑的结构复杂化。婴儿大脑皮质的发展。胎儿在六七个月时，脑的基本结构就已具备。出生时脑细胞已分化，细胞构筑区和层次分化已基本完成，大多数沟回已出现，脑岛已被邻近脑叶掩盖，脑内基本感觉通路已髓鞘化（白质除外）。此后婴儿皮质细胞迅速发展，层次扩展，神经元密度下降且相互分化，突触装置日趋复杂化。到 2 岁时，脑及其各部分的相对大小和比例，已基本上类似于成人大脑。白质已基本髓鞘化，与灰质明显分开，其中，大脑的髓鞘化程度是婴儿脑细胞成熟状态的一个重要指标。整个皮质广度的变化与髓鞘化程度密切相关。

脑结构复杂化具体表现在：①神经细胞结构的复杂化：神经细胞体积增大；神经细胞突触的数量和长度增加；②神经纤维深入到各个皮层，逐渐完成纤维髓鞘化；③皮层结构复杂化：大脑皮层的沟回加深，皮层传导通路髓鞘化，传导通路髓鞘化依次为感觉通路、运动通路、与智力活动有关的额顶叶髓鞘化。

脑电的变化。婴儿大脑不仅存在着形态的变化，而且存在着实质的变化。这些质的变化，虽然我们不能把脑打开，看其中的结构变化，但是通过现代仪器，可以推测出脑内所发生的实质性变化。

现代人们一般用脑电图来揭示脑内的思维变化过程。脑电的变化常作为婴儿发展的一个重要指标。研究证实，5 个月的胎儿已显示出脑电活动，8 个月以后，则呈现出与新生儿相同的脑电图，脑电活动开始具有连续性和初步的节律性，形成睡眠和觉醒的脑电图，其中，同步节律波 α 波常作为婴儿脑成熟的标志。

新生儿在睡眠或向睡眠过渡时表现出 6 次/秒的节律波群，而这种波被认为是 α 波的原型，这表明新生儿皮质成分在一定程度上是成熟的。另外，在新生儿皮质投射区中还记录到对各种感觉运动刺激的诱发电反应，其中最成熟的是运动分析器投射的反应（已与成人类似），而视觉投射区的诱发电位则与成人有较大差别（常表现为正负波动，被认为是诱发电位早成分的表现)。诱发电位的早成分与信息的接受有关，晚成分与信息的加工有关，这是两种皮质机制。晚成分（即信息加工机制）在新生儿出生时期还不成熟，而通过两条通路接受信息的机制从出生时就起作用。

出生后5个月是婴儿脑电活动发展的重要阶段。脑电逐渐皮质化，伴随产生皮质下的抑制。5~12个月期间，外部刺激引起诱发电位发生变化，如视觉诱发电位构形变得复杂化，潜伏期缩短。12~36个月期间，婴儿脑电活动逐渐成熟，主要表现为安静与觉醒状态下脑电图上的主要节律频率有较大提高（达到7~8次/秒)，脑电图的性质也复杂化，前中央部位出现高振幅缓慢波，β波增加，觉醒状态下脑电图上个体变异开始增大。

(2) 婴儿大脑机能的发展。婴儿刚出生时大脑两半球及皮质尚不能正常发挥功能，皮质兴奋还处于弥漫状态，因而只要触动新生儿身体的任何部位都会引起其头、手和足等的乱动。新生儿适应环境的活动主要是由皮下中枢调节，他们利用先天的无条件反射与周围环境进行简单的交往。基本的无条件反射有食物、防御反射和定向反射。随着大脑皮质层的发展以及和环境的相互作用，婴儿逐渐形成条件反射。最初的条件反射是在被抱起吃奶时表现的寻找奶头、张嘴和吮吸等一系列食物性反应。最早出现条件反射的时间约在出生后10~20天。初期的条件反射是由触觉—平衡觉复合刺激引起的。随后，听觉、视觉等各种感觉系统的刺激都能组成复合刺激引起条件反射。单个刺激引起的条件反射要延后几个月才能出现。明确的条件反射的出现被认为是心理发生的标志，也可以笼统地把新生儿时期视为心理发生的时期。

4.2.2 童年期大脑的发展

大脑和神经系统的其他部分在童年期和青春期继续发展着，大脑和神经系统的发展趋于成熟。这些变化使儿童能计划他们的行为，更有效地奋进，在语言发展中取得相当大的进步。

(1) 童年期大脑结构的发展。在儿童期早期，大脑和头部较之身体其他部位有较快的发展。脑和头部的生长曲线高于身高和体重的成长曲线，脑的增长，一部分是因为髓鞘化，一部分是因为树突的数量和大小的增长，这种增长至少持续到青春期。

儿童期早期的大脑发展速度仍然不及婴儿期。但是，3~15岁之间儿童大脑在解剖学上的变化是很明显的。通过对同一群儿童长达四年的不断观察所得结果来看，科学家发现儿童的大脑经历着迅速的增长变化。大脑某些区域的成分在短短的一年内几乎可以在数量上翻倍，随之而来的则是组织结构的明显减少，因为一些不为人需要的细胞被删减，大脑会继续重组它的结构。3~15岁，大脑的总体大小不会再发生明显的增长，明显改变的则是大脑内部的区域性结构。3~6岁，最快的增长速度发生在大脑额叶部位，这一部分与计划组织新的行为、唤起对工作的注意有关。从6岁开始到整个青春期之间，最快的增长速度发生在颞叶和顶叶，这些区域主要与语言和空间知觉有关。研究表明，额叶是大脑皮层中最晚成熟的部位，因此，儿童额叶的显著增大，在其高级神经活动上有重大的意义。

(2) 童年期大脑机能的发展。儿童大脑和婴儿相比，机能已经有了极大的进步，比较突出地表现在皮质抑制机能的发展以及第一、第二信号系统协同活动的发展这两个方面。

皮质抑制机能的发展。皮质抑制机能的发展是大脑皮质机能发展的重要标志之一。它既可使反射活动更精确、更完善，又可使脑细胞受到必要的保护，因而是儿童认识外界事物和调节控制自身行为的生理前提。年幼儿童神经的兴奋过程、抑制过程占优势。新生儿大部分时间都处于保护性抑制的睡眠状态。在生命的前半年分化抑制、消退抑制和延缓抑制等内抑制相继出现。3 岁以前，儿童的内抑制发展很慢，约从 4 岁起，由于神经系统结构的发展，内抑制开始蓬勃发展起来，皮质对皮下的控制和调节作用逐渐加强。与此同时，幼儿兴奋过程也比以前增强，表现在儿童的睡眠时间逐渐减少，清醒时间相对延长。新生儿每日睡眠时间达 20 小时以上，1 岁儿童需要 14 ~ 15 个小时，3 岁儿童为 12 ~ 13 个小时，5 ~ 7 岁儿童只需要 11 ~ 12 个小时。在幼儿期，尽管兴奋和抑制机能都在不断增强，但是相比之下，抑制的机制还比较弱，因此对幼儿过高的要求，如要求幼儿长时间保持一种姿势或集中注意力于单调乏味的课业上，往往会引起高级神经活动紊乱。到幼儿期以后，人的大脑发育基本成熟，已接近成人，进入稳定发展期。

第一、二信号系统的发展。在出生后的第一年中，由于各分析器的协同活动成为可能，不同的条件反射也能够相互联系形成一定的系统。到婴儿期末第一信号系统活动便已初步形成，具有了初步的分析综合能力。从出生后的七八个月起，以词语为信号的第二信号系统开始活动，一岁以后词语条件联系日益增强，到幼儿期词语才能作为独立刺激物参与儿童的高级神经活动，使儿童的心理活动具有新的抽象概括性。

4.2.3　青少年期大脑的发展

青少年期大脑的变化在剧烈程度上虽比不上生命早期，但其内部结构发生的重组和精细调整使青少年大脑机能进一步得到发展。

(1) 青少年期大脑结构的发展。高级大脑中枢的髓鞘化一直到青少年期还在进行，参与高级认知活动的前额叶神经回路至少到 20 岁时还能进行重新构建，而且大脑容积在青少年早期和青少年中期一直持续增长。到了青春发育前期，脑的平均重量已经和成人的差不多了。人脑平均容积也有一个发展的过程。新生儿占成人的 63%，周岁儿童占成人的 82%，10 岁儿童占成人的 95%，12 岁儿童接近成人的容积，可见，到青春发育前期，脑的平均容积就几乎达到成人水平。从脑电波的发展看，13 ~ 14 岁时脑已经成熟，这个成熟顺序是：枕叶——颞叶——顶叶——额叶。脑电活动的活跃期一般发生在 9、12、15、18 ~ 20 岁，这些可能是认知发展中信号的变化。

(2) 青少年期大脑机能的发展。额叶的发展以及大脑内部结构的精细化使青少年的认知能力进一步提高。青少年期，杏仁核和海马发展迅速，而它们与情感有高度相关。有研究者用磁共振成像技术（MRI）来探测，在情感信息过程中，青少年（10 ~ 18 岁）的大脑活动是否与成人期（20 ~ 40 岁）不同。让参与者观看显示着痛苦表情的一张张照片，这时，经过磁共振成像仪器，当青少年（尤其年龄较小者）加工这些情感信息时，杏仁核中的大脑活动比额叶中的要强烈，但是成年人则相反。研究者是这样解释的：青少年可以倾向于用“非理性（或本能）”对情感刺激作出反应，而成年人则一般用理性的、推理性的应答方式。他们也总结出了这种变化是与青少年期到成年期过程中大脑额叶的发育相联系的。虽然青少年有很强的情绪感受能力，但是他们前额叶的区域还未完全发育成熟，因此他们还不能很好地控制自己的情绪。劳伦斯·斯坦伯格认为，青少年对行为控制的缺乏还可能和大脑边缘系统的奖赏和快感机制有关。青春期大脑边缘系统的发育使得青少年渴望获得新奇的刺激，以从中获得快感。但是青少年前额叶的发育却相对迟缓，通常要到成年才能发育成熟，所以青少年缺乏足够的认知技能去控制他们寻求快感的行为。然而，对于情感刺激过程中大脑活动可能的发展和变化，还需要更多的实验来证实。

4.2.4 成年期大脑的变化

大脑的变化在成年期得以继续。许多研究成年期大脑的专家将重点放在了成年晚期大脑的老化上。关于大脑老化有哪些主要表现？它能有多大的可塑性和适应性呢？

（1）日益萎缩的大脑。20～90岁，大脑总体上要减重5%～10%，大脑容量也会减少。科学家不能肯定引起这种变化的原因，认为这可能是树突减少、覆盖神经元的髓鞘损伤以及脑细胞死亡的结果。前额叶脑皮层是随年龄而萎缩的一个脑区，最近研究证明，这种萎缩和成年晚期的工作记忆减少有关系。

大脑和脊髓功能的普遍萎缩开始于成年中期，晚期得以加速。身体的协调和智力运行都会受到影响。比如，70岁以后许多成年人已不再做剧烈抬腿运动。到90岁时，许多反射活动都会减慢。大脑的迟缓会妨碍成年晚期的人在智力测验和限时测验时的表现。

神经元传递递质的补给变化也是大脑老化的一个特点。在老化过程涉及的递质包括乙酰胆碱、多巴胺和GABA（γ-氨基丁酸）。一些研究者认为乙酰胆碱的少量缺失会导致与正常功能相联系的记忆力的下降，严重缺失则会造成与阿尔茨海默症相联系的记忆力的严重丧失。正常的与年龄有关的多巴胺的减少可能会使一些计划和肌肉运动产生问题。与年龄有关的疾病以运动控制的缺失为特点，像帕金森症，它与多巴胺含量的极度减少有关。GABA（γ-氨基丁酸）可控制信息从一个神经元到下一个神经元传递的精确性，它的含量会随着年龄的增长而减少。一个最新的研究发现，将GABA注入老化的猴子的脑中，通过消除大脑中从其他神经元中穿出的静电，可帮助它们集中视觉和思维。

老年认知障碍

老年认知障碍俗称老年痴呆症，因老年痴呆症具有明显歧视性而改为老年认知障碍，又叫阿尔茨海默症，是一种渐进性的不可逆转的大脑疾病，伴随着记忆、逻辑、语言以及最终身体功能的逐渐退化。

老年认知障碍分为早发性（65岁以前开始发病）和晚发性（65岁以后开

始发病)。早发性老年认知障碍较为罕见(约占所有病例的 10%),患者主要为 30~60 岁人群。

老年认知障碍患者缺乏大脑重要的神经递质乙酰胆碱,乙酰胆碱在记忆中起到非常重要的作用。随着病情的加剧,大脑会萎缩和退化。在老年认知障碍中大脑退化的特点是淀粉样前体蛋白斑块(血管中的高浓度蛋白质区)和区域神经原纤维缠结(神经元中缠绕的纤维)的形成。研究者们正致力于寻找能阻止以上进程的方法。尽管科学家尚不确定老年认知障碍的原因,但年龄和基因是其中重要的影响因子。一种被称为载指蛋白 E 的蛋白质可能和三分之一的老年认知障碍病例有关,因为这种蛋白质与大脑中淀粉样前体蛋白斑块和区域神经原纤维缠结的增加有关联。

健康饮食、运动和控制体重不仅能够降低患心血管疾病的风险,而且也能够降低患老年认知障碍的危险。研究者发现,老年认知障碍患者同时更可能是心血管疾病患者。尸检表明,大脑中有淀粉样前体蛋白斑块和区域神经原纤维缠结的老年认知障碍患者患心血管疾病的几率是正常人的 3 倍。在檀香山—亚洲衰老研究中,血压越高的个体,在尸检中发现更多的淀粉样前体蛋白斑块和区域神经原纤维缠结。有研究发现,老年认知障碍也包含对心脏有害的因素——肥胖、吸烟、动脉硬化和高胆固醇。

与许多和衰老有关的疾病一样,运动也能降低老年认知障碍发生的危险。研究表明,每天行走少于 1/4 英里的男性患老年认知障碍的几率几乎是每天行走两英里的男性的两倍。

在治疗老年认知障碍的药物方面,一种称为胆碱酶抑制剂的药物已经通过美国食品与药品管理局的审批,其中三种药非常流行:盐酸多奈哌齐(donepezil,商品名爱忆欣[Aricept]),酒石酸卡巴拉汀(rivastigmine,商品名忆思能[Exelon]),加兰他敏(Galantamine,商品名利忆灵[reminyl])。这些药物可以通过提高脑内的乙酰胆碱的水平而改善记忆和认知功能,在减缓轻中度患者的症状上非常有效,但是对重度患者的疗效还有待确认。2003 年,盐酸美金刚胺通过认证用于治疗中重度老年认知障碍。盐酸美金刚胺能调节神经递质谷氨酸的信息处理活动。研究者发现它可以提高中度到重度老年认知障碍患者的认知与行为功能。需要注意的是这些药物都只能减缓病症的发展,而无法起到根治的效果。

家庭是老年认知障碍患者的一个重要的社会支持系统,但是这种支持需要家庭付出巨大的代价,老年认知障碍患者所需的各方面的照料可能会让家庭成员在身体和感情上都精疲力竭。现在美国有一些机构为老年认知障碍患者提供“暂托服务”,可以使日常照料者从繁重的护理杂务中得到休息。

资料来源:[美] 约翰·W. 桑特洛克著:《毕生发展》(第三版),桑标等译,上海人民出版社 2009 年版。

（2）不断适应的大脑。在成人大脑老化的过程中，它以多种方式达成适应。第一种类型的适应是人一生中都会长出新的脑细胞，然而，我们所能适应的程度部分取决于环境刺激。

第二种类型的适应是通过成年期不同年龄段的大脑比较研究来说明的。从 40 多岁到 70 多岁，树突的增长加快。然而，人一旦到了 90 多岁，树突就不会再生长，因此，树突的生长可能是对 70 多岁而不是 90 多岁时神经元缺失的补偿。中年晚期树突生长的减少，可能归因于环境刺激和活动的缺失。

盐帕波特说明了老化中的大脑适应的另一种方式。他比较了在相同工作条件下较年轻的人和较年老的人的大脑，后者生出新的脑结构来补偿损失。如果一个神经元不能再胜任其功能，附近的神经元会帮助其松弛。盐帕波特总结说，大脑老化过程中，为完成一项任务，它们将会负责从区域的一个地方转向另一个地方。

当人们日渐变老时，大脑适应的另外一种方式是 40～50 多岁时连接前额叶脑皮层和边缘系统的髓鞘的增长。这种类型的髓鞘化可能是边缘系统的情感反应和前额叶脑皮层相整合的功能的增长。这种认知和情感的整合有利于成年中期的反射特点。

大脑半球单侧化优势的改变是老化的成年期大脑适应的另一种方式。运用神经成像技术，研究者发现当进行认知活动时，较大年龄的成年人的前额叶脑皮层活动的单侧优势要比较小年龄群弱。较年轻成人组被呈现一些他们以前见过并能识别的词，他们基本上会在右半球完成信息任务。年龄较大的成人组则大多利用两半球。较大年龄的成人单侧化优势对大脑的老化影响很大，也就是说，运用两半球可以改进他们的认知功能。这种观点在另一项研究中得到了支持。在研究中，要求完成一项记忆工作，用两半球的年龄较大的成人组优于较年轻的成人组，后者基本上用一个半球。然而，大脑单侧优势的弱化可能只是大脑老化的微小部分：它可能反映出了与年龄有关的大脑专门功能的弱化。依据这种观点，在儿童期，大脑功能日益分化；当成年人年龄增大时，这种过程会朝相反的方向发展。年龄较大的成人组比年龄较小的成人组在认知任务上表现出的更高的相关性有利地支撑了反分化的观点。

4.3 健　康

洛克在《教育漫话》开篇写道："健康之精神寓于健康之身体，这是对于人世幸福的一种简单而充分的描绘。凡是身体、精神都健康的人就不必有什么别的奢望了。身体、精神有一方面不健康的人，即使得到了别的种种，也是徒然。"健康是人的一种基本的生活条件，没有健康就失去了一切。下面我们讨论人的毕生发展过程中的健康问题。

4.3.1　婴儿期健康

从出生到一岁，婴儿的体重将增加三倍，而身长将增加 50%。对于婴儿来说，从充满友爱和支援的环境中吸取充足的能量和营养对健康是至关重要的。如果营养不充分，会造成婴儿发育不良并显得无精打采，严重的营养缺乏将会导致更严重的发育后果。如果缺乏充分而合理的照顾，也会对婴儿的生理和心理健康产生不利影响。

（1）母乳喂养和奶瓶喂养。母乳，或者是人造婴儿奶粉，这是婴儿在生命最初的 4～6 个月的营养和能量的来源。相较于奶粉，母乳喂养不仅对婴儿而且对母亲都有很大益处：

①降低体重增加和儿童过度肥胖的危险性。母乳喂养可以使儿童过度肥胖的危险性降低到了一个适中的程度。

②降低过敏反应。母乳喂养可以预防和减少腹泻、呼吸道感染（如肺炎和支气管炎）、细菌引起的尿道感染和中耳炎（一种中耳感染）等疾病的发生。

③增强儿童期和成年期的骨质。

④减少儿童期癌症和减少母亲及其女儿的乳腺癌的发病率。

⑤降低婴儿猝死症（SIDS）的发病率。研究显示，母乳喂养的婴儿死于 SIDS 的数目比其他喂养的婴儿减少了一半。

（2）监护人的照顾。婴儿完全依赖于监护人的照顾，因而监护人显得十分重要。婴儿需要严密的监护，使他们除了探索环境的、强烈的好奇心外，还能够获得操作技能和心智技能。一般来说，婴儿生下来 4 个月后就会滚动，那时摔倒便成了一种常见的行为。同样，在操作技能形成的过程，来自婴儿周围环境的中毒危险几乎是无处不在。一般家庭中存在着 500 种以上的有毒物质，有三分之一的婴儿中毒事件便是在厨房中发生的。

儿童的运动、认知和社会性情绪的发展状况的不同，使他们对于健康护理的要求是独一无二的。例如，在骑电动单车的时候，光是考虑儿童的运动技能不足以确保他们的人身安全。成年人必须采取保护措施，把婴幼儿限制在汽车座位上。幼儿同样缺乏包括阅读能力在内的认知技能，无法区别出家庭中的安全和不安全物质，他们也不能控制自己在闹市中追逐球和玩具的冲动。

监护人在婴儿健康中扮演着重要的角色。例如，有一项研究表明，如果母亲抽烟，那么她的孩子患呼吸道疾病的几率将是其他母亲不吸烟的孩子的两倍。监护人的许多健康行为将会增进孩子的健康，比如以安全的速度驾驶、戒酒或少量饮酒——特别是在驾驶前，以及不在孩子周围抽烟等。

（3）婴儿期营养不良。如果营养不良持续的时间不长也不特别严重的话，营养不良的婴儿一旦获得充足的饮食，一般会通过快速生长（速度高于一般水平）而追赶上来。但是如果营养不良持续的时间过长，将会产生严重的后果。特别是在出生后的前五年内出现的营养不良可能会使大脑的生长受到严重影响，而且会造成婴儿身材特别矮小。婴儿期的严重营养不良会导致消瘦症和夸休可尔症。

消瘦症是由于热量摄取不足导致的。如果母亲营养不良而且不能向婴儿提供富含营养的母乳替代品时，这种疾病很容易发生。消瘦症患者的生长会停止，身体组织会逐渐瘦小，身体变得非常虚弱，身体表面布满皱纹。即使这些孩子有幸活下来，他们的身材仍然会非常矮小，其社会性和智力通常会受到损害。夸休可尔症即恶性营养不良，是指那些虽然获得了足够的热量，但是缺少蛋白质的孩子。患恶性营养不良的婴儿腹部和腿部会出现水肿。他们看起来就像经常吃得很好一样。事实上，他们维持生命的重要器官剥夺了身体其他部分的营养。这种疾病一般发生在1~3岁。消瘦症和恶性营养不良在发展中国家是一个很严重的问题。这些国家5岁以下的儿童死亡的50%都是由这种严重的蛋白质—热量营养不良所引起的。

婴儿期营养状况的影响至少会延伸到儿童早期。一项研究把婴儿时期的饮食与进入小学时候的社会性发展联系了起来。研究者们把那些在生命的头两年里摄入了更营养的和高卡路里的食物、其母亲在孕期就进行了营养补充的儿童和那些没有得到营养物质补充的儿童进行了比较，发现当他们进入小学的时候，那些得到了营养补充的儿童更活跃、更积极参与活动，更愿意帮助同伴，更少烦恼，也更加快乐。

婴儿营养物质的补充也能够加强他们的认知性发展。研究发现，对营养不良的婴儿和儿童进行蛋白质补充和增加卡路里，对他们的认知性发展有长期的帮助。儿童的社会经济状况和对儿童进行营养物质补充的时期都会影响到物质补充的效果。例如，处于最低社会经济状况的儿童的物质补充效果要好于处于较好的社会经济状况的儿童。同样，当物质补充只给予刚满两岁儿童的时候，它们依然能够发生积极的影响，但是在认知性发展方面作用是不大的。

4.3.2 儿童期健康

儿童时期，个体虽不再像婴儿期那么脆弱，但由于身体尚未发育成熟，免疫力仍然较差，因此充足均衡的营养和疾病预防措施对于儿童仍非常重要。和婴儿相比，儿童的动作技能已有较大发展，能进行一定的运动。运动对于促进儿童的健康发展是十分有利的，而运动的缺乏则会带来很多健康问题。儿童在生理、动作、认知等方面的发展还不完善，在探索外界的过程中很容易发生危险和伤害，成人的监护和关照对于他们的健康成长也是非常必要的。

（1）饮食与营养。儿童吃什么样的食物，对他们的骨骼生长、体形和受疾病影响的程度都有关系。而饮食量则依赖于他们的能量需求。儿童对能量的需求是不同的，即使他们的年龄、性别和体格相同也不例外。他们的能量需求很大程度上取决于他们的生理活动和基本的新陈代谢比率（BMR），这是一个人在休息状态下需要的最少的能量。

儿童吃什么样的食物对他们今后的饮食习惯也有着长期的影响，因为一个人的饮食习惯在他的生命早期就已经根深蒂固了。儿童吃的食物对他们的饮食习惯和体重都有影响。在一项最近的研究中，跟随父母吃饭的儿童比自己进餐的儿童更多地吃一些低脂食物（如低脂牛奶、色拉和低脂肪肉食）和蔬菜，也更少喝苏打水。在此项研究中，体重超标的儿童在电视机前面吃掉了他们50%的食物，相比而言，在体重正常的儿童中这个比例只有35%。

不幸的是，当今快餐已成为学龄儿童的主要饮食习惯。一些儿童甚至在学龄前就开始吃快餐。大部分快餐食物富含蛋白质和脂肪，这导致了爱吃快餐的儿童脂肪的超量吸收。事实上只有不到35%的日常卡路里应该从脂肪中获取。快餐店给了人们食用物美价廉的超值食物的机会。这些趋势都促使了体重超标的成年人和儿童数量的增长。在中国，以高蛋白、高脂肪为特征的洋快餐也受到许多孩子的欢迎，儿童肥胖问题也日益严重。据世界卫生部门统计，全世界1.55亿超重肥胖的少年儿童中，每13个中就有一个是中国儿童，中国肥胖儿童已达千万。肥胖给儿童的生理和心理健康都会带来不利影响。肥胖会增加患肺部、臀部疾病的危险。肥胖儿童更有可能患糖尿病，而且他们患高血压的几率比非肥胖儿童要高三倍。肥胖还会导致低自尊和抑郁。研究发现，超重和肥胖的儿童比正常体重的儿童更可能成为欺负行为的受害者和发起者，因此我们对于儿童肥胖问题应有足够的重视。

（2）疾病预防。虽然许多疾病对儿童的威胁已经被大大减弱，但父母为儿童安排及时的免疫措施仍然是非常重要的。许多免疫措施可以在各个年龄段进行，但免疫计划最好是从婴儿时期开始。各种免疫措施建议实施的年龄段见表 4.1。

表 4.1　**正常儿童的免疫建议表**

年　龄	免　疫　措　施
两个月	白喉、小儿麻痹症（骨髓灰质炎）、流感
4 个月	白喉、小儿麻痹症（骨髓灰质炎）、流感
6 个月	白喉、流感
1 岁	TB 测试
15 个月	麻疹、腮腺炎、风疹、流感
18 个月	白喉、小儿麻痹症（骨髓灰质炎）
4 ~6 岁	白喉、小儿麻痹症（骨髓灰质炎）
11 ~12 岁	麻疹、腮腺炎、风疹
14 ~16 岁	破伤风性白喉

（3）运动。随着电视、电脑和电子游戏的出现，儿童花在运动上的时间越来越少。美国的一项调查发现只有 22% 的儿童每天能够进行 30 分钟的活动。缺乏运动会使儿童更容易发胖，健康状况也更差，而适当的运动则既有利于促进儿童的成长发育和身体健康，也有利于促进儿童的认知、动作技能、社会性等的发展，因此，应采取一些措施使儿童积极参加运动。以下就是可以采用的方法：

①在学校开展体育课。

②在学校机构中提供更多的体育项目。

③实施可以提起儿童兴趣的社区和学校运动计划。

④提高家庭对运动的关注和鼓励父母参加更多的运动。

（4）对儿童的照料。婴儿一旦表现出运动和操作技能，同时有强烈的好奇心探索环境，就有可能发生一些意外伤害事件，如年幼儿童缺乏包括阅读能力在内的各种认知技能，无法识别家中不安全的物质，因而可能导致中毒；年幼儿童可能无法控制冲动，在追逐球或玩具的时候冲上繁忙的街道而被行驶的车辆撞倒。儿童的动作、认知和社会情感的发展状态使得他们需要特殊的健康照料。照料者对儿童的健康起到了非常重要的作用。比如，一个研究发现，母亲吸烟的儿童患有呼吸疾病的概率是母亲不吸烟的儿童的两倍。通过安全驾驶、少喝酒或不喝酒及不在儿童身边吸烟，照料者可以促进儿童的健康。

4.3.3 青少年期健康

青少年时期是健康行为形成的一个关键时期。一些早期时候的健康行为方式，如食用低脂肪和低胆固醇食物、进行有规律的运动等，不仅对健康有即时的效益，也对以后的长期健康有益，同时对引起过早性能力丧失的主要病因和成年期绝症——心脏病、中风、糖尿病和癌症等病症也有很好的预防作用。

（1）营养和饮食。营养和饮食在青少年期也十分重要，营养和过度肥胖依然是这一时期的一个主要问题。他们更喜欢吃油炸食物而不喜欢吃水果和蔬菜，所以，过度肥胖的青少年数目在不断增长。

另一个关于饮食习惯的问题在青少年时期变得重要起来，特别是女孩子，由于对外表过分注重，尤其是体重的强烈关注导致了不健康饮食和过度节食。一些调查资料表明少女们有着强烈的减肥渴望。那些渴望在媒体上看到自己的少女尤其关心自己的体重。与父母之间的关系也同样能够影响到少女的饮食行为。一项研究发现与父母关系恶劣超过一年以上能导致少女的节食行为的增长。

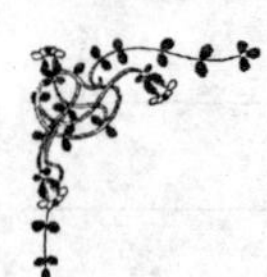

神经性厌食症

神经性厌食症是一种通过饥饿来无节制地追求苗条而导致的饮食障碍。神经性厌食症的三个主要特征是：

（1）体重在相应年龄身高的标准体重以下。

（2）对体重的增加有强烈的恐惧，且恐惧不随体重的下降而减弱。

（3）对自身体型有不符合事实的看法。即使已经瘦到皮包骨头，仍认为自己不够瘦，尤其是腹部、臀部以及大腿。他们时常称体重，量身体尺寸，挑剔地注视镜中的自己。

神经性厌食症通常始发于十一二岁至十五六岁，常在一段时间的节食和某种生活压力后发生。多发于女性，女性的发病率是男性的10倍。如男性患有神经性厌食症，起症状与其他特征（如对体型有不符合事实的看法及家庭冲突）都与女性患者类似。

在美国，多数神经性厌食症患者是白种少女或年轻成年女性，她们来自教育良好的、有竞争力且有较高成就的中高收入家庭。她们设定高目标，为没能达成这些目标而压力重重，且强烈关注他人如何看待自己。一旦不能达成这些高期望，就转而到那些他们能控制的事情上：自己的体重。

美国文化中强调“瘦即美”的时尚形象对神经性厌食症的发生起到了推波助澜的作用。这种形象可以从下面这种说法中体现：“你永远不会太有钱或太瘦。”媒体时尚模特的选择将瘦描绘为美，让很多少女竞相模仿。

资料来源：[美] 约翰·W. 桑特洛克著：《毕生发展》(第三版)，桑标等译，上海人民出版社 2009 年版。

(2) 运动。研究者发现当个体进入青少年时期后就会变得不太活跃。在九岁至十岁的时候，大部分的女孩子报告说她们在校外参加了一些运动。但是，在十六七岁的时候，就有一半以上的少女在她们的业余时间里没有参加任何有规律的运动。当她们十八九岁的时候，情况更为不妙，总之，女孩子的运动量在青少年时期明显地减少了。运动可以令人兴奋、让人放松，从而减轻青少年的压力。在一项针对女学生的调查中发现，当运动水平上升时，对于健康有消极影响的紧张随之减少了。另一项调查发现进行常规运动的青少年比那些很少参加运动的青少年能更有效地释放压力，同时也更加乐观。

(3) 影响青少年健康的环境因素。研究表明，社会团体包括家庭、同龄人和学校，都对青少年时期的健康有重要的影响。

父母和年长的亲戚是健康行为的重要模范。研究发现，每周至少有五天不同父母在一起用餐的青少年中，抽烟、吸食大麻、打架斗殴和过早进行性活动的比例是很高的。对于青少年来讲，父母的照顾和监护常常意味着更少的危险活动。

同龄人也能影响青少年的健康。青少年抵挡诱惑的能力是有限的，他们常常会在同龄人的主张下从事危险的活动。同龄人的压力能够怂恿诸如抽烟、物质滥用、过早的性行为和暴力这样有损健康的行为。

因为青少年的大部分时间是在学校中度过的，所以学校对青少年健康的影响是很大的。老师，就像父母一样，能够作为重要的健康角色的典范。例如，在一项研究中发现，如果老师被禁止在学生面前抽烟，那么将有更少的学生倾向于抽烟。

健康专家们越来越清楚地认识到，青少年健康与否主要取决于其自身的行为。改善青少年健康状况包含以下几个方面：①减少青少年诸如滥用药物、暴力、不安全的性行为、酗酒等不良健康行为；②加强健康行为，例如营养饮食、运动和系安全带等。

4.3.4　成人期健康

成年早期，由于发育的完成，绝大多数人的身体机能和健康处于巅峰状态。青年人很少有慢性健康问题，也比儿童期更少患风寒和呼吸道的疾病。但也正由于此，不少青年人对健康不够重视，养成了一些不利于健康的习惯或生活方式。到了成年中期，人体机能开始下滑，而青年期过度透支身体给健康所带来的消极影响也会逐渐显现。在成年期，要保持身体健康，良好的营养与饮食行为以及运动仍然起到非常重要的作用。

(1) 成年早期的生活方式。在成年早期，很少有人思考自己的生活方式会影响以后的健康。很多青年人养成了不吃早餐、三餐不定、以零食为主食、过度饮食至超重、严重或过度吸烟饮酒、不运动及睡眠不足等习惯，这些生活方式都对健康造成了不良影响。一项研究发现，30 岁时的身体健康预测了 70 岁时的生活满意度，对男性尤其如此。在成年早期健康的巅峰状态下，有一些隐藏的危险。青年人的身体在压力或疲劳状态下容易恢复，因此他们会参加很多需要动用身体资源的娱乐活动，但是，这可能会让他们过度使用身体。这样造成的消极影响在青年前期并不会显现出来，但到青年后期或成年中期就有可能凸显。

（2）饮食和营养。饮食和营养依然是成年期的重要问题，研究表明，过度肥胖不仅仅是儿童的问题，在成年人中，也是一个非常严重而普遍的问题。过度肥胖与成年人日益增长的高血压、糖尿病和心脏血管疾病的发病率相关。对于体重超标 30% 的成年中期的人来说，死亡的几率提高到了 40%。

随着体重超标和肥胖人群的不断增加，成年人对于节食的兴趣也在不断增长。虽然很多人都很规律地节食，但是很少有人能够长期保持体重，于是有些尖锐的意见认为所有的食谱都是失败的。但是，也有一些节食者能够成功地减肥并保持了效果。当体重超标的人们开始节食并维持他们体重下降的趋势时，他们会变得不那么抑郁，并减少了失调对他们的健康造成的损害。

节食到底有多大作用，以及是否一些节食计划会比另外一些更有效依然是一个未能解决的问题。我们所知道的最有效的减肥方法之一是运动。运动不仅消耗了卡路里，而且在运动后的几个小时内可以持续提高新陈代谢的速度。运动还可以降低一个人的体重，使人更容易保持较低的体重。

（3）运动。运动在成年期依然是很重要的。适量的运动和加强运动都有可能对生理健康和心理健康产生良好的效果。我们在运动中获取的乐趣和快乐加强了它的生理效益，使运动成为人们生命中一个很重要的活动。

运动的一个主要好处就是对心脏疾病的预防。一些人从运动中获得了精力充沛的好处。虽然为强健肌肉和增强柔韧性设计的运动对健康而言都是很重要的，但一些健康专家更强调有氧运动的重要性。有氧运动是一种维持性运动，例如慢跑、游泳和骑自行车，能刺激心脏和肺的功能。一些健康专家总结道，排除其他的危险因素（抽烟、高血压、超重和遗传），如果你每周进行足够消耗掉2000 以上的卡路里的运动，那么你将会取得一个令人非常满意的结果：你患心脏疾病的几率减掉了 2/3。但是每周通过运动燃烧掉 2000 以上的卡路里是需要很大努力的，远远大于我们的想象。要通过运动每天燃烧掉 30 卡路里，你必须做到下面几点中的一点：游泳或跑步 25 分钟，以每小时 4 公里的速度走 45 分钟或进行 30 分钟的有氧运动。

运动不仅仅对生理健康有好处，对心理健康也有好处，尤其是运动可以增强自我接纳和减少焦虑和抑郁。一些参加运动的有益策略是：

①减少看电视的时间。青年人的不良健康与他们严重的电视情结有关。把你看电视的一部分时间变成你的运动时间。

②制定详细的计划。系统地记录你的运动成果能够帮助你制定出详细的计划，这种策略对长期坚持一种运动特别有效。

③放弃你的借口。人们能够为不运动找出各种各样的借口。一个典型的借口就是“我没有足够的时间”，你可以给自己的运动时间一个优先的特权。

④想象中的选择。问一下你自己，是否太忙而无法顾及自己的健康？当你失去健康时，你的生活会是什么样子的？

4.3.5　老年期健康

进入老年期后，伴随着身体各个器官机能的衰退，疾病和死亡带给老年人的威胁要比年轻人大得多。但是如果在饮食方面加以注意，并保持日常运动和良好的生活习惯，那么老年人就能活得更加健康并延长自身的寿命。

（1）饮食和营养。食物摄入的减少是否提高了人的寿命，或延长了人的生命全程？科学家们收集了大量的证据证明了对实验室动物（大多是老鼠）的食物限制延长了动物的生命全程。被限制了卡路里的动物——有充足的蛋白质、维生素和矿物质——比没有被限制食物的动物多活了40%的时间，而且一些慢性健康问题如肾炎等只在生命晚期出现。食物限制同时也推迟了如胆固醇含量随着年龄的增加而上升这样的在人类和动物身上都可以观察到的生物化学物质的变化。

相似的低卡路里食谱（在某种情况下动物的食量要比人类少40%）是否能够拉长人类的生命全程是不得而知的。大部分的营养专家不提倡为老人提供低卡路里的食谱，然而，他们认为一个平衡的、低脂肪的、包含许多营养因素的食谱对保持健康是有益的。

较瘦的男性可以活得更长，并更健康。在一项调查中，那些体重最轻的人在以后的30年中更不易于倾向死亡。男性根据身体指标（一个根据体重和身高计算的复杂公式）被分为五类。随着身体指标的增加，死亡的危险性也增加了。最胖的男性有着比最瘦的男性高67%的死亡率。例如，最重的男性（90公斤以上）患心脏血管疾病的几率是别人的2.5倍。现在，这些研究者正在研究女性的身体指标和长寿的关系。

（2）运动。有规律的运动可以带给中年人和老年人更健康的生活，还能使人长寿。一项研究表明：运动对中年人和老年人来说意味着生活和死亡的不同。一万多个男性和女性被划分为低度健身、中度健身和高度健身三个水平，然后研究者对他们进行了长达八年的研究。结果发现，坐着不动的参与者（低度健身）在八年内的死亡率是那些适度健身者的两倍多，是高度健身者的三倍。在这项研究中生理锻炼的积极效果在男性和女性身上都可以体现出来。在另一项研究中，成年中期和成年晚期的死亡率与生理活动水平和抽烟习惯的改变相关。在40～80岁的人群中开始进行适度的运动，可以降低23%的死亡率，放弃抽烟的习惯可以降低41%的死亡率。

有专家建议除了有氧运动之外的强度训练都可在老年人中进行。人的肌肉的平均水平随着年龄的增长而降低——进入成年期后每十年便减少3公斤，45岁之后这个比例将会增高。在60～70岁的妇女中肌肉和脂肪的平均百分比是脂肪占44%。对于一个20岁的女性来说，这个比例是23：24。运动给老年人带来的好处是非常多的，比如运动可以减小老化带来的心理变化，增进健康和幸福；运动可以提高肌肉和骨骼的质量，同时也能够减小骨骼的脆弱性；运动能预防一些常见的慢性疾病，减小患心血管疾病、糖尿病、骨质疏松、中风和乳房癌的危险性；运动可以预防能力的丧失并在预防能力丧失的治疗中有很好的效果；运动可减少抑郁症状，等等。最重要的是，运动和长寿息息相关。研究发现每周至少消耗1000卡路里的运动能量可以减少30%的死亡率，而每周消耗2000卡路里可以减少大约50%的死亡率。

（3）长寿。从1900年起，由于医药、营养、锻炼和生活方式的改进，我们的期望寿命已经延长了30年。人口统计资料显示，2009年中国人的平均预期寿命是73.1岁，而当前世界平均期望寿命是69岁，由此可以看出，中国人的平均寿命已超过世界平均寿命。随着更多人寿命的延长，65岁以上人口在中国社会所占比重越来越高，中国正逐渐迈入老龄化社会。

人的寿命有男女差异吗？现在，中国女性的期望寿命是74.8岁，而男性是71.3岁。早在25岁时，女性在数量上就超过男性；在老年人中加大了这种差距。当老人到75岁时，61%的是女性。对于85岁甚至更高年岁，女性占到了70%。为什么女性的平均寿命长于男性？一些社会因素或许是很重要的，包括健康态度、习惯、生活方式、职业。例如，在美国男性比女性更可能死于常见的疾病和事故，比如呼吸系统癌症、机动车事故、自杀、肝硬化、肺气肿、冠心病，这些致死原因和生活方式有关。

如果期望寿命受工作场所压力影响巨大的话，那么性别差异就应该缩小，因为现在更多的妇女参与劳动。然而在过去的40年里，却发生了相反的情形：期望寿命的性别差异增大。这或许是因为在外工作给妇女带来的益处，比如自信心增长和工作满足感压过了来自工作场所附加的压力。

在长寿方面的性别差异也受生物方面影响。事实上所有的物种，雌的寿命都比雄的长。妇女对于传染病和恶性疾病有更多的抵抗力。例如，女性产生雌性激素有助于保护她们不得动脉硬化。和男性相比，女性携带多余的X染色体或许能产生更多的抗体抵抗疾病。

有数据显示，目前中国大陆80岁及以上的高龄老人已达到1900万，其中百岁老人已达到4.37万。许多人认为“人越老，病越多”，然而，研究者发现对于一些百岁老人来说这是不对的，如国外一项涉及400多名百岁老人的研究发现，其中32%的男性和15%的女性从来没有得过与年龄相关的一般疾病，如心脏病、癌症和梗塞。

活到高龄岁数，基因起了很重要的作用，但是也有其他方面的因素。据专家介绍，除了外部条件的改善外，家庭和睦、生活有规律、心胸开阔、性格温顺的老人更易长寿。

弹丸小国圣马力诺居民的长寿秘诀

欧洲小国圣马力诺被伸展于地中海中的意大利半岛包围，全国占地60.75平方公里，人口仅3万。因居民平均寿命达到83岁，与日本并列世界首位，圣马力诺成为享誉世界的“袖珍长寿国”，那这个略显神秘的小国居民长寿的秘诀是什么呢？

1. 饮食习惯

很多圣马力诺人常说，晚餐吃上“全麦面包+葡萄酒+橄榄油”，感觉精神百倍。

营养专家认为，全麦面包中的膳食纤维可以帮助消化，并消耗摄入的过多脂肪。葡萄酒中含有较多的酚类化合物，适量饮用可减轻动脉硬化和预防心脏病。橄榄油含有丰富的单不饱和脂肪酸，也有助于预防心脑血管疾病。这三种食物搭配一起，低热量、高抗氧化，对健康很有利。

同时，圣马力诺人最常吃的蔬菜有西红柿、胡萝卜、蘑菇等，这些蔬菜都和抗衰老抗氧化有直接关系，因此，长寿与圣马力诺人的饮食习惯关系密切。

2. 自然环境

圣马力诺气候温和适中，降水量多，属亚热带地中海气候。四季阳光明媚，气候宜人。

圣马力诺街上汽车不多，这里的空气清新无比。研究人员表示，圣马力诺所处的意大利半岛，三面为地中海包围，北部又有天然屏障阿尔卑斯山阻挡寒流，气压较低，风速较大，太阳辐射尤其紫外线含量充沛，有助于钙、磷代谢和机体免疫力的提高。呼吸清新的山风，可稳定情绪，预防哮喘发作，还能改善肺的换气功能。正是清新的自然环境与洁净的空气，令当地居民尽享健康与长寿。

3. 心态平和

圣马力诺民风淳朴，号称“君子国”。这里也是世界上绝无仅有的“不设防城邦”，仅有一座国门，异域游客和本土居民均可自由出入，无哨所、关卡、边检，也无需签证。

在如此轻松的环境中生活，当地居民自然心态平和，少有压力，人与人之间彼此互相尊重，和谐相处。而现代研究表明，平和乐观的心态是众多长寿者的共同特质，而圣马力诺人的长寿亦与此有很大的关系。

资料来源：《重庆晚报》2011 年 5 月 15 日。

4.4 物质滥用及上瘾

酒精、香烟和影响精神的药物等的滥用，不仅危及人的生命健康和安全，还会危及人的发展。它们能歪曲人们的生活经验，并形成心理依赖和生理依赖，这种依赖的结果就是上瘾。这一节我们主要讲述的是物质滥用和上瘾，以及几种主要的物质滥用和上瘾现象。

4.4.1 物质滥用和上瘾的含义

当一个人因为情绪方面的原因（如减小压力）而沉迷于获取某种药物的时候，心理依赖便形成了。而生理依赖存在于当停止使用一种药物而引起不适和生理功能及行为方面的显著改变的时候，这些改变叫做戒断症状。依赖于药物的戒断症状有：失眠、惊恐、厌恶、呕吐、痉挛、心跳加快、血压升高、惊厥、焦虑和抑郁等。

凡长期或过量使用某些物质，个体无法减量或停止，若减量或停止则发生戒断症状的情况称为物质滥用。而依赖的结果就是上瘾，是一种以大量使用某种药物和保证其供应为特征的行为方式。现在，药物滥用方面的专家在提到心理依赖和生理依赖的时候，都使用了“上瘾”这个词。

上瘾是不是一种疾病，还是一个有争论的问题。上瘾的疾病模型把上瘾描述为有生物基础的、长期的疾病，它包含了行为的失控，并需要医学治疗或精神治疗才能够康复。在这种疾病模型中，上瘾不是遗传的而是在生命早期形成的，当前或最近的问题和关系并不认为是疾病的原因。根据这种模式，当你患上疾病时，你不能够依靠自己来摆脱它。这种模型得到了医学界的大力提倡和支持。

与聚焦于生物结构的上瘾的疾病模型相反，一些心理学家认为要理解上瘾必须把它和人们的生活、他们的个性、他们的社会关系、他们的环境和他们的前途联系起来。在这种上瘾的生命过程模型中，上瘾不是一种病，而是一种习惯反应，只能放到人们的社会关系和经历中去理解。

4.4.2　几种主要的物质滥用和上瘾现象

虽然人们知道烟草、酒精以及精神类药物如大麻、鸦片对健康的危害，但仍有许多人抵制不了它们的诱惑，过度使用它们而成为“瘾君子”。也有人是因为过分相信一些物质例如维生素对健康的益处而过度使用它，从而导致物质滥用的。除了这些可以吸食或服食的物质外，游戏、上网等也会令人们对其产生依赖。下面我们就来了解几种主要的物质滥用和上瘾现象。

（1）抽烟。抽烟很容易上瘾。香烟里的主要药物是尼古丁，它是一种可以提高抽烟者警觉的兴奋剂，能够引起人们的舒服体验。尼古丁还刺激神经递质，达到镇静的作用。世界卫生组织宣布，每年因吸烟造成死亡350万~400万人，烟草销售者总希望每年有同等数量或更多的新烟民补充到烟民队伍中来，新烟民第一是青年，第二是妇女。很可惜，在世界上许多国家吸烟率下降的同时，我国烟民却在增加，已达3.2亿之众。根据中国吸烟与健康协会统计，目前中国有3亿男性烟民，2000多万女性烟民，还有53.48%的被动吸烟者，15岁以上的人群中，有72%的人群直接或间接受到烟草的危害。在美国，每年死于与吸烟有关的癌症的人数有10万，占死于癌症人数的30%；抽烟导致了21%的心脏疾病死亡和82%的慢性肺病死亡。青少年抽烟者还面临着呼吸系统感染和中耳感染的危险。

多数人的吸烟行为开始于青春期。在这个时期里，青少年淡化了与父母的关系，建立起了自我认同感，吸烟行为在某种程度上是对父母的反叛。青少年身边如果有吸烟的亲友，那么他自己吸烟的可能性也比较大，父母都吸烟的青少年吸烟的可能性是父母都不吸烟的青少年的两倍。

一项关于抽烟对家庭产生的破坏性影响的研究报告发现，青少年早期抽烟会引起永久性的肺部基因变异和提高肺癌的发病率，即使他最终会戒烟。这些健康损坏在20岁才开始抽烟的人群中比较少见。这个研究项目的显著成果是，早期抽烟在预见的基因破坏中比一个人的抽烟量更重要。

戒烟不是一件容易的事。使用尼古丁代替品如尼古丁口香糖和尼古丁膏药是一种很好的戒烟方法。它们工作的原则是使用少量的尼古丁来减小退化的强度。另一种帮助抽烟者戒烟的方法是对刺激物的控制。例如，如果抽烟者习惯在早晨喝咖啡的时候抽烟，那么他应该避开那个引起他抽烟欲望的咖啡杯，并学习用其他的行为来代替抽烟，这种方法更适用于轻度抽烟者。

(2) 酗酒。酒精是一种社会认可的药物，适量饮用某些种类的酒（如红酒等），有益健康。然而，反复大量饮酒则使人形成酒精的耐受和依赖，以致发生酒精中毒，甚至发展到酒精性精神障碍，这不仅危及自己的健康和家庭幸福，对社会也会造成危害。

不同的宗教、性别和民族对酒精的使用是不同的。一些宗教如伊斯兰教，是禁止饮酒的，但是，天主教、改良后的犹太教和自由的新教徒在酒精上的消费都是很高的。酒精的使用在俄罗斯比较高而在中国比较低。在欧洲，特别是法国，饮酒率是很高的。根据各种文化可知，男性比女性更倾向于饮酒。

我国每年白酒销量为世界之最。近年来心血管疾病的患者增多，原因大多与长期饮酒有关。对身体的伤害是酒精对人体的最直接的伤害，因为酒精对人体所有的器官都会有影响，特别是对肝的损害，它会造成肝炎，导致肝硬化，这是酗酒者最主要的死亡原因。酒精对人体所产生的另一个直接危害就是癌，长期饮酒，与肝癌、胰腺癌、食管癌、口腔癌和胃癌都有密切关系。长期大量饮酒还会引起神经损伤，这是因为一定量的酒精可以影响脑的复杂的化学成分；另外，酒精还影响着人体的心血管系统。除了对身体的直接危害，过量饮酒会增加饮酒者自身伤害和死亡的危险，在美国每年约有 2.5 万人死于酒后驾车引起的交通事故，另外有 150 万人受伤。酗酒的危害很大，研究发现，酗酒者比非酗酒者酒后驾驶的次数要高 10 倍，不安全性行为次数要高一倍。一项针对美国大学生的研究发现，几乎一半酗酒的大学生报告有缺课、身体损伤、与警察的纠纷及不安全性行为。另有研究显示，在男性对女性的暴力犯罪中，65% 的罪犯都受到酒精影响。酗酒还会引起酗酒者子女的不正常心理发展，一个酗酒的人可能给家庭造成破坏和长期的悲伤。

研究发现，饮酒最严重者为单身者和离婚者。订婚、结婚甚至再婚都能使饮酒量减少。因此对二十几岁的年轻人而言，生活安排和婚姻状态是影响烟酒使用率的重要因素。

(3) 维生素滥用。近些年来，越来越多的人接受和提倡维生素疗法，认为大量摄入维生素对人体健康是有益的。这种观点得到了各种理论的支持，其中一种观点是缺乏维生素会引起多种生理上的疾病，如蜀黍红斑和坏血病。而更加难以反驳的观点就是李纳思·波灵那个著名的观点："我患了风寒，服了维生素 C 以后情况马上好转。"显然，前一种观点没有把维生素对身体的副作用考虑在内，而对于后一种，我们可以用双盲实验来进行考察。在实验中，被试将得到一些安慰剂，看上去和尝起来都与真的维生素 C 一模一样，结果在控制组中，对于维生素 C 与感冒的持续时间的关系，50% 没有显著的结果。

有专家指出，现在公众范围内，已经形成了一种补充维生素越多越好的错误认识，并指出过多服用维生素食品会产生依赖性，即经常服用维生素的人在减少了服用量或停止服用后会产生症状，形成维生素依赖。

另外，维生素本身对人体有副作用。比如，大量服用维生素 A 会产生食欲衰退、贫血、溃疡、视力减退等症状，孕妇过量服用维生素 A 还会引起胎儿畸形；而维生素 B 中含有能令人产生不快感觉的烟酸；至于维生素 C，被传说成能够减少感冒和感染，是被滥用得最多的，其实每人每天摄取 60 毫克的维生素 C 就可以了，而过量服用维生素 C 的最常见的副作用是腹泻，孕妇过量服用还会引起并发症、流产、尿酸增加、耐低氧能力下降、尿糖量大、抵御细菌感染和肿瘤的能力下降等；维生素 D 的大量服用会引起食欲衰退、恶心和抑郁，长期服用还可能引起软组织钙化和肾病；在实验中维生素 E 可促使老鼠的性发达和长寿，但还未在人身上发现这些作用，相反，过量服用维生素 E 会使女性血液中的甘油三酯增高，也会使人的甲状腺素分泌减少。

总之，维生素疗法不但没有十分显著的作用，还可能引发危险。

（4）药物滥用。所有的药物对健康都有一定的伤害，就连号称“有病治病，无病健身”的中药也不例外。中医药专家指出，中草药对人体许多系统都可能造成损害，甚至引起死亡。谈论一种药物的安全性时不仅要看它的主要作用，还要看其副作用。副作用是指一种药物主要作用之外产生的其他作用。因为药物是在整个机体中起作用，所以它的副作用是不可避免的。所谓的安全药物，也就是指其潜在的益处大于害处的药物，一种药物的益处越大，则不论它的副作用怎样，都有可能被认为是安全药物，而被用于医疗。大多数人认为用于医疗作用的药物都是可以接受并且应该被接受的，但实际上，除了治病外，许多药物还会让我们产生知觉、意识状态上的改变，满足我们心理上的需求，即所有穿过血脑屏障并改变精神功能的药物，对健康都有伤害。例如，人在情绪低落、心灰意冷的时候会服用兴奋剂支持自己的精神，太过于紧张的时候会服用镇静剂。我们在生活中经常接触到的咖啡、烟草、酒精等都含有产生身心变化的药物成分，这些药物一般具有耐药性和上瘾性。耐药性是指服用者的身体对同一药物的某一分量渐渐失去敏感度，其部分原因是这些药物的作用会使神经传导物质耗尽，而耐药性产生的悲剧性结果就是上瘾。

在西方，药物分为合法药物和非法药物两种，而我国将非法药物称为毒品。有资料显示目前世界上的吸毒人数已经过亿，而我国截至 2005 年底，登记在册的吸毒人员已达到 116 万人。吸毒者中以男性居多，在年龄上以青少年为主，其中无业人员的比例很大。

世界各地药物滥用的病患多半是 15 ~ 25 岁的青少年和成年早期的人，且近九成的药物滥用者的家庭不健全，以父母离异的单亲家庭最多。开始吸食禁药的原因一般是受朋友的引诱，他们在家庭中感受不到温暖和社会的复杂环境，面对沉重的升学压力，来自社会、家庭、学校以及本身的种种压力，容易用药物来麻痹自己以逃避现实的一切不愉快。药物滥用的青少年对学校和家庭缺少归属感，但在与朋友的关系上很少有疏离和孤立的现象，甚至发展成为一个集团，所以，药物滥用的防范依赖于家庭、学校和社会的密切配合。

（5）网络成瘾。网络成瘾是伴随网络的广泛使用而出现的一种新的成瘾现象，指个体反复过度使用网络导致的一种精神行为障碍，表现为对使用网络产生强烈欲望，突然停止或减少使用时出现烦躁、注意力不集中、睡眠障碍等。使用互联网的行为具有阶段性：第一阶段是成瘾阶段，新用户往往采用完全沉溺于其中的方式，来使自己适应新环境；第二阶段是觉醒阶段，用户开始减少互联网的使用；第三阶段是平衡阶段，此时用户进入了正常的互联网使用状态。那些被互联网"俘获"的人主要是不能顺利度过第一阶段，需要他人帮助进入第三阶段。而对于一个已经度过第一阶段并进入第三阶段的网络"老手"，仍然有可能出现滥用，例如他想寻找更有吸引力的聊天室、新闻组或Web站点等。过度使用互联网会导致心理、社会功能受损，并严重影响到上网者正常的学习、工作、生活。因此，对网络成瘾这一现象我们也应高度重视。和其他类型的物质滥用一样，对网络成瘾首先要注意预防：上网者应合理安排上网时间，形成良好的上网习惯，对于已经对网络形成依赖者或成瘾者，应让他们意识到自身问题的严重性，并采取一些措施如制作上网警示卡，制定行为契约，多与他们进行交流，鼓励他们参加现实团体的活动等来帮助他们克服网瘾。

【阅读书目】

1. 彭聃龄主编：《普通心理学》，北京师范大学出版社2001年版。

2. 刘金花主编：《儿童发展心理学》，华东师范大学出版社1998年版。

3. 张文新主编：《青少年发展心理学》，山东人民出版社2003年版。

4. 中国科学技术协会，中国生理学会编著：《生理学学科发展报告(2010—2011)》，中国科学技术出版社2011年版。

5. 孟昭兰著：《婴儿心理学》，北京大学出版社1997年版。

6. [美]约翰·W. 桑特洛克著：《毕生发展》(第三版)，桑标等译，上海人民出版社2009年版。

7. [美]David R. Shaffer & Katherine Kipp著：《发展心理学——儿童与青少年》(第八版)，邹泓等译，中国轻工业出版社2009年版。

8. [美]詹姆斯·W. 范德赞登，托马斯·L. 克兰德尔，科琳·海恩斯·克兰德尔著：《人类发展》(第八版)，俞国良、黄峥、樊召锋译，中国人民大学出版社2011年版。

9. [美]劳拉·E. 贝克著：《儿童发展》(第五版)，吴颖等译，江苏教育出版社2002年版。

10. [美]Phillip L. Rice著：《健康心理学》，胡佩诚等译，中国轻工业出版社2000年版。

【思考题】

1. 个体身体发展的非均匀性表现在哪些方面？

2. 有哪些理论可以解释人体的老化现象？

3. 身体发展的性别差异主要表现在哪些方面？

4. 什么是青春期的长期趋势？你认为造成这一趋势的主要原因有哪些？

5. 大脑结构的发育和机能发展之间存在着什么样的关系？

6. 从大脑发展的角度如何解释青少年危险行为的产生？
7. 哪些生活方式可以促进人体健康？
8. 有哪些常见的物质依赖和上瘾现象？它们对人的生理和心理发展各有什么危害？

第5章　动作、感知觉发展

本章要论

动作发展研究的是人类一生中动作行为的变化、构成该变化的过程以及影响变化和过程的因素。

动作发展的主题通常包括胚胎期的孕育对动作发展的影响，功能性人类动作的发展（如粗大动作、精细动作），运动与体能的发展等。

感知觉既是个体获取周围环境的信息渠道，也是个体发展其他高级认知活动的基础。

个体运动、感知觉的发展有一个毕生发展过程。

从感知觉到动作是从内外环境到采取行动的过程。感知觉和运动协调发展才能够使个体积极参与自身发展。

动作和感知觉器官是个体较早发展的心理器官，也是较早衰退的心理器官。感知觉和身体动作把新生儿与外部世界连接在一起。皮亚杰把儿童初生到两岁的智力发展称为“感知运动阶段”，即认为儿童是通过感知和动作获得知识的。关于动作、感知觉发展的规律和影响因素固然是发展心理学家研究的主要课题，但是其深层任务是去揭示动作和感知觉在毕生发展中的建构功能，即动作和感知觉形成经验，经验促进发展。本章第一部分从动作行为这一上位概念出发考量动作的毕生发展。引入纽厄尔限制模型，将动作发展的因素予以整体阐述。在动作发展研究历史的宏观视野下，从动作发展的线性序列认识发展；从动态系统理论角度认识到动作发展的非线性特征。关于感知觉发展，传统教材上关注的是感知觉发展序列，对感知觉各主题进行描述性介绍。在此基础上，第二部分纳入整体性视角，希望给读者展示一幅完整的感知觉发展图景。需要强调的是，感知觉与动作的分别研究只是便于分析。两者是密不可分、互为基础的。

5.1　动作发展

动作行为是一个伞式术语，包括三个分领域：动作学习、动作控制和动作发展。这三个分支在人体运动学内进行具体细致的研究，但研究历史渊源都植根于心理学。动作学习寻求理解人类是怎么学习有特定目标的动作；动作控制研究的是影响人类动作的神经生活因素，对人类动作的协调机制进行解释；而动作发展研究人类一生中动作行为的变化、构成该变化的过程以及影响变化和过程的因素。动作发展研究的主题通常包括：胚胎期的孕育对动作发展的影响，功能性人类动作的发展（如粗大动作、精细动作），运动与体能的发展等。由于目前大多数专家在毕生发展的框架下从事研究，因此出现一些新的主题，如老年人身体活动特征与影响因素。此外，近些年还出现一些新的研究趋势，如缺乏身体活动和肥胖。

在人类个体发展早期，动作发展比符号发展更为基础。动作也可视为个体早期的外显智力。动作的发展关系到其他主题的发展。布鲁纳曾设计出一套教育分类系统，将教育目标分为三个重要领域：认知发展、社会情感发展和心理动作发展。心理动作领域即指人类动作，特别是指有意识努力后，由高级中枢神经传出的神经冲动形成的动作。

5.1.1 影响动作发展的因素

动作发展是（研究）人类终身动作行为的变化和这些变化的过程。影响动作发展过程的因素是多方面的。这些因素包括肌肉神经的成熟、生理成长、运动经验等。卡尔·纽厄尔建立一个概念模型，将这个过程理解为一个循环的三角形，任何一个因素的改变会导致整个交互作用发生改变（见图5.1）。纽厄尔建立的模型对研究运动发展很有帮助：它反映出运动发展的动力性和发展持续性的特征。纽厄尔以三角形各角为限制。运动限制是运动发展的特征。个体限制是个体独特的身体和心理特征，包括身高、臂长、力量、动机等。个体限制还可以进一步区分为结构型限制和功能型限制。前者涉及个体的身体结构，随成长和年龄而发生改变。后者涉及行为功能，如动机、恐惧和注意焦点。环境限制存在于身体之外，具有弥散性，可以是物理的或者是社会文化的环境。例如文化环境对某种运动技能的发展具有限制或者鼓励的作用。任务限制指每项运动技能的目标和规则。

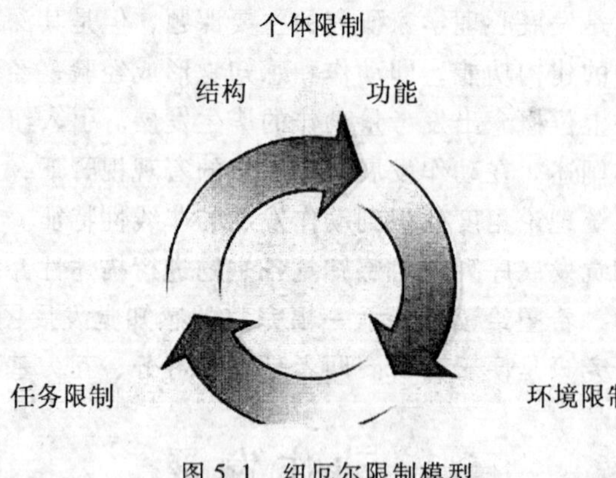

图5.1 纽厄尔限制模型

5.1.2 理论视角和研究方法

克拉克和韦杜描述了西方对运动发展研究的历史。将其划分为四个时期，每个时期有特定的理论和研究方法。前导时期（1787—1928）、成熟论时期（1928—1947）、规范/描述时期（1947—1970）和过程导向时期（1970—1989）。随着近年的研究，过程导向时期再分为信息加工时期（1970—1982）、动力系统时期（1982—2000），并尝试提出发展的动作神经科学时期（2000 年至今）。和很多理论的发展一样，每个时期的理论和方法都会与后面时期有重合，并对其产生持续影响。

前导时期。这一时期，“婴儿传记”的出现，使人们看到使用描述性观察作为科学方法。最早发表这类研究的是泰德曼，他详细描述了自己儿子从出生到 2.5 岁的动作发展情况。19 世纪末，普莱尔撰写了一本名为《儿童心理》的手稿，在书中比较详尽地描述了儿童的动作发展。这一时期，达尔文发表的《婴儿的传记梗要》，也引发了“教养与养育之争”。

成熟论时期。成熟论时期是运动发展真正开始的时期，以前单个被试的传记方法发展为研究大量被试以便清晰界定动作发展序列。方法上主要利用录像记录儿童动作发展，然后进行细微分析。代表人物有格塞尔、托普森和麦克格雷。基于对婴儿发展的诸多观察和研究，格塞尔提出了动作发展的一些原理：发展方向、相互交织、功能不对称、个性化的成熟和自律变异。不同系统（特别是神经系统）的成熟推动了动作发展，后天运动经验只是加速或提前了心理发展，动作发展促进了心理发展。预先成熟论的提出来自一些跨文化研究的证据。尽管婴儿早期经验存在很大的差异，但不同文化的婴儿获得的运动技能的时间序列相同。实验研究发现，在自然条件下，一对双生子，未经过训练的一方很快就能与经训练的另一方在某项运动技能上保持不相上下的水平。

规范/描述时期。第二次世界大战后，发展心理学家对动作发展的兴趣衰退，因为动作被认为是成熟驱动。方法学上倾向于横断研究，对不同年龄的儿童进行某个时间点的研究。总之，这个时期占优势的理论仍是成熟论，但是对于成熟和环境的认识在不断增强。之后，“预先成熟论”和“可能成熟论”产生了“助长”和“诱导”的争论。“可能成熟论”认为机能的发展可以引发或转换出新的结构来，运动经验是心理发展的必要前提，动作发展“诱导”心理的发展。丹尼斯通过观察特殊机构中因为生理原因导致某方面运动剥夺的儿童的运动发展，发现相关的基本技能受到剥夺后的严重影响。跨文化研究发现肯尼亚儿童的独立行走时间比西方儿童提前了 5 周，因为肯尼亚的父母很早就让婴儿练习走路。

近年来的研究回避了这一理论上的争论，把焦点集中在动作如何促进认知发展这一更现实的问题上，为动作的训练与培训提供理论依据。在此背景下，产生了一些新理论，如动力系统理论。

动力系统理论认为除了中枢神经系统之外，其他系统也是十分重要的。个人、环境和任务约束之间的相互关系共同决定动作的发展。上述纽厄尔限制模型即在此理论背景下提出。为什么婴儿如此费劲才能获得一项新运动技能呢？可能成熟论和预先成熟论对此问题不置可否。动力系统理论给予了明确回答：婴儿希望获得并完善某项技能，以探索他们感兴趣的事物。

动作神经科学时期，也可被认为是后动力系统时期。用于探测大脑功能的非创伤性方法在技术上取得了很大的进步，例如经颅磁刺激的技术利用短暂的高强度磁场来刺激皮质脊髓束神经元，并记录这一刺激在某肌肉上的潜伏期和峰值来直接评定动作通路的功能。另一项被经常用到的技术是功能性核磁共振成像。通过脑血量特征来间接测量脑激活情况，例如一项研究表明，手指敲击引起的脑激活随年龄的增加而增加。

5.1.3　运动的毕生发展

与其他领域发展相比，运动发展的最大特点是发展的外显性。生命的第一年，婴儿的运动控制能力和运动技能发展速度惊人。有研究者绘制了两岁儿童的运动发展轨迹，发现运动技能按照特定的秩序发展（见表5.1）。个体动作的发展从无条件反射动作、无意识动作到复杂、精细和有意识的动作。动作发展遵循一定法则：由头到尾、由近端到远端、整合分化相互交织。“由头到尾”是指人类动作发展与成长是从上到下的过程；“由近端到远端”是指人类动作发展与成长是从最靠近身体中线开始到远端外围的进程；“整合分化相互交织”指动作由开始不协调到流畅，由相互掣肘到各司其职，分化和整合并行不悖。现从两条线索展开对运动毕生发展的阐述：第一，以生命阶段为线索；第二，以发展主题为线索。

表5.1　**动作发展的年龄指标**

动　　作	月龄（50%婴儿可掌握）	月龄（90%婴儿可掌握）
俯卧时抬头90°	2.2	3.2
翻滚	2.8	4.7
独立地坐下来	5.5	7.8
爬	7.0	9.0
支撑地行走	9.2	12.7
玩拍手游戏	9.3	15.0
能够独立地站立一会儿	9.8	13.0
能够独立地站立	11.5	13.9
行走	12.1	14.3
垒积木	13.8	19.0
上台阶	17.0	22.0
向前击球	20.0	24.0

（1）以生命阶段为线索。

①婴儿期与动作的发展。婴儿期是身体发育成长和动作行为都发生急剧变化的时期。婴儿从出生时的无助，到逐渐可以自主控制身体并且掌握许多基本动作技能。基于婴儿动作行为的特点，婴儿期动作发展可以分为三个时期：反射时期、预先适应期和基本模式期。

反射时期从出生开始，持续大约两周直到婴儿出现自主动作为止。在这一时期，婴儿的动作行为主要以反射和刻板动作为主。

预先适应期从婴儿能够随意控制动作开始，直到获得两个重要动作里程碑为止：自我进食和独立行走，时间通常是第一年末。在这一时期，婴儿不停地获得许多动作里程碑，以作为后面动作技能发展的基础。

基本模式期持续到7岁以前，在这一时期，婴儿逐渐掌握出生后获得的动作技能，并发展成基本动作模式，这是后面高级精细动作发展所必需的。

②儿童期与动作发展。儿童期生长发育为成年期的身体和生活打下基础，同时也是健康发育的指标。人类一生的生长发育模式是相似的，在婴幼儿期和青春期发育得最快，儿童期的发育呈缓慢但持续稳步的生长态势。值得注意的是，人类的生长发育有两个方向：一个是由头到尾；一个是由近端到远端；随着儿童的生长发育，他们更加有可能完成身体中线以外或者跨越身体中线的任务。例如，年幼的儿童能够接住一个扔向身体中线的球，但无法接住一个扔到他们身体中线以外的球。

儿童的身体发展特点对认识儿童某个动作技能的发展模式有着重要的影响。目前有两个基本渠道了解儿童动作技能发展的模式：一是通过辨认动作技能的发展序列；二是通过识别动作技能的动态系统范式。

动作技能的发展序列。识别动作技能的发展序列是一个判断基本动作是否形成的常用方法。研究人员长期使用这种办法描述一些具体动作技能的典型的动作模式。之后，他们将这些典型的模式按照发展的序列进行排列，从而得出特定动作技能发展的序列。这种方法关注的是动作技能的形式或者行为模式的质的变化，而非在距离、速度和时间上量的变化。在研究早期，动作技能从不成熟、低效率发展到成熟、高效率。当模型是线性的时候，动作技能发展阶段的转变意味着儿童以一种可预测的方式改变行为模式。

动态系统范式。非线性的动作发展理论框架是一个动态的系统理论，也就是说，动作技能发展的过程不是由初级阶段向高级阶段变化。个体在不同情况下动作的转变称为动作特征，动作特征是一些在特定环境中的动作方式，例如，接球动作的一个早期动作特征是用整个手臂抱球，之后才发展为用手掌接球的较为复杂的特征。一个动作特征发展到另一个动作特征取决于所有影响这个动作技能本身的因素。

③青春期与动作发展。青春期是人生发展中各方面发生巨大变化的阶段，正是这个时期，性别差异变得尤为显著。这一时期，不仅身高、体重和身体比例发生了重大的变化，而且肌肉力量和感受力也得到了长足的发展。

研究者发现身体成熟的人一般在执行动作任务时，要比不够成熟的同辈做得更好。例如青年棒球手的成功和骨骼成熟相关。根据1957年小世界棒球联盟的参赛儿童收集的数据表明：71%的参赛儿童的骨骼要比他们的时间年龄早，仅有29%的参赛者的骨骼年龄延迟。Malina根据对青年男性优秀运动员的研究发现，早熟及与同伴相比在体型和力量上的优势，会对在身体运动中获得成功产生积极的作用。随着青春期结束，青少年之间成熟状态上的差异由于晚熟的男孩追上来而不再明显。

④老年期与动作发展。已证实许多的身体和生理变化随衰老而到来。老年人经常遇到的问题使老年人的动作发展独具特点。例如，骨质疏松导致个子变矮，许多人还由于脊椎弯曲而成为驼背，这些都有可能导致行走困难，甚至难以坐起；老年人力量减小导致运动的能量消耗增加；心血管脆弱使老年人对激素的感应不那么敏感，因此，老年人对剧烈运动的适应性降低。此外，老年人的感觉系统发生了很重要的变化。对于运动能

力，视觉、本体感觉和前庭感觉非常重要。这三个感觉系统的衰退，导致老年人的平衡能力、反应能力和灵敏度都呈衰退趋势。

衰老不仅体现在肌肉、骨骼和心血管功能上，而且影响到中枢神经，导致认知功能衰退。例如，老年痴呆或者其他痴呆的患者比健康人摔倒的几率大很多。

（2）以发展的主题为线索。

①简单运动技能的发展。简单运动技能指大肌肉群活动。

婴儿期　事实上，在胎儿期，胎儿就具备了一系列反射性动作以适应胎内的生活。出生后的新生儿主要也是通过这些先天反射性动作来获得营养和保护。有些反射在出生几个月后消失，有些变成自动反应，有些会终生保留。表 5.2 是新生儿一些较常见和重要的反射行为：

表 5.2　　**新生儿的某些反射行为**

反射	刺激	反应	出现的大致年龄	消失的大致年龄
吸吮反射	物体放入嘴中	吸吮	胎儿期 2~3 个月	在第一年变成自动反应
朝向反射	脸颊或嘴角的抽动	把头转向抽动的一边	新生儿	在第一年变成自动反应
吞咽反射	食物放入嘴中	吞咽	新生儿	在第一年变成自动反应
打喷嚏	对鼻孔进行刺激	打喷嚏	胎儿期 4~6 个月	在成人期也出现
摩罗反射（惊跳反射）	突然发出较大的噪声	对称性地伸出手臂与腿	新生儿	3~4 个月消失
巴宾斯基反射	婴儿的脚底中央受到挠痒刺激	伸展或抬高脚趾	新生儿	1 个月时逐步缩小；5~6 个月时消失
脚趾抓握	挠痒刺激稍稍低于脚趾的脚底	绕着物体而卷起脚趾	胎儿期 4~6 个月	9 个月时消失
掌反射	把物体放入婴儿的手中	紧紧地抓握物体	胎儿期 4~6 个月	8 周时较弱；4~5 个月时消失
游泳反射	婴儿水平地以腹部作为支撑	协调的游泳式动作	胎儿期 8~9 个月	6 个月之后消失
跨步反射	婴儿垂直，双脚轻轻接触平整的表面	做出协调的行走运动	胎儿期 8~9 个月	2~3 个月之后消失

资料来源：[加] 居伊·勒弗朗索瓦著：《孩子们　儿童心理发展》，王全志等译，北京大学出版社 2004 年版。

在婴儿期，各种动作都迅速发展起来，对心理发展具有重要意义的动作是手的抓握动作和独立行走。

手的抓握动作的发展：在婴儿期发展起来的最基本的手的运用技能是抓握动作。手的抓握动作的重点是五指分化和手眼协调。准确的抓握动作与视、动协调为婴儿开拓着认识事物特性的重要途径，也为手的动作增添了新的内容——使用工具，用动作姿势代替言语功能，从而使动作具有了间接性和最初的符号功能。

独立行走的发展：独立行走是表明个体成熟后动作高度自动化的技能之一，是儿童发展的一个里程碑。一般而言，婴儿在周岁后就能发展起独立行走的动作，它使儿童的躯体移动从被动变为主动，活动范围扩大，与周围社会环境互动的机会增加，为发展个体活动的自主性提供了必要条件。同时，独立行走进一步解放了婴儿的双手，使精细动作有可能进一步发展。

幼儿期　处于幼儿期的儿童，大脑和神经系统进一步成熟，动作控制和协调能力相应地进一步提高。3 岁的孩子不仅可以毫不费力地走到自己想要去的地方，还能欢快地跑跳。他们可以用食指和拇指捡起网球，不过动作有些笨拙。他们会用积木搭起塔楼，但总是歪歪斜斜不够笔直。4 岁的孩子开始尝试一些有挑战性的运动，他们从矮杠杆上爬过，单腿蹦上楼梯，又蹦下来。他们的精细运动协调能力更精确，在搭积木时，他们会努力将每块积木放好、放直。

到 5 岁的时候，孩子们精细运动的协调能力进一步改善，在视觉的调节控制下，手、肩膀和手指联合工作。这时仅仅用积木搭高塔已经不能激起他们的兴趣，他们开始试图搭建房子等复杂的建筑，这需要更精准的运动能力。

童年期　6 岁的孩子能灵巧地使用一些工具，他们用小锤子敲敲打打，用胶棒粘贴画纸。他们学会了扣衣扣、系鞋带。7 岁孩子的手更加稳定，他们开始用铅笔画一些线条更精细的画，而不是像原来只能用彩笔涂鸦。8～10 岁，儿童能更轻松精确地运用手部肌肉，他们开始真正地写字，而不是画字，字体也越来越小，越来越匀称。到儿童期的中后期，即 10、11 岁时，大部分孩子可以熟练地进行体育活动，比如踢毽子、跳绳、游泳、骑车。一般来说，男孩在踢、投、捉、跑、跳远及打球等方面的表现比女孩好，女孩则在强调灵活性、平衡能力或运动节律的运动技能方面表现得更好，如跳绳和体操。

青春期与成年期　简单技能在青春期会显著提高。在 30 岁前，大多数人可以到达身体运动的巅峰状态，19～24 岁期间的表现最为突出。对于运动员来说，从事不同的竞技项目，到达巅峰的年龄段也不同，如大多数游泳和体操运动员在十多岁的时候、很多冲刺比赛的运动员在 20 多岁或早些时候就达到巅峰状态，而高尔夫和马拉松运动员则在 20 岁晚期或 30 岁早期到达巅峰状态。个体过了 30 岁，多数生理功能开始衰退，只是具体器官的衰退会有所差异罢了。30 岁后，一般的生理功能衰退率是每年 0.75%～1%。衰退通常会按照心血管功能、肌力、骨骼组织、神经功能、平衡性和弹性这一顺序依次进行。

一般来说，处于成年期晚期的人行动速度会变慢，不过在这种衰退方面，个体差异很大。有研究表明，保持积极运动的老年人，他们的反应有时快于缺乏运动的年轻人。

②精细运动的发展。精细运动技能指有节奏的活动，如钉纽扣、打字或任何需要手

指灵活性的活动都代表精细运动。

婴儿期 刚出生的婴儿对精细物体几乎没有控制力，但是，有很多理由相信他们可以很好地协调他们的手、肩和手指活动。在婴儿期，接触和抓握的发展变得更加精细了。一开始，婴儿未加修饰地移动他们的肩膀和肘，但是后来他们移动手腕、转动手和协调他们的拇指和食指。

婴儿的抓握系统是很具有弹性的。婴儿会针对物体的大小和形状变换握法，当然还有手与物体的相对大小。婴儿拿小物体时用食指和拇指，然而拿大物体时则用整只手或用两只手。

知觉—运动联合对婴儿协调抓握是相当必要的。研究发现，知觉系统上的年龄差异，很有可能表现在协调抓握上。4 个月的婴儿主要靠触觉来决定他们抓握的方式；8 个月的婴儿靠视觉作指导。这个发展变化之所以有效率是因为当他们接触物体时，视觉使婴儿改变他们的双手以便更好地接触物体。

幼儿和童年期 3 岁的儿童能用食指和拇指捡起网球，但是他们表现得还很笨拙。3 岁大的儿童能让人惊讶地用积木建立起塔楼，并且每块都很紧凑地搭在一起，但还不是完全地呈直线状。当 3 岁大的儿童玩弄七巧板时，他们在摆放每块板时也显得很粗糙。当他们发现一块可以进入空位时，他们没有精细地放这块板，而是通常有力地往里捅或者粗野地拍打玩具。

4 岁的时候，孩子的精细运动的协调变得越来越好。到 5 岁时，儿童的精细运动的协调进一步改善，在眼睛良好的控制下，肩膀和手指能够联合工作。

在童年的中后期，中枢神经系统日益增加的髓鞘也能改进精细运动技能的反应。髓鞘指以髓质包裹着的轴索，从一个神经元到另一个神经元传递信息。儿童灵巧地使用自己的手。6 岁大的儿童能够捶打、粘贴、系鞋带和系紧衣服，7 岁的儿童的手变得更加稳定。这个年龄的儿童选择铅笔而不是彩笔来绘画，并且能够写字，字体也越来越小，并更匀称。在 8～10 岁，儿童能够更轻松、精确和独立地使用他们的手。10～12 岁的儿童开始显示出相似于成人的操作技能。这种复杂的精确的活动需要精细的技艺，女孩通常在精细动作方面超过男孩。

成年期 随着灵活性的降低，精细动作技能可能在成年中后期开始衰退，有些健康的个体，类似于接触和抓握技能在功能上可能持续地增强，尽管如此，病理性的情况可能导致手的虚弱和残疾，在这种情况下，展示精细动作技能就不可能了。

活动的变慢也是精细运动技能降低的原因之一，例如，年长者比年轻者在书写上要慢点。对此有两个解释：一是中枢噪音说；一个是策略说。前者认为：由于中枢神经系统不规则的神经活动增加，大范围地影响了感觉效益器的活动。相比于年纪稍小的成年人，年纪稍长者被认为有更多的中枢噪音，增加的中枢噪音扰乱了进入大脑的信号，延误了信息的解释和整理，导致操作活动的变慢和技能的降低。后者认为：上了年纪的人应用策略性的知识去补偿简单和精细动作的降低。很多上了年纪的成年人会强烈地要求尽可能精确地完成任务，当他们动作太迅速时，他们更容易犯错误，因此他们会放慢速度，以便准确地完成任务。年纪稍长者也可以学新的动作技能，只是学得慢点。因此，练习和训练可以在运动功能上最小地降低衰退。

5.1.4　动作发展的心理意义

大量理论和实验证明，儿童早期的动作发展与认知发展有密切的联系。首先，动作发展是认知发展的外在表现。感知运动阶段的智力是个体智力的最初表现形式。个体与环境最初的适应是以先天性无条件反射为中介的。其次，动作使儿童的认知结构不断复杂化、高级化。皮亚杰、布鲁纳等指出，主体对客体的动作是婴儿心理的丰富来源和必备工具。动作可以为个体提供认知经验，丰富认知对象，使个体有更多的机会从事物的外在表现中鉴别出本质的特征，进而获得对事物本质的认识。

动作能力的发展对儿童人格有着重要的影响。动作技能发展充分的儿童，勇于探索环境，对智力的开发，有利于建立自信心。此外，运动对心理健康具有很好的影响。研究认为，经常而合理地参加体育运动有利于青少年心理的健康发展。

此外，人们越来越意识到动作技能的训练可以作为个体身心发展障碍的重要康复手段，比如对早产儿的早期干预常采用运动来锻炼其肌肉，对老年认知障碍患者进行动作训练来帮助康复。其机制主要在训练过程中尽量多地给患者提供与环境互动的机会，促进其神经系统功能的恢复或代偿，从而不仅改善患者运动技能的发展，还可以促进其他方面功能的康复。

5.1.5　动作能力的培养

较差或较晚的动作发展会导致人生不希望的结果。儿科医生关注于发展的身体范畴，发展心理学家关注于认知和情感范畴。婴儿经常有动作发展较差的情况，同时，其他范畴的发展也受其影响。许多国家出现人群普遍的肥胖，这导致了他们不爱运动，并有长期的健康问题，比如糖尿病。老年期间较差的动作发展，会导致不良结果，甚至可能引发过早死亡，因此，有必要提供适合动作发展的干预并设计实施。

可以看出，运动技能的发展本身有着严密的内在规律，遵循一定的原则，存在一定的常模；是一个既有个体差异变动，又有规律可循的动态发展系统。了解和掌握运动技能发展的一般规律及相关知识，可以正确指导我们在实际生活中促进个体（特别是儿童）的发展。

有些父母望子成龙的心情特别急切，很早就让孩子接受丰富的刺激和练习，以为这样能促进孩子的运动技能发展，让孩子领先于同龄人。其实，特定动作的发展是需要一定的生理和心理基础的，如果孩子对某种动作活动还没达到一种准备性状态，那么外界对他的刺激不一定有效，也就是说这种提前开始的训练不一定能产生父母预期的效果。如果在孩子的生理和心理都做好准备后再对他进行训练，他就能很快学会这些运动技能，表现不比那些提前开始训练的孩子差。

动作发展也是有关键期的。国内有学者连续三年记录了 3 ~5 岁儿童粗大运动技能的成绩，推测出一些基本运动能力训练的关键期，见表 5.3。

表 5.3 **3~5 岁儿童基本动作发展的关键期**

项　目	关键期	项　目	关键期
立定跳远	3~4 岁	拍球	3~5 岁
单脚站立	4~5 岁	走步姿势	3 岁
原地转圈	4~5 岁	跑步姿势	3~4 岁

虽然提前训练对儿童运动的发展没什么意义，但父母亲也不是一点忙都帮不上，他们给孩子提供的家庭环境对其运动技能的发展有一定的影响作用。首先，家庭的物质环境为儿童的动作发展提供了活动的场地，物质条件的匮乏会限制婴儿动作的发展。比如，从动作发展的一般规律来看，在独立行走前婴儿要发展爬行的动作。但由于我国家庭的住房较紧张，父母为避免婴儿受伤，一般很少让他们自己在地上玩耍，更多的是将孩子抱在手上，或放在床上。这样，婴儿要么根本没机会练习爬行动作，要么由于床太软不利于着力而不能很好地发展爬行动作。其次，家庭的心理环境（包括父母对儿童运动技能发展的态度和养育方式）是导致儿童运动技能发展出现差异性的重要原因。例如，父母对孩子的冒险行为是支持鼓励还是限制禁止，父母态度上的差异会导致孩子在动作发展上的差异。此外，父母一般会鼓励男孩从事一些较激烈的涉及全身大肌肉活动的运动，而对女孩则希望她们进行温和的涉及手部小肌肉活动的精细运动，这是两性运动技能发展呈现差异的原因之一。

运动技能的获得是运动发展的高级形式。运动技能是通过练习而获得的合乎法则的动作，既有外显的运动动作，也有内在的心理机制；既有低级的具体活动的执行，也有高级的技巧动作和运动策略。运动技能包括动作单元、动作序列和动作认知与策略。运动技能是个体以一定生理和心理机制为前提，通过运动学习形成的。基本的运动素质，如身体素质是前提，对这些肢体动作进行控制外，还需要掌握心理运动能力，即表达运动技能的速度与准确性。运动信息加工和运动智能就决定该运动技能的水平与成绩。运动技能学习要经过认知阶段、连接阶段和自动化阶段。

关于肥胖与运动的关系

在现代社会，过多以久坐为主的生活和工作方式夺走了很多成人和儿童大部分必要的身体活动。如何增加人们的身体活动是当今公共卫生的一个热门话题，因为大量研究和调查显示，在过去几十年，肥胖在各个国家广泛流行。肥胖的趋势开始在儿童和青少年中流行。公共卫生专家和官员已经意识到儿童肥胖是一个非常严肃的公共健康问题，因为肥胖通常会伴随儿童或青少年一生，而且导致许多慢性非传染性疾病以及精神卫生问题。导致肥胖的原因很复杂，包括环境与遗传的交互作用。专家把过量饮食和缺少运动称为“肥胖环境因素”。我们简单介绍几项近年这方面的研究。

通过体质监测和问卷调查的方式搜集了香港 3984 名 20～69 岁成年人（1570 名男性和 2414 名女性）的身高、体重、睡眠时间、身体活动水平及教育水平等方面资料。睡眠时间过长或过短的男性和女性的超重率高于睡眠时间正常者。睡眠时间为 6 小时和小于 6 小时的男性患肥胖的风险显著高于睡眠时间正常的男性。睡眠时间超过 9 小时的女性与睡眠时间正常的女性相比超重风险也更高。与身体活动水平高的男性相比，活动水平低的男性超重率和肥胖率都更高，出现超重和肥胖的风险也更高，但在女性中，这种差异不显著。

资料来源：温煦、许世全：《睡眠时间、身体活动与肥胖的关系初探》，《中国运动医学杂志》2009 年第 4 期。

肥胖与膳食结构、生活习惯和遗传因素密切相关，分析肥胖组与正常对照组各 212 名对象导致肥胖的主要危险因素，结果发现肥胖与高油脂、高糖、高盐、饮酒、吸烟、静止的生活方式和父母肥胖的遗传等因素相关。

资料来源：李增金、杨泽、李铭、刘小萍：《肥胖与非肥胖人群膳食结构与生活习惯的对比研究》，《中华内分泌代谢杂志》2006 年第 4 期。

5.2　感知觉发展

感知觉对个体来说非常重要，个体必须通过感知觉才能获取周围环境的信息，从而认识世界，适应环境。此外，感知觉也是个体发展其他高级认知活动的基础。

5.2.1　关于感知觉发展的争议性问题

（1）天生 VS 教养。长久以来，哲学家就在思考新生儿到底可以感知觉到什么。经验主义哲学家认为新生儿是块“白板”。相反，自然主义哲学家则采用自然主义的立场，认为感知觉能力是天生的。

今天的发展心理学家几乎不会极端地看待这个问题。尽管大多数人承认二者对感知觉形成都发生作用，但争议在于天生与教养各自对差异的影响比率和机制。

（2）丰富化 VS 区分。我们经历的连续的现实是否真实存在？或者说，我们经历的现实是否只是建立在我们经验上的？对于这个问题，有两个理论给了各自不同的解释：丰富化理论和区分理论。

两个理论都否认有客观的被感知觉存在，但是丰富化理论认为，感觉刺激通常是零碎的和容易混淆的，需要既存的认知结构加以补充和丰富。换言之，是我们的经验和知识建构了我们感知觉的产品。这个理论可以很好解释对双歧图形（见图 5.2）的知觉。相反，吉布森的区分理论认为感觉信息已经提供了全部的信息，但是我们需要对这些信息进行区分和筛选。根据吉布森的观点，儿童一旦掌握了区分的能力，他们的知觉水平将大幅提升。当然，这些理论并无对错和优劣之分。心理学的一些基本问题向来是悬而未决的，不过是提出假设的角度不同而已。

图 5.2　双歧图形（女人的脸和吹萨克斯的男人）

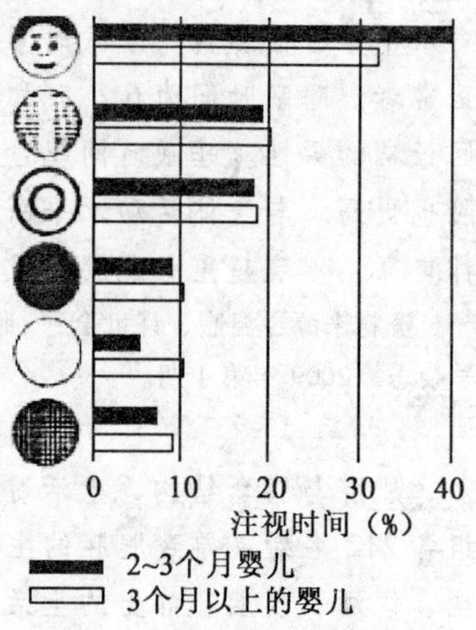

图 5.3　婴儿对物体注视时间

5.2.2　感知觉的研究方法

20 世纪以前，心理学家对儿童心理的研究停留在描述阶段。直至设计出一些巧妙的研究方法，未达到言语认知水平的婴儿心理才开始真正得到研究。

（1）偏好化。其过程是在婴儿面前同时呈现两个或多个物体或图形，调查婴儿对这几个物体或图形的不同注视时间，以此判断婴儿对某一物体或图形的偏好。这种方法最初由罗伯特·范兹用来研究婴儿鉴别物体视觉模式（比如圆和十字形状）的发展状况。罗伯特·范兹之后，偏好法已普遍应用于分析婴儿对物体及其形状、颜色的区分等。罗伯特·范兹认为导致新生儿有这种偏好的原因是天生倾向。但是偏好化方法也有一个缺点：假设婴儿对所有刺激都没什么偏好，那么婴儿是不能区分这些形状还是对这些形状有相同的兴趣呢？幸运的是，下面这些方法可以解决这个问题。

（2）习惯化。习惯化方法是测量婴儿感知觉能力最普遍的方法，是指反复给婴儿呈现刺激物，使得他们对刺激物越来越熟悉，直到对刺激物的反应（如头部或眼部运动、呼吸或心跳频率的变化等）消失。图 5.4 是 1983 年科尔曼和斯派克采用习惯化法做的婴儿后期的形状知觉发展的实验。

如图 5.4 所示，婴儿对被模板挡住的一根木棍产生习惯化：A 图是静止的，B 图是运动的。那么，在后继实验中婴儿会不会将一根完整的棍子（C 图）视为已经熟悉的物体呢？我们成人当然是可以的，因为我们能够对所看到的线索进行整合，从而知道模板后面其实是一根完整的木棍，因此，我们会将后来出现的完整的木棍看做是熟悉的东西。如果婴儿对整根木棍（C 图）比对两段独立的木棍（D 图）更感兴趣，显然我们便能得出结论：他们还不能利用已有的线索感知到一根完整的木棍。

（3）诱发电位，也称诱发反应，是指给予神经系统（从感受器到大脑皮层）特定的刺激，或使大脑对刺激（正性或负性）的信息进行加工，在该系统和脑的相应部位

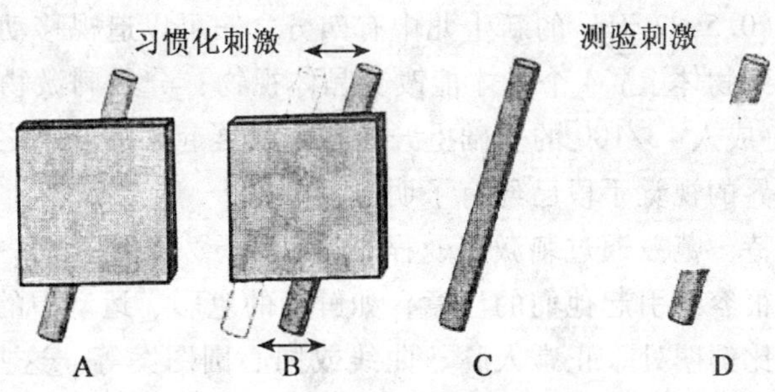

图 5.4　婴儿对物体的整体知觉

产生的可以检出的、与刺激有相对固定时间间隔（锁时关系）和特定位相的生物电反应。给婴儿提供一种刺激，通过记录他们脑电波的变化推论感知觉能力的发展情况。

(4) 高振幅吮吸。这是一种利用婴儿改变吮吸奶嘴的频率和强度以保持对有趣事物的兴趣和能力，对婴儿知觉能力水平进行评估的方法。首先记录婴儿吮吸频率的基本值，以基本值为标准，当婴儿吮吸频率加快，强度增强，就会触动奶嘴的电路，与电路连接的提供感觉刺激的幻灯机或者录音机会被启动。如果婴儿一直保持兴趣，吮吸就会呈增幅状态，而兴趣减退，吮吸频率就恢复基准值。若给被试第二个刺激，出现了显著的吮吸增加，就可得出结论，婴儿能够将两个刺激区分开来。

5.2.3　感觉发展

感觉是指人脑对事物个别属性的认识，当外部信息和感觉器官相互作用时，就会形成感觉。通过感觉，人们不仅能够认识外界物体的颜色、气味、硬度等属性，还能认识到自己机体的各种状态，如疼痛、饥饿等。过去人们一直认为新生儿是没有感知觉的，但近几十年的许多研究表明，婴儿从出生开始，所有的器官都已具备某种程度的功能，他们具有惊人的感知能力，并且这些能力在出生后能得到迅速发展。婴儿期是感知觉发展最快的时期，儿童期后各种感知觉能力趋于稳定，到中年后期各种感觉能力开始衰退，主要表现是感觉阈限升高，即感受性下降，这种下降趋势是缓慢进行的。总体而言，感知觉发展大致遵循从笼统逐步趋向分化、感知觉过程综合性和协调性不断增强、目的性和意向性逐步增强的趋势，但是具体的感知觉发展有各自的规律。

(1) 视觉的发展。

婴幼儿的视觉发展　人对周围环境的信息大多数是通过视觉系统获得的。视觉主要是对物体所展现的复杂之处的察觉和辨认。眼睛察觉和辨认刺激物需要具备这一视觉技能，这些技能主要有视觉集中、视觉追踪运动、颜色视觉、对光的察觉和视敏度等（视敏度是指人的视觉器官辨认外界物体的敏锐程度，在临床医学中又叫视力，它表示视觉分辨物体细节的能力，一个人能辨认物体细节的尺寸越小，视敏度越高）。

研究发现，视觉最初发生在胎儿中晚期，四五个月的胎儿即已有了视觉反应能力以及相应的生理基础。出生后 24 ~ 96 小时（1 ~ 4 天），新生儿就能察觉到移动的光；出生后 15 天就具有颜色辨别能力，2 ~ 4 个月的婴儿颜色知觉已发展得很好，4 个月时已表现出对某种颜色的偏好，且已具有正确的颜色范畴性知觉，其基本功能已接近成人。出生 12～48 小时（0.5～2 天）的新生儿中有四分之三可以追视移动的红环；出生后三周，视线开始集中到物体上，4 个月才能改变晶体视物；分辨刺激物能力的视敏度是在出生 24 小时、只有成人 13/100 的基础上开始稳定发展起来的。总之，婴儿出生后数周或数月内，探索世界的视觉手段已经有了明显发展。

美国学者罗伯特·范兹通过刺激偏爱程序的研究，发现婴儿对一些视觉刺激有特别的偏爱，这些刺激很容易引起他们的注意，如鲜艳的色彩、运动中的物体、物体轮廓密集的地方或黑白对比鲜明处、正常人脸、曲线或同心圆图案等。这些偏好的意义在于：他们注视承载客体最大信息量的轮廓和边线，可以获得最多的信息，表明他们对所接触的外部事件具有选择性。随着年龄增长，这种受外界刺激的控制作用逐渐为经验所调整。

童年期视觉的发展　随着年龄的增长，儿童的视觉能力逐步完善。有的研究认为视敏度发展最快的时期是 7 岁，也有人发现在 10 岁以前视敏度仍有明显发展。到幼儿期，儿童的颜色知觉能力继续发展，从 4 岁开始，区别各种色调的席位差别（明度或饱和度）的能力得到发展，到六七岁，儿童对颜色细微差异的区分正确率达到了 98%。

成年期视觉的发展　童年期以后人的视觉很少发生变化，直到因衰老对视力产生影响。视敏度、颜色视觉、深度知觉，眼的聚焦能力，视网膜成像的能力，在 40～59 岁这一阶段退化得最显著。这一适应能力的丧失就是常说的远视。中年人对于看远处的物体有困难。眼部的血液供应也减少，尽管这通常在 50～60 岁发生。血液供应的减少使眼睛的视野变小，表明视网膜对低照明度变得不敏感，因此，中年人在昏暗的环境中阅读或工作变得很困难。

在老年期，视力的衰退更为明显。某种程度上由于对强光的忍受度降低，夜间驾车尤其困难。暗适应的速度变慢，即从光照良好的房子进入半黑暗时，老年人需要更长时间来恢复其视力。视野变得更小，意味着只有进一步增加刺激物的强度才能被看见。发生在视野中心区域以外的事件将无法被看到。

最近一项关于成年人视力变化的研究表明，75 岁以上和 85 岁以上的老年人完成很多视觉任务要比那些 60 岁和 70 多岁的人要差得多，包括强光，后者的视力在强光消失后不到 10 秒钟即可恢复，而 5% 的 90 岁老年人则在 90 秒钟以后也难以恢复。三种眼疾可以摧毁老年人的视觉：白内障、青光眼、黄斑退化。

（2）听觉的发展。一些研究胎儿和早产儿的证据显示，婴儿的听觉在出生之前几周就有了。许多胎儿对较大的声音（如汽车的喇叭声）会用胎动的方式做出反应。

通过音乐偏好的实验，发现婴儿对在胎儿期间出现频率较高的声音做出反应的时间较长，如相对于其他妇女的声音，新生儿更喜欢母亲的语音，这表明他们在子宫里就学会了辨别母亲的声音。

婴儿的听觉阈限高于成年人 10～20 分贝，这就是为什么世界上所有父母都不约而同地提高音调和宝宝说话。婴儿有很强的音乐感知能力，他们偏爱旋律优美、节奏鲜明的音乐曲调。他们厌恶噪声，2 个月时能区别音乐的音高，3～3 个半月已能区别音色，6～7 个月时已能区别简单的音调，而且早期受音乐训练的人，成年后对绝对音高的感

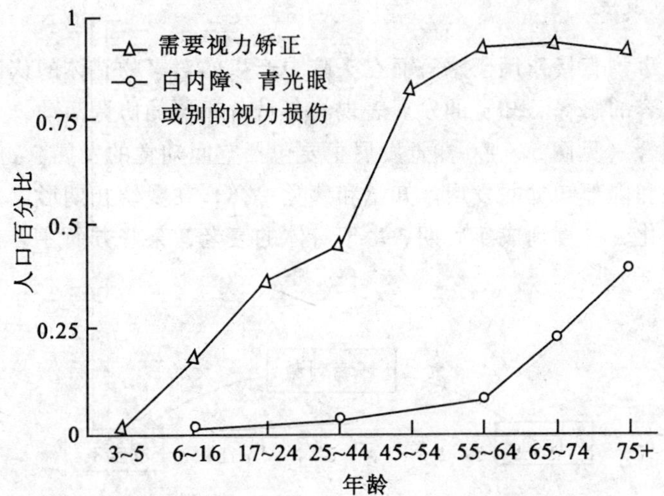

图 5.5　需要视力矫正的人口比例和患白内障、青光眼以及其他视力损害的人口比例

知能力更强。

婴儿对声音的定位能力也在发生变化。即使是刚出生的婴儿也能判断声音的大概位置，到 6 个月大时，声音定位更为熟练，到第二年时，这一能力持续增强。

儿童的言语听觉敏锐度随年龄而提高，小学时儿童听觉的敏锐度已接近成人。大多数青少年的听力很好。但是如果长期处在声响很高的环境中，听力会受损。到 40 岁时，人们对高音的敏锐度开始下降，对低音的敏锐度下降得不明显。50 岁以后，听力下降的现象就相当普遍了，研究指出，50～59 岁被视为中国人听力老化的转折期，70 岁以后下降得尤为明显。

（3）味觉、嗅觉与触觉的发展。新生儿出生时就对味道具有高度的敏感性，他们能用面部表情和身体活动等方式对甜、酸、苦、咸四种基本味道做出反应。比如，当甜味的东西放在他们舌头上，他们会用嘴唇发出咂嘴声；当尝到酸性味道时，他们就会紧闭嘴唇。这表明他们已具有对这几种味道的辨别能力，并且明显偏爱甜味。

婴儿的嗅觉也很发达，在出生后 24 小时就有表现，并能形成嗅觉的习惯化和嗅觉适应，有初步的嗅觉空间定位能力。出生一周的婴儿能够辨别不同气味，并表现出对母亲体味的偏爱。

胎儿在第 49 天时就已经具有初步的触觉反应，两个月时能对细而尖的刺激产生反应活动。出生后，婴儿对外界的触觉探索活动主要是口腔触觉和手的触觉活动；婴儿刚一出生就有温觉反应，调节体温的能力是新生儿适应环境的一个关键；婴儿早期就有痛觉反应，但比较微弱和迟钝。触觉在儿童 3 岁以前的认识活动中占主导地位，随后触觉逐渐与视觉、听觉紧密结合，到幼儿期触觉的地位下降，逐渐让位于视觉和听觉。一过 50 岁，人的味觉刺激阈便增大，味觉的多样性随着年龄增长而减退；60 岁以后嗅觉的辨别能力减退明显，70 岁嗅觉急剧衰退。

5.2.4 知觉发展

知觉是客观事物直接作用于感官而在头脑中产生的对事物整体的认识，也可以说是对所感觉到的内容的解释。知觉的发展表现为各种分析器的协调活动，共同参加对复合刺激的分析和综合（见图5.6）。知觉发展主要包括空间知觉的发展、物体知觉的发展、时间知觉的发展和内部知觉的发展。知觉和感觉一样，在婴幼儿期形成发展，儿童期以后不会有太大变化，一直到成年后期，由于身体的衰老，某些方面才会有一定程度的下降。

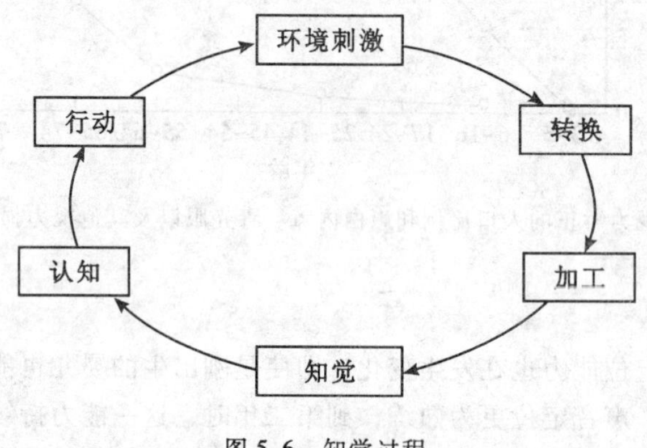

图5.6 知觉过程

（1）空间知觉的发展。知觉的发展表现为各种分析器的协调活动，共同参加对复合刺激的分析和综合，具体表现为对空间的知觉。空间知觉的发展包括深度知觉的发展和方位知觉的发展。图5.7为吉布森设计的视觉悬崖测验。

新生儿已能对逼近的物体有某种初步反应，并具备原始的深度知觉。在著名的吉布森的视崖研究中，研究者发现6个月的婴儿就已经具有深度知觉。深度知觉在婴儿期至成年期之间变化很小，到老年期才显著衰退，主要原因是老年人的视觉对比度敏感性下降，不像年轻时那样可以轻易将物体从背景中区分出来。

婴儿对外界事物的方位知觉是以自身为中心进行定位的，发展顺序为先上下、次前后、再左右。通常，3岁能辨别上下，4岁能辨别前后，5岁能以自身为中心辨别左右，7~8岁能以客体为中心辨别左右。方位知觉的个体差异很大，有的人一生方位知觉都不清楚。

（2）物体知觉的发展。物体知觉的发展包括形状知觉的发展和大小知觉的发展。通过习惯化研究说明婴儿在3个月时已有分辨简单形状的能力，有的研究还表明3个月大的婴儿同样也具有形状恒常知觉，但他们对于不规则形状的物体，如倾斜的扁平物体，恒常性容易消失。对于大小知觉的研究一直都有争议，不过目前可以肯定的结论是：3个月大的婴儿就表现出大小恒常，然而这方面并没有达到成熟，还在进一步的发展中。在4~5个月大的时候，随着婴儿双眼视觉的发展，他察觉大小恒常的能力也得到了提高。大小恒常的发展会一直持续到10~11岁。

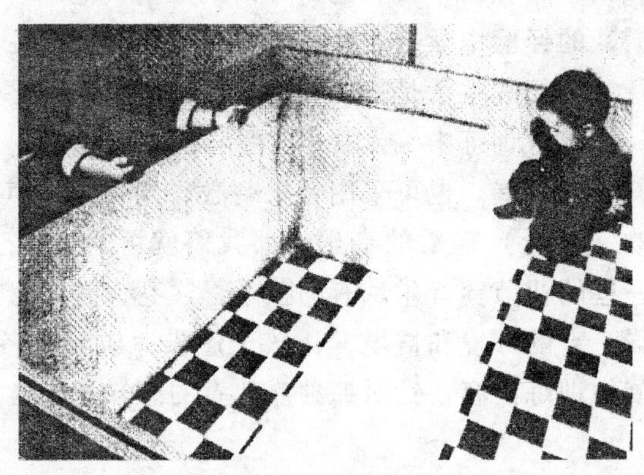

图 5.7　视觉悬崖

（3）时间知觉的发展。对时间的知觉没有相应的感觉器官，具有相对性和主观性的特点。五六岁以前，儿童的时间知觉不稳定、不准确，7 岁才开始发展时间知觉，儿童期是发展时间知觉的重要时期。

（4）内部知觉的发展。内部知觉将来自两个或更多方面的感觉器整合起来，如来自视觉和听觉。为了测验内部知觉，斯派克同时给 4 个月大的婴儿放映两组影片。每部片子里，木偶跳上跳下，但是在其中一部片子里，配音和木偶的舞蹈同步，而另一部就不同步。通过测试，斯派克发现，在看配音和木偶的舞蹈同步的片子时，婴儿注意的时间更长，这就表明他们意识到这种差别。婴儿还能协调涉及人的视觉—听觉的信息。一项研究发现，只有 3 个月的婴儿，当同时听到父母的声音时，他对母亲投去了更多的目光。

新生儿总是内部存在多种知觉的简单形式。在 6 个月大时，联结不同模式的感觉，对婴儿是有困难的。但在接下去的 6 个月里，他们在这方面显示出很高的能力，因此，来到这个世界时，婴儿是携带着很多遗传能力的，他们内部知觉能力会随着经验的增多得到很大提高。如其他方面的发展一样，自然和抚养因素相互联系，共同发挥作用。

5.2.5　促进感知觉发展

感知觉能力的提高可以通过活动来培养。养育者应该在日常活动中引导儿童，儿童所感受到的一切可以成为他们继续活动的经验；引导他们说出自己的感受，帮助他们用正确的方式表达这种体验。

首先，活动区分明确。在儿童活动中，为活动设置主题，让活动有目的地进行。其次，布置一定的感知觉活动，让他们认识到自己在感知中具有的主动性。再次，感知认识要多启发，每次新的感知都是一次有用的经验，多启发儿童思考、记忆这些感受，让他们牢固形成这种感知的联系。

对于一些特殊儿童，促进感知觉发展的任务让位于补偿教育，例如，孤独症儿童对感官刺激的反应或是过敏或是冷漠，在视觉方面，他们害怕与他人的目光接触，却过分留意窗帘、灯、手电筒及其光线转移等；在听觉方面，他们对别人的话充耳不闻，却喜欢自己制造声音，如拍桌子、晃椅子，有的对耳语或某些其他声音过分敏感。正常的孩子可从一般的生活及游戏的经验中学会一些技能，而孤独症儿童往往难以从同样的经验里学会其中蕴含的规律，他们的生活是按机械的学习和固定的秩序进行的。增加感官刺激有利于感知觉发展，在教育训练中编入舌操、手指操、眼部操、唇操等运动，刺激各感官，可间接促进感知觉的发展。也可采用音乐刺激、光刺激、声刺激等促使感知觉发展。如有的孩子只喜欢（接受）轻柔的音乐，那我们就可通过在音量上由小到大的适应让其逐步接受激烈一些的快节奏音乐。有的孩子喜欢亮，有的喜欢黑，这两种情况都是极端的，我们可创设一定的环境和情境，让孩子逐步适应具有各种不同亮度的环境。设计有利于感知觉发展的训练内容，针对孤独症儿童的感知觉异常，促进其感知觉的发展。

面对内外刺激，个体还表现出对不同感知通道的偏好倾向，例如有些儿童偏好视觉通道，主要通过视觉刺激而感知周围环境；有些儿童偏好听觉刺激，往往面对刺激才做出动作反应。进行感知觉发展促进时，有针对性的工作往往会更具效率。最后，抓住感知觉发展的关键期，有的放矢地在该时期加强某方面的感知觉训练。

5.3 动作、感知觉发展的联系

5.3.1 动作和感知觉发展的关系

从感知觉到动作即从内外环境到采取行动的过程。图 5.8 表示的信息加工模型，它包括四个部分：感知觉输入、信息接收、对信息的解释与决策，以及外显的动作反应。

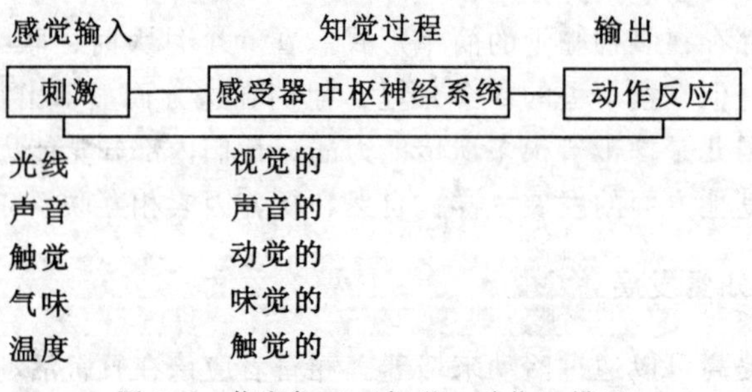

图 5.8 信息加工（知觉—动作）模型

实际上，发展心理学各领域的划分只是为了研究的便利，感知觉和运动协调发展才能够使个体积极参与自身发展。二者关系体现在以下几个方面：

第一，感知使动作的完善成为可能，动作使感知觉更加精确化。美国的哈尔沃森曾对婴儿取物动作的发展过程进行了研究，展示了婴儿手的动作发展的一系列阶段，这些阶段从简单的触摸和抓握客体到越来越精细的使用手指，进而发展到手、拇指和其他指头的成功协调。这期间，动作的发展和完善是在婴儿看见物体、听见物体发出的声音以及触摸物体的过程中逐渐完成的。动作越高级、复杂、完善，则越需要感知觉与动作器官的协调、配合。此外，动作的实施往往会引起主体与客体相对关系与各自状态的不断变动，这在客观上可以促使婴儿对外界信息保持敏感，并使婴儿从动作结果的反馈中不断充实、修正、扩展对外界的感知。

第二，感知和动作对于大脑的发育具有反向促进作用。过去人们在对大脑与感知和动作关系的认识上，主要强调大脑的结构发展对于感知和动作机能的决定作用，认为感知和动作的发展变化是大脑结构变化的结果。但是，脑科学和神经心理研究的最新成果告诉我们，大脑结构与感知、动作机能之间存在着双向作用。德国康斯坦兹大学的研究报告指出，音乐活动能够使神经电路重新联结。用核磁共振显影技术对 9 名弦乐手的大脑进行测试，发现他们左手的拇指和小指有神经电路联结的触觉皮层，比不会弹奏乐器的人，其范围要宽广得多。伯恩斯坦、艾德尔曼等人的有关研究表明，婴儿早期感知和动作活动的结果必然导致大脑感知运动控制系统的重组，通过感知系统和运动系统的共同作用产生总体适应功能。因此，感知和动作的丰富、提高，可以促进大脑在结构上的完善，从而为儿童早期心理的发展奠定良好的基础。

第三，感知和动作使得婴儿的认知结构不断改组和重建。在认知发展的最初阶段——感知运动阶段，由于缺乏抽象的语言符号来代表外部事物，因此，婴儿与外部事物的接触和相互作用主要是依靠感知和动作，通过手脚以及五官的直接感知和动作经验，逐渐对外部事物产生正确的认识。皮亚杰、布鲁纳等指出，主体对客体的感知和动作是婴儿心理的丰富来源工具。首先，感知、动作扩大了个体的认识范围，促使个体认知结构的内涵不断充实；其次，感知和动作还可以通过提供新经验来引起个体原有的认知结构与新的环境刺激间的冲突、不协调，打破原有的认知结构并促使其向新结构转换。

第四，生理成熟与环境两大因素在个体感知和动作发展中均具有不可忽视的作用。然而，生理成熟和环境刺激对于个体感知和动作发展的影响并不是单向的。感知和动作一方面是儿童早期心理发展的重要领域；另一方面作为儿童早期心理发展的基本表现形式，其内在机制在于它的建构功能。

5.3.2　感知觉—动作训练

知觉—运动技能训练是动作控制领域的一个热点和难点问题。感知觉的不足可以通过包含感觉判断的感知觉—动作训练活动加以补偿。一些理论家认为，积极参与涉及眼手协调、方位性、平衡性的活动，就可以提高个体认知和动作的功能。其他理论提出大脑的神经组织展示出优势半球很关键，即如果个体是偏好右手、右脚，就可以认为其神经联系有利于智力的发展，提出的一个改变神经联系的方式是让个体完成诸如爬行等行为模式。此外，有研究报告宣称，特定的感知觉—动作训练能促进学习技能的获得或者提高学业成功的可能。虽然感知觉—动作训练能否促进智力这一看法还有待进一步证明，但是研究者基本同意感知觉—动作训练可以有效影响学习的一些活动。

综上所述，感知和动作的建构功能充分显示出它在儿童早期心理发展中所起的巨大的内在推动作用。它扩大了个体与周围环境交往的范围，使个体能够多角度、深入地探索其周围的物质世界与社会环境，从而给个体带来大量新的经验。

【阅读书目】

1. 董奇、陶沙主编:《动作与心理发展》(修订版),北京师范大学出版社2004年版。

2. Greg Payne、耿培新、梁国立主编:《人类动作发展概论》,人民教育出版社2008年版。

3. Alex Fedde Kalverboer, B. Hopkins, Reint Geuze. *Motor Development in Early and Later Childhood: Longitudinal Approaches.* Cambridge University Press, 1993.

4. V. Gretory Payne, Larry D. Isaacs. *Human Motor Development—A Life-span Approach.* Mayfield Publishing Company, 2007.

5. E. Bruce Goldstein. *Blackwell Handbook of Sensation and Perception.* Wiley, John & Sons, Incorporated, 2005.

6. Philip J. Kellman, Martha E. Arterberry. *The Cradle of Knowledge: Development of Perception in Infancy.* MIT Press, 2000.

【思考题】

1. 如何理解动作、感知觉在个体心理发展中的意义?

2. 动作发展理论的历史演进以及原因是什么?

3. 如何促进个体动作、感知觉的联结?

第6章 语言发展

本章要论

言语的发展表现在语言的五个基本形式（语音、词法、句法、语义、语用）的逐步掌握。

言语的获得是生理的成熟、认知的发展和人际社会环境的交互作用的结果。

在儿童言语发展中，语音、词法、句法、语义和语用都有其特定发展规律。

在从婴儿期到中老年期人生不同的阶段，言语的发展表现出相应的阶段性特点和规律。

掌握适当的策略、提供有效的人际互动的语言环境能促进儿童的语言和认知的发展。

与直立行走和工具使用一样，语言被视为在人类进化和个体发展历程中具有极重要作用的现象。语言不仅是人类心理交流的重要工具和手段，而且在个体认知和社会性发展过程中起着重要的作用。语言的发展对个体的心理发展有着深远而重大的影响。

6.1 关于语言发展的理论

语言是以词为基本单位、以语法为构造规则而组成的一种符号系统。它具有社会性和生成性等其他符号系统所没有的特性。索绪尔指出，应区分语言和言语，即区分社会性语言和个别性语言。言语即“实际的话语”，实质上就是语言的传递过程。它包括听、读（感觉和理解的过程）、说、写（表达过程）。语言只有通过言语活动才能体现其作为交流工具的职能，成为“活的语言”。

言语过程主要包括言语感知、言语理解、言语表达和言语反馈四个方面。言语感知是指通过对言语的感知以获得信息的过程，是言语活动的首要环节，也是婴儿最早获得的一种言语能力。言语反馈是将言语表述后的反应信息返回到大脑中去，并对语义进行分析的过程。在言语发展的过程中，理解和表达之间的关系有一个基本原则：理解先于表达或者生成。

在具体了解儿童的语言发展过程的特点和规律之前，我们先描述语言的形式特征和构成，理解言语获得的发展理论以及最近的言语过程的发展理论。

6.1.1 语言的基本构成

随着语言的不断发展，语言的一些基本形式特征必须被掌握。这就需要儿童发展语言五个方面的知识：语音、词法、句法、语义、语用。

语音是关于语言的最基本的声音单位（音素）的组合。没有哪两种语言有完全相同的音素，每种语言都仅仅是人类所能发出的声音的一个子集。例如英语中“mat”和“mate”中的“a”代表了两个不同的音素，其中的“m”为同一个音素。英语由48个音素来构造所有的单词，汉语有44个音素，而有些语言只有15个音素。

词法是关于语言的最小的有意义的单位（词素）的组合规则。英语中任何一个单词都是由一个或多个词素构成，有些词素本身就是完整的单词（如help），而有些是以前缀、后缀、复数等形式出现，为了解释一个单词而增加的必要信息（如helper中的“er”意为“……的人”）。

句法描述了语言的结构，是确定词在句子中的次序和作用的基本规则。如“小王打了小张”和“小张打了小王”就是两个合乎句法、因为词序不同而语义不同的句子。“小张被小王打了”则是增加了“被”字使得词序与“小张打了小明”相同但是语义完全不同。

语义是指单词和句子的含义。每个单词都有一些语义特征，而句子的语义，由上可见，却与句法有着本质的联系。

语用是语言最后的组建规则，是如何用语言进行有效沟通的知识。语用学的范围很广泛，其涉及的规则包括在适当的场合，对不同年龄、背景等的人，使用适当的语言，也还包括社会语言学的知识，即在不同文化背景下遵循特殊语言规则。比如和老师说话、与幼儿说话、讲有趣的故事等都不同。再如，一个简单的“谢谢你”，在湖北一些地方常用语是“劳慰你”，而在湖南一些方言里更多的是“你吃了亏啊”，用普通话“谢谢你”则会显得生疏。

6.1.2 言语获得的发展理论

言语发展理论是解释年幼的儿童如何在短短几年内就掌握了非常复杂的语法规则的理论。它包括言语获得理论，突出体现了对于语言获得的先天论和经验论之争，以及关于儿童言语发展过程的理论，包括语音、词法规则、句法规则等方面的具体过程的研究和理论。

不同的心理学流派对于语言的获得持有不同的观点，早期的主要有后天学习论（或经验论）、先天成熟论两大流派，后来的研究者更多地支持环境与主体的交互作用论，近些年又出现了优选论等新的观点。

(1) 后天学习理论。强调环境对儿童获得言语的决定作用，其代表人物是斯金纳、班杜拉和布鲁纳。后天学习理论又分强化说和社会学习说两类。强化说以操作条件反射的操作行为和正、负强化等概念来解释言语的获得，认为儿童语言的发展是通过一系列刺激—反应建立起来的联结，强化刺激出现的频率、出现的方式以及儿童的自我强化对儿童的语言发展具有重要影响；并强调对儿童语言的强化要及时、循序渐进、不断复杂化。社会学习说则强调模仿作用，认为儿童大部分是在没有强化的条件下通过观察、模仿成人的语言而学习语言的。后又提出“选择性模仿”的新概念，即儿童的语言不是一一对应的机械模仿，而是有选择性的模仿，模仿的不是整个句子，而是句子的句法结构和功能，模仿在时间上也可以是不及时的。

研究发现，强化可以解释儿童语言获得的一些现象，正负强化使得其语言学习更具选择性和目的性。父母更鼓励孩子说话，在做游戏、讲故事的干预背景下，使用更多新奇、复杂的单词的孩子，比起那些说话很少受到父母鼓励、父母词汇变化也不大的同龄儿童，前者在语言发展上进步较大。

但是，刺激反应联结的有限数量不能解释语言行为丰富多彩的变化。更关键的是，学习理论并没有对儿童如何快速获得语言规则，以及儿童言语发展具有加速期等现象作出解释。强化不能教给儿童句子的意思，父母也不会强化儿童的句法；在没有模仿对象的情况下，儿童也会产生和理解许多新的句子。

（2）先天成熟理论。先天成熟理论认为语言的发展由一种受遗传决定的、与生俱来的机制所引导，儿童言语的发展决定于成熟。其代表人物是乔姆斯基和伦内伯格。

乔姆斯基是生成转化语法理论的创始人。他认为人类先天就具有学习语言的内部结构（普通语法）（Chomsky，1968），也就是说，人类的大脑有一个称为“语言获得机制”或 LAD（language-acquisition device）的神经系统，它既让人能够理解语言结构，而且提供了儿童学习所处特定环境下的语言的策略和技术，所以儿童一生下来，听到各种语言，就触动语言获得机制产生了理解和产出语言的能力。

伦内伯格的观点被称为“自然成熟说”或者“关键期”理论。他认为，儿童语言的发展是自然成熟的，随着儿童的大脑和生理发音器官等生理机能发育到一定阶段，受到适当的外因的刺激，就能使潜在的与语言相关的生理机能转变成实际的语言能力。而且，在儿童语言发展过程中存在一定的时间，在 2～12 岁这段时间，由于生理因素的作用，语言的习得最容易，超过这段时间，语言能力的发展就受到一定的限制（Lenneberg，1967）。

先天成熟论的观点得到神经科学研究结果的证实，人脑中的确存在着语言中枢，而且语言敏感期假设也获得了证实。有被剥夺了正常语言环境的儿童，在青春期之后，很难获得语法规则。但是先天成熟论认为语言是一种人类独有的、遗传的能力的观点受到质疑。婴儿出生就具有的语言音素辨别能力在其他物种的幼崽，例如恒河猴和南美栗鼠也有发现（Passingham，1982）。某些灵长动物也能学会语言的基本要素。更重要的是，该理论忽视了语言环境以及教育在语言发展中的作用。

（3）交互作用理论。该理论认为，语言发展来源于生理成熟、认知发展和不断变化的语言环境之间复杂的相互作用，其代表人物是皮亚杰以及布朗、欧文、布鲁纳。他们均主张认知结构的发展是言语发展的基础，言语的发展也来源于主客体的相互作用。

以皮亚杰为代表的认知学派的交互作用观认为，人类有一种先天的认知机制，但不是乔姆斯基所说的“语言获得机制”，而是人类的一般性的加工能力。儿童的语言学习能力只是一般人类认知能力的组成部分。语言是个体认知发展到一定阶段的产物，它是儿童的认知能力与现实的语言环境和非语言环境相互作用的结果。具体来说，语言是符号功能的一种，是儿童发展到感知运动阶段的末期，即 1.5 ~ 2 岁时随着儿童的符号表征功能的发展而发展的。

而布朗、欧文、布鲁纳等代表的社会交互作用理论更注重人的社会性和与社会语言环境中互动的主动性。按照语言发展的过程和结果的侧重点的不同，又表现出两种不同的倾向："规则学习说"和"社会交往说"。规则学习说以布朗、佛拉瑟、伯科、欧文、布雷纳、塔戈兹等学者为代表人物。他们认为语言具有一定的结构，遵循一定的规则，语言的学习在很大程度上就是语法规则的获得；儿童学习母语是一个归纳的过程，而不是一个演绎的过程；儿童使用先天的语言处理机制，通过对语言输入的处理，归纳出母语的普遍特征和个别特点；对规则的归纳，凭借的是工具性的条件反射，是刺激—概括的学习过程，是先天因素与后天因素的相互补充和相互影响。社会交往说以布鲁纳、贝茨、麦克惠尼等学者为代表。他们认为语言获得不仅需要先天的语言能力，而且也需要一定的生理成熟和认知发展，更需要在交往中发挥语言的实际交际职能。因此，这一学说特别重视儿童与成人交往的实践，并认为儿童和成人语言交际的互动实践活动，对儿童的语言发展起着决定性作用。

交互作用理论吸收了先天论的合理因素，认为儿童语言的获得既要依赖于生理的成熟，又必须有一定的认知基础，避免了先天论的极端和后天环境论的刻板；强调语言是认知结果的动态建构的过程，注重了个体在语言学习中的主体性。但是该理论还停留在理论假设的阶段，并没有完全得到验证，因为研究方法的问题，还无法找到认知发展与语言发展的对应关系；而交互作用忽视了语言发展对认知发展的促进作用，也是其不足之处。

(4) 新近的优选论。优选论（optical theory）是近年来音系学家阿兰·普林斯和认知科学家保罗·斯莫伦基提出的关于言语习得的新理论。这一理论认为，语言由一套按等级排列、相互矛盾的制约条件构成，各种语言之间的差别只是由于同一制约条件在不同言语中的排列等级不同造成的，儿童的语音产出不同于成人，是因为二者对同一制约条件的等级排列顺序不同。儿童习得言语的过程就是对制约条件进行等级排列的过程，成人已经完成了这个过程。这些制约条件又是可以违反的。因此，儿童所建立起来的制约条件体系可能不合适或不完整，需要经过不断的调整和补充。

优选论认为，语言的普遍性制约条件，可分为本质上相互冲突的两个大类：标记性制约条件和忠实性制约条件。前者触发变化，使语法的输出形式不具"标记性"特点，以符合"结构合格性"标准；而后者则阻止变化，使输出形式"忠实"于输入形式，保持其原有的基本属性，即要求输入项和输出项具有某种相似性。两类制约条件相互作用，便产生一种"最和谐"与"最优化"的表层语言形式。因此，实际的语言形式就是这两种力量互相冲突而产生最和谐、最优化的表层语言形式的结果。

优选论早期主要用于音系学领域的研究，但近十年来，其理论原则和分析方法已广泛应用于语言学研究的其他领域，主要应用于词法、句法等研究。

6.1.3 言语过程的发展理论

近些年来，语言研究者从儿童的语音、词汇、语法、语用等方面对儿童言语发展过程进行了研究，提出了很多新的理论。

（1）语音发展理论。国外有关儿童语音习得的研究已经取得了很多成果，提出了多种语音习得理论。概括起来，这些理论主要受到以上言语获得的发展理论中传统的三大理论的影响，即语音的学习论或强化论、成熟论，以及交互作用观指导的语音发展理论，包括普遍论、精进论、间断论，以及我国学者提出的语音语义发展的语觉论。

①发音学习理论和强化论。认为婴儿出生时几乎不具备发音能力，儿童早期发出的语音均是环境中可听到的语音，即儿童习得语音的过程是一种刺激—反应的过程，强调外部环境对语音习得的影响。发音的强化论，例如莫勒（Mowler）则认为，虽然婴儿咿呀学语和最初产生的语音范围可能受生物因素的制约，但是，一旦婴儿发出一些语音后，父母的认可或不认可的态度就能够使其中的一些语音保留，而另一些语音逐渐消失。在咿呀学语阶段后，婴儿的发音范围缩小是父母强化的结果。

②成熟理论。认为人类语音是依照特定的生理预定程度渐次启动的，所有语言环境中的婴儿均在几乎相同的年龄出现某些特定的语音，其强调生理因素对语言习得的影响。

③交互作用理论。对于先天和后天如何相互作用使得儿童获得后来的语言过程，具体又有不同的理论。普遍性理论认为婴儿有能力发出所有的人类语音，在后来发展中会遗失其所处语言环境中不存在的语音。一个音位习得的早晚，取决于该音位在世界语言中的分布情况，分布越广泛习得越早。精进或调谐理论认为婴儿起初具有一系列前提性或基本的语音，随后他们会不断从所处语言环境中获取或增添少量其他非基本的语音。间断论由雅各布森提出，他认为婴儿语音阶段的发展存在两个明显的区别的阶段：在第一阶段，咿呀学语阶段，婴儿能发出许多语音，没有特定的发展顺序，并且与以后婴儿真正要讲的语言的语音没有关系；在第二阶段，婴儿开始学习正规的语音，先前婴儿所发出的语音几乎都消失了。在此阶段，婴儿才发出具有语言价值并与真正意义相联系的语音，婴儿的语音发展表现出一定的规律性：那些普遍存在于人类语言中的语音（即各种语言中的共同的语音），婴儿最先掌握；在母语中存在的特定语音，婴儿后掌握。例如，所有国家的儿童都是学会区分唇音和非唇音之后，才学会区别塞音和擦音；清辅音的掌握先于浊辅音；而像鼻元音、边音等世界语言中较少见的语音，儿童掌握它们的时间都比较晚。

④语觉论。我国学者何克抗对三大理论作了某种继承和发展，尤其是对伦内伯格的关键期理论作了发展，提出了语觉论。他认为儿童发展靠先天遗传的只是语觉能力，即对语音和语义的感受与辨识能力，而非全部语言能力；除语音、语义的感受和辨识能力以外的言语能力，例如词性识别和词组构成分析等方面的能力，需要在后天学习才能获得。他在伦内伯格语言发展的关键期的基础上，做出了一条儿童语觉敏感度曲线，即语觉能力在0~9岁是发展的敏感期，能力处于最高峰，而9岁之后就开始下降，到12岁时基本上能力下降一半，14岁时已经下降到最高能力的0.1。

国内的学者也对汉语儿童的语音发展进行了研究。李嵬等人确立了普通话儿童语音发展期间各年龄阶段的音位集合，音位习得顺序以及儿童使用的典型策略和错音类型。另外，司玉英（2006）的研究表明语音习得有其普遍性规律和个体性差异，造成这种现象的原因是语言形式、认知的复杂程度和生理器官的发音程度的相互作用。

(2) 词汇发展理论。儿童在习得言语的过程中如何学习词汇，词汇意义与指称，国外的研究已经获得了比较成熟的理论，主要包括下面三种理论：

①联想学习理论。认为儿童学习词汇是一个联想式学习过程，通过联想完成的，即把语音与感性经验的显性方面联系起来。

②制约原则论。认为儿童学习词汇，不仅要通过联想学习，还必须利用某种演绎限制机制，对新词语的词汇意义范围和指称范围做出限制。这些限制机制包括整件物体限制原则、扩展限制原则、直言范畴限制原则等。

③社会语用理论。认为儿童习得词汇从本质上来说是完全社会化的过程，他们学习词汇需要具有可塑性的、强有力的社会认知技能，儿童正是依赖这种技能去理解各种情境中交际者的意图的。

除了理论方面的研究，对于词汇还有词类差异的研究。一些研究者认为儿童早期词汇的获得存在“名词优势”，即名词比动词更早且更多出现在早期词汇中。然而，Tardif 等人（1999）对英语和汉语儿童进行跨文化的研究发现，汉语儿童早期语言中动词比例并不少于名词。国内梁卫兰等人的研究也发现十六七个月的儿童会说的动词和名词基本相同，18 个月以后，动词百分比要高于名词。

(3) 语法发展理论。对早期儿童语法结构的一些研究表明，儿童早期语法，反映一种以特定动词而不是一般句法规则为中心的结构，儿童以词组为基础，通过归纳逐步得出语法的规则。这个研究发现对乔姆斯基的天赋论提出了挑战。另外，有关儿童语法发展进程的研究发现，16 ~ 30 个月是儿童语法发展的关键时期。

Bridge 等人将儿童语法发展分为三个阶段：第一阶段主要是鉴别输入单词的语法分类，如名词、虚词等；第二阶段是句法和语义信息相互投映阶段和主题角色配置阶段，即儿童能进一步区分动作、人、物之间的关系及特征，从而能够说出有修辞的结构较为复杂的句子，句法结构也逐渐趋向完善；第三个阶段是上述各种信息的整合以及再分析和再加工阶段。另外，Wagner 等研究者以词素为单位，提出儿童正常语法发展进程：22 ~ 24 个月说出含两个单词的短语，24 ~ 30 个月说出含三个单词的短语，30 ~ 36 个月出现过去时态，会说含 3 ~ 5 个单词的句子，3 ~ 4 岁会说含 3 ~ 6 个单词的句子，会讲简单的故事，4 ~ 5 岁会说含 6 ~ 8 个单词的句子，句法结构清晰。

(4) 语用能力的发展理论。儿童语用能力是儿童言语发展的源泉，近年来有关儿童语用的发展已成为发展心理学的热点研究问题。在理论方面，主要有言语行为理论和文化心理学理论。

语言哲学家 Austin 提出了言语行为理论，认为人类言语交际的基本单位不应是词、句子或其他语言形式，而应是人们用词或句子所完成的行为。说话人只要说出了有意义、可被听话人理解的话，就可以说他实施了某个行为，这个行为叫做言语行为。Austin 认为语言研究的目的应该是澄清所有言语交际情境中的所有言语行为，他主张区分言语行为的不同层次：以言指事行为、以言行事行为和以言成事行为。以言指事行为指具有特定意义和指称的、能让人理解的话语行为；以言行事行为也称为施为行为，指说话人旨在通过话语实施某个交际目标或者执行某个特定的功能的行为；以言成事行为表示某句话说出之后在听话人身上产生的效果或结果。言语行为理论虽然并没有具体描述儿童是如何习得语言，但是为研究儿童的言语行为可以从哪个角度入手提供了思路，如可以研究哪些具体的言语行为，儿童获得交流能力应该具备哪些最基本的言语类型，以及如何理解言语交流行为的其他一些能力。

文化心理学框架是社会学家和语言哲学家共同倡导的一种模式，社会学家认为社会现实是一种主观实体，由参与者共同建构，语言哲学家认为语言意义取决于说话人表达、听话人理解的人际交往目的。文化心理学理论对发展心理产生根本影响的观点是：无论哪个儿童，不管年龄多小，都不应被看做环境输入的被动接受者，而是协作性人际交往的参与者，在这一交往的过程中交际行为之所以有意义，是因为参与者共同建构的结果。因此，可以将儿童逐步掌握人际交往中使用话语的技能看做人类自出生到成人所经历的文化适应过程的关键部分，语用技能的习得是一种社会化过程。

6.2 语言的毕生发展过程

在婴儿成长过程中，他们的每一个姿势体态、每一种表情、每一个动作都吸引着父母的目光，尽管他们并不能与父母进行真正意义上的交流，但足以让父母感到惊喜。这一体会，在孩子语言发展的历程中甚为深刻。不同种族的人在语言的发展中经历着类似的阶段，具有循序渐进的里程碑式的发展。儿童言语习得的发展过程主要可分为前言语阶段和言语阶段。前者主要是刚出生的新生儿感知和模仿语音时期，包括了儿童言语知觉能力、发音能力、言语理解能力的发展。言语阶段又可分为四个阶段：单词句阶段、双词句阶段、简单句阶段和复杂句阶段。下面按照不同年龄阶段，从0~2岁的婴儿期、2~6岁的学前幼儿期、6~12岁的儿童期、13岁以后的青少年和成人期四个阶段，分别介绍言语发展的特点和规律。

6.2.1 婴儿期的言语发展

婴儿期是孩子学习口语言语的关键期，为掌握言语，婴儿需要学会辨别语音、理解言语和自己产生言语。0~1岁的婴儿就在为掌握言语做各种条件准备。1岁到1岁半左右，往往只说一个词，即单词句。此时，言语是与动作紧密结合的，婴儿实际上并不具备句子结构和语义范畴的知识。1岁半到2岁，开始出现由2个或3个词组合在一起的话语，犹如电报，即电报句阶段。2岁后，婴儿话语为完整句。三四岁的婴儿已基本掌握母语，具备与其他人进行言语交流的能力。

(1) 前言语阶段。

①言语准备。在一岁以前，儿童在对人类音素和母语音节的辨别、语调变化和语言韵律的辨别，以及语言交流规则方面表现出一定的基础，并且继续逐步发展，为言语的获得奠定了基础。

在音素辨别方面，新生婴儿具备对人类语言的节律进行反应的倾向。出生三天的婴儿已经能辨认出母亲的声音，且与陌生女性的声音相比，更喜欢母亲的声音（Decasper & Fifer, 1980）。新生儿听到说话的录音比听到器乐或其他有节奏的声音时吸吮得更快些（Butterfield & Siperstein，1972），所以说，婴儿能够把语言与其他声音模式区分开。年龄很小的婴儿能够比成人辨认出更多种类的音素（Werker & Desjarins，1995），而6个月后的婴儿更倾向于感知其母语中的音节变化，从而逐渐丧失了对在本土语言中不重要的音素差异的辨别能力。10～12个月的婴儿区分辨别语音的能力基本成熟，了解母语中各种音素的意义。

语调线索方面，前言语阶段的婴儿不仅可以区分不同的语调模式，而且可以很快识别出某些语调所具有的特定意义。成人努力与前言语阶段的婴儿交流不同的信息时，他们会有规律的变化语调。升调用来重新吸引正在东张西望的婴儿的注意，而降调常用于安慰或唤起忧郁婴儿的积极情绪。这些语调提示常常能够成功地影响婴儿的心情或行为（Fernald，1989），2～6个月的婴儿常常会发出与刚刚听到的语调想匹配的声音，依次作为回应（Masataka，1992）。在出生后半年到一年，婴儿对语言的韵律把握得越来越好，这有助于他们把听到的话进行分割，刚开始分割为短语，最后分割为单词。在婴儿7个月时，他们能够发觉短语单位，明显偏爱自然停顿的言语，而不是在不自然的地方比如短语中间插入停顿的话（Hirsh-Pasek 等，1967）。9个月时，开始对较小的言语单位变得敏感，到第一年的最后一个季度，婴儿对母语音素越来越熟悉，这为儿童辨别正在进行的话语中哪些音素组合代表着单个的词，提供了重要线索。

在言语沟通方面，最初的6个月期间，婴儿经常在照顾者讲话时发出咕咕声或者咿呀声，年幼的婴儿好像把讲话看做一个制造声音的游戏，游戏的目标是与正在讲话的同伴协调一致。到七八个月的时候，婴儿在同伴讲话的时候很安静，等到对方停止讲话时，他会用发声作为回应。也就是说，他们开始懂得话语轮换规则了。可以看到，养育者与婴儿之间的互动方式，的确有助于儿童学会规则，认识到包括说话在内的社会交谈是遵循一套明确规则的活动模式。

②前言语阶段的语音发展。国内外研究者对儿童前言语阶段的发音进行了大量研究，其结果呈现出基本的一致性，表明儿童的语音发展具有一定的普遍性。国外以卡普兰的研究为代表，他把前言语阶段儿童的发音划分为四个阶段：

第一阶段：哭叫阶段（0～1个月），最早的发音，未分化（引起哭的原因有很多种，但新生儿的哭声没有明显的差异）。

第二阶段：咕咕叫阶段（1～6个月），哭声开始分化（不同的刺激会引起新生儿不同的哭声），不哭时也会发音，似乎在进行发音器官的练习。

第三阶段：咿呀学语阶段（6～10个月），咿呀学语声与哭叫声不同，它是婴儿无痛苦通讯的第一个重要信号，基本上是传递婴儿舒适状态的信息。婴儿能发出更多的元音和辅音，并出现元音与辅音结合的音节。

第四阶段：规范化语音阶段（10～12个月），婴儿发出的声音更像语音，12个月一般能发出正常的语音，标志儿童言语正式产生。

国内研究结果发现，儿童语音的准备经历了三个阶段：

简单发音阶段（0～3个月）：婴儿1个月内偶尔发出ei、ou等声音；第二个月发出m-ma声。3个月中出现更多的元音和少量辅音，辅音在以后逐渐增多。

连续音节阶段（4～8个月）：婴儿发音明显增多，并发出连续音节。这时出现的

ma-ma、ba-ba 常被误以为是在呼叫妈妈、爸爸，实际上这只是婴儿的发音现象。

言语萌芽阶段（9～12 个月）：这个时期发生了更多的声音，音调经常变换，能经常系统地模仿成人和学习新的语音。有些音节能与具体事物联系起来，这意味着获得了语言的意义联系，词语开始发生。

③前言语阶段的非言语交流。出生后，婴儿常积极发出声音，父母也总是千方百计逗婴儿微笑和发声。婴儿的这些早期交流是为了吸引其照看者的注意，是其社会性互动的条件。到 8～12 个月时，前言语阶段的婴儿开始使用手势和其他非言语的反应形式（例如面部表情）与同伴沟通。普遍使用的前言语手势有两种：陈述性手势，婴儿通过指一个物体或触摸它而引起他人对该物体的注意；祈使手势，婴儿努力说服他人满足自己的要求，通过指向想要的物品或者想要被拥抱时拖拉照顾者的裤腿这样的行动来达到目的。例如，他们指着狗表示他对狗的注意，可以用“招手”表示“再见”，用指向或者触摸一个空杯子表示想要喝牛奶。到儿童开始开口说话后，他们常常还是会用手势或语调线索来补充一两个单词的意思，以确保信息被理解。事实上，随着言语变得越来越复杂，手势的使用实际上也在增加，我们甚至可以将口语系统命名为“言语—手势系统”。

有研究表明，耳聋的婴儿与其同样耳聋的父母（他们以手语来倾听孩子的儿语）之间的手语交流发生同一时间段，符号语言与口语发展在时间和结构、手势和语言表征上的相似性表明这两种语言体现的是同一种语言能力。

（2）单字语阶段。标志成长里程碑的第一个词，婴儿常会在 10～15 个月间说出，最晚则可能在第 16 个月中说出。这就是有意义言语的第一个阶段，以词代句时期，婴儿能说出单个的单词，而这个单词常常代表一个整句的意思，即单词句。在 1～1.5 岁，婴儿都处于这个时期。

实际上，在婴儿说第一个词之前，他们已经以手势或自己特殊的声音和父母交流了很久，第一个词的出现则是这种交流的继续。婴儿所能理解的语言要远远多于他们所能产生的语言。这一方面是因为儿童的创造性词汇量在一定程度上受到他们能发出的声音的限制，所以这也导致了另一个大家常见的现象：此时儿童说出的词语往往只能被常照顾他的人理解。在儿童的第二年中期，他们的发音表现出一定的规则，能够制造出比较容易理解成人单词的简化版。例如，他们常常会删除多音节单词的非重读音节（把“shampoo”说出“poo”），或者用元音代替结尾的辅音音节（把“apple”说成“appo”），这些早期的发音错误具有一些跨语言的相似性，而且，成人矫正错误的努力受到抵制，这意味着这些错误在一定程度上来自生产性限制，也就是说，来自不成熟的发音通道。

另一方面，儿童对语言的理解所依赖的并不仅仅是语言，而是婴儿对包括语词在内的整个复合情境的反应，其中语调更起作用，而词最不起作用。与一个一岁的孩子交谈时，所谈到的常常是孩子已熟知的事物，如孩子喜欢的玩具，并且经常用看、指、摸伴随着说话。研究表明，父母在逐字地教他们的孩子说话时，有 30%～50% 的时间运用手势或者表情（Shatz，1983）。

①单词句的特点。当儿童开始说出单个词语时，他就在用这单独的词或者字达到表

达和交流的作用。这时之所以被称为“单词句”，就是因为它们经常不是真正意义上的一个单词，而是用一个单词表达了比该词意义更丰富的句子的含义。同一个单词，在不同的背景下，可以被孩子用来表达很多不同的含义，实现多种沟通作用。例如，孩子连着说了三次“ghetti”(spaghetti)，分别代表了不同的意思，首先，他看到了平锅里的意大利面，似乎引起了注意和思考，“Is that spaghetti?”；然后是确定它的名称，“是的，是意大利面”；最后，面向成人，指着意大利面，并动着嘴巴发出哼哼唧唧的声音，表示“我要吃意大利面”。

可以看出，单词句有三个方面的特点：第一，单词句与动作紧密结合，单词句表达的含义往往依赖于当时的动作和表情。第二，单词句的含义并不十分明确，其语义在很大程度上依赖于情境和事件。第三，词性不确定。扩展的句义使最先学会的名词的含义发生变化。

②词汇的发展。当婴儿开始说出第一个词后，他们的口语词汇量将会快速增长。18个月只能说大约50个词，而2岁时一般能说200个，3岁末接近1000个词。18～24个月之间，单词学习的速度显著增长，每周可能增加0～20个新单词（Reznick & Goldfield，1992）。这种词汇迅速提高的现象常被称为“命名大爆炸”(naming explosion)。表6.1为有50个创造性词汇量儿童使用的单词类型。

表6.1　**有50个创造性词汇量的儿童使用的单词类型**

单词类型	说明和实例	比重
物体单词	用于指代物体种类的单词（car，doggie，milk） 用于指代独一无二的物体的单词（Mommy，Rover）	65
动作单词	用于描述动作或伴随动作说出或要求注意（bye-bye，up，go）	13
修饰语	描述事物特性或数量的单词（big，hot，mine，all gone）	9
人际/社交单词	用于表达感受或评论社交关系的单词（please，thank you，no）	8
虚词	有语法作用的单词（what，where，is，to，for）	4

资料来源：K. Nelson. Strucutre and Strategy in Learning to Talk. *Monographs of the Society for Research in Child Development*，1973，38（serial No. 149）.

纳尔逊的研究还揭示了在婴儿说出的单词种类上存在有趣的个体差异。大多数婴儿表现出他所命名的指示型风格，这些婴儿的早期词汇主要由指代人或物体的单词组成；少数婴儿呈现出表达型风格，他们的词汇量中包括大量人际/社交单词，例如，“请”、“谢谢”、“不”。很明显，两种语言发挥着不同的作用。指示型儿童似乎认为单词是用来给物体命名的，而表达型儿童则用单词来唤起对自己和他人的感受的注意，并调节他们的社交互动。

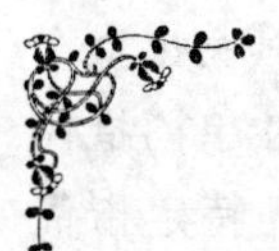

早期语言风格的文化差异

有趣的是，儿童的出生顺序似乎会以影响其语言风格的方式影响其语言环境。在西方文化中大多数头胎生婴儿属于指示型，这可能反映了父母的某种意愿，即给物体加标签，并问一些关于引起婴儿注意的有趣物体的问题。与之相比，头胎之后的婴儿听到的许多话都是针对年龄较大的兄姐说的，这些都是头胎生婴儿从不曾听到的，所以头胎之后的出生儿（和大家庭中的儿童）可能花较少时间与父母谈论物体，花较多时间聆听用以控制他们自己或兄弟姐妹行为的简单言语。因此，他们的语言功能更可能是调节他们的行为，从而促使他们采用表达型的语言风格（Nelson, 1973）。

文化也影响语言风格。当谈论喂饱的小动物时，美国母亲将互动看做教婴儿认识物体的机会（It's a doggie! Look at its big ears!），因此促进了指示型风格的形成；而日本母亲则比较倾向于强调社交惯例以及体谅他人（Give the doggie love!），这似乎有助于形成表达型风格（Fernald & Morikawa, 1993）。的确，在亚洲文化中，例如，日本、中国以及韩国，重视人际和谐，儿童对动词和人际/社交单词的习得要比美国儿童快得多（Gopnik & Choi, 1995；Tardif, Gelman & Xu, 1999）。

资料来源：［美］Shaffer 著：《发展心理学——儿童与青少年》(第六版)，邹泓等译，中国轻工业出版社 2005 年版，第 371 页。

婴幼儿如何领会到单词的意思呢？在大多数情况下，他们似乎经历了一个快速映射过程，即在几个场合听到用于指物的某个单词后迅速习得（和保持）这个单词。即使是 13 ~ 15 个月的儿童也能够通过快速映射得知新单词的意思（Schafer & Plummert, 1998），但是在这个年龄段，物体的名字比动作还是更容易习得。到 18 ~ 20 个月，儿童与讲话者共同关注被命名的物体或活动时，才可能学会新单词的意思（Baldwin et al., 1996）。而到 24 ~ 30 个月，儿童则变得比较擅长推断讲话者谈论的对象，他们会迅速映射指代物体的新单词，虽然他们可能只是无意中听到讲话者提到的这个单词（Akhtar, Jipson & Callanan, 2001），或者有其他物体或事件干扰他的注意力（Moore, Angelopoulos & Bennett, 1999）。

尽管婴幼儿具有非凡的快速映射能力，但他们赋予单词的意思还是常常与成人不同，会频繁发生过度泛化或者扩展不足的错误。儿童早期词汇最重要的特征是过度泛化或者“词义的扩张”，就是儿童扩大了词的使用范围，甚至用于表达与其词义不相关或不适当的物体，比如当婴儿学会了以“爸爸”称呼父亲时，他们可能同样会以此来称呼其他人。幼儿常用的“狗”往往包括了“马”、“牛”或其他四足动物。儿童用熟悉的词来代表不同而相关的物体是有道理的，他们是在试图找出语言形式和经验成分之间的关系。在不同关系中应用词，其实是儿童在进行假设检验。这是一个儿童发展中贯穿始终的过程，这一过程在生命前三年儿童开始把词与物联系起来时表现得尤其突出。

与词义的扩展相反，还会出现扩展不足，或者“词义的缩小”，用一般性单词指代较小范围内的物体。例如桌子单独指自己家里的那个小圆桌，会将“哥哥”特定指代邻居家5岁的男孩，而不知道其他比自己大的小男孩都可以这样叫。对于词义的扩展和缩小在2~6岁幼儿一直普遍存在。随着知识经验的增长和抽象概括能力的提高，儿童对具体名词的理解日趋完善，但是对抽象名词的理解还需要长期学习。

（3）双词句阶段。在18~24个月的时候，婴儿能以词代句后，逐渐开始将单词组合成双字语的简单句子，并进行积极语言活动。这些早期的句子被称为双词句，因为其像电报一样，只保护关键信息，例如名词、动词和形容词，省去了冠词、介词等修饰词，所以也被称为“电报句”。

任何语种中，婴儿初始对语言的组合都具有类似的经济化特征，他们的双词句省略了大量的语法成分，即电报句具有一定的规律，他们一般省略过渡性的、在句子意义中相对占次要地位的成分。儿童说出的词都是重要的有意义的词，也称为内容词汇。除了对所说出的词语有选择之后，在词语的组织方式上，也有一定的系统方式。例如，常见的是主语在动词之前，电报句的词序一般与成人语句中的相对应。婴儿最初的语言表达模式典型的有以下几种：

指认表达模式：　　看，狗
不存在表达模式：　没，奶
否定表达模式：　　不，球
拥有表达模式：　　我的，娃娃
特征表达模式：　　笨，熊
发起动作表达模式：妈妈，走
直接行为表达模式：打，你
非直接行为表达模式：给，爸爸
问题表达模式：　　哪儿，车

虽然双词句有了一定的语法关系，但是与单词句一样，还是在很大程度上依赖于说话背景才能准确判定其语意。例如，一岁七个月的孩子说“妈妈走”，可能是要求妈妈和自己一起走、离开某地，也可能是让妈妈单独离开，或者是让妈妈有走的动作。

儿童为什么都会省略许多其他语法成分呢？是因为儿童所说的语言成分是最核心、最重要的吗？答案似乎如此。但是那些省去的单词也并不是对于儿童来说没有作用。研究发现，当这些词出现在他人言语中时，儿童可以清楚地对其编码，因为儿童对符合语法的完整句的反应，比对表达同样意思的电报句的反应更准确（Gerken & McIntosh, 1993）。研究者们认为，可能儿童电报句省略一些单词是因为其自身的加工和生成限制，如同前面单词句时期一样，因为其生成限制，儿童能理解的远多于其能说出的。只能说出非常短的言语的儿童，会重点强调那些进行有效沟通所必需的成分。不过，儿童也并不都是在电报句中省略语法成分，而主要是说名词和动词。在俄罗斯和土耳其，儿童从一开始就能说出短小但语法正确的句子。因为这些国家的语言与其他语言相比，比较重视小语法标记，而词序规则不太严格。如此看来，儿童首先获得的，就是该语言中对于表达和交流最重要的语言结构。

(4) 多词句阶段。出现双字句后，婴儿与照看者之间的言语交流更加积极。词汇量进一步增长，词汇的范围也扩大，口语中，除名词、动词之外，其他各类词汇如形容词、副词、代词等的应用也随着年龄增长而不断增加。1.5～3岁的儿童会应用多词句来表达其意思，句子的字数增多，2岁儿童的话语大多数是完整句，而3岁儿童的话语基本上都是完整句。表达内容也逐渐丰富，比如，2岁前儿童的语言只涉及当前存在的事物或当前的需要，2岁后的儿童在语言中开始能表达当前不存在的或过去的一些事情，2岁前儿童反映人与物相互关系较困难，2岁后儿童则可以表达一些人与物的相互关系。

婴儿期言语表达的一个特点是情景性，即多为对话言语，不反映整个思想内容。另一个特点是其后期的言语逐渐表现出概括性，并开始对其行为进行调节，思维也随之发生性质转变。婴儿言语能力的发展阶段有明显的个体差异性，这种差异主要来自于教养的差别，因此，重视此阶段儿童语言表达能力的培养显得尤为重要。

婴儿期语言发展的阶段性特征可概括如表6.2所示。

表6.2　**婴儿言语发展里程碑**

出　生	哭
1～2个月	咕咕声
6～10个月	咿呀学语
6～12个月	分辨语音的变化
8～12个月	运用手势等展示对单词的理解
10～15个月	第一个词出现
18～24个月	命名大爆炸
18～24个月	运用双词句，单词理解力的迅速扩展

6.2.2 幼儿期的言语发展

幼儿自主活动能力增强，并进入幼儿园学习，随着其社会交往的范围扩大，在实践活动日益复杂的基础上，幼儿的语言能力迅速发展起来。幼儿期的语言在语音、词汇、语义理解、句法规则理解和语用运用上都有较大发展。幼儿期是儿童言语不断丰富的过程，是熟练掌握口头言语的关键时期，也是从外部言语逐步向内部言语过渡，并初步掌握书面言语的时期。

(1) 词汇的发展。幼儿词汇发展具有先后的顺序，并且发展不均衡，呈现阶段性，对情境的依赖性较强。词汇的发展主要表现在词汇量不断增加，词汇的内容和种类不断丰富，积极词汇不断增加。

①词汇量的增加。当我们面对三四岁的幼儿时，我们常常会惊讶他们词汇量的丰富

和词汇的迅速掌握能力。3~6岁的幼儿期是一生中词汇量增长最快的时期。关于词汇量的发展有许多研究，但由于研究丰富各不相同，儿童的生活和教育条件也有差异，研究结果并不完全一致。一般来说，幼儿的词汇量是呈直线上升的趋势（见表6.3）。3~4岁幼儿词汇量的年增长率最高。

表6.3　幼儿词汇量发展的比较

年龄	德国		美国		日本		中国	
	词量	年增长率	词量	年增长率	词量	年增长率	词量	年增长率
3	1000~1100		896		886		1000	
4	1600	52.4%	1540	71.9%	1675	89%	1730	73%
5	2200	37.5%	2070	34.4%	2050	22.4%	2583	49.3%
6	2500~3000	15.9%	2562	23.8%	2289	11.7%	3562	37.9%

②词汇内容和种类的丰富。国内外研究表明，幼儿词汇的内容涉及非常广泛。例如，幼儿的常用名词包括人物称呼、生活用品、交通工具、自然常识等。幼儿使用的形容词包括物体特征的描述，动作的描述，表情、情感的描述，个性品质的描述，时间、情景的描述等。

幼儿使用词汇的性质也有一定特点，一般而言，先掌握实词，即名词和动词，再是形容词、副词、代词和数词，对虚词，如连词、介词、助词、语气词的掌握较慢，虚词在儿童词汇中的比例也较小。各词性的词汇数量，在词汇总量中所占的比例表现出不同的发展趋势，总的来说，随着年龄增长，名词在词汇总量中所占的比例呈现出上升趋势，而其他各词性在词汇总量中所占比例均表现出总体上的下降趋势。可见，幼儿掌握的词类与概念发展有着密切的关系。名词、动词、形容词反映事物及其属性，幼儿较易掌握；副词比较抽象，就掌握得较慢；而虚词反映事物的关系，幼儿掌握起来就更困难。

幼儿词汇的抽象性和概括性在增加。幼儿使用最频繁和掌握最多的词汇是与他们日常生活关系最密切的词汇。但是随着年龄的增长，幼儿掌握的抽象词汇逐渐增多。幼儿对所掌握的每个词的外延和内涵的理解也不断丰富和深刻。例如，“形容词的迅速发展，是儿童句子复杂化的一个标志，也是儿童对事物性质认识迅速发展的一个标志”。朱曼殊等人（1986）关于儿童形容词发展的研究表明，儿童2岁时掌握的大多数为描述物理特征的形容词，2.5岁开始使用描述动作、味觉、温度和肌体觉的感觉词，3岁时能使用描述人的外貌特征、情感和个性品质的形容词，4岁以后是形容词快速发展的时期。幼儿使用形容词的发展表现出以下特点：从描述物体特征到描述事件情境；从描述单一特征到复杂特征；从方言到普通话、再到书面语言词汇；从形容词的简单形式到复杂形式。这一方面反映了具体形象思维占主导地位的幼儿的年龄特点；另一方面也表明词的抽象性和概括性的增加使得幼儿有了进行初步抽象思维的可能性，即言语的发展也促进了思维的发展。

③积极词汇的增长。幼儿词汇涉及的内容范围与其日常生活密切相关，他们的积极词汇也逐渐增多。积极词汇是幼儿既能理解又会使用的词汇，消极词汇是指幼儿对词义不十分理解，或者虽然理解但不会正确使用的词汇。词语使用不当在幼儿身上很常见，例如，把“粗”说成“胖”，把“草地”说成“草原”。幼儿能否正确理解词义，与他们是否具有关于词的直接或间接经验有关。当幼儿词汇贫乏或者对词义的掌握不够确切时，他们还会常常“造词”。幼儿对词义的理解受到思维水平的制约，对于那些抽象的、与幼儿实际生活有一定距离的词，幼儿正确使用还有困难。

（2）句法的发展。词汇必须按一定的语法构成句子，才能表达思想。幼儿在掌握词汇的同时，也开始学习语法，在语言表达中不断发展组词成句的规律。随着年龄的增长，儿童使用的句子越来越长，从2岁的平均句长2.91个单词，到6岁时平均句长为8.39个词。在句子结构方面，也从无修饰语的简单句到有修饰语的简单句，从简单句到复杂句，从陈述句到多种形式的句子。

①从无修饰语的简单句到有修饰语的复杂句。简单句是句法结构完整的单句。无修饰语的简单句包括主谓句、主谓宾句、主谓双宾语。例如，“我回了”，“妈妈吃饭”，“爸爸给我车”。2岁左右的儿童在说电报句的同时可以开始说出无修饰语的简单句。两岁半的儿童开始能说出一定数量的简单修饰句了，如“我也要搭积木”，增加了副词“也”来修饰。3岁儿童开始使用较复杂的修饰语，如带“的”字的名词结构“妈妈的衣服”等。三岁半的儿童是使用复杂修饰语句的数量增长最快的时期。

复杂句是由几个结构相互连接或者相互包含所组成的单句。例如由几个动词结构连用组成的连动词，儿童在2岁开始能说出连动句，两岁半开始能说出其他一些形式的复杂句。例如上面的“我也要搭积木”就是一个连动句。到3岁时，大多数儿童开始使用复杂的句子。

②从简单句到复合句。复合句是由两个或多个意义相关联的单句组合起来构成的句子。幼儿对句法的掌握给人印象最深的是，能够运用完整的句子来表达自己，而且会应用复合句。汉语儿童在2岁时开始说简单句，也开始说出极少的简单复合句，4~5岁时发展较快。主要是联合句和主从复句这两大类，儿童较容易掌握。儿童语言中出现较多的是联合复句中的并列复句，如“爸爸出去，我看电视”。3~4岁时，幼儿可以使用因果复合句表达因果关系，但是5~6岁的幼儿才开始使用“因为”、“为了”、“结果”等连词，而转折复合句在幼儿言语中数量很少，4岁以前几乎没有，较大幼儿才会在言语中使用“但是”、“可是”等转折连词。幼儿的复句中显著的特点是结构松散、缺少连词，仅由几个单句并列组成。3岁以后，连词逐渐有所增加，但是直到6岁，使用连词的句子仍占复句综述的1/4左右。

③从陈述句到多种形式的句子。儿童最初掌握的是陈述句，到幼儿期，疑问句、祈使句、感叹句、否定句等的使用逐渐增加。儿童要学会疑问句等其他句子，就要学会将陈述句转换成疑问句、否定句、祈使句等其他种类的句子的句法规则，即转化语法。儿童最早的疑问句都是由陈述句组成，用升调说出。在英语中，特殊疑问句都是由wh-开头的单词组成，而且是将wh-单词放在句子前面。幼儿在学习这种特殊疑问句的时候，开始只是简单地将wh-单词放在电报句的开头，例如：“where doggie?”或“what daddy eat?”在第二阶段，儿童开始使用适当的助动词，但是还是陈述句的词序，例如：“what daddy is eating?”最后，幼儿开始学会将助动词移到主语前面的转换规则。

儿童对否定句的发展也遵循同样的规律，一步步发展而来。开始的时候儿童都是简单地通过在想要否决的单词或陈述前加上否定词，来表达否定的意思，例“no mitten”，其含义可以是不存在，也可以是拒绝某个行为，或者是否认。然后，儿童开始把否定词插入到它所修饰的单词前面，例如“I wear no mitten”或“that not mitten”，最后，开始将助动词与否定标记恰当地结合起来。

总体而言，幼儿在5~6岁时，基本的语法形式都已经掌握，他们能够熟练说出合乎语法的句子，但是并不能把语法当做认识的对象。他们只是从语言习惯上掌握它。专门的语法知识学习还需要到小学才能进行。概括起来，幼儿句法结构的发展表现出以下特点：第一，由混沌一体到逐渐分化，早期言语功能中表达情感、意动（语言和动作结合表示意愿）和指物三者紧密结合，然后才逐渐分化。语词的属性和句子结构也是逐渐分化的。第二，句子结构由松散到严密、由压缩呆板到逐渐扩展和灵活。最初的单词句、电报句和双词句都不体现语法规则的结构，三岁半以前的幼儿话语经常词序不顺，含义模糊，后来的句子规则越来越严格，意义更明确易懂，修饰语更多而灵活运用。

（3）语义的理解。儿童对句子的理解先于句子的产生，在会讲正确句子之前，已经能够听懂这种句子的意思。2~3岁儿童喜欢与成人交谈，喜欢听成人讲短的故事和儿歌，并能记住内容。4~5岁儿童已经能与成人自由交谈。对于一些基本关系，2~5岁儿童开始能理解和表达了，这促进了儿童言语的复杂性发展。例如，大小、高矮、宽窄、里外、前后等。3岁的儿童已经能够用这些词语做出功能性判断，例如他们会说，自己以前的一件衣服不能穿了，因为“小了”，而妈妈的衣服他也穿不了，因为“太大了”。5~6岁不但能系统地叙述事情，而且能大胆而自然地、生动地和有感情地进行描述。他们思维的顺序性、逻辑性的发展，促使了他们口头语言的顺序性、逻辑性和完整性的发展。

但是对一些结构复杂的句子，如被动语态和双重否定句还理解不好。到6岁才能较好地理解常见的被动语态句型，到11岁才能理解各类被动句。基本的双重否定句要到6~7岁才能理解。从儿童对句子的错误理解中，我们可以看出儿童理解句子的策略：

①事件可能性策略。年幼儿童不能依据句法结构所确定的词序和各个词语在句子中的功能来理解句子，而是根据词的含义和事件可能性来理解。对于不可能句“用小羊打鞭子”，2~3岁儿童常常理解为“用鞭子打小羊”。对于不可逆的被动语态，3岁儿童也是可以正确理解的，例如，“糖被晓莉吃了”。因为“打鞭子”和“糖吃”都是不合理的、不可能的事件。

②词序策略。事件可能性策略之后，儿童开始发展词序策略，即他们开始注意到词的顺序的作用，但是完全根据词的顺序来理解句子。例如，“男孩被女孩打”，3~4岁的幼儿通常错误地理解为“男孩打女孩”，有研究认为这是因为这些儿童都是处于更多使用主动语态，较少使用被动语态的语言环境，有些少数民族的儿童，听到被动语态更多，他们理解和使用被动语态句子的时间也更早得多（Allen & Crego, 1996）。

③非语言策略。不管句子的实际结构和内容，按照自己的知识经验、预期或物理参照来理解句子。

（4）语用技能的发展。语用技能是指交谈双方根据语言意图和语言环境有效地使用语言工具的一系列技能。随着认知和语言的发展，儿童在社会交往中获得了大量的语用技能。儿童既学会了如何说话，也学会了如何交谈，认识到一句话的实际含义常常超出甚至有别于其字面的意思，也学会他们的言语产生和理解都应考虑到说话者、倾听者和具体社会情境等各种因素。要想成为一名打动听众的有效沟通者，需要具备一套复杂技能：首先，吸引听众的注意力；其次，对听众特征敏感，依据听众的不同而调整谈话内容和方式；再次，讲话者对听众的反馈也要敏感；最后，必须适应具体的社会情境来调整言语。另外，作为一个沟通者，不仅需要做善谈的讲话者，还需要做技巧熟练的听者，从而进行明确而有效的沟通。

①说的语用技能。会话最基本的规则是轮换。说话人的话从开始到结束被称为一个话轮，一方话轮结束到另一方话轮开始被称为话轮转换。2岁儿童已经有轮换规则的意识，在未轮到自己说话时，他们也能像成人一样静下来听别人讲话，他们比平常更有耐心地等待一段时间后再说出自己想说的话。3岁儿童对话者中，只有5%抢先说话（Garvey，1984），4岁儿童开始学会通过提前说下句话的起始词或重复无意义发音来让对方知道自己的话未结束。

3～5岁的儿童已经知道，如果他们希望有效沟通，必须调整他们的信息以适合听众的需要。研究记录了几个4岁儿童在把新玩具介绍给2岁儿童或是成人时的言语，对录音的分析表明（Shatz & Gelman，1973），4岁儿童已经开始将自己的言语调整到适合听者的理解水平。当同2岁儿童讲话的时候，他们会使用短小的句子，并且仔细选择“看”、“喂”这类吸引并能维持婴幼儿注意的短语，与之相比，当他们向成人解释这个玩具时，会使用复杂的句子，并且一般会比较有礼貌。

随着年龄的增长，以及儿童接受反馈细微形式的感受能力的发展，儿童对听者反馈的敏感性也逐步提高。4岁的年幼儿童从迷惑的眼神或“我不懂”这类反馈中得到的信息远不如年龄较大的，例如7岁儿童。在这种反馈中，4岁儿童很少去调整自己的言语形式，而7岁儿童发现听者不理解原句时，会改变原来的表达方式。对于4岁儿童来说，他们经常假定自己陈述的信息非常充分，沟通的失败应该归咎于听者（Flavell et al.，1993）。这可能也与儿童认知能力的自我中心特点和局限有关。

②听的语用技能。一个有效的沟通者不仅能传递清楚的、不含糊的信息，而且能发现他人言语中的任何不明确之处，并请求澄清。这种言语能力被称为参考性沟通技能（referential communication skills）。学前儿童通常缺乏发现不充足信息以及运用沟通来解决说者信息不明确等问题的能力，也就是说，年幼的儿童常常意识不到自己没有听懂成人的指导语言，也不太有意识要求对方进一步澄清，这是因为年幼儿童只注意他们认为的讲话者的意思，而不是模糊信息的字面意思。这与他们常常习惯于并成功地从其他背景线索中推断模糊言语中的真正意思的经验有关。

然而，对于大多数3～5岁儿童，在自然情景中会表现出比实验室任务中更好的参照性沟通技能，特别是有背景线索帮助他们澄清模糊信息的时候。即使是3岁幼儿也知道自己不能去执行一个正在打呵欠的人提出的莫名其妙的要求，或者不可能的任务，他们会用"什么"或"啊"来要求澄清。总之，3～5岁儿童不是很擅长发现口头信息中表面意思的含糊之处，但是他们是很好的沟通者。

③交流的潜在意图的理解。3岁儿童已经开始懂得言语内潜在意图，即言语潜在意思并不总是与讲话者使用的词语的字面意思相对应。话语字面意义之下的用意被称为会话含义。例如，在下面的对话中，我们可以看到一个3岁的儿童怎样利用这种知识将一个陈述转化为一个成功的指令："每天晚上我都有一个冰激凌吃。"保姆回答："那很好，希拉。"希拉接着说："即使是和阿姨在一起，我也有冰激凌吃。"保姆自言自语："一个3岁的小孩子竟然能用语言这一社交工具把我逼到死胡同!"

M. E. 埃森和A. S. 夏皮罗在1980年发现，4～4岁半的儿童即使在说者话语的字面意义提供的线索很少的情况下，也能推测出说者的意图。会话含义理解的研究，主要通过考察儿童对隐喻、反语、玩笑、夸张等修辞手段的理解来进行。6岁以前的儿童尚不具备理解会话中的隐喻的能力，也不能把反语、玩笑与谎言区分开，无法理解反语和玩笑的真正含义。至于对话语中讽刺意图的理解能力，以及对讽刺话、戏弄话和侮辱性话的辨别能力则在相当迟的时候才能出现。

（5）读写的准备。由上可见，幼儿的口头表达能力具有了较好的发展，这为儿童的书面表达奠定了一定的基础，使得处于学龄前期的幼儿言语有可能从外部语言（有声语言）逐步向内部语言（无声语言）过渡，并有可能初步掌握书面语言的能力。外在口语表达能力的发展概括起来表现出以下特点：第一，从对话言语发展到独白言语。3岁之前的幼儿与成人的言语交际，主要限于彼此的提问或要求；而到3岁以后，随着活动性的增加，他们开始独立地将自己的各种体验、印象告诉成人，到5～6岁时，可以清楚、系统、绘声绘色地讲述事件或故事了。第二，从情境言语发展到连贯言语。3岁以前婴儿言语主要是情境性的，只有结合具体情境，才能理解婴儿言语所要表达的含义。四五岁幼儿说话仍然是断断续续的，不够连贯。六七岁的儿童才开始能完整地、连贯地说话，开始从叙述外部联系发展到叙述内部联系。连贯性言语的发展使得幼儿能够独立、完整、清楚地表达自己的思想和感受，也为独白言语打下了基础，更为内部独白言语的形式——书写能力，打下了基础。第三，语言逻辑性的发展。3～4岁幼儿的讲述往往是简单的现象罗列，主题不突出，甚至出现偏题现象。3～5岁是儿童口语表达能力的快速发展时期。口语表达内容由可视的、外在的特征逐渐转向内在特征，呈现出由固有属性向关系属性发展的趋势。

连贯言语和独白言语的发展是儿童口语表达能力发展的重要标志。口语表达能力的发展既有利于内部言语的产生，也为幼儿进入学校接受正规教育、掌握书面言语奠定了基础。在此阶段，幼儿可能会有一些阅读和书写行为，如父母念故事给他们听、自己看图画书或幼儿杂志，甚至尝试写自己的名字。他们可能对这种简单的书写行为产生强烈的兴趣，对其入学后阅读和书写能力将会有很大的促进，而没有进行这种锻炼的孩子在入学后却需要更长的时间去发展读写能力。

6.2.3 童年期的言语发展

如果你听过学龄儿童之间的谈话，可能会觉得他们的谈话至少听起来与成人没有太大差异。但是，事实上，有研究者曾经对初入学的31名儿童进行口语测试，结果发现，70%的儿童存在用词不确切、语句不恰当、层次不清楚、方言口语和口头禅很多等问题。上海市2003年对上海小学生的口语交际能力进行的调查显示，在安慰别人、在商店买东西、请求别人帮助等主题上，学生普遍存在陈述性和程序性知识缺乏的问题，80%的学生不知道该如何打断别人说话。因此，学龄儿童的口头言语虽然有了一定的基础，但是其表达式的独白言语还刚刚出现，言语的文法结构、逻辑性和得体性等都还需要发展。同时，进入学校开始正式教育，他们言语发展的重点还需要发展书面语言和内部语言能力，阅读和书写在其技能训练中占有重要位置。

在整个小学期间，最初是书面言语落后于口头言语，在正确教育的指导下，从二三年级起，书面言语逐步赶上并超过口头言语的水平。小学阶段只有高年级的儿童才会默读，这标志着外部言语转化为了内部言语。内部语言是指人们对自己发出的、不起交际作用的言语。人们往往在内部言语过程中，进行着思维，产生着各种愿望和行为计划。

（1）词汇和句法。在儿童中后期，孩子们的语法和词汇已经有了迅速发展，对词的思考发生了一种变化，即对词和行动的直接连接的感知变少，而对词的理解有了更多的分析。让孩子们说出他们听到某个词时的第一反应，他们的分析途径便一览无余。学前儿童明显是随单词刺激而做出反应，比如：当说到狗，小孩子会反应为“叫”；说到吃，会想到“饭”。但对7岁的孩子来说，他们开始随单词的种类来反应，对狗，可能反应为“猫”；对吃，可能反应为“喝”，这就是他们开始对语言词汇分类的有力证据。

在英语国家，随着语义学知识的发展，儿童整个小学期间词汇量的发展特别引人注目。6岁儿童已经能了解大约10000个单词，而到10岁时他们理解了大约40000个单词（Anglin，1993）。当然这些新单词并没有都被小学儿童用于自己的言语中，他们所获得的是构成单词的词素意思的形态学知识，这使得他们可以分析诸如“custom-made”或“hopelessness”这样不熟悉的单词的结构，并且迅速领会它们的意思。这些都是儿童的抽象分类、综合分析能力的发展，促进了儿童言语的发展。

在语法方面儿童也出现了同样的进步，一个小学生对更复杂的语法知识的正确理解会随着逻辑思维能力和分析能力的提高而提高。学龄期儿童掌握语法结构，一般沿着如下过程：

从实际应用到自觉地掌握。低年级儿童一般只把词的实际意义当做认识对象，而非词间的语法关系从三年级起，由于掌握了“名词”、“动词”等概念，才懂得了一些语法范畴，并自觉地对其进行分析。随着儿童在童年中期（三年级以后）对句法的理解不断加深，在学龄早期很少使用的被动语态和条件句，逐渐被童年中期的儿童使用。

从简单的语法结构到复杂的语法结构。首先掌握简单的并列（有的—有的、一面——面），再到因果连接（因为—所以），再到转折（虽然—可是）。

（2）语义和元语言意识。学龄儿童还变得比较精通语义综合，也就是说，他们可以做到超出实际言语意思的语义推断。6～8岁儿童听到“小明没有看见那块石头；那石头挡在路上；小明摔倒了"，他们能推断出小明是被石头绊倒了。但有趣的是，6～8岁儿童经常会假设这个故事明确描述了小明被绊倒的事，并不能意识到自己做了一个推断；而9～11岁儿童能较好地做出这类语言推断，还能意识到这是推断（Beal，1990）。一旦儿童能够将语言结构的信息综合起来，他们就能发现隐含在句子中的内容来，这为儿童发展对讽刺等语义的理解奠定了基础。

儿童中期最显著的发展之一，是儿童逐渐增强了对自己如何使用语言的理解，也就是元语言意识（metalinquistic awareness）。在儿童早期，他们能够内隐的学习和理解语言规则，到了儿童中期，他们已开始比较明确地理解这些规则（Kemper & Vernooy，1994）。儿童迅速发展的元语言意识，也是学龄儿童能够超越所给语言信息做出语言推断的原因。这也使得语言信息模糊或者不完整时，他们更能意识到原因。所以，对那些复杂游戏的指示说明，学前儿童不能很清楚地理解这些信息时，他们就会责怪自己，而很少去询问；等儿童长到7岁或8岁时，他们就会意识到误解可能不仅仅是自身因素所致，也可能是信息交流的人的因素所造成，所以，他们更可能去澄清那些模糊的信息（Beal & Belgrad，1990）。

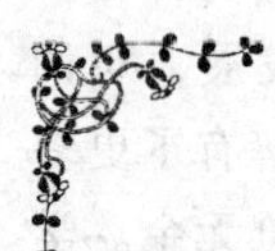

言语与自我控制

从人格心理学我们知道，语言会引导和改变我们的行为。西方人信奉的"人若勒住了自己的舌头，就勒住了全身"，也是强调如果人们管理好自己的言语，就能管理好自己整个人，不会犯错误。也就是说，言语与人有效的自我控制紧密相关，它可以帮助我们抑制恶行，引导善行。但是，作为成人，我们常常会忘记言语对于我们的行为的影响。而在儿童期，语言技能逐渐娴熟的孩子们已经能主动、自觉地运用语言来控制和调节自己的行为了。

在一个实验中，实验者告知儿童如果选择立刻吃掉一颗果汁软糖，他们就可以得到一颗糖，但是如果选择等一会儿再吃的话，就将得到两颗果汁软糖。大多数4～8岁的儿童选择了等待，但是他们在等待时使用的策略具有显著差异。4岁儿童在等待时经常看着果汁软糖，这种策略并不十分有效。相反，6～8岁儿童使用语言来帮助自己克服诱惑，而方式也不同。6岁儿童自己说话和唱歌，提醒自己如果等一会儿就能得到更多的果汁软糖。8岁儿童却关注果汁软糖与味道无关的方面，如它们的外观，这有助于他们等待下去。简而言之，儿童使用"自言自语"的策略来帮助他们调解自己的行为。此外，这种自我控制的有效性随着言语能力的提高而不断增强。

资料来源：林崇德主编：《发展心理学》，人民教育出版社2009年版。

（3）语用技能的发展。学前儿童已经能调整自己的言语以适应听者的理解水平，但是，让一个四五岁的儿童不与成人面对面，而是通过打电话的方式告诉成人自己在做的事情，他们能有效沟通吗？答案显然是不行的。有研究者让4~10岁儿童向不透明屏幕的另一面的同伴描述许多印模，上面有不熟悉的图案设计，让同伴能够识别它们。结果发现，学前儿童用非常独特的方式描述这些图案设计，既没有与听者多沟通，也没能让听者识别出哪一个才是他所讲到的印模。与之相比，8~10岁儿童提供了更多的有用信息，他们意识到听者不能看到他们所指的东西，他们会以某种方式区分这些目标，使他们的信息被理解。

儿童这种参照性沟通技能的显著改进，在一定程度上是由于认知技能和社会语言学理解的发展。6~7岁儿童，开始变得不再那么以自我为中心，并且获得一些角色采择技能，这使得他们在打电话或者参照性沟通实验这样要求很高的情景中，可以根据听者的需要调整自己的言语。但是，了解一个人的信息是否已被正确解释可能是很困难的，而且，恰当的言语调整还要求对社会语言学的理解，即对于一个听者来说是清楚的信息，可能对另一个人来说是不清楚的，这就需要更多区分性较强的信息。所以，6~10岁的儿童确实为不熟悉的听者提供了较多的信息，但是只有9~10岁的儿童，能够通过为不熟悉的听者提供丰富的可以区分的信息，来调整自己的言语内容，以适应听者的需要（Sonnenschein, 1986）。

（4）阅读。当儿童开始阅读时，他们必须能将词语的书写结构与其发音、意义相联系，这是一个复杂的能力。那么，孩子们是怎么学会阅读的呢？整体语言的途径与基本技能和语音的途径对这个问题给出了不同的解释，并成为阅读教学中主要的两种教学法。

整体语言的途径认为阅读指导是与语言学习平行发展的，阅读材料应该是整体而且有意义的，即必须给孩子们完整的阅读材料，比如故事和诗歌，以使他们理解语言的畅谈功能。阅读还必须要和听力及写作技能联系在一起。尽管整个语言程序中有很多变异，但有个基本前提，即阅读必须和其他技能及科目，如科学、社会学的学习紧密相连，而且要依靠真实材料，所以，学生应该读报纸、杂志、书籍并对其分析和写出总结。

与之相比，基本技能和语音的途径强调阅读指导应该讲授语音和它的基本规则，借此将单词的发音和书写联系起来，从而提高认读单词和阅读的能力。早期阅读指导要使用简单材料，只有学过了音位规则后才能学习复杂的阅读内容，比如书籍和诗歌。

国外有研究者对上述两种途径的有效性进行了比较。结果认为，从一年级就开始强调整体意义教学的整体语言课程并没有让儿童掌握认识和解码单词的知识与技能，最终导致阅读成绩下降。基本技能教学法一度被认为教学方法机械，容易削弱儿童的学习积极性和创造性，因而日益受到忽略，21世纪后，美国政府重新认识到语音意识训练的重要性，为了提高学生的读写能力，重新推广基本技能和语音教学法。但是对于熟练的阅读者来说，阅读的过程不是一个对听、说、读、写进行精确加工的过程，而是一个有选择的整体加工过程，整体语言教学则能在有意义的文本中教儿童字母—语音的对应关系。从阅读的认知基础和人脑基础来说，阅读是一个语音加工通道和语义加工通道的双通道过程，将两种教学方法综合起来是最有效的提高儿童阅读能力的方法。

（5）写作。在儿童早期（大约二三岁）的随笔涂鸦中，他们已经显露出书写的愿望。儿童早期的原动技能使得他们开始乱画，而大部分孩子可在 4 岁时写出自己的名字，5 岁时可以写出一些简单的字或词。对于汉字的形态学习和掌握，4 岁是一个很重要的时期。父母和老师应鼓励孩子进行早期书写，但不要过于在乎他们书写上的错误。因为书写错误是孩子成长中的必然部分，对其书写错误的更正必须要有选择性，而且以一种肯定积极的方式，以免打击孩子的自发书写的愿望。

正如想成为一个优秀的阅读者一样，要成为一个优秀的书写者也要花费很多年并要作大量练习，要给孩子足够多的书写机会。当孩子的语言和认知技能由于好的引导而提高，书写技能也会随之更加出色，例如，对句法和语法更复杂的理解会成为书写优化的基础，同样还有一些其他的认知技能如组织和逻辑推理。通过在学校期间的课程学习，学生们掌握了对组织思想的不断提高的复杂方法。在小学低年级，儿童能叙述，并开始能写短诗歌，此时父母和教师需要注意多给他们阅读和书写的机会，并教他们拼读新词的办法。小学高年级以及中学阶段，儿童能开始将文章前后的意思联结起来，也开始能写一些简单的作文。此时，需要注意给他们叙述的机会，将书写作为思考和总结的一种方式，并开始注重对字词的准确运用。

6.2.4 青年期的言语发展

青少年抽象思维能力的发展，使得他们对词汇的分析和理解有了更丰富的内容，对语义的理解更为精细和深刻，这集中体现在对于比喻、讽刺、反话等的理解和运用上。他们在理解比喻时进步很大，例如，会说“沙中画线”来比喻无法流通的地方；一场政治竞选被称为“马拉松”，而不仅是竞跑。青少年学生开始能理解并学会运用讽刺、反话、嘲笑或展示邪恶与荒唐的智慧。众所周知，青春期激素的增加和自我调节能力的欠缺，使得中学生的暴力行为较多，而讽刺言语的发展使得中学生日常言语中的言语暴力也明显增加，即运用讽刺、谩骂、嘲笑，来达到对他人的歧视、排斥等心理伤害。这是许多中学生寻求放松和刺激的一种不良方式，也是遇到挫折时，寻找自信和确立自身价值的错误方式。

由于青少年期的自我意识和独立个性的发展，青少年的言语更加独立、自觉和连贯。这个时期的语言发展，不像幼儿和儿童期主要是模仿和掌握成人的语言，而更多的具有了创新性，特别是具有更浓厚的个性色彩。日常会话中，他们会以一种特征性的俚语和行话来表达其个性语言，这种个性语言与真正的语言有所不同，有其特殊词汇、语法或发音。

在现在的媒介时代，网络时代，青少年创造了变化多端的网络语言，充满了个性化色彩，其中很多成为了人们现实生活中广泛流传的新语言。研究者发现网络语言充分体现了青少年具有丰富的想象力，追求个性、标新立异、期望获得认同的心理；同时网络语言的简单化、符号化，也吻合了他们那简单的生活方式，以及追求人际交往的需求却又含蓄的特点。例如，“美眉”是近五年来在青少年中广泛使用的语言，主要指年轻女性，调查研究发现大多数青少年喜欢使用这个词，而老年人很少用这个词语。近几年来“美女”已经成为社会上所有人对比较熟悉的无论年龄大小的女性的非正式称呼。

越来越完善的逻辑思考能力使得这些 15 ~ 20 岁的青少年懂得从事更复杂的文学活

动。大部分人比儿童时代更精于写作，更善于在写作之前组织思想，阐述他们的一般和特殊观点，连句表达含义、组织成文、形成文体及作出评论。但是，随着电视和网络的广泛普及，青少年的阅读和写作能力正趋于下降，提高汉语的应用能力已成为有待研究的问题。

6.2.5 成年期语言的发展

对语言发展的很多研究都着重于婴幼儿期和儿童期，普遍认为对成人来说，他们已获得语言技能。实际上个人词汇的发展常常持续到成人期，甚至持续到成人晚期。

可在成人晚期，却出现一些语言的消退，如当老人有了听力问题时，他们可能会出现辨认语音的障碍；因为记忆力下降，老人会难以找回长时记忆里的内容，即舌尖现象，人们自信能记住什么，但无法将其回忆，为了补偿这种下降，老人会使用他们更熟悉的单词并缩短句子长度。不过一般来说，大部分语言技能在健康老人中下降的不多。

语言还可以随着疾病，如阿尔茨海默症而出现不同程度的衰退。寻找词汇是阿尔茨海默症的早期症状，尽管大部分阿尔茨海默症患者可保持创造完美句子的能力，直至疾病晚期，但比起没有阿尔茨海默症的老人，他们仍会犯更多的语法错误。

6.3 语言学习与教育

言语的发展受到言语学习者自身的认知结构和加工过程的影响，因此，言语学习者的语言学习策略对于其言语获得有很大影响。同时，言语发展还受到直接接触的语言环境的影响，包括家庭中言语的互动和教育，特别是母亲与儿童的言语交流，以及学校教育中的言语环境和专门的语言教育。在现今双语者越来越普遍的环境下，我们在这里也讨论第二语言习得的发展与教育。

6.3.1 语言学习策略与言语发展

(1) 语言学习策略。语言学习策略是指学习者采用的语言学习行为或行动计划，以及为解决某问题或达到某目标而有意识做出的一套活动。可以说，语言学习策略是语言学习者采用的学习方法的一般趋势和总体特点，以信息加工观来看，它是影响学习者编码过程的做法和想法，是学习者用于辅助其语言信息吸收、储存及使用的步骤和操作。语言习得的过程，从个体认知发展的角度来说，也就是语言学习策略的掌握和发展的过程。

对于语言学习策略，专家们以不同标准进行了分类。根据信息处理的理论，将策略分为认知策略、元认知策略和社会或情感策略。认知策略用于学习语言的活动之中，主要内容为重复、利用资源、利用肢体语言、翻译、归类、记笔记、演绎、重新组织、利用语境、利用关键词、迁移、推论和精加工等；元认知策略用于管理和监控认知策略的使用，包括先行组织者、集中注意、选择性注意、自我管理和监控及自我评价等；社会或情感策略为学习者提供更多接触语言的机会，包括合作学习、澄清疑问等。根据与所学语言材料的关系，可将策略分为直接策略和间接策略。凡与所学语言有直接关系的策略为直接策略，包括记忆策略（建立内在连接、运用影像和声音、有系统的复习和运用相关动作等）、认知策略（各种练习、信息的接收与传达、分析与归纳、组织和整理等）和补偿策略（运用线索来猜想、克服说写的困难）；而与所学语言没有直接关系的策略为间接策略，包括元认知策略（集中学习、计划安排学习和评价学习等）、情感策略（缓减焦虑、自我鼓励和注意学习情绪调整等）和社会策略（澄清疑问、同伴合作、移情作用与文化了解）。从运用策略的目的出发，把学习策略分为学习语言的策略和运用语言的策略。学习语言的策略包括识别材料、区分材料、组织材料、反复接触材料和有意识记忆等；运用语言的策略包括检索、排练、掩盖和交际等策略。上述各种分类均各有特色。

（2）影响语言学习策略掌握的主要因素。年龄显然是语言学习策略发展的最主要因素。由于心智发展、认知成熟度、情感因素及社会历练的不同，年龄越大的儿童，越能采用更复杂的策略，例如需要抽象思维能力的句子结构分析法的策略。除此之外，还与学习者自身的性别、认知风格、人格类型、文化背景等社会心理文化因素也紧密相关。

美国心理学家桑代克曾以实验证明，女性在语言表达、短时记忆方面优于男性，比较偏重于对文字语言材料的记忆和机械识记；而男性在分析、综合、推理能力和空间知觉方面优于女性，偏重于理解记忆。而且女性比男性更会使用不同的学习策略，除了一般的学习策略，她们大多会使用功能性的练习策略、沟通策略及自我管理策略等做练习，尽量不死背单字，而是将单字融入句子中做练习。

"场依赖型风格"和"场独立型风格"的认知风格也会影响语言学习策略的使用。具有场依赖特征的人往往依靠外部参照系处理有关信息，善于从宏观上和整体上去认识事物、看待和处理问题；具有场独立特征的人对客观事物作判断时常常利用自己内部的参照，不易受外来因素的干扰，能够把部分和整体区分开来，善于对事物或问题的某一方面进行分析判断。由于场依赖者移情程度高，富于同情心，为他人着想，因而善于交际，擅长于在自然情境的交际过程中习得语言；而场独立者更擅长有意识的语言学习形式，如传统课堂上的分析篇章、练习写作和演绎语法等。布朗认为理想的语言学习者应该同时具备两种认知方式。

Oxford 等将学生的人格和学习风格分为四组、八个类型：外向型/内向型、理智型/直觉型、思考型/感觉型、判断型/理解型。研究发现学习策略会受到学习者的人格和学习风格影响，例如外向型学习者比内向型学习者使用较多的情意策略和视觉策略；而内向型学习者则偏好使用意义沟通的策略；直觉型的学习者比起理智型的学习者，则偏好使用情感策略、功能性的练习策略以及与沟通有关的策略。

Bedell 提出学习者本身的文化背景、种族及国籍，是语言学习策略很重要的影响因素，例如西班牙裔的学习者通常使用社交互动策略；日本裔的学习者则使用认知策略的频率最高，社交策略的频率最低；华裔的学习者使用正式的口语练习策略和补偿策略的频率最高。由此可知，学习经验会因民族性、社会化、历史背景而有所不同，也会影响语言学习策略的选择。

6.3.2 语言学习环境

(1) 婴儿的妈妈语。跨文化研究发现了一个普通趋势，即我们同婴幼儿讲话时，所采用的语言、声调等都不自觉地与同成人讲话完全不一样，句子会更为短小简短，音调变得更高，频率范围增加，语调富有变化性，此外还有词语的重复，所采用的词语是那些婴儿能够理解的简单重复性词语，这种言语模式过去常常被称为妈妈语(motherese)，心理语义学家称之为婴儿指向的言语（infant-directed speech）。事实上，父母、成人乃至年龄较大的同胞兄妹都会采用这种婴儿指向的言语同婴儿交流。

有趣的是，婴儿指向的言语随着儿童的成长而改变。当儿童语言变得越来越复杂，父母也慢慢增加了儿童指向言语的长度和复杂性。在任一特定时间，父母的句子总要比儿童的更长更复杂，这为儿童营造了一个学习语言的理想环境。在此环境中，儿童可以不断地接触新的语义关系和语法规则，而且这些语言知识都出现在他可以理解的简单言语中；年龄较大的同伴还经常重复或解释他们努力要交流的思想。这就是父母示范的一种形式。与正式语言相比，新生儿更喜欢婴儿指向的语言，这个事实表明他们可能特别容易接受这样的语言。然而在生命早期，如果婴儿所处的环境中婴儿指向言语比较丰富，他们似乎更早开始使用词语，并表现其他形式的语言能力（Cooper & Aslin, 1994; Liu, Kuhl & Tsao, 2003）。

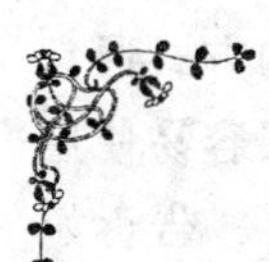

语言的性别差异

对于女孩而言，bird 是 birdie，blanket 是 blankie，dog 是 doggy。对于男孩而言，bird 是 bird，blanket 是 blanket，dog 是 dog。至少这是男孩和女孩的父母表现出来的想法，正如他们对其儿子和女儿使用的语言所阐明的那样。根据发展心理学家格里森所做的研究，实际上从出生开始，父母用来与孩子交流的语言就会依据儿童的性别而有所不同。

格里森发现，到了第32个月，女孩听过的“指小语”(diminutive，如 Kitty 或 dolly，而不是 cat 或 doll）是男孩子的两倍。尽管“指小语”的使用随着年龄的增加而减少，但是与男孩指向的言语相比，在女孩指向的言语中，这些词的使用仍然一直保持着较高的水平。

根据孩子的性别，父母对于儿童的要求也更倾向于给出不同的反应。例如，当拒绝孩子的要求时，母亲对男孩的反应可能是一个坚决的“不”，但是对女孩可能会用一个转换注意力的方式：“你为什么不试试这个?”或者用不太直接的拒绝方式来缓和气氛。结果，男孩子倾向于听到更坚决、更明确的语言，而女孩子则更多听到温和的句子，常常指向内部的情感状态。

这种在婴儿期存在的男孩指向和女孩指向的语言差异，会不会影响到他们成年以后的行为呢？并没有直接的证据清楚地支持这样的联系，但是男性和女性成年以后，的确使用不同种类的语言。例如，女人更倾向于使用试探性语言，而较少使用武断性语言，如“也许我们应该去看电影”，而不像男性：“我知道，我们去看电影吧！”

资料来源：罗伯特·费尔德曼著：《发展心理学——人的毕生发展》(第四版)，苏彦捷等译，世界图书出版公司 2007 年版，第 201 ~204 页。

(2) 幼儿的语言学习环境。整个幼儿阶段，儿童的语言能力都迅速发展，尤其是 1.5 ~3 岁，是语音、词汇、短语迅速发展的高速时期。他们将婴儿时期从倾听的语言环境中得到的对于语言的准备和语言理解，通过交流，变成真正为自己掌握、运用的沟通工具。研究发现，如果按照先天论者所认为的，孩子只要接触语言，就可以习得言语，是远远不够的。孩子必须积极参与到语言使用中（Locke，1997）！也就是说，社交互动对于掌握语言来说最为重要。因此，看护者应不失时机地与咿呀学语的孩子多多交流，这不仅能促进他们语言能力的发展，还为孩子形成积极有效的沟通能力、情绪识别和坦露能力、乐观的性格等奠定良好的基础。

①注意聆听。刚开始说话的孩子语言不清楚、片断化是正常的。看护者保持安静、专注的神色倾听孩子的表达很重要。不要急于回答孩子片断性的话语，妈妈爸爸处于“等待”的状态，安静的神色和饶有兴趣的表情能鼓励孩子更有信心地把自己的想法和感受表达清晰。孩子也会逐渐明白：在别人面前表达自己时，倾听别人的话是必需的。

②包容孩子的情绪，与孩子分享情绪感受。当孩子还不能说话时，表达的方式通常是哭泣或欢笑。而慢慢开始运用语言的孩子，还不能充分地把感受说出来，很容易使用以往的形式来表达。这时妈妈爸爸需要用明确的语言鼓励他描绘自己的感受：“告诉妈妈，你今天为什么不高兴?”“勇敢些，别哭，告诉爸爸你为什么哭呢?”这样，也可使孩子体会到向别人倾诉内心的感触能缓解自己的不良情绪，养成勇于表达情绪、坦露情绪的习惯和善于表达情绪的能力。

孩子说话时，伴随着不同的情绪，会有各种肢体语言出现，例如扭动手指，表示孩子说话时局促不安；身体紧贴着墙根，表示孩子很害羞，话语没有表达完内心感受。父母要观察并理解孩子的肢体语言，适时地把自己的体贴用言语传达给孩子。例如孩子把头埋下来时，小声地对孩子说：“妈妈知道你在陌生的姐姐面前有些紧张，没关系，妈妈带你去和她们玩。”妈妈也可以时常与孩子用肢体语言来交流，例如撇撇嘴，表示：“这么做，可不太好哦！”让孩子体会到无声的肢体语言也是人际交流的重要方式。这些都能帮助孩子明确地体察、识别自己的情绪，并通过言语和人际沟通有效的调节情绪。

③帮助孩子确认感觉、想法。幼儿阶段儿童的思维还处于直觉思维和直观思维阶段，孩子对于自己的想法往往是跳跃式的直达结论，其感受也是模糊的，对于原因和过程缺乏感知。但是他们的抽象思维能力也开始发展，此时父母和教育者若能有意识地让其探索自己的思维过程，查明其感受的原委，不仅有助于思维能力的发展，而且是有效的言语沟通方式，让孩子在与父母的耐心交流中发展语言的多样性、语言的逻辑性，以及沟通的有效性。

妈妈爸爸帮助孩子确认感觉、想法的句型如下：

“关于你开心的感觉，能告诉我更多些吗？”

“你说你是个好孩子，能举个例子告诉我吗？”

“你是说你下午没有吃冰激凌，因此一直不高兴到晚上，是吗？”

“如果你不能养小兔，会怎样呢？”

④多以“我”为主语。在人际沟通中，使用“我”与“你”为主语的句式来表达同一件事，给人的感受是不同的。例如“我觉得不太舒服，因为电视声音太吵了”和“你把电视开那么大声，我觉得很不舒服”，表述的是同一件事，前者描绘个人主观感受，后者带有责备意味。妈妈要纠正孩子的一些行为，应尽力避免令孩子感受到责备的语言，而要通过描述自己的感受来令孩子体会别人的感觉，进而调整自己的行动。

6.3.3　第二语言学习

(1) 双语者的第一语言学习。这里所说的双语者，是指从出生就开始经常接触两种语言（如每天听到两种语言）的人，有研究者提出另外加上到3岁时习得了两种语言这一标准。目前关于双语者的观点非常混杂。有些人相信年幼的儿童能够不需要努力同时习得两种或两种以上的语言，因为年幼的儿童通常被认为比年龄大的儿童以及成人更容易习得语言。另一方面，有些父母和教育者会担心接触双语会减缓儿童的语言发展，甚至使得他们混淆几种语言。下面我们来探讨双语儿童相对于单语儿童其习得语言的方式、速度是否相似，语言的混淆和干扰是否不可避免。

对双语习得的许多了解都来自根据父母日记的早期个案研究。关于个案研究有几个大家关注的问题。一是个案研究不可能确切地了解什么环境产生了某一特定的发展结果；二是难以完全客观。很突出的话语可能记录得比错误的好。尽管如此，从这些研究中还是可以有许多发现，特别是材料记录得很详细时。

大多研究者认为双语者与单语者的习得过程相似，但是关于发展速度，目前研究者有些认为是相似的，有些发现双语儿童在语言的各个方面落后于单语儿童。Petitto等人(2001)考察了同时在习得口语和手势语的儿童，一种儿童接触法语和在魁北克使用的一种手势语，另一种儿童接触法语和英语。结果发现，两组儿童习得两种语言的时间几乎和单语儿童相同，例如，这些儿童在1岁前后产生第一批单词，大约18个月时产生第一批双词（或两个手势语）的话语，没有发现因为双语而迟缓的证据。

但是很多研究者发现双语儿童在句法的各个方面落后于单语儿童。Gathercole (2002a)发现双语儿童在物质/可数名词区分的习得方面落后于英语单语儿童。在双语学校环境中，习得英语的儿童不如沉浸于英语环境中的双语同伴，而这些同伴又落后于英语单语儿童。在英语—西班牙双语儿童对语法的性的习得上，即客体在语法上被确定为阳性、阴性、中性，Gathercole（2002b）的研究发现学习西班牙语的双语儿童落后于他们的单语同伴。显然，儿童可以同时学习两种语言，但是同时学习两种语言需要更多的工作，并不如习得一种语言同样容易，而且达到双语需要有更多的语言输入环境。

关于同时习得的两种语言是否会干扰的问题，研究者（Reich, 1986）发现，如果照看者没有严格地使两种语言保持分离，此时干扰或者语言混杂的程度会比较明显，即说半英语半意大利语的混杂句子，或者说法语单词带有英语口音。这可能是双语儿童简单地模仿了照看者的混杂话语。但是如果父母双方实施“一个人，一种语言”的计划，即只对孩子说自己的一种语言，这时儿童的两种语言间很少干扰，孩子到 2 岁时已能区分两种语言。

（2）第二语言习得。一出生每天就能接触双语的儿童毕竟相对较少，许多儿童在他们本族语相当熟练后学习第二语言。一般认为，在 3 岁之后，或者甚至 5 岁之后开始学习第二语言的过程，就是我们通常所指的第二语言习得。同时，由于一般我们认为儿童言语习得有一个关键期，儿童期以后再学习第二语言就很难达到本族语的水平，所以关于儿童的第二语言习得会排除 12 岁以后再习得第二语言的个体。这里，我们重点探讨第一语言对第二语言习得的影响。

通常认为，第一语言的习得会对第二语言习得过程产生迁移作用，主要表现在语音和语法方面。我们知道，各种语言的语音特征各不相同。研究表明，第二语言学习者开始是按照他们本族语的范畴知觉第二语言的言语（Williams，1980）。该研究考察了一组把英语作为第二语言学习的、以西班牙语为本族语的被试习得英语中/p/和/b/的区别。英语和西班牙语中这两个音位的界限在于声音发出时间（VOT）的长度不同，结果发现，西班牙语使用者在英语学习过程中表现出从西班牙语 VOT 界限到英语 VOT 界限的逐渐转变，年龄较小，被试者的转变发生得更快。Fledge（1987、1991）进一步发现，第二语言学习者对与本族语中的音很不相同的音发得最好，而对中等相似的音则比较困难。这虽然与直觉不符，但是如果假定存在语音的迁移作用就比较好理解了，即第二语言学习者利用第一语言的语音体系引导第二语言的学习。如果第二语言与第一语言的音完全无关，那么把第二语言中的语音作为一种新现象学习也比较容易，但是若相似，足以使学习者想起第一语言的音但是又不太一样而引起干扰。

在语法上，如果有好的沉浸式的语言互动环境，对第二语言的学习就不会有第一语言的迁移作用。研究发现，说英语的儿童在不同语法语素的习得上，具有相似的次序，而不同语言背景的第二语言学习者，例如母语是西班牙和汉语的 5～8 岁儿童，在习得英语的语法语素上，也具有这种类似的次序（Dulay & Burt，1974）。但是在缺乏说第二语言本族语的同伴时，儿童就很容易用第一语言的结构迁移到英语结构中（Selinker，Swain & Dumas，1975）。这种现象在成人身上尤其普遍。

语言学习的关键期

虽然对于语言学习的时期，有一个关键期假设，但是很少有检验这个假设的经验性研究。Johnson 和 Newport（1989）的研究具有里程碑意义。他们考察了本族语是汉语和韩语，在 3 岁和 39 岁之间移民到美国去的各年龄被试者。平均而言，较早到美国（即青春期以前）和较晚到美国去的各年龄被试者在美国的时间大致相同。为了比较，他们还设了一组以英语为本族语的参加者。

研究者向参加者呈现一系列符合语法和不合语法的英语句子，要求他们确定句子是否符合语法。结果表明早期到达的优于较晚到达的。在3岁和7岁之间到达美国的成绩比年龄较大到达美国的成绩好，而且，与说本族语的美国人没有区别。对到达美国的年龄与语法测验成绩进行相关分析，进一步发现，在0～16岁到达美国的参加者，在到达年龄与语法成绩之间存在显著负相关($r=-0.87$)，即到达越晚，成绩越差。在16～40岁到达的，到达年龄与成绩之间不存在相关。

目前，关于第二语言习得的研究还没有为关键期假设提供明确的证据。最多我们可以说，年幼儿童学习第二语言比年龄较大的儿童和成人好。年幼学习者表现出来的优势可能的确是生物性的变化，如同关键期假设认为的那样，也可能是由于环境因素，认知变化或者几个因素的结合。

资料来源：[美] 卡罗尔著：《语言心理学》(第四版)，缪小春译，华东师范大学出版社2004年版。

(3) 双语的认知结果。学习两种语言的儿童，在元语言意识、问题解决能力、创造力等方面都优于单语儿童。

双语儿童对于语音的觉知、句法的觉知以及单词识别都比单语儿童更好，这可能是因为“双语的最明显的效应是词的语音及其意义之间的联系的显著松懈”(Leopold, 1961)。例如，英语—法语双语者知道相同的动物，如“狗”在两种语言中分别用单词“dog”和“chien”来表示，它们看上去、听起来都不相像。正如维果茨基（Vygosky, 1934）提出过的，双语儿童会把“语言作为很多系统中的一个特殊的系统，在更为一般的范畴下看待这个现象，这会产生对语言操作的意识”。

以往学者们普遍认为双语会损害认知，但是过去的研究存在方法学上的缺陷，没有控制双语样本和单语样本在社会经济地位的差别，很多儿童也不是真正的双语都流利的“双语”者。最近的研究都支持了双语熟练的儿童比单语儿童在创造力和非言语智力上都优于单语儿童，特别是在需要心理或符号灵活性的作业中，双语者更有优势。例如，Ricciardelli（1992）研究发现，意大利语—英语都很熟练的双语者在几个创造力测验中都比单语者的得分高，而只有一种语言熟练的双语儿童没有表现出对单语儿童的创造力优势。另外有研究（Hakuta & Diaz, 1985）专门对同一批被试者采用了追踪研究设计，排除了双语者的优势只是来自样本偏差的问题。结果发现，随着这些来自贫困家庭、西班牙语比英语熟练的儿童，在第二语言—英语的熟练程度提高，他们的非言语智力测验分数也得到提高，而且语言熟练程度的提高先于智力的进步，这表明语言熟练引起智力进步而不是相反。因此，双语缺失使人至少在某些认知作业上占有优势。

【阅读书目】

1. N. Chomsky. *Language and Mind*, New York: Harcourt Brace Jovanovich, 1968.
2. 张莉编著：《儿童发展心理学》，华中师范大学出版社2006年版。
3. 方富熹、方格著：《儿童发展心理学》，人民教育出版社2005年版。

4. 沈德立、白学军著:《实验儿童心理学》，安徽教育出版社 2004 年版。

5. 李行德:《语言发展理论和汉语儿童语言》,《现代外语》1997 年第 4 期。

6. 周晓红:《第一语言习得研究概况》,《理论界》2008 年第 5 期。

7. 周宗奎主编:《现代儿童发展心理学》，安徽人民出版社 2004 年版。

8. 林崇德主编:《发展心理学》，人民教育出版社 2009 年版。

9. 卡罗尔著:《语言心理学》(第四版)，缪小春等译，华东师范大学出版社 2004 年版。

10. Shaffer 著:《发展心理学——儿童与青少年》(第六版)，邹泓等译，中国轻工业出版社 2005 年版。

11. 罗伯特·费尔德曼著:《发展心理学——人的毕生发展》(第四版)，苏彦捷等译，世界图书出版公司 2007 年版。

【思考题】

1. 试述几种主要的言语获得理论，谈谈你对婴儿言语发生发展内在机制的理解。

2. 从语音、词汇、语法、语用的发展过程来看，儿童的言语能力是如何发展起来的?

3. 婴儿期的言语发展经历了哪几个发展阶段?为什么说言语理解早于言语产出?

4. 幼儿期言语的发展表现在哪些方面?言语发展对幼儿的认知和社会性发展有何重要意义?

5. 什么是元语言意识?它主要是什么时候出现，对于儿童的言语和心理发展具有什么意义?

6. 在不同的年龄段，言语教育的重点分别是什么?如何给孩子创造良好的语言环境?

第7章 认知发展

本章要论

认知发展的理论阐述了认识者与认识对象之间的关系是如何随时间变化的。

皮亚杰的认知发展观认为儿童的发展本质是：通过同化和顺应，儿童的图式达到与外部环境的平衡，就实现了发展。

维果茨基的文化历史理论认为人类历史发展过程中形成的物质文化和精神文化，对人的心理发展起着决定性作用。

维果茨基的心理学为现代心理学提供了一种新的方法论思想，促成了心理学研究范式从无文化研究向以文化为中心的时代性转变，并促进了心理学多种研究方法的整合。

信息加工理论认为人脑对信息的加工过程类似于电脑的信息输入、加工和转换输出。

人类对周围世界的感知早在胎儿期就开始了，但是切实观察和认识这个世界可能开始于婴儿的第一次睁眼、第一次触摸和第一次踏足。随着人类的成长、成熟和衰老，人类对世界的认识也经历懵懂、熟悉、理解、把握和创造的阶段。探索世界的好奇心也驱使人类对自己认知的机制和发展模式予以关注。那么，人是如何感知和认识世界的？人们又是如何进行记忆、进行思考的？本章我们重点讨论皮亚杰的认知发展理论、维果茨基的文化历史理论和信息加工的观点。

7.1 皮亚杰的认知发展观

皮亚杰对认知发展的研究贡献巨大，这不仅在于他开创性地进行了儿童认知方面的研究，而且还在于他为我们提供了一个认知发展的理论框架。从皮亚杰的理论框架，我们可以透视个体毕生认知发展的全过程。

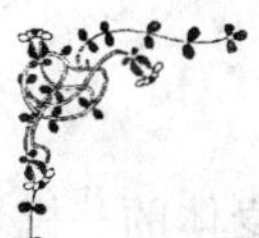

认识的形成

任何关于认识发展的研究，凡追溯到其根源的，都会有助于对认识最初是如何发展的这个尚未解决的问题提供答案。如果局限于对这个问题的古典论述，人们就只能问：是否所有的认识信息都来源于客体，以致如传统经验主义所假定的那样，主体是受教于在他以外之物的；或者相反，是否如各式各样的先验主义或天赋论所坚持的那样，主体一开始就具有一些内部生成的结构，并把这些结构强加于客体。但是，即使我们承认在这样两个极端之间有各种不同的看法，似乎还是存在着一个为大家承认的一些认识论理论所共有的公设，即假定：在所有认识水平上，都存在着一个不同程度上知道自己能力（即使这些能力被归结为只是对客体的知觉）的主体；存在着对主体而言是作为客体而存在的客体（即使这些客体被归结为"现象"）；而首先是存在着主体到客体、客体到主体之间起着中介作用的一些中介物（知觉或概念）。

然而心理发生学分析的初步结果，似乎与上述这些假定相矛盾的。一方面，认识既不是起因于一个有自我意识的主体，也不是起因于业已形成的(从主体角度来看)、会把自己烙印在主体之上的客体；认识起因于主客体之间的相互作用，这种作用发生在主体和客体之间的中途，因而同时既包含着主体又包含着客体，但这是由于主客体之间的完全没分化，而不是由于不同种类事物之间的相互作用。另一方面，如果从一开始就既不存在一个认识论意义上的主体，也不存在作为客体而存在的客体，又不存在固定不变的中介物，那么关于认识的头一个问题就将是关于这些中介物的建构问题：这些中介物从作为身体本身和外界事物之间的接触点开始，循着由外部和内部所给予的两个互相补充的方向发展，对主客体的任何妥当的详细说明正是依赖于中介物的这种双重的逐步建构。

一开始起中介作用的并不是知觉，有如唯理论者太轻率地向经验主义所做的让步那样，而是可塑性要大得多的活动本身。知觉的确也起着重要的作用，但知觉是部分地依赖于整个活动的，一些被认为是与生俱来的或者是很原始的知觉机制（如米肖特的"隧道效应"）也只是在客体建构的某种水平上形成的。用一般的方式，每一种知觉都会赋予被知觉到的要素以一些同活动有联系的意义（布鲁纳就在这方面说到"自居作用"），所以我们的研究需要从活动开始。我们将区分出活动的先后两个相继时期：在全部言语或者全部表象性概念以前的感知运动活动时期以及由言语和表象性概念这些新特性所形成的活动的时期，这些活动在这时发生了对动作的结果、意图和机制的有意识的觉知的问题，或者换句话说，就是发生了从动作转变到概念化思维的问题。

资料来源：［瑞士］皮亚杰著：《发生认识论原理》，商务印书馆1981年版。

7.1.1 感知运动阶段

根据皮亚杰的观点，0～2岁的婴儿主要是通过将感官经验（如看、听）与身体的、机械的活动相协调来建构对世界的理解。在此阶段早期，新生儿的活动也就是停留在条件反射这一类型上；在此阶段后期，儿童具有了复杂的感知运动类型，开始了简单的符号操作。因此他把这个阶段称为"感知运动阶段"。他将感知运动阶段分为六个子阶段。

(1) 简单反射阶段。简单反射阶段是感知运动阶段的第一个子阶段，与出生后的第一个月相联系。在此阶段，感觉和行为主要通过反射性活动来协调，这包括婴儿出生时的踢脚和吮吸反射。婴儿在此阶段发展了与条件反射相似的行为群，这是在没有以往激起条件反射的刺激的情况下产生的。比如，刚出生时，瓶嘴和乳头只有在直接放入婴儿嘴中或碰其唇时才能使他发生吮吸反应。但是不久，当瓶嘴和乳头在旁边时，婴儿也会发生吮吸反应。在没有强烈刺激下所发生的似条件反射行为说明婴儿在第一个月里就开始了动作发展，并且积极地建构着经验。

（2）第一次学到适应和第一循环反应阶段。感知运动阶段的第二个子阶段是第一次学到适应和第一循环反应阶段，在1～4个月时发展。在此阶段，婴儿学着协调感觉与两种类型的图式：适应和第一循环反应。适应是一个以完全脱离引发其刺激的反射为基础的图式。比如，处在第一个子阶段的婴儿，当瓶嘴放进他们的嘴里或看到瓶嘴时，会产生吮吸反应。但处于第二个子阶段的婴儿即使瓶嘴不出现也会有吮吸行为。循环反应是一种重复的一成不变的行为。

第一循环反应是一种建立在重复以往偶尔发生的事件的尝试基础上的一种图式。比如，试想当婴儿的手指放在嘴边时，他会偶尔吮吸一下，后来，他寻找手指再次吮吸，但是手指不会配合他，因为婴儿还不能协调视觉和手部运动。

适应和循环反应都是一成不变的，也就是说，婴儿每次都以同样的方式重复着。在这个子阶段，婴儿的身体始终是他们注意的中心，环境事件还不吸引他们。

（3）第二循环反应和将来要看东西的方法阶段。感知运动阶段的第三个子阶段是第二循环反应和将来要看东西的方法阶段，在4～8个月时发展。在此阶段，婴儿变得越来越适应客体，行为不再关注自身。偶尔会嘎嘎地摇东西，他们为了寻找体验的神奇感而不断地重复这些行为。婴儿也会发出诸如说话、与大人嘟囔等一些简单的行为和一些身体姿势。然而，他们只能发出已经学会了的行为。虽然被指向一些环境世界的物体，但他们的图式还缺少一种有意图、目标指引性的特征。

（4）次要图式的协和和对新情境的应用阶段。感知运动阶段的第四个子阶段是次要图式的协和和对新情境的应用阶段，在8～12个月时发展。婴儿发展进入此阶段的决定性条件是视觉与触觉的协调或者说手—眼协调，行为变得越来越倾向于外部。这一阶段的重要变化包括图式的协调与目的性。儿童以一种调和的方式将以往所学图式进行着敏捷的联合和再联合。他们可能会看着一个物体，同时抓着它，或者他们可能看上去在检查一个嘎嘎响的玩具，同时因明显的触觉探索意识而将手插进去。与这些平衡有关的是第二次跨越——目的性的出现，比如婴儿会拿一根棍来够一个在所及范围之内的所需玩具，他们会敲击一个印模进而再弄另外一个。

（5）第三循环反应，通过活动的试验发现了新的意义阶段。感知运动阶段的第五个子阶段是第三循环反应，通过活动的试验发现了新的意义阶段，在12～18个月时发展。在此阶段，婴儿对物体的许多性质以及他们碰到的许多物体产生了兴趣，他们发现印模可以用来扔、抓住、砸另外的一个物体。第三循环反应是婴儿有目的地探求物体的多种可能性，继而施于一些新的作用给客体，以探求结果的图式。皮亚杰说，这个阶段是以人类的好奇心和对新异刺激的兴趣的起点为标志的。

（6）图式的内在化阶段。感知运动阶段的第六个也是最后一个子阶段是图式的内在化阶段，在18~24个月时发展。在此阶段，婴儿发展了运用简单符号的能力。用皮亚杰的话说，符号是代表事件的、内化了的感官印象或词汇。简单的符号让婴儿能思考具体的事件，而不用去直接地做或亲自去体验。另外，符号可让婴儿用简单的方式来利用和转化这种有代表性的事件。在一个有趣的例子中，皮亚杰的小女儿看到一个火柴盒被打开，又被关闭，然后，她用张嘴、闭嘴来模仿这件事。这是她对事件想象力的明显的表达。

与感知运动的六个子阶段相联系，皮亚杰提出了“物体恒存性”的概念，这是他所认为的新生儿的活动模式。物体恒存性就是当看不到、听不到、摸不到一种物体时，对物体和事件仍然存在的一种理解，在皮亚杰看来，婴儿发展物体恒存性是以一系列的子阶段为序列的，见表7.1。

表7.1 **婴儿发展“物体恒存性”的子阶段**

第一阶段	无明显的物体恒存性，当一个光点在视野中移动时，婴儿盯着它但很快就无视它的消失
第二阶段	物体恒存性的初级形式得以发展，如果给予同样的经验，婴儿会看着光点，光点消失时还留有先前所见的印象
第三阶段	物体恒存性经历了更深层的发展，在有了调节简单的图示的能力以后，婴儿表现出了明显的搜索消失物体的模式，他们会将目光持续地停留在物体消失的地方，并用身体去检查
第四阶段	婴儿会在物体消失的地方进行积极的搜索，并伴随着新的动作，以使搜索更为有效，这些新的搜索行为表明婴儿对消失物体持续存在的观念得到了强化
第五阶段	婴儿有能力跟踪一个在多个地方连续快速地出现、消失的物体，很明显，婴儿现在可以在脑海中对消失物体的更为持久的印象
第六阶段	婴儿会搜寻在多个地方出现和消失的物体，此外，当物体在被掩藏的地方不断移动的时候，他们也会在准确的地方找到它。这些行为说明，婴儿可以“想象”消失的物体，存有物体从一个位置转到另一个位置的表象

皮亚杰认为，物体恒存性是婴儿认知发展完成过程中的一个标志。

7.1.2 前运算阶段

处于学龄前期的幼儿，活动范围进一步扩大，运动能力和言语能力增强，这使他们的感性经验得到丰富，也促进认知水平的发展。在这一阶段，儿童认知世界是有创造性、自由和赋予想象的，他们的想象力格外丰富，他们对世界的认识的主要方式是以符号或直觉性思维的方式进行的。皮亚杰把这一阶段称为“前运算阶段”。在此阶段中，儿童开始用词、想象力和图画来描绘世界，符号性思维超越了感官信息的一般联合和身体活动，稳定的概念形成，智力的推理出现，自我中心主义产生，超然的信念被建构。这是儿童克服各种简单的思维方式逐渐向逻辑思维过渡的时期。这一阶段儿童的主要特点是表象性思维，思维的基本特点是相对具体性、不可逆性、自我中心性和刻板性。

所谓相对具体性，即他们主要是通过具体的一个个事物来说明问题，还不具有把具体事物抽象成概念的能力；所谓不可逆性，即思维活动只可以向一个方向运行，不可以返回；自我中心性即思维方式是从自我出发，以为别人都知道自己的观点，自己的观点是唯一的；而刻板性即顽固的，不可变更。

这一阶段包括对符号的简单运用到复杂运用的转化，可分为两个子阶段：

(1) 符号性作用阶段。符号性作用阶段是前运算思维的第一个子阶段，在 2 ~4 岁时发展。在此阶段，儿童对一个不存在的物体具有了心理表象的能力。这种能力大大扩展了儿童的精神世界。他们的思维仍然有许多重要的局限，其中两个就是自我中心性和泛灵论。

①自我中心性。皮亚杰认为，这一阶段的儿童还不能将自己和他人的观点区分开来，认为自己的观点就是他人的观点，自己想的事情别人都知道。皮亚杰曾用一个典型的事例说明了儿童的这种自我中心的现象。下面是一个 4 岁的小女孩玛丽在家里和正在工作的父亲之间的通话，表明了玛丽的自我中心的思想：

父亲：玛丽，妈妈在吗？
玛丽：（沉默地点头）
父亲：玛丽，我能和妈妈通话吗？
玛丽：（仍沉默地点头）

玛丽的应答是自我中心的，她在回答之前没能考虑她父亲的观点，皮亚杰认为一个非自我中心的思考者会用语言来回答。

②泛灵论。前运算阶段思维的另一局限，即认为无生命的物体具有生命特性，能够有行为。比如一个处于这个阶段的儿童会说："树把叶子推下来，它掉下来了。"或者："人行道让我疯掉了，它让我摔倒了。"所以处在这一阶段的儿童，如果大人说："别哭了，你再哭我就拿出布老虎出来，把你吃掉。"他会真的相信。如果他走路不小心碰到桌子，大人一边打桌子，一边说："桌子真坏，怎么碰到我们的宝宝了。"他也会真的相信。一个具有泛灵论的儿童还不能运用人类的观点来辨别正确的场合。

(2) 直觉性思维阶段。直觉性思维阶段是前运算思维的第二个子阶段，在 4 ~7 岁时发展。在此阶段，儿童开始运用简单的推理并且想知道各种各样的问题答案。到了 5 岁儿童会整天围着大人问"为什么"。儿童的问题是"推理以及弄明白事物为什么按他们的方式发展"，这些兴趣的出现是直觉思维阶段的信号。

皮亚杰称这个阶段是"直觉性的"，是因为虽然儿童不清楚他们怎么知道的，他们知道什么，但他们对自己的知识和理解抱着十分肯定的态度，也就是说他们知道一些事情，但没有运用理性的思考。

7.1.3　具体运算阶段

按照皮亚杰的认知结构发展的理论和认知发展阶段性的划分，6 岁、7 ~11 岁、12 岁的小学儿童处于具体运算阶段。其主要思维特点是：

(1) 掌握守恒。这个时期，儿童概念的掌握和概括能力的发展不再受事物的空间特点等外在因素影响，而能够抓住事物的本质进行抽象概括。也就是说儿童的认识能力不再因为事物的非本质特征（如形状、方向、位置等）的改变而改变，能够透过现象看清本质，把握本质不变性。

守恒是指对物体和物质的长度、数量、多少、面积、重量和容量在只改变形状之后仍保持不变的认知。皮亚杰的一个经典实验是：呈现给儿童两个相同的泥球，实验者将其中一个弄成长长的、薄薄的形状，而另一个仍保持原先形状。到了 7～8 岁时，儿童的许多答案会是泥球的量是一样的。为正确回答这个问题，儿童不得不想象着在泥球被变为长、薄形状后再将它弄回原来的形状，因此，具体运算阶段是对真实、具体的物体的逆向的心理活动。图 7.1 为一些皮亚杰的守恒任务。

具体运算思维使儿童将物体的许多特性整合在一起，而不再聚焦在一个特征上。比如在泥球实验中，处于前运算阶段的儿童会将重点放在高度、宽度上，处于具体运算阶段的儿童会协调这些物理特性的信息。但是处于这一阶段的儿童还不能在脑中同时保全物质的特性和所有任务，他们所掌握的优势顺序为数量、长度、液体的量、多少、重量和容积、水平等。

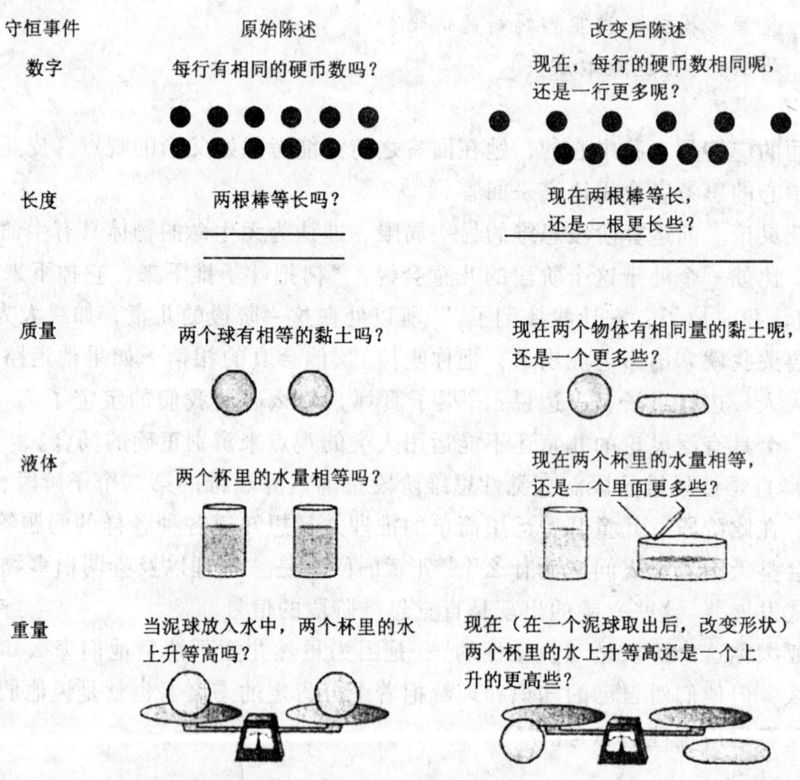

图 7.1　一些皮亚杰的守恒任务

前运算期的儿童还不能完成守恒任务。这些任务在具体运算阶段逐渐被掌握。西方国家的儿童在 6～7 岁时主要获得数字、长度、液体和质量的守恒，8～10 岁获得面积和重量的守恒，10～12 岁时获得体积的守恒。

（2）思维具有可逆性。思维的可逆性是指思维活动既可以向一个方向运行，也可以返回向另一个方向运行。思维的可逆性活动有两种：第一种是反演（或否定）可逆性，如把胶泥球变成香肠形状，幼儿认为香肠形状大于球形状，小学儿童就认识到被变了形状还可以改回来，所以两者仍然一样大小。这说明儿童对物体的变化已有了可逆推理的能力。第二种是互反可逆性，如 $B \geqslant A$，它的反运算则是 $B \leqslant A$，两个运算之间是等值的。

（3）补偿关系认知。如果把两个相等的胶泥球中的一个压成饼状，幼儿会认为饼状大于球状，小学儿童就认识到饼状虽然比球状大，但同时它薄了，所以两者仍然一样。这说明儿童已能从两个维度的补偿关系上认识事物的不变性了。

（4）逻辑推理规则的掌握。新的思维结构形成，使儿童认识事物容易把握本质特征，从而为推理和解决问题能力的发展奠定基础。另外推理还必须掌握类别体系化和序列化等推理规则，童年期儿童具有了掌握基本推理规则的能力。

①类别体系化。皮亚杰所认为，具体运算行为包含了儿童对物体特性的推理方式，具体运算阶段的一个重要标志性技能便是将事物分类以及思考它们之间的关系。类别体系化是一种重要的分类能力，也称类群集。按类别体系分类，实际上是将子类包含到一个更大、更普遍的类中去的过程，这是类包含问题，如图7.2所示：

可以表示为 $A+A'=B$，$B+B'=C$，$C+C'=D$

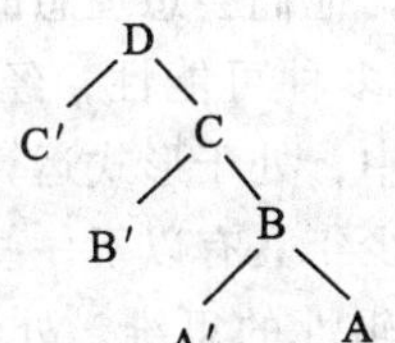

图7.2　类别体系化示意图

像松树（A）、树（B）、植物（C）、生物（D）各概念之间的关系就呈这种树叉状的类别从属关系。当儿童理解了大类子类之间的包含关系，就能够在各层级类别之间自由地往复思考。

②序列化。序列化也称关系群集。序列化主要是儿童对事物之间关系的认知。在对称关系中，序列化的演绎表现为：在A、B、C、中，已知 $A=B$、$B=C$，儿童能推论出 $A=C$ 的结论，在不对称关系中，儿童可以根据 $A<B$、$B<C$ 演绎出 $A<C$ 的结论。

序列化的能力还表现在儿童能将两组相对应的项找出来。如能将图7.3中的人形按 $A_1<B_1<C_1$……的高矮序列排出来，将拐杖按 $A_2<B_2<C_2$……的大小序列排出来，尽管它们原有的系列是混乱的，儿童也能完成任务。

分类中的类别体系化和序列化能力都是思维发展到具体运算阶段的重大成就，它保证着个体认知活动对类和关系（序列化）的运算，从而形成童年期这一思维发展阶段的类和关系的逻辑。但是这一时期思维形式和思维内容还是紧密地联系在一起的，思维活动还不能超越具体事物。

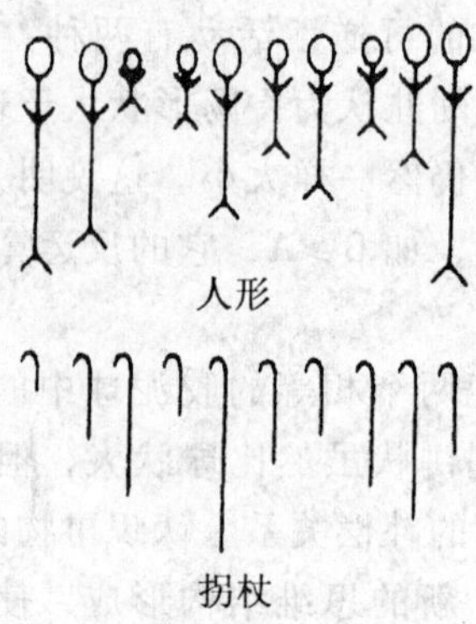

图 7.3　序列化研究图例

7.1.4　形式运算阶段

皮亚杰认为，处于青春期的青少年其思维具有了提出假设进行演绎推理以及命题间推理的能力，在此阶段中，个体超越了具体经验，以一种更抽象、更有逻辑性的方式来推理，因此他把这一阶段称为“形式运算阶段”。作为更有抽象性思维的一部分，青春期的人发展了对现实环境的想象力，他们会想理想的父母是什么样的，然后将自己的父母与之相比；他们开始想象未来的多种可能性，经常沉溺于“他们将来会成为什么”等问题的思考中，在问题解决过程中，处于形式运算阶段的思考者会更有系统性，会运用逻辑性推理。形式运算阶段的青少年具有以下一些特点：

（1）抽象的、理想主义的、逻辑性的思维。处于形式运算阶段的青少年，思维的抽象特性在青春期言语问题上变得十分明显。就具体运算阶段的思考者来说，他们需看到具体的元素 A、B、C，才能做出这种逻辑关系：如 A=B，B=C，则 A=C；而形式运算阶段的思考者，只需通过言语陈述就能解决问题。

青春期思维抽象性质的另一个显示便是他们越来越倾向于自己考虑问题。一个青年人说：“我开始想为什么我一直在想我是什么样的，然后我开始想为什么我在想我一直在想我是什么样的。”如果这句听起来很抽象，也就是说，它是以青春期的人的思维范围的扩大和思维的抽象特性为特点的。

在青春期阶段完成的形式运算阶段思维的抽象特性被认为是充满理想主义和多种可能性的。当儿童经常以具体的方式思考，或者考虑哪是真实的、哪是有限的时候，青少年开始涉入对理想特性的思考，这种思考经常使青年期的人基于一定的理想标准将自己与他人做比较。青少年的思维经常富于想象力地通向未来发展的多种可能性，青春期的人对可以采纳的多种理想标准变得困惑，是很正常的。

青少年学会更抽象、更理想化的思考。他们也学会逻辑性的思考。儿童习惯于用一种实验——错误的模式来解决问题，青春期的人开始像科学家们那样思考：设计解决问题的计划，系统地检验解决方法，他们运用假设——演绎性推理，也就是说他们发展了假设或者最好的猜测和系统性的推论或总结，这是问题解决的最好途径。

(2) 青春期自我中心主义。青春期自我中心主义是青春期的人明显的自我意识，反映在他们的信念中便是他们自己，认为其他人对他们感兴趣，他们充斥着个人独特性和不服输。青春期自我中心主义可分为两种类型的社会思想——假想观众和个人寓言。

①假想观众。假想观众指的是青少年认为每个人都像他们自己那样对他们的行为特别关注。这一信念导致了过高的自我意识、对他人想法的过分关注，以及在真实的和假想的情景中去预期他人反映的倾向。青少年会设想他们“在舞台上”，认为他们是主要演员，而其他所有人是观众。比如他们会认为别人会注意他几撮另类的头发；当一个青春期的女孩走入教室，她会想到所有人的目光都集中到她脸上，因此感到脸红。

②个人寓言。个人寓言指的是青少年相信他们自己是独特的、无懈可击的、无所不能的。它是青春期自我中心主义中涉及的关于个人独特性和不服输的内容，具有个人独特性的青春期的人感觉，没有人理解他们的真正感受。比如，一个青春期的女孩可能会认为，她的男朋友已伤害了她，但她的母亲可能不能体会她所受到的伤害。作为保持这种自我独特性自我努力的一部分，青春期的人会设计充满幻想性的故事，将自己置身于一个远离现实的世界中，个人寓言在青春期日记中经常出现。

青少年思维的假想观众和个人寓言的建构常常被用来解释成年人所关注的、大量的青少年的典型行为，这两个心理结构所反映的思维模式似乎抓住并解释了与青少年早期相联系的典型的感受和行为。

7.1.5 后形式运算阶段

皮亚杰认为，形式运算阶段是个体思维发展的最高阶段，他没有进一步探讨成年人的思维发展。那么，成年期以后个体思维是否有进一步发展呢？一些理论家综述了对成年期思维模式的阐述，并且提出成年早期的人步入了认知发展的一个实质性阶段，即后形式运算阶段。这个时期思维具有以下一些特点：

(1) 思维方式由以形式逻辑思维为主转向以辩证逻辑思维为主。在青少年时期，虽然已掌握了某些辩证逻辑思维的方式，但形式逻辑思维仍占据优势地位。形式逻辑思维的显著特点是，其反映的是事物的相对静止性和不同事物之间的确定界限，在这种思维活动中，个体更加强调逻辑性、客观性和确定性，而较少注意事物的个别性、差异性和运动性，且形式逻辑思维可以脱离感知、表象、经验的支持，以命题为依据，从纯粹的假设出发，通过推理得出结论。

按照皮亚杰的观点，青少年到15岁左右就达到了形式逻辑思维的最高形态。但近年来许多研究成果证明，15岁左右并不是思维发展的终止时期，形式逻辑思维也并非最高思维形式。据美国一项研究成果表明，在15~22岁的大学生中，只有67%的大学生达到形式逻辑思维的高级阶段，其余的学生仍处于形式逻辑思维的幼稚阶段。这说明在成年初期的早期阶段，个体的形式逻辑思维仍处于发展阶段。

辩证逻辑思维是对客观现实本质联系的对立统一的反映，其主要特点是既反映事物之间的朴素的相互区别，也反映它们之间的相互联系；既反映事物的相对静止，也反映事物的相对运动；在强调确定性和逻辑性的前提下，承认相对性和矛盾性。

美国心理学家帕瑞、布朗等人认为，进入成年初期以后，个体思维中逻辑的绝对成分逐渐减少，辩证成分逐渐增多，并指出这种变化的重要原因之一是由于个体逐渐意识到围绕同一个问题多种观点的存在以及解决问题方法并非单一性的事实。帕瑞对大学生的思维特点进行了较深入的研究，发现上述转变过程至少可以分为以下三个阶段：

第一阶段：二元阶段。思维水平处于此阶段的大学生常以对与错两种形式来进行推理，对问题及事物的看法是非此即彼，全白或全黑，没有“灰色区”，易将知识视为固定不变的真理，凡事追求“什么是正确的答案”，而不考虑合理的程度。

第二阶段：相对性阶段。此阶段的个体不再毫无区分地把知识当做不变的真理，而是通过权衡，比较不同的观点，审视各种理论，进而找到解释现实的有效理论。在这个阶段，个体思维过程的抽象性及理论性已达到很高水平。

第三阶段：约定性阶段。此阶段的个体不仅能进行抽象逻辑思维，而且在分析事物时具有自己的立场和观点；对各种现象的解释能持相对的态度，由于能意识到所有事物都具有运动及变化的性质，因此，既能坚持那些约定俗成的立场和思想观点，又能随时对此作出调整。

（2）思维方式的实用性和以问题为中心的特点。美国心理学家拉勃维维夫认为，成年期思维形式的逻辑性逐渐减退，而以现实导向的实用成分逐渐增多。成年期的这种思维变化，在以儿童为中心的发展心理学理论如传统的皮亚杰理论看来是一种退化，即对现实的不适应。而在“成人背景模式”看来则是一种适应性的思维形式，此理论认为形式运算思维是一种依照假设进行的严格的推理形式，当现实情况错综复杂的时候，此种推理会显现出局限性，阻碍个体对现实做出良好的反映。拉勃维维夫认为，成年初期出现的“变通性”思维是思维的一种新的整合，也是一种分析问题和解决问题的新策略。具体表现为，由于能意识到现实生活中的各种条件及限制，而根据问题情景进行具体的和实用的分析和思考，并不严格按照逻辑法规进行推演，这正是思维不断成熟和发展的表现，而不是退化。所以从成年初期开始，伴随着形式逻辑思维的进一步成熟和完善，个体逐渐表现出一种相对的、实用的并具有背景性的思维形态，这种形态开始出现于大学生阶段，随后便被逐渐固定下来，发展成为成年期认知活动的一般形式。成年初期个体思维所发生的这种适应性变化，与其所处的客观环境及生活经验密切相关。

（3）思维方式表现出创造性的特点。创造性思维是指一种具有独创性、新颖性及其社会价值的思维形式，这种思维的结果不是简单地承继人类已经积累和总结出来的知识和经验，而是去解决人类尚未解决和认识的问题，因此，创造性思维具有首创性、发展性和突破性的特点。青年后期和成年初期是个体创造力的高峰期。

成年人是一个完全独立的个体，他们面临重大的人生任务，同时承担所有社会责任。对职业、建立家庭的选择，就是对环境的选择，将对他们的认知产生影响。因为认知的发展同个体的活动密切相关。个体在活动中获取的知识经验直接制约着思维的发展，离开知识经验的掌握，思维的水平是难以提高和发展的。沙依（Schaie）认为儿童和青少年智力发展的特征是接受知识和掌握解决问题的技能；在成人初期、青年期，为了职业、家庭和事业目标，智力发展的特征是将获得的知识和技能应用到实践中，还扩大到学校和书本上无法学到的社会认知领域；涉及难以标准化的测量能力；中年期的智力发展为所担负的家庭责任和社会责任而进行，常常是经验判断和综合决策，所以，环境对成人的要求会成为成人认知发展的促进因素。另外，成人自我逐渐成为决定认知发展的主要力量，自我调节和监控是成人认知的主要因素。相对于青年人而言，成人中期承担更多的家庭责任、社会责任，负责的生活、职业问题对中年人造成了一定压力。中年人更倾向于结合问题的综合情境来处理，即他们的认知更具有实用性和技巧性。中年人机械认知能力的衰退，促使他们通过补偿性的努力来保持认知的发展。这种自我决定的认知发展来源于环境适应的压力。生活经验和知识积累对成年人至关重要，他们倾向于通过生活经验来解决问题。一般而言，年龄越大，经历越多，克服过的困难越多，经验就越丰富和越成熟，而对未来各种可能出现的危机就容易从容应对。而受过高等教育、动机强烈、有成就感的成年人后形式推理能力的发展比较完善。成人的认知方式有三种不同类型，即场依赖性、场独立性和从问题内部寻求答案。无论是哪种类型，明智、稳定和个性化是成人认知的特征。

7.2 维果茨基的文化历史理论

维果茨基的文化历史理论认为在人类历史发展过程中形成的物质文化和精神文化，对人的心理发展起着决定性作用。文化历史理论涉及活动、工具以及内化三个核心的概念，重视个体和所处社会的相互作用，认为社会文化环境是个体认知发展的一个重要方面。

维果茨基认为人的心理机能具有两种形式：一种是自然的、直接的低级心理机能；另一种是社会的、间接的高级心理机能。像人的实践活动以劳动工具为中介一样，作为心理学研究对象的个体的各种高级心理机能，是以社会文化的产物“符号”为中介。个体借助于符号，特别是语词系统的中介从根本上改变着一切心理活动，从而形成了人类特有的心理机能。然而人所特有的心理机能最初并不是从内部自发产生的，而是在人们的协同活动中，以及人与人的交往中形成的。所以，人所特有的心理过程结构最初必须在人的外部活动中形成，然后才能转至内部，成为人的内部心理过程的结构。这就是中介和内化的概念，它们是个体高级心理机能产生与发展极为重要的机制。可见，在维果茨基那里社会文化决定个体心理含有下列图式：集体（社会）活动—文化—符号—个体活动。研究个体心理的形成必须先探索这个图式各个环节的转化。

维果茨基认为，活动是心理建构的社会源泉；工具与符号是心理建构的社会介质。人所特有的高级心理机能是以社会文化的产物——符号为中介的，正是通过工具的运用和符号的中介，人才有可能实现从低级心理机能向高级心理机能的转化，因此，言语就成为学习、意义建构、文化传递与转换的最主要介质。人类的高级心理机能与动物的低级心理机能都是对刺激的心理加工，这一点是相同的。但两者的区别在于：人类的思维是通过言语而产生的，而动物的低级心理机能的产生只通过知觉这种简单的方式。与言语相比，知觉是对现实的直观反映，是一种被动地接受外界刺激的过程，而言语则是主动概括地反映现实。

维果茨基认为，心理发展有着两条截然不同的过程或路径：一是自然的发展过程，这是从最简单的动物到最高级的动物的长期的生物进化过程，动物心理的发展是完全受生物进化规律所制约的自然发展过程，它形成人和动物共有的低级心理机能，这是种系发展的产物。二是文化历史发展过程。它之所以不同于自然的发展过程，是因为在这个阶段上的心理发展基本上不受生物进化的规律所制约，它形成人所特有的高级心理机能。文化历史理论的基本观点是：人的心理发展的决定因素是人类历史发展过程中形成并不断发展的物质文化和精神文化；人的各种高级心理机能是在人的活动与相互交往的过程中凭借语言或符号作为中介发展起来的；这是一个由外向内的转化过程。人的各种高级心理机能都是活动与交往形式不断内化的结果。这一理论涉及相互联系的活动学说、中介学说、内化学说以及作为研究基础的方法论思想等方面。下面对这些学说和方法论思想进行详细的介绍。

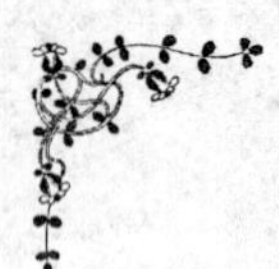

高级心理机能的社会起源说

从对人类萎退心理机能的研究以及个体高级心理机能发生和发展的事实出发，维果茨基得出了三点极其重要的结论，这些结论是他创立社会文化历史学派的理论基础。

(1) 高级心理机能的发展不受刺激—反应公式直接决定，而在于人自身创造与使用人为的刺激—手段来确立自己的行为。维果茨基认为高级行为的本质特点乃是这种“自体刺激”。他说：“除了现成的刺激外，创造性的刺激的出现，在我们看来乃是人心理的突出特点。”

(2) 记号的作用。什么是记号？维果茨基说：“由人加入到心理情境并执行着自体刺激机能的人为的刺激—手段称为记号。”记号在高级心理机能的发生与发展中起着重要的作用，重要的是我们必须弄清楚记号的起源与机能。

(3) 社会是人行为的决定因素。维果茨基指出，社会生活和人的相互作用，使人在社会生活中创造和发展了极其复杂的心理联系系统以调节自己的行为，这些心理联系的手段便是记号，即各种人造的工具，也就是说这些记号的产生和运用是由社会决定的。

由以上几点可以清楚地看到，维果茨基提出了与一切唯心主义与形而上学观点相反的观点，这种观点对于心理学极为重要，是理解心理过程的历史原则。他批判了对人的心理发展的生物学化观点：只把高级心理机能看成是生物发展的结果，单纯地从生理的角度去寻找高级心理机能产生和发展的原因；同时，他也批判了西方心理学家的唯心主义的文化历史观：把文化的发展看成是由于意识机能的不断完善所造成的。与上述所谓的历史主义不同，维果茨基的历史主义是将马克思主义的历史方法运用于心理学的一种尝试。他写道：“其实，历史的研究只是意味着将发展的范畴应用于现象的研究。不论研究历史上的什么，都意味着在运动中研究，这也是辩证方法的基本要求。”因此，维果茨基认为，人的高级心理机能是在低级心理机能基础上产生和发展起来的，高级心理机能是历史的形成物。“行为只有作为行为的历史才有可能被理解”。

可见，历史的原则就是要求从历史的观点而不是抽象的观点，要求在社会环境之中而不是在社会环境之外去研究意识和心理的发展。据此，维果茨基看到了研究高级心理机能历史的三种可能途径：种系发展的、个体发生的和病理学的途径（跟踪研究高级心理机能解体的病理过程）。以上就是维果茨基所创立的心理发展的全部观点的主要的、基本的和作为出发点的理论。正如著名心理学家A. A. 斯米尔诺夫所指出的："正是历史原则构成了他全部理论的核心，作为苏联心理学家的维果茨基的主要功绩和他在苏联心理学发展中所作的巨大贡献，也就在于此。"

资料来源：王光荣著：《文化的诠释——维果茨基学派心理学》，山东教育出版社2009年版。

7.2.1　活动学说

活动学说是文化历史理论的重要组成部分。维果茨基强调活动与意识的统一，并把意识作为活动学说最基本的问题之一。意识不是与世隔绝、脱离活动的内部封闭系统，而是以活动作为它的客观表现的。所以，可以通过活动对意识进行客观研究，把意识的事实加以物化，转化成客观的语言或客观存在的东西。因此，他提出活动与意识相统一的原则，认为人的心理过程的变化是在活动和人与人的相互交往的过程中发展起来的。这种活动与意识相统一的观点为研究意识开辟了一条新道路。

人的心理是在人的活动中发展起来的，是在人与人之间的相互交往的过程中发展起来的。人的活动之所以对心理的发展起着如此重要的作用，这与人的活动性质有关，人的活动是通过各种工具和手段来进行的。因此，人的活动与动物的活动有着本质的区别。个体活动是人类心理与意识发展的重要基础。儿童与同伴或抚育者之间的共同活动不仅仅是儿童发展的重要因素，社会性的活动更是儿童发展的重要源泉，儿童所有的高级心理机能都是社会经验和社会关系的内化，这些内容通过内化变成个性的社会心理结构。

7.2.2　工具学说

工具学说是文化历史理论的另外一个重要组成部分。工具学说最初不是来自对心理现象本身的研究，而是产生于对劳动活动的分析。低级心理机能具有自然的、直接的形式，而高级心理机能则具有社会的、间接的形式。低级心理机能为人与动物共有，它是生物进化的结果。高级心理机能则是人所特有的，它是以社会文化的产物——符号为中介的，通过符号工具的运用，人才有可能实现从低级心理机能向高级心理机能的转化。符号工具是一种不同于劳动工具的另一种进行"精神生产"的特殊工具，维果茨基将它们称为"心理工具"。这种心理工具或中介手段也是在人类物质生产的过程中所发生的人与人之间的关系和社会文化历史发展的产物，即它们是人际交往和社会文化历史交互作用的产物。语言和符号就是工具，它们并不是空洞的，它们总是代表着某种具体的现实的东西，总是在人们的共同活动中含有某种意义的东西。人际交往水平的高低在很大程度上就受制于中介工具的运用能力。关于人的心理过程的工具性、中介性是他的文化历史理论中的重要原理。

认知中介则指的是获得认识的工具，即对那些对于解决学科领域的问题所必需的认知工具的获得，或是对某类现象的本质做出描述的科学概念的获得。为此，维果茨基对学前儿童的科学概念和自然概念进行了研究。他认为，自然概念是在缺少系统教学的情况下对日常个人经验概括化和内化的结果，因而它通常是非系统的、经验的、不自觉的，甚至经常是错误的。和自然概念相比，科学概念并非来自日常生活，它是人类经验的科学概括与总结。因此儿童在获得科学概念时必须在教师的系统、准确的指导下，通过内化从而在问题解决及问题预测中发挥其中介作用。维果茨基特别强调教师在帮助儿童获得科学概念时的指导作用。根据工具学说，个体为了达到某种目的将某一物体（符号或非符号）作为工具使用，这就意味着个体的心理发展又向前迈进了一大步，自身与外部世界的联系又紧密了一些。个体掌握某一特定工具的能力正是其高级心理机能发展的标志。

7.2.3 内化学说

维果茨基研究了心理过程发展规律。他指出，人的心理发展的第一条客观规律是：人所特有的被中介的心理机能不是从内部自发产生的，它们只能产生于人们的协同活动和人与人的交往之中。人所特有的心理过程的结构最初必须在人的外部活动中形成，随后才可能转移至内部，成为人的内部心理过程的结构，也就是一个内化的过程。

内化是指从社会关系或更具体说是社会相互作用逐渐向个人内心品质转化的过程，即人们心理之间的过程向个人心理之内的过程的转化。在内化过程中，心理工具起到了低级心理机能和高级心理机能之间的桥梁作用。心理工具主要指各种符号、记号乃至词、语言，而语言是最重要的心理工具。个体早期的心理活动是直接的、不随意的、低级的、自然的，作为外部形式的活动而形成，只有在掌握了语言这个工具以后，才能内化为间接的、随意的、高级的、社会历史的心理机能，即内部的活动，在头脑中默默地进行。

从社会的、集体的、合作的活动向个体的、独立的活动转换，从外部的、心理间的活动向内部的心理过程转化，其实质是人类所特有的心理过程的内化机制。这表明人类高级心理机能绝大部分是社会关系的内化，这些内化了的社会关系构成了个体的社会结构。维果茨基的内化学说表明了人类的思维来源于社会、历史、文化和物质的过程，是它们综合作用的结果。人的心理发展既是一个个体行为，又是一个社会行为，个体与社会相互建构、相互依存，个体的知识建构过程与社会共享的知识和理解不可分离。

7.2.4 自我中心言语

在儿童的语言与思维问题上，皮亚杰提出了自我中心言语的概念，皮亚杰认为自我中心言语是指主体讲话时未把客体纳入话语中心，讲话过程或是自言自语，或是因与任意客体共同活动感到愉悦而产生的无目的性的话语。皮亚杰开创了从语言与思维的关系出发去研究儿童思维发展规律的模式。

维果茨基对自我中心言语持有不同的看法。成年人的默思与儿童的自我中心言语非常相似：其一，两者都不担负交际任务；其二，双方在结构特征上均具有减缩性，只为自己所理解。维果茨基进一步依据内化学说认为：自我中心言语并不是销声匿迹了，而是适时地转化为内部言语。以发生学的观点，在儿童智力发展过程中，思维和语言这两条独立发展的曲线终将会合，社会性语言符号内化为个体思维和工具，思维进入到个体化过程。维果茨基认为儿童言语发展图式是：社会言语—自我中心言语—内部言语。

维果茨基认为，儿童自我中心言语不是从自我中心向社会化的转变过程，而是从外部社会化语言转化到内部个人言语。思维的发展依赖于言语和儿童的社会文化经验。内部言语的发展基本上是由外部决定的，儿童掌握的言语结构最终成为他思维的基本结构。思维与言语作为一种社会历史发展类型，最终受制于人类社会历史发展的普遍规律，也就是说，人的心理和行为发展具有社会历史制约性。

7.2.5 最近发展区

维果茨基认为儿童的发展有两个发展水平：一是现有的发展水平，是由已经完成的发展程序的结果而形成的儿童心理机能的发展水平，表现为个体能独立地、自如地完成任务。二是可能的发展水平，是指通过努力和他人帮助可能达到的水平。这两个水平之间的间距称为“最近发展区”。对个体的教育应该落在最近发展区里。

维果茨基认为学习和发展是一种社会性合作活动，人的高级心理活动源于社会性相互作用。儿童的发展总是发生在其“最近发展区”内，成人或能力较强的同伴对个体的发展起着重要的促进作用。在维果茨基对“最近发展区”的解释中，为儿童提供帮助的人有两类：成人或有经验的同伴。成人（家长、教师或其他成人）与儿童的合作比较简单，因为成人较之儿童总是一些闻道在先、经验丰富、能力较强者。这些思想对后来的社会建构主义产生了极大影响。

“最近发展区”概念的引入，揭示了教学的本质特征不在于强化巩固业已形成的内部心理机能，而在于激发形成目前还不存在的心理机能。这不仅为教学的发展提供了有益的理论支持与模式构想，拓展了教学的含义，而且为对学生施加合理的教学影响提供了较科学的心理学依据。

7.2.6 游戏

维果茨基认为游戏在人的高级心理机能形成中具有重要作用。

首先，游戏形成了符号的间接作用。维果茨基认为人与动物的最大区别在于人有高级心理机能；游戏发挥了符号的间接作用。在游戏中，儿童可以以物代物，从而将意义同直接经验分离，替代物与被替代物越不相似，则越符号化，即意味着思维的越抽象化，正是游戏使儿童的思维逐步摆脱具体事物的束缚，心理机能就是这样从低级向高级发展的。

其次，游戏创造了儿童的“最近发展区”。儿童喜欢并从事的游戏往往要略高于他的日常行为水平。这种水平类似于教师在教学情境下为儿童设计的“最近发展区”水平。在游戏中，个体总是试图超越他现有的水平。维果茨基是将游戏与发展的关系和教学与发展的关系相提并论的。

再次，游戏规则能提高儿童的自制力。当儿童在现实生活中出现了大量超出儿童实际能力、不能立即实现的愿望时，儿童便进入一种想象的、虚幻的世界，在游戏里不能实现的愿望也能够实现。在游戏中，儿童把自己的愿望和一个想象中的自己联系起来，即把自己所扮演的角色和该角色在现实生活中的行为规则联系起来，心甘情愿地服从于来自现实生活的规则，并放弃直接的冲动。游戏中的规则是幼儿自己制定的和乐于执行的一种内部的自我限制。从这个角度来看，游戏有助于儿童意志行为的发展，儿童最大的自制力产生于游戏之中。

7.2.7 维果茨基的心理学方法论

在维果茨基之前，传统的主流心理学注重自然因素的研究。然而，采用自然科学的研究方法来研究并非纯自然性质的心理现象，必然会造成研究对象与研究方法之间的不适，从而影响研究结果。

维果茨基创立了独特的心理学方法论。他持一元论的观点，反对主客体的二元划分，反对心理学研究中的还原论与机械论。他坚定地主张把马克思主义哲学作为心理学研究的方法论，把历史与逻辑思维方法引入了心理学。他认为心理学研究必须重视意识，强调意识是统一的整体；主张将辩证法运用到心理学的研究中，将以往二元划分的个体与社会、身体与心理等范畴有机地统一起来，在此基础上提出了发生学分析法、机能系统分析法、单元分析法等多种具体研究方法。维果茨基的方法论思想重视心理研究中的文化、历史与社会因素，映射了当代心理学研究的新路径。

在对儿童发展的研究中，皮亚杰与维果茨基所持方法论有很大差异和互补。两者的比较如下：

（1）皮亚杰的理论崇尚自由主义，在研究取向上表现为个体主义，而维果茨基的理论明显倾向于社会主义。

（2）皮亚杰的研究是一种机体主义的、生物学的取向，而维果茨基的方法明显表现为社会文化取向。

（3）维果茨基是一位辩证唯物主义者，采纳的是一种现实主义的认识论，其个体发生观是唯物主义的，而皮亚杰在这些问题上“拒绝采取一种坚定的立场”。

（4）维果茨基在哲学观上是一元论者，坚持辩证唯物主义，皮亚杰则是多元论者，受到许多哲学观点的影响，对多种观点是兼收并蓄，为我所用。

（5）皮亚杰认为个体的发展是：儿童通过主动的同化和顺应两种方法平衡外部的环境来丰富图式，从而实现认知发展的，是一个由内而外的过程。维果茨基则认为个体发展的普遍模式是：从最初的人与人之间的过程转向个体化、个性化的水平，发展是由外而内的过程。

（6）皮亚杰认为，在人类个体发展中，认知发展是通过平衡实现的，发展的核心过程不包括社会文化的影响，维果茨基依据辩证唯物主义的相互作用论提出决定发展过程的不是儿童内部，而是外部的社会文化环境。

维果茨基所提出的与西方迥然不同的理论体系与方法论思想，广泛影响了心理学发展的众多领域；激发了心理学的文化转向，促进了跨文化心理学、文化心理学等心理学分支学科的发展；迁入并影响了后现代心理学，从工具论和方法论等方面启发了社会建构论心理学的孕育和发展。

下面介绍维果茨基创立的三种具体的研究方法：

(1) 发生学分析方法。维果茨基主张从种族发生学分析、文化历史分析、个体发生学分析、微观发生学分析四个互相关联的角度来理解和评价人类发展。理解人类心理机能最合适的方法是追踪其经历的发展变化，理解心理机能必须理解其产生的起源与历史。维果茨基不同于以往的发展心理学家惯常的做法，没有关注儿童个体的发生与发展，而是从探讨种族发生与社会文化历史发展入手，通过使用发生学分析方法考察人的发展的起源和历史。

(2) 机能系统分析法。维果茨基认为心理学的研究不能只关注个别心理机能的发展，应该关注心理机能之间新的关系的发展，应该关注将两种或更多的独立机能整合在一起的心理系统的发展。

(3) 单元分析法。在运用发生学方法研究心理现象的过程中，维果茨基强调意识是统一整体，提出以“单元分析法”取代将复杂心理整体肢解成丧失整体固有特性的各个成分的“成分分析法”。

7.2.8 维果茨基理论的重要影响及其局限

(1) 维果茨基理论的重要影响。文化历史理论力图证明人的心理发展的源泉和决定因素是人类历史发展过程中不断发展的文化，这对消除把心理过程理解为精神的内部固有属性的唯心主义观点的影响、克服无视动物行为与人的心理活动的本质差异的自然主义倾向起了积极的作用。

维果茨基构建了与西方传统具有明显差异的心理学理论——文化历史理论，为西方心理学超越根深蒂固的个体主义取向、克服一系列的发展难题开辟了富含借鉴意义的研究方向。维果茨基的所有观点都奠基在整体的理论框架基础之上，他拒绝将个体从社会机能中分离出来。这些思想观点吸引了众多的心理学家与其他社会科学家，为当代心理学研究走出困境提供了有益借鉴。

同时，维果茨基阐明了深受辩证唯物主义哲学观影响的方法论思想，启发现代心理学家从现代心理学的方法论基础甚至元理论层面进行深刻的自我反省，为西方心理学走出实证主义、客观主义的困惑，高度关注文化历史因素对人的心理的巨大影响，实现以方法为中心向以问题为中心的转移带来了深刻启示。西方心理学最近出现的许多新的研究取向如文化心理学、社会建构论心理学等都受到了维果茨基心理学思想的深刻影响。

受维果茨基的影响，文化进入了心理学的理论范式。人的心理和行为的差异性与文化的差异性紧密联系在一起，世界范围的社会变化激发了心理学家重新思考文化差异，关注人的心理的跨文化的差异性与相似性，寻找新的文化范式。

文化历史理论为当代心理学家们提供了一个了解人类行为的新视野，为心理学研究提供了一种新的方法论思想。跨文化心理学、文化心理学、本土心理学从不同的视角，运用不同的策略，探讨了人的心理与文化脉络之间的依存关系，推动了心理学研究对文化的接纳、吸收、包容与重视，促成了心理学研究范式从无文化研究向以文化为中心的时代性转变。文化转向促进了心理学多种研究方法的整合，集中体现为：①客观实验法与主观内省法的统一。文化历史理论明确揭示，人的心理既具有自然科学的某些属性（如生物性），又具有社会科学的某些属性（如文化性）。心理学研究对象的特点决定了纯粹的客观实验方法和主观的内省方法都不可能实现对人的心理的完整把握，只有将两者整合在一起，才能既保证心理学研究的科学性又保证心理学研究的真实性，实现科学性与真实性的统一。②质化研究与量化研究的统一。文化历史理论启迪下的文化转向有利于拓展心理学的研究方法，改善传统心理学的方法论基础。文化转向是为了纠传统心理学客观量化研究之偏，绝非矫枉过正而否认客观量化研究。事实上，在质化研究中包含着量化研究的成分，在量化研究中渗透着质化分析的因素，两者的统一，改变了单一研究的结构，促进了各自方法论功能更充分的发挥。③元素论与整体论的统一。文化历史理论及其影响下的文化转向旗帜鲜明地指出人的心理与文化环境水乳交融，心理观的这一根本转变给那种以因果决定论的模式、使用还原的方法、将心理现象当做纯自然现象进行无休止分析的研究模式敲响了警钟。文化历史理论的复兴，对心理学方法论的最大启发就是研究方法的多元化，除上述几种研究方法的整合外，叙事式、阐释式、建构式、结构式等方法都得到了心理学工作者的认可，每一种研究方法都有其长处与不足，都适合研究某一心理现象或心理的某一侧面，没有一种方法可以包罗万象，对任何心理现象的研究都具有普适性与通用性。

（2）维果茨基心理学理论的主要局限。由于维果茨基英年早逝，未能有足够的时间对其早期理论作进一步的验证、修改、补充与完善，因此维果茨基的理论不可避免地存在一些缺点，如有些术语的使用缺乏准确性，有的假设未能实验证明，有的理论不够完善。维果茨基理论之不足主要有以下几点：

①文化历史对人的影响不仅仅体现在符号或工具这一个因素上。文化历史发展对人的影响是复杂多样的，对于这种复杂多样性，文化历史理论既没有阐明，也没有把它作为自己的研究对象。

②一元论与二元论的矛盾。维果茨基一直将内化作为外部社会关系向内部高级心理机能转化的机制，从外部机能向内部机能的转化就内在地蕴含着二元论观点，这一观点与维果茨基自己所持的一元论相矛盾。

③“最近发展区”理论的缺陷。“最近发展区”思想是维果茨基文化历史理论的典型具体表现，维果茨基提出的“最近发展区”概念是描述性的而不是解释性的。“最近发展区”概念的两个主要缺点是：首先，“最近发展区”仅泛泛地指出这一区域的含义，并没有对儿童的学习能力、学习风格或目前发展水平做出精确说明，而这是教学可操作性的重要保证。其次，区域测量的困难。“最近发展区”的潜在水平很难被概念化，更不用说被测量，只能称为一种个体的能力，因此在实际运用中，无法真正地确定“最近发展区”的具体范围。

7.3 信息加工的认知发展观

信息加工方法是伴随着计算机的产生和发展而发展起来的，伴随着计算机的诞生，一批认知心理学家开始运用电脑来模拟人脑，就形成了信息加工方法的最初原形。

7.3.1 信息加工方法

(1) 信息加工方法的产生。早在 20 世纪五六十年代，很多心理学家就已经认识到了行为主义的局限性。认知心理学家曾试图通过测查诸如记忆和思维这样的心理加工过程来解释行为。计算机的兴起鼓舞了这些拥护信息加工方法论的认知心理学家。1940 年世界上出现了第一台现代计算机，它显示出机器是能够完成逻辑运算的。这项成果引发了一个重要的问题：如果人在完成心理操作时能够像电脑完成的操作那样，那么当人们完成心理任务的时候，是不是人脑也像计算机一样的工作呢？

假如电脑与人脑有相似之处，大脑就像电脑的硬件，认知是它的软件，那么在这个类比中，感觉和知觉系统提供一个“输入通道”，就好像数据进入电脑的一个途径。当这些输入的东西进入大脑的时候，心理过程就会对它进行操作，就像电脑的软件处理数据一样。这种转变的输入产生的信息保留在记忆中，就像计算机所存储的它们所要加工的对象。最终，这些信息将从记忆中被寻回，并由公开、明显的反应“打印”或“展示”出来。

简言之，信息加工方法分析了个体如何操纵信息，监测它，以及形成策略去应对它，有效的信息加工包括注意、记忆和思维。

(2) 信息加工方法的发展。在信息加工方法中，儿童的认知发展是由他们克服加工过程中的局限性的能力所导致的，这种局限性主要指：日益增多的执行性基本操作、扩大化的信息加工能力，以及获得新的知识和策略。信息加工派学者赛格勒 (Siegler) 认为，变化的机制对于成长的儿童在认知发展上是尤为重要的。它包含编码、自动化、策略建构。

①编码。编码是信息进入记忆的过程。儿童认知技能的改变取决于增长对于编码有意义的信息，而忽略无意义的信息的这样的技能。例如，对于一个 4 岁的孩子来说，用草书书写的“S”和印刷体的“S”的形状是不同的。但是对于一个 10 岁的孩子来说就学会了编码这个有意义的信息——两个字母都是“S”，而忽略没有意义的信息——它们的形状不同。

②自动化。自动化是指能够用很少或不用努力就能加工信息的一种能力。实践能够让孩子们自动地编码大量的信息。例如，一旦孩子学会了如何很好地去阅读了，他们就不会再把每个单词中的字母看成是字母了，取而代之的是，他们把它作为整个单词进行编码。一旦一项工作是自动完成的，它就不需要有意识的作用了。当信息的加工变成自动的时候，我们就能够更快地完成任务，并且可以在同一时间里完成更多的任务。假如你对单词的编码不是自动的，而是在读文章的时候把你的注意力放在每一个单词的每个字母上，想想那将耗费你多长的时间去读它啊。

③策略建构。策略建构指为加工信息创始的一种新的程序。例如，当孩子们能够发展一种周期性的停下来去回顾一下他们到目前为止所读的东西的这种策略的时候，这对他们的阅读有好处。另外，赛格勒还认为孩子的信息加工是以“自我矫正”为特点的。那就是说，孩子学习去使用他们在先前的环境中所学的东西，从而使他们的反应适应新的环境。有一部分的“自我矫正”运用了元认知——“关于知道的知道”或“关于认知的认知”。关于元认知的一个例子是：孩子知道用什么样的方式去记忆他们所读的东西是最好的。如果他们把这个和他们自己的生活方式联系起来，他们是否记得哪个他们曾读得更好。因此，在赛格勒关于信息加工在发展阶段的应用中，认为儿童期是认知发展的关键期。

(3) 与皮亚杰理论的比较。信息加工的认知发展观既与皮亚杰认知发展理论有相同点，也存在着明显不同。它们的相同点在于：像皮亚杰的理论一样，一些信息加工方法的版本出于构造主义者，他们认为孩子能够监督他们自己的认知发展。像皮亚杰一样，信息加工心理学家确认认知的能力和局限在发展中有各式各样的特点。他们描述个体所做的以及在人生不同点中所表现出的不同的重要观念，并且试图揭示更先进的理解(understanding)是如何成长的，而去超越落后的模式。他们强调通过这种已存在的理解去掌握理解新东西的能力。

而不同点在于：信息加工方法主张个体发展是一个渐进的过程，它伴随着一个简短的过渡，而在不同时期突然的发生。根据信息加工方法论，个体逐渐发展他们的加工信息的能力，从而使他们获取更复杂的知识和技能。而皮亚杰认为认知发展存在着阶段性的特点。

7.3.2 注意的发展

注意是指对心理资源的一种聚合，是对一定对象的指向和集中。注意加速了很多任务的认知进程。在一段时间里，人们可以注意到有一定限量的信息，人们也把精力集中在某些物体和事情上，这些都构成了不同的注意类型。

(1) 注意的分类。心理学家根据个体对于事物关注程度不同，把注意分为持续性注意、选择性注意和分配性注意几种。

持续性注意是指在一定的环境一定的时间内，注意（对某事物）去探知和反映的这种状态变化很小。也可以认为，是注意在一定的环境一定的时间内，保持在某个认识的客体或活动的水平上。持续性注意也被称作警戒（vigilance）。

选择性注意是指在忽视那些无关的东西时，把相关的东西作为注意的焦点。在一个拥挤的房间里或是一个嘈杂的饭馆里（把注意）集中到一个声音上，这就是一个选择性注意的例子。

分配性注意是指在同一时间里关注一个以上的活动。如果你在阅读的同时去听音乐或者看电视，你这时就参与了分配性注意。

(2) 注意的毕生发展。

①婴幼儿期的注意发展。研究发现，即使是新生儿也能够看出可视图案的轮廓并去注视它。大一些的幼儿观察图案还会更准确些。4 个月大的婴儿就可以选择性地去注意

一个物体了。假设我们将一个刺激——一个图片或声音——排成一排展现在幼儿面前，而他们则在每个时间段给予很少的关注，这表明他们厌烦它（这个东西）。这就是习惯化①的过程——在重复出现的刺激后减少对刺激的反应。去习惯化就是指通过变换一个刺激恢复习惯化的反应（见图 7.4）。研究人员通过研究习惯化来确定婴儿能够看到、听到、闻到、尝到和摸到的程度。研究习惯化还能够知道，婴儿所认知的某个东西是否在他们先前经历过。习惯化为婴儿期的成熟和健康成长提供了一个衡量尺度。然而那些脑功能被毁坏的婴儿不会很好地形成这种习惯化。

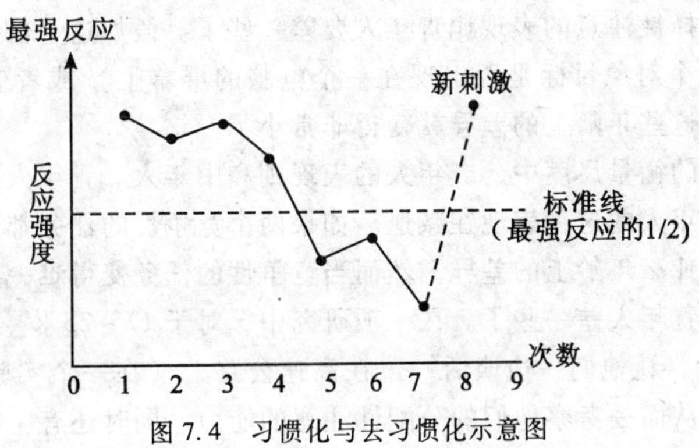

图 7.4　习惯化与去习惯化示意图

父母可以利用习惯化和去习惯化的知识去提高他们与婴儿间的相互作用。如果父母一直保持同样形式的刺激，这个婴儿就会停止做反应。所以对于父母来说去做一些新鲜的事情并且经常地重复它们，直到婴儿停止对这些事做反应，这是非常必要的。明智的父母能够觉察到婴儿何时会有兴趣并且知道很多重复性的刺激对于婴儿信息的形成是必要的。当婴儿改变注意的方向时，父母也要停止或改变他们的这种行为。

②童年期和青年期的注意。初学走路的孩子到处徘徊，把注意从一个活动上转移到另一个活动上，并且看起来对任何一个物体或事件的关注时间都很短。而学龄前儿童能够一次性看半个小时的电视。在一项通过对 99 个家庭进行了 4672 个小时的观测研究发现：看电视时视觉的注意在学龄前明显地增加，说明随着年龄的增长，儿童的持续注意时间有所增加。

对注意的控制在儿童期也发生了重要的改变。（来自）外部的刺激很可能决定了学前期儿童注意的目标，它明显地抓住了学前期儿童的注意。例如，假如一个闪光的、吸引人的小丑提出解决一个问题的说明书，学龄前儿童很可能去注意这个小丑而忽视了那个说明书。他们被具有显著特性的任务强烈地影响着。在六七岁以后，孩子会更有效率地去关注任务的特性，去适宜地完成一项任务或去解答一个问题，如去关注那个说明书。这个改变反映了向认知控制的注意的一个转变，这样孩子就会表现出更少的冲动和

① 习惯化是与敏感化相反的过程，它指当一个特定的刺激单纯地反复出现时，有机体对这个刺激的反应将逐渐减少。

更多的思考。对那些有意义的信息的注意在孩子上初小和高小的时候都会稳步地增长。对于无意义的信息加工则会在青年期减少。

另一个关于注意的重要方面是：从一项活动向另一项所需要的活动转变的能力。例如，（要想）写一篇好的故事就要求在选择单词的构成、语法的构成、段落的构成和整个故事的表达之间，就需要注意的转移。在完成注意转移的任务中，大一些的孩子和青年人比小孩子要完成得好。

③成年期的注意。进入到成年期后，成年人注意的时间更长。注意的技能通常在成年早期时是卓越的，但是，到了成年晚期对于有意义的信息的集中（加工），就不像年轻人那么有效率了。

老年人对于选择性注意的表现比青年人要差一些了。假如这个任务包含了一个简单的研究（如确定一个对象目标是否出现在一个电脑的屏幕上）或者假如个体曾经练习过这个任务，那么这些年龄上的差异就变得非常小了。

在分配性注意的衡量尺度中，老年人的表现则和中年人、青年人一样。随着对注意力要求的增加，老年人的这种表现在减退。如果两个竞争性的任务都是简单的，那么就会有很小或不存在什么年龄上的差异。然而当竞争性的任务变得难一些的时候，老年人的分配性注意就比青年人差一些了。在一项研究中，对于17~25岁、26~49岁和50~80岁的人进行实验，让他们一边谈话一边在高速公路上（在一个实验室模式下）驾驶一个模拟的装置，从而去考察他们的分配性注意的能力。同时还有一组，不去分散其注意力。整体上看，参与者在分配了注意力的情境中的表现要比未分配注意力那组的表现差。此外，老年人（50~80岁）在分散注意力的情境中比年轻的那两组要差得多，说明老年人在分配性注意方面要比年轻人差一些。

7.3.3 记忆发展

记忆是信息加工发展的一个核心概念，在认知发展中十分重要。正如20世纪美国剧作家Tennessee Williams所说：人生除了现在的这一刻外全都是回忆，它走得如此之快，以至于你很难抓住它。实际上，“记忆”就是指在一段时间里所保留的信息。如果没有记忆，你将不能把你昨天发生的事情与你今天正在进行的生活联系起来。

（1）记忆的加工过程。记忆中最基本的加工过程就是编码、存储和提取。在这三个环节中，其中的任何一个过程都可能发生错误。如一个事件的某一个部分可能没有被编码，这个事件没有被头脑储存，或者是，虽然记忆是存在的，但你不能够把它提取出来。因此，研究人员研究记忆的加工过程，实际上就是研究以下这三个过程：最初信息是如何被排放或者被编码到记忆中去的；继而，在被编码后它又是如何被保持和存储的；最后在一定的目的下它又是如何被发现或提取出来的。

（2）记忆中的几对范畴。

①长时记忆、短时记忆与工作记忆 。当人们谈到记忆时，往往指的是长时记忆，即一种永久的、无限的记忆。当你回忆儿时所喜欢的一种游戏、你的第一次约会，或是毕生发展观的特征时，你就利用了你的长时记忆。

当你回忆刚刚所读过的单词时，你所用的就是短时记忆。短时记忆是指在没有相同信息重复出现时，对信息的存储在 15～30 秒钟的一种记忆。个体利用复述能够把信息在短时记忆中保持更长一些时间。

与长时记忆不同，短时记忆的容量是有限的。一个用于评测其容量的方式是“记忆广度作业”。你听到一个很短的刺激——通常是指数字——它出现的速度很快（如一秒钟一次）。之后你被要求复述出这个数字。

短时记忆像一个被动的仓库，里面的架子用来存储信息，直至它转入长时记忆。工作记忆是指个体在作决策、解决问题和理解被写和被说的语言时，个体操作和思考的一种心理“工作台”。工作记忆被认为能比短时记忆更积极、更有效力地调节信息。

②内隐记忆与外显记忆。长时记忆系统包含了外显记忆和内隐记忆。外显记忆是指对于事件和经历有意识的记忆。当人们提起记忆的时候，经常指的是外显记忆。外显记忆也被称作陈述性记忆。外显记忆的例子有：去一个杂货店并记住你要买的东西，或是记住你曾经看过的一部电影的结果。

内隐记忆是指对于记忆的技能和常规的步骤是自动、无意识地执行的。内隐记忆有时也被称为程序性记忆。关于内隐记忆的例子有：无意识地记得如何去开一辆汽车、挥动高尔夫球杆，或是在电脑的键盘上打字。

③情景记忆与语义记忆。前面我们提到了外显记忆，它能够被再细分为情景记忆和语义记忆。情景记忆与语义记忆是由加拿大心理学家塔尔文在 1983 年提出的，它们也是长时记忆的一部分。

情景记忆是指对于人生中何时、何处所发生的事情的一种记忆。例如，你知道弟弟或妹妹的生日么？你还记得第一次约会时发生了什么？当你听说海湾战争爆发时你正在做什么？你今天早上吃了什么？

语义记忆是指个体所掌握的关于这个世界的知识。它包括一个人所专长的领域（如一个有经验的国际象棋手的国际象棋的知识），在学校里所学的一般性学术知识（如地理知识），以及诸如像词义、名人、重要的地方和一般事物这样的“日常知识”（如舒克和贝塔是谁）。语义记忆显露了独立个体的个人同一性。例如，你能够使用一个事实——如“利马是秘鲁的首都”——这对于你何时、何地学它都不会出现模糊的答案。

④构造记忆与错误记忆。记忆不会像录音机、照相机或是电脑的存储器那样，因此人们记忆的东西也可能会不准确。人们会构造和重构他们的记忆。根据图式理论，人们塑造记忆去适应那已经存在于他们头脑中的信息。这个过程被图式引导着，图式是一种组织概念和信息的心理框架，是对知识的心理组织形式。图式影响着人们的记忆加工过程——编码过程、做出相关推论的过程，以及提取信息的过程。当我们编码、提取信息的时候，我们会用原有的图式框架去填补空缺的信息。总之，我们对于过去的重构，不会像照片那样精确，当我们在大脑里编码和存储那些过去的信息时，都会产生些许的歪曲。

错误记忆是指由于各种信息相互混杂，人们有可能出现记忆错误信息的问题或出现歪曲的记忆。曾经有人在一次心理学会议上做过一次试验，当一些心理学家在开会时，由试验者扮演成两个罪犯在会场上打斗，他们在会场整整打斗了 20 分钟后离开会场，然后请心理学家们描述这两个人的特征。结果大多数心理学家形成了错误记忆。

(3) 记忆的毕生发展。

①婴幼儿期记忆发展。心理学家过去认为婴儿直到他们掌握了言语技能的时候，他们才会存储记忆。可是，最近据儿童发展的研究者透露，3 个月大的婴儿就有一些有限的记忆了。在一项记忆研究中，一个婴儿被放在一个装有精制动态雕塑的小床上，并且用丝带的一段系住小孩的脚脖子，而另一端系在这个动态雕塑上。孩子踢腿可使这个雕塑摇摆。几周后，让这个孩子重新回到这个小床上，但此时他的脚不连接这个动态雕塑。这个孩子仍旧踢腿，显然是想试图让这个动态雕塑摇动。然而，如果这个动态雕塑的组成有很小的改变的话，这个孩子则不会去踢腿。如果这个动态雕塑重新恢复到原来的样子，这个孩子仍继续踢腿。6 个月后，出现的“认生”表明婴儿具备了再认能力。在一项纵向研究中，对两岁左右的幼儿多次的进行评估，大一些的幼儿比小一些的幼儿显示出了更准确的记忆，并且对于显示他们的记忆时所需的提示线索也减少了。总之，大多数婴幼儿有意识性的记忆是凌乱的和短时的，除了我们能证实的知觉运动行为的记忆。

由于年幼婴儿大脑的前额皮质还未发育成熟，而前额皮质在对事件的记忆中被认定起着很重要的作用，所以人们可能对于 3 岁以前发生的事情能够记住的很少。这一现象被称为幼儿期或儿童期的健忘症。

②童年期记忆发展。到童年期以后，儿童的记忆量随年龄增长而增加，小学儿童的数学记忆广度已经与成人水平相当。对记忆广度的研究表明：短时记忆会在儿童期时增长。记忆广度随着年龄的增长而增长，因为年龄大的孩子会对信息进行复述。工作记忆与儿童的发展在很多方面都有联系。如工作记忆强的孩子比工作记忆弱的孩子在阅读理解、问题解决上要强。长时记忆对于学龄前儿童来说是不稳定的，但若给予恰当的线索和提示，小孩子能够记忆大量的信息。同样，他们的记忆易受到暗示的影响，所以让儿童能够准确地去回忆一个事件时，采访者经常要用一种中立的语气，要限制对误导性问题的使用，还要减少孩子做错误报告的动机。

儿童的长时记忆在儿童期的中期和晚期会有明显的提高，尤其是他们使用策略时。对于记忆来说，复述信息和组织信息就是两种典型的策略，大一些的儿童（或成人）会运用它们进行有效的记忆。复述信息，对于短时记忆和工作记忆更好些。像组织这样的策略可以使理解后重组的信息很好地被记忆，并且使它很顺利地进入长时记忆。创设心理的想象是提高记忆的另一种策略。使用想象的策略去记忆口头的信息，利于年龄较大儿童的记忆。理解后的重组是一项很重要的策略，它包含了更广泛的信息加工。当个体运用理解后的重组这种策略时，也有益于他们的记忆。个体所掌握的一种特殊的主题或技能知识会影响人们所关注的内容和组织、描述和解释信息的方法，反之，也会影响他们记忆、推理和解决问题的能力。

③青年期记忆发展。在青少年时工作记忆容量的增加是记忆发展的一个重要特点。类推法解决问题的任务可以说明这一特点。这一任务要求个体能够对新编码和以前编码的信息进行持续的比较。年龄较大的学生倾向于用类比的方法去完成对信息的加工。儿童则相反，他们在思考好所有的必要的解题步骤之前是不会进行信息加工的。由于儿童

的工作记忆的容量超负荷，这种信息的加工过程可能会不完全。而在青少年的工作记忆中拥有很大的存储空间，这使得他们在处理问题（像类推）时，则出现更少的错误。

④成年期记忆发展。成年期的记忆因记忆类型的不同而随着年龄发生差异性变化，如工作记忆的增长跨越儿童期、青春期和成年期，在45岁时达到顶峰，在57岁时开始衰减。这种工作记忆的增长和衰退与新记忆的信息和记忆库中保持的旧信息有关。成人早期的情景记忆要好于年长的成年人。成人晚期的人对于早年发生的事情比最近发生的事情的记忆要好，他们能够记住几年前发生的事情，但可能记不住昨天发生在他们身边的事情。但是，对于年老的成年人，越久的记忆，准确性可能越低。他们在提取语义记忆的信息时，通常需要很长的时间，但通常他们最终还是可以想起来的。内隐记忆比起外显记忆来说并不会很受年龄的影响，也就是说，年长的成年人不太会忘记如何开车，但可能会忘记他们在杂货店里所买的东西（除非把它们记在纸上并随身携带）。当他们开车的时候，他们的速度可能会慢些，但他们能够记住如何去开。

⑤记忆策略。人们的记忆力差，不是大脑记忆容量有限，而是记忆方法不当，如果掌握科学的记忆方法，人们的记忆能力就会大大改善。记忆的策略主要在于平常积累，日本的池谷裕二博士提出增强人们记忆的九大法则：一是利用情境进行记忆；二是联想记忆；三是运用视觉和听觉；四是把记住的东西讲给别人听；五是一定要保证充分的睡眠；六是有效地复习；七是减少紧张状态；八是求知欲；九是要继续不断地作记忆的努力。天才来源于勤奋，具体的记忆策略有：

第一，分段记忆。一般人们在记忆过程中企望一次就记住所有东西，学习过程虽长，却只能记住开始和结束部分。这就是记忆的“首因效果”和“近因效果”。前者是指对开始部分回忆率的提高，后者是指对最后部分回忆率的提高。由于这两个效应的存在，我们在记忆时，应该将记忆的内容分成若干部分来完成，也就是将以往一段时间完成的记忆任务分成几个小阶段进行记忆，在两个小阶段之间进行短暂休息，以获得更多首因效应和近因效应。例如，我们将3个小时的学习分成几个小阶段，间以短暂休息，便可增加首因效应和近因效应的次数，提高记忆效果。一般来讲，每一段学习时间应以20~50分钟为宜，休息时间以5~10分钟为好。每个人可以根据自己的特点以及所学学科的深浅和趣味性确定学习和休息的时间。有研究表明，人在休息时，大脑皮层的显意识虽然停止工作，皮层下潜意识仍在继续工作，潜意识会对知识进行加工处理并纳入人们的知识结构。

第二，选择记忆。杰出的人物总是把握重要的东西而忽视次要的东西。正如美国著名心理学家詹姆士说：“天才的本质，在于懂得哪些是可以忽略的。”医学权威汉斯·塞里曾深刻地指出：“似乎某个程度上，新学的资料占据了以前学过或即将要学的资料的位置，所以，你的记忆负荷是有个限度的，尝试记下过多的东西必然是心理抑压的一个重要来源。故此我会决定去忘记一些毫不重要的事情，并将有用的资料摘笔记。这样，我便保持了记忆有适当的空间，来容纳真正重要的事情。我想这个技巧，可助任何人，在高度复杂的理智生活中，实现最大的简单性。”在选择记忆时，应做到：一是要有选择的决心，放弃什么都记住的幻想；二是认真听课，主动思考，确定不同科目的重点，如果有大纲参考更好；三是学习时不能贪多求快，需循序渐进，扎实深入地把握重点；四是将重点以醒目的标志帮助加深记忆。

第三，分类记忆。许多人常常抱怨自己记忆性差，要么记不住东西，要么用的时候想不出来。其实这不是记性差，而是没有进行分类记忆。从信息加工的观点来看，长时记忆里储存的知识不会消退，只是没有明显的提取线索而无法提取。如果对所学知识进行分类，构成清晰的知识网络，知识的提取水平就会大大提高。因此，在学习时，应尽量将书的节、章和全书进行归纳分类，通过图表形式系统地掌握整个知识体系。书的目录可以使我们掌握书的框架结构；学习中看目录有利于分类记忆，以目录为线索对知识进行回忆；学习之后复习目录有利于系统地把握书的内容，巩固分类记忆成果。

第四，科学确定复习频率。根据艾宾浩斯实验所揭示的规律，如果学习一个小时，复习的时间可以这样安排：学习后 10 分钟进行第一次复习；24 小时进行第二次复习；一个星期进行第三次复习；一个月进行第四次复习；六个月进行第五次复习。经过这样几次复习，效果会明显提高。为了减少疲劳，根据大脑镶嵌式活动原则，在安排复习内容时，应将不同性质的科目轮换，使大脑不同区域轮流休息。

第五，超度学习。心理学家的研究表明，人们对所学知识到刚能记忆时就放弃学习，会遗忘得较快，若再多读几遍就会减少遗忘，这称为超度学习。超度学习的有效限度是 50%，也就是说在刚能正确记忆时，用 50% 的时间来记忆是有效的超度学习；若超过这一限度，就可能劳而无功。从奥苏伯尔的意义学习来看，超度学习是稳固起固定作用的概念，为以后的学习奠定基础。知识的学习是在原有知识基础上的建构，如果没有稳定的知识基础，常常欲速则不达，因此对重要的概念和原理应进行超度学习。

7.3.4 思维的发展

（1）思维的基本内容。思维是指对在记忆中的信息的操纵和转换。我们可以思考具体的东西（如一周的日程安排或是如何在电视游戏中取胜），或者我们也可以思考一些抽象的东西（如考虑“自由”或“同一性”的意义）。我们可以思考过去和未来，我们还可以思考现实（如我们怎么才能在下次的测验中取得好成绩）和幻想（我们见到猫王时会怎样，或者是我们登上宇航飞船去火星上时会怎样）。我们思考，是为了得到推理、反应、评估的方法，以解决问题和做出决策。心理学者对批判性思维有很大的兴趣。批判性思维是指丰富深刻地思考，并且对某个事件进行评估。批判性思维的重要性不在于给出一个具体的答案，而在于能给出富有深度和创造性的答案。

（2）思维的毕生发展。

①儿童期的思维发展。儿童期的批判性思维在学校教育中常常不被提倡。学校常教育学生要给出一个正确的答案，而不是鼓励学生去提出一个新的想法和一个重新思考后的结论。教师经常让学生去背诵、下定义、描述、陈述和列表，而不是让他们去分析、推理、联想、综合、批判、创造、评估、思考和再思考，这样导致很多学校的毕业生在思考问题的时候会很肤浅，只停留在问题的表面，而不能深入参与到更有意义的思维中。儿童的科学性思维常是关于现实的基本的问题，这些问题在其他人看来是非常浅显或是无法回答的问题，如“为什么天是蓝的”？儿童也常会像科学家样提出假设，进行科学推理，以确定因果关系。但是，他们的推理和科学家的推理之间仍存在着明显差

异，儿童处理问题的主要方法有这样几种：一是使用策略去解决问题，即儿童采取重复来机械记忆和寻找事物间的内在联系来记忆；二是使用法则去解决问题，即儿童会用书本所学习的一些原理和规则来分析问题；三是使用类推法去解决问题，指儿童通过类推法，通过寻找不相同的事物中在某些方面的一致性来解决问题。从总体上说，儿童的思维还显得较为初步，他们更多地受到偶然发生的事件影响而不是所有的事件，他们经常是坚持他们固有的意见而不顾事实。儿童可能会通过心理训练，以试图去协调新的信息与他们已存在的信念之间的矛盾。

②青年期的思维发展。如果一些基本技能（如文学和数学技能）在儿童期没有建立起坚实的基础，那么批判性思维技能在青春期就难以成熟，所以，对于一些青少年来说，获得青年期的思维是不可能的。但对于具备良好的技能基础的学生而言，这个时期对于批判性思维的发展是一个重要的转变期。有研究表明，批判性思维会随着年龄而增长，但只占总人数的43%。青少年期是一个决策增长期——关于将来选择什么样的朋友，是否上大学，与什么样的朋友约会，是否要买汽车，等等。青少年在做决策时是如何胜任的？年纪大些的青少年比年纪轻些的青少年看起来更能够胜任去做决策，依次年纪小的青少年比儿童更能胜任去做决策。与儿童期相比，年纪小的青少年更能够去形成自由选择，去从各种景物中选择一个情景，去预测一个决策所产生的后果，去考虑各种来源的可信度。

③成年期的思维发展。成人早期和中期的很多人由于记忆的增长、个体日常经验的积累，因而解决日常问题的能力也随着提高，事实上，这种能力到四五十岁还会有所提高。同样，成人学习的经历和努力也会获得某些专门领域的知识，或者能更广博地组织知识和理解特定领域。因为经历了很长时间的培训，成人个体比青年个体更能在不同的领域里，如物理、艺术等领域中成为专家。成人专家会用他们积累的经验去解决问题。专家能自动地加工信息，并且当所要解决的问题属于他的领域时，他比新手更能够有效地分析它。专家对于他们领域中的问题比新手拥有更好的策略和捷径去解决。专家在他们的领域内比新手能更有创造性和灵活性地去解决问题。成人晚期的人喜欢谈论往事，他们思维的灵活性和想象力在减弱，在应对问题时，他们会深思熟虑，可能因为人生阅历的丰富，他们倾向于坚持自己的观点，思维的过于主观使老年人不能从他人角度去全面分析问题，虽然有时也可以解决问题，但是这使老人备显固执。

7.3.5　元认知发展

（1）元认知的基本概念。人类的认识活动具有不同的水平和层次。注意、记忆、思维等是一般的认知活动，而一个人如何来控制自己的注意、记忆和思维活动的过程，学会如何学习、如何思维、如何更好地主动地发展自己，即一个人如何能够对自己的认知活动过程进行调节与控制，则属于更高一级的认知活动，即元认知的问题。

20世纪70年代，美国著名发展心理学家弗拉维尔（J. H. Flavell）根据自己及他人的多方面研究，针对后一种认知活动，在《认知发展》一书中提出了一个新的概念，即元认知。弗拉维尔对元认知进行过两次界定，1976年他认为“元认知是个体关于自己的认知过程及其认知结果或者其他相关事情的知识”。同时他认为，元认知也是指

“个体为完成某一个具体目标或任务，依据认知对象对认知过程进行主动监测以及连续的调节和协调”。弗拉维尔认为，元认知表现在两个方面：一是有关认知的知识；二是对认知活动的监控与调节。

1981 年，弗拉维尔将元认知的含义进行了更为简练的表述，他认为元认知是“反映或调节人的认知活动的任一方面的知识或认知活动”。这样就把元认知明确地理解为有关认知的知识以及调节认知的活动。前者是一种相对静态的知识体系，反映了个体对认知活动及其影响因素的认知；后者是一种动态的认知过程，是个体对当前认知活动所做的监控与调节。

目前有关元认知的研究主要集中在两个方面：一是以元认知知识为研究对象，通过研究个体关于自己和他人的认识活动、过程、结果和特征以及与之有关的知识来探讨元认知的有关问题；二是以元认知监控过程为研究对象，通过研究个体为了达到预定目标和完成预定任务而进行的认识活动，将自己正在进行的认知活动作为意识对象，不断地对其进行积极的、自觉的监视、控制和调节的过程来探讨元认知过程的心理机制与活动规律。

总之，元认知是个体对自己的心理过程、心理状态、目标任务、认知策略等多方面因素的认知，它是以认知过程和认知结果为对象，以对自身认知活动的监控和调节为外在表现的认知活动过程。

（2）元认知的构成。关于元认知的组成成分，目前仍然有不同的看法。弗拉维尔将元认知分为两大要素，即元认知知识和元认知过程。前者是个体所存储的既和自己有关，又与各种任务和目标、活动、经验有关的知识；后者是个体对自己认识活动的有意识调节。巴克（Barker，1994）提出元认知应该包括两个部分：元认知知识和元认知监控，这种观点被称为元认知的二分法。我国心理学界将元认知分为三个部分，即元认知知识、元认知体验和元认知技能。

①元认知知识。元认知知识是指个体对于影响认知活动过程和认知结果的各种因素的认识。它包括一个人对于哪些因素影响人的认知活动的过程与结果、这些因素是如何起作用的、它们之间又是怎样相互作用的认识。主要包括：

一是关于认知主体的知识，即指个体关于自己和他人作为认知对象的所有知识，其中包括对存在于个体内（认识自己）的和个体间（了解他人）的认知差异性的认识，以及个体间的认知相似性的认识。

二是关于认知任务的认识，即指个体关于认知活动任务的要求、特点等方面的知识，其中既包括对认知材料的性质、长度、结构特点、呈现方式、逻辑性、熟悉度以及难度等方面的认识，又包括对认知任务的目的、要求和进度的认识。

三是有关认知策略的知识，即指个体对于完成某项认知任务所需要的认知方法的各方面的知识。

元认知知识的重要意义在于：它是元认知活动必要的支持系统，为调节认知活动过程提供了极其重要的知识与经验基础和背景。元认知中最核心的要素是对认知活动的调控，其本质是对当前认知活动进行合理的计划、组织和调整。在这个过程中，个体对自己自身认知资源特点的认知，对认知任务的内容和类型的了解，以及关于认知和解决这些问题的认知策略的知识，都对调节活动起着非常关键的作用。

②元认知体验。元认知体验是个体在认知活动过程中，对有关情况有所觉察和了解而产生的认知与情感体验。从性质上看，它包含着“知”与“不知”的体验；从内容上看，它包含着“简单”和“复杂”的体验；从层次上看，它包含着能够被个体所清晰地意识到的体验，也包含着处于潜意识的体验；从时间上看，它包含着认知活动之前、认知活动之中和认知活动之后的体验。弗拉维尔认为，元认知体验最有可能发生在思维活动水平较高的情况下，例如，在学习一个较难的数学定理时，每向前推进一步，都伴随着成功与失败、理解后的喜悦、百思不解的困惑、兴奋与焦虑等。

③元认知技能。元认知技能是个体将自己正在进行的认知活动作为意识的对象，在不断对其进行积极而自觉的监视、控制和调节的过程中所使用的方式和手段。一般有三种：

一是制订计划，即个体对即将进行的认知活动及其行为进行某种策划。

二是自我监控，即个体对自己的认知活动的进程以及效果所进行的评估，也就是在认知活动进行的过程中以及结束后，个体都要对认知活动的效果进行自我反馈。

三是自我调整，即个体能够根据监控得来的信息，对认知活动采取适当的矫正性或补救性措施，其中包括自我纠正错误、排除障碍、调整思路等。

（3）元认知发展。

①婴幼儿期的元认知发展。个体在婴儿期就会对人类的心理属性产生好奇，当他们两三岁大的时候，婴幼儿开始懂得三种心理状态：即知觉，儿童开始意识到，他人所看到的东西，并不一定就是孩子眼中所看到的东西；欲望，儿童开始懂得，如果一个人想去得到一些东西，他或她必须要尽力去获得它，一个孩子会说“我要我的妈妈”；情绪，儿童开始能够区分积极（如快乐）和消极（如悲伤）的情绪，一个孩子会说“汤姆感觉不好”。尽管有了这些进步，两三岁的孩子仅仅具有很少的关于心理活动与行为之间关系的理解，他们认为人们是在他们欲望的支配下行动的，并不知道信念会如何去影响他们的行为。

当他们四五岁的时候，开始懂得思考，可以准确或不准确地去表征物体和事件。大多数孩子在五岁时开始意识到：人们是有错误的信念的——一种不正确的信念。如在一项研究中，给孩子们看一个邦迪盒子，并问他们里面有什么东西？令孩子们吃惊的是，这个盒子里装的是铅笔。当问那些从没看过盒子的儿童们：（盒子）里面是什么时？三岁大的孩子通常会回答是“铅笔”，四五岁的儿童则会嘲笑其他儿童的错误预料而认为是“邦迪”。

②童年期的元记忆发展。儿童到五六岁时通常就会知道，对于熟悉的事物比不熟悉的事物学起来要容易，对于短的目录比长的目录学起来要容易，再认比回忆要容易，随着时间的流逝所遗忘的东西会增多。然而，另一方面，小孩子的元记忆是有限的。他们不懂得相关的项目比不相关的项目更容易记住，不懂得记住故事的要义要比记住全部的故事更容易。到了五年级的学生就懂得回忆要义比逐字的回忆要容易。

学龄前的儿童对他们的记忆能力也会有一种夸大的看法。例如，一项研究中，大量的学龄前儿童预测他们能够回忆出列表中的全部10个项目。但当他们被测试时，没有一个孩子能够做到这个“伟绩”。当他们进入小学后，孩子们对于他们的记忆技能就能够给予更多的实际评估了。学龄前儿童对于记忆线索的重要性的重视是很少的，到了七八岁时，孩子们会更重视记忆的线索。一般来说，儿童对于他们记忆能力的个人看法和他们对自己在记忆任务中所表现的技能的评估，在刚进入小学阶段时是相当拙劣的，但在十一二岁时就会出现显著的提高。

③青少年期的元认知发展。青少年比儿童能更好地管理和控制他们的思维。青少年比儿童具有更多的内省性——反观自身的思想和情感。这种元认知的提高，帮助青少年去评估和监控他们的学术知识。例如，他们比儿童能够更好地去评估：完成一项任务需要耗费他们多久的时间，并且更加注意计划和控制这种工作的需求。

④成年期的元认知发展。到了中年，成年人积累了大量的元认知知识，他们能够运用这些元认知知识去帮助他们对抗记忆技能的衰减。例如，他们懂得必须用好的组织技能和能够帮助记忆的东西去帮助他们，从而与他们所面临的记忆技能的衰减作斗争。

老年人容易高估他们在日常生活中所经历的记忆问题。他们看起来比年轻的成年人更关注记忆衰减问题，并且与年轻的成年人相比，他们对于轻微的健忘症会感到更加的焦虑。不少发展心理学者认为，老年人出现的记忆问题，主要是他们对于遗忘的焦虑，而不是真的说他们的记忆力就没有以前好了。在许多记忆测验中，60 岁以上的人确实比 20 岁的人表现得差。即使受过高等教育、拥有良好的智力技能，人们也会体验到记忆力的衰退。但是对于提取一般性知识和多年前发生事件的个人信息，年龄老化似乎不会降低老年人在这方面的能力。

【阅读书目】

1. [美]R. 默里 · 托马斯著：《儿童发展理论：比较的视角》(第六版)，郭本禹、王云强等译，上海教育出版社 2009 年版。

2. [美]戴蒙、勒纳主编：《儿童心理学手册》(第六版) 第一卷：《人类发展的理论模型》，林崇德、李其维、董奇等译，华东师范大学出版社 2009 年版。

3. 王光荣著：《文化的诠释——维果茨基学派心理学》，山东教育出版社 2009 年版。

4. [瑞士] 皮亚杰著：《发生认识论原理》，王宪钿译，商务印书馆 1981 年版。

5. [瑞士] 英海尔德等著：《学习与认知发展》，李其维译，华东师范大学出版社 2003 年版。

6. 丁芳等著：《智慧的发生——皮亚杰学派心理学》，山东教育出版社 2009 年版。

7. 麻彦坤：《维果茨基对现代西方心理学的影响》，南京师范大学博士论文，2005 年。

【思考题】

1. 如何认识和评价皮亚杰的认知发展理论？
2. 试对皮亚杰的认知发展理论与维果茨基的文化历史理论进行比较。
3. 维果茨基的文化历史理论对当地心理学的重要影响是什么？
4. 维果茨基的文化历史理论对教育的启示是什么？
5. 了解元认知领域研究的新进展。

第8章　智力发展

本章要论

智力是人的多种认识能力，如观察、记忆、思维、创造力的综合体现。

智力测验作为评测工具，可提供个体能力方面的价值信息，但需审慎应用。

智力本质的理论研究多在人类行为观察和心理测量基础上形成。

个体智力发展是一个受遗传基因制约，并在不断获得社会文化经验基础上构建的过程。

智力是存在个体差异的心理特征。智力发展水平存在智力迟滞、正常、超常的差别。

智力是认知发展的结晶。如果说智力是个千古之谜，恐怕并不过分，古往今来中外无数哲人们都尝试揭示大千世界芸芸众生能力差别之所在。考察人的才能，使其各得其所，曾是人类的梦想。什么是人类的智力？为什么人们的智力表现存在差异？一生中，人的智力会出现什么样的发展？如何使自己更具有创造性？这些都是本章要讨论的问题。

8.1　智力概述

8.1.1　什么是智力

对于智力的概念，人们争论颇多。不仅心理学界对此没有形成统一的看法，而且普通的民众对智力也有自己独特的理解和认识。正如《中国大百科全书·心理学卷》中"智力"释文中所说："智力一词的含义看起来好像是人人皆知的，实际上却很难提出一种完全令人满意的定义。"尽管如此，心理学家仍从多种角度探讨了智力的定义。

有学者认为智力是一种能力，一种解决问题的能力，一种偏重认识方面的能力；也有学者认为智力是一种先天素质，是脑神经活动功能的结果；还有学者将智力定义为适应和从经验中学习的能力。韦克斯勒曾指出："智力是一种总括的或综合的能力，使人能有目的地行动、合理地思维，并有效地应付环境。"这种对智力的一般性概述得到了大多数心理学者的认同。

当然，千差万别的智力概念仍存在一些联系。有学者认为这是因为智力概念约定性的迥异，导致人们对智力的理解存在差异。还有学者对智力定义的难以统一进行了可能的原因分析：

(1) 智力本质认识涉及的问题比较复杂，很难用简单的语言加以概括。

(2) 随着时代的发展，人们对智力含义的认识在不断变化，一成不变的智力概念很难为大多数人接受。

(3) 不同年龄的人，衡量他们的智力发展水平的标准明显应有所不同。不能用同一标准衡量所有年龄的人。

(4) 因生活和工作的领域不同，个体智力表现的方式也不同。

(5) 处于不同的社会文化背景下的人们对智力的理解和要求不同，因而也难以形成一个具有共同文化内涵的智力定义。

智力的具体含义是一个难以回答的问题，而有关智力的研究也存在众多的争论，如人类智力是由遗传因素决定的，还是受环境因素的影响较大些？人类智力的发展是阶段性的，还是连续性的？智力测验的恰当与否？等等。这些问题说明了人类智力的复杂，也体现了人类对智力本质的探索在不断深入。

8.1.2 怎样评测智力

智力是一个凸显个体差异的领域，人们希望能够以某种方式对人类的不同智力进行评测。但是智力的测量不能像测量身高、体重那样直接进行，而要通过人类的各种智力活动来间接体现。智力测验便是一种专门对智力进行量化描述的工具。

智力测验的历史可追溯到19世纪后期的英国心理学家高尔顿。他提出了有关智力的重要议题，并尝试进行证明，其中就包括智力应如何测量的问题。而世界上第一个正规的智力量表则是由法国的心理学家比内（Alfred Binet）和他的学生西蒙（Theodore Simon）编制的。1905年，比内受法国教育部之托，鉴别哪些学生需要接受专门的特殊教育或训练。比内便开发了一种数量化的方法来评鉴学生的智力水平。此后，智力的研究逐步进入科学化的进程，各种类型的智力测验或类似标准化的能力测验也如雨后春笋般出现在社会的各行各业中。

智力量表有很多种，根据其不同特点或用途可将之进行不同的分类。一般而言，根据使用对象的年龄不同，智力量表可分为新生儿量表、婴幼儿量表、学龄前儿童量表、儿童量表和成人量表等；根据量表的内容形式可分为语言文字量表和非文字量表；根据量表的用途可分为诊断量表和筛选量表；根据量表施测对象的多少，可分为个别量表和团体量表；根据量表的内容多少，可分为单一内容的智力量表和成套智力量表，此外，智力量表还可分为单一文化量表和跨文化智力量表。下面是几种常见的智力标准化测验。

(1) 比内智力测验和斯坦福—比内智力量表。比内认为智力就是“正确的判断、透彻的理解、适当的推理”，其中指向性、适应性和批判性是三个重要的组成元素。一个人在面临一项任务时，需要知道必须做哪些事情来完成这个任务。指向性规定了思维的方向；选择相应的实施策略，并对策略的使用进行监控便是适应性；批判性就是个体对自己的思维和行为做评价和批判控制。比内在自己理论的基础上，编制了《诊断异常儿童智力的新方法》，即1905年的比内—西蒙智力量表。这套测验由30个项目组成，题目内容涉及广泛，包括言语、理解、数字、图形、实验操作等材料，其中言语项目所占比例最大。

比内测验的题目由易到难排列，所以通过儿童完成的题目可以衡量其智力发展的水平，这种排列方式后来被许多测验所采用，也反映出比内强调以发展的观点审视智力。比内和西蒙对1905年的量表进行了多次修订，测验项目内容有所增加，测验的适用年龄范围也有扩大，并设计了成人组测验项目。测验的结果，比内用智力年龄（Mental Age，MA）来表示。智力年龄是指在某一特定年龄段所表现出来的智力发展水平。

比内智力测验很快传入了美国，斯坦福大学的心理学家推孟（L. Terman）于1916年对其进行了修订。美国版本的测验中新设了一些新的项目，并规定了每个项目详细的指导语和计分标准。同时，推孟还引用智力商数（Intelligence Quotien，IQ）来表示一个人的智力，改进了智力年龄不能反映出相对于实际生理年龄（Chronological Age，CA）的高低程度。智商的计算公式为IQ=MA/CA×100。智商的应用可以对不同生理年龄儿童的智力水平进行比较。但是最新的斯坦福—比内智力量表，即1985年的第四版斯坦福—比内智力量表，用离差智商取代了比率智商作为测验结果的表示方式。离差智商（deviation IQ）是指一个人的智力水平在其年龄组的相对位置，说明个人智力偏离该年龄组平均水平的方向和程度。第四版的斯坦福—比内智力量表可以测试2岁至成人的智力，它由15个分测验组成，内容涉及4个认知方面：言语推理、抽象/视觉推理、数量推理和短时记忆。其中各年龄都使用的测验有6个，其余9个分测验适用于不同的年龄组。该量表的施测分为两个阶段，即准入等级阶段和分类等级阶段（包括建立基础等级和最高等级测试），被试者接受多少个分测验取决于他的年龄和分级成绩。测验的有些项目要求被试者做出言语反应，有些项目则要求被试者做出非言语反应。该量表的常模是从大范围的标准化样本中获得的，信度和效度稳定，是目前最广泛应用的个体智力测验之一。

1924年，我国心理学家陆志韦主持修订了1916年的斯坦福—比内智力量表，这是第一个中国比内智力量表。多年后，他与助手吴天敏对此量表进行了第二次修订。目前中国比内测验是1981年第三次修订的版本，共有51个项目，用于测试2～18岁年龄组人群的智力。测试以个人成绩与同年龄组的平均成绩相比较的结果作为智商分数，代表被试者的智力水平。吴天敏还从51个项目中选出了8个，组成中国比内测验简编，测验的时间得以缩短，其结果也比较可信。

比内智力测验开创了智力测验研究的先河，并在较为客观的基础上，对儿童的智力水平进行了评价，使儿童得以安置到适合于他们教育的学校，这种方式得到了教育界的认可，也为智力测验在社会生活中的研究和应用开拓了渠道。从此，智力测验的研发迅速发展，其应用逐渐推广到军事、商业、管理等诸多领域。

（2）韦克斯勒智力量表。由韦克斯勒编制的韦氏智力量表是另一个被广泛应用的智力测验。与斯坦福—比内智力量表相比，它更适合于成人智力的测量。韦克斯勒智力量表的项目内容综合考察智力的不同方面，从易到难的顺序排列，测验结果仍以离差智商来表示。

韦克斯勒智力量表包括适应于不同年龄组的三套量表，即为适用于4～6.5岁的韦克斯勒学前和小学儿童智力量表修订版（Wechsler Preschool and Primary Scale of

Intelligence-Revised，WPPSI-R)、6～16岁儿童适用的韦克斯勒儿童智力量表第4版（Wechsler Intelligence Scale for Children-Fourth Edition，WISC-Ⅳ）和韦克斯勒成人智力量表第3版（Wechsler Adult Intelligence Scale-Third Edition，WAIS-Ⅲ）。韦氏量表中的分测验共有两类：言语测验和操作测验。通过测量，可以得到言语智商（VIQ）、操作智商（PIQ）和全量表智商（FIQ）。如韦氏成人智力量表共有11个分测验，其中言语量表6个，包括常识、数字广度、词汇、算术、理解、相似性；操作量表5个，包括填图、图片排列、搭积木、物体装配、数字符号。除了可以产生一个总体的智商分数外，还可得到言语智商和操作智商分数，而且各个具体分测验可以揭示智力的不同方面的发展情况。

20世纪80年代前后，我国的心理学者引进了韦氏智力量表，并开展了中国化的工作，其中以湖南医科大学龚耀先主持修订的中国韦氏智力量表最为人所关注。修订是在保持量表原有结构和特色的基础上，适当调整和更改某些测验项目、测验顺序和评分准则，以符合中国的实际情况。修订后对量表的信度和效度重新进行了检验研究。

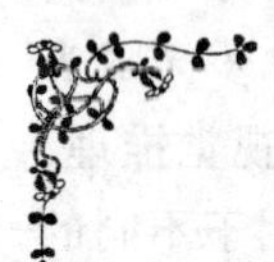

韦克斯勒儿童智力量表（第四版）

2003年《韦克斯勒儿童智力量表》(第四版)(以下简称为“WISC-Ⅳ）在北美公开发行和使用。韦克斯勒儿童智力量表（第四版）修订目标在于更新和充实测量工具的理论基础；改进测验结构，加强临床效用，提供更丰富的常模和临床信息；增加评估流体智力、工作记忆和加工速度的分测验；降低操作测验的速度比重；增加测量工具的心理测量学性能；提供常模样本的代表性；增加最易题目和最难题目，消除地板效应和天花板效应，避免秃尾常模；及时更新常模，避免Flynn效应的积累。

修订后的WISC-Ⅳ结构包括15个分测验，积木、类同、数字广度、译码、词汇、理解、填图、常识、算术、符号搜索是10个保留下来的分测验。为强调流体推理和工作记忆的测量，增加了图画概念（picture concepts)、字母-数字排序（letter-number sequencing)、划消（cancellation)、矩阵推理（matrix reasoning)、词汇推理（word reasoning）等5个分测验。

WISC-Ⅳ总共导出5个合成分数：总智商（或称全量表智商，Full Scale IQ，FSIQ)，用以表明儿童的总体认知能力。言语理解指数（Verbal Comprehension Index，VCI)、知觉推理指数（Perceptual Reasoning Index，PRI)、工作记忆指数（Working Memory Index，WMI）和加工速度指数（Processing Speed Index，PSI）四个合成分数，用以说明儿童在不同认知领域的认知能力。除合成分数外，WISC-Ⅳ还提供7个过程分数，更准确、更精细地对受测者的认知过程进行描述。WISC-Ⅳ结构如图8.1所示。

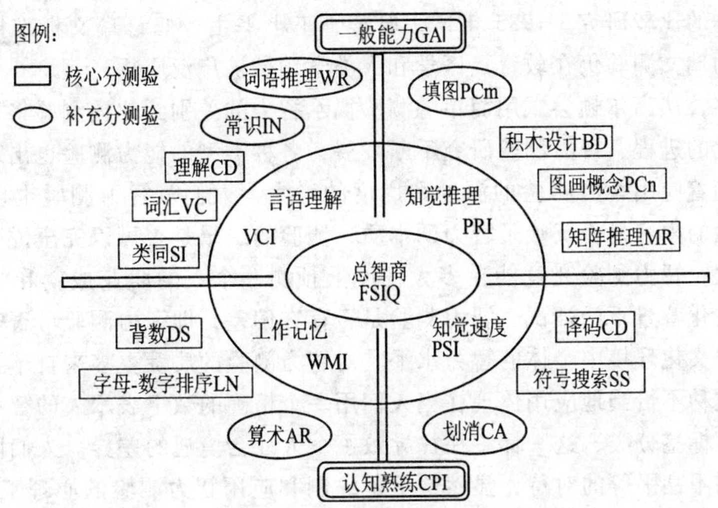

图 8.1　WISC-Ⅳ测试结构模型

资料来源：丁怡等：《〈韦氏儿童智力量表〉（第四版）的简介与性能分析》，《中国特殊教育》2006 年第 9 期。陈海平：《〈韦氏儿童智力测验〉（第四版）的修订及其对智力测验开发的启示》，《宁波大学学报》（教育科学版）2008 年第 6 期。

（3）团体测验。斯坦福—比内智力测验和韦氏智力量表都属于个体智力测验，一般由专业的受训人员给个人单独实施，施测者还可以观察测试对象在测试过程中的行为表现，以进一步了解测试对象。但是，有时需要在短时间内对大量的人员根据他们的能力差异进行适当的安置，单独的个体智力测验显然不经济适用，团体智力测试便应时而生。

团体测验是在限定的时间内由较少的检测专家监督，对大型群体进行能力测试。世界上第一个团体测验出现在第一次世界大战期间。美国军方征集了大量的士兵以备战，如何按照个人的能力特征处理和安置新兵，使他们更好地发挥作用，是当时一个急需解决的问题。为此，美国政府组织了许多著名的心理测量专家对应征士兵进行评价和分类。测量专家们便编制了第一个团体智力量表《军队 α、β 测验》。此后，多种团体智力测验面世，如为预测学生学业成就的《学业能力倾向测验》和《学业评定测验》等。

团体测试的优点在于能够快捷地对大型群体做出大略的能力判断。但是，团体测试的结果对于个人而言，只是其能力表现的一鳞半爪，因而对个体能力的判断需综合他在不同情境下的表现。

（4）瑞文推理测验。瑞文推理测验（Ranven's Standard Progressive Matrices，SPM）是由英国心理学家瑞文编制的非文字智力测验。其适用范围广，特别适用于不同国家、不同民族的人群，是一个较好的跨文化研究工具，适用人群年龄也较为广泛。测试方式灵活，既可用于个体测试，也可进行团体施测。瑞文测验中编制了适合于较小儿童和智力迟滞者的推理测验和适用于高智力水平者的高级推理测验，所以，该测验可用于不同智力水平人群的比较研究。1985 年，张厚粲、王小平主持修订瑞文标准推理测验。至今，中国版的瑞文测验仍在教育、医学和人类学领域被广泛应用。

如同前述，从高尔顿尝试用简单的测验揭示智力的差别到比内测验将智力评估的研究推入科学化的进程，智力测验研究不断发展，各种类型的能力测验也出现在众多不同的领域。但随着应用智力测验的深度和广度的增大，人们对智力测验也诟病不断。首先，智力测验的内容是否反映了智力的本质，测验的结果是否可以完全说明一个人的全部能力？其次，智力测验究竟能在多大程度上预测一个人的职业成就和学业成绩？再次，对不同文化背景下的被试，智力测验是否存在偏差，即智力测验可否客观公正地反映生活于不同文化环境中个体的智力水平。对智力测验的质疑更多来自于智力测验的不恰当应用。这种不恰当地应用体现在当人们用一个精确的数字表示人的智力水平时，似乎将人进行了标签分类，这一标签往往导致了个人社会境遇的差异。人们因智力测验的局限性而受到不甚平等的对待，显然这不是编制和应用智力测验的心理工作者的初衷。作为一个评测工具，智力测验提供了关于个体一般能力方面颇有价值的信息，但在考察个人的能力时，需要综合个人的成长背景、个性特征、行为表现等方面的信息，审慎地予以评价。

8.1.3 智力理论

作为一个备受争议的领域，人类智力的研究经历了多种观点发展演变的过程。从最早人们用智力来描述自己或别人智力的本领开始，人们提出了众多关于智力本质的理论。传统智力测验将人类的智力水平精确为一个量化的数字，表明智力是一种具备单一属性的心理能力，这也成为智力单一化观点的典型表现形式。随着人类研究智力的实验技术的发展，因素分析的测量技术被用于智力的研究中。智力单一化观点受到了极大的争议，人们也逐渐意识到智力的复杂性，对智力真实本质的研究也呈现多元化趋势。

（1）智力因素理论。智力因素理论又称智力的测量理论，其理论基础构建于因素分析方法。因素分析方法是研究受多种因素影响的某一事物现象中各因素相互影响的方向和影响程度的一种统计分析方法。最早提出智力因素理论的心理学家是英国的斯皮尔曼。斯皮尔曼虽然是在比内智力测验的发表之前提出智力两因素理论，但在当时，该理论并没有引起人们的注意，直到智力测验的兴起，才为人所注目。斯皮尔曼根据人们在不同智力任务中的成绩存在一定的相关，提出智力由两种因素组成。斯皮尔曼认为存在一种一般智力，它是完成不同智力任务时都需要的一种能力，他将之称为 g 因素；另外，人们还具备一些特殊能力以完成特定的智力任务，即为 s 因素。斯皮尔曼认为 g 因素是决定一个人智力高低的主要因素。

瑟斯通根据自己创建的多因素分析法，提出基本能力之说。瑟斯通的多因素理论认为不存在一般智力因素，智力是由七种主要的基本心理能力组成，即言语能力、数字能力、词汇流利、空间知觉、联想记忆、推理能力和知觉速度。这些基本能力因素的不同组合，就构成每个人独特的智力。卡特尔的智力层次理论是对智力两因素理论和多因素理论的进一步发展。他对智力的一般因素和基本能力因素进行融合分层，将智力分解为两类一般因素和三种较小的因素。他称两类一般因素为流体智力（fluid intelligence）和晶体智力（crystalized intelligence）。流体智力是指一个人先天素质决定的潜能，这类智力随年龄的增长、身体的衰老而减退。而晶体智力代表可经过各类教育和一般知识经验的增长而获得的能力，这类智力可能随年龄的增长而递增。卡特尔提出的三种较小因素分别是视觉能力、记忆检索和作业速度。

智力三维结构理论是吉尔福特对智力构成的另一种设想。吉尔福特否认智力一般因素的存在，而是从三个维度提出智力的立体结构模型。同时，他还对每个智力结构维度的内容做了进一步的分析。吉尔福特三维智力结构的第一个维度是内容维度，包括图形、符号、语义、行为四种基本能力；第二个是操作方式维度，包括认知、记忆、发散思维、辐合思维、评价五种基本能力；第三个是产品维度，包括单元、类别、关系、系统、转化、蕴含六种基本能力。由此，吉尔福特得出智力由 120 种独立能力组成。在后续的研究中，吉尔福特找到了一些独立智力因素。但至今，仍然没有研究能够证实其理论中所有独立智力因素的存在。尽管如此，吉尔福特的三维智力结构理论为实际生活中多种能力测验的应用提供了理论支持，其形态学的研究方法也从新的角度对智力本质进行了探究。

智力的 Cattell-Horn-Carroll 理论（简称 CHC 理论）是将探索性因素分析与验证性因素分析相结合而建立的理论模式。该理论采用卡罗尔认知能力三层模型中的三层框架。第一层（stratum Ⅰ）能力的概念和内容，称为“狭窄能力”(narrow abilities)，包括了约 70 个可以直接测量的“狭窄能力”。该模型又吸收了卡特尔-霍恩（Cattell-Horn）Gf-Gc 模型中的“Gf-Gc 能力”并将其置于模型的第二层（stratum Ⅱ），称为“广泛能力”(broad abilities)，包括流体智力、晶体智力、定量知识、阅读和写作能力、短时记忆、视觉加工、听觉加工、长时储存和提取、加工速度以及决策、反应时间或速度。每个广泛能力中包含数量不等的狭窄能力。模型的第三层（stratum Ⅲ）即顶层，是“一般因素 g”，这个一般因素 g 包括所有的广泛能力和狭窄能力，涉及高层次的复杂认知加工。CHC 理论模型如图 8.2 所示。

(2) 加德纳的多元智力理论。智力标准化纸笔测验的大行其道使人们对智商概念和智力一元化产生了普遍怀疑。加德纳注意到人们常在社会生活中表现出各种解决问题和制造产品的不同能力。在收集和分析各领域的研究信息的基础上，诸如对于已知儿童的各项技能的开发过程和脑受伤以后人类认知技能丧失的状况研究；对某些特殊人群如天才、白痴和孤独症儿童的研究；人类认知进化与交叉文化的研究；各项心理测验之间的关联性研究和有效技能训练的研究等，加德纳提出了多元智力理论，并归纳总结出八种智力。加德纳在阐述这八种智力的构成时，采用了一组可辨别的基本能力特征，即各种智力是否能独立存在、大脑中是否存在特定的功能部位、该智力应在一定的社会文化背景下发挥作用、智力的出现常伴随着能发展该智力的意义性的符号系统等。

基于上述理论来源和智力评判依据，加德纳对八种智力进行例证分析。它们分别是音乐智力、身体运动智力、数学逻辑智力、语言智力、空间智力、人际关系智力、自我认识智力和自然智力。加德纳认为八种智力在每个正常的个体都有一定程度的体现，而人与人的差异只在于每个人所具备的智力程度和智力组合的不同。人们在社会生活中，

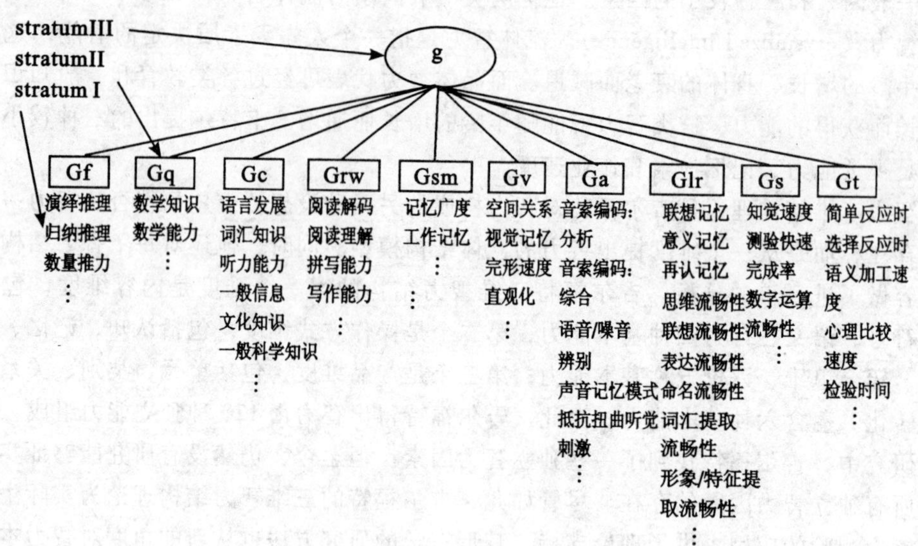

图 8.2　智力 CHC 理论模型

完成某些任务、解决特定问题或制造相应的产品时，需要综合应用这八种智力，当然，个别特殊群体除外。加德纳的多元智力理论将智力视为人类的一种心理潜能，而不是一个简单的生理特征，是人类在一定社会文化背景下与社会环境相互作用的产物。个体智力的发展反映该个体所处的文化背景的价值观和特点，而且个体的智力活动分布于与个体有关的其他人、工具、技术和符号系统之中。

加德纳还提出了不同于智商测验的智力评估理念，即评估的情景化。智力评估者应为被试提供意义性材料，使其在能够激发多种潜能的情况下进行智力展示。这种连续性的智力展示过程便于观察到个体的智力强项和弱项，而且应有利于个体的成长。智力评估的结果应为个体提供帮助，使其能根据自己的独特智力类型，选择适合自己发展的道路。加德纳依据其智力发展观，进行了儿童青少年艺术发展的教育实验。

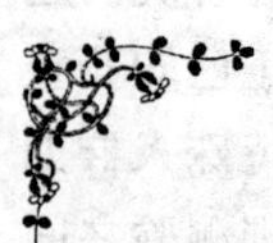

加德纳多元智能之教育实验

加德纳在提出多元智力理论后，对根据其理论精神建立的学校教育进行了实践研究。这些应用研究在学前儿童到高中阶段的学生中进行，着重点在于对多元智力的确认和培育。

“多彩光谱”项目是对学前儿童的多种智力进行评估的一个游戏活动。这种评估向儿童提供了启发涉及 7 个领域中的多项智力的场景和素材。参与儿童根据自己的兴趣爱好在相关的领域进行学习探索，经过一年的观察，就可以得到参与儿童的兴趣倾向和才能评估报告。当然，还需要观察他们的认知方式和行为方式。儿童还可以参与斯比智力量表的测试，然后，对这两者评估方式的结果进行比较，发现“多彩光谱”的评估方式更能吸引儿童参与，“智力展示”的方式更能直接观察到儿童的智力状态，而且，斯比智力量表测试的结果与“多彩光谱”中评估结果相关性不太大，“多彩光谱”项目测量更能显示智力的差异性和确认儿童的智力强项和弱项。

小学阶段的“重点试验学校”项目，其宗旨是培育和激发学生的多种智力，学生在这样的学校里，不仅要进行标准的课程学习，还要参加多种形式的计算机、音乐和体育等活动。试验学校开辟了多元智力课程，同时采用了不同理解形式的教育方法，具体有：一是学生每天参加一个类似师徒制的小组，学习和掌握他们感兴趣的手艺或学科；二是这样的小组与广泛的社区团体相联系，学生就可以进入社区进行深入的探索；三是要求学生完成某一相关主题的专题作业。

初中阶段的“学校实用智力”项目主要是针对学生在学校环境中生存和成长技能的探讨。这种技能被称为“学校实用智力”，其范围并不仅限于传统的“学术智力”，更多地关注于学习、应用、综合与课程相关的学术知识和学习、应用、综合与自身学习任务、学校系统有关的实用知识。“学校实用智力”的理解并融会贯通目标是为了帮助学生进行有效的学习。学生的学习是否进步，参加学校活动的积极性是否提高就是判断这个项目成功与否的一个指标之一。旨在让学生对自身的教育担负起责任的学校智力教育也可成为人终生学习和获得知识的实用智力。

高中阶段进行的“艺术推进”项目是对传统的注重科学思维观念的一种挑战。该项目的发起者认为艺术思维也是人类的一种重要的认知方式，该项目便是着重于对艺术思维发展的进一步了解和开发。该项目中推行的艺术教育方法有两种：其一是领域专题，该专题即是适合某一标准的艺术课程体系，在这个专题的练习中，要对学生的感知、创作和思考三种能力进行评估；其二是过程文件集，这里收集学习进展过程中的所有作品，包括原始草稿、中间草稿、讨论稿和最终作品。通过所有的作品，可展示学生构思、创作和反思修改的整个过程，对于过程文件集的评估更体现的是一种过程的评估，评估涉及的方面更复杂。

资料来源：[美] 霍华德·加德纳著：《多元智能》(修订版)，沈致隆译，新华出版社2004年版。

(3) 斯滕伯格的三元智力理论。斯滕伯格在学生时代患有智力测验焦虑症的经历让他对传统的智力测验的公平性产生质疑，也促使他痴迷于智力本质的研究。通过多年的研究，斯滕伯格提出了智力的三元理论。在斯滕伯格看来，传统智力测验体现出的是一种呆滞、刻板的能力，人类的智力行为应隶属于人类及其现实的生存环境。斯滕伯格用三个子理论来解读智力，即情境子理论、经验子理论和成分子理论。

①情境子理论是在情境框架下理解智力，即智力是指向有目的地适应、选择和塑造

与个体生活有关的现实世界环境的心理活动。智力行为需具备以下特点：适应（就是个体力图与环境保持一种和谐的关系）、选择（个体不能成功适应环境、所在环境不符合自己的兴趣和需要或者环境的错误没有必要去适应它时，个体通常选择一种新的环境）、塑造（塑造环境常在选择环境之前）。情境子理论揭示了人和环境之间的相互作用，强调了人的主体性和能动性。

②经验子理论探讨人们对任务情境的经验水平和智力行为之间的关系。它将智力行为看做与个体经验相关的、在一定程度上是处理新任务和新情境要求的能力和信息加工过程自动化的能力的一种或两种的函数。从某种意义上讲，情境子理论注重从外环境角度理解智力，而经验是个体的“内环境”，因此，经验子理论延续了情境子理论中智力“相对性”的特点，内外环境的结合使其理论更具系统性。

③成分子理论从信息加工的角度对构成智力行为的结构和机制进行说明。斯滕伯格将成分视为对物体或符号的内部表征进行操作的基本信息加工过程，并从功能角度将成分分为元成分、操作成分和知识获得成分。元成分控制信息加工过程，并使个体监督和评价这一过程；操作成分执行元成分构建的计划；知识获得成分是指用于获得新知识的过程。成分子理论确定了个体对环境适应、选择和塑造的认知过程。情境子理论和经验子理论体现智力的相对性和动态性，那么成分子理论则决定了智力的共通性和稳定性的一面。

斯滕伯格在提出三元智力理论以后，又提出了成功智力的概念。成功智力理论关注人生的成功和幸福问题，指出分析性智力、创造性智力和实践性智力是追求成功所必需的关键能力。分析性智力指有意识地规定心理活动的方向，以有效解决问题和判定思维成果的质量；创造性智力指形成一种新异的想法，超越给定的内容的能力。实践性智力是指针对实际生活中的问题进行分析，并以一种行之有效的方法来加以实施。成功智力围绕“问题解决”这一逻辑思路，发现并界定问题，分析并形成方案，执行方案以解决问题。成功智力只有在分析、创造和实践能力三方面协调、平衡时才最为有效。斯滕伯格认为，知道什么时候以何种方式来运用成功智力的三个方面，要比仅仅具有这三个方面的素质来得更为重要。斯滕伯格还开发了三元能力测验，用于评估上述三种类型的智力。

（4）戴斯的 PASS 模型。戴斯等人结合信息加工理论和认知心理学的研究方法提出了智力的 PASS 模型。PASS 模型是关于人类智力活动的三级认知功能系统的智力模型，其理论来源于前苏联心理学家鲁利亚关于人类认知加工的三个相互协调的机能系统学说和信息加工心理学。

PASS 模型即计划（planning）、注意（attention）、同时性加工和继时性加工（simultaneous-successive processing）模型。计划包括对行为的规划、调整和检验。计划过程是个体解决没有明显答案问题的关键过程。注意是一个选择过程，即人在清醒时对输入的刺激作出选择。同时性加工也称同时性编码，它是指个体将离散的片断信息进行整合。继时性加工也称继时性编码，是指把输入的信息按序列进行加工。PASS 理论中各过程是动态的，与个体的文化背景相关，并不断变化，形成既相关又相互独立的系统。戴斯还于 1990 年发表了 D-N 认知评价系统。该测验主要用于测量学习过程中与学校教育无关的认知过程，即上述PASS模型中的三个过程。测验提供视觉和听觉通道的文字和非文字材料，适用于5～17岁11个月的儿童和青少年。

(5) 情绪智力理论。随着心理学研究的深入，人们认识到人的认识不仅影响人的情绪，同样情绪也影响人的认识。人的智力同样也受到其情绪的影响。加德纳多元智力理论中的人际关系智力和自我察觉智力和斯滕伯格三元智力理论中的实践性智力，就体现了人类在情感控制和调节方面的智力。但是，最早提出情绪智力的是美国耶鲁大学的萨洛维和新罕布什尔大学的迈耶。

萨洛维和迈耶的情绪智力包括四种主要成分：准确知觉、鉴赏和表达情绪的能力，调动情绪以促进思维的能力，理解和分析情绪以及应用情绪性知识的能力，控制情绪的能力。情绪智力包括五个主要内容：了解自我（即自我知觉，这是情绪智力的核心）、管理自我（调控自我的情绪，使之适时、适地、适度）、自我激励（是一个人为了服从某一个目的而调动、指挥情绪的能力。自我激励的情绪对人的能力发展有明显的影响）、识别他人的情绪（也称移情，它既包括能分享他人情感，对他人的处境能加以理解，又能客观理解、分析他人的情感）、处理人际关系（调控对他人情绪反应的技巧）。

2001年，Mayer-Salovey-Caruso情绪智力测验（MSCEIT）发表，该测验测量上述情绪智力的四个方面：情绪感知、情绪理解、思维推进和情绪管理（Mayer，Salovey & Caruso，2002）。这个测试由141个项目组成，适用于17岁及以上成人个体，测试时间30～45分钟。

8.2 智力的毕生发展过程

辩证唯物主义认为，任何事物都是在与其他事物的普遍联系中发展变化的。人类智力的发展也不例外。纵观一个人毕生的智力发展历程，存在众多的影响因素，这些因素可以归结于两类：先天因素（遗传）和后天因素（环境）。可是，两者在影响智力发展的程度上有何差别呢？就目前而言，还没有有效的方法可以直接将两种因素绝对分离，所以，对这个问题的回答也存在争议。尽管如此，认为智力是一种具备多基因属性并受环境影响的心理特征的观点仍为人们普遍接受。当然，智力发展研究中仍存在许多不同的观点，如智力发展的阶段如何划分？智力的发展是一个连续性的过程，还是一个阶段性的过程？在人生的不同发展阶段，智力特征有何差异，等等。

个体差异是人类智力的根本属性，即是说，因先天素质的差异、年龄、性别的不同，成长环境、受教育程度的不同，每个人在不同智力方面达到的水平就可能不同。发现并挖掘每个人的潜能，使其潜力得到充分发挥，以至极致，那么应认识到，人类智力的发展存在四个关键期。具体表现在：第一，个体生命的早期，是一个人大脑发育的关键期；第二，出生后的前三年是婴儿智力发展的第一个关键期；第三，进入小学三四年级后，是小学生思维发展的第一个转折期；第四，进入初中一年级后，是学生思维发展的第二个关键期。探察人类智力的毕生发展过程，对智力的开发将是一个意义深远的论题。

8.2.1 儿童智力的发展

人类由出生的懵懂稚儿成长为能熟练应对各种问题的个体，其间经历了生理和心理诸多方面的发展成熟，智力便是一项重要的内容。而儿童智力发展的研究则是智力研究中的一个关键领域，人们通过儿童智力发展的研究，试图了解智力的始发、演变过程及其发展规律。

(1) 儿童智力发展规律及特点。研究儿童智力的发展，首先要明确如何来评估儿童的智力，在儿童的活动中，哪些属于智力活动。心理测量学家尝试从不同的角度来探讨儿童智力的评测。在婴幼儿智力测验中，格赛尔编制了最早的婴儿智力测试，即格赛尔测验。格赛尔测验主要用于区分正常和异常的婴儿。现临床上广泛地应用于鉴别异常婴儿。贝蕾量表是另一个用于评估婴儿发展的测验。贝蕾量表主要用于发展延迟的诊断和干预策略的规划。信息加工理论的发展促使研究者关注婴儿的信息加工能力。测试婴儿加工信息方式的范根（Fagan）测试便是信息加工理论的体现。韦氏学前和小学儿童智力量表则适用于3~7.5岁儿童智力的测试。

儿童智力发展的另一个重要问题是儿童智力发展阶段的划分。皮亚杰创立了临床法研究智力的发生和发展，提出儿童认知发生理论。在他的理论中，他对儿童智力发展的年龄阶段做了划分。皮亚杰提出智力发展主要经过四个阶段：第一，感知运动阶段（0~2岁）；第二，前运算阶段（2~7岁）；第三，具体运算阶段（7~12岁）；第四，形式运算阶段（12岁以后）。

皮亚杰的认知发展阶段研究对儿童智力研究极具启示意义，但有学者并不同意皮亚杰的观点。他们认为儿童智力发展是一个阶段性与连续性相统一的过程。比内和推孟认为儿童智力发展在10岁之前呈直线增长，超过这个年龄开始减慢，在18岁左右达到高峰；韦克斯勒和瑟斯通等人的研究得出，13岁以前测验分数呈直线上升，13岁以后发展逐渐缓慢。我国的研究者龚耀先等应用韦氏幼儿智力量表，发现4~6.5岁幼儿的智力随年龄增长基本上呈直线上升。由此可见，儿童整体智力发展随年龄增长而递增，但是增长速度在不同时期存在差异，10~13岁便是智力发展速度阶段变化的分水岭。一般而言，儿童智力向上的变化趋势与大脑的成熟水平、知识经验的积累有关。另外，儿童智力不同内容的发展也存在年龄差别，即智力因素随年龄的增长而不断发生分化，因素数量随年龄增加而增多，并由某种单一的、笼统的能力逐渐变化为一组或多组结构松散、彼此独立起作用的能力因素。具体而言，婴儿期智力的发展，6个月的一般因子表现为视觉引导的知觉探索，12个月为感知运动、社会性模仿及初级言语行为，到18个月是代表言语理解与模仿，而到24个月时则是言语的理解和流畅性及语法的成熟。学者霍夫斯特也提出了不同年龄阶段婴幼儿智力因素内容的变化：0~20个月前的智力结构中占重要地位的是“感知运动警觉性”，包括感知活动中的高度注意力、运动行为的敏捷性，感觉协调和运动的准确性；20~40个月，这一阶段在智力结构中占重要地位的是“持久性”，包括坚持性和刚毅；48个月后，在智力结构中占重要地位的是“符号操作”，即语言思维能力占主要地位。同样，幼儿期智力的发展也存在内容模式的年龄变化，即是幼儿智力结构各因素的发展更具多维性，具体体现在随着幼儿年龄的增长，知觉—运动因素在智力中的重要性下降，而言语因素在智力中的重要性上升。

有关儿童智力发展的第三个重要论题是，儿童在智力测验量表上的得分能否预测其后智力的发展。应用不同的量表进行测试时，量表不同，其预测性也不同。研究发现，诸如格赛尔量表和贝蕾量表等这些测验上的得分与后来儿童期的IQ相关性不高，这可能因为婴儿期测试的成分与IQ测试项目内容的不同。但婴儿智力的范根测试可以引出不同文化中婴儿的类似反应，而且不同于格赛尔和贝蕾量表，它与后期儿童的智力测验存在相关。儿童参加测试的年龄、时间的不同，各智力测验间的相关也有差异。一项研究表明，婴儿期（出生至12个月）的智力测验结果对他们后来的智力测验分数没有任何预测性；首次测试的成绩与再次测试的成绩之间的相关随着两次测试时间间隔的延长而下降；在首次测试与再一次测试间隔时间相等的情况下，则两次测试成绩的相关度随首次测试的年龄增大而增高。在婴儿期，预测一个人在儿童期的智力发展水平更为可靠的方法是根据父母的IQ水平或父母的教育水平。

婴儿期智力测验的结果预测性低可能有以下原因。比如，婴儿智力发展尚不稳定；婴儿期所测量的智力内容与儿童期或成年期测量的智力内容是不一样的；婴儿的运动能力同后来智力测验结果之间不一定只存在正相关；在生命的最初几个月里，个体智力差异表现得比较小。但是以认知心理学的方法测试婴儿期的认知能力，该成绩与他们后来的智力测验得分之间有显著的正相关。说明认知加工速度因素在整个儿童期智力发展过程中表现出一定的稳定性和连续性。

随着儿童年龄的增加，他们在智力测验上的得分与其以后在智力测验上的得分的相关就很高。但是几岁时幼儿智力测验结果与其后来智力测验结果间的相关会发生显著变化，目前处于争论之中。目前的观点认为4~6岁是两者相关显著增大的关键年龄。可见，幼儿期是儿童智力发展的关键期，也是各种能力培养的敏感期。

（2）儿童智力发展的影响因素。影响儿童智力发展的危险因素在整个儿童时期都可能存在。比如，孕母自身生理疾患或暴露于不良因素（药物、烟酒、毒品、放射线等）、新生儿窒息、生理疾病等都会对儿童智力的发展造成不利的影响，所以，促进儿童智力发展宜从孕期的保健和胎教开始。有研究表明，胎教对新生儿的发展有积极的作用，经过早期的胎教训练的孩子更加机警，发育迅速且与父母的情感联系更密切。另一个研究表明，通过音乐胎教和抚摸训练对婴儿的动作发育有很大的促进作用。

成长环境的差异也导致儿童智力发展水平的不同。中国民俗育儿的一项研究表明，诸如“沙袋养育”、“篓筐、被巾育儿”、“船舱养育”的养育方式由于对儿童智力发育的刺激较少，此类儿童的智力发育比正常儿童差。在国外的一项研究中，研究者对富裕家庭与中等家庭的父母与他们的小孩谈话和交流方式进行了研究。研究发现，中等收入的工薪家庭的父母较富裕家庭的父母更可能多地与他们的小孩进行交流。在孩子三岁前，父母与他们交流的多少与孩子三岁时的斯比智力测试的分数相关。父母与他们的孩子交流越多，孩子的IQ越高。还有一项研究显示智力发展存在社会经济状况的差异。鉴于环境对儿童智力发展的影响，心理学家提出应对儿童进行早期智力干预。

在早期干预的研究中，对那些IQ低和受教育水平低的母亲所生的孩子进行了早期干预，结果发现，接受干预的婴儿智力测验的分数在提高，而没有接受早期干预训练的同等条件的婴儿 IQ 明显下降。对弱智母亲所生孩子而言，转移到良好环境的时间越早，儿童智力发展越好；反之，则对儿童的智力发展越不利。那些生活环境不好的婴儿，随着他们年龄的增长，IQ 明显下降的原因有学者用累积缺失假说来解释，即不好的生活环境会抑制儿童智力的发展，这种对智力发展的副作用就像滚雪球一样，越滚越大。因此处于不利智力发展条件下的婴儿，宜改变其早期的生活环境。早期干预强调的是预防。这种干预的有效性也已通过研究证实，即早期干预对贫困儿童和父母未受教育的儿童效果最好；这种积极的影响将持续到儿童中后期和青少年期。

儿童潜能的递减法则

需要提醒诸位特别注意的是，儿童虽然具备潜在能力，但这种潜在能力是有着递减法则的。比如说生来具备 100 度潜在能力的儿童，如果从一生下来就给他进行理想的教育，那么他就可能成为一个具备 100 度能力的成人。如果从 5 岁开始教育，即便是教育得非常出色，那他也只能成为具备 80 度能力的成人。而如果从 10 岁开始教育的话，教育得再好，他也只能达到具备 60 度能力的成人。这就是说，教育开始得越晚，儿童的能力实现就越少。这就是儿童潜在能力的递减法则。

产生这一法则的原因是这样的，每个动物的潜在能力，都各自有着自己的发达期，而且这种发达期是固定不变的。当然，有的动物潜在能力的发达期是很长的，但也有的动物潜在能力的发达期是很短的。不管哪一种，如果不让它在发达期发展的话，那么就永远也不能再发展了。例如小鸡“追从母亲的能力”的发达期大约是在出生后 4 天之内，如果在这期间不让它发展，那么这种能力就永远不会得到发展了，所以如果把刚生下来的小鸡在最初 4 天里不放在母鸡身边，那么它就永远不会跟随母亲了。小鸡“辨别母亲声音的能力”的发达期大致在生后的 8 天之内，如果在这段时间里不让小鸡听到母亲的声音，那么这种能力也就永远枯死了。小狗“把吃剩下的食物埋在土中的能力”的发达期也有一定期限的，如果在这段时间里把它放到一个不能埋食物的房间里，那么它的这种能力也就永远不会具备了。

我们人的能力也是这样。最著名的例子是英国司各特伯爵的儿子。司各特伯爵夫妇携带他们的新生婴儿出海旅行，行至非洲海岸时遇到大风暴，船被巨浪打翻，全船的人都遇难，只有司各特伯爵夫妇带着儿子爬上了一个海岛。那是个无人的荒岛，岛上长满了热带丛林。司各特伯爵夫妇很快就被热带丛林里的各种疾病夺去了生命，只留下孤零零的小司各特。后来一群大猩猩收养了只有几个月大的小司各特，他就跟着这群动物父母成长。二十多年后，一艘英国商船偶尔在那里抛锚，人们在岛上发现了小司各特，他已经长成为一位强壮的青年，跟一群大猩猩在一起，像大猩猩那样灵巧地攀爬跳跃，在树枝间荡来荡去，他不会用两条腿走路，也不会一句人类的语言。人们将他带回英国，引起了巨大的轰动，也引起了科学家们的极大兴趣。科学家们像教婴儿那样教导小司各特，力求他学会人的各种能力，以便他能够重归人类社会。他们花费了十年工夫，小司各特终于学会了穿衣服，用双腿行走，虽然他还是更喜欢爬行。但是，他始终也不能说出一个连贯的句子来，要表达什么的时候，他更习惯像大猩猩那样吼叫。

之所以出现这种情况，就是因为学习语言的能力的发达期是在人的幼儿时期。小司各特当时已经二十多岁了，他错过了学习语言的最佳时期，他的这种能力永远消失了。

以上的事例都说明，儿童的潜在能力是有着递减法则的。即使生下来具有100度潜在能力的儿童，如果放弃教育，到5岁时就会减少到80，到10岁时就会减少到60，到15岁时就会只剩下40了。

所以教育孩子的第一要旨就是杜绝这种递减。而且由于这种递减是因为未能给孩子发展其潜在能力的机会致使枯死所造成的，因此，教育孩子的最重要之点就在于要不失时机地给孩子以发展其能力的机会，也就是说要让孩子尽早发挥其能力。

资料来源：［德］卡尔·威特著：《卡尔·威特的教育》，丽红译，京华出版社2006年版。

8.2.2 青少年智力的发展

青少年期是人类接受正规学校教育的时期，此期智力发展的议题集中在智力发展与学业成绩之间的关系、智力发展的年龄趋势和教育对智力的作用。

(1) 青少年期智力发展的特点。青少年智力发展的绝对水平是随着年龄的增长而不断增加的，并且青年期的智力发展达到最高峰，最近的研究结果表明，智力发展的最高峰在20岁左右，其后保持一段时间的稳定期至30岁左右。智力发展速度随年龄的升高有变缓的趋势。

青少年智力内容的发展也各有特点，如观察力在目的性和自觉性等方面有很多发展，有意记忆逐渐取代无意记忆，意义记忆能力的发展也随着年级的升高而明显增长，机械记忆能力发展到10岁左右急剧上升，以后就停滞不前，形式记忆到14岁时才开始急剧增加，以后不断地发展，理解（逻辑）记忆发展最迟，到17岁左右才开始显示急剧发展。

有研究对不同年龄阶段儿童和青少年IQ分之间的相关度进行考察。研究提示，青春前期IQ和18岁的IQ之间的相关度略低，但仍具统计学意义。比如，10岁的IQ和18岁时的IQ之间的相关度是0.70。测验年龄越接近，其IQ的相关性越强，说明青少年期智力发展呈现一定的稳定性。但是，国外一项研究对140例两岁半到17岁的儿童个体的智力进行了追踪，发现他们的IQ分数变化的平均范围超过了28分，三分之一被试者的IQ分数变动了40分，这表明青少年的智力也经历了一定程度的变化。

(2) 教育对青少年智力发展的影响。青少年的大部分时间是在学校度过，在普通大众的眼里，青少年接受正规教育的目的就是获得基本的知识和技能，促进自己能力的提高。众多智力理论对教育促进青少年的智力发展进行了探讨。其中，最具启示意义的是加德纳的多元智力理论。根据加德纳的多元智力理论，教育是为人类智力的培养和开发服务的，这种培养和开发不能仅限于传统的语言和数学逻辑智力上，理想的教育应能为各种不同智力结构的个体提供一个适合个性化智力发展的教育环境；教育的范围还不仅限于学校环境，可扩大到社区，甚至国家范围，这样具备特殊智力结构的个体才可从多样的教育中受益。

在加德纳的智力理论中，学校教育应以个人为中心，学校鼓励每个学生发挥自己独特的智力组合，并为学生提供多样的教学场景。因为在人生的不同阶段，智力的发展也呈现相应的轨迹特征。所以，多元智力理论提倡以个人为中心的教育，即是一种以个体潜能最大发展为宗旨的教育。在教育的实践中，不同年龄阶段的教育应符合该年龄阶段智力发展的特点。教育与指导也应与智力的发展轨迹相应，而且，每种智力的培育也有其特定的教育方式。所以，这种教育观还注重教育实践前对学习者智力的评估。比如在幼儿园学前期，注重此时儿童智力发展上的兴趣发展，通过特定的评估方式使之智力强项得到体现，并适时强化这种兴趣；小学阶段则提供发展智力的机会，并注重学校实用智力的培养，以利于学生对学校学习环境的适应；高中阶段尝试发展艺术教育，即摒弃对传统语言逻辑能力的偏重，而提倡艺术思维对个人发展同样重要的观点。

信息认知论则从教师和学生的认知方式对教育效果进行了考察。当两者的认知方式完全匹配时，学生的学习适应最好；当两者的认知方式类型不匹配时，学生的学习适应较差。

8.2.3 成人智力的发展

成人的大部分时间是在职业活动中度过的，成人从事的职业活动与其智力的发展存在怎样的关系？成人智力的发展是否仍能保持增长趋势？随着成人晚期各项生理功能的衰退，智力是否也随之发生相应的衰退，智力的衰退呈现何种规律呢？

(1) 成人智力发展的特点。成人期智力发展与职业发展存在怎样的关系呢？经研究表明，随着职业声望的提高，IQ 的平均值也不断增加，可见，两者之间存在一定的关系。但这并不是说，一个人从事的职业声望越高，其 IQ 越高。实际生活中，IQ 很高的人，也可能从事声望低的工作。当然，从事较高声望的职业，要求一个人具备较高的 IQ，而一旦从事了某种职业后，其 IQ 高低与所取得的成就之间并没有明显的相关。在中等声望的职业中，认知能力的高低影响其所取得的成就。职业对个体智力活动的影响不在于职业的种类，主要在于职业活动的性质。如果所进行的活动需要发挥个人的主动性，需要运用个人的思想，需要个人进行独立判断等，那么这种职业活动有利于智力功能的发挥，对智力产生积极影响；反之，那些简单的、机械的、重复性的职业活动，则对智力产生积极影响的可能性就小得多。

成人智力会有怎样的发展变化呢？智力的内容又会发生怎样的变化呢？沙依通过对成人期智力的一项研究表明，词汇、言语记忆、归纳推理和空间定向这四种能力的表现在中年达到顶峰，数字能力和感知速度在中年期开始出现衰退。感知速度的衰退出现得最早，在成人早期便开始了。沙依还通过横向和纵向两种研究方式评估智力，发现衰退在横向评估阶段比在纵向评估阶段更可能早的出现。比如，纵向评估时，归纳推理能力的增长可到成人中期的后期，而也只在这时，它才开始出现轻微的衰退；相反，在进行横向评估时，归纳推理能力在成人中期便出现稳定的衰退。因此沙依综合自己的研究成果和他人的研究成果得出以下结论：①出生早的人与出生晚的人智力发展存在明显的不同，因为出生晚的人受教育的时间比出生早的人长；②横向法对个体智力发展研究的结果常给人一个很大的错觉，即随年龄的增长，人的智力下降得很快；③纵向法研究的结果表明，人的智力到60岁或60岁以上才开始下降，有的研究发现到75岁时智力才开始下降。

霍恩也认为有些能力终生会增长，而有些能力可能从成年中期就稳定衰减。在横向研究的智力测验中发现40岁和60岁的差异，这种差异可能是由群伙效应（由于个体出生的时间和年代，而不是年龄的原因）引起，这种由社会历史因素对认知活动产生的效应与教育程度的差异相关，不与年龄相关。但从中我们可以得出，人类智力的发展水平总是越来越高的。

卡特尔和霍恩通过纵向研究还发现，青少年以前，晶体智力和流体智力都随年龄增长而不断提高；青少年以后，特别在成年阶段，流体智力缓慢下降，而晶体智力则保持相对的稳定。波尔威尼克认为成人期在晶体智力和流体智力上的得分随年龄增长而变化是因为材料的熟悉程度不同引起的。晶体智力是通过各种语言材料加以测定的，被试者比较熟悉；流体智力是通过非语言材料加以测定的，被试者不熟悉，所以晶体智力不随年龄的增长而下降，而流体智力则随年龄的增长而下降。

信息加工理论的观点则认为，成人期认知加工的主要内容是根据社会信息来开展认知加工活动的，因此，社会认知和伦理认知是成人与老年人智力发展的重要特点。这两点比抽象的学术认知重要，即在解决问题时，不仅要考虑问题的逻辑结构，而且要考虑问题的背景。成人的基本认知能力的发展，如知觉、记忆、言语和思维等活动，都随年龄的增长而呈下降趋势。

（2）智慧。在生活中，人们常将老者视为智者。智者身上所体现的智慧类似于一种人生哲学，体现了智者对自己人生的一种完美感。那么，智慧代表什么呢？智者所蕴含的智慧是否真随年龄的增长而丰富呢？巴尔特斯在探索老龄化的积极因素中，对智慧模式也进行了实证研究。巴尔特斯将智力分为认知的机械和认知的实用两种成分，基本对应于卡特尔的流体智力和晶体智力。认知的实用以智慧为典型指标。巴尔特斯将智慧定义为关于生活的基本实用的专家知识体系，包括关于生活意义与过程的各种知识和判断，以及协调个体发展以达到卓越水平并同时兼顾个体和集体幸福的知识和判断。生活的基本实用是指关于生活意义与过程的知识，包括生活计划、生活管理和生活通览的知识。

巴尔特斯的智慧研究得出下列成果：①智慧水平在青少年期和成年早期上升非常快，在中年期和老年早期相对保持稳定，它的顶峰出现在五十岁到六十几岁；②从事指导别人生活事务的顾问性职业有利于智慧的发展；③智慧需要智力、认知风格和人格等因素的相互作用；④社会互动有助于智慧的发展，而且老年人比年轻人从中获益更多；⑤蕴含着智慧的言语有助于解决生活实际问题，老年人从中的获益与年轻人相当。巴尔特斯等还开发了一套标准程序来评估与智慧有关的知识，即让被试先阅读关于生活计划、生活管理和生活通览的难题，接着大声告诉自己解决方法，然后由评分者按照五个体现智慧毕生发展特点的标准进行评定。

8.3 智力发展的特殊类型

智力测验多年应用于测试不同年龄的人群。通过对大量的个体进行测验，发现测验分数分布近似正态分布。正态分布曲线即为对称性的钟形曲线，大部分人群的智力测验分数位于平均分数的中间范围，而处于曲线两端的人群就是具备特殊智力类型的人。

8.3.1 智力迟滞

智力迟滞通常是指个体在发育阶段（一般是 18 岁之前）智力发育迟缓或受阻。这类人群智力明显低于同龄人的平均水平，在个别智力测试时，其分数（IQ）低于人群均值两个标准差，一般智商在 70 以下。他们社会适应能力不足，表现为个人生活能力和履行社会职责存在明显缺陷。智力迟滞的判断必须具备上述特征。

(1) 智力迟滞的分类。对于智力发育迟滞的判断，广泛采用四级分类，即按智力水平、适应能力缺陷程度及训练后达到的水平进行分类（详见表 8.1）。

表 8.1　智力发育迟滞临床四级分类表

分级	智商水平	相当智龄（岁）	在迟滞人群中所占百分比	适应能力缺陷	从特殊教育中受益水平
轻度	50 ~ 70	9 ~ 12	89	轻度	通过特殊教育可以获得实际技能及实用的阅读和计算能力，并能在指导下适应社会
中度	35 ~ 49	8 ~ 9	6	中度	可学会简单的人际交往，基本卫生习惯和简单的手工技巧，但阅读和计算方面不能取得进步
重度	20 ~ 34	3 ~ 6	4	重度	可从系统的训练中受益
极重	<20	<3	1	极重度	对于进食、大小便训练有反应

(2) 智力迟滞的类型及矫治。引起智力迟滞的原因主要有遗传因素和环境因素两方面。由遗传因素引起的智力落后约占 20%，主要可分为染色体畸变、单基因病和多基因病三类。常见的几种遗传性智力迟滞有：

①唐氏综合征，又称先天愚型，是由染色体数目异常所致。这类患者有 47 条染色体，其中多了一条第 21 条染色体。原因是女性的生殖细胞进行减数分裂时，第 21 条染

色体没有发生分离，同时进入同一卵细胞。21号染色体综合征的症状是身体发育迟缓、智力低下。这种病症的出现多与母亲的生育年龄相关。

②猫叫综合征，是一种由染色体的结构异常而引起的疾病，患者的第5号染色体的短臂缺失。具有这种病症的患者生长缓慢、身材矮小、头部畸形，且智力低下。因为患儿的哭声像猫叫，故称为猫叫综合征。

③Menkes综合征，又称脆发症。该病病因是X染色体长臂远端出现一缩窄区。患者在新生儿期即出现症状，发育落后，肌张力低下，精神运动发育障碍，毛发色素少，扭曲，易断裂，铜在患儿体内的运转有障碍。智力严重低下。

④特纳综合征，患者只有45条染色体，缺失一条性染色体。患者女性容貌，身材矮小，卵巢缺如，智力发育迟缓，特别是空间感知能力方面尤为明显。

⑤克兰费尔氏综合征，即先天性睾丸发育不全，该类患者有47条染色体，多一条染色体，男性外貌，但乳房肥大，智力发育迟缓。

⑥苯丙酮尿综合征，这是一种遗传性代谢缺陷病，属于单基因遗传病。患者因缺乏先天性苯丙酮酸羟化酶，不能将之进行氧化代谢，导致苯丙酮酸在体内蓄积，而影响中枢神经的发育，从而导致智力缺陷。

上述类型的智力迟滞，常伴有器官病变，属于遗传失调或脑损伤引起的智力迟滞。如果智力迟滞者没有任何器质性的脑损伤迹象，则被视为家庭环境性迟滞。一般认为，这类智力迟滞是由于早期文化和情感的剥夺，缺乏适当的智力刺激，长期被忽视、隔绝或者生活在贫困、文化落后的环境下，由社会心理因素导致的智力迟滞程度较轻，一旦消除智力发展的不利因素，其智力水平可得到改善。值得一提的是，对智力迟滞人群的特殊教育和训练对于其智力的恢复是至关重要的，特别是儿童，特殊训练开展的时间越早，其年龄越小，那么效果就越好。

8.3.2　智力超常

许多心理学研究表明，在任一心理品质（智力、学习能力或个性特征等）上，人类的表现基本符合正态分布，按这种标准，智力超常可被视为智力水平超过平均水平两个标准差的那部分人群。但是，在智力定义存在众多争议的情况下，人们对智力超常的理解自然也会有差异。心理测验的兴起，人们以智商为标准，将IQ超过140的人判定为智力超常。但这种观点很快引起了异议。按照加德纳的多元智力观点，智力超常可以表现出多种形式，如言语智力超常、身体运动能力超常、空间能力超常等。任朱利提出不能忽视人的非智力因素，他认为动机、兴趣、热情、自信心、坚毅性和能吃苦耐劳地完成任务等非智力因素也是智力超常人群应具备的特征。而更多的心理学者研究智力超常人群时，更关注他们的创造力。

高尔顿被认为是智力超常研究的先行者。他设计了测量人的各种感知觉的实验装置并用于显示人的能力差异，他还通过对天才人物家谱的研究，出版了《天才的遗传》一书。高尔顿认为，智力超常的人是与生俱来的，是遗传基因造就了天才。在今日看来，这个观点何其荒谬，但是它开创了超常智力是决定于遗传还是决定于环境的问题研究。目前还没有足够的证据可以证明复杂的智力行为是由遗传决定，但是行为遗传学家普洛闵等经过多年发现，人类的第 6 条染色体上的 IGF2R（Insulin-like Growth Factor Receptor-2）基因与人类的智力和天才有直接关系。这一结论使人们认识到，遗传物质对超常的智力起着十分重要的作用。但其他智力超常的研究也发现，超常智力的发展是在特定的社会环境、教育条件和经济地位等外部因素的共同影响下完成的。许多对超常儿童的国内外研究都发现，超常智力可能在下列因素的促进下得到良好发展：良好的家境，主要是精神环境的丰富；父母具备出色的教育素质，主要是关注孩子的成长以及潜移默化的信念影响；和谐的家庭关系，主要体现在各家庭成员之间的尊重和信任；积极的家庭支持和积极的家庭期望；民主的养育方式。

智力超常儿童的非智力个性心理品质也是心理学者关注的问题。国内的一项研究对少年大学生和同年的普通大学生的个性心理品质进行了比较（夏应春，1998）。通过卡特尔 16PF 问卷的比较，他们认为："少年大学生情绪更稳定，行动充满魄力；争强好胜；有较强的毅力，大胆果断；思想较活跃，富有创新意识；安详、沉着、自信心较强；言行一致，较能控制自己的感情与行为；心理紧张度低，较能保持内心平衡；责任心较强，做事有恒心、负责；处世较为坦率、天真；求知欲较强，富于探索精神。"而在现实的生活中，我们可能会觉得智力超常者常是一些行为古怪、性情孤僻的独行侠，这可能是因为智力超常者痴迷于自己感兴趣领域的探索，从而没有更多的精力关注生活的琐事。

智力超常的儿童会成为富有创造力的成人吗？他们会取得辉煌的成就吗？斯坦福大学推蒙的研究或许可以说明这个问题。特蒙从 20 世纪 20 年代开始对 1500 多名智商在 120 以上的个体进行追踪研究，结果表明，那些高智商的儿童可发展成为某一成熟领域内的专家，如医学、法律或商业。可是，他们不一定能成为重要的创造者。但他们在成年期的成就水平总体而言是比较高的。特蒙的学生考克斯（Catharine M. Cox）则从逆向考察成就水平高的个体或群体的智力水平。我国的林传鼎也采用历史测量学的方法，对唐宋以后的 34 位历史名人做了定量研究。考克斯和林传鼎的研究都表明成人期成就水平高的个体或群体的智商都在中等偏上。上述研究似乎提示，智力是成人期取得高成就的必要条件，但不是充分条件。有些智力超常儿童不能在成人期取得很好的成就，可能是因为他们被过于热心的父母和老师逼迫过深，所以，他们失去了原有的（内在的）驱动力。作为青少年，他们可能问自己："我这样做是为谁？"如果答案不是为他们自己，他们可能不想再做。

8.3.3 创造力

创造力也是智力研究领域的一个争议论题。不仅对于创造力是什么的问题，心理学者有不同的看法，而且对于智力和创造力的关系问题，人们也有不同的见解。

对创造力认识角度的不同，学者对其定义就有差异。比如，吉尔福特认为创造性思维是创造力的重要元素，并将创造性思维分解为思维的发散性、独创性、流畅性、灵活性和精细性等若干方面；托伦斯则从认知的角度研究创造力；加德纳将创造力视为某种特定作品或产品的特征，他认为专门知识或技能与创造力之间有相当大的矛盾；德国学者邬尔班则把创造力定义为"在解决某个指定的问题时，能创造新的、不寻常的和令人吃惊的产品的能力”。我国的研究者（施建凡，1995）将创造力看做一个复杂的系统，他们认为创造力是智力活动的一种表现，是人通过一定的智力活动，在现有知识和经验的基础上，通过重新组合和独特加工，在头脑中形成新产品的形象，并通过一定的行为使之成为新产品的能力。本质上由创造性态度、创造性行为和创造性产品以及其他影响因素组成，其核心是创造性行为，它包括创造性思维、创造性习惯和创造性活动。

对于创造力和智力的关系问题，研究者认为创造力是超常智力表现的一个重要方面，是智力的一个维度，但是有些相关研究却表明，智力超常儿童的创造力和其智力之间相关度较低，所以有人认为智力和创造力不是同一种事物。在生活中，我们可能会发现一些创造力强的人非常聪明，但智商很高的人不一定具备创造性，因为创造力需要发散性思维。当然，对创造性的评价也与人们从事的领域有关，比如我国研究者（施建农，1995）提出了智力对创造力的作用机制模型。根据这一模型，研究者认为一些智商很高的人由于特定原因的影响，并没能真正将他们的才智用于受评价的创造性事业上。美国学者赖斯等人对一些高智商的女性进行了调查研究，发现智力超常的女性的创造性成就明显低于同等智力超常的男性。赖斯认为性别差异的归因是一种偏见，它认为女性因为没有与男性统一的机会将自己的才能用于受社会评价的事业上，而是花更多的时间和精力照顾家庭，造成其创造性成就低于男性。

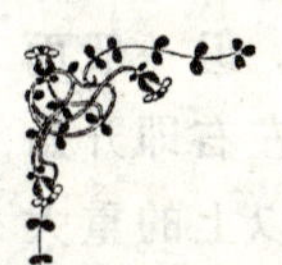

创造力与智力——沃拉克和科甘的研究

沃拉克和科甘应用一系列创造力和智力的测量方法对151名五年级学生进行测试，并依据各项测验的成绩将学生们分到四个小组中：高创造力—高智力组（HC-HI）、低创造力—高智力组（LC-HI）、高创造力—低智力组（HC-LI）和低创造力—低智力组（LC-LI）。

在HC-HI组中，学生的自信程度、自我控制力、表达的自由度最高；他们善于交际、受同伴欢迎；在四个组中，他们在学习时注意广度最大、精神最集中、兴趣最强，而且对人相的刺激（physiognomic stimuli）最为敏感，这种敏感性超越了仅从身体方面和几何学方面的描述，而能对刺激的情感含义和表情含义进行讨论。他们有高度破坏性、寻求他人注意（attention-seeking）的行为，这是热情与过分渴望的表现。他们承认自己有一些焦虑，这对他们来说似乎可以使自己充满生机。

在LC-HI组中，学生们对学业成就更加用心，甚至达到上瘾的程度：他们认为只要在学业上失败就结局悲惨。他们不太爱用破坏性的方式来寻求别人的注意，也不太愿意表达与传统相左的想法，但他们仍能受到同伴们的欢迎。他们是四组中焦虑程度最低的一组，他们在有外部评价的压力下表现得最好。他们似乎对犯错误特别害怕。由于对别人的期望有着清晰的理解，因此他们懂得什么是“正确”的行为方式。

在HC-LI组中，学生是在学校中处于最不利地位的学生。他们是最好奇、最犹豫不决、最不自信、最不能被同伴接受的，他们对自己的工作最自嘲、最难以集中注意力。他们表现出高破坏性、寻求注意的行为，这是他们对自身处于混乱困境的一种抗议。他们在不面对社会时更容易处理好学业上的失败，当外界评价的压力不存在时表现得最好。他们似乎对于被别人评价有着极度的恐惧，与 LC-HI 组正好相反。与 HC-HI 组相似的是，他们更愿意假定某些不太相同的事件之间有某种关系。

在 LC-LI 组中，学生似乎在用社会活动来补偿糟糕的学业成绩。他们更外向，很少犹豫不决，而且比高创造力—低智力组学生更自信。

资料来源：［美］罗伯特·J. 斯滕伯格著：《创造力手册》，施建农等译，北京理工大学出版社 2005 年版，第 222 ~ 223 页。

创造力的发展从婴幼儿到成人是不断增强的，但发展的曲线并不十分明朗。婴幼儿时期是创造性思维的萌芽阶段，这一时期儿童的创造力不仅在某些特定的领域，如音乐等，而且在儿童的一切活动中随时随处可见。创造力在成人期达到高峰，但是对创造力的评价需考虑所评价领域的不同。同样，创造力衰退的年龄因涉及的领域不同而有差别，比如哲学和历史专业，老人常显示出与 30 岁和 40 岁一样多的创造力；相反，艺术类、抽象数学和理论物理方面，创造力的高峰常在 20 多岁或 30 多岁达到。但一般而言，创造力最佳的时期是成人中期。国内一项研究表明，大多数人在 30 岁左右即开始做出重大发明创造；40 岁以前做出重大发明创造者占三分之一；约有 60% 以上的重大发明是在 40 岁以前做出的；25 ~ 45 岁是自然科学工作者创造力最旺盛的时期，45 岁以后创造力就衰退了。

如何让自己更富有创造性？专家的建议或许对我们会有所裨益。在对 90 位艺术、商业、政界、教育和科学界重要人物的访谈中，研究者发现极具创造性的人会定期地接受吸引他们的挑战。基于这些访谈，研究者总结出通向更具创造力的生活的第一步是培养你的好奇心和兴趣。下面则是培养兴趣的建议：

（1）尝试每天对一些事物感到惊奇。它可能是你看到、听到或读到的某些事物。对这个世界抱以开放的态度。生命是一条体验的河流，在其中畅游，你的生命将会更丰富。

（2）尝试每天至少让一个人感到惊喜。寻求改变，做一些不一样的事情，问一个你平常都不会问的问题。邀请某个你从来没有邀请过的人去看一场演出或展览。

（3）每天写下让你惊奇的事情和你是怎样让别人感到惊奇的。几天后，重读你的记录，并反思你的经验。几周后，你可能发现一个方式，这提示你可以在这个领域进行更深入的探索。

（4）当某些事激起了你的兴趣，追随下去。

（5）早晨醒来，要有一个明确的追求目标。

（6）时间表管理，规划出每天的哪块时间是你最具创造力的时间。

（7）在刺激你创造力的环境中消磨你的时间。

【阅读书目】

1. 林崇德著:《我的心理学观: 聚焦思维结构的智力理论》, 商务印书馆 2008 年版。

2. 施建农、徐凡著:《超常儿童发展心理学》, 安徽教育出版社 2004 年版。

3. 杨雄里著:《脑科学的现代进展》, 上海科技教育出版社 1998 年版。

4. 白学军著:《智力发展心理学》, 安徽教育出版社 2004 年版。

5. 沃建中著:《智力研究的实验方法》, 浙江人民出版社 1996 年版。

6. [美]Howard Gardner 著, 沈致隆译:《多元智能》, 新华出版社 1999 年版。

7. [美]J. H. 弗拉维尔等著:《认知发展》, 邓赐平等译, 华东师范大学出版社 2003 年版。

8. [美]罗伯特 · J. 斯滕伯格著:《创造力手册》, 施建农等译, 北京理工大学出版社 2005 年版。

9. D. Wechsler. *Wechsler Intelligence Scale for Children*(*Fourth Edition*), San Antonio, TX: Psychological Corporation, 2003.

10. Zhu J-J, L. Weiss, . The Wechsler Scales. In: D. P. Flanagan, P. L. Harrison (eds.). *Contemporary Intellectual Assessment: Theories, Tests, and Issues* (2nd Ed.). New York: Guilford Press, 2005.

【思考题】

1. 什么是人类的智力? 根据多种智力理论, 你认为你个人的智力组合了哪些因素成分?

2. 根据你对智力的理解和认识, 你可否编制出一套简短的智力测试呢? 智力测验可否真实体现一个人的智力水平?

3. 在生活中, 我们可能听人们这样说过: "现在的孩子越来越聪明了。" 你怎么看待这种现象? 假设有一场有关能力与成就的辩论赛, 你认为参加辩论的三组, 即青少年组、成人组、老年组, 哪一组会有更佳的表现?

4. 尝试以文中提到的兴趣培养建议锻炼你的创造力, 你将获得怎样的益处呢?

第9章 情绪发展

本章要论

情绪是由某种客观刺激或外界诱因导致的生理唤醒的情感状态和行为表现。

情绪是具有内部的、行为的和社会适应的机能，是认知、行动、社会交往和发展的重要的激发物和组织者。

情绪在个体发展中，不同的阶段会有不同的特征。

依恋有两种类型：儿童—父母的依恋和成人浪漫的依恋。儿童时期的亲子依恋与成年后同父母和恋爱对象的依恋之间有许多重要的连续性。

控制个体情绪的能力是衡量机能发展的重要标准。

人类关于情绪的认识已有数千年的历史，然而在心理学领域，情绪研究一直是被忽视的。随着人们对情绪在个体发展和身心健康影响方面的关注，情绪才重新成为研究重点。在个体发展中，情绪发展了什么？情绪发展对个体其他心理机能的发展起到什么作用？如何控制和调节情绪？这些都是人们所普遍关心的问题，本章我们就此进行阐述。

9.1 什么是情绪

当我们提到情绪，我们会想到高兴、愤怒、狂喜、焦虑，等等，以及一些富有戏剧性的感受。但是情绪也可以是十分微妙和复杂的东西，比如坐在考场中等待考试的紧张感，或者一位母亲拥抱自己孩子时的感受。任何一种现象和事物，都有可能引发我们的情绪反应，人们在任何活动中必然伴随着某种情绪。那么，什么是情绪呢？对此，不同的心理学家有不同的看法和定义。

功能主义（Canpos，1983）是这样定义的：情绪是个体与环境意义事件之间关系的心理现象。

阿诺德（1960）认为：情绪是对趋向知觉有益的，离开知觉有害的东西的一种体验倾向。这种体验倾向与一种相应的接近或退缩的生理变化模式所伴随，该模式因不同情绪而有差异。

拉扎勒斯（1985）觉得，情绪是来自正在进行着的环境中好的或不好的信息的生理心理反应的组织，它依赖于短时的或持续的评价。

虽然各定义有所区别，但都说明了情绪与环境的关系。因此，这里我们将情绪定义为由某种客观刺激或外界诱因导致的生理唤醒的情感状态和行为表现。

9.1.1 情绪的构成

情绪的产生，涉及情绪刺激、生理唤醒、情绪体验、情绪行为等多种成分、多维度，是一个多种层次和维度的复合体。情绪的每一次发生，都兼容生理和心理、本能和习得、自然和社会诸因素，是各种因素的交叠。

(1) 表情。表情是情绪的外部表现，是由躯体神经系统支配的骨骼肌肉运动，是情感性活动的外显行为。它包括面部表情、言语表情和身段表情，其中面部表情是情绪表现的主要形式。面部肌肉运动向脑提供感觉信息，产生情感体验。表情对儿童认知和社会性发展以及对成人的社会交往具有重要意义。

关于表情的产生，达尔文从生物进化论的角度解释过。他认为人类的面部表情是天生的，不是习得的，世界各文化中人们喜、怒、哀、惧等基本情绪反应的表情都相同；人类的表情是物种进化的结果，人生气时的怒吼和狗的咆哮以及猫的嘶叫声有其相似之处。今天，心理学家仍然相信情绪，尤其是情绪的面部表情具有强大的生理基础。例如，天生失明的孩子虽然从来没有观察过别人的微笑或皱眉，但是也和视力正常的孩子一样会微笑或皱眉。研究者还发现在不同文化中，基本情绪例如高兴、惊奇、生气和恐惧的面部表情是相同的。

(2) 情绪体验。情绪体验是心理活动的一种主观成分。从动物的最初感受状态发展到人类的感觉阶段，当它可以用语词表达出来时，人们才称它为真正的体验。情绪体验是心理上多层面的整合，在感觉层面、认知层面、意识层面都可以产生情绪体验。情绪体验与表情具有先天的一致性。婴儿对母亲爱抚的微笑反应必然伴随着愉快体验，因母亲的离开而哭闹必然伴随着痛苦体验。情绪体验可以通过表情来展现。在某些情况下，特定的表情可以诱发相应的情绪体验，例如，有意识地学习和模仿微笑，在一定程度上能使人产生愉快的情绪。情绪体验参与并监测其他的心理活动，对个体的社会性发展起着重要作用。

(3) 情绪反应。情绪反应也就是我们通常所说的情绪唤醒。生理唤醒是指情绪与情感产生的生理反应，它涉及广泛的神经结构，如中枢神经系统的脑干、中央灰质、丘脑、杏仁核、下丘脑等。生理唤醒是一种生理激活水平。不同情绪和情感的生理反应模式是不一样的，如满意、愉快时心跳节律正常；恐惧或暴怒时心跳加快，血压升高，呼吸频率增加甚至出现间歇或停顿；痛苦时血管容积缩小等。

婴儿表现高兴、悲痛的能力大部分反映大脑系统早期出现的情绪生理基础。情绪反应在婴幼儿时期由于神经生物系统的改变而明显发展（包括大脑皮层的前部位），它能控制更多的原始边缘系统。在儿童发展中，大脑皮层的成熟发展可减少不可预知情绪的操纵并增加情绪的自我约束。在婴幼儿时期，看护者在婴儿情绪的神经生物控制上起重要作用，例如当婴儿哭泣或表现痛苦时安抚他，可以帮助婴儿调整自己的情绪并且调节荷尔蒙的紧张水平。

总之，生理唤醒使人产生情绪，但是社会文化和人际关系为我们提供了不同的情绪体验。如今更多的发展心理学家趋向于把情绪看做个体尝试适应特殊情境要求的结果。因此，个体情绪反应不能和他的唤醒情境割裂开来。在许多事例中，情绪是由人际关系的情境所诱发的，因此，情绪表现对告之他人个体感受、控制个体行为和社会交往中扮演特定角色起着重要作用。

9.1.2 情绪的功能

过去受行为主义和认知心理学的影响，情绪通常被看做附属的心理过程或人类活动的干扰因素。如今，这一观点已有很大的改变，大多数情绪理论认为情绪是具有内部的、行为的和社会适应的机能，是认知、行动、社会交往和发展的重要的激发物和组织者。

(1) 情绪是个体行动的驱动力。特定的情绪激发特定层次的行为，驱使个体行动，来满足某种需要。例如，当人感觉饥饿时，体内的平衡会发生变化，从而产生进食的生理需要。生理需要是个体行动的内驱力，同时，饥饿所导致人焦虑的情绪反应进一步增强内驱力，使人增强行动的动机。

(2) 情绪对心理活动具有组织作用。这表现在对活动的促进和干扰两个方面。一般来说，快乐、高兴等积极情绪对认知加工起促进作用，而厌恶、惧怕等消极情绪对认知加工起干扰和抑制作用，比如当学生对某学科感兴趣，学习成为一种乐趣，兴趣即成为学生学习的强大动力。积极情绪促使他的注意力更集中，思维更敏捷，学习效率更高；反之，如果学生对某学科不感兴趣，消极情绪会降低学习效率。正情绪比负情绪更能改善个体的信息加工水平，所以一般在积极愉悦的课堂氛围中，学生的学习效率更高，对知识的理解和问题解决能力更好。

(3) 情绪通过各种信息加工模式激活认知，并影响认知加工的过程。研究表明，中等强度的情绪体验提高认知加工的效果，而高强度的情绪则干扰认知加工活动。情绪的强度也影响认知操作效果。试验表明，情绪唤醒水平与认知操作效果呈倒“U”字模式（见图9.1），适中的情绪唤醒水平最有利于作业效率提高，在完成简单作业中，较高的情绪激励有利；相反，在完成复杂的作业时，相对低一些的情绪激励更有利于提高效率；而过高或过低的情绪唤醒，则对任何作业都是不利的。这就是反映情绪强度与认知操作效率之间关系的耶尔克斯—道森定律。

在人际交往中，情绪同语言一样具有传递信息的功能，情绪的外显方式——表情是信息传递的重要手段，也是口头言语的有力补充。研究表明，成人的表情对于婴儿起到提示和解释情境的作用。一岁以后的婴儿，当面临陌生情境时，他会从成人的面部表情中搜索信息（鼓励或阻止），来决定自己的行动，这一现象称作情绪的社会性参照作用。

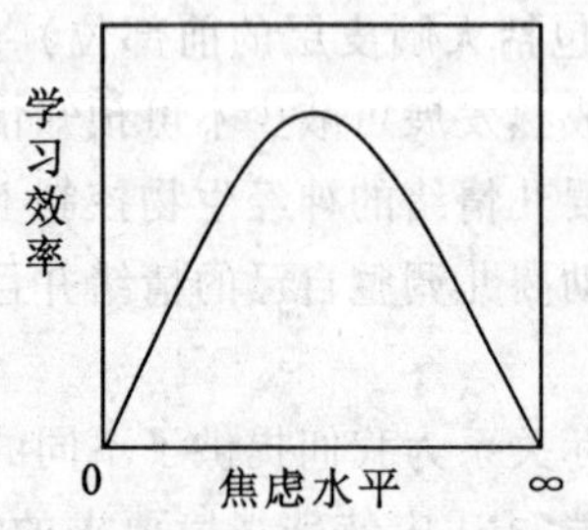

图9.1 焦虑与效率之间关系的曲线图

动机—分化情绪理论认为，情绪在意识的发生中起核心作用。情绪推动意识的产生以及与认知系统的整合。婴儿通过情绪体验与认知的相互作用形成最初的意识。有研究表明，婴儿面部表情调节着人们对他注意的数量和类型，社会关系的形成，以及婴儿的社会交流，而且情绪的表达成分在发展中具有重要的适应作用。

9.1.3　情绪发展理论

(1) 行为主义的情绪理论。华生认为无条件刺激能够引起情绪反应，某些无条件刺激引起的情绪反应无需任何学习，如三种基本的情绪害怕、愤怒和爱，而大多数的情绪反应是通过经典条件作用而产生的。

行为主义心理学家认为，儿童心理变化的动力不是看不见的情感或精力投入，而是生物内驱力以及可观察和测量的反应。那些使儿童生理需要满足（即内驱力下降）的事件是初级强化物。例如，对一个饥饿的婴儿来说，食物就是初级强化物。在内驱力降低时出现的人或物就是刺激强化物。一旦建立起经典条件反射，儿童不只是在饿的时候接近母亲，在其他场合也会接近母亲，这表明婴儿已经对母亲产生泛化的依赖。大量的实验证明，一个引起惧怕的无条件刺激（如大声）同一个中性刺激（如光或节拍）相结合可以建立条件联系，两种刺激的多次结合与重复之后，恐惧反应可转移到中性刺激，从而使中性刺激本身就可以引起儿童的恐惧。

另外，华生的后继者还通过对抗条件作用成功地消除了儿童通过实验建立的条件性恐惧，这进一步表明情绪可以通过学习获得，也可以通过学习消除。观察学习也是引起情绪反应的重要来源。班杜拉提出的社会学习理论认为，观察学习是指通过观看到他人对情境刺激的反应从而使自身获得相应的知识、行为或情绪反应的过程。如一个儿童看到另一个儿童对小动物表现出退缩或哭的反应之后，会学到对小动物的恐惧。

行为主义理论认为儿童情绪发展和其他认知或是行为的发展一样，都是通过学习、模仿和强化获得，并不断得到发展的。但是，行为主义理论没能解释情绪在最初是如何发生的这个根本问题。

另一个不足是，经典条件作用和操作条件作用对情绪学习过程的分析还停留在过于简单的水平上，满足于以强化和最简单的反应之间的联系来解释情绪的获得。然而在许多情况下，情绪反应常常是在儿童行为很广的定势和父母很一般化的反应之间的联系中发生的。

(2) 精神分析学派的情绪理论。弗洛伊德认为婴儿生下来就具有要求满足的生物本能。他将这种生物学基础称为“力比多”，即一种身体能量。随着年龄的增长，儿童投入力比多的对象都以可预见的方式变化。吃是一岁的婴儿需要满足的最主要活动。婴儿将力比多能量产生的注意集中在为他提供满足的照料者身上，这个阶段为“口唇期”。如果婴儿的口唇需要满足过度或不足，就会引起口唇期的固着，容易使其在成年期产生一些特殊的心理障碍。两岁大的婴儿进入肛门期，即力比多的能量指向肛门以及与排便有关的活动。父母如果对婴儿过分苛求，严格地进行大小便训练，使婴儿的肛门期需要无法得到满足，则将来可能产生焦虑性精神障碍。

精神分析理论对情绪在婴儿早期发展中的重要性、对母婴关系及其相互作用、对儿童自我和社会性发展的意义，以及母婴关系不良给儿童造成创伤等重大问题作了较深刻的说明。但精神分析的许多理论缺乏科学根据，例如在精神分析理论看来，母婴感情联系限制在与内驱力及内驱力下降相联系的范围内，但哈洛及其同事所进行的研究就驳斥了母婴情感联系与生物内驱力相关的观点。精神分析理论过分强调情绪变化只是来自由母婴关系所协调的自我发展，而后来的许多研究证明，6～12 周婴儿的微笑不仅是对目前的面孔反应，而且也是对广泛的非社会性刺激，如圆形模式或铃声的反应。

（3）认知学派的情绪理论。认知理论既不采取精神分析的驱力下降、母婴关系、遗传或成熟等来解释情绪的发生，也不重视条件作用或联想、学习等概念在情绪发展中的作用。认知心理学家认为情绪是认知过程的产物，情绪发展是认知发展和新知识掌握的结果，真正的情绪依赖于认知的成熟。随着新的认知机能的发展，情绪状态的刺激类型系统地从外部向内部变化，个体体验的情绪在量上与以前有很大的区别。婴儿早期不能区分各种情绪和情感，是因为他没有语言能力，不能解释和命名有差别的情感。婴儿能够体验感觉的变化，但通常只表现出一般的兴奋状态。随着认知能力的增长，儿童特定的情绪状态出现。这种变化的一个重要机制是照顾者对儿童情绪的称呼，使儿童学会了在特定的情境中采用相应的术语。

凯根（1946）认为，影响儿童情绪的不是客观的感觉输入，而是个人的解释。凯根将微笑发生描述成一个倒“U”模式，认为当一个比较图式刚建立时，婴儿并不发生笑反应，而是静止地对待；当儿童理解了这一对象，并且这个刺激物有一定的新颖性时，微笑就诱发出来了；而当刺激不再新鲜时，微笑的出现率则下降。同样，倒“U”模式也可以用来解释兴趣。在刺激物与内部图式一致或完全不一致时，就不会引起儿童的兴趣，而当二者的不一致是中等程度时，儿童就会出现最显著的兴趣。

认知理论把情绪的发生纳入情境关系、认知评价和比较的概念之中，并提供了许多实验证据，但是，认知理论也有其局限性。首先，认知理论对婴儿某些情绪的发生完全没有涉及，例如悲伤。其次，情绪既是认知的产物，也能成为认知的重要前提。至少，它起着不可否认的反馈作用。许多认知理论家忽视了这一点，没有深入揭示感情—认知的相互关系。最后，认知理论家忽视生物成熟对情绪的作用。生物成熟对情绪的影响可以从双生子的研究中发现，例如，同卵双生子明显比异卵双生子在微笑的发生时间和对陌生人焦虑的产生上更加接近。

（4）机能主义的情绪理论。机能主义理论认为，情绪是“在对个体具有显著意义的情境事件上，个体建立、维持、改变或终止其与环境的关系的一种企图”。如为什么人在碰到一条疯狗、走在漆黑的街道，甚至是在想象孩子独自走在漆黑的街道时都会感到害怕呢？这些情境各不相同，人们对其作出的行为反应也会不一样，但人们都希望能改变自身与当前情境事件的关系——这正体现了情绪对个体与环境之间关系的适应性机能。又如羞愧情绪具有另一些不同的适应功能：它可以降低个体的生理唤醒，降低其在公众面前曝光的行为倾向，让个体认为自身很渺小，倾向于服从他人的意见，进而导致退缩行为，使得个体希望将自己隐藏起来，避开他人。

从机能主义的观点出发，个体的情绪发展依赖于个体对情境事件与自身关系的认知。由于情绪对生存的适应性价值，个体的某些交互模式从一出生就具有，并能持续一生帮助个体适应新的环境。随着个体社会化和认知发展，其与情境交互模式的数量、复杂程度不断发展变化，其情绪也就得到了不断的发展。

可见，在机能主义者看来，情绪发展是经验获得、认知发展以及社会化的函数，这与认知的观点有着相通之处。

(5)社会建构主义的情绪理论。社会建构论对情绪的理论解释可以说是对认知的观点和机能主义的观点的进一步阐发和综合化。这一取向用其解释人类认知和行为的建构主义观点来解释情绪，认为情绪既是个体自身内部的建构（这与认知的观点相通），更是个体之间的建构（这与机能主义的观点相通），是能在更高层面反映出社会历史文化以及政治秩序的综合征候群。情绪的社会建构论以弗格尔等（1992）提出的“社会过程理论”为典型代表。他们提出，情绪是由个体从事特定活动时所产生的一些动态过程的自组织的社会建构。在弗格尔看来，情绪既不是个体内部的主观体验，也不是离散的生物模块，而是通过情绪代言者的交互作用而动态产生的、社会建构的连续体。所谓情绪代言者，指的是带有情绪色彩的一些行为，这些行为与其他行为相互影响，从而维持或改变机体和环境之间的关系。

9.2　情绪的发展

婴儿有情绪活动吗？幼儿的情绪活动与成年人是一样的吗？情绪在个体发展中，不同的阶段会有不同的特征吗？这些问题都是探讨情绪发展必须思考的问题。

9.2.1　婴儿期情绪发展

为了了解婴儿期的情绪发展，有必要先明确两个基本概念，即原始情绪和自我意识情绪。原始情绪是在人类和动物中都有表现的个人情绪，包括惊奇、高兴、生气、悲伤、恐惧和厌恶等。而自我意识情绪是那些要求认知能力、伴随着意识出现的情绪，包括同情、嫉妒和困窘、骄傲、害羞以及内疚，等等。在婴儿情绪发展过程中，最先出现的情绪反应是原始情绪，出现在生命的前六个月。接着在一岁半至两岁，开始出现同情、嫉妒和困窘等自我意识的情绪反应，并逐渐获得运用社会标准和尺度去评估他们的行为的能力。

不仅如此，研究表明，婴儿很早就能够将自己的情绪与其看护者的情绪协调地相互作用并且开始与看护者建立情绪联系。即使一个仅仅3个月的婴儿，也能熟练地与看护者进行面对面的相互作用。这些，不仅仅是父母对婴儿的情绪表现做出相应的情绪表现变化，婴儿也能通过调整自己的情绪表现以回应他们父母的情绪表现。因为这种协调、这些互相作用被认为是行为进行过程中交互的或同步的。啼哭和微笑是婴儿与父母互相作用的两种情绪表达方式，并且是幼儿首先形成的情绪交流。

(1)啼哭。啼哭是新生儿与这个世界交流最重要的心理机制。第一次啼哭被证实是由于婴儿的肺部充满空气而产生的。婴儿的啼哭有好多种。不同原因的啼哭会有不同的模式，许多看护者在熟悉了婴儿的哭声后，便能分辨出其啼哭的原因。通常婴儿至少有三种啼哭形式：

①基本的啼哭：一种短暂沉默后有节奏的啼哭模式，然后是一个比连续啼哭时间短而音调高的吸气声，随后是一个短暂休息，接着下一轮的啼哭。一些幼儿专家认为饥饿是刺激基本啼哭的原因之一。

②生气的啼哭：与恼怒或愤怒相联系的一种基本啼哭的变化方式，会有更多的空气

被吸入后通过声带。

③痛苦的啼哭：屏气后的一个突然又长又响的啼哭；没有准备开始的呻吟。痛苦的啼哭是由某一强烈刺激而引发的。

多数成年人能区别一个婴儿的啼哭是由于生气还是痛苦。父母辨别自己孩子哭声的能力比辨别其他孩子哭声的能力更强。

安抚或者不安抚是由婴儿啼哭所引发的问题。应该对一个啼哭的孩子给予关注和安抚呢，还是如果这样就会娇宠他呢？许多年以前，行为主义者华生指责父母们花太多的时间回应婴儿的啼哭。他有一个试验结果证明，父母们回应婴儿的啼哭会增加啼哭的发生率。相反，婴儿学家安斯沃斯和鲍尔比强调在婴儿出生第一年应该对他的啼哭做出迅速回应，他们认为一个快速、适当地对婴儿啼哭的反应是建立婴儿与看护者之间坚固联系的一个重要因素。在安斯沃斯的一个研究中，如果婴儿三个月时母亲对他们的啼哭做出快速回应，那么在他们第一年的此后阶段会较少啼哭。

争议仍然集中于父母是否或者该如何对婴儿的啼哭做出反应。然而更多的发展心理学家逐渐认为一个婴儿不可能在他出生的第一年里被娇宠，他们建议父母应该安抚一个啼哭的婴儿而不是不回应他。父母的反应可以帮助婴儿发展信任感和获得与看护者的依恋关系。

人类是唯一会哭的灵长类动物吗？

这是一个非常有趣的问题。不过，如何定义哭也是回答这一问题的关键。如果将“哭”定义为眼泪从眼睛里流出的活动的话，那么答案是肯定的。在所有灵长类动物中，眼泪是人类所独有。然而从情绪、情绪表达或情感的角度考虑“哭”代表什么，答案将更复杂和有趣。

研究者认为，哭有两种方式：一是作为情绪表达，带或不带情感色彩（如悲伤、悲痛或者疼痛）；二是作为交流信号（如对于健康婴儿，要求得到关心或安慰）。在情绪表达方面，哭可能包括任何或者所有悲痛的行为方式（如叫喊、身体运动和面部表情），或悲伤的信号（如弯腰驼背的沮丧姿态），或者是疼痛。许多灵长类动物发出的叫都可以当作情绪表达方式的哭，包括松树猴“咕咕”的叫声以及黑猩猩的呜咽和尖叫声。猿和猴子的幼子在断奶时或者与母亲分开（暂时看不到母亲或者母亲死亡）时发出的声音也被认为是一种哭。

在理解其他灵长类动物的行为时，科学家们尽量避免用人类的行为方式来解释，尤其在处理情绪时更是如此。真正的研究者将避免对其他灵长类动物使用任何拟人化的描述，将那些情绪词汇只使用在人类身上。有些人否认其他灵长类动物具有情感。然而，大多数人持中立态度，认为太难辨别它们是否具有情感。如果它们真具有情感，要分辨它们的情感与人类的情感是否有相似性也不容易，因而许多科学家在谈到非人类时避免使用“哭”这个词，更喜欢使用悲伤的叫声，或者描述声音的声学特征。总之，如果把“哭”定义为含泪的呜咽，那么人类就是唯一会哭的灵长类动物。如果把“哭”定义为在悲伤的环境中发出的声音，那么我们可以得出这样的结论：大多数猿和猴子会哭，特别是它们的幼子。如果我们现在问人类真的是唯一能感受到悲哀的灵长类吗？答案依然是一个谜。

资料来源：陈少华：《情绪心理学》，暨南大学出版社2008年版，第93页。

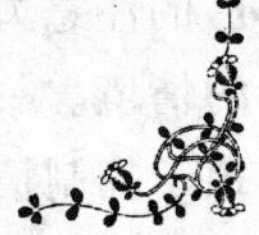

（2）微笑。微笑是婴儿另一个重要的社交行为。它是显示婴儿知觉和认知辨别的发展相互作用的行为之一。婴儿有两种可区别的微笑：

①反射性微笑：这种微笑不是对外界刺激的反应，它出现在出生后的第一个月，通常是在睡眠时。

②社会性微笑：这种微笑是对外界刺激的反应，尤其出现在较小婴儿身上。微笑通过各种刺激的视觉表象而激发，这类刺激大多具有社会性，比如人的脸或声音。

社会性微笑要在2~3个月时才出现。婴儿微笑的作用是由英国理论家鲍尔比提出来的：“我们怀疑是否一个婴儿更多更好地微笑，就可以得到更好的被爱和被照顾？这是婴儿为了侥幸生存而天生本能设计用以迷惑和束缚母亲的。”微笑行为会随着接触和言语的增加而增加。婴儿的微笑能引起父母对他更多的关注，从而为情绪发展和社会化发展提供有利条件。

（3）恐惧。恐惧通常第一次出现在6个月时，并且在18个月时达到顶峰。婴儿表现出的恐惧最多的是陌生焦虑，即婴儿对陌生人表现出的害怕和谨慎。陌生焦虑是逐渐出现的。它首先在6个月大时形成注意反射。到了9个月，对陌生人的恐惧会更强烈，并且在婴儿出生的第一年里持续增加。

不是所有的婴儿在看到陌生人时都表现出焦虑。除了个体差异，婴儿对陌生人表现出焦虑是由社会情境和陌生人的特质决定的。婴儿在熟悉环境中较少表现出陌生焦虑。在某些研究中，10个月大的婴儿在自己家中对陌生人表现出较少的陌生焦虑，但当他们在研究实验室里就对陌生人表现出很强的陌生焦虑，而且，婴儿坐在自己母亲膝盖上比坐在离母亲几步远的婴儿椅上也表现出较少的陌生焦虑，这说明了当婴儿有安全感时，他们就比较少地表现出陌生焦虑。

陌生人是谁以及陌生人的行为也影响婴儿的陌生焦虑。婴儿对陌生儿童比对陌生成年人的恐惧要少。他们通常对亲切的、友善的、微笑的陌生人比对冷漠、严肃的陌生人恐惧要少。

此外，婴儿与看护者分离时也会有恐惧反应。实验说明分离抗拒——当看护者离开时婴儿会哭叫。通常婴儿的分离抗拒在13~15个月大时达到峰值。不同文化中，有分离抗拒的婴儿比例是不同的，但是所有的婴儿大约会在出生后的第二年中期以前达到抗拒的峰值。

（4）情绪控制和模仿。在出生后的第一年里，婴儿渐渐地发展出抑制或减小情绪反应的强度和持续时间的能力。起初，婴儿主要依靠看护者来帮助他们安抚情绪，比如一个看护者轻轻拍打婴儿入睡，给他哼唱摇篮曲，温柔地抚摸他等。在婴儿早期，小孩子把吮吸大拇指作为自我安抚的方法。许多发展心理学家相信在婴儿感觉紧张、焦虑、失控前看护者对他进行安抚是稳定婴儿情绪的好方法。

婴儿晚期，当他们变得更敏感时，他们有时会为了减少被情绪唤醒而改变或分散自己的注意力。到了两岁以后，幼儿就能用语言来描述他们的情绪状态和使他们产生情绪的情境。一个孩子可能说："不喜欢小狗，害怕。"这种交流方式可以帮助看护者协助孩子控制情绪。

情境能影响情绪控制，婴儿经常受到疲劳、饥饿、日照，以及他周围的人和他所处环境的影响。婴儿必须要求控制情绪来学习适应不同情境。进一步说，当婴儿长大并且父母寄予他们期望时新的要求出现。例如，父母可能对一个6岁的孩子在餐厅里尖叫而严厉指责，但对一个一岁半大的孩子这样做的反应就非常不同了。

(5) 面部表情的识别与模仿（见图9.2）。费尔德及其同事（1982、1983）进行的几项研究表明，一个三天大的孩子已经可以模仿成年人所作出的高兴、伤心和惊奇的表情。尼尔森等人（1975）提出，面部表情的识别能力反映出儿童能通过情绪表情推测他人内部心理状态的能力。儿童指认表情的能力优于命名表情的能力，指认和命名高兴情绪的能力优于消极情绪。在消极情绪中，害怕是最难识别的表情，甚至对于成人也一样。徐琴美（2006）用孟昭兰等人的表情照片让幼儿进行识别，结果发现高兴、伤心、好奇的识别较好，害怕、讨厌和生气的识别较差。这一结果与国外的许多研究一致。

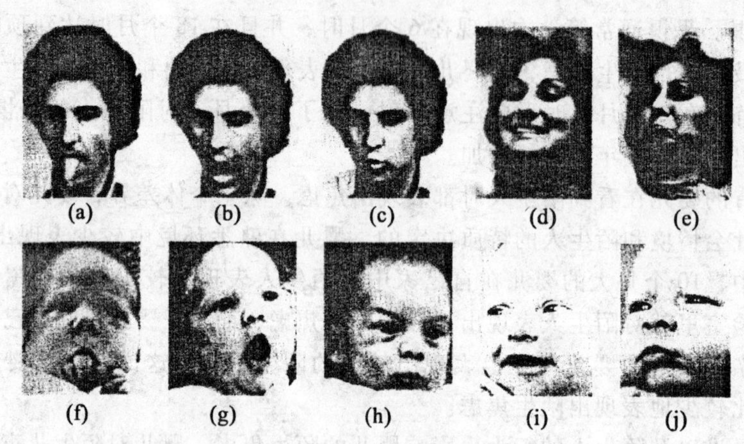

图9.2　婴儿对面部表情的识别与模仿

9.2.2　幼儿期情绪发展

幼儿期的儿童和成年人一样，在一天中会体验到许多情绪。通常，孩子们也会试图理解别人的情绪和情感反应。

(1) 自我意识情绪。前面我们阐述的自我意识情绪，是指要求孩子能注意到自己，并且意识到自己是和他人有区别的。我们所说的自我评价情绪——骄傲、害羞和内疚——第一次出现在两岁半。体验这些情绪，说明孩子已经开始学习并且能够运用社会标准和尺度来评估自己的行为。

骄傲是当儿童成功完成一个特定活动而感觉愉快时的表现。骄傲一般与达到特定的目标相联系。

害羞是儿童对照自己的标准、尺度和目标认为自己的活动失败的结果。害羞通常有一个对自我的评估并且会产生自我混乱和不知所措。害羞不仅由某个特定情境产生，而且由个体对事件的解释产生。

害羞都是由失败而产生的，但内疚却来自于特定的归因。内疚的归因过程集中于某个行为而不是自我本身。内疚的感觉通常不像害羞的感觉一样强烈，并且不会导致混乱和不知所措。当儿童感觉内疚，有时他们会采取矫正行为来减少消极情感和防止此类情况的再次发生。

内疚和害羞有不同的肢体表现。当儿童感觉害羞时，他们一般会耸肩弓背以试图躲起来或消失掉；他们为了让自己看起来消失在别人面前而收缩身体。当儿童感觉内疚时，他们通常会躲在一旁好像试图弥补自己的行为。

通常，女孩子比男孩子表现出更多的害羞和骄傲。这种性别差异非常有趣，因为女孩子更可能发生内部的心理混乱，比如焦虑和沮丧，在这些情感中害羞和自我批评比较明显。

儿童评估能力和自我意识情绪的发展特别受父母对孩子行为的反应的影响。例如，一个小孩子可能在打架后，当父母说“打架不是好孩子，你要好好想想自己做错没有”而感到内疚。

(2) 幼儿的情绪语言和情绪理解。谈论他们自己和他人的情绪以及理解情绪的能力增强是幼儿情绪发展中的重要变化。在2~4岁期间，儿童用来表述情绪的词汇量逐渐增加。他们知道了情感的动机和结果。

当儿童4~5岁时，他们对情感的反应能力增强。这期间，他们也开始理解对不同的人，同样的事件可以诱发不同的情感，甚至，他们逐渐意识到需要控制自己的情绪来适应社会要求。

父母、老师和其他的成年人可以帮助儿童理解并控制自己的情绪。他们可以教导儿童如何应对压力、悲伤、生气或内疚，知道表达某些情感并掩饰其他的情感是一件在生活中普通的、每天必须做的事情；要教育那些因为要排队等候而生气或嘲笑其他儿童跌破膝盖哭叫的儿童多体谅其他人的感受；要提醒吹嘘自己赢了什么的孩子想想如果失败了会是多么伤心的感觉。

情绪对儿童同伴关系是否成功起重要作用。沮丧和情绪消极的儿童会感觉受他的同伴们的强力排斥，而情绪积极的儿童更受欢迎。儿童学会对社会情境进行准确判断，做出让他人理解的情绪表达，控制自己那些与情境不相适宜的冲动，从而建立并保持与他人的良好关系。在一个自然情境中的研究发现，儿童每天与同伴之间的互动，情绪的自我控制能提高儿童的社会能力。努力控制自己情绪反应的儿童更可能在有同伴进行挑衅时以适当的方式应对（比如当同伴提出有敌意的评价或抢走自己的东西）。总之，调节自己情绪的能力是帮助儿童处理同伴关系的重要技能。

（3）情绪理解。研究发现，4~6岁的儿童已经能够理解基于信念的情绪。有研究表明，基于信念的情绪理解，它的出现晚于基于愿望的情绪理解。心理学家对儿童心理理论能力中情绪理解的研究内容主要是基于愿望和信念。多数的研究结果一致表明，3岁儿童能理解基于愿望的情绪，四五岁能理解基于信念的情绪。另外，也有一些研究表明家庭成员间对情绪状态谈论的多少会影响儿童基于愿望和信念情绪理解的发展。

（4）理解的发展及影响因素。研究表明，除自我安慰外，其他各种情绪调节策略都与气质的某些维度存在不同程度的相关；不同气质类型的幼儿在运用问题解决策略和被动应付的调节策略时存在显著差异，易养型幼儿相对较多地运用问题解决策略而较少运用被动应付的调节策略；5岁的难养型幼儿对替代调节策略的运用显著多于同年龄的易养型幼儿。

9.2.3 童年期情绪发展

人类的发展是生物的认知的、情感的和社会的成长的多成分混合体。这些成分的分离趋势与其相互作用和统一交替出现。儿童正是在这个过程中不断地感受、体验、学习的人。在这一过程中，情绪与其他方面的关系越来越明显，日趋成熟，呈现出独有的特征。以下是童年期情绪的重要发展变化：

（1）理解诸如骄傲和害羞这样复杂情绪的能力提高。这些情绪变得更主观和自发并且与个人责任感相联系。

（2）逐渐理解在特定情境中会有不止一种情绪体验。

（3）越来越多地思考引起情绪反应的各种事件。

（4）压制或隐藏消极情绪反应的能力提高。

（5）运用自我引导的方式来改变感受。

道德情感的发展也是童年期情感发展的一个重要方面。道德情感是根据一定的道德标准评价自己或他人的行为举止、思想意图时所产生的一种情绪体验。儿童的道德感大约是在两岁以后开始逐渐发展起来。在幼儿期，儿童的道德情感最初与行为的直接后果联系在一起，而后才逐渐同一些概括化的道德标准相联系，但这种道德标准往往是以成人的评价为根据的。进入小学以后，在教学的影响下，在日益增多的社会性活动中，儿童的道德情感进一步得到发展。

我国心理学家（朱智贤，1990；陈会昌，1987）对儿童的道德情感进行了系统的研究，研究结果发现：

（1）小学儿童的道德情感处于不断的发展之中。低年级儿童主要是以社会反映作为自己情感体验的依据，中年级儿童则主要以一定的道德行为规范为依据，而高年级儿童则开始以内化的抽象道德观念作为依据。

（2）小学儿童的道德情感的发展具有明显的转折期，一般是在小学三年级。

（3）小学儿童道德情感的发展具有不平衡性，对不同道德范畴的情感体验有所不同，如与义务感、良心等有关的情感体验发展得较早较好，而与政治道德感有关的爱国主义情感的发展则相对较晚，水平较低。

（4）小学儿童的道德情感具有明显的个体差异。在儿童道德情感的形成和变化进程中，情绪经验积累和概括起着重要作用。

（5）自然的、直接的由客观现实引起的情感体验，以及具有高度概括性并且带有激励作用的崇高道德观，对小学儿童的道德情感的发展具有重要意义。

9.2.4　青年期情绪情感发展

青少年情感发展与这一时期的生理、认知、需要和人格的发展密切联系。与儿童相比，青少年在情绪识别、表达和自我情绪调节上表现出自身的特征。

（1）情绪识别能力的发展。在儿童心理发展的过程中，个体的情绪体验先产生，而后随着其教育、经验的不断积累，情绪识别能力才逐渐发展起来。在面部表情的识别方面，儿童期面部表情识别水平一直处于发展提高的过程中。在10～14岁时，个体的情绪识别能力进入一个快速发展期。到了高中阶段，面部表情的识别能力已趋于成熟稳定，基本达到成人水平。但在这个过程中，对不同特质的面部表情识别的速率是不同的，最早趋于成熟的是高兴、愤怒，其次是蔑视、惊讶、恐惧和厌恶等。这一过程遵循着从简单的情绪识别开始，随后逐步分化出对相对复杂情绪的认识的规律。

（2）情绪体验的发展。

①情绪体验的易感性与兴奋性。从生理方面来看，由于内分泌腺活动水平较高，尤其是肾上腺素的分泌增多与情绪的高兴兴奋有直接关系。大脑皮层的神经过程的兴奋强于抑制过程，刺激在神经中传导易引起泛化和扩散与情绪表现出易感与兴奋也有直接关系。从心理方面来看，由于青少年的情绪与他们的需要、评价和预期密切相关，而这三者此时正处于变化和不平衡状态，从而导致情绪的易感和兴奋。

②情绪体验易起伏波动。青少年的情绪起伏较大，反应快，平息快，情绪体验的时间较短，表现为喜怒无常。之所以会这样，一方面是因为青少年的自我意识增强，对自己的形象和他人对自己的看法十分关心，但青少年对自身的认识不够，很大程度上对自己的评价依赖于外界，因此，青少年就可能因为某个人的表扬而表现为得意洋洋，也可能因为某个人的批评而难过流泪；另一方面由于青少年的生理、心理与社会发展处于不平衡的状态，他们时刻体验着心理和生理上的各种矛盾和冲突，同时他们有限的生活经验和发展尚不完善的思维水平也导致青少年在对待问题时极易产生偏激行为，引起情绪上的跌宕起伏。

③情绪体验丰富多彩。青少年自然活动领域的扩展、生理的成熟、社会环境的复杂以及这些因素之间的相互作用，为青少年情感体验提供了丰富的来源，加之青少年自身心理的发展使得青少年对人类不同层次、不同种类和强度的情感体验加深。

（3）情绪表达的发展特点。

①内隐性与外显性并存。青少年的情绪活动具有外露性，各种情绪往往通过面部表情、身体动作显露出来，但随着经验的增长、心理的成熟，有时也表现出对情感的文饰特点，情感表达变得逐渐缓和与细致。到了高中阶段这种特点更为明显。他们能在某些场合较好地掩饰自己的情绪。这是青少年的适应能力的表现，他们开始注意到自己的情绪在特定的情境中表达要适宜。当情绪表现与他人和社会对其的评价不一致时，他们往往对情绪进行掩饰、克制甚至用逆反的方式来表现。

②心境化表现。进入高中阶段后，青少年情绪爆发率逐渐降低，与此同时情绪的控制力提高，情绪体验时间延长，这使青少年的活动在较长的时间内都会受到同样感情色彩的感染。例如，有的中学生在受到老师批评后，心里很不愉快，但脸上却没有表现出来，所以很难引起老师的注意，然而，随后几天，他都会为此闷闷不乐。

(4) 情操的发展。情操是知、情、意和行的综合过程，包括道德感、理智感和美感。这三种高级的情感与人的社会观念及评价系统相联系，并反映着个体和社会之间一定的关系，它是个体社会化的结果。

①道德感。从内容上把道德感分为爱国主义感、集体主义感、荣誉感、责任感、友谊感和同情感等多种形式。通过一项对高中生道德感发展的研究发现，高中生在爱国主义感、集体主义感、荣誉感和友谊感的情感体验上选择代表积极情感的答案的人数最多，这表明高中生的道德感的发展以积极正确的情感为主，在运用道德标准评价自身或他人行为时已经形成了较稳定的反应或体验倾向。相比之下，责任感的正确选择率较低，但随着年级的增高，这方面的积极情感又将得到较快的发展，这说明道德感各个方面的发展是不平衡的，而整体趋势是提高的。

②理智感。理智感是人们在智力活动中认识和评价事物时产生的情感体验，例如，人们在探索未知事物时表现出兴趣和好奇心，在解决难题时出现迟疑、惊讶和焦虑等情绪。

青少年的理智感着重体现在学习活动中问题解决的过程和获得成功以后的态度上。从疑问感、坚信感、喜悦感和求知感四个方面对高中生的理智感的调查结果表明：高中生的求知感最为强烈；喜悦感、坚信感居中，其中坚信感的消极选择率在各项中最高；疑问感较弱；消极情感占少数。这说明在高中生的理智感发展水平较高的同时，部分学生还缺少主动发现问题的积极性。求知中害怕失败，易为挫折丧失信心等现象在高三尤为明显，这可能与频繁的考试、激烈的竞争有关。

③美感。美感是人根据自己的审美标准，对客观事物做出评价时的情感体验。它与一个人的知识经验、认识水平和道德水平都有关系。

美感开始出现的时间较早，在四五岁时儿童就懂得“漂亮”与“不漂亮”，进入青春期后青少年开始注意自己的外表是否美丽，能否被人夸奖，其中女孩比男孩更注意打扮自己。我国的研究者（郑和钧，1995）对青少年的美感从形体美和声音美两方面进行了初步研究，结果显示在形体美感的欣赏中，各年级感受的成绩十分接近。对人体造型的欣赏则随着年级的升高而提高；在音乐美感的体验中流行歌曲更能引起中小学生的共鸣，而他们对民歌、传统歌曲的体验则较肤浅。由此可见，青少年美感受社会生活条件以及其对客观事物的外部特征和内在特征的领会与理解所制约。

(5) 常见的情绪困惑。

①青少年的自卑感。青少年对自身的评价往往较低，对自身的生理条件以及学习、人际交往等方面的能力评价较低，并且青少年的这种自卑感很容易泛化到自己对其他方面的评价，比如，由于自己的身高不足，使得他感到自己在言谈举止和社交方面均不如人。青少年对自己的不足和别人对自己的评价很敏感，常常把与自己无关的言行看成是对自己的轻视。对自己的不足常常加以掩饰或否认，有时表现为较强的虚荣心。

②青少年的焦虑和抑郁。青少年常见的焦虑情绪包括适应焦虑和考试焦虑，这是一

种消极的情绪体验。青少年可以寻找同伴或是家长的帮助来调节自己这种不良的情绪体验。青少年的抑郁情绪主要表现为情绪低落、思维迟钝、郁郁寡欢、闷闷不乐、兴趣缺乏等。长期处于抑郁状态会损害青少年的身心健康，无法进行有效的学习和活动。

③青少年的孤独。研究表明，青少年很容易产生孤独感，青少年可能已经产生了对亲密感的需求，但能够满足这种需求的条件尚未形成，因此，他们经常陷入孤独之中。这种情况通常可以通过与同伴进行沟通来缓解，因为当了解到同龄人也有同样的情感体验时，青少年就会减轻自身的孤独感。

9.2.5 成年早期和中期情绪发展

成年早期和中期是情绪发展十分稳定、情绪能力提高迅速的时期。成年人情绪能力的发展，不仅与认知、生理社会发展交互作用、平行发展，而且会表现出更大的独立性和个性化。随着成年人的情绪智力发挥作用，他们表现出更熟练地预知和表达情绪、理解情绪，运用感情促进思维以及更有效地控制情绪。

情绪智力是人际沟通和自知自省的能力，它反映在个体解释别人的情绪和情感的能力上，也反映在用社会适宜的方式控制和表达自己情感的能力上。它主要是指情绪体验的适应情况。一般认为发展情绪能力包括发展许多社会技能，比如：

（1）觉察个体情绪状态。例如，能正确区分自己的悲伤或者焦虑的情绪。

（2）辨别他人的情绪。例如，理解他人是处于悲伤中而不是担心中。

（3）恰当地运用社会的和文化的情绪术语。例如，当一个人感觉悲痛时能恰当地描述他之所以悲痛的个体社会文化情境。

（4）对他人情感体验的移情和共情的敏感性。例如，当他人感觉悲痛时能敏感地察觉到。

（5）知道内部情绪状态不一定要和外在表现相一致；随着心理的逐渐成熟，知道个体富有表情的情感行为是如何影响他人的并且把这种表现方式作为表现自己的方式之一。例如，知道个体生气时仍然能控制个体情绪表现，使之表现得更为中性化，不易被人察觉。

（6）运用自我控制的方法适当地应对消极情绪，减少这种情绪状态的强度和持续时间。例如，当个体感觉愤怒时，应该离开厌恶情境来降低愤怒，并且采取行动使个体意识远离厌恶情境。

（7）知道情绪的表达对人际关系起重要作用。例如，知道对朋友以通常的方式表现愤怒是可能伤害友谊的行为。

（8）正确、全面地认识个体感受。例如，知道个体可以有效地应对压力并且可以成功解决压力问题。

情绪智力量表 EIS（Emotional Intelligence Scale）是由 Schutte 等人（1998）根据 Mayer 和 Salovey 1990 年的情绪智力理论编制而成的。它有着较高的信度和效度。该量表要求被试者进行自我评定，采用 5 点量表的形式（1 代表很不符合，2代表较不符合，3代表不清楚，4代表较符合，5代表很符合），共有33道题目，包括四个分量表，即情绪知觉、自我情绪管理、他人情绪管理和情绪利用四个量表（Ciarrochi，Deane & Anderson，2002）。国内学者王才康（2002）将EIS修订成中文，适用于青少年和成人。

情绪智力量表（EIS）

指导语：请仔细阅读以下的每一个句子，然后根据自己的实际情况，在句子后面相应的数字上打“√”。数字代表这个句子是否符合的程度，具体如下：①—很不符合　②—较不符合　③—不清楚　④—较符合　⑤—很符合

	很不符合	较不符合	不清楚	较符合	很符合
1. 我知道什么时候该和别人谈论我的私人问题	①	②	③	④	⑤
2. 当我面对某种困难时，我能够回忆起面对同样困难并克服它们的时候	①	②	③	④	⑤
3. 我期望我能够做好我想做的大多数的事情	①	②	③	④	⑤
4. 别人很容易信任我	①	②	③	④	⑤
5. 我觉得我很难理解别人的肢体语言	①	②	③	④	⑤
6. 我生命中的一些重大事件，让我重新评估了生命中什么是重要的、什么是不重要的	①	②	③	④	⑤
7. 心境好的时候，我就能看到新的希望	①	②	③	④	⑤
8. 我的生活是否有意义，情绪是影响因素之一	①	②	③	④	⑤
9. 我能够清楚地意识到自己体验到的情绪	①	②	③	④	⑤
10. 我希望能够有好的事情发生	①	②	③	④	⑤
11. 我喜欢和别人分享自己的情绪	①	②	③	④	⑤
12. 情绪好的时候，我知道如何把它延长	①	②	③	④	⑤
13. 安排事情时，我尽可能使别人感到满意	①	②	③	④	⑤
14. 我会去寻找一些让自己感到开心的活动	①	②	③	④	⑤
15. 我能够清楚意识到自己传递给别人的非言语信息	①	②	③	④	⑤
16. 我尽量做得好一些，以便给别人留下好的印象	①	②	③	④	⑤
17. 心情好的时候，解决问题对我来说很容易	①	②	③	④	⑤
18. 我能够通过观察别人的面部表情而辨别他的情绪	①	②	③	④	⑤
19. 我知道自己情绪变化的原因	①	②	③	④	⑤
20. 我心情好的时候，新奇的想法就会多一些	①	②	③	④	⑤
21. 我能够控制自己的情绪	①	②	③	④	⑤
22. 我能够清楚意识到自己在某一时刻的情绪	①	②	③	④	⑤
23. 学习时，我会想象即将取得好成绩而激励自己	①	②	③	④	⑤

24. 别人在某个方面做得很好时，我会加以称赞 ① ② ③ ④ ⑤
25. 我能够了解别人传递给我的非言语信息 ① ② ③ ④ ⑤
26. 别人告诉我他人生中的某件重大事情时，我几乎感觉到好像发生在自己身上一样 ① ② ③ ④ ⑤
27. 我感到情绪变化时，就会涌现一些新颖的想法 ① ② ③ ④ ⑤
28. 遇到困难时，一想到可能会失败，我就会退却 ① ② ③ ④ ⑤
29. 只要看上一眼，我就知道别人的情绪是怎么样的 ① ② ③ ④ ⑤
30. 别人消极时，我能够给予帮助，使他感觉好一点 ① ② ③ ④ ⑤
31. 遇到挫折时，我能够保持良好情绪而应对挑战 ① ② ③ ④ ⑤
32. 我能够通过别人讲话的语调判断他当时的情绪 ① ② ③ ④ ⑤
33. 我难以理解别人的想法和感受 ① ② ③ ④ ⑤

9.2.6 成年晚期的情绪发展

以往的很多研究告诉我们，老年人的情绪状况可能是低落的，原因生活质量差，生活孤独。老年人的情绪生活变得更复杂，这与个人体验、认知方式的变化，以及生物性衰退是有关系的。但事实上，与年轻人相比，老年人的情感平和，情绪世界很少起伏，很平稳。这使得老年人虽然少有特别的高兴，但更知足，尤其是和朋友、家人的关系积极良好时。

喀斯特森的社会情感选择性理论认为老年人对他们的社交圈变得更有选择性。老年人经常花很多时间与有回报关系的熟人在一起，因为他们更重视情感满足。这一理论认为老年人对那些在他们生活中处于次要地位的人会谨慎地减少与他们的社会联系，而他们会保持或者加强与他们拥有愉快关系的亲密朋友和家庭成员的联系。这种选择缩小了社会交往，增强了积极的情绪体验并且减少了当个体衰老时的情感威胁。依照这个理论，老年人会有计划地梳理他们的社交圈，以便珍惜那些满足他们情感需要的伙伴。

这一理论说明了人生发展在社会组织构成中的变化。研究发现老年人比青年人的社交圈更小。在一个个体年龄从 69 岁到 104 岁的研究中，年老的参与者与相对年轻的参与者相比，次要的社会交往较少，但有几乎一样数量的亲密情感关系。

社会情感选择性理论也研究个体积极争取获得的目标类型。依照这一理论，与目标相关的动机在年纪较轻时更强，青春期和成年早期达到顶峰，而后在成年中晚期开始下降。情感相关目标的变化曲线在婴儿期和儿童早期很高，从儿童中期到成年早期逐渐下降，在成年中晚期又有所提高。

知识相关目标和情感相关目标的曲线变化，一个主要原因是时间知觉。从青春期晚期到中年，知识的获取非常重要，人们不屈不挠地追求着，即使以情感满足为代价。但是当老年人预感到他们生命的时间不多了，他们就更愿意花时间去寻求与情感相关而不是与知识相关的目标。

9.3 依恋和爱

前面我们已经讨论了情绪和情绪能力在毕生发展中的变化。但是情绪还有更丰富的内容，因为情绪是我们与其他人之间人际关系的核心。这些人际关系中最多的是依恋。依恋是两个人之间形成的一种紧密的情感联系。依恋有两种类型：儿童—父母的依恋和成人浪漫的依恋。

9.3.1 婴儿和儿童的依恋

一个10个月大的小女孩和妈妈在房间玩玩具，一会儿妈妈出去了。几分钟后，她开始大哭起来，妈妈听见她的哭声，赶忙回到房间，小女孩停止了哭泣，很快又自己爬向墙角的玩具熊。哦！原来她对妈妈已经有了强烈的依恋啊！

（1）依恋的理论。弗洛伊德认为婴儿对人的依恋是为了获得口头上的满足。对于大多数的婴儿，喂养他们的人就是母亲。喂养真如弗洛伊德所认为的那么重要吗？一个由哈洛所做的经典研究发现答案是否定的。哈洛在一些幼猴出生后就让它与母亲隔离，让“代理母亲”养育6个月。其中一个“代理母亲”是由铁丝做的，另一个由布做成。一半幼猴由“铁丝妈妈”喂养，一半幼猴由“布妈妈”喂养。幼猴与“铁丝妈妈”在一起的时间或与“布妈妈”在一起的时间用计算机定期地统计检验。研究结果表明：无论幼猴由哪个“妈妈”喂养，幼猴与“布妈妈”在一起的时间要多得多。这一研究清楚地证明了喂养不是依恋过程中的关键因素，而接触的舒适更重要。

埃里克森相信发展依恋的关键时期在出生后第一年里。出生的第一年代表的是信任与不信任的阶段。信任感要求生理上的舒适和恐惧不安的最小化。埃里克森相信有责任的、敏锐的教养方式能帮助婴儿形成信任感。

英国精神分析学家鲍尔比提出的特性论也强调出生后第一年依恋的重要性和看护者的敏感性。鲍尔比认为一个婴儿会和他的首要看护者形成依恋关系。他强调新生儿是由于生理照顾诱发出依恋行为。小孩子的哭闹、依偎、低语和微笑，随后，婴儿的爬行、走路和跟随母亲，这些后继的行为是为了靠近首要看护者；这一长期的努力提高了婴儿的存活机会。

依恋不是突然出现的，从一个孩子的生物性表现到与首要看护者的互动关系，这其中有一系列阶段性发展。鲍尔比认为依恋的形成可分为以下几个阶段：

阶段1：出生1~2个月。婴儿本能地把他们的依恋指向人类形象。陌生人、同辈亲属和父母都可以诱发婴儿的微笑或哭闹。

阶段2：2~7个月。依恋集中于一个形象上，通常是首要看护者，小孩子逐渐学会区别熟悉的人和不熟悉的人。

阶段3：7~24个月。特殊的依恋发展。随着运动技能的提高，小孩子主动地寻找与固定的看护者的接触，比如母亲或父亲。

阶段4：24个月以后。儿童开始注意到其他人的感情、目标和计划，并且开始在准备自己的行动时，把这些考虑进去。

（2）个体差异和陌生情境。虽然在出生后第一年里对一个看护者的依恋渐渐增强，是否有可能一些小孩子比另一些孩子有更积极的依恋经验？安斯沃斯构思了一个**陌生情境的试验**（见表9.1）。一个通过让婴儿经历一系列介入、与看护者分离、与看护者重新相聚和一个有特定要求的陌生成年人来观测婴儿依恋的方法。在运用陌生情境时，研究者希望他们的观察将得出婴儿靠近看护者时的活动情况和看护者在场时给婴儿提供安全和自信的程度。

表9.1　　**安斯沃斯的陌生情境**

情节	在　场　者	情节持续时间	设　置　描　述
1	看护者、儿童、观察者	30分钟	观察者把看护者和儿童引进实验室，然后离开（房间散布有许多有趣的玩具）
2	看护者、儿童	3分钟	当儿童探索房间时看护者不参与；正常情况，2分钟后他开始玩耍
3	陌生人、看护者、儿童	3分钟	陌生人进入。第一分钟：陌生人保持沉默。第二分钟：陌生人与看护者交谈。第三分钟：陌生人靠近儿童。3分钟后看护者悄悄离开
4	陌生人、儿童	3分钟或不到3分钟	第一个分离情节。陌生人的行为开始指向儿童
5	看护者、儿童	3分钟或超过3分钟	第一个团聚情节。看护者开始逗或安抚儿童，然后再次让儿童玩耍。看护者而后离开，说“再见”
6	儿童一个人	3分钟或不到3分钟	第二次分离情节
7	陌生人、儿童	3分钟或不到3分钟	继续第二次的分离。陌生人进入并且行为指向儿童
8	看护者、儿童	3分钟	第二次团聚情节。看护者进入，逗逗儿童，然后抱起他。同时陌生人悄悄离开

根据儿童在陌生情境的反应，安斯沃斯把依恋划分为以下几种类型：

①安全型依恋的儿童。把看护者作为一个安全基地，从而探索环境。当看护者在场时，安全型依恋的婴儿会对他所在的房间进行探索并且检查玩具。当看护者离开时，安全型依恋的婴儿可能有点抗拒，并且当看护者回来后，这些婴儿又会寻求与她积极的接触，也许是微笑或爬到她膝盖上。以后，他们经常继续在房间里玩玩具。

②不安全回避型的儿童。通过回避母亲表现出不安全感。在陌生情境，这些儿童与看护者的互动很少，当她离开房间时会表现出少许焦虑。通常，在她返回房间时不再寻求与她的接触，并且可能在这个时候回避她。如果接触产生了，婴儿通常会侧身或躲避。

③不安全抵抗型的儿童。经常紧紧依偎着看护者，并且通过踢打或推开的行为拒绝

亲密来反抗她。在陌生情境中，这些婴儿经常紧张地依偎着看护者而且不会去探索房间。当看护者离开，他们通常大声哭闹，当她回来时又推开试图安慰他们的看护者。

④组织混乱型的儿童。混乱而且迷惑。在陌生情境里，这些儿童可能迷茫、困惑和恐惧。典型的混乱，表现出明显地回避和反抗或类似行为，比如，出现对看护者的极度恐惧。

安斯沃斯的研究也引来了一些批评。一些批评者认为在陌生情境中的行为表现，和其他实验室设置一样，可能不能说明婴儿在自然环境中的行为，甚至作为一种依恋的评估方法，他可能存在主观偏见。由于文化上的差异，不同的国家和地区的人对孩子的教养模式不一样，因此婴儿表现出的依恋模式也有显著差异，但是在不同文化研究中最常见的类型还是安全型依恋，而且研究者还发现婴儿在陌生情境中的行为与他们在家中面对与母亲分离和重新相聚的行为密切相关，因此，许多婴儿研究者认为陌生情境对于研究婴儿的依恋是有价值的。

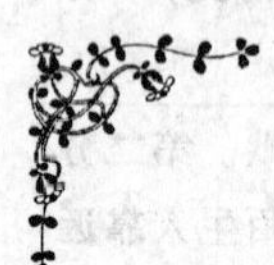

测一测

★孩子的依恋类型健康吗？

下面的小问卷可以帮助你了解自己孩子的“依恋类型”。

每道题目都有“是”或“否”两种答案，回答“是”计1分，“否”计0分。如果孩子的主要抚养者为其他人，如爷爷奶奶时，问卷中的妈妈应换作爷爷奶奶。

表　　现	是	否
1. 与妈妈分离时，会哭泣或表现不安，但能很快安静下来	1	0
2. 妈妈回家时，仍专注自己的活动，很少表现出高兴的样子	1	0
3. 喜欢缠着妈妈，不愿意自己一个人玩耍	1	0
4. 哭闹或受惊吓时，在妈妈的安慰下，能很快安静下来	1	0
5. 虽然是陌生人的逗弄，仍会露出笑容	1	0
6. 与妈妈分离时，表现强烈不安，哭闹不停，很难平静	1	0
7. 妈妈回家时会很高兴，喜欢与妈妈一起玩，愿意和妈妈分享玩具与食品	1	0
8. 对妈妈的离开漠不关心，很少表现出哭泣、不安的情绪	1	0
9. 即使在家中，也很难接受陌生人的亲近	1	0
10. 到了新的环境，刚开始可能比较拘谨，但不到10分钟就可自在地独自玩耍	1	0

续表

表　现	是	否
11. 能够很容易地让不熟悉的人带出去玩	1	0
12. 在不熟悉的环境中，虽然父母在身边，仍表现得很拘谨，不愿独自玩或与别的小朋友一起玩	1	0
13. 能在妈妈身边独自玩耍，不时向妈妈微笑或和她说话	1	0
14. 与妈妈在一起时，很少关注妈妈做什么，只顾自己玩	1	0
15. 与妈妈重聚时，紧紧缠在妈妈身边，生怕妈妈再次离开，怎么安慰都没有用	1	0
16. 在妈妈的鼓励下，能比较放松地在陌生场合表演节目	1	0
17. 一般不会主动寻求妈妈的拥抱，或与妈妈亲近	1	0
18. 在哭闹时，要花很长的时间才能使其平静下来	1	0
19. 在妈妈的鼓励下，能很快和陌生的成人玩耍或说话	1	0
20. 不怕生，第一次去别人家里，就能自在地玩耍	1	0
21. 与妈妈重聚时，有时会表现出生气、反抗、踢打妈妈的行为	1	0

以上题目分为三组，1、4、7、10、13、16、19是测试安全型依恋的题目；2、5、8、11、14、17、20是测试回避型依恋的题目；3、6、9、12、15、18、21是测试反抗型依恋的题目。将三组题目的得分各自相加，哪组得分最高即代表宝宝属于哪种依恋类型。如果三组题目的得分几乎相等，则是混乱型依恋。

资料来源：http：//www.sina.com.cn

http：//www.sina.com.cn/edu/08/0711/0859124314.shtml

(3) 依恋的意义。个体的依恋方式不同吗？安斯沃斯认为出生后第一年里的安全型依恋对此后的心理发展有重要作用。安全型依恋的婴儿自由地离开母亲但是定期地跟踪观望母亲。安全型依恋的婴儿在别人抱起他们的时候有积极的反应，当他们被放下时，能自由地离开去玩耍。相反，一个不安全型依恋的婴儿，会回避母亲或者对她有矛盾情绪，害怕陌生人，并且对微弱的日常分离都会感到不安。

如果对看护者的早期依恋是重要的，那它应该与儿童后期发展的社会行为有关联。对于某些儿童来说，早期的依恋预示着后期能力。有丰富的证据说明婴儿的安全型依恋非常重要，因为这反映了一种积极的亲子关系并且给随后时间里社会情感的健康发展奠定了基础。但对另一些儿童来说，它的延续性很小。比如，在一个纵向研究中发现，从一个婴儿依恋类型的人身上不能推测他在18岁时的依恋类型。在这个研究中，一个18岁时是不安全型依恋的人，其最好的预兆是在他的儿童时期父母离异。持续的在一段时间里给予生理和情感上的照顾，似乎是联系早期依恋与儿童后期能力发展的重要因素。

不是所有的发展心理学家都认为婴儿的依恋是毕生能力发展的唯一途径。一些发展心理学家认为在婴儿的依恋上给予了过度关注。卡冈认为婴儿有很强的可塑性和适应性，他强调无论是何种教养方式，婴儿发展性的抚养在于积极的发展过程。还比如鲍尔比和安斯沃斯更强调对儿童社会能力的发展，遗传基因和气质特性比依恋理论更为重要，例如某些婴儿可能遗传了一些对焦虑的低忍受性。这些，不是不安全型依恋，可是与同伴交往的无能。

另一个关于依恋理论的批评是它忽略了一个婴儿世界里存在的社会阶层和结构的多样性，比如在大家庭里成长的孩子对许多人表现出依恋，在农村的婴儿更倾向于对负责照顾年幼弟妹的长兄姐形成依恋。

我们逐渐意识到有能力的、会养育的看护者对婴儿发展的重要性。简而言之，无论是不是安全型依恋，看护者尤其关键。

（4）教养方式和依恋类型。教养方式和婴儿的依恋类型有关系吗？安全型依恋的儿童的看护者对儿童发出的信号敏感而且对婴儿的需要有适当的回应。这些看护者通常让他们的孩子积极地参与活动并且在出生后第一年里有规律地和他们互动。研究发现母亲敏感的教养与婴儿安全型依恋相关。

不安全型儿童的看护者是怎么与儿童互动的呢？回避型儿童的看护者倾向于不提供或拒绝。他们通常对孩子发出的信号不回应，并且与他们很少有生理接触。当他们与孩子互动时，他们的行为可能是生气或发怒的方式。抵抗型儿童的看护者倾向于不连续的，有时他们对孩子的需要有回应，有时又不回应。总之，他们对自己的孩子不亲切并且与之互动也不是同步性的。回避型儿童的看护者通常忽视或完全地虐待孩子。在一些案例中，研究者发现这些看护者都非常抑郁。

（5）母亲和父亲作为看护者。父亲能和母亲一样胜任照顾婴儿的工作吗？对父亲和他们孩子的观察说明父亲有能力像母亲一样敏感地和负责地对待他们的孩子。或许父亲的照顾行为与其他雄性灵长目动物相似，他们对自己的后代表现出极其没兴趣。然而，当女性看护者不在时被迫与婴儿一起生活的男性有能力胜任养育婴儿的工作。但是，虽然父亲们可以主动地、细心地照顾他们的婴儿，可是很多人却不这么做。

父亲对婴儿的行为与母亲有所不同吗？母亲的互动行为通常在于照顾儿童的行为——喂养、换尿布和清洗，而父亲的互动行为更倾向于游戏活动。父亲们喜欢更粗糙简单的游戏，他们拉着婴儿跳，把他们抛向空中，挠痒痒，等等。母亲们也与婴儿玩耍，但与父亲们比少有肢体和情绪的激发。

在一个研究中，调查了父亲们在他们孩子6、15、24、36个月大时是如何照顾他们的，拍摄记录了一些父亲在他们孩子6、36个月大时和他们游戏的活动。当父亲们的工作时间比母亲们的工作时间少，当母亲和父亲都很年轻，当母亲认为婚姻十分美好和他们的孩子是男孩的时候，他们更多是参与照顾工作——洗澡，喂食，给孩子穿衣服，送孩子去幼儿园，等等。

（6）儿童照顾。许多父母担心他们的孩子由别人看护会不会对孩子有什么不好的影响。他们害怕孩子由别人看护会减少孩子对他们的情感依恋，阻碍婴儿认知发展，无法教导他们如何学会控制情绪，并且使他们过多地受到他们同伴们的影响。这些父母的担忧正确吗?

随着社会的发展，如今大多数妇女在社会上从事着与男性同样的职业，带薪休假的时间也不可能很长，儿童看护的工作逐渐由社会承担。由于大众的需求，越来越多的社会机构——托儿所、幼儿园开始担当儿童日常的看护和教育工作。有收费昂贵的私立机构，也有些是带有一定福利性质的企业机构。研究发现，看护的质量与班级规模、儿童—成年人比例、物理环境、看护者的特点（比如受教育水平、专业化训练和儿童看护经验）以及看护者的行为（如对儿童的敏感性）等有密切关系。往往低收入家庭的婴儿接受的儿童看护质量比高收入家庭的婴儿要差。当看护者的水平较高时，儿童在认知和语言活动上表现得更好，在玩耍时与母亲的合作性更好，与同伴的互动表现得更积极和熟练，并且少有行为问题。高质量的儿童看护与家庭里高质量的非物质性母亲—儿童互动相关。父母在帮助孩子控制情绪方面起重要作用。

总之，专家们逐渐认识到儿童看护对某些孩子可能有不利影响。但是困难儿童和那些自我控制能力差的儿童可能尤其适合儿童看护。我们应该在训练儿童看护者时加入如何培养儿童自我规范的技能，要更努力地让儿童与儿童看护中心和学校建立起依恋关系，因为当儿童感觉他的小组、班级或学校是一个关爱的团体时，他们就会表现出更多的关心别人、更好的解决问题能力和更少的问题行为。

9.3.2 青年期的依恋与爱

孩子进入青春期后，父母和孩子的关系仍然重要。但青春期少年的情绪变化可能与家庭以外的人更有关系，比如朋友和爱慕的对象。孩子与父母的依恋关系有什么变化?

(1) 对父母的依恋。对依恋的研究最初集中在婴儿与他们看护者之间。在最近十年，发展心理学家开始探索安全型依恋的作用以及在毕生发展中相关的概念，比如青春期的孩子与父母的联系。青春期对父母的安全型依恋可能促进青少年的社会能力的增加和身心健康，可以反映出一些优秀的特质，比如自尊、良好的情绪调节和身体健康。安全型依恋的青少年在某种程度上较少有问题行为。青少年对双亲的安全型依恋与他们的同伴和友谊关系正相关。

许多研究通过对成年人依恋问题的访问来研究青春期安全型和不安全型依恋。在检验个体对主要依恋关系的回忆，从回答问题的结果看，个体被分为自发安全（与婴儿时安全型依恋相对应）和以下三种不安全性类别：

①消除/回避型依恋。这是一种不安全型类型，这类个体不重视依恋的重要性。这种类型与看护者一贯地排斥依恋需要有关。消除/回避型依恋的一个结果是父母和青少年可能互相地保持距离，这降低了父母对他们的影响。消除/回避型依恋与某些青少年的暴力和侵犯行为有关。

②专注的/矛盾的依恋。这类青少年对依恋体验过于紧张。这些情况的发生是由于父母对青少年的不一致性，这可能导致一定的混合有愤怒的依恋寻找行为。与父母的冲突对健康发展不利。

③不明晰的/紊乱的依恋，也是一种不安全型类型。这类青少年恐惧水平非常高并

且经常困惑不安，这可能是某些如父母中的一人死亡或受父母虐待的损伤性经验所导致的。

(2) 恋爱关系。随着青春期生殖系统日趋成熟，第二性特征发展突出，出现了性要求和性冲动。这些突然而来的生理变化对青少年的心理影响很大。他们逐渐开始注重自己的形象，对异性开始产生爱慕之情，也许已经开始声称“我喜欢某人”，甚至有个别的青少年已经有了固定的恋爱对象。过去，我们一味地否定这种行为，强调早恋的危害并且坚持加强道德教育，预防和阻止此类事件的发生。然而在对他们的早期恋爱关系的探索中，我们发现如今的青少年经常聚集在一起或组织异性间的团体只是为了从中获得放松，有时候他们仅仅组织在某个人家里聚会或约在一起去商场或电影院。许多青少年在他们早期的恋爱关系中不是为了满足依恋或性需要，甚至这些关系只是给青少年提供一个情境去探索他们的魅力有多少，如何与某人进行浪漫的接触，同伴团体对这些会如何看待。只有在青少年与恋爱对象有接触后获得了一些基本的能力后，依恋的满足和性需要才成为他们关系的重点。

①约会脚本。在任何社会条件下，人们都乐意对他们期望的事件结果有一个心理想象或脚本。约会脚木是个体约会互动的认知模式。研究发现，第一次的约会想象有很大的性别上的差异。男孩子有一个“主动出击”的约会剧本，询问并且计划约会，接送女生，进而开始身体上的接触。女孩的剧本是“被动回应”，关注外表，享受约会，被接送，回应性方面的表示。这些性别差异使男性在起初的恋爱关系中更有动力。

②情绪和恋爱关系。恋爱关系的强烈情绪可以迫使青少年陷入一个不现实的狭隘世界。他们会在爱情中陷入太深以至于影响正常的学习生活，会因为一点情感上的问题而困扰不已。恋爱中的情绪波动，使他们感觉这个世界看起来十分不现实。虽然爱情的强烈情绪对青少年会引起混乱，但也给他们提供了一定的知识和成长。学习控制这些强烈的情绪可以让青少年获得一种能力。

一个青少年的情绪体验通常包括恋爱体验。在一些研究中发现女孩子在解释她们强烈的情绪时，有1/3是关于真实或幻想的异性恋关系，而男孩子有25%的强烈情绪出自这个原因。强烈情绪与学校的、家庭的和同性伙伴关系的联系要少得多。这些情绪反应大多数是积极的，但有相当数量（42%）是消极的，包括焦虑的情绪、生气、嫉妒和压抑。青春期中出现的第一次情绪消沉，大多是由恋爱引起的。

9.3.3 成年期的依恋与爱

依恋和恋爱关系仍然对成年期的人际关系有重要影响。首先让我们探索依恋，然后再看不同类型的爱。

(1) 依恋。在成年期依恋的性质是怎样的？虽然和恋爱对象的关系与他们和父母的关系不同，但如同父母对他们孩子一样，恋爱对象也是成年人的某种需要。成年人把他们的恋爱对象作为一个他们可以在有压力的时候能够回来并获得舒适和安全感的安全基地。

为了检验儿童依恋关系与恋爱关系的连续性，有些研究者访问了一些成年人在长大后与自己父母的关系，以及关于这些成年人目前的恋爱关系，他们发现依恋的质量与成年期恋爱关系的质量相关。例如，对父母是安全型依恋的成年人相比那些对父母是不安全型依恋的同龄人，在长大后更可能与恋爱对象有安全型依恋。一个纵向研究发现，一个在一岁时与看护者是安全型依恋的个体，在20年后更可能与父母和恋爱对象是安全型依恋关系。

总之，在儿童时期对父母的依恋与成年后与父母和恋爱对象的依恋之间有许多重要的连续性。虽然如此，并不是所有的个体都适用这个模式，依恋方式也不是命中注定而不能改变的，而且，一些个体在经历成年期的一些人际关系后会改变他们的依恋模式。

（2）爱情。诗人、剧作家和音乐家不断地为恋爱时的激情而赞美，也为失去爱情而叹息。恋爱也可以称为激情的爱，它是由强大的性欲和迷恋构成，并且经常在早期恋爱关系中占主导地位。

著名的爱情研究者艾伦·波斯切特说，当我们说爱上某人的时候这意味着是恋爱了，她认为当我们想知道什么是爱的时候，我们就要去理解爱情。依照波斯切特的理论，性需要是爱情的最主要成分。

恋爱包括复杂的、永久的情绪——恐惧、生气、性需要、快乐和嫉妒，显然这里的某些情绪是痛苦的根源。恋爱中的情侣比朋友之间更容易造成个体的情绪问题。

（3）深切的爱。爱情不仅仅是激情。深切的爱，也可称为同伴的爱，是一种当个体需要有其他的人亲近并且对那个人有深深关心的爱的方式。

这里有一个发展中的观点，当爱情成熟时，激情将被爱情所替代。菲利浦·沙弗（1986）把恋爱的最初阶段描述为充满混有性吸引和满足的能量，孤独感的减少，对发展与他人的依恋的安全性不确定，并且对探索另一个新鲜的人感到兴奋。随着时间的推移，他认为性吸引减少，依恋焦虑也降低或产生困扰和退缩，新鲜感被熟悉感所替代，并且爱人也发现他们对深厚的关爱关系有安全性依恋或者焦虑——感觉厌烦、失望、孤独或仇视。

一个对102对婚姻幸福的夫妇分成年早期（平均年龄28岁）、成年中期（平均年龄45岁）和成年晚期（平均65岁）的调研，它研究了年龄差异和性别差异在恋爱关系满意度上的差别。结果表明，激情和性亲密行为在成年早期更为重要，并且爱的感情和忠诚在生命后期的爱情关系中更重要。年纪轻的成年情侣比年长的更认为交流是他们爱的重要特质。但是除了年龄差异，他们在恋爱关系满意度上非常相似。在所有年龄组，情感安全是爱情中最重要的特点，接下来是尊重、交流、帮助和玩耍行为，性亲密行为和忠诚。这个研究也发现，女性比男性更多地认为在爱情中情感安全更重要。

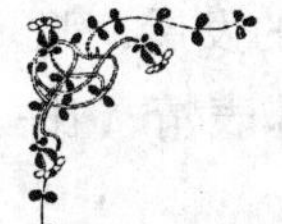

斯滕伯格的爱情三角形理论

显然，满意的恋爱关系不仅仅是性，斯滕伯格的一个爱情理论支持这个观点。他的爱情三角形理论表明爱情有三种主要成分或纬度——激情、亲密和责任。

（1）激情，是一种早期的，对他人身体和性的吸引。

(2) 亲密，是在一个人际关系中感觉温暖、亲密和分享的情感。

(3) 责任，是我们对关系的认知评价和即使面对困难，也坚持要保持关系的意愿。

依照斯滕伯格的理论，如果激情是仅有的成分（当亲密和责任少或缺乏时），我们会迷惑，这可能发生在恋爱事件或一夜情中。根据这三种成分，共组成八种爱情组合（见图9.3）。只有激情、亲密和责任都非常强烈时，这种结果才是圆满的爱情，才是爱情的最好模式。

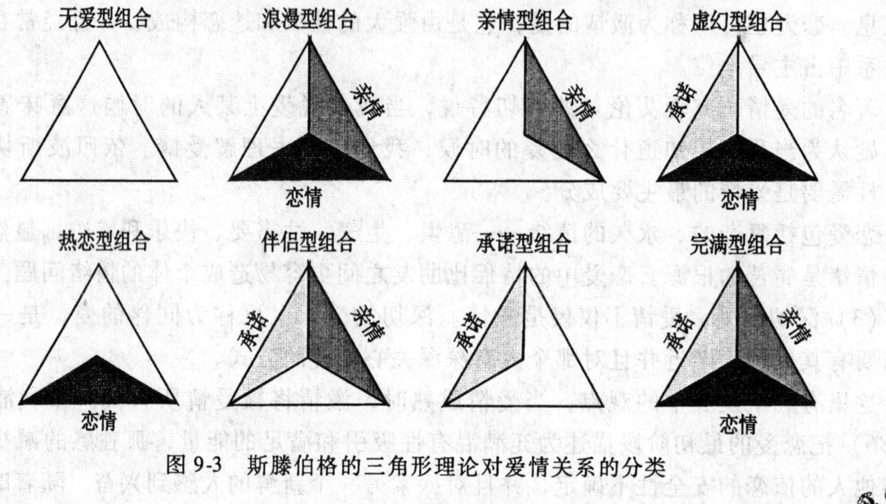

图9-3 斯滕伯格的三角形理论对爱情关系的分类

9.4 情绪控制与调节

控制个体情绪的能力是情绪的机制之一，也是衡量机能发展的重要标准。所有的情绪反应在一定程度上都受到人的控制。良好的情绪控制和调节能帮助个体更好地适应社会情境，避免对自己和他人造成伤害。情绪控制由有效的努力适应和达到目标组成。

9.4.1 情绪控制的发展趋势

随着婴儿和儿童早期年龄的增长，情绪控制逐渐从外部世界资源（如父母）转到自发的内部资源。看护者安抚幼儿，通过选择他们的行为情境来控制幼儿情绪，并且给幼儿提供面部的表情、说话等信息，来帮助他们解释事件。随着年龄和认知的发展，儿童会更好地准备控制自己的情绪。比如，较大的孩子会通过控制他们的面部表情（比如，忍住嘲笑或鄙视的神情）减小逐步增加的人际交往中的消极情绪。

儿童期情绪控制的发展有以下趋势：

(1) 控制情绪的认知策略，诸如从积极的角度看待情境、认知上的回避情绪，以及转移个体的注意等会随着年龄的增长而增强。

(2) 随着成熟的发展，儿童发展出强大的调节情绪唤醒的能力（比如，控制生气的爆发)。

(3)随着年龄的增加,儿童可以更熟练地通过选择和控制情境和人际关系来减少消极情绪。

(4)随着年龄的增加,儿童更能选择有效的方式来应对压力。

当然,儿童调节情绪的能力有许多不同点。青少年面对问题的一个显著特点就是他们对控制自己的情绪有困难。

父母可以帮助孩子学会控制自己的情绪,这取决于他们和孩子是如何谈论情绪的,通常父母以做情绪训练或情绪消除这两种方法来帮助孩子控制情绪。做情绪训练的父母会观察孩子的情绪,当孩子产生消极情绪时,他们把这作为教育的机会,帮助他们认识情绪,并且训练他们有效地应对情绪。相反,做情绪消除的父母认为他们应该否定、忽视或改变消极情绪,对孩子的消极情绪给予指责或者对孩子不理不睬。研究者发现,当父母与孩子互相作用时,运用情绪训练的父母比运用情绪消除的父母更少地用否定,而是更多地用支持和表扬,并且给孩子更多的照顾。做情绪训练的孩子比做情绪消除的孩子在感到不安时能更好地运用生理安抚、更好地控制自己的消极情绪、更好地集中注意力,并且较少有行为问题。

9.4.2 婴儿的情绪控制与调节

婴儿与母亲的感情是人类最初的人际关系。母亲的爱抚、微笑、语言刺激都可以引起婴儿的生理和情感反应,使其得到感情上的满足。柔和的光线、舒适的衣物、漂亮的玩具也是培养婴儿良好情绪的重要因素。个体良好情绪的建立从幼儿时就应该开始了。婴儿与看护者建立良好的依恋关系,能增强婴儿机体活动能力,这样的婴儿反应灵敏、情绪稳定;反之,婴儿的情绪易激动,适应能力差。缺乏母爱的儿童,往往易哭闹,饮食紊乱,性格孤僻,发育迟缓。在他们的心理上则发生个性和感情上的困难。某些儿童或青年性格上的孤僻、社会性发展上的问题,追溯其原因,往往是早期感情上的适应不良造成的。临床发现,一些精神病和人格障碍问题的发生,也与幼年早期缺乏母爱有关。作为父母,不仅仅要照顾婴儿的饮食起居,每天应该多拥抱、抚摸孩子,陪孩子玩耍,使之获得情感上的满足。

9.4.3 幼儿的情绪控制与调节

如今的家庭,开始向“倒三角形”结构模式发展——四位祖父母,两位家长,一个孩子。独生子女往往得到家庭的特别爱护。他们往往遗传缺陷少,成熟早,智力发展水平高,身体发育较快,但也常常会有不良的生活习惯,自私,任性。尤其是祖父母们已经退休在家,为了减轻儿女们的生活工作负担,于是他们把主要精力都放在照顾孙子身上,孩子很容易被娇宠。因此,作为孩子的养育者,家庭的所有成员应该统一教养模式,在对待孩子的态度上要有一致性。

儿童的欲望得不到满足,往往用哭的形式表示,哭能引起父母的关注,从而得到欲望的满足。在遇到儿童提出不合适的要求时,父母应该对这种行为认真对待,不可以事事顺从孩子,也不可以任意打骂孩子。可以先让孩子离开情绪引发的情境,稳定了哭闹情绪之后，再同孩子进行沟通和说教。

当幼儿开始能够独立行走，他的活动能力增强，探索的欲望也随之增强，他们也会常常“做错事”。作为父母应当耐心教导，引导他多进行有意义的活动，切不可因为孩子犯错误而限制他的活动，打击或指责会伤害他们的自尊心，易形成胆怯、自卑心理。适当鼓励孩子进行独立活动，有助于培养孩子的独立个性。过分保护，事事包办代替只会让儿童产生依赖心理。在孩子进行挑战性的活动时，难免会遇到挫折，家长应给予鼓励，帮助孩子共同完成任务。这有助于加强亲子感情交流，培养其良好的个性。

3～4岁的儿童常表现出不听话，事事都想自己干，在心理学上称为“第一反抗期”。这是一种有积极意义的心理行为表现。反抗心理强的儿童，长大后往往意志坚强，有主见，行事果断。对于孩子的独立意识，家长应因势利导，鼓励他们做些力所能及的事。对不能做的事情，不可粗暴制止，应该耐心教育，讲道理。打骂会伤害孩子的自尊，从而产生抵抗心理，进一步会出现退缩、撒谎等行为问题。

家庭的和睦，家庭成员之间的良好关系，对培养孩子的良好情绪和性格有着十分重要的意义。人们都说“父母是孩子的第一教师”，父母的言行举止对孩子有示范作用。有研究发现，家庭内部矛盾重重、父母经常争吵打架的孩子容易惊恐不安、无所适从，会产生夜惊、胃病、抑郁等生理和心理上的疾病。父母离异的单亲家庭的儿童易产生忧郁、焦虑、紧张和兴奋不安等各种情绪问题。

幼儿情绪的自控能力是很弱的，主要表现为：易激动、易感性和易表现性。但幼儿又需要有一定的自控能力，它是集体生活向幼儿提出的基本要求，同时也是幼儿内在的对秩序和安全的心理需要，这些内外的需要，便与幼儿实际的自控能力差构成了明显的矛盾，这些矛盾也正好为幼儿情绪控制能力的发展提供了契机，是幼儿情绪控制能力发展的动力。

家长需要做的是：第一，理解、接受幼儿情绪是帮助幼儿学习情绪控制的前提。第二，帮助孩子学习以恰当的方式表达情感。第三，家长要创造条件，让幼儿在自我实践、自我体验中学习情绪控制。

9.4.4 青春期的情绪控制与调节

青春期的孩子开始了自我探索的过程，他们已经能够独立思考自己人生的问题，拒绝接受父母给予他们的某些价值观，为自己设想了种种可能性，在心理上开始了与童年和家庭脱离的痛苦过程。这种心理疏远常常是没有明晰的、正确的方向，但对于他们来说确实是一种自我解放。这在心理学上称为“第二反抗期”。这种自我的心理斗争，会导致青年人常常情绪不稳定，遇到刺激易冲动，受到打击易消沉。有些青少年多愁善感，喜怒无常，我们应该正确对待他们的这种情绪变化，帮助他们进行适当的情绪调整，妥善处理情绪问题，避免不必要的情绪冲突。

生理上的变化是青春期情绪波动的一个重要因素，随着第二性特征的发育，男性和女性外表上的差异越来越大，他们也意识到自己应该扮演不同的性别角色。他们常常为此感到害羞和不知所措，为此产生苦恼却不愿意寻求帮助。作为成年人应该给他们灌输正确的思想，科学认识生理变化是一种自然现象。作为父母也应适当转变角色，多以朋友的态度去关心孩子的思想变化，切不可态度强硬地去控制孩子的行为，而应该给他们一定的自由空间，引导他们往正确的方向发展。

青少年也面临着多种压力和问题，如自己的未来应如何打算？与朋友如何相处？面对异性该如何表现？怎样才能让父母别再把我当作小孩子？这些都需要青少年调整自己的行为和思考方式，采用新的做法才能应付的问题。这个过程充满了不安和困惑。我们应该清楚认识到他们的情绪问题，协助他们在面临困难时做适当的调整。通过适当的途径发泄情绪也是调节情绪的有效方法，比如参加体育运动，寻求心理咨询师的帮助。认识到这是成长所必经的过程，情绪冲突也会减少许多。

9.4.5　成年人的情绪控制与调节

成年人的性格、社会态度、意识倾向、兴趣爱好相应稳定而不易改变，未定的心理状态对于集中精力获取事业上的成功十分重要。但是成年期也是一个应激时期，常面临家庭和事业上的多种问题，身心的负担都很繁重，各种矛盾都可能引起心理上较大的波动。而情绪上的压抑和消沉也经常导致身体机能的破坏，从而诱发各种身体疾病，所以在遇到困难和不如意的事，应学会自我控制、自我调节情绪。换个角度思考问题，正确认识自身的变化和客观现实的变化，积极地去面对它、适应它，保持健康的情绪和心理上的平衡。良好的情绪状态可以提高个体应对突发事件的耐受力和应对能力。

到了成年晚期，随着年龄的增高，人的机体能力也逐渐衰退，如视力减退、听觉迟钝、动作反应迟缓，与外界的交流活动也越来越少。这些变化是客观存在的，而且个体也能感觉和意识到自身的这些衰老变化。有些人否认自己的衰老，认为老当益壮，自己还和20年前一样，事事与年轻人较劲，常会因为一件小事，过高估计自己的能力而处理不当，伤害自己的身心健康。也有些老人，过分担心自己身体的变化，自觉衰老而常常忧虑重重，反而加快了老化过程，甚至导致心因性疾病。正确认识老年期的衰老过程，积极寻找有意义的活动，多结交一些有共同兴趣爱好的老年朋友，丰富自己的老年生活，保持性情开朗，心情舒畅，老年人完全有能力为自己开辟一种新的生活方式。心理学有一个“顺应”的概念，我们可以借用在老年人的身上，就是“顺其自然，应对自如”。即便遭遇创伤性事件，如身患疾病，亲人去世，我们也应该乐观地积极面对。良好的情绪状态是健康身心的前提条件。

【阅读书目】

1. 林崇德主编：《发展心理学》，人民教育出版社1995年版。

2. 桑标主编：《当代儿童发展心理学》，上海教育出版社2003年版。

3. 孟昭兰主编：《情绪心理学》，北京大学出版社2005年版。

4. 彭聃龄主编：《普通心理学》，北京师范大学出版社2006年版。

5. John W. Santrock. *A Topical Approach to Life-span Development*, McGraw-Hill Companies, Inc., 2004.

6. [美]斯托曼著：《情绪心理学：从日常生活到理论》，王力译，中国轻工业出版社2006年版。

7. Daniel Goleman. *Emontinal Intelligence*: *Why It Can Matter More Than IQ*. Bantam Books, 2005.

8. 张向葵主编:《青少年心理学》,东北师范大学出版社 2005 年版。

9. 陈少华编著:《情绪心理学》,暨南大学出版社 2008 年版。

【思考题】

1. 情绪在个体发展中的作用有哪些?

2. 依恋的影响因素有哪些?早期依恋如何影响后来亲子交往中的情感发展?

3. 亲子交往和同伴交往对儿童情绪发展的交互作用如何?

4. 文化因素如何形成、塑造和影响人们的情绪经验?

第10章　性和性别发展

本章要论

人类的两性发展是在生理、心理和社会等多维度上的发展，用性、性别和性别角色来概括这三个方面的发展。

男女两性不论是在生理、心理和社会行为上都存在着明显的差异，对于两性差异的形成有多种理论和观点。

人类的性发展是持续一生的过程，具有明显的阶段性，每个阶段具有不同特点，解决性发展的不同问题。

进行科学的性教育，让人们了解性和性别发展的规律，顺利完成性和性别的发展。

性和性别的发展是发展心理学中最让人着迷的领域，它使得发展心理学的研究充满了浪漫与温情。人类从最初在地球上出现，繁衍生息到今天，已经有了几百万年的历史，由于生产力的落后，先辈只能仰赖神造万物和创世纪的神话传说。随着人类的进步和发展，人们不再满足于伊甸园中亚当和夏娃的故事，开始用科学的方法探索人类繁衍和两性关系。两性是如何分化的？两性在生理、心理和社会性上是如何发展的？是什么导致了性别上的巨大差异？如何进行性教育？本章将对这些问题进行讨论和阐述。

10.1　性、性别、性别角色

人类两性的分化和发展是从受精那一刻开始的，人分为两性：男性和女性。值得注意的是，人类两性的发展不同于动物，有其自身的特殊性，应从三个维角度来理解性的概念，即从生物、心理、社会三个方面说明人类的性发展和性活动，这三个方面也就构成了性的三个层面。

10.1.1　性的三个层面

(1) 性的生物层面。性活动是一种自然现象、生理现象。性的生物因素指的是人类性行为涉及性器官及人体其他系统协同活动的有序生理过程，这种生理过程受到神经内分泌系统，特别是激素的影响，生物因素是人类性活动的基础。性染色体上的基因决定了胎儿发育出女性或男性的性器官，决定了在一定时候分泌女性或男性的性激素，使孩子出现女性或男性的第一性征和第二性征。在青春发育过程中，会出现一系列个体从未有过的现象，例如女性的初次来月经，男性的初次遗精，男性、女性都会逐渐萌发对异性的兴趣，也可能会出现性冲动，出现手淫等。从人与动物的比较研究中，人们知道动物普遍有发情期，动物的性欲和性行为都发生在发情期内。然而人的性行为，除了在青春期以前外，则几乎不受时间的限制。但是如果仅仅限于性的生物学方面的探究，限于研究性与性器官、性生理的关系，会过分强调性与生殖或生育的关系，将生殖或生育看作性的本质，这与人的社会性的本质特征不相符。

（2）性的心理层面。性活动也是一种心理现象。性的心理因素指的是在性生理的基础上，与性征、性欲、性行为有关的心理状态与心理过程，也包括与异性交往和婚恋等心理状态。人类性活动涉及个体的动机、态度、情绪、人格及行为的多个方面，现代科学研究表明，人类性活动在很大程度上由心理因素决定，许多学者还指出人类性活动的本质是心理现象。

从心理方面理解和解释性并且做出最大贡献者当推弗洛伊德。弗洛伊德认为在人的本能中有一种东西叫力比多（libido），或性本能，这种性本能会不断发出性冲动或性能量，如果这种本能和冲动遭到压抑，就会出现种种的精神病症状。弗洛伊德说："我对性观念的发展是两方面的。第一，性一直被认为与生殖器有很密切的关系，我则把它们区分开，并视'性'为一种包罗更广内容的生理机能；它以获得快感为其终极目标，而生殖不过是它的次要目的；第二，我认为性冲动包括所有可以用'爱'这个笼统字眼来形容的念头，哪怕只是亲昵或友善的冲动。"

现实生活中人们逐渐认识到性是一种强大的、有时似乎是不可抗拒的力量。这与中世纪或现代的一些道学家闭眼看不到这一事实，而一味加以压制大相径庭。但是，心理学家和性学家在论述性冲动时，不知不觉地站到男性主义的立场上。性学家的传统观点是，性本能不过是排泄的冲动，由此推论出性活动在本质上是男性的，而女性只是一个神圣的容器，因此，这种对性的观念也存在着局限性。

（3）性的社会层面。性活动又是一种社会现象，是个体社会化的重要方面。性的社会因素指的是家庭、宗教、人际关系、文化道德与法律等都会塑造、调整和影响人类的性活动。性的表达，性欲的满足，性冲动的实现，性能量的发挥都受到社会文化的影响或制约。婴儿出生后，就要被当成男性或女性加以教育，父母会根据性别来安排一切，包括给小孩取的名字、衣服的颜色、玩具的种类等，皆是"男女有别"。父母这种男女差别化的对待，开始强化了婴儿的性别意识。正是在家庭、学校、社会的角色期望下，在大众媒介等的影响下，个体逐渐接受了男性应该如何、女性应该如何、男女之间接触应如何等等一整套的社会规范，形成了心理学上的"性别"差异，以及社会学上的"性别角色"差异。

由于性（sexuality）这个概念存在着三个层面，因而形成了对应的三个成系列的概念：男女在生物学上的差别简称为"性"（sex）；男、女在心理学上的差别简称为"性别"（gender）；男女在社会学上的差别简称为"性别角色"（gender role）。但人的性发展是三者相互影响、共同发展的过程，性生理的发展是性别发展和性别角色社会化的基础，反过来，性生理和性别的发展又是社会化的结果，研究性发展不能把三者割裂开来。

10.1.2　性

性（sex）是指男女染色体、激素、内外生殖器等与生俱来的男女生物属性。

(1) 性的遗传物质上的差异：男女最根本的生物学差别是染色体的不同。人无论男女都有 23 对染色体，其中 22 对染色体都是相同的，只有第 23 对染色体不同，有学者把这一对染色体称为性染色体，它决定了个体是生物学意义上的男性还是女性。正常男性的第 23 对染色体是 XY 型，女性是 XX 型。

(2) 性激素上的差别：遗传上和性腺上的性差别，是通过性激素的作用来实现其对性发育和性生殖的决定性影响的。在怀孕刚开始的几个星期里，不管是女性还是男性的胚胎看起来都是一样的。当一小块组织在 Y 型染色体的指引下在胚胎内形成睾丸时，我们才能够区分出胚胎是男性还是女性。而在女性体内是没有 Y 型染色体的，所以组织形成的是卵巢。卵巢分泌雌激素，主要影响女性身体的性特征发展以及有助于调节月经周期。雄激素的作用主要是促进男性生殖器以及第二性征的发育。雄激素是由体内的肾上腺分泌的，男性体内的睾丸也可分泌雄性激素。人类的性别其实是在这两种激素共同作用下发展的。每个人的体内同时含有雌、雄激素，只是两种激素含量明显不同。女性体内雌激素水平远远高于雄激素水平，而男性体内雄激素水平远远高于雌激素水平。

(3) 性腺上的差别：男性主要为睾丸，女性主要为卵巢，它们决定着男女在生殖器和第二性征上的差异。

(4) 生殖器官的差别：男女生殖器官分外生殖器和内生殖器。生殖器官在胎儿期就开始分化，出生后就能从外生殖器上分辨。男性的生殖系统为睾丸、输精管、精囊、前列腺、阴茎等；女性的生殖系统为卵巢、输卵管、子宫、阴道、阴蒂、小阴唇、大阴唇等。

(5) 第二性征的差别：又称副性征，指人在性成熟时所表现的、与性别有关的外表特征。男性体格高大，发髻丛生，喉结突出，声音低沉；女性曲线柔美，乳房发达，脂肪丰润，声音高调，等等。

10.1.3　性别

俗话说“男女有别”。约翰·格雷于 1992 年在美国出版《男人来自火星，女人来自金星》一书，迅速成为畅销书，其销量突破了一亿册，这说明人们非常关注两性之间的差异，也希望两性之间能够更好地理解和相处。男女不仅在生理上有明显差别，更为重要的是心理上也存在一些差异。性别（gender）是指男性和女性之间一切非生物方面的差异，诸如在智力、能力、性格、兴趣、态度、行为等方面存在的差异。

10.1.3.1　性别差异

(1) 智力因素的性别差异。男女之间智力因素的性别差异可归纳为三个普遍特点：第一，男女两性在总体智力水平和复杂的认知能力方面不存在显著差异。第二，男女两性在智力发展上存在年龄差异，女性智力发展早于男性。从学龄初期开始，即在小学阶段，女性智力明显优于男性，这种趋势到了青春期开始发生变化，男性智力开始优于女性，这种优势一直维持到青春期结束。第三，男女两性在智力分布上存在差异。男性智力分布的范围较广，即在智力两极（偏高和偏低）部分的人数多于女性，而女性的智力分布多集中在中间部分（智力中等）。

具体到智力的构成要素方面，各有所长。一般来说，女性在感知方面优于男性。女孩子从小比男孩子更善于辨认颜色；触觉方面，女性比男性更为敏锐；听觉方面，女性亦高于男性；女性的嗅觉识别能力也比男性强，但男孩在辨别方向上略高一筹。男女两性注意力的差异主要表现在注意的品质上：男性的视觉注意广度略优于女性，但女性的听觉注意广度却高于男性；在注意的稳定性上，女性比男性明显占优势；注意的分配女性比男性略占优势；男性注意的转移比女性更加快速和容易。从记忆类型上看，女性比较擅长形象记忆、情绪记忆和运动记忆，但逻辑记忆不如男性。从记忆基本过程上看，青春期以前，女性的无意识记和有意识记的能力都比男性强；到了青春期，女性的无意识记仍优于男性，但在有意识记上的优势逐渐被男性取代。另外，无论是青春期前还是青春期后，女性的机械识记能力均优于男性，而意义识记能力弱于男性。从思维类型方面看，女性的思维更多地偏向于形象思维，她们习惯和倾向于用形象思维去解决问题；而男性的思维则更多偏向于抽象思维，他们习惯和倾向于用抽象思维去解决问题；从思维创造性上看，在图形、空间关系的创造性测验中，就图形的变通、图形的独创性来看，男性的成绩优于女性；而在图形的流畅和精确性上，则是女性占据优势。男女两性想象力的差异主要表现在有意想象上，无意想象并不存在明显的性别差异。在再造想象中，女性更习惯和倾向于根据形象性的描述或示意，在第一信号系统和具体形象思维的调节下再造出新的形象，而男性则更习惯倾向于借助抽象性的描述和示意，在第二信号系统和抽象逻辑思维的调节下再造新的形象；在创造想象中，男性较偏向于自然科学领域的创造想象，而女性则偏向于文学艺术方面的创造想象。但需要说明的是，这些差异并非一成不变的，随着男女受教育机会的平等和对女性刻板印象的改变，从世界范围来说，男女的这些差异也在逐步缩小。

（2）性格、兴趣等方面的性别差异。男女兴趣差异在儿童的游戏活动中就已表现出来。根据调查，在幼儿园，男孩子喜欢从事体力性游戏，女孩子则更喜欢从事安静文明的游戏。日本的调查发现，初中男生更喜欢看科幻作品，而初中女生更喜欢看恋爱故事；在学习兴趣方面，女生重视并喜欢文科课程，男生则对理科感兴趣；在课外活动方面，男生的兴趣比女生更广泛和浓厚。另外，男女的兴趣差异还表现在兴趣的稳定性上，男性的兴趣容易变化，而女性一旦对某种事件、某项工作产生了浓厚的兴趣，常常能保持很长时间。

男女两性的性格差异主要表现在性格类型上。首先，男性的性格多偏向于理智型和意志型，而女性多偏向于情绪型；其次，男性的性格多偏向于独立型，而女性则倾向于顺从型；再次，男性倾向于外倾型，女性倾向于内倾型。另外，从对成败的归因倾向可以看出，男性往往把成功归因于自己的能力，把失败归因于运气不好，而女性则往往把成功归因于运气好，把失败归因于自己的能力差，这也间接地说明了男女两性在自信心和自卑感上存在着差异。

国内外的实验研究证明了男女两性在情感上存在显著差异。第一，女性感情丰富，敏感多情。第二，女性的感情比男性更深刻、细腻、隐含，男性则相对比较肤浅、外露。女孩子不管遇到高兴、痛苦还是愤恨的事情，尽管内心的情感体验是很深刻的，但她们不流露在脸上，而男性表面上情绪激昂，但内心的体验可能是不深刻的，他们受一点点委屈就会立刻板起面孔，瞪大眼睛。第三，女性的情感比男性更为稳固和持久，她们产生某一种情绪或情感以后往往会保持很长的时间而不消失。第四，女性比男性更富有同情心。经测验发现，在婴儿时期，女婴对录音机里的婴儿哭声，以哭声回报的时间比男婴更长；在中学和大学里，女生在同情心上的得分比男生高。

(3) 择偶偏好和性活动等方面的性别差异。男女在选择自己的配偶时，在有些方面是一致的，大多注重对方的内在品质，如诚实、值得信赖以及令人愉悦的个性等，但男女在择偶上也有许多差异。美国著名的差异心理学研究者大卫·巴斯 (David Buss) 和他的同事询问了来自 37 个国家的上万名的成年人，在选择配偶时最重要的特征是：女性受访者相对男性，更看重配偶的事业心、勤勉和良好的收入；而男性受访者更看重的是配偶漂亮的外表和年轻。也就是男性在选择配偶时更注重的是与生殖有关的女性特征，而女性在择偶时更注重的是与资源有关的男性特征。

通常情况下，男性多扮演追求者角色，女性多扮演被追求者的角色。在爱的过程中正如英国诗人拜伦所说："爱情是男人生活的一部分，但却是女人生活的全部。"男性比女性爱得快、爱得强烈，但不如女性爱得那样持久。在性活动方面，男性和女性也存在一定的差异，比如更多的男性会自慰，而且男性自慰的频率显著高于女性；男性更容易有性唤醒；对于偶尔的性行为，如一夜情，男性也更倾向于接受。

有人认为对于两性之间差异的讨论可能会强化性别刻板印象，导致性别歧视。事实上男性和女性共同之处远大于性别差异，对此美国心理学家爱丽斯·伊格利说："我最初认为，尽管对女性有消极的文化刻板印象，但女性和男性的行为在本质上是相同的。经过这么多年，我的看法有了相当大的改变。我发现男性和女性思维还是有一定差异的，特别是那些考虑了性别角色的条件下。人们不应该认为这些差异必然反映出对女性的不公。女性对他人的高度敏感性以及更加民主化的待人方式在很多情况下都具有优势。"对性别差异的看法只有导致对女性的不公和伤害才是有害的。

10.1.3.2　性别偏见

偏见是指对某一社会群体及其成员的一种不公正态度，它是一种事先或预先就有的判断。性别偏见是对某种性别的人群具有的较为负面的态度，就男女两性来说，通常对女性持有更为负面的态度。

(1) 性别偏见的形成过程。从性别差异到性别偏见，经历了三个阶段：

首先，从生理差异向社会差异的转变。这种转变是通过借助于生理差异基础上的性别分工完成的。从生理功能上看，男性强壮有力，因而适合在外获得生存资料来养家糊口；女性的生育功能适合留在家中哺育后代。最初，这种性别分工仅仅存在于家庭内部，后来，这种家庭分工延伸到社会领域，形成了社会分工的性别差异，并以性别角色的形式固定下来。就这样，在性别分工的基础上形成了性别角色的社会规定，使生理上的性别差异具有了社会意义，从而转变为社会意义上的性别差异。社会意义上的性别差异体现在男女不同的性别形象、不同的性别角色以及不同的性别认同等方面。社会文化对两性有了不同的性别期待，男性和女性就会通过模仿、学习和强化等手段使自己符合社会所期待的性别标准，成为社会能接纳的“正常”的男性或女性，即完成性别的社会化。性别社会化无处不在，并被具体反映在生命与生活的每一个环节。从出生时的性别期待、家庭教育资源的分配到整个社会制度的设计、风俗文化的运作等都体现了性别差异的现象。从生理差异向社会差异转变是一个动态的过程，在日常生活的方方面面，它不断地被生产和再生产着。同时，社会的经济、文化和政治制度通过不断制造性别差异来维持两性在社会中的不平等地位。就这样，两性先天的生理差异正是经过这些社会化的力量得以强化。在两性社会化过程中，进一步划清了两性的界限，强化了性别差异，赋予性别差异以社会意义。

其次，从社会差异向价值差异的转变。社会的性别差异引出了一系列的价值关系。在性别社会化的过程中，始终伴随着价值关系的确立。这种价值判断是从性别分工开始的，“男性所承担的社会分工被认为是重要的，在文化上、道德上和经济上能得到回报，相反，女性所承担的社会分工被认为是次要的、附属的”(鲍晓兰，1995)。这种价值判断使男女的社会分工合理化，从而维护了男女之间的权利差别。在此基础上，形成固定的价值判断模式：男性所具有主动、进取、理智、强大等特质被赋予一种正价值，而女性的被动、平和、直觉、柔弱却被看做负价值。一旦这种“男优女劣”的价值观念形成之后，又会反过来影响后来的社会角色的界定、社会的分工、社会资源的分配。由此可见，社会不公平的背景也可能影响到对性别差异的价值判断，男性的特点被解释成财富，女性的特点被看成是缺陷。性别差异由社会差异向价值关系转化的过程，就是两性的天平向男性倾斜的过程，由此形成了以男性为中心的社会性别制度。

最后，从价值关系向不平等的权利关系转化。不平等的权利关系在现实生活中就表现为性别歧视。在“男高女低”、“男强女弱”、“男优女劣”、“男主女从”、“男尊女卑”等价值的判断下，统治与服从、控制与被控制的模式在两性之间就自然形成，性别差异演变为一种不平等的权利关系。在这一权利关系中，男性处于主导地位，女性失去了自我意识和独立人格。女性应该如何和不应该如何，什么样的女性算“好女人”或“坏女人”，是以男性的标准和目光、按男权社会的需要和满足程度而定的。父权制确立以来，公私领域的严格划分，使男性能够在社会舞台上自由驰骋，而女性只有栖身于家庭一隅。这种活动空间限制了女性的思维，狭隘性、依赖性、软弱性和自卑感由此而生。在此基础上，社会通过社会规范和教化等手段，使“男尊女卑”的性别观念成为社会主导意识，它得到了整个社会乃至女性自身的认同。因此，女性自身也逐渐滋生了处处迎合男性需求的心理态势，所谓“楚王好细腰，宫女多饿死”，便是这种心理的反映。即便像班昭那样女性中的佼佼者，也只有在迎合统治阶级的趣味时，按照封建统治阶级的价值标准宣扬“女教”的时候，才能得到社会的认可。

从以上分析可以看出，性别差异不完全是天生的。从社会意义上来看，它是在男女两性的互动中不断地被塑造和创造出来的。这不由得让人想起西蒙娜·德·波伏娃在《第二性》中的名言：女人不是天生的，而是后天形成的。其实，每个人都在有意无意地塑造和创造着性别角色，以使自己的性别身份与人类文化规定的性别符号体系一致，这样才能找到合适的社会定位。也就是说，性别偏见并非由人们的生理上的性别差异所决定的，而是后天社会建构的结果，它虽然因性别差异而起，但是性别差异并不能成为性别偏见的合理化解释。

所有的一切都说明了这样一种思想：性别不仅仅是我们生理上的男女之分，它承载着更多的文化意蕴和社会机制。

（2）性别偏见的表现。首先，性别偏见表现为人们头脑中有一套关于男性和女性先入为主的观念，心理学上称之为性别刻板印象（性别定式）。具体来说，性别的刻板印象是指人们对男性和女性在智力、能力、行为、个性特征等方面进行的归纳、概括和总结。这种总结由于过分概括，从而忽略了个体差异。从下面人们对男性和女性在外表形象、人格特征、角色行为和职业等方面的不同看法，能看出这种性别刻板印象的存在：

典型的男性人格特征——独立、进取、攻击性、善于经商、操作能力强、表现出领导行为、自信、有主见、坚持自己的立场、有抱负、支配性、勇敢、竞争性、冒险性，等等。

典型的女性人格特征——情绪化、优雅、以家庭为中心、善良、爱哭、创造性、善解人意、考虑周到、对他人有奉献精神、脆弱、喜欢艺术、得体、乐于助人的、整洁、信仰宗教、喜欢孩子、待人和气、需要安全感等。

从以上的描述中我们就能看出，性别刻板印象有三个特点：第一，对社会人群进行极为简单化的性别分类；第二，在同一社会文化或同一群体中，性别的刻板印象具有相当的一致性；第三，性别刻板印象常常与客观事实不相符合。当通过性别刻板印象得出男尊女卑、男强女弱等对某一性别不合客观实际的负面观念时就是一种观念上的“性别偏见”了。

其次，当这种观念上的“性别偏见”引起差别化对待时就是“性别歧视”。性别歧视在社会生活和职业生活中是一个司空见惯的现象。比如，日本的皇妃雅子只有一个女儿，而日本法律明确规定只有男性才能继承王位，使她患上与压力有关的精神疾病。再如，世界著名的沃尔玛公司尽管有70%的员工是女性，但只有14%的女性晋升到管理层，并且在所有的职员中，男性的工资都比女性的工资高。男性经理的年平均工资是105700美元，女性经理仅有89000美元（Burk，2004）。在中国，情况更为糟糕，经常在人才市场看到用人单位竖起“只招男性”的牌子。性别歧视更多的给女性带来权利上的损害和自身发展上的障碍，所以，消除性别歧视，实现两性平等，以期达到两性自由全面的发展，是社会发展的必然要求。

10.1.4　性别角色

（1）性别角色的概念。埃利斯1894年的《男性与女性》一书的出版，标志着性别角色开始成为心理学研究的课题之一。一个多世纪以来，很多学者对于性别角色有不同的理解。如最初对性别角色研究的心理学家君士坦丁堡（1973）认为男性气质和女性气质“多多少少是根植于解剖学、生理学和早期经历之中，并在外貌、态度及行为上将两性分别开来的那些相对稳定的特质”。李伯特、尼尔森、凯尔等人（1986）认为，性别角色是指社会上普遍认为适合男性或女性的行为、兴趣、态度。吉尔伯特（1985）认为“性别角色是指存在于特定历史或文化情境中的对两性分工的规范性期望和社会互动中与性别相关的规则”。我国学者时蓉华（1998）认为，性别角色是指属于特定性别的个体在一定的社会和团体中占有的适当位置，及其被社会和团体规定了的行为模式，是由于人们的性别不同而产生的符合于一定社会期望的品质特征，包括男女两性所持的不同态度、人格特征和社会行为模式。台湾学者张春兴（1995）则归纳指出：“所谓性别角色即是指在某一社会文化传统中，众所公认男性或女性应有的行为。因此性别角色乃是经由行为组型来界定，而行为组型包括内在的态度、观念，以及外显的言行服装等。”

从以上的界定可以看出，对于性别角色普遍有两种看法：一种观点认为性别角色本质上是男性和女性的差异；而另一种观点认为性别角色是社会对男性和女性不同的期待和规范。实际上，两种观点的视角不同，一个强调了男女在社会行为中的差别，而另一个强调了是什么导致性别差异的，所以性别角色可以理解为男女在自身生理特征的基础上，在一定社会文化的影响下形成的性格特征、兴趣态度、价值取向和行为模式。

（2）性别角色双性化。在 20 世纪 70 年代之前，对性别角色的划分一直以人的生理特征为基础，从而将人的性别角色模式定义成单一维度，男性特质和女性特质分别是该维度的两极。如果一个人的男性特质越多，其女性特质就越少，而如果一个人的女性特质越多，其男性特质就越少。此外，传统观点还认为性别角色的典型化是最适宜的，也就是说男性化的男性和女性化的女性才是更容易适应社会环境、心理发展更健康，因此，心理学界曾经非常重视性别角色典型化的研究。随着性别刻板化的弊端越来越明显，人们逐渐发现，刻板的性别角色并不是最佳的人格模式，于是学者在男女心理性度评估与测量的基础上提出了性别角色双性化的假说。

所谓性别角色双性化，是指个体身上兼具男性的工具性如领导取向和女性的表达性如人际关系取向人格特质。关于双性化的研究，可追溯到弗洛伊德的“潜意识双性化”概念。另外，瑞士心理学家荣格提出“阿尼玛和阿尼姆斯”理论，试图用“男性的女性意向”和“女性的男性意向”这两个术语来说明人类先天具有双性化的生理和心理特点。

1964 年，罗西提出了“双性化”概念，即“个体同时具有传统的男性和女性应该具有的人格气质”，并认为双性化是最合适的性别角色模式，而非传统的单一性别角色模式。她认为社会应该鼓励培养个体的双性化人格。1974 年，桑德拉·贝姆根据这个概念，提出了与传统性别角色模式截然相对的两个假设：①首先反对男性特质和女性特质属于一个连续体的对立面的观点，并提出男性特质和女性特质是相对独立的特质，可以并存，许多个体是双性化的，他们既具有男性化特质也具有女性化特质；②与其他类型的个体相比，双性化个体具有更好的灵活性和适应性。他提出，任何性别的个体都可以用心理双性来描述，即用典型的男性化特征（如坚定的、善于分析的、强有力的、独立的）和典型的女性化特征（如有爱心的、有同情心的、温和的、善解人意的）的平衡体或组合体进行描述。贝姆根据双性化的概念，以社会赞许性为基础，制定了第一个测量双性化的量表——贝姆性别角色量表，结果发现男性分量表和女性分量表得分的相关很低，支持了男性特质和女性特质是两个不同维度而非一个维度的两极的假设。她用中位数分类法将被试者分为四种性别角色类型：双性化类型、男性化类型、女性化类型、未分化类型。

但是需要指出的是，性别角色取向的双性化绝非一般的带有否定和扭曲含义的所谓“不男不女”的同义语，而是指一个人同时具有较多的男性气质和较多的女性气质的心理特质。这是一种超越传统性别分类的、更具积极潜能的、理想的人类性别角色取向。在丰富多彩的现代社会生活中，具有双性化心理和行为特征的人，往往能较好地适应多变的生活环境。

关于自尊感研究结果表明：具有男女双性化气质的人和具有男性气质的人，往往比具有女性气质的人自尊感更强。就是说，具有男女双性化气质的人并没有因为性别角色特征的双重性而适应不良，反而有着强烈的自尊感。贝姆等人的研究，总的看法是具有男女双性化气质的人在很多情况下能做得更好些，因为双性化类型的人在性别角色、心理特征上往往占据了男性气质和女性气质两个方面的优势。国内的多项研究也表明，性别角色双性化者自我评价较高、适应能力较好，而且比较受欢迎，比那些在性别特征上较为传统的人更能适应多变的外界要求，因此，性别角色的双性化模式是最佳的性别角色发展模式。通过家庭教育、学校教育以及社会教育等多方面的配合，使处于社会化过程之中的儿童和青少年在性别角色的发展上摆脱性别刻板印象的禁锢，从而形成一种适合社会发展需要的双性化人格品质。

使人类个性从个体的性别角色刻板形象的束缚中解脱出来，形成健康的心理概念，从文化强加给男性化、女性化的限制中解脱出来。

——桑德拉·贝姆

(3) 性别角色社会化。性别的差异是什么原因所导致的，主要有两种回答。一是生物因素，性别的发展离不开内部的生理机制。研究认为最可能影响性别角色心理差异的生理因素主要集中在三个方面，即遗传基因、性激素和大脑。遗传基因和性激素我们在前面已经进行了说明。大脑是行为的主要调节器官。男性的下丘脑控制着相对稳定的垂体激素分泌，而女性的下丘脑则控制着垂体周期地释放激素。但是，下丘脑的生理差别还是无法说清男女之间性别差异存在的原因。就目前所知的情况来看，生理因素只在极少的方面起间接作用，并且这些差异是否会转变为实际的性别差异，还有待证实。二是社会文化因素，绝大部分研究认为文化因素是导致两性社会差别的主要原因。特别是许多女性主义者坚持认为性别（社会性别）不是天生的，而是受到社会的规范和约束的结果。正如艾科特所说的：每个人都可以有自己的性别行为和表现，问题在于谁可以不受惩罚泰然地表现出来。而这正是性别角色和生物意义上的性别相区别的地方，因为社会让人的行为方式与他（她）的性别分配相匹配。下面具体分析影响性别角色的社会影响因素。

首先是家庭因素。家庭是孩子们自幼学习角色观念、形成角色取向、模仿相应的角色行为的首要场所，是性别社会化的第一源泉。当一对夫妇知道自己将为人父母时，即已开始进行性别的“标签”了，他们在孩子还未出生时就会考虑，如果生男孩该给孩子取名为“强”还是“伟”好，如果生女孩是叫“霞”还是“丽”好。出生后，父母在教育中会自觉或不自觉地告知孩子什么是男生应有的行为，什么是女生应有的行为；家庭中的其他长辈也会有意无意地引导孩子去做合乎其性别特征的事。例如，一个男孩说喜欢布娃娃，爸爸可能会说，男孩玩布娃娃多没出息；女孩喜欢玩具枪炮，妈妈可能会说，一个女孩子玩这些东西，没个女孩样。通过这些教育和引导，多数幼儿认为男孩玩女孩的玩具不好。对那些选择异性类玩具的儿童进行观察发现：这些孩子在个性和能力方面表现得更接近于异性的特征，如女孩子有一些假小子气。家庭成员对待男孩、女孩的态度也有所不同，对男孩比较严厉，对女孩比较宽容。在儿童性别角色社会化的过程中，一般来说男孩比女孩面临更大的社会压力，因为父母往往更注意男孩的行为，他们的行为一偏离性别角色就会受到批评，因此，他们很快就知道了社会对男孩的期望是什么。当然，父母不同的行为模式对儿童的性别社会化起着很强的“角色示范”作用，一般父亲比较刚强，有男子汉气概；母亲比较温和，有女性的柔美。家庭的传统、礼节和习俗对子女性别角色社会化也起到潜移默化的作用。

其次是大众传媒的影响。在现代社会里，书籍、报刊、电视、广播特别是网络等大众传播媒介已经渗透到了社会生活的方方面面。毫无疑问，对性别角色社会化也产生了重要影响。有关性别角色的规范和标准，大众传媒通过具体形象的塑造体现出来，对儿童性别角色的形成产生影响。研究表明，幼儿在看电视的过程中，会以电视中的人物为模仿对象，并将社会对性别角色定型的看法内化到自己的认知系统中，进而形成自己的性别角色观念和行为模式。科特浩斯、卡罗尔等人的研究表明，在1940年到1980年期间美国出版的儿童读物中，尽管男孩和女孩出现的频率趋于相等，但女孩多是从事工具性的活动，是被动的、依赖他人的。冯媛（1998）通过对我国八家主导报纸（《人民日报》、《光明日报》、《法制日报》、《经济日报》、《农民日报》、《中国青年报》、《工人日报》、《文汇报》）的新闻作品的研究发现：男性新闻人物在出现频度、被引用频度和被拍摄频度等方面都远远超过女性，其中在有言论被引述的新闻人物中，男性占91%，女性占9%。男性新闻人物中的职业身份较重要者（如政治领导人、企业团体负责人）占男性新闻人物的70%以上，女性新闻人物中具有政治性身份者仅占18.7%。刘伯红、卜卫（1997）对广告中的女性形象分析表明：广告中的女性职业角色51.6%为家庭妇女，而男性职业角色中科教文卫及领导管理者占47.0%。广告中女性出现的地点51.5%是在家庭，出现在工作场所的只占14.5%，而男性即使出现在家中，也多为娱乐（31.0%），做家务的男性只有5.3%。这些无不说明，大众传媒日益成为影响我们的性别角色发展的重要因素。

再次是同伴的影响。集群社会化理论是当前性别角色发展中较新的理论观点，哈里斯认为家庭对儿童的性别角色影响并不大，角色发展中起重要作用的是同伴群体。一项元分析研究发现：父母对待儿子和女儿的态度并无显著性差异，以双性化方式教养孩子并不减少孩子具有性别特征的行为和态度。群体社会化理论预测，当另一性别不在场时，性别分化的行为减少。一项研究证明了男孩在场对女孩行为的影响：女孩单独玩球时表现得很有竞争性，在男孩加入后，女孩的行为发生了很大变化，她们显得比较害羞而且没有竞争性。另外，德国汉堡的奥默中学通过重新分班，男女分开，各自单独学习，发现原本在男女混合班中对情报学和企业经济管理学课程兴趣索然的女生，在分班学习中表现出了前所未有的兴趣。

最后是社会文化因素。人是社会性的动物，人的本质属性是社会性。而社会文化的影响是渗透到社会生活的方方面面的，不同社会文化影响下发展出来的人，其性别角色的具体内容是有很大差别的。人类学家和跨文化研究的心理学家们的研究表明，性别角色的特殊性与普遍性的形成，具有相同的原因，即社会文化的影响。世代相传的性别角色的社会模板，规定着该社会的两性角色的社会化过程，创造出两性不同的社会角色。人类学家玛格丽特·米德曾考察了新几内亚岛上分别居住于山地、河岸和湖边的三个原始部族，认为不同的文化背景可导致性别角色规范的不同，从而使男女两性以及同性之间的性别角色各不相同。

玛格丽特·米德与《三个原始部落的性别和气质》

玛格丽特·米德生于 1901 年，美国人类学家，1978 年逝世后获得总统自由勋章。

《三个原始部落的性别和气质》(*Sex and Temperament in Three Primitive Societies*)，是玛格丽特·米德最重要的著作之一，1935 年由美国纽约威廉·莫罗公司出版。全书分 4 个部分 18 章，分别对居山区的阿拉佩什人 (Arapesh)、居河边的蒙杜古马人 (Mundugumor) 和居湖边的德昌布利人 (Tschambuli) 的各方面生活进行比较，以探究是文化还是性别等生物因素决定男女各自的气质，同时也探讨了社会中正常行为和不正常行为的区别。通过观察和比较，米德否认了认为男女的不同气质是由性别等生物因素造成的说法，指出气质乃是由文化塑模而成的，并认为人们通常所谓的不正常行为主要是指那种与该社会文化规范所期盼相违的行为，因此，她指出考察一种行为是否正常，应着重从文化方面对其加以考察，而不是单纯去考虑它的生物性原因。

资料来源：陈国强、石奕龙：《简明文化人类学词典》，浙江人民出版社 1990 年版。

10.2　两性的分化与发展

两性分化是指胎儿在发育过程中，组织在结构和功能上发生差异的过程。两性的发展是个体性生理、性心理和性别角色三者共同发展的过程。

10.2.1 胎儿的性分化

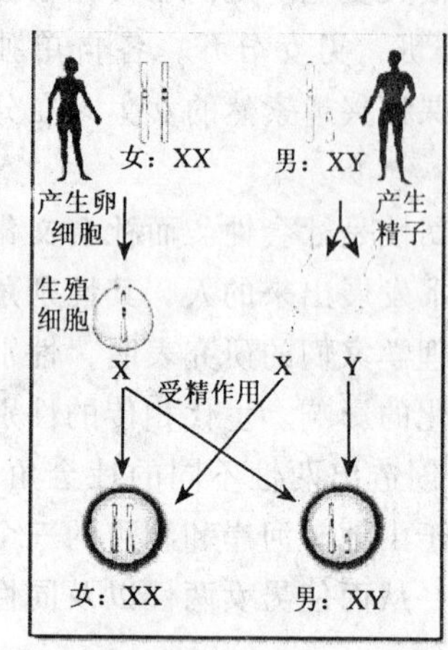

婴儿一旦呱呱坠地，是男是女便见分晓，但深居在母腹中的胎儿究竟是怎样进行性别分化的呢？其实，人的性别早在生命诞生的那一瞬间，即精子与卵细胞结合时，就已经决定了。人不论男女都有23对染色体，其中22对染色体都是相同的，只有第23对染色体不同，有学者把这一对染色体称为性染色体，它决定了个体是生物学意义上的男性还是女性。正常男性的第23对染色体是XY型、女性是XX型。人的性别在受精卵结合之时，如含Y染色体的精细胞进入卵细胞，胎儿的性别是男；含X染色体的精细胞进入卵细胞，胎儿的性别就是女了。

有趣的是，在胎儿期的头几个星期里，虽说是"名分"已定，但是男胎女胎在生理上的发展却是一模一样的。在受精后第七周，Y染色体指示性腺开始分化，发育成男性的睾丸；XX染色体在受孕后的第十周或者第十一周指示性腺发育成女性的卵巢；然后睾丸和卵巢又分别分泌出大量不同类型的激素，于是男性胎儿和女性胎儿就不得不生活在不同的激素环境中，从而使男女胎儿的内部生理过程变得大不相同。一方面，男性胎儿的睾丸分泌的男性激素睾酮，促使胎儿的脑形成男脑的神经网络，发育成男性脑，并形成输精管、前列腺、阴茎、精囊等生殖系统；另一方面，女性胎儿的卵巢分泌的雌激素和孕激素，则形成女脑的神经网络，发育成女性脑，并形成输卵管、子宫、阴道、阴蒂、小阴唇、大阴唇等生殖系统。简而言之，上述过程首先是胎儿染色体的区别决定了性腺的分化，不同性腺又分泌出不同的激素，这些激素进一步引起了胎儿的脑和生殖器官的分化，而所有这些分化综合起来就构成了胎儿期的两性分化。

大多数人的性染色体是正常的XY或者XX组合，但也有极个别人的性染色体是XXY组合，此人的性别是模棱两可的，其生殖系统的构造一部分是男性，一部分是女性，他们是不完全的男性或女性，称为两性人。还有一些两性特征的产生并非性染色体的原因，而是在性分化过程中的其他因素所导致的。比如"先天性肾上腺增生症"中，一个性染色体正常的女胎在发育过程中，由于肾上腺反常地活动，产生过量的男性激素，导致胎儿不遵循正常的女性发展过程，外生殖器部分或全部地呈现男性的外观。而"男性不敏感综合征"情况正好相反，男胎发育呈女性化。这些问题为他们的性别认定和社会适应都可能造成困难。

10.2.2 两性的发展

（1）婴儿期的性发展。婴儿通常是指三岁以前的孩子。以前人们有一种误解，以为婴儿期性冲动是不存在的。现在虽然有些人已经改变了这种看法，但仍认为此种存在并不是正常的存在，其实不然。英国性心理学家霭理士曾在他的《性心理学》一书中指出："在婴儿出生不久，生殖器官感受性刺激的自然倾向已经有一个基本的变异的范围。在初生的婴儿，这一部分也往往感觉到刺激……这是很寻常的事。"弗洛伊德也认为，就人的个体来说，他的性生活早在婴儿期就开始了，而不是从成熟期才开始的。许多学者的观察发现，一周岁左右的男孩和女孩常出现生殖器官的手淫行为，还可以见到手淫时出现性高潮现象。可见，婴儿期存在性问题。

一般看来，婴儿吸乳只是生来所具有的一种本能反应，或简单作为提供营养的一种自然手段。但多数性心理专家认为，婴儿吸乳，含有性的因素。婴儿在吸乳时，其嘴唇与母亲的乳头发生接触之际，婴儿感觉到满足、安全和愉悦。大家知道，对于哺乳期的婴儿来说，吸乳是防止婴儿哭闹的最好办法。婴儿吸不到乳头时，往往喜欢吸大拇指。由于口部到了成人时期是一个性欲部位，故一些性心理学专家把口部作为婴儿期"性欲"快感中心。婴儿除了吃奶，还与抚养者——通常是母亲——之间有大量的身体接触，这些亲密的接触为他们带来了美好的体验，也给婴儿的性本能做出了回应。弗洛伊德曾在《精神分析引论·精神病通论》中写道："当婴儿在怀抱内熟睡，感到满足的时候，他那舒服的神情和成年时体验到性满足后的神情相似。"

现代性学研究至今没有证实婴儿有明显的性意识，但从行为来看，婴儿特别喜欢玩弄自己的生殖器，虽然成人还无法清楚地知道他们当时的感受，但至少可以肯定的是，他们的自我刺激是快乐的。我们可以看出婴儿期的性活动表现为无意识的愉悦体验。

成人们通常认为婴儿除了吃，就是睡，他们的社会活动十分有限。的确，人类的社会活动是随着个体的发展而逐渐展开的。实际上，正是人类有着长时期的依附期，婴儿会和父母形成紧密的依恋关系，这是他们社会性发展的重要起点。父母或抚养者对婴儿性的社会性发展起着重要作用。从出生，父母对男孩和女孩的抚养态度就是不一样的，在取名、购买玩具、穿着打扮、对幼儿谈话等方面男女会差别化对待。通常在 18 个月至 3 岁之间，婴儿更多地意识到他们自己和其他人在衣着打扮上的差异，从而慢慢地了解了自己的性身份。比如，小女孩的衣服颜色鲜艳、款式多样，头发较长、头饰较多、发式富于变化，拥有和喜欢布娃娃等；而小男孩的衣服颜色暗沉、样式简单、干净利落，发型是雷同的短发，喜欢枪、车等玩具，这就可以让孩子慢慢学会把自己归为男女某一类。婴儿在 2.5 岁左右，就开始准确地说出自己是男孩还是女孩。儿童在家庭中，父母的态度对于他们性角色的识别起着重要作用。

其他人对孩子的态度或社会文化等因素也以多种方式影响婴儿性别认同和性角色的发展。婴儿在两三岁时，就会和其他孩子玩耍，在人际交往中确立自己的性别。随着儿童语言机能的发育，感知觉的发展，婴儿能敏锐地察觉到其他人对自己的反应，从而部分地影响婴儿识别自身性别。

（2）童年期的性发展。童年期通常是指 3 ~ 10 岁这段时间。随着儿童认知的发展、社会活动的增加，他们对性的探索和性活动也在增加。儿童对性的好奇是包含在他们对世界的普遍好奇之中的，如小孩子常常会发问"我从哪里来"、"男孩和女孩到底有什么不一样"？这些问题对他们来说真的非常神秘并且具有吸引力，他们经常会通过游戏来进行探索。只有发生在年龄相差 3 岁以内的同龄人中，完全出于儿童自主自愿的性探索行为才可以界定为正常的"儿童性游戏"。性游戏在儿童性发展过程中扮演重要作用。儿童性游戏一般有以下几种表现形式：

一是模拟式性游戏。孩子们常常通过模仿成人世界来探索和学习，这种方式同样出现在“性”成长上，如小伙伴之间扮演新郎新娘、假扮医生检查，等等。在游戏中，孩子们会互相观察身体，借机察看异性同伴的生殖器，通过观察、比较和角色扮演掌握自己的性别角色。

二是比较式性游戏。孩子们主要对男女两性到底有什么不同感兴趣，并产生探索欲。如男孩女孩为什么要分厕所、分澡堂？爸爸妈妈的内衣为什么会不同？孩子希望能够弄明白这些问题，像窥视异性上厕所、和异性父母一同洗澡等是儿童常喜欢干的事情。

三是自我体验式性游戏。这种性游戏会随着孩子一出生就开始，对身体某些特殊部位的抚摸会给孩子带来快乐的体验，其中抚弄阴茎和用手刺激阴蒂是最普遍的现象。在一项对大学生的调查中，15%的男性和20%的女性回忆说，他们的第一次手淫发生在5~8岁（阿拉法特和卡顿，1974）。在这个时期，儿童同时也明白了手淫是一个人时悄悄做的事情。

青春期以前的儿童，对两性的好奇以及自身性别认同是“性”的主要内容。儿童时期的性探索容易导致成人对儿童的性伤害，所以特别要注意保护儿童。父母通常教育儿童在公共场所不要显露身体的某些部位，也不要他人尤其是异性碰触自己身体的某些部位。即使是孩童之间的性游戏，如果超出了界限，比如男孩、女孩互相亲嘴和抚摸敏感部位，父母也会严厉制止，告诉他们这样的行为是肮脏和不允许的。虽然社会越来越开放，人们也不像过去那样禁锢孩子的性探索，父母对孩子的斥责和体罚被认为是不合时宜的，但保护孩子免于受到性侵犯也是父母的责任，如何恰当地对孩子进行性教育是现代父母的必修课。

先天不同的染色体和生殖器官结构只决定了儿童的性身份，性心理和性角色的发展主要是后天学习的结果。童年时期是性意识的孕育阶段，也是性别认同的关键时期。儿童逐渐认识到性生理的差异，其性体验从无意向有意转化，并开始意识到性别角色。童年期性心理的发展，主要是以下四要素的形成和发展：

①认清性别标志。性别标志就是与是男是女联系在一起的语言和行为。它既包括自身的认识，也包括对他人的认识。儿童通过身体、衣服、头发、称呼等认清自己或他人的性别，例如幼儿从父母对他说“你是男孩子”，并通过站着小便、穿男孩的衣服等方式认清自己是男孩；从别人的外貌，如体形、胡须、发式、服装等方面分辨他是“哥哥”还是“姐姐”，是“叔叔”还是“阿姨”。童年期的孩子已经能分辨自己和他人的性别。如果把自己或他人的性别搞错，人家就会笑话，这就使他的认识得以纠正。若在童年时性别社会化过程中发生障碍，或者没有认清性别标志，那么在日后就有可能产生各种性心理问题。

②学习性角色规范。性角色规范就是在社会生活中人们对不同的性角色有不同的期望和要求。例如，男孩子要勇敢坚强，女孩子要文静淑雅；丈夫应主要承担养家的责任，保护妻子，妻子要打理家务、照顾孩子、体贴丈夫等，个体只有按此行事，才能和社会达到和谐一致。

性角色规范是从幼儿开始就点点滴滴地灌输而逐渐形成的。父母对孩子的行为是否符合其性角色而加以评论和强化。孩子从赞许或批评中逐渐懂得了怎样做才符合自己的性角色规范。例如，男孩子比较顽皮，摸爬滚打，喜欢舞枪弄棒，大人们就说：顽皮的孩子今后有出息，这孩子以后准能当个将军；若女孩子顽皮，到处爬上爬下，大人们就要说：怎么一点也不像女孩子，像个假小子。一般父母给男孩子买枪、炮、车等玩具，培养他们坚强勇敢的性格；而给女孩子买洋娃娃等玩具，芭比娃娃是女孩的最爱，也是她们模仿的对象，是社会对女性角色期待的集中表现。所以，性角色的规范同父母的教育和他们所期待的理想性角色的要求是分不开的。

③建立与成年人的同化。在童年心理发展过程中，他们会产生“要像大人一样”的愿望，这种愿望会导致他们对同性家长或他们所崇拜的同性英雄人物进行“认同”，这种同化作用是对他人特征的吸收，可以促使男孩向“男子汉”、“丈夫”、“父亲”的方向发展，女孩向“女人”、“妻子”、“母亲”的方向发展。

促成性角色“同化”的最重要机制在于发现相似性。当孩子在发现自己与父亲或母亲有某种一致性，就趋向获得这种他所欣赏的品质。对这种一致性，孩子可以从父母的体形、外貌、风度、能力等方面发现，也可以从父母对孩子的教育中获得，比如大人教育孩子：“要像爸爸那样坚强”，“男子汉不要动不动就哭”，等等。如果孩子对同性家长的某种品质特别欣赏，为了提高自己，他们将加倍努力，也就促进了他们向同性成人的“同化”。

④对性角色的情感倾向。性角色的情感倾向是指一个人对那些和性别相联系的活动所持的态度和偏好。比如，男孩对电视、电影中打仗、运动等内容特别感兴趣，女孩对花卉、布娃娃等特别感兴趣。

这种情感倾向在一生中可以有多次变化，例如一个女孩在幼小时与男孩、女孩一起玩耍，到六七岁以后就只和女孩玩，和男孩的界线分得很清楚。据研究发现，无论怎样，三岁左右的孩子就具有比较稳定的性角色情感倾向了。这种情感倾向的形成和发展受到多种因素的影响。第一，个性因素。如果一个人的秉性和性格适应于某种性别的规范，那么他就越趋于这些规范，并朝它的方向发展。例如，好动的男孩子选择运动性的活动，如玩打仗的游戏，在活动中愉悦和具有成就感的情绪体验，让好动的男孩更喜欢这些运动；而好静的女孩选择静止的活动，如装扮芭比娃娃，在活动中愉悦和具有成就感的情绪体验，让喜欢安静的女孩更喜欢这些静止的活动。第二，“同化”作用。孩子越欣赏某种性别的家长，就越趋向于按其方式行动。这种“同化”作用不仅有父母，也有他们欣赏的或崇拜的人。第三，文化因素。文化对性别角色有评价和暗示作用。例如，社会大多数人喜欢或赞美符合他们心目中女性形象的女孩，这就使女孩努力成为社会接纳和欣赏的女孩。

（3）青春期的性发展。青春期通常是指10岁以后到18岁之前的这段时间，它是儿童向成人过渡的中间阶段，这个时期的孩子在生理和心理两方面都发生着巨变。青春期可以延展于10~20岁，通常分为三个阶段：第一，青春前期，为10~13岁，是人生长发育最快的阶段，身高、体重、胸围等快速增长。第二，性征发育期，在13~17岁，以生殖器官和第二性征明显发育为特征。女孩声音变尖、乳房隆起、骨盆变宽、臀部变大、阴毛和腋毛出现，最为重要的是少女出现月经；男孩声音变粗、喉结突起、嘴唇开始出现茸毛或胡须、四肢肌肉发达、阴毛和腋毛出现，最为重要的是男孩会发生遗精。第三，青春后期，在17~20岁，生理上变化逐渐缓慢下来，性器官和第二性征已发育成熟，体骼变化已不明显。

青春期是性迅速发展而逐渐走向成熟的时期。首先，这个时期的性兴趣明显提高，性活动显著增加。随着身体的发育和成熟，青少年开始有了性欲，通常这个时期满足性欲的形式是手淫。自慰在青少年中相当普遍，在美国15岁之前有82%的男孩曾经手淫，女孩要少些，但也在70%以上。非常有趣的是，男生和女生以不同的方式学习到手淫，一般男孩是从同伴那里学到或从书上读到的，而女孩是通过偶然的自我探索学习到的。对于青春期少男少女的自慰行为，过去人们认为是极其有害的，现在开始变得宽容，但不论怎样，自慰需要适度，要有节制。其次，异性间的亲密行为增加。比如，男孩女孩开始约会，成双结对地散步、郊游，一起上学、一起学习等。有研究表明：12岁时，48%的男孩和57%的女孩开始约会（Broderick，1966）。再次，异性间的性行为增加，这正在成为一个社会问题，受到更多人的关注。根据美国疾病控制和预防中心对高中生进行的调查来看，从1991年到1999年近10年的时间里，9~12年级的高中生中有超过50%的学生有过性经历。我国近年来，青少年中有过性经历的比例也在大幅攀升，而且第一次性经历的年龄也有所提前。

在性生理急剧变化的同时，性心理也在快速发展。青春期性意识发展可有以下阶段，每一阶段的心理表现是不同的：

①异性的暂疏远期。指青春期开始的半年至1年（11~12岁）内的两性疏远阶段，这个阶段性功能尚未完全成熟，性别意识刚刚萌芽。他们发现彼此间性别的差异，便产生明显的性不安，如少女对日渐隆起的乳房感到羞怯，少男则害怕被人看到开始长出的阴毛。他们对两性间的接触持疏远和回避态度，如因学习或工作需要，双方接触时感到拘束和难为情。他们认为两性间亲近、恋爱是可耻的。由于男女性格的不同，此阶段男生会嫌女生娇气、胆小、气量不大；而女生则讨厌男生的粗野、淘气、不懂事。这种现象一般出现在小学高年级至初中一、二年级。

②长者敬慕期。一些心理学家发现在性萌发期，他们对性问题仍然处于一知半解的朦胧状态。其时他们存在着两种特殊的心理状态，即疏远同龄异性和仰慕年长异性。少男少女常常会对文艺、体育明星产生爱慕之情，在青少年中，偶像崇拜是十分普遍和平常的事情。有时青少年也会爱上与他们接触的长者，如老师、叔叔、阿姨等，琼瑶的小说《窗外》就十分准确地描写了情窦初开的小女生爱上老师的心理过程。青少年对长者仰慕爱戴，心神向往，而且尽量模仿这些长者的言谈举止，这会促进青少年心理的发展和成熟。

③异性向往期。随着性发育的日渐成熟，青少年常常对与自己年龄相当的异性产生兴趣，并希望和他们有所接触，如喜欢一起游戏，一起做作业，一起参加各种社会活动等，或在各种场合中，想办法吸引他们对自己的注意。这时期青少年性意识的发展如果得不到正确的引导，可能出现早恋等不良倾向，甚至于脱离集体活动、荒废学业。当然，正常的男女往来是应该被接受、被鼓励的，对异性有好感也不等于谈恋爱，青少年

应正确把握。

④异性爱恋期。随着年龄的增长，生理机能的进一步发展与完善，知识面的日益增加，生活视野的日趋扩大，个性发展的不断成熟，人对性爱意识的理解和认识越来越全面深刻，对异性之间的关系也有了正确的态度，开始各自扮演社会赋予每种性别的特定角色。男青年往往喜欢显露自己的才华来博得女性的欢心，同时在异性面前尽情表现自己的长处。女青年则在外表上学会打扮自己，以吸引异性注意；在性格上变得腼腆、矜持，学会深藏自己的感情。

(4) 成年早期（青年期）的性发展。成年早期大概是指18、19岁到35岁左右这个时期。青少年期个体所萌发的对性及异性的好奇，到了成年早期逐渐发展为一种强烈的愿望，并且由此开始，个体将对某一异性的情思发展为爱情，并导向恋爱的轨道。爱情是指一对男女相互产生爱慕恋念的感情。卢家楣（1989）指出，爱情有三种层次和三个主要特征。三种层次为：以性爱为主，以情爱为主，性爱和情爱的和谐统一。层次越高的爱情越牢固，越具有生命力。三个特征为：排他与守一的统一，冲动与韧性的统一，自私与无私的统一。一般来说，个体在童年期没有爱情，到青少年期才情窦初开，人类爱情的鼎盛期在成年早期。

异性间要建立起爱情关系，首先需要双方能够相互吸引。金盛华认为美貌及个性、兴趣等的相似和互补都可能成为异性间相互吸引的条件。其次，双方有为建立和维持关系作出努力的意愿。研究表明，乐意在恋爱中作奉献的人比回避奉献的人所建立的恋爱关系的质量要好，且有更高的个人幸福感。通过分享任务和活动来保持与对方的接近是维持长久爱情关系最常使用的策略。

对待爱情及恋爱的态度是恋爱关系能否建立和维持的先决条件，我国许多研究者对成年早期个体的恋爱及爱情观进行了研究，发现有如下特点：

第一，恋爱动机呈多元化趋势。调查显示，大学生谈恋爱的目的是“寻找未来伴侣”和“体验一次真正的爱情”的分别占36.4%和31.5%；女生在“寻找未来伴侣”中的比例更突出，将近40%；选择“内心空虚、摆脱压抑感”的大学生占了12.3%，这说明追寻爱情的动机多种多样。

第二，当代青年择偶更注意个体内在的素质，注重爱情等精神需要。黄希庭等人(1994）曾给出包括性格、人品、健康等27个择偶标准让被调查者进行选择，结果发现，青年最看重的9个标准依次是人品、爱情、性格、责任、未来幸福、健康、才能、兴趣、发展前途，像宗教信仰、门第、社会地位等则属于最不看重的条件。

第三，当代青年注重双方忠诚的同时，对婚前性行为更为包容。调查表明，多数大学生主张对待爱情应当严肃负责，认为那种朝三暮四，今天爱这个，明天爱那个，或同时与几个人恋爱，是极不严肃、极不负责的行为。与过去的研究结果相比较，当代大学生更能够包容婚前性行为。他们更倾向于认为“性”是一种个人化活动，不应以道德和法律来衡量。但是大学生并不是对所有婚前性行为都持包容态度。调查（刘电芝等，2004）发现，大学生对“无爱之性”基本上都持否定态度，但是大部分大学生认为只要真心相爱，性行为无需指责。这说明大学生非常看重性行为中的感情因素。另外，他们的研究也发现，除感情因素外，在性道德问题上，大学生对自愿、责任、忠诚的认同都相当高，他们会根据这些不同的因素决定对特定性行为的态度。可见，虽然我国大学生最初的恋爱动机比较多样，但他们对待爱情的态度是真诚和负责的。这样，亲密感和爱情就会随着关系的发展而逐步增加。两个人从最初的相识发展到拥有相互的承诺后，双方就开始考虑与对方结婚，开始描绘未来的家庭蓝图。

恋爱的双方以缔结婚姻的形式兑现彼此的承诺。婚姻是性的转折点，是性表达最具合法性的方式。有关调查显示，人们在二十几岁时婚内性生活的频率大概是三天一次，这个频率随着年龄的增长而下降，50 岁以后大概每周一次甚至更少，证明青年期是一生中性活动最为频繁的时期。大部分的夫妻对婚内性生活是满意的，不论是在性活动上还是情感上，已婚男女的满意度都要明显高于同居者或单身者。2010 年《小康》杂志和清华大学联合进行的“中国人婚姻及性幸福”的调查显示：“80 后”已婚人群中，对婚内性生活非常满意和比较满意的占 66.1%。有研究表明：性满意度与四个因素有关：首先是平和的心态，对性持接受的态度；其次是乐于给伴侣性快乐；再次是了解对方的习惯、情绪和爱好；还有就是善于倾听和沟通。

婚后性生活的适应问题是成年早期的一个重要的课题。对于婚姻的不满或者其他的原因可能导致婚外性行为。美国在 1994 年进行的调查表明：10% ~23% 的男性是不忠的，女性是 2% ~12%。我国据李彬、王英等人（2008）对内蒙古包头市流动人口进行的问卷调查显示：10.1% 的被试者有婚外性行为，男性婚外性行为发生率为 16.1%，女性为 5.9%，年龄在 16 ~49 岁。而根据“中国人婚姻及性幸福”调查表明：“80 后”有婚外性行为的 4.9%，“60 后”为 6.1%。对于婚外性行为，美国在 1991 年的调查显示，75% 的人认为对于一个已婚的人来说，与配偶以外的人发生性行为始终是不对的。在我国，对于配偶的婚外性行为，“80 后”持“绝不容忍”态度的占 72.9%，“60 后”占 65.7%。出轨、外遇成为导致婚姻破裂的“头号杀手”。

结婚不仅是性表达的转折点，也是性别角色进一步分化的时期。一般来说，在中国这个“男主外，女主内”的传统文化深厚的国度里，婚后大多数男性承担着养家糊口的责任，而大部分女性承担着生育孩子和照料家务的重任。随着女性受教育机会的增加，就业机会的增加，夫妻共同照顾孩子和做家务的比例也越来越高。

（5）成年中期的性发展。成年中期是指 35 岁左右到 60 岁左右的年龄阶段。成年中期是生理的成熟期、心理的稳定期，又是从青年期向老年期转化的过渡时期，它不仅是个体对社会影响最大的时期，而且也是社会向个体提出最多、最大要求的时期。这个时期的心理发展特点既能体现出平稳性，又表现出过渡期的变化性。

成年中期有一个特殊的更年期。更年期是个体由中年向老年过渡中生理和心理状态发生明显变化的时期。女性更年期大概是发生在 45 ~55 岁，延续 8 ~12 年，女性更年期是女性卵巢功能从旺盛状态到逐渐衰退的时期，包括绝经和绝经前后的一段时间。在更年期，妇女可出现一系列的生理和心理方面的变化，医学上称之为“围绝经期综合征”。多数妇女能够平稳地度过更年期，但也有少数妇女由于更年期生理与心理变化较大，被一系列症状所困扰，影响身心健康，因此每个到了更年期的妇女都要注意加强自我保健，保证顺利地度过人生这一转折时期。男性 50 岁以后，由于男性荷尔蒙水平逐渐下降，可能会出现一些跟女性更年期相似的症状，因此，男性也会经历更年期。但是男性更年期的现象比女性更年期更受争议，其中一个原因是女性更年期有明显的停经过程，而男性更年期就没有类似的明显迹象。

在性生活方面，专家回顾了关于更年期期间和更年期之后性欲的研究，得出了以下结论：①在更年期期间和更年期之后，大多数人能够继续进行性行为并且享受它的乐趣。②一般来说，在更年期期间以及更年期之后，性功能有一定程度的下降。③性功能下降与较低的激素的水平有关。④性功能下降与心理因素也有紧密关系。

（6）成年晚期（老年期）的性发展。成年晚期亦称老年期，大约从 60 岁开始。人到老年期，其生理功能开始出现不可逆转的衰退，主要表现为：体力储备趋于减少，抵抗力减弱，适应外界环境的能力逐渐降低。但是衰退的速度和程度却因人而异，它与遗传素质、老年期的保健状态有关，更与个体进入老年期的发展水平有关。国外有研究表明，衰退表现得最迅速、最严重的是那些一辈子没有自己的事业、生活圈子又十分狭窄的寡居老人。科学研究表明：现在老年人常见的衰老现象并非纯粹由生命的自然发展所致，而是与后天的许多失调相关——从生理的到心理的、从物质的到精神的、从社会的到家庭的。可见，自然赋予人的生命力即使到了老年，相对于现实生活中的实际“开发”状态而言，还有潜力可发掘。

人到老年，其性生活毕竟与青年、中年时不同，尤其在性反应上有很大变化。老年男性的性反应已变得迟缓：在生殖器反应上，阴茎勃起的时间增长，年龄越大，所需时间越长，且需要更多的接触刺激。而老年女性的卵巢功能已渐渐衰退，雌激素缺乏导致乳房、子宫、阴道、外阴都发生萎缩，在性反应方面也有显著的降低，阴蒂对性刺激反应明显减弱，阴道的润滑能力下降，性高潮反应的持续时间短，发生性高潮的次数较少。所有这些都是老年男女正常的生理变化。

老年人一般羞于言性，他们怕被别人认为是“老不正经”，这便给许多老年夫妻增添了一些烦恼和困扰。然而现代医学研究认为，性爱有利于健康长寿。对于身体健康的老人来说，衰老并不意味着性欲的完全减退和获得性生活高潮能力的全部丧失。从老年养生保健的角度看，老年人适度的性生活可避免孤独、抑郁等不良情绪的产生，有利于增进老年夫妻间的恩爱，使心情愉悦舒畅，消除烦恼、忧虑等消极情绪。美满如意的性生活还可使人体内的性腺、脑下垂体、肾上腺、甲状腺、胰岛素等激素分泌旺盛，减缓细胞退化，推迟肌体衰老进程，促进健康长寿。俗话说“少年夫妻老来伴”，老年夫妻的相互扶持和照顾就是一种幸福。

10.2.3　性别发展理论

男人为什么来自火星，女人为什么来自金星？许多学者对两性的形成进行了理论探索。性别的形成和发展的理论主要有心理分析理论、认知发展理论、性别图式理论、社会认知理论和社会学理论。

（1）心理分析理论。对人类性心理发展研究最早、影响最为广泛的当数弗洛伊德。弗洛伊德视性为人类生存的主要驱力之一，不仅如此，他还将人的性欲发展分为五个阶段，即口腔期、肛门期、性器期（恋父、恋母期）、潜伏期及青春期。精神分析认为性别角色的发展与获得在于潜意识中恋母情结及恋父情结所产生的防卫性认同。起初男孩和女孩都认同其父母，然而在3~5岁期间发生了变化，男孩开始认同其父亲，认为对其父亲的认同解决了恋母情结导致的对其父亲的嫉妒，这种依附使孩子产生了许多焦虑，害怕其父亲的报复；而女孩子面对的情况更加复杂，她们憎恨男性的阴茎，自卑和害怕其母亲的报复。男女的这种冲突通过认同同性父母得到解决。认同是孩子开始健康地适应同性父母的特质的开始，通过认同过程孩子表现出性别定型，因为对同性父母的认同男孩子比女孩子强，男孩子比女孩子有更强的性别定型期望。

加德纳（1978）指出这种同性父母认同的结果是：儿童不仅采纳了认同对象的行为，同时也接受了认同对象的价值、态度、意见及标签，在以后的生活中，儿童将选择他在此时所接纳的性别角色。

在对经典的精神分析进行修正的基础上，美国学者兰西·雀朵洛提出了著名的重构理论，认为性别认同开始在婴儿期，而不是弗洛伊德提出的生殖器期。起初，男女孩子都认同他们的母亲，女儿与母亲之间的认同强于儿子与母亲之间的认同，女儿认同她们的母亲并在心理上接受了母亲，而儿子的自我概念倾向于拒绝母亲，发展出与母亲完全不同的男子气概。

这种以潜意识中性驱力为动力而创立的学说，在性别角色的研究上很难获得强有力的实证性研究的支持，带有浓厚的经验主义的色彩。

（2）认知发展理论。认知发展理论强调性别的发展是个体认知发展的结果，其代表人物是劳伦斯·科尔伯格（1966），他认为："性别角色发展中的重要原因并不是母亲和孩子的关系，而是由于儿童自身认知的发展。儿童基本的性别角色认同是在发展初期产生的男女自身认同的结果。这种男女分类虽然为男孩或女孩打上了社会性的标记，但基本上是认知的现实判断的产物。"科尔伯格认为儿童的性别角色的发展经过以下三个阶段：第一，性别同一性（gender identity），即了解自己是男孩或女孩。性别同一性是儿童获得性别概念的第一步，是对性别的初步理解。2~3岁的儿童获得性别同一性后，能够分清自己和他人的性别。第二，性别稳定性（gender stability），儿童在2~7岁期间获得性别稳定性后，知道性别不会随时间变化而改变，即一个人的性别在过去、现在和将来都保持一样。男孩长大后成男人，而女孩长大后会成为女人。第三，性别一致性（gender consistency），6~7岁儿童知道性别不随一个人的外表、服饰和活动的改变而改变，他们已获得性别一致性。经历这三个阶段才达到性别的恒常性。科尔伯格把"性别恒常性"界定为："基于生物属性基础上的永久性的特性，它不依赖于一些表面特征，如头发的长短、衣着、活动的选择等。"6~7岁的儿童开始获得性别恒常性，当儿童发展到这一阶段时就会主动表现出符合性别的行为。

认知发展理论集中于儿童对性别概念的理解和获得，没有很好地关注儿童如何获得性别概念以及性别知识如何转化成性别行为的机制。该理论把性别概念作为控制性别发展的因素，视其为儿童进行仿效同性行为的先决条件，但缺乏充分的实验支持。因为在获得性别概念以及理解偏好与性别联系之前，儿童就表现出了性别偏好。显然，性别概念不是性别角色发展的前提，存在其他动机和调节机制调控着性别行为。

（3）性别图式理论。根据信息的加工和处理概念，一些学者以性别图式理论来解释性别角色的发展。"图式"是一个源于认知心理学的术语，指一个人关于一个专门主题的一般知识结构。性别图式是有关男性和女性不同特征的知识结构，它使我们根据性别偏好处理信息。

性别图式理论是对性别发展和性别差异的解释理论。社会—心理学取向的倡导者桑德拉·贝姆和黑兹尔·马库斯强调信息加工的性别图式的差异，而马丁和哈沃森等人强调图式的发展和功能形式。性别图式理论与认知发展理论基本相似，它不要求获得性别恒常性，仅要求掌握性别认同。孩子标识男女性别的能力被看做性别图式开始发展的必要条件。一旦形成，图式就会扩展，包括活动知识和兴趣、人格和社会属性等。该理论认为图式是通过与环境的相互作用形成的，但是构成图式知识结构的性别特性的过程仍旧是比较抽象的。图式一旦形成，儿童就被期望按与传统性别角色相一致的行为行事，在认知发展理论中，引导与孩子性别相关的行为取决于孩子的期望与同性性别标签的匹配。

性别图式表征一般是关于性别的知识结构，性别图式理论预示了孩子拥有较精确的性别知识，这种知识越多，孩子就越表现出性别偏好。性别图式理论提供了对检验性别信息认知加工有益的框架，尤其是它阐述了性别图式如何影响注意、组织以及其他与性别相关的信息的记忆的。性别图式的其他模型同样地强调信息加工基础上的性别偏见。图式越重要、越可以利用，个体就越期望去注意、译码、表征和提取与性别相关的信息。性别图式理论无法完全解释生活事实，例如成人完全意识到了性别定型，但是当性别知识增加时，没有产生出与性别相关的行为，说明性别知识并不完全决定与性别相关的行为。其次，性别图式不是一个整齐划一的实体，儿童不能自己归类“我是男孩”或“我是女孩”，也不能在不同的情境和活动领域以不变的图式行动，他们的行为取决于不同的环境。另外，性别图式理论不能解释男女生在一些结果上的不对称性，在一定程度上，男女生优先选择与同性活动，仿效同性的行为方式，与同性同伴玩耍等，然而在男女生关于性别定型知识上没有发现差异。

（4）社会认知理论。社会认知理论是社会学习理论的一个分支，它阐述了一个相互作用的因果关系模式，即外部环境、个人因素和行为三要素相互作用、相互影响。该理论也正是从这三元交互作用来考察性别角色发展的影响源和机制的，着重强调儿童的观察学习和自我激励在性别角色发展中的作用。美国学者班杜拉（1977）区分了三种环境结构：强加的环境、选择的环境和建构的环境。强加的环境是指不管人们喜欢还是不喜欢，却人为地将外在要求强加于他们。虽然在此条件下，人们无法控制环境，但如何解释和反应是自由的。如不顾儿童的个人喜好，已入学的儿童都得上学以及上规定的课程。选择的环境是指人们通过选择，把潜在环境转化为实际经历的环境。如对同伴的选择、对活动的选择等。而建构的环境是指潜在环境并不存在，人们通过努力创造建构的社会环境和结构体系。如儿童通过想象建构符号环境，完成符号游戏。很多早期角色学习都发生在儿童的符号游戏中。

与这三种环境结构相对应的是性别概念和能力获得的三种主要途径。第一种是直接教育。它是儿童获取关于不同行为方式以及与之相关的性别信息的便捷途径。当直接教育以共同的价值和广泛的社会支持为基础时，它是一种非常有效的途径。而当教育内容与儿童模仿的内容发生冲突时教育的作用就被削弱。第二种是模仿。模仿是儿童获得性别信息的重要途径。与性别有关的信息通过儿童对日常生活中的榜样如父母、同伴和长辈等的模仿而获得，同时大众传媒也为性别角色和行为的模仿提供途径。在观察学习的社会认知分析中，模仿主要通过信息加工过程起作用，并认为观察学习包括注意、保持、产生和动机这四个连续的过程，其中注意过程决定选择观察的内容以及从榜样事件中要抽取的信息，而这些信息通过保持、产生过程激发活动的动机，从而产生相应的行为。第三种是扮演体验。它依赖于对性别行为与行动所导致的结果的区分，通过评价性社会认可来构建性别概念。如父亲对男孩玩女性的玩具表现出强烈的消极反应。儿童通过以上三种方式逐步获得关于性别属性和性别角色的知识，但儿童并不是消极接受这些知识，而是从各种性别行为方式中建构一般的性别角色概念和抽取性别行为规则，因而，性别角色发展是一个建构的过程而不是简单地大规模地组合社会所传递的与性别相关的信息。随着年龄的增长，儿童关于性别角色的知识不断增加，但他们未必表现出更多的符合社会期望的性别行为。对此，班杜拉提出性别行为主要受自我调节机制和自我效能感的影响，且随着年龄的增长而有所改变。

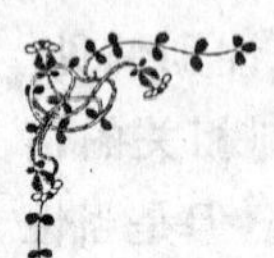

阿尔伯特·班杜拉与社会认知理论

阿尔伯特·班杜拉，著名的社会学家、心理学家，1925 年出生于加拿大。社会学习理论的提出者，获得过美国心理学会杰出成就奖和加利福尼亚州心理学会科学家奖。社会学习理论着眼于观察学习和自我调节在引发人的行为中的作用，重视人的行为和环境的相互作用。社会认知理论是社会学习理论的直接分支，社会认知理论认为人的思想和行为是个体特点、环境因素和行为三要素相互作用的结果。在性别形成过程中社会环境、个体的模仿学习和自我调控等起着重要作用。

(5) 社会学理论。社会学理论强调机会结构模式对性别角色发展的作用，认为社会向男女两性提供的机会不均等性是男女两性角色发展存在差异的重要影响源。

这一理论的代表人物是埃普斯特恩。他认为男人和女人在思维和行为上的相似性远远超过两者的差异，不能把性别简单地分为男性和女性。与其把性别视作生物属性，倒不如视作社会建构更为合适。若夸大性别差异的本质，则会促进性别关系的社会等级对比。机会结构模式和种种限制（如过去女性没有法定选举权、受教育机会少等）塑造了行为的性别风格，并将男女两性纳入不同的生活轨道。在亚洲，64% 的文盲是妇女和儿童，失学女童占失学总人数的 62%。由此可见，女性和男性的受教育机会存在不平等，性别差异明显。随着机会结构和限制的调整，性别差异将会随时间的推移而减少。联合国在 1995 年的人类发展报告中首先提出性别角色发展指标，用该指标来表示男女两性在社会地位、经济、福利、教育等方面存在的性别不平等状况的改变。该理论对性别差异的解释存在一定的缺陷，它难以解释社会结构共同体中适应的多样性问题，因为并不是所有具有同等社会经济地位，生活在具有同样的机会结构下，享有共同的家庭、教育和社区资源的人都会以同样的方式表现其行为。

10.3 性 教 育

性教育就是对人们进行有关性科学、性道德和性文明等方面教育的过程。性教育不只是读一本书、听一次讲座或看一次录像，而是一个涉及家庭、学校和全社会的教育系统工程，也是一个随受教育者心理不断发展的再社会化过程。

10.3.1 性教育的目的

有学者研究显示，目前我国性教育的主要目的是为了防止男女发生性行为而导致怀孕、流产或者性病蔓延而造成身体损害，性教育有可能变成单纯的性安全教育。事实上，我们的性教育不应仅仅局限于性安全教育，而应涉及性发展中的许多重要问题。借鉴美国性资讯及教育委员会（SIECUS，致力于提升性教育质量的组织）的思路，我国的性教育目标应该是：

(1) 提供相应的性知识。使个人获得与年龄增长相一致的有关性生理、性心理和性别角色的应有知识，包括解剖和生理学知识，性生理、性心理、性别角色发展的过程和规律，性生活和繁殖，性骚扰、艾滋病以及其他的性传播疾病等。

(2) 树立正确的态度和价值观。使个人对性发展中出现的种种现象（包括自己和他人）能采取客观和理解的态度。

(3) 促进身心健康。消除个人在性发展和性行为中的焦虑和恐惧等种种不良情绪，增进性别认同，防止性倒错等。

(4) 建立良好的两性关系。帮助人们提高与异性交流、交往的技能，创造令人满意的两性关系，包括帮助人们更好地关心他人、支持他人的能力，提高爱的能力，建立起令人愉快的亲密性关系的能力。

(5) 增强责任感。帮助人们正确地认识与处理男女两性关系及其相关的道德与法律，增进对自己性行为所负的责任感，包括宣传避免过早地发生性行为，减少未婚妈妈，鼓励使用避孕套和其他性健康措施，预防包括艾滋病在内的性传染病。

10.3.2 性教育的内容

性教育的内容主要包括五个方面：性观念教育、性知识教育、性健康教育、性安全教育、性技能教育。

(1) 性观念教育。性观念是人们对性的总体认识和看法，包括对性生理、性心理、性行为、性道德、性规范、性文化等总的认识和看法。现代性观念即科学、进步、健康、有益的性观念，徐天民教授将其概括为以下几个方面：性活动是人类的自然现象，是人类正常生活的组成部分；通过性活动才能生育、得到愉悦和表达爱情；婚姻是建立在爱情基础上的，严禁买卖婚姻；谴责婚外性生活；禁止卖淫嫖娼和强奸等非法活动；实行计划生育、科学生育是夫妻双方的共同义务，等等。

性观念的核心是对性行为的道德评价，即性道德。性道德是指调节两性关系中的行为准则和规范的总和。性道德所要回答的主要问题是：什么样的性行为是正确的、合乎社会规范的、适应社会发展要求的。与性道德紧密联系的性道德教育则是通过不同的方法，借助不同的方式，培育人们正确的性道德观念和合乎道德规范的性行为，避免性犯罪和性错误的发生。性道德教育的目的是让人们养成科学的、文明的、健康的生活方式。

在当前背景下，在我国进行性道德教育，具有十分重要的意义。我国的性道德状况主要存在如下几个问题：

①没有完全建构起现代的性道德观体系，错误的性道德观普遍存在。在中国的社会传统中，贞操观念是性道德观念的核心部分。传统的贞操观是约束女性的性道德规范，男性则不受其规制，是父权制的产物。贞操观是男权社会用以剥夺女性爱情、婚姻权利，对妇女进行单方面性禁锢的武器。随着社会发展和进步，这种性道德观被扔进历史的垃圾堆是众望所归的。但人们完全否认性活动受到道德约束，倡导无条件的“性解放”和“性自由”也是十分错误的。性活动是人类社会生活的一部分，甚至是十分重要的一部分，它应该受到社会规范的约束，这样更有利于个人的幸福和社会的发展。当前性观念和性道德的混乱可以从“一句话引起的大讨论”看出端倪：2011 年 3 月，人大代表柏万青在电视节目中说“贞操是女孩给婆家最贵重的陪嫁”，由此引发社会的大争论。有人认为这是历史的倒退，是男权思想的表现。著名学者李银河说：“看到有人大代表说女孩的贞操是给婆家最好的礼物，觉得这代表没活在当代中国，也许还活在宋朝或者明朝。说得好些也是活在 20 世纪 50 年代到 70 年代。现在婚前性活动比例早已超过六成，有的城市达到七八成，把贞操送给婆家做礼物的女孩快成恐龙了。”也有人对柏万青的观点表示表示赞同，认为性的过度随意给女性本身带来了伤害。

②性行为失范。与性道德观念的淡薄和混乱相联系的是性行为的失范，色情文化泛滥、婚前性行为、婚外性行为、卖淫嫖娼等问题突出。

针对这些问题，性道德教育重点要放在以下方面：第一，性道德规范教育。构建与社会文明相一致的现代性道德规范是现在的一个重要任务，人们概括提出了五条基本原则：自愿原则、无伤原则、相爱原则、婚姻原则、隐私原则。这五条原则可以归纳为三个基本规范：第一，性行为以婚姻为基础。圣经上有句名言：“性交只有在结婚的床上才是合乎道德的。”中国的合法婚姻是指符合法定条件经由政府登记而结成的夫妻关系。这种关系产生的性行为才是合法的，才能受到法律的保护，也才合乎道德。此外，一切非婚性行为都是不合法的、不道德的。第二，性行为以爱情为基础。性行为是男女之间精神与肉体结合的统一，不仅是生理上的满足，更是精神生活的满足。只有建立在爱情基础上的性行为才能达到精神与肉体的和谐统一，才是性行为主体的自由意志的体现，因而才是高尚的、道德的。第三，性行为必须建立在责任的基础上。性责任感是男女双方对性行为所带来的社会后果的认识和愿意担当责任的心理态度，既要对自己负责，也要对别人负责，更要对社会负责，这是性行为中一个基本的道德准则。

（2）性知识教育。性，作为人类生殖的桥梁和维系爱情的纽带，它贯穿在人类历史发展的全过程之中。性是一个应该正视的严肃的科学概念。性科学知识从研究人类性本质和性行为出发，它包括了性解剖学、性生理学、性心理学、性社会学等诸多学科。性科学揭示了人类性本能和性需求，以及性行为的规律。性是人生的基本需要，如果缺乏必要的性科学知识，人们将缺少人生必要的一课。性科学知识的缺乏者在生活中总是摆脱不开某种痛苦、忧郁、烦躁，无所适从，却不知原因何在；有些人偶尔涉猎到一些性知识，却分不清科学的性知识与黄色淫秽的界限；或对性科学知识知之甚少，又不认真思考，往往在家庭生活中引起波澜，甚至不欢而散。因此，性科学知识是每一个人的必修课，它对维系每个家庭的和谐幸福起着重要作用。

在性心理咨询及临床中，经常遇到一些缺乏性科学知识者。曾经有一对高级知识分子来咨询，他们结婚多年没有生育，经过检查，夫妻生殖功能都很正常。当专家进一步咨询时才了解到，原来他们始终认为互相拥抱使正负离子相互撞击就可以怀孕，还有很多人不懂得避孕和计划生育、优生优育以及男女生殖器构造、性生理反应、性心理调节等知识，在夫妻生活中不懂得怎样提高性生活质量的人更多。这说明普及性科学知识是多么必要。

(3) 性健康教育。性健康包括性心理健康和性生理健康。性生理健康包括：第一，性器官健康。性器官发育良好，功能健全，常保持干净卫生，不易患性传播疾病。第二，性生活无障碍，满意度高。生理和精神方面的因素都可造成性生活障碍，如性冷淡、性厌恶、性欲亢进、阳痿、早泄、性交恐惧症等。性生活应该使双方身体和精神感到愉悦，性幸福度高。第三，生育健康或生殖健康。人类生殖系统及其功能完好，有生育能力，可以自由决定是否生育、何时生育以及生育多少。

个体的性心理健康应该符合以下标准：第一，正确的性别认同。一个人在心理上认同并乐于接受自己与生俱来的性别，人格特征与社会期待的性别角色相符，乐于承担相应的性别角色。社会中常见的异装癖、异性癖等性倒错就是一种性别认同的问题，这实际上对社会的性别教育提出了要求。第二，具有正常的性欲望。性欲是能够获得性爱和性生活的前提条件。一个人如果没有性欲望，就不会有性爱和和谐的性生活，性心理健康就无从谈起。有性欲望并不表示就是正常的性欲望。正常的性欲望的标志是性欲望的对象是指向成熟的异性而不是同性或以物品作为替代物。社会上常见的窥阴癖、露阴癖、恋物癖等，就是性心理发育不健康的表现。第三，性心理特点和性行为符合相应的年龄特征。生命发展在不同的年龄阶段表现出不同的特征，性心理的发展也同样呈现出阶段性的特点。如果一个人的性心理与大多数同龄人格格不入，就绝不是健康的性心理。第四，具有较强的性适应能力。性适应能力就是个体的性活动与外界形成和谐关系的能力。第五，能建立和谐的两性关系。两性交往是社会生活的重要方面，性心理健康的个体，在生活中既能与异性建立相互尊重、相互信任的友谊，又能与相爱的人建立稳定而长久的亲密关系。

(4) 性安全教育。性安全教育是教育人们防止因性行为而受到伤害的教育，这种伤害既有生理的伤害，也有心理的伤害，比如防止性侵害、性骚扰，预防一些严重性病如艾滋病、梅毒等疾病的传播。性安全教育既要教会人们如何避免性侵害行为的发生，又要教会他们如何正确地同异性朋友交往。因此，性安全教育应从以下几个方面入手：①性接触问题。所谓性接触，不仅仅是指性器官的相互接触，还包括性器官与对方身体的接触，以及对对方身体性敏感区（如女性的胸部、阴部、背部、嘴唇及臀部等部位）的触摸。性安全教育中，要明确告诉教育对象（特别是女性），自己身体的哪些部位是不可以让别人随便接触或触摸的。如果对方触摸了这些敏感区域，即是侵犯了自己，应该坚决制止，此时，千万不能沉默。沉默，就是对对方的纵容，就可能发生性侵害行为。②性骚扰问题。性骚扰是指用语言或动作侵犯他人的行为，表现为有意在异性面前谈论黄色话题或说黄色段子；有意给异性发黄色短信；强行触摸异性的性敏感区；有意向异性做下流动作等。性骚扰已经成为一个社会性问题，广泛存在于公共场所、公共交通工具上及办公场所。性安全教育应明确什么是性骚扰，如何防范性骚扰，一旦遭遇性骚扰，如何有效地制止。③性侵害问题。性侵害是指一切通过强迫、欺骗、诱惑或其他方式，把对方引向性接触，以求达到侵犯者性欲满足的行为。性侵害不仅仅来源于异性，也有来自于同性，并非只有女性，男性也可能遭受性侵害。性安全教育要教育人们防止性侵害的发生，比如，在与异性交往时，怎样的言行举止、穿着打扮是得体的，怎样的行为不可以出现，如果发生性侵害一定要及时求助，特别是未成年人一定要及时告诉父母或其他监护人，并且报警。④传染性疾病问题。对于婚前性行为、婚外性行为和同性恋性行为，一定要进行防护，防止艾滋病和其他严重传染疾病的感染。艾滋病是由人体感染人类免疫缺陷病毒即艾滋病毒（HIV）引起的免疫缺陷综合征，由于它有较强的传染性和难以治愈，严重危害到人类健康，被称为“超级癌症”和“世纪杀手”。性传播是它传播的主要方式之一，所以患病者以青壮年较多，发病年龄80%在18～45岁，即性生活较活跃的年龄段。性自由的生活方式、婚前和婚外性行为是艾滋病、性病得以迅速传播的温床。卖淫、嫖娼等活动是艾滋病、性病传播的重要危险行为。正确使用质量合格的避孕套，不仅可以避孕，还可以有效减少艾滋病、性病的危险。避孕套预防艾滋病、性病的效果并不是100%，但远比不使用避孕套安全。当然预防性疾病的感染和传播的根本方法是远离危险的性行为、洁身自好。

（5）性技能教育。人们十分重视增强自己的性吸引力，而性吸引的最根本的目的又是获得性快乐和性满足。当然，两性的性交往能否获得性快乐和性满足就不仅仅是性吸引力强弱的问题了，而是和双方的感情、态度和方法有很大关系。方法不当就很难获得性满足。性技巧指的是在充分了解男女生理结构的基础上，掌握怎样顺利进行性生活，以及怎样增强性爱快感的技巧，主要包括爱抚、拥抱、体位等多项内容。

夫妻间适当使用性技巧会产生有益的作用。但前提是：首先，双方都必须真正对此有需求，否则技巧过多的性生活不仅会侵犯对方的人格尊严，还会造成双方的心理伤害。其次，夫妻感情必须相当好，双方性知识和性态度的水平接近，否则会产生不良作用。再次，性技巧必须科学、安全。

但性技巧在多数情况下只是注重性刺激与性反应之间的联系，容易造成性爱与情爱之间的脱节，不利于表达夫妻之间相濡以沫的关切与眷顾之情，这就好比过分依赖性工具不利于夫妻情感交流的道理一样。因为性爱需要的是男女双方全身心的投入，包括情感的培植、彼此对异性世界的理解，以及性心理的协调与修养等，在此过程中，性技巧充其量就是一个载体而已。

10.3.3　性教育途径

实施性教育的途径主要是家庭教育、学校教育和社会教育三种。

（1）家庭教育。家庭性教育基于父母与孩子的亲子关系和长期在一起生活的经历，可以满足不同个体的需要，父母们具有承担性教育的特殊优势。家长与儿女的亲密关系是对孩子进行性教育的基础，尤其是针对年龄较小的孩子。与学校里讲课或社会上办展览相比，家庭性教育则灵活得多，可以随时随地进行，也不受场合与形式的限制，既可以是有准备、有针对性的，也可以自然地因势利导。家庭性教育不仅是切实可行的，而且更易见效果。因此，在与子女接触过程中，家长要注意观察孩子对性问题的态度，如对电视、电影、报刊上有关性问题的评价、兴趣、注意力及情绪的变化，观察他们对异性朋友的态度。当他们提出有关性的问题时，家长应该实事求是地解答，简洁、科学地讲明两性吸引的道理，同时对他们进行交友指导、择偶指导，使他们明白在伦理道德、家庭义务、社会义务中个人应承担的责任，对与异性朋友的交往应给予理解，引导他们处理好与异性朋友的关系，不要大声呵责、强行禁止。家庭性教育的最大问题是缺乏科学性、系统性，父母由于缺乏科学的性知识以及教育方法、观念上存在问题，使得当前我国家庭性教育的效果有限。

（2）学校教育。学校性教育具有系统性，能根据学生的实际，科学系统地进行性教育。学校性教育的另一个优点就是普及性强，受众面较广，还可以有效发挥同伴教育的作用。

但是，我国的学校性教育在实施的过程中，却存在一些问题：①陈旧的性教育观束缚性教育的全面开展，如认为性无需教育，或过早教育会导致学生早熟，从而会给教育、管理工作带来麻烦。②学校性教育资源匮乏，导致教育方法单一。③性教育师资短缺，影响性教育质量。④来自非正式渠道的性知识的入侵，影响学校性教育的实施。

针对这些问题，并借鉴国外学校性教育的经验，我国的学校性教育应该努力做到：①我国中小学要全面实施性教育，必须转变观念，充分认识到性教育的意义和必要性。②应尽快建立起专业化的性教育工作者队伍，重视对性教育专职教师的培养，从而使性教育更规范化，更显科学性。③开辟多层次的性教育途径，除了通过课程教学进行性教育，学校还可通过校园文化、大众传媒、性心理咨询和辅导工作进行性教育。④采用灵活多变的教育方法，做到集体教育和个别教育相结合，正面教育和反面教育相结合，课堂教育和课外咨询辅导相结合，特别要尊重学生的自尊心，坚持教育的适度和适宜。

（3）社会教育。关于性知识的宣传和教育，我国在改革开放以后虽有大的改观，但在宣传手段、深度与广度方面，还具有一定局限性，缺乏普及性、科学性；而色情信息则很容易从传媒中获得，无论是报纸杂志，还是电视录像、电脑网络，都以其高速、形象、具体、夸大的感官刺激毒害和腐蚀着青少年。因此，社会有关部门，应加大对科学性教育的宣传力度，普及性科学知识，开展性道德教育，消除人们对性问题认识上的偏见，提高人们对淫秽、色情等“黄色性”的免疫力；加强对媒体的监管，防止色情性刺激对青少年身心的伤害；加快精神文明建设的步伐。

学者王进鑫（2010）通过调查分析，发现综合性教育的效果要好于单纯的家庭性教育或学校性教育。家庭性教育和学校性教育的综合性教育才能充分发挥两者的优势，既提高了性教育的科学系统性、普及性，又能照顾每个人独特性。因此必须协调好家庭、学校、社区、社会等各种教育力量的关系，各方相互配合，共同教育，各种力量协调一致，性教育才能达到良好的效果。

10.3.4 性教育方法

国内外的性教育方法多样，不同国家对如何在特定人群中开展或以何种方式实施性健康教育，仍存在很大的争议。由于性教育的特殊性，教学方法的运用尤为重要，我们在教学实践中通过逐渐探索，总结了一些具有学科特征的教学方法，并取得了良好的教学效果。

（1）课堂讲授法。课堂讲授法是最普遍和常用的方法，它的最大优点是具有系统性，将性知识、性观念、性规范系统传授给教育对象。当然，教育者要根据不同教育对象的特点有计划、有步骤、有选择、有针对性地进行教育。一定要注意用严谨而科学的态度来讲解，防止把性知识庸俗化。除了课堂讲授外，还可以采取教育讲座的形式。讲座的针对性更强，讲座内容可选择社会热点性问题及教育对象普遍存在的性问题进行分析讲解。

为了使讲授更生动，可以利用多媒体辅助技术和学生讨论的教育方法。利用模型、图片、电影、电视等手段，深入浅出、形象生动、多信息多渠道地开展教学，使受教育者易于接受和理解。教师可以选择一些针对性强的性教育录像带或科教片辅助教学，如介绍男女身体发育的过程、生殖器官的结构、怀孕到分娩的全过程以及避孕常识等。

针对教学内容，可设计讨论话题，让教育对象自由发言或以辩论的方式进行讨论，激发他们的兴趣。讨论的教育方法可根据讲授的内容、教育对象的特点和可接受程度来确定是男女分开讨论，还是男女一起讨论。

（2）个别辅导法。性教育内容繁多，个体的性问题更是多种多样，课堂教学只能是讲授带有普遍性的问题，针对性不强。对教育对象存在的个别问题，可采用个别咨询或团体咨询的方法加以解决。个别咨询特别适用于对来访者心理或隐私问题进行指导，可采用电话、手机短信、网上聊天和电子邮件、当面咨询等方法，效果好，能解决个性化问题，有助于保护来访者的隐私，如失恋、性骚扰、同性恋、性功能障碍、意外怀孕等。个别咨询法不仅能解决学生的性知识问题，且能及时解决学生的性心理问题，可很好地预防学生因性的问题而导致各种悲剧事件的发生。团体咨询是对那些具有共同问题的教育对象一起给予指导和帮助的办法。团体咨询不仅能发挥教师的指导作用，还能发挥团体成员的作用，通过成员间的相互交流、鼓励和支持，解决问题。

（3）同伴教育法。同伴教育是指具有年龄相仿、背景相同、经历相似或有共同问题的人们在一起分享信息、观念和行为技能，实现预期教育目标的教育形式。在这个过程中，同伴可以讲述自己的经历和体会，交流信息与技能，唤起其他同伴的共鸣。同伴教育可以在学校、工厂、社区等实施，而且在同伴教育过程中，信息发出者和信息接收者之间可以发生角色转换，是更为平等的信息交流过程，因而显得更为自然，更容易被人们所接受。同伴性教育的优势在于改变了传统的由教育者或长辈进行教育的方式，采取同伴或同龄人平等进行沟通，达到教育的效果。

（4）案例教育法。案例教育即教育者利用各种案例尤其是典型案例来进行教学。这些案例来源要真实可靠，如央视的“道德观察”、“社会与法”、“心理访谈”等栏目，还有学生咨询案例、临床病例、社会热点性问题等均可以作为案例来进行分析。比如，我国目前唯一有勇气公开自己感染艾滋病的女大学生朱力亚。当年，她之所以公开自己的事情，是因为想让更多的人以此为戒。大一时，她遇上了一段浪漫的异国恋情，然而，这段恋情却无情地将她推到了死亡的边缘——2004 年 4 月，朱力亚被查出了艾滋病。得知染病后的朱力亚曾经痛苦过、迷茫过，甚至想到过自杀和逃避。然而，她最后选择了公开自己的故事，呼吁人们关注和预防艾滋病。

（5）角色扮演法。即学生通过角色扮演，排演他们可能与潜在伴侣进行的讨论，以获取经验。该方法避免了空洞的说教，学生易于接受，这一性教育方法是极其有效的。

（6）交往实践法。这是教育的根本办法。异性交往是人际交往中非常重要的一课，我们的世界只有两性，如果不能正常地与异性交往，那这个世界就只剩下一半了。现在有些老师和家长害怕孩子，特别是青春期的少男少女与异性接触，怕孩子早恋，怕受到伤害，怕影响学习，所以限制他们与异性交往，这对孩子的成长十分不利。与异性交往少，就会导致对异性抱有神秘感，就会缺少交往的技巧，甚至会产生自卑和心理问题。这是一个学生写给老师的求助信：“我是一个比较内向的人，很少与异性交往，虽然我知道多与异性交往有好处，但是当我与异性交往的时候感觉很不自在，而且我不敢看他的眼睛，跟他说话的时候还会脸红，做什么都别扭。我这种现象对所有的异性都是这样。所以我现在不敢跟异性交往，我该怎么办?”这种问题在青少年中还普遍存在，所以应该鼓励教育对象广交朋友，特别是参与异性的群体活动，建立正常的异性交往和友谊。这种正常的异性交往可以增加对异性的了解，学会客观地评价异性，学习与异性交往的技能，增加见识、锻炼人格、走向成熟，从而获得友谊、收获爱情、缔结婚姻。

【阅读书目】

1. 林崇德著：《发展心理学》，浙江教育出版社 2002 年版。

2. [美]费尔德曼著：《发展心理学：探索人生发展的轨迹》，苏彦捷等译，机械工业出版社 2011 年版。

3. [美]布兰农著：《性别：心理学视角》(第四版)，北京大学出版社 2005 年版。

4. 方刚主编：《性别心理学》，安徽教育出版社 2010 年版。

5. [美]珍妮特 · S. 海德、[美]约翰 · D. 德拉马特著：《人类的性存在》，贺岭峰等译，上海社会科学院出版社 2005 年版。

6. [美]玛格丽特 · W. 马特林著：《女性心理学》(第六版)，赵蕾、吴文安译，中国人民大学出版社 2010 年版。

7. [美]约翰 · 格雷著：《男人来自火星，女人来自金星》，向莲、刘增莉、黄钦等译，吉林文史出版社 2010 年版。

【思考题】

1. 性、性别、性别角色的内涵和区别是什么？
2. 性分化过程中受哪些因素的影响？可能产生什么问题？如何看待两性人？
3. 人的性发展阶段到底该如何划分？
4. 每一个阶段的性行为主要特征是什么？需要注意哪些重要的问题？
5. 性别发展的过程是什么？性别发展最关键的是哪个时期？
6. 两性有些什么差异？如何看待性别歧视？
7. 性别双性化能解决哪些问题？
8. 性别发展理论有哪些？每种理论有何局限性？性别发展研究有哪些新进展？
9. 性别角色发展的影响因素有哪些？现代社会该如何规范男性和女性的角色？
10. 性别角色发展过程中会产生什么问题？如何防范这些问题的产生？
11. 性教育的目标、内容、方法和途径是什么？你有哪些不同于教材的思考？
12. 性教育的最新进展如何？

第11章　自我的发展

本章要论

自我发展是心理发展的重要领域，不同学派对自我发展有着不同看法。

不同年龄阶段，自我发展的任务和表现的特点是不同的。

自我意识需要辅导和规划。自我意识辅导主要是帮助人们认识自我、增强自尊、学会自我调节和控制。自我规划有助于实现理想的自我。

“认识你自己”，这是古希腊神殿上铭刻的至理名言，也是人类社会一个永恒的斯芬克斯之谜。什么是自我？自我是如何发展的？在人生的不同时期，自我的发展会出现哪些问题？自我的发展与人格系统内部的认知、情绪的发展状况之间又有着怎样的联系呢？本章将从三个角度对自我发展进行探索：一是从理论角度，总结近现代哲学家、心理学家对自我发展的研究成果；二是从客观自我（me）发展的角度，介绍生命中的不同年龄阶段自我的发展情况；三是从主观自我（I）的角度，介绍怎样认识自我和做好自我发展规划。

11.1　关于自我的理论观点

人类社会发展的历史也是人类不断地探索人类自我的历史，人类祖先在向外探究客观世界本原的同时，也在向内探究人类自身，在古希腊特尔斐神殿上“人啊，认识你自己吧”的神谕是古希腊人自我意识形成的标志。科学心理学的诞生为人类研究自我提供了很好的基础，在心理学史上，精神分析学派对自我的探讨是独树一帜的，为了讨论的方便，我们以精神分析学派为轴心，来整理各种各样的自我发展理论。

11.1.1　精神分析流派产生以前关于自我的观点

精神分析流派产生以前，各方面学者对自我的探讨可以分为两个方面，即心理学未成为独立的学科前的时期（更早期在哲学领域中对自我的论述）以及20世纪初心理学关于自我的探讨。

(1) 早期的自我发展理论。从毕达哥拉斯“灵魂论”、赫拉克利特的“我寻找过我自己”的论断到苏格拉底的“认识自己”、“完善自己”的崇高使命和笛卡儿的“我思故我在”的哲学命题，人类对自我的探索经历了一个漫长的过程。18—19世纪，科学心理学正式诞生前，西方学者对自我的探讨主要存在于哲学和伦理学领域，很多学者都在论述过他们对自我的观点，这里以边沁、康德、亚当·斯密、奥古斯特·孔德和穆勒等人为例。

在边沁看来，人的最高本性是追求最高限度的快乐和最低限度的痛苦，研究自我就是研究一个人如何追求最大限度的快乐和最低限度的痛苦。可见，边沁本人对自我的论述主要是从人的需要出发的，不管是对快乐的追求还是对痛苦的回避都是人的需要使然。

在康德那里，人的生活面临着两个命令：有前提的命令和绝对的命令。有前提的命令告诉我们必须做什么才能满足我们的需要，属于科学的领域，不涉及道德的内容，而绝对的命令则告诉我们作为一个善者必须做些什么，属于道德的领域。在康德看来，研究自我就是研究善意。可见，在康德那里，自我不再是为了满足个体的需要而存在，而是为了实现善意，自我单纯的只是弗洛伊德“道德化了的自我”的那部分，即后来弗洛伊德所指出的超我那一部分。

亚当·斯密在《道德情操的理论》一书中则认为，研究自我就是研究一个人怎样把他人作为一面镜子，从而形成自我意识。自我意识形成的标志是一个人能够使自己站在他人的立场上看问题，体会别人的感受。只有这样，个人才能使自己站在他人的角度看待自己，形成明确全面的自我意识，只有在这个时候，个体才形成了自我。可见，亚当·斯密是从“我”与他人的相互关系的角度来界定和分析自我的，他主张从他人的角度来界定自我，从他我到自我，由他我形成自我，借由他人眼中的自己形成自己眼中的自己。

而奥古斯特·孔德（1842）则认为自我的发展经历了三个阶段，即神学的、形而上学的和科学的阶段。在神学的阶段，万事万物都是有灵魂的，处在这一阶段的人对自我的内在力量根本没有认识，认为自己与万事万物没有任何的区别。而在形而上学的阶段，万事万物的灵魂不复存在，理智和自然成了事物存在和发展的原因，即从人自身和自然两个角度去认识事物的存在和发展，但在这一阶段的人往往陷入绝对，要么绝对地站在人的理智即自我的智慧角度去看待事物的存在和发展，而对自然的内容方面视而不见，反之亦然。而处于科学的阶段的人则站在人和自然两个角度去看待事物的存在和发展，既看到自我的力量，也看到自然的力量。就这三个阶段而言，科学的阶段是处于最高层的，但有的人终其一生都可能实现不了，只能在形而上学的阶段甚至神学的阶段停止。而对于经历了这三个阶段的人，儿童的时代一般都处于神学的阶段，青年的时代则处于形而上学的阶段，而到了成年则处于科学的阶段，实现对自我和自然的全面的认识。可见，孔德是从个体如何看待自我和自然的角度着眼去论述自我的发展的。

穆勒则是一个功利主义者，认为自我的本质不是快乐和痛苦，而是臻于至善的良心，因此他把人性看做一种积极的善行。他认为，既然凭借机器人有可能建造房屋、播种、打仗、审案，甚至祈祷，那么用那些生活在世界上文明地方的男女来交换这些机器人将是一个很大的损失。因为人性并不是从模子里压出来的机器，精确地按照工作指令操作，而是像一棵树，需要在各方面生长和发展自己。然而，现今世界上大多数人是遵奉者，像机器人一样，不分自己喜欢什么，过问的仅仅是那些适合他们地位和环境的东西，因此在他看来研究自我就是研究一个人怎样冲破习俗的压力，不为欢乐和痛苦所左右，使自己朝着善行和良心方向发展。

（2）20 世纪初非精神分析学派学者关于自我的观点。19 世纪末 20 世纪初的心理学家中，威廉·詹姆斯、鲍德温、麦独孤、库利、米德等学者比较系统地探讨过自我发展问题。

威廉·詹姆斯首次提出了将自我分为主我（I）与宾我（me）两方面：主我是积极主动地知觉、思考的自我；宾我是被注意、思考或知觉的自我。他用术语“经验自我”（empirical self）来指代人们对他们自己的看法，并将经验自我分为物质自我（material self）、社会自我（social self）和精神自我（spiritual self）三类：物质自我是真实的物体、人或地点，它又可以分为躯体自我和躯体外的自我；社会自我是指我们被他人如何看待和承认；精神自我指的是我们所感知到的内部心理品质，它代表了我们对于自己的主观体验，即我们对自己有什么感受。同时，詹姆斯确认了一类直接包含人们如何感受他们自己的情感：自豪感、内疚感、羞愧感或羞耻感，这类情感总是把自我作为参照点，他相信这些情感出自本能。他把积极的情绪称为自我满足，消极的情绪称为自我不满，并鼓励人们去体验积极情感，避免体验消极情感。他的思想为后人提供了丰富的可供检验的假设。

鲍德温在《儿童与种族的心理发展》中指出，不论是个人还是种族的意识的出现都是有阶段性的，儿童成长要经历一个从自我为中心到主观自我，再到社会自我的过程，他把“个人成长的辩证法”作为他的自我发展理论的核心，他认为自我的成长分为三个阶段。在第一阶段，儿童学会把人和其他物体分开，他将其称为投射阶段；在第二阶段，儿童学会把自己看做许多人当中的一员，但他不能从别人身上觉察特殊的感受，在自我意识方面仍然是主观的，不能站在他人的角度去看待自己，即主观阶段；在第三个阶段，儿童发现别人也具有在他自己身上觉察的那些感受，这一阶段的儿童开始学会站在他人的角度，从别人的感受来看待自己，从自己所能感受到的东西来推断别人，即折射阶段。在鲍德温看来，自我的发展是个体与其他事物进行区分的基础上的自我意识的形成。

麦独孤则认为，自我的实质就是本能，本能是指一种有目的的行为，每一种本能包括一种知觉的倾向、一种独特的情绪以及一种反应的模式。另外，麦独孤认为自我的发展属于德性的内容。因为自我的实质是本能，所以自我的发展也是依照本能的实现来完成的，在自我发展的第一阶段，本能是由痛苦和快乐的影响来改变的；在第二阶段，本能是由社会环境赋予的奖惩来改变的；在第三阶段，本能是由预期社会的赞扬和谴责来控制的；而在第四阶段，本能是由行为的理想来控制的，使个体依照自己认为的正确的方式行事，而不管眼前的社会环境的赞扬和谴责。麦独孤对自我的论证，是从对行为进行控制的角度来进行的，自我的发展实质上是个体从最早的痛苦和快乐，到社会的奖惩，再到预期社会的奖惩和最终到依照自己认为的正确方式来指引、调节行为的过程，也就是从个体依照什么样的参照来指引自己的行为和论述自我的发展的。自我的发展依从简单地依照自己的快乐和痛苦来指导行为，到依照社会环境的要求指导自己的行为，再回归到更高水平地依照自己认为的正确方式指导行为的过程。个体的需要在个体成长的过程中发生了变化，奖惩的主导者发生了变化，从最初单纯的快乐和痛苦，到社会，再到具有道德是非判断能力的自身。而有的个体实现了这一过程，有的个体则会在毕生的发展阶段上停留在某一阶段。

库利主要关注人们是如何感觉自身发展的，他在《人的本质和社会控制》中提出了“镜像自我”(the looking glass self) 的概念，并探讨了自我的起源，强调自我的社会性本质。镜像自我就是我们以他人为镜子，在他人眼中所看到的自我。人们对于他们自己的感觉通过观点采择过程（perspectie-taking process）而得到发展。这种自我观念的形成过程表现为三方面，即我们对我们在他人眼中的形象进行想象；我们想象这个人如何评价我们；我们因为这些想象的判断而感觉好或不好。也就是说是我们想象中的判断而不是他人对我们的真实想法使我们对自我感到骄傲或羞愧。同时，他认为自尊意味着一种较高的或理想的自我，是每个人所追求的，理想的自我是在社交中由想象一个人如何看待受人尊重的人而建立起来的。

米德提出了“符号互动论”，关注社会化过程，他论证了作为心理意识活动的人的心灵与自我完全是社会的产物，语言为它们的出现提供了机制。米德将库利的思想做了极大的延伸，他认为观点采择包含了自我的起源，社会交互作用在自我发展中具有不可或缺的作用。自我的发展经过玩耍和游戏两个阶段，在玩耍阶段，儿童挨个扮演以各种方式进入他生活的人或动物，通过有声姿态的自我刺激作用而采取他人的态度；在游戏中，他扮演参与共同活动的任何一个他人的角色，他已经泛化了角色扮演的态度。所有他人的态度组织起来并被一个人的自我所接受，便构成了作为自我的一个方面的“客我”，与之相对应的方面则是“主我”，主我和客我的统一便是完整的自我。

11.1.2 精神分析学派关于自我的观点

詹姆斯提出“自我”的概念后，心理学领域对自我的研究很多，但随着20世纪20年代行为主义思潮的兴起，除了精神分析学派外，其他心理学流派对自我的研究陷入了低潮。

(1) 经典精神分析理论关于自我的观点。依据弗洛伊德的观点，本我是指由先天的本能、欲望所组成的能量系统，包括各种生理的需要，在本我当中会逐渐分化出自我，用于调节本我和超我之间的矛盾，而超我则是道德化了的自我，是社会化的结果，可见“我”是由三个部分所组成的，即生物本能我——本我，心理社会我——自我，道德理想我——超我。自我是连接本我和超我的纽带，自我从本我中分化而来，因为本我是先天的本能，欲望系统，具有很强的原始冲动力量，遵循的是快乐的原则。在本我那里，一旦产生了某种需要，就会去寻求这种欲望的满足；然而在实际的人类生活中，由于个体生活在社会群体之中，个人需要的满足在一定程度上总会受到他人、社会的影响，所以个体的这些本能欲望很难在产生时就直接、立即获得满足，而需要个体与他人和社会进行调节，在这样的一个过程当中，自我就分化出来了，简单地说，自我就是个体在满足需要的过程中与外在的环境进行妥协的产物。在这里就有一个问题，究竟哪些需要才是本能的需要，本我中所要满足的需要是否都是先天的本能的需要？个体后天的、社会性的需要属不属于本能的需要？如果不属于，那么这些需要又属于“我”的哪一方面，是自我的方面，还是超我的方面？可见自我和本我、超我之间是密不可分的，我们在讨论自我发展的过程中，离不开对本我和超我的分析。在经典精神分析学理论那里，自我是一个调控系统，通过对自己的洞察和理解，自我观察和自我评价，通过伴随着自我认识而产生的自我体验，通过自我意识对行为进行调节，来对人格结构的三个层次——底层，本我；最高层，超我，以及自我本身进行调控。

（2）新精神分析理论关于自我的观点。在新精神分析学派的代表人物中，沙利文和埃里克森较多地探讨了自我的问题，他们对经典精神分析的理论进行了扬弃，强调文化和社会因素对于人格的影响以及重视自我的作用。

沙利文受弗洛伊德的影响，主张人生来就有追求满足和安全的需要，同时他也受库利和米德的影响，十分强调自我发展的社会、人际基础，特别强调早期的母婴关系。他认为自我发展来自与他人接触时所体验到的感受，来自个体对他人评价的反响或感知。他创造了"自我体系"这一概念，认为在自我体系中，婴儿的自我概念可以分为三个要素：导致奖励和人际安全感的"善我"，导致轻微或中等焦虑的"恶我"，而"非我"则与突如其来的、抵挡不住的焦虑相结合。儿童开始将"善我"和"恶我"合成"我身"，以与环境相对立。到个体进入少年时期时，母亲在个体心目中的地位开始下降，因为在这个时候个体的生活场开始不断扩大，开始接触到母亲以外的更多的他人，个体也急于挣脱母亲的双翼去寻求更大的自主空间去获得认同，少年开始喜欢与同龄的伙伴待在一起，而在这样的群体当中，个体开始出现了角色的扮演，为了获得认同，个体必须学会在社会、群体中服从与调节，而不同的少年个体在这样的"场"中，以竞争、和解或者合作的方式相互发生着作用。青年时期，个体则学会了真正的协作，学会了像珍视自己那样去珍视别人，考虑问题的时候能够运用角色互换，站在他人的立场，体验他人的感受。

埃里克森将心理发展过程的重心从弗洛伊德的本我过程转到了自我的发展过程，他在《儿童期与社会》、《同一性：青年与危机》中描述了他的自我发展理论，他的贡献在于系统地、详尽地指出了自我在毕生时期的发展历程，并提出了"自我同一性"的概念。在埃里克森看来，自我同一性或自我认同是一种对于我是谁、我将走向何方、我在社会中处于何种地位的稳定连续感。自我同一性是在应对许多选择中形成的：什么样的职业是我想要的？我该信仰什么宗教、道德和政治价值？作为有性别的我该承担什么责任？茫茫人海中我的位置在哪里？埃里克森认为，虽然自我同一性在整个生命周期中都很重要，但是青少年时期是同一性最混乱的时期。他根据自我在心理发展中的作用，将人的一生分为八个阶段，这八个阶段以不变的序列逐步展开并普遍存在于不同的文化中。

11.1.3　人本主义心理学和社会认知理论关于自我的观点

20 世纪五六十年代，行为主义心理学的支配地位开始动摇，当人本主义心理学和认知心理学兴起后，心理学对自我的研究又重新兴起。人本主义心理学以健康的、正常的人为研究对象，特别强调人的正面本质和价值、人的成长和发展，这一理论比精神分析学及行为主义等更具有实用价值，为把自我问题的研究推向实用领域起到了重要作用，主要代表人物为马斯洛、罗杰斯等。认知心理学对自我的研究有很大的贡献，如皮亚杰的认知理论，虽然他并没有明确地关注自我的发展，但作为一种认知发展的普遍理论，很多研究者把他的理论观点应用到了自我研究当中，现代认知心理学的建立，为自我的研究提供了一条崭新的途径，主要代表人物有班杜拉和卢文格等。

马斯洛提出了一个影响着心理学界的重要理论——需要层次理论。他的自我实现（self-actualization）的观点把自我的研究推向了一个新的阶段。他主要是从需要的角度来论述自我发展的，依照个体在生活情境当中的动因来界定个体的行为，而对于自我的发展问题同样是如此，其对于自我发展的论述，比较集中地体现在他对自我实现这一问题的论述上。在马斯洛看来，自我实现者比大多数人能够较轻而易举地辨别新颖的、独特的和具体的东西，他们更多地生活在自然的真实世界中，而非生活在一堆人造的概念、抽象物、期望、信仰和陈规当中，而大多数人都将这些与真实世界中的生活混淆起来了——自我实现者更倾向于领悟实际的存在，而不是他们自己或他们所属的文化群的愿望、希望、焦虑和恐惧以及理论或者信仰——这些东西只会迷惑人的双眼，使他们无法对人和环境进行正确的洞察。基于以上对于世界和人生的看法，自我实现者能够对现实进行更有效的洞察和建立更加适宜的关系。他们能够辨别人格中的虚伪、欺骗和不真实，能够大体正确和有效地识别他人的不寻常能力——对人，他们在性格上表现得更加沉稳。能比其他的人更敏捷更正确地看出被隐藏和混淆的现实，对于未来预测的准确率较一般人更高——对环境，因为自我实现者较少受愿望、欲望、焦虑和恐惧的影响，较少受由性格决定的乐观或悲观倾向的影响，所以自我实现的个体接受未知，与未知的事物的关系更为融洽，能够容忍、接受和欣赏意义不明、结构不清的事物，既不忽视和否认未知的事物，不自欺欺人地将它们看做已知的事物，也不急于将它们分类，过早地标签化，对熟悉的事物不固守，对真理的追求不是处于灾难之中，对于安全、明确、确定以及秩序产生需要，不是因为对于未知事物的惶恐而去探求未知的领域。相反自我实现者能够在客观环境要求的情形下，在杂乱、混乱、不整洁、散漫、含糊、不确定、怀疑、肯定或者不精确的状态下感到适宜。因为这种状态对于自我实现者来说不是折磨，而是令人愉快的刺激性的挑战，是生活中的高境界。

罗杰斯的自我理论则是从“自我概念”（self-concept）的形成这一角度来论述自我发展的。他认为自我概念是个人现象场（phenomenal field）中与个人自身有关的内容，是个人自我知觉的组织系统和看待自身的方式。他认为对于一个人的个性与行为具有重要意义的是他的自我概念，而不是其真实自我（real self）；自我概念不仅控制并综合着个人对于环境知觉的意义，而且高度决定着个人对于环境的行为反应。罗杰斯将詹姆斯（1890）和米德（1934）的主体我（I）和客体我（me）概念统整到了一起，使自我概念的内涵同时兼具对象与作用两个方面。自我概念的发展最初是由大量的自我经验、体验而形成的。自我概念的形成则包括两个过程：一个是有机体的评价过程；一个是价值的条件化的过程。有机体的评价过程是对现实的或真实的我的知觉和认识，而价值的条件化则是来自个体对他人的积极评价的需要，由于个体存在对来自他人的积极评价的需要，在实际的生活当中，个体就可能会歪曲或隐藏有机体对于自身的真实的知觉和认识。在这个过程中，个体的来自有机体的评价与价值的条件化就可能存在冲突和矛盾，而个体的自我发展则是如何调节有机体的评价和价值的条件化，以使个体自身不同方面的需要实现总体上的平衡。如果两者之间的冲突达到一定的程度就会导致心理的失调。

班杜拉则是从个体的自我效能感出发来论述自我及其发展的。他在《自我效能感：控制的实施》中提出了“自我效能感”(self-efficacy)的概念，自我效能感是指个体对自己是否有能力来完成某一行为的推测和判断，自我效能感强的个体在做出某个行为之前拥有较强的动机水平，更倾向于将自己的想法付诸实践，将决定转化为行为。在班杜拉看来，自我效能感对于个体自我的发展至关重要，它关系到个体究竟如何对自身进行评价，从而影响到个体形成怎样的自我。

卢文格认为，自我是人格的核心，了解了自我的发展也就等于认识了人格的发展。所谓自我就是第一“组织者”，是我们的价值观、道德、目标、思想过程的整合器，自我是一个过程，努力去控制、去整合、去弄懂经验并不是自我的某种功能，而是自我本身。由自我负责进行的整合活动是非常复杂的，是受个人经验影响的。自我的发展是个人与环境交互作用的结果，自我的改变也意味着我们的思想、价值、道德、目标等组织方式的改变。自我发展既不单纯是序列的，也不单纯是类型的，而是二者的综合，即发展类型说。自我的发展既是一个过程又是一个结果。卢文格把自我发展过程出现的类型划分为八种，每种类型（结构）代表着自我发展的一种水平（或一个阶段)。尽管卢文格认为自我发展水平与年龄变化可以是不一致的，但近些年关于自我发展的横断研究和追踪研究表明，自我发展与年龄有密切关系。

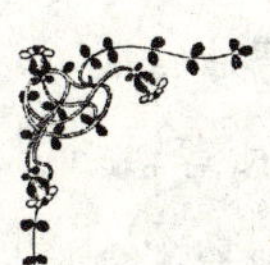

卢文格的自我发展阶段理论

在自我发展的研究领域，历史上曾出现过三种学说：序列说、类型说和发展的类型说。序列说只强调自我发展的阶段，并与特定的年龄相匹配，而忽略了决定序列发展的独特类型。类型说只考虑自我发展的界限，强调那些不受年龄制约的极性变量，据此划定每一种独立的类型，而把序列看做或多或少的、任意的。发展的类型说既注重自我发展的阶段，又强调确定阶段的独特类型，即自我发展既是一个过程又是一个结构。卢文格是发展的类型说的代表人物，他的自我发展阶段如下：

前社会阶段　刚出生的婴儿没有自我，他的第一个任务是学会把自己与周围环境区别开来，形成“现实的构念”，认识到存在一个稳定的客观世界。只有达到“客体永恒”和“客体守恒”，才能形成一个不同于外在世界的自我。但是处在这一阶段的儿童，自我、客体是不分的，他们在很长时间里求助于“我向思考”。

共生阶段　儿童在了解客观世界稳定性之后，仍有可能认为他与他父母或生活中的一些玩具有着共生的关系。儿童从这种共生现象中，有意义地促进了把自己与非自己区分开来的过程。这里，语言起着十分重要的作用。

冲动阶段　儿童的冲动有助于证实他的独立的同一性。诸如“不”和“让我来做”就是最好的证据。儿童的冲动起先是受到强制性制约的，后来还受到直接的奖惩制约。儿童对其他人的需要是强烈的，其他人是根据他们能够给儿童的东西而受到注视和评价的。儿童倾向于把人分成好人和坏人，但是这种划分不是作为一种真正的道德判断，现时是作为一种价值判断。好和坏常常同大方和小气混淆起来，甚至同干净和龌龊混淆起来，处在这一阶段的儿童，其定向几乎都是现在，而不是过去或未来。虽然他们能够理解身体上的因果关系，但缺乏心理上因果关系的观念。

自我保护阶段 当儿童学会了期待直接的、短时的奖励和惩罚时，他们就会迈出自我保护的第一步：自我控制冲动。儿童认识到存在规则，然而，儿童的主要规则是"不要挨打"。因此，儿童一方面把规则用于自己的满足和利益；另一方面又要注意自我控制冲动，学会保护自己。

遵奉阶段 当儿童开始把他的幸福与群体同一在一起时，他迈出了重要的一步。遵奉者就是按照规则行事，因为这些规则是群体采纳的规则，而不是因为儿童害怕惩罚。儿童的道德准则是根据遵从规则而不是根据后果把活动确定为正确的和错误的。遵奉者重视的是与其他人的友好、帮助和合作，但他是根据外表而不是根据性质来看待这些行为的。

自我意识水平：从遵奉到公正阶段的过渡 在这一过渡阶段，遵奉阶段的许多特征仍旧保持着，它可被称为公正—遵奉水平，从理论意义上说，它仅仅是一种过渡，而在成人生活中，它好像是一种稳定状态。

公正阶段 在公正阶段，一个人第一次发现了称之为"良心"的道德信号，包括长期的自我评价的目标和理想、分化的自我批评、一系列责任心等。规则的内化是在公正阶段完成的。他们服从规则，并不是为了逃避惩罚，也不是因为群体支持这些规则，而是真正为了人自己才评价和选择规则的。在这一阶段，人与人之间犹如兄弟关系；他感到对别人负有责任，感到有责任去促进别人的生活，或者防止别人犯错误。责任和义务的概念发展到正义和公正的概念，他不仅能体验到自己的内部生活，而且也能观察到其他人的各种隐蔽的情感。由于深刻理解了其他人的观点，人际关系成为可能。

个体化水平：公正向自主阶段的过渡 这一过渡是以个体观念的增强和对情绪依赖的关心为标志的。依赖和独立的问题是一个在发展过程中经常发生的问题。这一水平的特征是，人们能够意识到一种情绪的而不是纯实用主义的问题，意识到一个人即使在失去身体上或经济上的依赖时，他还可以作出对其他人情绪上的依赖。为了超越公正阶段，一个人必须学会容忍，增强容忍异议和矛盾的能力。

自主阶段 该阶段的一个独特标志是承认和处理内部冲突的能力，也就是说，承认和处理冲突的需要，冲突的责任心，以及需要和责任心之间的冲突。自主的人有勇气去承认和处理冲突，而不是回避它或者把它投射到环境中。

整合阶段 自我发展的最高阶段，意指一个人超越了自主阶段的冲突。整合阶段是最难描述的阶段，因为它十分罕见，人们难以发现研究的实例。而且，心理学家要想研究这一阶段，他必须承认他的局限性是理解整合阶段的一个潜在障碍，因为研究这个最高阶段可能已经超出他的能力，是他的能力所不可及的。

资料来源：[美] 卢文格著：《自我的发展》，韦子木译，浙江教育出版社 1998 年版。

11.1.4　我国学者关于自我的观点

我国学者普遍认为，自我是一个由多种成分构成的动力系统，它具有两个特征：一是区别于他人的分离感，即意识到自己作为一个独立的个体，在身体情感和认识方面都具有自身的独特性；二是跨时间、跨空间的稳定的同一感，即一个人知道自己是长期地、持续地存在的，不随环境及自身的变化而否认自己是同一个人。自我是由知、情、意三方面统一构成的高级反映形式。“知”即自我认识，是认知的一种形式，主要包括个体的自我感觉、自我观察、自我分析和自我评价等方面的内容。如我是什么类型的人、我的言行举止是否落落大方、我的进取心是否很强等，都是自我认识的内涵。“情”指自我的情绪体验，自我体验属于情绪、情感的范畴，主要包括自尊、自信、自卑、自负、自责、自豪感等方面的内容。如我对自己的学习成绩很满意、我对自己的社交能力弱而感到失望等，反映了个体的情绪体验。“意”指自我控制和调节，自我调控是指个体对自己的心理、行为和态度等方面的调节，主要包括自主、自立、自律、自我教育、自我控制等方面。如我如何控制自己的不良情绪、怎样才能成为一个受人欢迎的人等。自我认识、自我体验和自我调控三个部分有机组合而形成了自我。三者之间的和谐程度以及与客观现实的吻合程度，决定了个体自我意识的健康状况。

黄希庭等（2004）认为自我是一个开放系统，可以做多种描述，至少可以从以下八个维度来对自我进行描述：

第一，根据主客关系的维度可将自我分为主体自我和客体自我。主体自我是主动的我，如自我指导、自我监控、自我批评、自我图式和自我决定等；客体自我是被认知和被体验的我，如自我知觉、自我概念等。

第二，根据与人的关系的维度可将自我分为个体自我、关系自我和集体自我。个体自我是一个人对自己熟悉的认知与评价；关系自我是个体对人际关系中自己的角色、地位等属性的认知和评价；集体自我是个体对自己在集体中具有的属性如合作、社会认同等的认知和评价。

第三，从与时间关系的维度可将自我分为过去自我、现实自我和理想自我。过去自我是个体对自己过去的特性的认知和评价；现实自我是对自己当前特性的认知和评价；理想自我是个体对未来自己的认知和评价。

第四，根据自我的发展可将自我分为身体自我、物质自我、心理自我和社会自我。个体最先获得的自我是身体的自我，即个体对身体的认知，而后发展起来的是对“我的”各种东西的认知和“我的”各种心理属性的认知及“我的”各种社会属性的认知。

第五，从个人活动领域维度可将自我分为家庭自我、工作自我、学校自我、学业自我和数理自我等。

第六，从评价维度可将自我分为好我和坏我。好我是个体把自己评价为好的，因而形成如自尊、自信、自大等体验；坏我是个体把自己评价为坏的，因而形成如自卑、自责、自贬等体验。

第七，从个体一致关注方向的维度可将自我分为私我意识和公我意识。私我意识是指个体关注自己的感受、自己的评价标准；公我意识是指个体关注别人如何看待自己以及他人的评价标准。

第八，从中国传统文化特别重视的自我维度可突出地分为自立、自信、自尊和自强等。

11.2 自我发展的阶段

个体对自我的认识是一个不断发展的过程，随着生命历程的进行，个体对自身的认知和体验的关注点也在不断发展变化，从婴幼儿时期主要关注的自身与环境这一矛盾体，到儿童期主要关注自身与他人的问题，而到了青少年时期，更多的则是对于个体自身内部的真实我、现实我和理想我之间的问题的关注。但即便是到了人生的稍后时期，个体对自身内部的真实我、现实我和理想我之间的关系进行关注的时期，个体对于自身与环境、自身与他人之间的问题仍然是关注的，只是关注的焦点发生了变化，但它们依然存在并对个体如何认知和体验自身产生着作用，影响着自我的发展。而这种关注焦点的变化，是由个体自身所要面对的直接的变化所引起的，也正是基于这样的原因，我们在论述自我发展的时候，将自我发展的问题重点放在婴幼儿时期、童年期和青年期。

11.2.1 婴儿时期的自我发展

在个体生命的最早期，当个体依然处于母亲的胚胎中时，母体便是他唯一的世界，然而，当个体刚脱离母体之时，个体还只是在生物学的意义上成为一个独立的个体，在发展的意义上，此时的个体依然与母体处于共生的状态，并没有“我”的概念。那么，个体究竟在什么时候开始认识到“我”是区别于他人的独立个体，能够在自己与他人之间进行区分？或者说我们应该以怎样的标准来判定个体在某个特定的时间已经能够在自己与他人之间做出区分，并且这种区分能够被其自身明确地意识和体验到呢？发展心理学家对此进行了很多研究。

（1）婴儿的自我知觉：把自己和他人、物体区别开来的自我。新生儿是否真的具有区分自己和周围环境的能力？因为研究过程的困难和研究方法的局限，不同的学者对新生儿的活动有不同解释，这仍然是一个有很大争议的问题。例如精神分析师梅勒等（1975）认为新生儿好比蛋壳里的小鸡，无法从环境中分化出自我，婴儿的所有需要都会从照顾他们的人那里得到满足，婴儿根本不用知道他们是谁。但也有学者相信婴儿与生俱来具有区分自我和非我的能力，巴特沃思（1992）对一些相关研究进行了综述，他引用一些研究成果支持他的主张，如新生儿会比其他婴儿哭得更响，却不会比自己哭得更响亮，他们能认出自己的发音，并将它与其他婴儿的声音区分开来，表明对自我与他人的区分能力已具备。

皮亚杰认为婴儿出现非反射图式是在出生后的 1～4 个月，两个月的婴儿能重复那些使自己获得快感的动作，如吮指、发出“喔啊”声等，这是在练习他们的反射图式，发展心理学家认为这表明了他们开始具有熟悉自己身体的能力。大约三个月的婴儿开始区分自我和他人或物体，这主要是基于对身体自我和非身体自我的感觉上的差异，如触摸自己身体的感觉不同于触摸他人身体或物体的感觉，咬自己的手脚和咬他人的手或物体的感觉也不相同。一岁左右的婴儿开始把自己的动作和动作的对象区分开来，知道自己和物体的关系，意识到自己的存在和力量。总之，婴儿在三个月到一岁半期间发展了自我知觉，他们了解了自己的身体在不同的情境下是连续的，自己的身体有着不同于其他物体的体验，结果是依自己的行为而定的，通过这些认知和运动技能的发展，便有了作为主动的独立的具有因果关系的动因的自我发展。

（2）婴儿的视觉自我识别。婴儿一旦意识到自己的存在，独立于其他实体，他们就会考虑自己是谁，是什么样的人（Harter，1983），这就是自我概念的基础。婴儿什么时候能认出自己？研究这个问题的主要方法是给婴儿观看自己的视觉表象，如录像、照片、镜像等，观察他们的反应。比较经典的是路易斯和布鲁克斯-冈恩（1979）的实验，他们通过修改了脸部标记来观察婴儿的自我识别能力。他们将婴儿分为三组：9～12 个月组、15～18 个月组、21～24 个月组。在把婴儿放到镜子之前，要求母亲用手绢擦他们的鼻子，同时抹一点胭脂在他们的鼻子上。结果显示：9～12 个月组婴儿在镜子里看到自己时，他们的反应是微笑、专注地看着镜像，并触摸他们，但并没有特别指鼻子上的红点，说明 1 岁以下的婴儿不能认出镜子里的自己；15～18 个月组婴儿大多数在看到镜子里的镜像时，他们会在他们的脸上指出红点的正确位置，出现了自我识别；21～24 个月组婴儿，自我识别能力已经发展得很完善了。后来他们在研究中又对婴儿增加了其他的识别任务，如静止的照片、即时或延迟的视频，结果表明多数 15～18 个月大的婴儿能认出自己的照片或延迟的视频，大多数 24 个月大的婴儿能用人称代词来识别自己。

（3）婴儿的自尊。自尊被认为是个体自我系统的重要特质，它是一个复杂多变的概念，不同研究取向的心理学家对它有不同的定义。例如情感取向的心理学家认为自尊是个体对自己的一种情感体验（Brown，1993）；认知取向的心理学家则认为自尊是个体对自己的判断，这种判断主要依据对自己的各种能力和物质的评价。因此，在实际的应用中或是测量自尊水平高低时，研究者会用整体自尊、自我评价、自我体验或自我价值感这些词来描述自尊的特点或水平。通常高自尊的人比低自尊的人对自我的评价更积极，自我价值感更高些。

婴儿有自尊感吗？婴儿的自尊是怎样产生的？自尊发展的情感模型解释了这个问题。

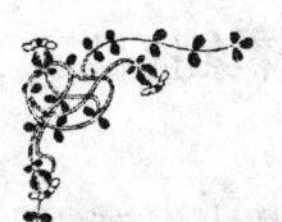

自尊发展的情感模型

自尊发展的情感模型假设自尊在早期形成，并以两种类型的情感感受为特征：第一种感受是归属感（belonging），起源于社会交往经验；另一种感受是掌控感（mastery），则更具有个人化特征。归属感是指无条件地喜欢或尊重的感觉，它不需要任何特定的品质和原因，而只取决于这个人是谁。归属感给人的生活提供了安全的基石。掌控感是对世界能够施加影响的感觉，它并不是在大范围的意义上，而是在日常生活层面上。掌控感的获得并不需要想到我们是有成就的钢琴家或学校的优等生，相反，它是在我们专心做一件事或努力去克服困难的过程中获得的感觉。

自尊的情感模型假设归属感和掌控感通常都是在早期发展而成的。埃里克森的心理发展理论为探讨这些情感的产生提供了理论基础。根据埃里克森的理论，婴儿最初面临的发展任务是建立与抚养者之间的信任感，信任感是在生命的第一年发展起来的，它对应于我们前面提到的归属感。埃里克森描述的下一个阶段是"自主对害羞和怀疑"，这个阶段包含了掌控感的获得。通过鼓励孩子探索、创造和修改他周围的世界（如搭建、画画、涂色），可以帮助他们形成掌控感。如果父母破坏、嘲笑或过度批评他们的努力，他们将无法形成掌控感。

鲍尔比的依恋理论也为此提供了理论基础。自尊产生的根源可能就在于不同的依恋类型，回避型婴儿可能形成掌控感（因为他们愿意探索环境），但他们缺乏归属感，没有表现出和母亲很强的情感联系。焦虑和不安全的婴儿可能表现出归属感，但不太能形成掌控感，他们很容易悲伤，也不愿意接触世界。只有安全型依恋的孩子才可能形成高的自尊。

资料来源：［美］乔纳森·布朗著：《自我》，陈浩莺等译，人民邮电出版社 2004 年版。

（4）婴儿的自我调节和控制。婴儿的自我调节和控制是指他们为了遵从养育者的愿望或要求，控制自己的内心冲动和身体的能力，通俗地说就是听话。从 12～18 个月开始，婴儿表现出对养育者的顺从，能意识到养育者的愿望和期望，能服从简单的命令和要求，如家长说"不要碰"、"烫"时，婴儿就不会碰那东西，这表明婴儿能主导自己的行为。一般来说，语言发展好的婴儿，自我控制能力也较好。

11.2.2 幼儿时期的自我发展

幼儿在 2～3 岁时，掌握代名词"我"，是儿童自我萌芽的最重要标志，也是儿童自我发展的第一次飞跃。因为幼儿能用语言标示自己，用恰当的人称代词来指代自己，能意识到自己的独特特征，这表明他们从客体中认识了自己，具有了明确的客体我。幼儿已能够用语言进行交流，他们自主活动的能力和范围大大增加，为自我的探索提供了更大的空间。幼儿期自我发展非常迅速，其中 4～5 岁是自我发展的加速期。

（1）幼儿自我认识的发展。幼儿已能用语言描绘自我，因此他们的自我认识主要表现为对自我的描述。他们通常把自我、心理和身体混淆（Broughton，1978），大部分幼儿认为自我是身体的一部分，常常是头部。他们对自己的描绘表现为具体化和物理化的特征，仅限于身体特征、年龄、性别和喜爱的活动等，如"我会数数"、"我有个哥哥”、“我的头发是黑色的”、“我喜欢足球”，等等。幼儿对自己的描述顺序是：最先是对自己身体形象的描述，其次是对自己活动能力的描述，是一个从静态到动态的过程，从外表到内在的过程。同时，他们的自我描述往往会表现出言过其实的特点。

幼儿的自我描述和自我评价是联系在一起的。三岁的幼儿通常不能用语言进行自我评价，有时只是以他人的评价作为自己的评价，部分四岁的幼儿可以进行自我评价但主要是从外部对自己评价，五岁以后幼儿对自己的评价表现为多方面。幼儿的自我评价通常表现为不现实的积极高估（哈特，2006），如幼儿会说“我知道自己的一切”、“我什么都会”、“我什么都不害怕”，等等。哈特（2006）认为幼儿之所以会出现对自己不现实的高估，主要有三个方面的原因：一是幼儿很难区分他们想要拥有的能力和实际的能力不同；二是他们无法区别现实自我和理想自我；三是他们很少进行社会比较，不会去思考与别人相比自己是怎样的。幼儿的自我评价也反映了他们不能意识到自己可以拥有相反的品质，如“好”和“坏”，还处于“全和无”的自我界定状态。

（2）幼儿自尊的发展。随着幼儿自主活动能力的提高，他们自我体验的发展水平不断深化和丰富，特别是他们开始发展社会情感的自我体验，他们往往会因为成人的表扬或批评而产生不同的自我体验，而社会性较强的自我体验，如委屈感、骄傲感与羞愧感等从四岁以后明显发展。儿童在成长过程中，不仅对自己越来越了解，建构的自我形象越来越复杂，他们对这些认为应该具有的品质，也开始加以评价，这种对自我的评价成分就是自尊。对自己属于某类人感到满意的孩子会有较高的自尊，他们能意识到自己的优点，也能看到自己的缺点（常希望克服它），对自己的性格和能力感到满意。相反，低自尊的幼儿不太喜欢自己，他们总纠结于自己的缺点而忽视表现自己的优点（Brown，1998）。通常 4 ~ 7 岁的幼儿对自己的评价都是积极的，因此幼儿的自尊水平也较高。

我国学者杨丽珠、张丽华（2005）研究了儿童自尊的结构，结果发现，3 ~ 9 岁儿童自尊结构包括重要感、外表感自我胜任感三个维度。自尊的这三个维度密切联系，重要感是儿童自尊发展的基础，外表感是自尊获得的重要途径，自我胜任感是儿童自尊发展的最高表现形式。同时他们用问卷调查法研究表明，3 ~ 9 岁儿童自尊总体上存在显著的年龄差异，4 岁和 7 岁是自尊发展的关键年龄，3 ~ 9 岁，自尊呈“波浪式”发展趋势。此阶段存在显著的性别差异，女孩自尊发展水平显著高于男孩。

（3）幼儿自我调节和控制的发展。幼儿的自我调节和控制是指不需要他人的命令或帮助而控制个人行为的能力。儿童 2 ~ 3 岁时，开始在没有养育者外部控制的条件下遵从他们的期望，能意识到在家里哪些东西能玩哪些东西不能玩、能到哪儿玩、不能到哪儿玩等，但幼儿总体上的自控能力还是较弱。我国学者杨丽珠、董光恒（2005）采用验证性因素分析对幼儿的自我控制结构进行了检验，结果表明幼儿自我控制能力由自制力、坚持性、自觉性和自我延迟满足组成，其中自我延迟满足是幼儿自我控制的核心成分和重要技能。不同年龄幼儿的自我控制力特点表现为：自我控制能力在 3 ~ 4 岁儿童中不明显；从缺乏自我控制到有自我控制的转折年龄在 4 ~ 5 岁；5 ~ 6 岁儿童绝大多数有一定的自我控制能力。

沃尔特·米歇尔“延迟满足”的实验

延迟满足（delay of gratification）是指一种为了更有价值的长远结果而主动放弃即时满足的抉择取向，以及在延迟等待过程中展示的自我控制能力。

20 世纪 60 年代，美国斯坦福大学的心理学教授沃尔特·米歇尔设计了一个著名的关于“延迟满足”的实验，这个实验是在斯坦福大学校园里的一所幼儿园开始的。研究人员每次找来数十名儿童，让他们每个人单独待在一个只有一张桌子和一把椅子的小房间里，桌子上的托盘里有这些儿童爱吃的东西——棉花糖。研究人员告诉他们可以马上吃掉棉花糖，或者等研究人员回来时再吃还可以得到一颗棉花糖作为奖励。他们还可以按响桌子上的铃，研究人员听到铃声后会马上返回。对这些孩子们来说，实验的过程颇为残酷难熬。有的孩子为了不去看那诱惑人的棉花糖而捂住眼睛或是背转身体，还有一些孩子开始做一些小动作——踢桌子，拉自己的辫子，有的甚至用手去打棉花糖。结果，大多数的孩子坚持不到三分钟就放弃了。一些孩子甚至没有按铃就直接把糖吃掉了，另一些则盯着桌上的棉花糖，半分钟后按了铃。大约三分之一的孩子成功延迟了自己对棉花糖的欲望，他们等到研究人员回来兑现了奖励，差不多有 15 分钟的时间。

从 1981 年开始，米歇尔逐一联系已是高中生的 653 名当年那场实验的参与者，给他们的父母、老师发去调查问卷，针对这些孩子的学习成绩、处理问题的能力以及与同学的关系等方面进行了提问。

米歇尔在分析问卷的结果时发现，当年马上按铃的孩子无论在家里还是在学校，都更容易出现行为上的问题，成绩分数也较低。他们通常难以面对压力、注意力不集中而且很难维持与他人的友谊，而那些可以等上 15 分钟再吃糖的孩子在学习成绩上比那些马上吃糖的孩子平均高出很多。

11.2.3 童年时期的自我发展

儿童进入学校，开始接受正规、系统的学校教育，从小的家庭环境进入到范围更大的学校环境。个体与他人之间的关系基础也在发生着变化，在家庭当中，父母与孩子之间是一种基于血缘的关系，但在学校的环境当中，个体与同学、与老师之间的关系和孩子与父母之间的关系根本不同，这种不同给个体自我的发展提出了严峻的挑战。

（1）童年期自我认识的发展。进入小学后，儿童慢慢克服了幼儿期对自己持有夸大的评价，自我评价的准确性逐渐增加，8 岁左右，大部分儿童能给出关于自身技能的更加现实的评价，如运动方面。学龄儿童获得了逻辑思考的能力，能够通过归纳推理进行思考，自我描述变得更为概括，如他们不仅会用特定的行为描述自己，如“我喜欢足球”，而且开始用含义更广泛的词来描绘自己，如“我喜欢运动”。同时，他们开始使用具有内在特质的词定义自己，较少使用物理性特质，可以区分内部特征和外部特征，如“我很聪明，我很受欢迎”，等等。他们在自我描述中涉及社会性描述，把自己作为某些社会组织的成员。他们的自我描述关注到了自我的多个方面，摆脱了“全和无”的自我界定状态，能客观地看待自己的优缺点。

学龄儿童已获得了采纳他人观点的能力，即从他人的视角来理解他人的想法和感受的能力，以及从他人眼中看待自己的能力。他们更多提及社会比较（哈特，2006），更喜欢用比较的而不是绝对化的词语来区分自己和他人，在比较中得出与自我有关的结论。因为随着观点采择能力和社会比较能力的发展，学龄儿童的自我评价更加现实。他们开始区分真实自我和理想自我（哈特，2006），也就是可以区分他们确实拥有的能力和他们渴望获得的能力。

（2）童年期自尊的发展。童年期自尊发展的一个显著特征是在个体的心目中开始出现了与同龄他人的比较。童年期，个体已能够在自身和他人之间做出区分，并会体验到这种自身和他人之间的差别。在学前期，这种差别出现在自身和父母之间，但由于这种差异上的悬殊，个体还较少将自己和父母进行比较。但在进入学校，面对和自己年龄相仿的同学的时候，这种对差别的注意就变得更加强烈了，这种注意的强化结果就是在个体的心目中开始出现了与同龄他人的比较。随着儿童开始对自己多个方面进行自我评价，尤其是他们开始对自己多方面的优缺点进行评价，同时可能在学业和社会关系上体验到一些挫折，因此，他们的自我评价开始下降，他们的自尊水平会有所下降，不过这一下降程度还不足以造成伤害。大多数儿童对他们自己的特点和能力能够有现实的积极的评价，能够保持基本的自尊，到小学高年级后大多数儿童的自尊会上升，因为他们对自己的同伴关系和运动能力会有非常好的自我感觉。

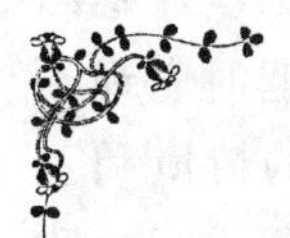

苏珊·哈特的儿童自尊多层次模型

自尊是由哪些成分构成的？

苏珊·哈特（1982、2003）提出了一个关于儿童自尊的多层次模型。总体自尊主要是对学习能力、社会能力、运动能力、身体外貌、行为举止等多个宽泛的维度进行评价，每个大的维度又包括多个小的范围。

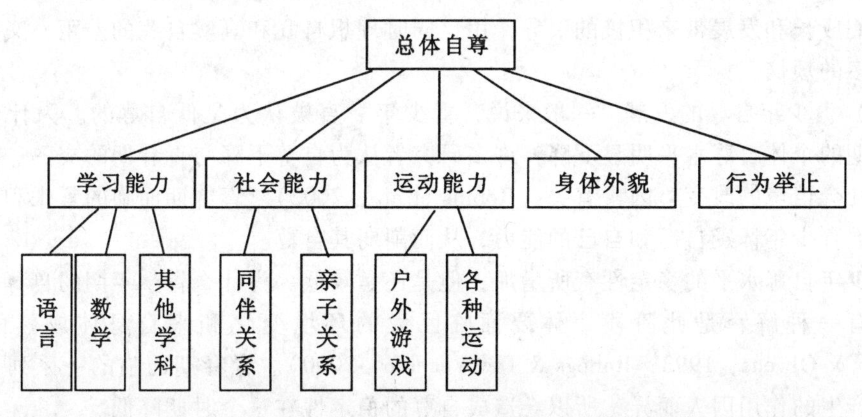

资料来源：雷雳：《发展心理学》，中国人民大学出版社 2009 年版。

(3) 童年期自我调节和控制的发展。在小学期间，儿童在学校一定组织纪律的要求下，自我控制能力进一步发展，表现为三年级时逐渐养成在学习时的自我控制习惯。同时，自我控制的范围不断扩大，质量也日益改善，如不仅能发现自己的缺点，而且能利用自己的力量去改正缺点。四年级以后，逐步学会有意识地控制和调节自己的行为。高年级儿童已经能迫使自己去完成有意义但不感兴趣的任务了。儿童越来越相信自己的成功是个人努力的结果而不是偶然的行为，同时，儿童对知觉到的失败也更加愿意承担责任了。

11.2.4 青年时期的自我发展

进入青少年时期，个体在认知能力和情绪体验、情绪处理能力上进一步发展，对于自身的认知和体验将变得更加深刻和复杂，对于自身关注的焦点，也从自身与外界的环境和他人，转向个体的内部，也即个体的真实我、现实我和理想我之间。而自我同一性问题则是个体在人生的这个时期以及稍后的人生时期在自我发展上所要面对和解决的一个核心问题。

(1) 青少年自我认识的发展。自我认识在青春期的发展是复杂的。在从儿童向青少年转化的过程中，个体开始发展自我的更为抽象的特质，青少年会把儿童使用的孤立的特质统一为抽象的描述，并且自我概念变得更加分化且得以更好地组织，开始根据个人的信仰和标准来看待自我，而不是根据社会比较。他们常常用相互矛盾的方式来描述自我，如他们会用“聪明”和“脑残”、“害羞”和“闹腾”等同时描述自己。这是因为青少年在不同的人际关系中表现出不同的自我，和同伴、父母、老师在一起时表现不同，这也使得他们感到很困惑，“我到底是谁”？青少年的自我认识在不同的情境和不同的时间会发生波动。另外，青少年既会从总体自我评价，也会从不同的方面进行自我评价。他们的身体自我概念存在显著的性别差异，在整个青春期，女孩比男孩对自己的身体更为不满，且早熟的女孩比准时发育和晚熟的女孩对自己的身体更为不满。

青少年构建理想自我的能力逐渐发展起来，理想自我中既包括他们希望自己成为什么样子，也包括他们害怕自己变成什么样子的人。理想自我作为真实自我的补充，一方面给他们成长和发展带来积极的引导作用，同时理想自我和真实自我的差距，又给他们带来很多的烦恼。

(2) 青少年自尊的发展。一般来说，青少年一直被认为是低自尊的。为什么进入青少年期的个体自尊水平明显下降？许多研究者认为自尊下降与青春期的成熟、认知的发展和社会情境的改变等因素有关（Robins et al., 2002)。青春期面临的紧张和压力会使大多数青少年怀疑自己和自己的能力，从而削弱其自尊。

青少年自尊水平的稳定性有所增加，但是还是较低。为什么青少年期的自尊稳定性很低？有一种解释是此阶段个体要面临巨大的环境变化和来自身体成熟的变化（Alsaker & Olweus, 1992; Robegs & Del Vecchio, 2000)。青春期面临的一系列变化对个人所产生的作用因人而异，所以会造成自尊的稳定性在这个时期降低。

大部分青少年在面对感知到的自尊的变化时，能够很好地应对，那些青春期前对自我有理性的积极的评价的个体，在度过青春期后自尊变化不大，甚至还可能会有所增长，尤其是当他们成功解决成年早期的一些挑战后（Robins et al.，2002）。钱铭怡、肖广兰（1998）通过研究发现，青少年较高水平的自尊有助于他们更好地调整自己的行为和心境，减少面对困难、挫折时的躯体化倾向、神经症性及精神病性反应等；反之，较低的自尊可能影响个体对环境的适应性，从而对个体心理健康产生不利的影响。

（3）青少年自我调节和控制的发展。针对青少年自我调节和控制的研究还不太多。总体上，他们自我控制的发展表现为波动性的特点，一方面青少年认知能力的发展，自我反省的增加和独立性的增强，使他们的自我控制能力也增强；另一方面，他们开始产生强烈的成人感，渴望确立成人角色，要求独立，得到尊重，但由于其实际的心理发展水平仍然存在局限，如偏执、幼稚和肤浅，由此产生的矛盾性，又导致他们的情绪不稳定，容易冲动和冒险，自我控制能力降低。

（4）青少年自我同一性的发展。青少年时期自我发展的一个最主要的人生任务是形成自我的同一性。自我同一性的形成并非始于青少年时期，也不是在这一时期结束，而是早在婴儿期依恋开始出现，自我感的发展和独立的出现时自我同一性就开始发展了。自我同一性完成的最后阶段是老年时对自己生命的回顾和整合。之所以青少年尤其是青少年晚期的自我同一性很重要，是因为这一阶段个体的生理、认知和社会情感三方面的发展第一次达到了能够综合现在与过去的自我同一性的程度。青少年期的人比童年期时更经常问："我是谁""我是个什么样的人""我为什么会是这样"，等等。自我同一性是逐渐地、慢慢地发展的，并且某个决定在当初看来是微不足道的，如与谁约会，是否应该分手，是否应该发生关系，是否可以吸毒，应该去上大学还是高中毕业后直接找工作，应该选择什么专业，应该学习还是玩耍，是否要在政治上表现积极，等等，但在过了青少年期进入成年初期时，这些决定就会成为个体之所以为的核心内容，即个体的自我同一性。青少年时期解决自我同一性问题并不表示自我同一性从此以后就不改变了。个体形成的自我同一性具有弹性并具有适应能力，对社会关系和事业的变化是开放的，这种开放性意味着在个体的一生中将会发生无数次的自我同一性的重组。

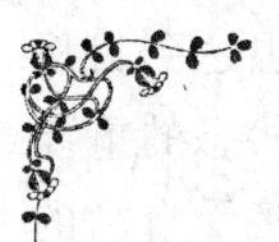

马西亚的自我同一性四种状态

埃里克·埃里克森（1963）认为，青少年面对的主要发展障碍是建立同一性（identity）一种关于自己是谁，要朝哪个方向发展，以及社会上何处适合自己等坚定的、一贯的认识。

詹姆斯·马西亚（1980）设计了一个结构访谈，通过访谈，研究者把青少年分别归入四种同一性状态：同一性的扩散、早闭、延缓和获得。依据是他们是否已经探索了各种选择，并对职业、宗教意识形态、性取向和一套政治价值观念做出了坚定的投入。这些同一性状态如下所述：

（1）同一性扩散（identity diffusion）：被划为"扩散"的人还没有思考和解决同一性问题，没有计划将来的生活方向。例如"我真的没有太多地思考宗教问题，我想我并不清楚自己信仰什么"。

(2) 同一性早闭 (identity foreclosure): 被划为"早闭"的人获得了一种同一性，但获得这种同一性时没有经历"危机"，即没有经历什么是最适合自己的选择过程。例如"我父母是浸礼教徒，因此我也是浸礼教徒，这就是我成长的方式"。

(3) 同一性延缓 (identity moratorium): 处于这一状态的人正经历着埃里克森所谓的同一性危机，积极地思考有关生活选择的问题，并寻求答案。例如，"我正在评价我的信仰，希望能弄清楚对我来说什么是重要的，我喜欢天主教教育中的许多说法，但我也对其中一些内容产生怀疑。我一直信奉有神论，想知道它能否解答我的困惑"。

(4) 同一性获得 (identity achievement): 获得同一性的人已经选择了特定的目标、信仰和价值观，解决了同一性的问题。例如，"经过对我的宗教的心灵探索，我最后知道了我信仰什么和不能做什么"。

资料来源: 戴维·谢弗著:《社会性与人格发展》, 陈会昌译, 人民邮电出版社 2012 年版, 第 197 ~198 页。

11.2.5 成年时期的自我发展

成年期不仅是个体生理成熟时期，而且要解决人生中的很多重大问题，如成家立业、结婚生子等，在这个过程中，个体的心理发展也逐步成熟起来，因此成年期自我发展总体上表现为相对稳定的特点。成年期的年龄跨度较大，通常又将其分为成年早期、中期和晚期，并相对应称之为青年人、中年人和老年人。

(1) 成年期的自我认识发展。相对于青春期的变化，成年期个体的自我认识表现得更为平静和稳定。有研究表明，成年早期的自我评价与许多年后的自我评价有着高度的一致性，尽管因为年龄的增长会带来许多生理器官方面的退化，却很少有证据表明人们对自我的看法到老年会有较大变化。成年人修正他们的可能自我，以寻求想达到目标与已达到目标间匹配的能力，是个体才能经常保持积极的自尊和良好的心理状态的重要方面。同时，成年期不同的阶段也表现为不同的特点，中年人比青年人更能接受自己的优点和缺点，同时普遍对自己持积极观点，比青年人更多地选择了自己的观点。中老年人特别是老年人比青年人更多了一些人生回顾，包括回忆自己的人生经历，并评价、诠释这些经历。这种对过去的再组织为个人提供了日益明晰的画面，也给个人生命带来了新的重要意义。

(2) 成年期的自尊的发展。成年期个体的自尊逐步上升并在成年中期达到相对平稳的"高原状态"。一项横向研究发现，自尊水平在儿童期很高，在青春期下降，二十几岁时上升，三十几岁时平稳，五十到六十多岁时再次上升，然后七十岁时又开始下降（罗宾斯等，2002）。埃里克森（1968）认为，成人中期个体的精力充沛，在事业上成就感和创造性十足，同时可以指导下一代并促进他们的发展；米切尔和赫尔森（1990）认为，成人中期是个体心理成熟度和适应水平的最高阶段，婚姻、家庭、事业都进入稳定的轨道，这些因素直接导致个体自尊水平上升且保持相对稳定；角色理论则认为成年人逐渐拥有力量和地位，自我价值感比较高，因此自尊水平就高。成年晚期自尊的水平和稳定性又表现出剧烈的下降，因为成年晚期生活中的消极事件频频出现，如退休、丧偶、社会支持和社会经济地位降低、孩子的独立等，这些都对个体带来巨大冲击，另外，身体变化再次出现，如疾病的出现，会造成个体对他人依赖的增强和对自身力量的信心的下降，自尊水平随之下降。

（3）成年期的自我控制和自我调节。成年早期和中期自我控制能力有所增强，并且比较稳定，但随着年龄的增长，成年晚期个体的身体方面和认知方面的自我控制能力慢慢下降。自我调节能力在这一时间发挥重要的作用，研究发现，从成年中期开始，人们顺化性控制策略增加，即改变个人目标以适应特定的环境；而同化性控制策略降低，即改变环境达到个人目标的重要性降低。

11.3　自我意识辅导与自我发展规划

自我是人格的重要组成部分，它是影响个体人生发展的重要因素。自我发展的理论和自我发展的过程研究对指导我们人生实践是很有帮助的，特别是对于儿童和青少年来说，自我意识辅导与自我发展规划可以帮助他们认识不同发展阶段的自我，规划人生，积极健康地成长。

11.3.1　自我意识辅导

我是谁？我是个什么样的人？我为什么活着？我的存在是否有价值？这些问题都是个体在成长中，特别是遇到心理冲突和矛盾时会不断思考的问题，对这些问题的思考和回答就是认识自我的过程。认识自我并不是一件简单的事，很多时候我们认为自己很了解自我，其实有很多认识并不是客观的、真实的，有时我们又很困惑自己到底是谁。我国学者经常将自我等同于自我意识，自我意识是一个复杂的、多层次的心理系统，个体的自我意识与个体的成长发展息息相关。自我意识在个体成长和发展中具有导向、激励、自我控制、内省调节等功能。

自我意识辅导是学校心理辅导的重要内容，它根据儿童、青少年自我发展的规律，帮助他们形成积极的自我意识品质。积极的自我意识品质包括：①自我认识全面而客观。既能看到自己的优点，也能看到自己的不足。②悦纳自我，即能欣赏和接纳自己。不仅接纳自己的优点和长处，也能接纳自己的缺点和不足，并且在整体上喜欢自己，对自己充满信心。③开放的自我结构。当经验改变时，自我意识结构在保持相对稳定的同时，能够吸纳新经验，调整自我意识的内容，使自我意识始终能够与经验保持一致和协调。④理想自我与现实自我基本一致。

自我意识辅导在学校心理辅导中的具体内容主要包括：帮助儿童和青少年正确认识自我，形成良好的自我体验，如自尊、自信，学会调节和控制自己的情绪和行为，等等。

（1）正确认识自我。健康的自我认识包括：①认识自己和全方位地接纳自己；②

认识自己的不足与局限，有勇气面对自己成长中的问题；③有勇气、有能力处理自己的问题，包括感到自己能力不足时勇敢地向外求助；④对他人充满人文关怀，愿意并有能力帮助他人应对和处理问题；⑤始终对自己持正面肯定的态度，认为自己是有价值的（林孟平，2000）。

辅导中常用的认识自我的方法有：①与他人比较认识和评价自我；②从他人对自己的态度中认识和评价自我；③通过反省自己的心理活动和行为来认识、评价自我；④积极参加实践活动，借活动成果认识和评价自我。

（2）增强自尊感。自尊是在对自我整体评价基础上形成的自我体验或自我价值感，高自尊表现为对自我形成的积极的自我体验，更有利于儿童和青少年成长，它是儿童和成人较高幸福感的重要特征。

在自我意识辅导中，通常可以通过五种方式增强自尊：①找出儿童和青少年低自尊的原因，鼓励他们去发现和重视自己的能力领域；②给予他们情绪支持和社会认可，来自他人的情绪情感支持和社会赞许对自尊会产生有利的影响；③帮助他们发展自信，相信个人有能力做些什么，为自尊承担责任；④帮助他们获得技能、取得成就，成就感能够促进人的自尊；⑤指导他们积极应对出现的问题，当他们面对问题并尝试解决问题而不是回避问题时，自尊通常都会得到增加。

（3）增强自我调控能力。自我调控能力对人的成长具有重要作用，它有助于调节人的内在潜能，使自己得到最好的发展。对儿童、青少年要进行有计划、有目的、有策略的自我调控能力的培养，帮助他们实现良好行为的心理控制。主要方法有：①培养良好的行为习惯；②逐步学会评价自己的行为；③充分发挥榜样的作用；④集体教育，营造自我控制的环境。

团体辅导中常用的自我认识的方法

1. 自画像
2. 写出20句：“我是一个怎样的人”
3. 画出我的生命之河
4. 生命曲线
5. 生命中最重要的人或事
6. 写出20句：“我希望自己……”
7. 统合三个我：我眼中的自己、他人眼中的我和理想中的我

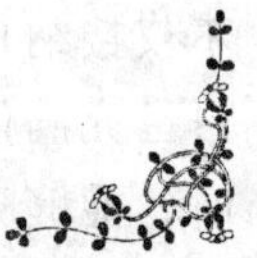

11.3.2 自我发展规划

自我规划是在对自我充分认识的基础上对于个体所期待的未来的我的预先设计和安排，是在对真实我和现实我认识的基础上，设计如何实现理想我的过程。

(1) 自我规划与青少年的自我同一性。根据埃里克森自我发展理论，青少年时期主要解决的一对心理冲突是自我同一性与角色混淆。个体进入青春期后，身心发展都经历着巨大的变化，人生面临着很多的选择，他们体验着各种困扰和混乱，开始思考“我是谁”、“我想干什么”、“我能干什么”等问题。在埃里克森看来，青少年如果能运用积累起来的关于自己和社会的知识进行仔细思考，并做出种种尝试性选择，那么他们就有可能获得同一性，能较顺利地过渡到成年期。如果不能完成同一性的确立，就有可能引起自我同一性扩散（混乱）、同一性早闭、同一性延缓等消极发展。

自我规划是解决青少年自我同一性的一把钥匙。首先，自我规划是在对自我充分认识的基础上进行的，这就必然会对自我和社会进行思考和探索，而不是一味地听从父母或成年人的，这样青少年就会经历危机，就会克服自我同一性早闭；其次，青少年在进行自我规划的过程中，他们要制定目标，合理安排时间，进行投资，这也是不断地进行自我承诺的过程。青少年经历了危机，进行了承诺，就会克服同一性延缓，使他们获得自我同一性。例如职业生涯规划是自我规划中很重要的内容，青少年进行了认真的职业规划，他们就会获得职业同一性；如果没有自己思考，只听从父母的安排，他们就会出现职业同一性早闭；如果他们经过探索，但没有职业目标，没有承诺，就会出现职业同一性延缓；如果他们根本没有对未来职业的思考，也没有任何目标，他们就会出现职业同一性混乱。所以，自我发展规划对解决青少年自我同一性的问题非常重要。

(2) 自我规划的方法。这里介绍两种常用的自我规划方法：

①自我规划五步法。在进行自我规划的过程中，我们可以考虑以下五个问题：我是谁？我想做什么？我会做什么？环境支持我做什么？我的职业与生活规划是什么？

“我是谁？” 这是一个如何对自己身体、心理以及社会角色和身份认识的问题。对这个问题的回答，包括生理、心理和社会角色三个维度。首先是生理维度。自己的健康状况如何？身体各方面的机能状态如何？哪方面的机能好？哪方面的机能比较差？哪些方面可以通过锻炼和调养不断增强？如何科学地安排锻炼和调养？在日常生活中，饮食结构如何？有哪些不良的生活习惯？等等。总之，要对自己的身体状况有一个较为详尽的了解。其次是心理维度。就是对自己的心理状况的了解，自己属于哪种气质类型的人？属于什么性格？性格上有哪些优点？有哪些需要注意的问题？在认知方面，自己的认知风格如何？在各项能力方面，自己比较擅长哪些？而在哪些方面较为不足？哪些方面的能力已被自己认识到，并已将它们应用到自己的实际生活当中，而哪些方面的能力自己尚未认识到，需要进行怎样的挖掘？等等。通过对这些问题的回答，了解自己在心理上属于一个怎样的人。最后是社会角色维度。自己承担了哪些社会角色？这些角色的责任和义务是什么？对这样一些问题的回答，越具体越好，应尽量避免笼统的回答。通过对这些问题的回答，我们可以较为全面和具体地认识自己究竟是一个怎样的人。

“我想做什么？” 这个问题涉及我们自己内在需求和兴趣、爱好的问题。兴趣可以分为直接兴趣和间接兴趣。直接兴趣所产生的行为是指向对象本身的；而间接兴趣所产生的行为则是指向行为的目的和结果的，我们可能对某件事情本身并不感兴趣，但我们对事情的结果却有着浓厚的兴趣。另外，我们还可以将兴趣分为个体兴趣和情景兴趣。个体兴趣是个体在较长的一定时期内指向一定的对象的相对稳定的兴趣，与个体的情感和价值观紧密相连；而情景兴趣则是在某一情景下，个体所突然激发的兴趣，持续的时间一般较短。所以，我们在进行自我规划、依据自身的兴趣选择活动领域的时候，应该审视一下这种兴趣究竟是基于自己的情感和价值观而形成的比较持久、稳定的兴趣，还是只是由特定的情景所激发的维持时间很短的兴趣。这直接关系到我们在依照自我规划进行人生安排的过程中能否持之以恒，因为对于大多数个体而言，一旦对一件事情丧失了兴趣就很难充分地调动自身全部的力量去完成。

“我会做什么?” 这是一个有关我们个体的能力的问题。对这个问题的回答，不仅包括自己现在所具有的、已经被自己所发现了的能力，还包括那些尚未被自己所认识到的能力，也就是我们平常所说的潜能。而事实上，在我们的实际生活当中，这也是与我们的自我评价最紧密相关的一个问题。不管是由于先天的遗传的禀赋，还是由于后天的家庭、教育的环境使然，在我们每个人身上都有自己比较优秀的一些方面，也都有一些很一般甚至是很差的一些方面。而成功的人往往对它们认识得十分清楚，懂得在实际的生活和工作当中，如何使那些自己擅长的方面为己所用，如何避免那些自己比较一般甚至较差的方面对自己造成不好的影响，能够在现实中扬长避短，而对于那些自己必须改善的方面则在自己的私人空间里进行补救。另外，对这样一个问题的回答，不仅关系到个体本人的实际的能力状况和水平，还与个体的自我评价，尤其是与自我效能感有着很强的相关。一个人可能在客观上讲可以做很多的事情，但由于他对自身的评价过低，或者说他的自我效能感较低而导致在回答或面对这样的问题的时候，会认为自己会做的和能够做得成功的事情很少，这样的个体在实际的生活和工作当中往往会丧失很多发展自身的机会。而事实上就他们自身的能力水平和工作所需要的能力要求而言，他们都是能够胜任的，但就是这种对于自身的能力评估存在问题，他们成了失败者，至少阻止了他们成为一个更为成功的人。而对自己的能力状况有一个较为全面的、深入的了解，一个益处在于个体可以将这些状况与自己的兴趣爱好进行比较，可能在有些领域和方面自己会非常喜欢，但就自己的能力而言，尚不能满足在这些领域工作的要求，这个时候个体可以有计划地采取有效的措施，以弥补自己原先在此方面能力上的不足，尤其是一些技能方面，通过有效的训练是完全可以掌握的。

“环境支持或允许我做什么” 这关系到影响个体进行发展的环境。这里的环境既有与个体直接发生作用的“小环境”，也包括间接地影响个体的“大环境”，小环境如个体的家庭、个体的朋友圈子、个体所在的社区所在的城市等，大环境则包括个体的国家的经济、政治以及社会文化状况，甚至全球的环境。个体在进行自我规划的过程中，应该能够对环境进行分析，即能够明白在眼前的这样一个环境下，自己能够做些什么，环境对于自己所要进行的工作可以提供哪些有利的因素，在哪些方面又会形成阻碍？而要求更高的，也是最好的情况是我们自己能够通过各方面的信息，对环境发展的趋势做出一个合理的正确的预测。因为我们在做规划前，环境可能支持我们的计划，但环境本身也在发生变化着，可能在我们进行规划的过程中，或者我们的规划完成以后，那时候的环境非但不再支持我们的规划了，甚至还会对我们所规划的事情造成严重的障碍，即便我们可以在规划的过程中根据环境的变化对自我规划进行调整，而这必然会造成规划成本的提高，造成我们在时间、精力和财力上的浪费。所以，我们在进行自我规划之前，最好是能够对社会环境的发展趋势有一个比较正确的预测。

“我的职业与生活规划是什么”　这是自我规划的核心。在对上述四个问题做出了详细的、合理的回答之后，我们就要做出具体的自我发展规划。首先要提出发展目标。目标是我们行为的导向，所以确定的目标必须是明确的、可衡量的、可达到的、实际的和有时间规定的。目标只有明确，才能在实际中具体地指导我们的行为，大而笼统的目标对于实际的行为没有任何帮助。另外，目标的完成必须有一个时间的规定，我们要在多长的时间之内实现我们的目标，没有时间规定的目标容易助长我们自身的惰性，造成我们的松懈和时间、精力的浪费。只有实际的、可达到的目标，对于我们的发展才具有现实的意义。而目标的可衡量性则与目标完成情况的评估有关。目标确定的这五个方面彼此之间是紧密联系的，缺少任何一个方面的目标都不算是一个有效的目标，其对于我们的自我规划的作用也将大打折扣。其次要将目标细化。自我规划的目标一般是比较长期的目标，而要实现所确定的目标对于我们规划的指导作用，我们就应该将这一目标细化，细化为更为具体的中期目标和短期目标，长期的目标是一个总的方向，只有细化了具体的目标才能真正地在我们的实际行为过程当中不断引导、矫正我们的行为，使我们朝着既定的总的目标一步一步地迈进，在实现一个个具体的目标之后最终实现我们总的规划目标。将目标细化的另外一个好处就是可以使我们不断地得到反馈，不管是正面的反馈还是负面的反馈，对于我们的规划而言都是十分重要的。那么怎样使目标细化为具体的目标呢？我们可以采用逆向搜索的方法，将我们所规划的总的目标写下来，从目标状态逆向地搜索去发现要完成这样一个目标，我们需要做些什么，然后将这些我们需要做的事情定为次级的目标，再去思考要完成这些次级的目标我们需要做些什么，在这样的过程之中，我们一步一步地将目标细化。就像我们在地图上去寻找一个地方一样，我们往往是从这个目的地逆向地去寻找，经过哪些步骤回到我们现在的状态，然后我们在实施的过程当中，就先到达一个前面的目的地，最终一步一步地到达我们要去的地方。

②自我规划的 SWOT 分析法。SWOT 分析法又称为态势分析法，SWOT 四个英文字母分别代表：优势（Strength）、劣势（Weakness）、机会（Opportunity）、威胁（Threat），它是由哈佛商学院的 K. J. 安德鲁斯教授于 1971 年在其《公司战略概念》一书中提出的，是一种能够比较客观而准确地分析和研究一个公司、企业现实情况的方法。从整体上看，SWOT 可以分为两部分：第一部分为 SW 分析，主要用来分析内部条件；第二部分为 OT 分析，主要用来分析外部条件。利用这种方法可以从中找出对自己有利的、值得发扬的因素，以及对自己不利的、要回避的东西，发现存在的问题，找出解决办法，并明确以后的发展方向。

SWOT 分析法最早是用在对企业的战略规划的指导方面，后来它广泛地应用在很多领域，其中一个领域就是对个体进行自我发展规划。通过这种方法，个体能够客观地进行自我认知，明确自己的发展方向，从而为自己的学习、工作和生活做出最佳的决策。一般从以下五个步骤来分析：

第一步，SW 分析，评估自己的优势与劣势。这是对自我进行分析，在客观全面认清自我的基础之上，从自己的性格、能力结构、价值观、行为风格、兴趣等方面评估自己的优势与劣势。做个表，列出你自己喜欢做的事情和你的长处所在。同样，通过列表，你可以找出自己不是很喜欢做的事情和你的弱势，找出你的短处与发现你的长处同等重要，因为你可以基于自己的长处和短处，做出两种选择，或者努力去改正常见的错误，提高你的技能，或是放弃那些对你不擅长的技能要求的职业。列出你认为自己所具备的很重要的强项和对你的学习选择产生影响的弱势，然后再标出那些你认为对你很重要的强弱势。

第二步，OT 分析，找出职业机会和威胁。这是对环境进行分析，每一个人都处在一定的社会环境之中，只有对环境因素充分了解，才能做到在复杂的环境中避害趋利，使你的职业生涯规划具有实际意义。除了要正确客观地认识自我，还必须更多地了解各种职业机会，尤其是一些热门行业、热门职位对人才素质与能力的要求。深入了解这些行业与职位的需求状况，结合自身特点评估外部事业机会，才能选择可以终生从事的理想职业。同时，不同的行业都面临不同的外部机会和威胁，所以，找出这些外界因素将有助于成功地找到一份适合自己的工作。如果公司处于一个常受到外界不利因素影响的行业里，很自然，这个公司能提供的职业机会将是很少的，而且没有职业升迁的机会，相反，充满了许多积极的外界因素的行业将为求职者提供广阔的职业前景。列出感兴趣的一两个行业，然后认真地评估这些行业所面临的机会和威胁。

第三步，列出今后 3 ~5 年内的职业目标。通过前面两个步骤，对自己的优劣势有了清晰的判断，对外部环境和各行各业的发展趋势和人才素质要求有了客观的了解，在此基础上制定出符合实际的短期目标、中期目标与长期目标。仔细地对自己做一个 SWOT 分析评估，列出五年内最想实现的 4 ~5 个职业目标。必须竭尽所能地发挥出自己的优势，使之与行业提供的工作机会完美匹配。

第四步，列出一份今后 3 ~5 年的职业行动计划。在确定了职业生涯目标后，要使职业生涯设计变为现实，必须按照计划去行动。从今天开始，明天更美好！从明天开始，将来要苦恼！在确定了职业生涯目标后，行动便成了关键的环节。列出每一目标的行动计划，并且详细说明为了实现每一目标，你要做的每一件事，何时完成这些事。如果觉得需要一些外界帮助，请说明需要何种帮助和如何获取这种帮助。例如，你的个人 SWOT 分析可能表明，为了实现理想中的职业目标，你需要进修更多的管理课程，那么，你的职业行动计划中应说明要参加哪些课程、什么水平的课程以及何时进修这些课程，等等。你拟订的详尽的行动计划将帮助你做决策，就像外出旅游前事先制订的计划将成为你的行动指南一样。

第五步，根据计划执行情况，灵活调整。影响职业生涯规划与发展的因素诸多，有的变化因素是可以预测的，而有的变化因素难以预测。在此状况下，要使职业生涯规划行之有效，就需要不断地对职业生涯规划进行评估与调整。其调整的内容包括：职业的重新选择；职业生涯路线的选择；人生目标的修正；实施措施与计划的变更，等等。职业发展过程中理想与现实的脱节几乎人人都会碰上，对职业人来说，有些是致命的，有些却能走通另一条路。发生这种情况时，最不可取的态度是急于求成，消极对待当前工作。正确的做法是——稳定中求发展。当然，事在人为，再优秀、再动人的职业生涯规划也取代不了个人的主观努力。职业生涯规划的目的是建立目标、树立信心，职业生涯规划只是走向成功的必要手段，能否成功则主要取决于个人的努力。

【阅读书目】

1. 林崇德主编:《发展心理学》，人民出版社 1995 年版。

2. 雷雳著:《发展心理学》，中国人民大学出版社 2009 年版。

3. [美]卢文格著:《自我的发展》，韦子木译，浙江教育出版社 1998 年版。

4. [美]埃里克·H. 埃里克森著:《同一性: 青少年与危机》，孙名之译，浙江教育出版社 1998 年版。

5. [美]乔纳森·布朗著:《自我》，陈浩莺等译，人民邮电出版社 2004 年版。

6. [美]乔治·H. 米德著:《心灵、自我与社会》，赵月瑟译，上海世纪出版集团 2005 年版。

7. [美]布里尼克著:《自我与人格结构》，李波译，北京大学医学出版社 2008 年版。

8. 维之编著:《人类的自我意识——西方哲学家自我思想解读》，现代出版社 2009 年版。

9. [苏]伊·谢·科恩著:《自我论: 个人与个人自我意识》，佟景韩等译，三联书店 1986 年版。

10. 黄希庭著:《时间与人格心理学探索》，北京师范大学出版社 2006 年版。

11. 杨丽珠，刘文主编:《毕生发展心理学》，高等教育出版社 2006 年版。

12. [美]约翰·W. 桑特洛克著:《毕生发展》，桑标等译，上海人民出版社 2008 年版。

13. [美]David R. shaffer 著:《发展心理学》，邹泓等译，中国轻工业出版社 2009 年版。

14. [美]L. A. 珀文著:《人格科学》，周榕等译，华东师范大学出版社 2001 年版。

【思考题】

1. 婴儿的自我是如何产生的?
2. 幼儿自我发展的特点?
3. 儿童自尊是如何产生的?
4. 儿童自我发展的特点?
5. 青少年自我同一性发展的特点?
6. 青少年自我认识的特点?
7. 如何对儿童和青少年进行自我意识的辅导?
8. 如何进行自我规划?

第12章 道德和社会性发展

本章要论

道德主要指个人内心存在的调节人们之间以及个人和社会之间关系的行为规范的总和。

道德发展理论从动态角度描述人们道德发展历程和不同发展阶段的道德表现。主要有认知发展理论、道德情感发展理论和道德行为理论。

道德教育的目的是为了促进个体的亲社会行为；亲社会行为的产生受多种因素的影响。

每个个体从一出生，就开始了由一个自然人向社会人的转化过程。社会性发展是指的这样一个过程，在这个过程中，个体从一个自然人，逐渐掌握社会的道德行为规范与社会行为技能，成长为一个社会人，步入社会。在社会化过程中，个体需要了解或学习社会的道德准则，并努力使自己的行为符合社会要求。那么，在这一过程中，从发展心理学的角度来看，道德发展如何界定？它包含哪些内容？个体道德发展的规律是什么？核心问题又是什么？本章将主要围绕这些问题而展开。

道德发展是指个人的那些符合社会规则的道德品质即品德的形成和发展。在这里，我们首先要将它和"道德"、"品德"这两个概念区别开来。道德是一种社会现象，它是指依靠社会舆论力量和内心信念驱使来支持的行为规范的总和。品德是个体现象，是指个人依据一定的道德行为准则行动时所形成和表现出来的某些稳固的特征（潘菽，1980）。道德的发生、发展有赖于社会的发展，而品德的发展则与个体息息相关，它是社会道德在个体身上的反映。像其他心理现象一样，品德的存在形式及其形成规律有许多全人类所共有的规律性，而与道德发展相关的一些研究就是要揭示这些规律，即品德形成的心理结构、过程及其变化的规律。

一般而言，品德包含着道德认知、道德情感和道德行为方式三种基本的心理成分。所谓道德认知，是人们对社会道德现象、道德规范及其履行意义的认识，也就是对客观存在的道德关系及处理这些关系的原则、规范的认识。其中，道德概念的掌握、道德信念的形成和道德评价能力的发展是衡量个体道德认知形成和发展的主要标志。道德情感则是伴随着道德认知而产生，对人的道德需要是否得到实现所产生的一种内心体验。它与道德认知往往结合在一起，构成人的道德动机。道德行为是指一个人遵照道德规范所采取的言论和行动。它是品德的外显成分，是道德动机的具体表现与外部标志，也是实现道德动机达到道德目的的手段。道德行为包括道德行为技能和道德行为习惯，后者的形成是品德形成的客观标志。品德的这三种基本的心理成分在品德养成的过程中相互联系，缺一不可。它们共同处在一个互动的、开放的统一体中，不能单独割裂开来，而是互为前提、相互制约和促进。这也就决定了，道德发展的研究可以在三个领域进行：认知、情感和行为。在认知领域，关键问题是个体如何理解或认识道德行为准则；在情感领域，强调个体的道德感受；在行为领域，关注的焦点是个体实际表现出来的行为，而不是思想上的道德。这里还需要强调的是，个体的道德发展虽然可以分析为认知、情感、行为三个方面，但在现实的道德生活中并没有完全离开道德认知的情感或行为，也没有离开情感的认知或道德行为。这三个方面应该作为一个整体去揭示，道德发展研究工作者的主要任务就是立足于整体，从认知、情感、行为等不同的侧面去解释，而不能过于推崇或者笃信某一项研究结论。

12.1　道德认知发展

12.1.1　皮亚杰的道德发展理论

皮亚杰是最早把道德发展与认知发展联系起来的心理学家，他的早期著作《儿童的道德判断》(1932) 由道德判断入手，系统研究了儿童的道德发展，揭示了儿童道德发展的全貌，为今后的儿童道德发展的认知研究奠定了坚实的基础。

皮亚杰从道德判断入手来研究儿童的道德认知发展。他和他的合作者们广泛观察了4～12 岁的儿童玩弹子游戏的过程，并对儿童提问，借此了解儿童在游戏过程中如何看待及运用该游戏的规则，并进一步揭示儿童道德的发生。他不太赞同采用传统的实验室实验法及直接询问法（包括测验、调查、评价）来研究儿童的道德认知及发展，而主张采用“间接故事法”，从儿童对特定行为的评价中去分析他们的道德观念，并揭示其道德认知发展。

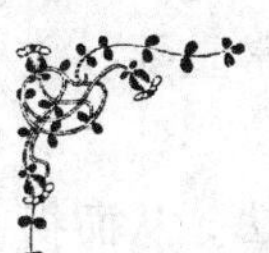

间接故事法

间接故事法就是按研究目的编撰包含着道德价值内容的情境故事，向被试讲述后，主试有目的地提出询问、与被试交谈，但主试的真正意图又不让被试有所觉察，力求使被试的回答自然、真实、可信。皮亚杰及其同事编撰的故事有对偶的，也有二难的和选择判断的，但他们研究所用的实验材料以对偶道德故事为主。这种对偶故事按研究课题的要求对故事情境中的客观因素是严加控制的。如研究行为责任的一对对偶故事，一个故事中的主人公其过失行为是无意的（或是出于好意的），但造成较大的财物损坏，另一个故事中的主人公完全是有意造成过失，但造成的财物损坏却微不足道，要求被试就这一对对偶故事中二位主人公的行为加以比较，然后作出其中哪一位“更好”或“更坏”的判断，并阐述自己作出这样判断的理由。在询问、交谈中，主试如发现被试发生误解可及时纠正、弥补。如遇到被试的任何有探索性价值的回答，主试可立即不失良机地加以追问，了解其来龙去脉。研究者力求从被试的判断及其陈述、说明中了解有关的因果关系，即儿童作出其道德判断的信息基础。皮亚杰运用的这种方法无需传统的研究工具，不用精密的仪器设备去收集资料，不搞大量的数据整理和统计分析，真正需要的倒是研究者对儿童的敏锐的观察力、跟儿童交谈和询问的娴熟技巧，以及洞察所得材料中蕴含的性质并加以剖析的能力。其实，这种间接故事法就是皮亚杰把他对儿童认知发展研究中所用的临床法创造性运用于儿童道德发展的研究领域。对于皮亚杰的"临床法"，有人认为不够标准化、颇为主观，怀疑如此灵活的方法所获得的材料是否可靠。但这种方法在儿童道德发展研究领域的变式，即"间接故事法"，却为当今儿童道德发展研究者，尤其对儿童道德发展持认知-发展观的研究者所广为采纳和使用，并积累了大量资料，取得累累硕果。毫无疑义，这是皮亚杰对儿童道德发展研究的又一重大贡献。

资料来源：岑国桢：《皮亚杰对儿童道德发展研究的贡献》，《心理学动态》2001 年第 1 期。

在皮亚杰的研究中，儿童的道德判断是重要的内容，研究主要涉及以下四个主题：

第一，儿童对规则的态度。皮亚杰认为，儿童道德品质的实质就是尊重准则，因此，他就从儿童对弹子游戏规则的态度中去揭示儿童道德的开端和发展规律。他观察并与玩弹子游戏的儿童交谈，从而得出结论：儿童对规则的意识是随年龄的增长而发展变化的。年幼儿童虽然已能意识到游戏规则的存在，但他们只是把这些游戏规则看做外在的、不可违反的东西，而并没有意识到这些游戏规则是他在游戏活动中应该遵循的行动准则。只是在产生了真正的社会交往和社会合作关系后，年长儿童才意识到有一种义务去遵从这些规则，这时的规则对儿童来说才能成为他的行动的准则。也就是说，儿童开始产生"义务的意识"，即遵循规则的义务感，在儿童的道德发展过程中非常重要，皮亚杰将其视为儿童道德发展开端的一个极其重要的标志。

第二，儿童对行为责任的道德判断。皮亚杰研究了儿童对行为责任的看法，从而揭示了儿童的两种道德判断形式（客观责任、主观责任）的发展变化。皮亚杰及其合作者采用独创的对偶故事法，从儿童对过失行为和说谎行为的故事情境的判断中去研究这一问题。结果发现，不论儿童在对过失行为还是在对说谎行为的道德判断中，都存在着两种明显的判断形式：年幼儿童往往根据主人公的行为在客观上造成的后果，即行为的客观责任去作出判断；年长儿童则往往根据主人公行为的主观动机，即行为的主观责任去作出判断。客观责任和主观责任这两种判断形式在儿童的道德判断中，并不同时出现，也不是同步发展。一般的趋势是：客观责任在年幼儿童身上首先出现，并且随年龄的增长而减少；主观责任则出现稍迟，并且随年龄的增长而递增。因此，这两种道德判断过程是部分地重叠的，但主观责任会逐步取代客观责任而属于支配的地位。皮亚杰把这两种判断过程部分的重叠的时期称为道德法则的内化阶段。皮亚杰指出道德法则的内化与儿童认知的发展相联系，但其内在的规律到底是什么，皮亚杰却并没有深究。

第三，儿童的公正观念。儿童的公正观念是皮亚杰儿童道德发展研究中的一项主要课题。皮亚杰和他的合作者在对这一课题进行了大量的研究后指出，7 岁、10 岁和 13 岁是儿童公正观念发展的三个主要时期。这三个年龄阶段儿童的公正判断分别以服从、平等和公道为特征。年幼儿童对公正概念尚不理解，他们以成人的是非为是非，他们的好坏标准取决于服从不服从，分辨不出服从和公正、不服从和不公正之间的区别，他们的公正判断以服从为特征。随着儿童的社会交往和社会合作的日益增多，10 岁左右儿童的道德判断的内在基础发生了质的变化，他们已能以公正不公正或平等不平等作为是非的标准了。随着社会交往的继续发展，13 岁左右的少年儿童已能根据自己的观念和价值标准对道德问题作出判断，他们已能用公道不公道这一新的道德标准去判断是非，他们的道德判断不再刻板地按照固定的准则，而会先考虑同伴的一些具体情况，从关心和同情出发去作出他们的道德判断。皮亚杰指出，促进儿童公正观念从服从向平等和公道发展的原因，虽有成人做榜样，但更重要的是儿童的社会交往和社会合作，儿童离开了社会交往和社会合作，也就谈不上公正观念的发展。

第四，儿童心目中的惩罚。皮亚杰对儿童心目中的惩罚的研究也是儿童道德发展研究中的一项重要课题。皮亚杰设计了一些关于惩罚的故事，测试了儿童对什么样的惩罚最公正、什么样的惩罚最有效这两个问题的看法。测试表明，儿童对两个问题的回答呈现出一致的趋势。年幼儿童往往选择抵罪性惩罚，即认为谁犯过谁就该接受惩罚以抵罪，惩罚要严厉，最严厉的惩罚将是最公正的，也是最有效的。而半数以上的年长儿童则与之相反，较多选择回报性惩罚，即谁犯过，谁的过错行为就会被正常的社会关系所不容，谁就会被同伴所嫌弃，而无需从外部给犯过者施加强制性的惩罚。皮亚杰认为，抵罪性惩罚是儿童在成人的约束和强制条件下的产物，带有专断的性质，反映一种强制的、服从的伦理道德观，是他律道德的表现，对儿童公正观念的发展不利。而回报性惩罚是儿童同辈间社会交往和社会合作的产物，不带专断的性质，在性质上属于相互尊重的伦理道德观，是自律道德的表现，有利于儿童公正观念的发展。

皮亚杰及其合作者们一系列的研究，形成了他带有明显认知学派特色的儿童道德发展理论。在这一理论中，儿童的道德判断从他律到自律的发展是贯穿其中的一条思想主线。所谓他律，是指儿童的道德判断受他自身之外的价值标准所左右，儿童根据外在的道德法则去作出道德判断，具有客体性。所谓自律，是指儿童的道德判断受他自己主观的价值标准所左右，儿童是按其内部的良心的准则去作出道德判断的，具有主体性。早期儿童的道德判断处于他律的水平，后期儿童的道德判断才处于自律的水平。儿童只有当其道德判断达到了自律水平，才能称得上具有了真正的道德。

在此基础之上，皮亚杰进一步提出了儿童道德发展的年龄阶段：

(1) 自我中心主义（2 ~ 5 岁）：大约从 2 岁起，儿童开始模仿别人接受规则，但由于跟成人和同伴尚无相互合作关系，他们常常按照自己的想象去执行规则。皮亚杰将儿童的这种既模仿别人接受规则又按个人意愿去应用规则的情况称为自我中心主义。儿童的这种道德的自我中心主义，反映在对道德要求有时采取毫无异议的顺从，有时则采取拒绝甚至反对的非顺从态度；促进、发展儿童和同伴间的合作关系是使儿童摆脱这种自我中心主义的唯一途径。

（2）权威阶段（6~8岁）：这一阶段，儿童道德生活的特征是几乎绝对地服从权威，皮亚杰将其称为道德实在论。这里的权威包括父母、教师等成人，也指年龄较大或者更为成熟、更有力量和威望的人，而且儿童认为权威规定的准则是固定的、不可改变的，必须绝对服从。皮亚杰认为，服从权威的力量是一种约束的道德判断和道德品质，它起源于幼儿期的道德自我中心主义。成人的约束和滥用权威对儿童道德的发展极其有害。

（3）可逆阶段（8~10岁）：这一阶段，儿童的道德判断不再是以单方面服从权威为特征，而是以相互遵从规则为特征。儿童意识到跟同伴交往的社会关系，他们不再把规则看做一成不变的东西，而是彼此约定的、为了共同利益可以更改的。儿童不再按是否服从权威来判断行为的好坏，而是以是否公平或平等来判断。他们的道德判断已明显开始摆脱外界的约束并具有初期自律道德水平的萌芽。

（4）公正阶段（11~22岁）：这一阶段，儿童已不再刻板地按某种规则去作出道德判断，而能按具体情况，能“设身处地”地从关心人和同情人的真正的道德关系出发去作出道德判断了。皮亚杰认为，正像可逆阶段脱胎于权威阶段那样，公正阶段从可逆阶段脱胎而来。在皮亚杰看来，从同伴之间的可逆关系转变到公正关系的主要原因是利他主义因素。当可逆的道德观念从利他主义角度去考虑时，就产生了关于公正的观念。这个时候，儿童不再刻板地按固定的规则去判断，他已认识到在依据规则判断时，应先考虑到同伴的一些具体情况，从关心和同情出发去判断了。皮亚杰认为公正观念是一种高级的平等关系，这种道德观念已经能够从内部对儿童的道德判断起着决定性的作用了。

关于上述儿童道德发展的年龄阶段，皮亚杰还进一步指出，阶段与阶段之间的差异不是量的差异，而是质的差异，各个阶段的连续顺序是不变的，而且是普遍的，前面的阶段是后继阶段的必要组成部分，后继阶段则必须以前面的阶段为基础，儿童必须经历前面的所有阶段才能发展到下一阶段，而绝不可能超越某个阶段跳跃到一个不相连续的阶段上。

皮亚杰从道德判断人手，研究了道德判断中的若干重要课题，探讨了儿童道德的发端问题，明确勾画了儿童道德发展的主线、阶段及其客观规律，揭示了儿童道德发展的全貌。他对儿童道德判断的研究，以它们同儿童认知或智慧发展水平的关系作为基点，从认知发展的高度去探究，以自己独树一帜的思想，开创了现代道德认知发展学派的先河。他采用的对偶故事法的研究方法及其据此得出的儿童道德发展水平和阶段理论，对后续研究产生了深远的影响，也为道德教育提供了极有价值的理论依据和指导思想。当然，皮亚杰的道德发展理论也存在一些不足，比如，他的对偶故事法存在一些缺陷，导致他通过故事法与谈话法所获得的结果与儿童实际的道德认知水平之间存在一定差距；他的理论过分强调了道德认知的作用，从而相对忽视了对道德情感、道德行为的研究，使他的理论具有一定的局限性；研究过程的简单化，使得皮亚杰提出的关于儿童道德发展的理论也不够完整，他也没有就如何对儿童进行道德教育的问题提出具体而系统的方法。

12.1.2　科尔伯格的道德发展理论

科尔伯格对皮亚杰的道德发展理论做了进一步的修改和扩充，建立起了自己的道德发展阶段理论。该理论以不同年龄儿童道德判断的思维结构来划分道德观念发展阶段，强调道德发展与年龄及认知结构的变化之间的关联。这一理论的影响力，使得科尔伯格成为继皮亚杰之后采用认知发展取向研究道德发展的最杰出代表。

科尔伯格（1927—1987）出生于美国纽约，曾就读于麻省安道威学院的私立高级学校，1949 年获芝加哥大学学士学位，1958 年获该校哲学博士学位。1959—1961 年在耶鲁大学任教，1962—1968 年在芝加哥大学任教，1968 年起受聘为哈佛大学教授，直到逝世。1974 年在哈佛大学建立道德发展与道德教育研究中心，形成了以他为首的庞大研究集体。科尔伯格沿着皮亚杰《儿童的道德判断》的研究路线，对个体的道德认知发展进行了大规模的追踪研究和跨文化研究，先后长达 30 年，取得了丰硕的成果。他多年来的研究报告、论文近 200 种，其主要代表著作有：《道德发展的哲学》、《道德发展的心理学》、《道德发展与道德教育》。这三本著作集中反映了科尔伯格道德认知发展理论的最主要方面。正如英国的《道德教育杂志》(1987 年第 2 期）对他的评价："他对道德发展和学校道德教育实践所做出的是无与伦比的，在他数十年所致力的这些领域中，他超过了他同时代所有人。"

资料来源：高觉敷、叶浩生主编：《西方教育心理学发展史》，福建教育出版社 2005 年版，第 430 ~431 页。

科尔伯格与皮亚杰一样，把儿童的道德发展看做整体认知发展的一部分，儿童的道德成熟过程就是道德认知的发展过程。在道德认知的发展过程中，最重要的成分就是道德判断，即一个人根据道德原则对什么是正确的或错误的行为进行的判断，也就是道德评价。儿童的道德成熟首先是其道德判断上的成熟，然后才是与道德判断相一致的道德行为上的成熟，因而，研究儿童的道德认知发展主要就是研究儿童的道德判断的发展。科尔伯格进一步指出，每一个个体的道德判断可以从内容和结构两个维度加以界定。道德判断的内容是指思考了什么，包括有关的道德事实、供参照的道德观念及相应的看法；道德判断的结构是指怎样思考问题或思考的方式，是对具体道德内容思维加工的方法和过程。正是后者，成为我们划分儿童道德发展阶段的依据。道德发展的机制就是道德判断的认知结构的变化发展过程。站在道德认知派的立场，科尔伯格认为，儿童道德发展的必要条件是儿童的理智发展，即儿童智力或逻辑思维的发展；但除此以外，儿童的道德发展也需要个体更多的角色承担发展。至于道德发展的动力，科尔伯格则认为，来自于个体与社会的相互作用。在这种相互作用的过程中，个体承担社会角色的机会不断增多，个体的道德经验不断结构化，不断同化吸收和调整平衡新的道德经验，从而使个体的道德结构产生新的质变，飞跃到新的发展水平。

科尔伯格最初的研究采用皮亚杰的间接故事法，但随后很快予以改进，形成了自己的“两难故事法”。两难故事保留了对偶故事的简洁故事形式和冲突性特点，但弥补了皮亚杰间接故事法的缺陷，即用一对对偶故事代表儿童道德判断发展的两级水平，忽视了儿童的道德发展可能有更多级水平或阶段的事实。科尔伯格采用两难故事法，对儿童的道德判断予以测量，从而揭示出儿童的道德判断发展的水平和阶段。

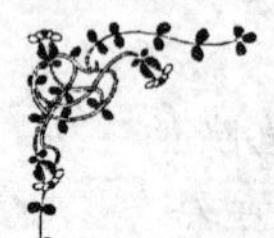

两难故事法

科尔伯格一直沿用9个两难故事作为引发被试道德判断的材料，其中故事Ⅲ是我们十分熟悉的“海因茨与药”的故事。

故事Ⅲ　欧洲有个妇女患癌症，生命垂危。医生认为只有一种药能救她，那就是本镇一位药剂师刚刚研制出的一种含镭的药品。制造这种药要花很多钱，而药剂师索价还要高出成本十倍。他花费400美元制作，却以每一小剂4000美元的价格出售。病妇丈夫海因茨四处借钱，但只凑到2000美元，只够药费的一半。海因茨不得已，只好哀求药剂师：他的妻子快要死了，请求药剂师便宜一点卖给他或允许他赊欠。但是药剂师拒绝了他的请求，说他卖药就是为了赚钱。这样，海因茨尝试了一切合法手段，但他都失望了，于是他撬开了药店的门，为妻子偷药治病。

同故事Ⅲ一样，科尔伯格的每个道德两难故事都包含有价值冲突的两难情境，有的甚至包含好几种价值冲突。但每个故事都有核心价值冲突，如故事Ⅲ的核心价值冲突是保护生命价值和维护法律价值之间的冲突。科尔伯格针对每个故事的核心价值冲突提出一系列标准探测问题，用以引发被试价值判断和选择的理由。如对故事Ⅲ提出：“海因茨应该偷药吗”、“海因茨有责任或有义务偷药吗”等。

资料来源：高觉敷、叶浩生主编：《西方教育心理学发展史》，福建教育出版社2005年版，第444～445页。

基于他关于道德认知发展的基本观点，通过运用道德两难故事对大量研究对象的道德判断水平的测量，科尔伯格提出了自己的道德判断发展的三水平六阶段模型。在这个模型中，伴随着个体道德推理能力的不断提高，个体的道德发展将经历三个水平六个不同的发展阶段。新的阶段总是从前一阶段中发展而来，个体的道德判断水平也总是遵循着这一普遍的阶段顺序向前发展，从不后退，也不能逾越。文化和教育可以加快、延缓或阻止个体道德发展，但却不能改变其阶段顺序。处于不同发展阶段的个体，或同一个个体处于不同的发展阶段，其道德判断和推理的思维模式都表现出质的差异。而在每一个道德发展阶段中，同一个个体在道德认知和道德行为上则表现出一致性。科尔伯格的道德判断发展的三水平六阶段模型是其理论的核心，具体内容如下：

科尔伯格的道德判断发展的三水平六阶段模型

第一水平：前习俗水平（pre-conventional）	
具有关于是非善恶的社会准则和道德要求，但主要从行为结果及自身的利害关系来判断是非	
第一阶段	
惩罚与服从的道德定向阶段	为了避免惩罚，就应服从规则
第二阶段	
天真的利己主义的道德定向阶段	应满足自己需要，并为满足自己的需要和利益而活动；只在与自己的利益直接有关时，才遵守规则
第二水平：习俗水平（conventional）	
关注社会需要和价值观中个人的地位或作用	
第三阶段	
好孩子的道德定向阶段	做一个“自己和他人眼中的好人”，强调遵从大多数人的看法，重视行为背后的动机，通过“做好人”而寻求认可
第四阶段	
维护权利和社会秩序的道德定向阶段	履行个人责任，尊重权威和为了自己而维持已有社会秩序；不仅遵守现有社会秩序，而且对此进行维护、支持和论证
第三水平：后习俗水平（post-conventional）	
逐渐形成不拘泥于某一特定社会团体的抽象道德原则	
第五阶段	
社会契约或功用和个人权利的道德定向阶段	认识到有各种与所属团体有关的价值观和意见，但为了公正，同时也因为这些规则是社会契约，所以认为应该拥护这些规则
第六阶段	
普遍的伦理原则的道德定向阶段	遵守自我选择的伦理原则、特定法令或社会协议；超越某些规章制度，更多地考虑道德的本质，而非具体的原则

科尔伯格的理论相对皮亚杰的理论来说有很大的发展，他在皮亚杰研究的基础上，建立了自己的道德认知发展理论体系，使这一理论成为西方最有代表性和最有影响的品德理论。科尔伯格通过两难故事法对个体的道德判断和推理进行实证研究，促进了道德现象研究的科学化；他研究了个体道德认知的发生发展的机制，揭示出个体的道德观念从认知的低级形式到高级形式的发展过程和规律，从道德认知研究方面推动了认知科学的发展；他通过大量的追踪研究和跨文化研究，建立了儿童和青少年的道德认知发展阶段模型，从而为道德教育的科学化提供了基础；他弥补了皮亚杰对偶故事法的缺陷，提出道德两难故事法，用道德判断谈话的形式来测量个体道德认知发展的水平和阶段，也发展了道德认知发展研究的科学方法。但科尔伯格的道德认知发展理论也存在一些缺陷，比如，他的理论是否偏向特定群体的人们，如男性？是否低估了年幼儿童的道德成

熟性？是否较多地描述了道德推理而不够重视道德情感和道德行为研究？又如，在文化影响方面，他的最高阶段反映的只是西方关于公正的理想，等等。

12.1.3 艾森伯格的亲社会道德发展理论

艾森伯格（Nancy Eisenberg）是美国当前较有影响的儿童心理学家，多年来，她一直从事儿童亲社会领域的研究，成为该领域颇有影响的代表人物之一。她的亲社会道德理论是在批判科尔伯格的研究方法和研究内容的基础上，结合自己多年的实验研究得出的。

艾森伯格与科尔伯格一样，将研究的关注点放在儿童的道德判断和推理上。在科尔伯格看来，他的理论揭示了儿童道德判断发展的基本规律，也适用于儿童对各种不同类型道德冲突所做的推理。但艾森伯格却对这一点表示了异议，她认为道德作为一个总的领域，包括许多不尽相同的具体方面，儿童对这些具体方面的判断会有所不同。一个人做出道德判断的实质就是在满足自己的愿望、需要与满足他人的愿望、需要之间做出选择。科尔伯格研究中所选用的两难故事在内容上几乎都涉及法律、权威或正规的责任等问题，如在海因茨该不该偷药的故事中，海因茨必须在偷药和妻子死亡之间作出选择，偷药就会犯法，而保护妻子免于死亡又是每一个丈夫的责任。这些法律、责任等问题会在一定程度上制约着儿童对故事冲突所作的推理。因此，科尔伯格运用其两难故事只是研究了儿童道德判断推理的一个方面——禁令取向的推理（prohibition oriented reasoning）。艾森伯格针对这一不足，区分并设计出不同于科尔伯格两难情境的另一种道德两难情境——亲社会道德两难情境（prosocial moral dilemmas），并据此来研究儿童的亲社会道德判断。所谓的亲社会两难情境，是指一个人必须在满足自己的愿望、需要和（或）价值与满足他人的愿望、需要和（或）价值之间作出选择，助人者的个人利益和接受帮助者的利益之间存在着不可调和的矛盾。例如，一个城镇的居民必须在是否与另一个城镇遭受洪水灾害的灾民分享食物之间作出选择，一个人必须在帮助一个遭抢劫的妇女和保护自己之间作出选择等。在亲社会两难情境中，故事的主人公是唯一能提供帮助的人，但助人就意味着自我牺牲。这种助人行为是“职责以外的行为”（acts of supererogation），它高于一个人正规的责任、源于公平考虑的责任等。在亲社会两难情境中并不强调法律、惩罚、权威和正规的责任，因而它与科尔伯格的两难情境就产生了区别。艾森伯格通过亲社会道德两难情境的设计，对儿童亲社会道德推理的发展过程进行了规律性的总结，形成了一种较完整的、具有较广适用性的道德发展理论，这是对前人有关道德问题研究的重要发展。在艾森伯格看来，道德发展是一个从自我到他人的发展过程，在这个过程中，社会规范会一步步内化为个体自身的价值观、责任感，以及自身的道德判断标准。该理论除了关注儿童认知发展水平对道德发展水平的影响因素以外，还涉及道德情感以及个体人格因素对儿童做出亲社会行为的影响。

艾森伯格也利用两难故事作为研究儿童道德判断的工具，用个别交谈来引发儿童的判断推理过程。但她选用的亲社会两难故事在内容上与科尔伯格不同，也没有预设其理论前提，对实验材料更采用不同于科尔伯格的评估方式，最终归纳、总结出了关于儿童亲社会道德判断的五个阶段理论，具体内容如下：

艾森伯格的儿童亲社会道德判断的五个阶段

阶段	描述
阶段一：享乐主义的、自我关注的推理	助人与不助人的理由包括个人的直接得益、将来的互惠，或者是由于自己需要或喜欢某人才关心他（她）
阶段二：需要取向的推理	当他人的需要与自己的需要发生冲突时，儿童对他人的身体的、物质的和心理的需要表示关注，但仅仅只是简单的关注，并没有表现出自我投射性的角色采择、同情的言语等
阶段三：赞许和人际取向、定型取向的推理	儿童在证明其助人与不助人的行为时所提出的理由是好人或坏人、善行或恶行定型形象，他人的赞许和认可等
阶段四：移情推理，分为两个阶段：	
a：自我投射性	儿童的判断中出现自我投射性的同情反应或角色采择，他们关注他人的人权，注意到与一个人的行为后果相联系的内疚感或肯定情感
b：过渡阶段	儿童选择助人与不助人的理由涉及内化了的价值观、规范、责任和义务，对社会状况的关心，或者是提到保护他人权利和尊严的必要性等。但是，儿童并没有清晰而强烈地表述出这些思想来
阶段五：深度内化推理	儿童决定是否助人的主要依据是他们内化了的价值观、规范或责任，尽个人和社会契约性的义务、改善社会状况的愿望等。此外，儿童还提到与实践自己价值观相联系的否定或肯定情感

艾森伯格认为，亲社会道德判断的这五个阶段并不具有普遍性，它们之间的顺序也不是固定不变的。她仅认为自己勾画出了“美国中产阶级儿童发展的（一种）描述性的与年龄有关的顺序”。但是，国外许多心理学工作者（如 Fuchs、Biegbke、Sakagami、Tietjen）利用艾森伯格的亲社会两难故事在德国、以色列、日本等地所做的跨文化研究表明，尽管不同文化背景下的儿童的亲社会道德判断存在着一定的差异，但他们的亲社会道德判断发展过程与艾森伯格提出的关于儿童亲社会道德判断的发展阶段基本一致。也就是说，艾森伯格的关于儿童亲社会道德判断的理论在很大程度上得到了跨文化研究的支持，具有一定的普遍性。

艾森伯格将自己提出的关于儿童亲社会道德判断的发展阶段与科尔伯格的道德判断发展阶段理论作了比较，结果发现，她的理论部分支持了科尔伯格的观点，但也表现出一定的分歧。艾森伯格的理论与科尔伯格的理论都揭示出儿童道德判断发展中的某些带有普遍性的规律，如年幼儿童都对个人和他人的需要表示关注，然后又都把好人的定型形象、他人的赞许等外在于他们的东西作为其道德判断的理由，年龄再大些的儿童都开始以个人内在的思想、价值观等作为其判断的理由。但艾森伯格还是注意到，儿童并不或极少把避免惩罚和权威的力量作为其亲社会道德判断的理由，而且不同的道德判断内容会在一定程度上影响到儿童的道德判断。因此，科尔伯格的道德发展阶段理论并没有完全概括出儿童整个道德判断的全貌，也可以说他的理论只揭示出了儿童对某些道德问题的判断发展情况，而艾森伯格的理论在一定程度上弥补了这一不足。不过，艾森伯格的理论也存在一些问题，如研究方法仍然具有一定的主观性，研究结论还依赖于对儿童的口头回答的分析，因而研究结果的可靠性还存在疑问；另外，她的结论是从研究儿童亲社会道德发展过程中得出的，是否具有广泛的适用性还有待论证。

12.1.4 吉列根的关怀道德理论

与艾森伯格一样，吉列根也是科尔伯格理论的批判者之一，尽管她是科尔伯格的博士研究生。吉利根运用与科尔伯格一样的研究方法展开研究，她及其搭档访谈了 80 名年龄在 15 ~77 岁的对象，其中女性 34 名、男性 46 名，访谈的内容是生活中真实的道德冲突。此外，她还做了两项研究：一是大学生研究，就自我观、道德观与道德冲突进行访谈；二是对 29 名怀孕并处在是否流产的两难决定中的女性进行访谈。通过研究，吉列根认为，由于受生理和文化等因素的影响，男女两性在道德发展上呈现出一些差异，男女分别从“公正”(justice) 和“关怀”(care) 两种不同的视角进行道德选择和道德判断。男性侧重于以公正作为他们组织其道德思维的核心，倾向于公正取向的伦理道德观（justice focus)，而女性则侧重于关怀取向的伦理道德观（care focus)。当然，这里的男女两性在道德发展上的差异只是表现在总体上的一种趋势，并不能具体到每个个体。

吉利根在访谈研究中，根据访谈对象使用的道德语言，如应当、更好、正当、善或更善的方式，根据她们在道德思考中态度的变化以及对自己决定的反省和判断得出女性的道德发展，也就是关怀伦理发展的三个阶段：第一阶段，女性为确保生存而产生对自身过分的关怀，在这一阶段，道德是社会强加的约束。第二阶段，女性将前一阶段批判为“自私”，从而产生对他人联系的责任，试图对依赖者作出保护，甚至排除对自我的关怀。在这一阶段，女性的主要关怀在他人身上，“善”被视为取决于其他人的接受。第三阶段，女性经历了前两个阶段的不稳定因素（如对他人关怀的排除、对自己关怀的排除)，对他人与自我的关系作出了重新理解，对自我与他人的互相依赖有了更深刻的认识，从而到达关怀伦理发展的最高阶段。在这一阶段，女性对他人与自我的关系适当地关注，关怀成了道德判断中自我选择的原则，并最终完成从善到真的过渡。

在吉列根等人的研究中，为什么女性的道德发展会呈现出与男性的道德发展不同的差异？这大体可以归纳为如下两个原因：一是社会文化的影响。以吉列根等人为代表的女性主义者认为两性道德发展的性别差异源于社会文化的建构。这一点人类学家玛格丽特·米德给予了证明。玛格丽特·米德通过田野观察等手段，对跨文化社会的性别特征进行了调查，在《三个原始部落的性别和气质》一书中，她阐述了三个原始部落中男女行为的差异，得出社会文化在两性道德发展差异的形成中起着决定性作用的结论。二是道德思维方式的不同。澳大利亚身体语言和行为学专家皮斯夫妇在大量的研究和调查后认为，男女大脑的差异决定了男女之间的行为能力、生活方式和两性交往等方面的差异。男性的思维方式具有个体性和独立性，倾向于将自我理解为一个独立的理性个体。而女性的思维则体现出关系性，倾向于把自我视为关系中的自我，对人的理解也是从关系出发的。同样，男女思维方式的不同也体现在道德发展上。相对于女性，男性的独立性和理性的思维在道德上体现出公正取向。而女性的关系性思维在道德发展上则体现出关怀取向。在原则性和情境性上，男女道德思维方式也存在差异。男性面对问题时倾向于根据普遍原则寻求答案，思考问题更具逻辑性；而女性在思考道德问题时不拘泥于这种抽象的原则，倾向于考虑当事人当时所处的环境和内心世界。正是源于这样一些原因，男女两性在道德发展上表现出一定的差异。但在这里，值得一提的是，尽管男女两性根据吉列根等人的研究，在道德发展上确实表现出了一些差异来，但如果机械地、孤立地以性别为界限人为地将两者划分开来，则是不妥的。事实上，真正的道德成熟者会赋予公正与关怀同等的价值，并将二者合理地内化到自身的道德发展中去。

吉列根通过自己的实证研究，提出了关怀道德取向的存在，这是品德心理研究领域对道德发展理论的重大发展，极大地丰富了以她的老师科尔伯格为代表的道德认知发展理论的内容。她站在女性主义的立场上，尖锐地指出科尔伯格理论及其研究中的缺陷，比如她注意到，科尔伯格的研究基本上排除了女性样本，这使得科尔伯格等人对女性道德发展的解释并不严密，在一定程度上导致了男性的道德发展被认为代表着整个人类的道德发展。不过同时，我们也应该看到，吉列根的关怀道德理论在很大程度上仍然是对科尔伯格理论的修正和补充，她采用科尔伯格的道德两难法进行测评，提出的女性道德发展三个水平没有完全脱离科尔伯格认知发展阶段的框架，也没有就自己的观点提出一个更为完整的理论模型。因此，她的理论依旧表现出对科尔伯格思想的一定继承，在实际上拓宽了道德认知发展学派的视角。

吉列根的关怀道德与科尔伯格的公正道德之比较

	吉列根的关怀道德	科尔伯格的公正道德
主要道德命令	不伤害/关心	公正/正义
道德成分	人际关系 对自己和别人的责任 关心 和谐 怜悯 自私/自我牺牲	个体神圣 自己和别人的权利 公正 相互性 尊重 规则/法律
道德困境的性质	对和谐和关系的破坏	权利的冲突
道德义务的决定因素	关系	原则
解决困境的认知过程	归纳性思维	形成的/逻辑的演绎思维

续表

	吉列根的关怀道德	科尔伯格的公正道德
对作为道德行为者的自我的看法	与人联系，依附的	分离的，个体的
情感的作用	关心的和怜悯的动力	不作为成分
哲学导向	现象学（文化背景的相对主义）	理性的：正义的普遍原则
阶段	个体生存 1A 从自私至责任* 自我牺牲及社会一致 2A 从善至真理* 不伤害道德	惩罚与顺从 器械性的交换 人际间的一致性 社会系统与觉悟的维持 天生的权利和社会契约论 普遍的伦理原则

*代表与发展阶段相适应的过渡期

12.1.5 道德领域理论

20 世纪七八十年代，道德领域理论（moral domain theory）逐渐兴起。道德领域理论作为以特里尔、努茨、斯梅塔那等人为代表的社会领域理论（Social Domain Theory）的有机组成部分，基于不同的视角，对儿童的道德发展提出了自己独树一帜的见解。社会领域理论仍然沿袭了认知学派的传统，关注儿童的社会性发展，侧重对儿童的经历与发展进行研究，是当前认知学派中较有影响的一派观点。它与认知—建构理论主张探寻揭示认知发展规律的普遍概念或规则不同，提出了用“领域”的概念来解释儿童的认知发展过程。它将儿童认知的发展区分为不同的几个领域，其中最主要的包括道德领域、社会习俗领域、个人事务领域等。与身体伤害、心理伤害、公平或正义有关的行为都被视为道德领域事件，如在学校中打架、骂人等行为；社会习俗领域事件则关乎一致性或规则，服务于社会和谐的功能，如在学校中的衣饰准则等；与冲突性伤害或公平和权利无关、不能由社会常规调控、属于个人权限之内的行为就是个人领域事件。对这些领域事件的认知判断各有不同。社会领域理论以“领域”作为分析框架来研究儿童认知发展在各个不同领域内表现出来的不同的特点，并进一步揭示各个领域儿童认知发展的相互影响。社会领域理论与以皮亚杰和科尔伯格为代表的认知—建构理论存在较大的争论。前者认为领域的分离从儿童早期时代就开始了，推理在每一领域内的发展是平行的，会经历与年龄相关的不同发展模式，从而使得领域理论在认知发展问题上与认知—建构理论显示出明显的分歧。后者强调发展的阶段性与序列性，而前者坚持发展的领域性。站在不同的立场上，特里尔批判了科尔伯格把推理发展进程区分为两种发展状态的观点，即个体早期阶段的非推理或顺从状态与后期阶段的推理状态。他认为，个体选择服从一定的规则并不是一种向成熟发展的标志，而只是某一领域内推理的反映，比如道德领域的推理判断是以该行为是否会带来伤害或不公平为规则进行的，而对习俗传统的判断却基于权威的规范或期望。不同领域的推理判断遵循不同的规则，但不能说哪一种推理更成熟。

道德领域理论对道德认知的思考，与以前关于道德认知的发展模型不同，它主张人们对于道德领域事件的思考不同于对其他领域社会事件的思考，具有领域特殊性。来自领域理论的大量的实证研究已经证明了这一点，即便是儿童和青少年也认为道德判断与一般的社会事件判断不同。例如，根据与儿童进行的访谈研究报道，被试者会在道德和习俗事件之间做出区分（其中，最小的被试者 2 岁半）。在这些研究中发现：无论是否存在控制性的规定，被试者都把道德违规（例如：打人和伤害，盗窃他人财产，毁谤重伤）视为错误的；而习俗行为（如直呼教师的名字，女性穿裤子，婚前性行为）只有当违背了现存的规定时才被视为错误的。访谈研究还发现个体把习俗标准看成是可以发生变化的，而道德规定则被认为是普遍的和不可改变的。与社会习俗领域相比较，道德领域事件具有超越情景、社会和文化的概括性特点，具有普遍性。人类道德的核心是对公正与人类福利的关切。而社会习俗领域事件则具有较大的可塑性，它们的约束力往往在一个充满人为规则的社会系统中才能发挥效用。一般而言，人们对道德事件的推理判断具有相对稳定性，一般不会随具体情况的变化而变化，但人们对社会习俗事件的推理判断却是可变的。因此，不管情景或文化如何，个体对道德事件的推理判断总是以相似的方式进行，但对于社会习俗事件，不同的判断者却往往产生不同的判断结果。

随着领域推理研究方面的深入，研究者们开始对人们如何将来自多种领域的元素进行综合推理的问题产生了兴趣，从而诞生了混合领域推理研究。研究问题从个体和常规事件中父母与儿童之间的冲突，扩展到广泛的社会冲突，包括关于性别、阶级以及资源公正分配的道德问题。对于领域整合推理模式，特里尔和斯美塔那曾经提出三种，分别是领域从属、缺乏领域决策、领域协调。例如，有一名儿童正在排队准备喝水，而另一名明显很热很渴的儿童插到队伍前面去了，因为他必须尽快返回到足球比赛当中去。如果儿童认为排队儿童正在等待轮到他喝水、插队是绝对不可以的，那么这就是一种领域从属模式，这个事件被简化为一个简单、易分的道德事件；如果儿童注意到排队按顺序喝水与插队者非常口渴、需尽快返回比赛之间存在矛盾，但不能对这些因素进行整合，那么这就是缺乏领域决策模式；如果儿童清楚这个事件中的矛盾，并且能够进行一个顾全整体的反应，即偶尔一次插队是可以的，但大多数的插队是不对的，因为会导致饮水处的暴力行为，这样的模式就是领域协调。总的来看，领域理论同样认为，儿童对于社会情境的理解对他们随后的行为有重大的影响。尽管早期研究者更多关注儿童和青少年对于明显的领域事件或各个领域的原型事件的推理，但是过去 10 年中研究兴趣不断集中于考察人们如何综合来自各个领域的因素对事件进行推理的过程。相比之下，早期的研究较少获得个体差异，但是对混合领域事件推理的考察更有助于考察个体差异。

道德领域理论自诞生以来，迅速扩大着影响力。这一理论不仅在理论上弥补了以科尔伯格为代表的道德发展阶段论只研究道德思维的形式，而忽视道德思维的内容的缺陷，为道德判断的跨情境、跨文化研究提供了基础；而且在实际的道德教育活动中，对道德领域与社会习俗领域和其他领域的区分，也能帮助教师以更为恰当的反应模式来应对学生的不同领域的不当行为，使得学校的道德教育更具针对性和有效性。

12.2 道德情感发展

12.2.1 道德情感的不同认识

对于什么是道德情感，国内外的不同学者都有自己不同的看法。国外学者一般认为，与一般的情感不同，只有那些“连接着他人或社会的利益与幸福”的情绪才属于道德情感的范畴。这一界定同时也包含了道德情感的两个典型特征：无私的诱因与亲社会行为意向。一种情绪越是被与己无直接利害关联的刺激物所诱发，越是能驱动个体从事有利于他人或社会的行为，那么它就越可以被视为典型的道德情感。到底哪些情感属于道德情感的范畴，目前国外比较有代表性的看法是海特提出的观点。海特（2003）根据情感的内在关系，归纳了四类较为典型的道德情感。第一类是他人谴责的情感，如鄙视、义愤、厌恶等，它们是个体因为他人违背道德规范而产生的体验；第二类为自我意识的情感，如羞愧、尴尬、内疚、自豪等，它们是个体意识到自己的行为给他人或社会带来不利或有利的结果时而产生的体验；第三类为他人苦痛的情感，如同情、怜悯、移情等，它们是个体由于感知他人的不幸经历而产生的体验；第四类为他人赞颂的情感，如感戴、崇高、敬畏等，它们是个体见证他人的善行与伟大而产生的体验。唐格尼等人（2007）在此基础上进一步强调，尽管某些情感在评价上是指向自我的，或造成了对自我及其行为的消极体验，但它们同样能强化道德观念和道德承诺，特别是那些过程性强、道德行为意向突出的情感更接近道德情感的本质。

从目前的分类研究来看，道德情感大体上可以分为负性道德情感、积极道德情感两种。

负性道德情感，包括鄙视、愤怒、厌恶、羞愧和内疚等。对这些负性道德情感的研究，主要集中于引发这些情感的神经机制、它们的适应机能及文化特征的分析。就适应机能而言，受到他人谴责的负性道德情感似乎与特定的道德规范具有对应关系。罗津等人提出了 CAD 三合（the CAD-triad）假设，认为鄙视同无礼、不守本分等背德行为有关，愤怒同侵害人权和违背公正有关，厌恶同身体纯洁性的丧失有关。因此，鄙视、愤怒和厌恶，可以对应于另一个 CAD——社会、自主和神性。也就是说，鄙视、愤怒和厌恶分别是由社会规范的违背、个人权利的侵害、纯洁或圣洁的玷污所引发的。羞愧和内疚都是人类高度社会化的自我意识情感，但一般上，人们认为两者“在道德上”并不等价，内疚是更具适应性的道德情感。唐格尼等人从五方面比较了两者的适应机能：（1）羞愧可能会带来更多的否认、掩饰或逃离羞愧诱发情境的企图，从而导致人际距离；内疚则相应地带来忏悔、道歉等补救性行为。（2）内疚连接着他人取向的移情，羞愧则会导致个体对“坏的自我”的聚焦。（3）羞愧倾向的个体常通过防御性的、外在化指责使自己恢复控制感和优越感，或以破坏性的方式表达愤怒；内疚倾向的个体，往往会有更具建设性的移情和承担责任以调节攻击性。(4) 羞愧倾向与许多心理症候有关，如低自尊、抑郁和焦虑、失调症候与自杀观念等，而内疚则没有发现此类典型的链接。(5) 羞愧和内疚都具有减少犯过和不恰当行为的可能性，但内疚更具有保护性功能，能更有效避免危险的、不合法的行为，面对过错承担责任并予以改过。就文化特征而言，在东方文化中，愤怒、厌恶和鄙视都很难被理解为真正意义的道德情感，然而，对于西方人来说，他们的愤怒、厌恶、鄙视等体验更多地与不公正或不道德事件有关。大多数西方研究者会把羞愧、尴尬、内疚区分开来，然而在东方文化中，羞愧和尴尬，连同羞怯、谦卑和社交畏惧往往混合在一起。

积极道德情感包括崇高、感戴、自豪和敬畏等。对积极道德情感的研究依然按照分立的模式开展，但对它们功能的理解开始趋向综合。崇高感是当个体注意到人们以特别值得称赞的，甚至是超乎寻常的方式履行道德行为时而产生的积极情感体验。善良的行动、虔诚以及自我牺牲似乎都会成为崇高感的诱发因素。感戴是迄今为止研究者对积极道德情感的大部分实证工作指向的对象。不同于受人恩惠的亏欠感，感戴是当人们受惠时所产生的积极愉悦的感激体验和回报冲动，它之所以是一种道德情感，是因为其来源于施恩者的道德行为促成了受惠者随后的道德动机。自豪是个体意识到其行为结果具有较高社会价值而产生的情绪体验，它激励人们履行并强化着自己对他人与社会的道德承诺。唐格尼（1990）区分了以自我为傲的 α 自豪和以行为为傲的 β 自豪；翠西和罗宾斯（2007）则区分了真实的自豪和傲慢的自豪。敬畏是个体对“自我之上”和“高于自我”的人或事物所产生的崇敬、畏怯乃至顺应的复杂情感。肯特纳和海特（2003）概括了敬畏的两个中心特征：巨大和顺应。巨大涉及那些被体验为远高于自我以及自我体验的一般水平的某些事物，它不仅是一种物理尺度，也可以是一种社会尺度，如名声、威望等。敬畏中的顺应，作为积极道德情感，是指个体面对敬畏对象时受到启迪，产生脱胎换骨而获得新生的感受，它使人崇敬榜样，改造自我。

资料来源：郑信军、孙洲、缪芙蓉：《道德情感的研究趋向：从分立到整合》，《心理科学》2009 年第 6 期。

目前国内的学者比较倾向于认为，道德情感是在道德认知的基础上，对现实生活中的思想言行是否符合道德标准和道德需要而产生的内心体验，它与道德认知一起，是推动人产生道德行为或制止不道德行为的内在动力。一般而言，就其形式看，道德情感大致包括三种：(1) 直觉的情绪体验。这是由对某种情境的感知而迅速产生的一种积极的或消极的情绪体验。(2) 与具体的道德形象相联系的情绪体验。这是通过想象、通过形象而发生作用的一种情感。(3) 意识到道德理论的情绪体验。这种道德情感是以明确地意识到道德要求为中介的情感，是具有很大概括性的情感，也是更高级的情感，它把道德认知升华了。

12.2.2 道德移情理论

20世纪80年代，美国心理学家霍夫曼（M. L. Hoffman）提出了儿童移情性道德感（empathic moral effect），即道德移情的问题。他认为移情是一种对他人的境遇的适当情感反应，而不是对自身境遇的反应，这种情感反应不一定和他人的情感状态完全相同，移情在人的道德发展中起首要作用。他从个体情感发展以及它作用于个体使之产生具有道德意义的行为动机的角度去探讨道德移情问题。他指出道德移情对个体的道德发展有重要功能；移情倾向可以加强个体具有的公正道德价值取向或者关爱道德价值取向；在面临道德冲突时，唤起的移情可激活道德原则，进而影响到判断；移情水平的高低影响着道德动机，进而决定了个体能否作出正确的道德抉择并完成道德行为。

霍夫曼认为，道德的源头可从移情中去探索，而移情本身就是一种“亲社会动机”，具有引发助人行为、抑制攻击性行为等亲社会功能。近年来，在有关助人、转让、抚慰、合作和分享等亲社会行为的研究中，许多实验证据表明，移情与亲社会行为有显著的正相关关系，即移情水平高的人比移情水平低的人表现出更多的亲社会行为。从霍夫曼及其他心理学者的研究中可以看出，儿童在产生不同水平的移情反应过程中，也产生了相对应的道德行为；移情是儿童利他行为和其他亲社会行为的一个重要的中介因素，它在激发个体亲社会行为的动机和促进个体亲社会行为的发展上起着重要作用。

霍夫曼（1982）后来提出了一个“移情发展的模型”，将儿童的移情发展划分为四个阶段：

阶段一：物我不分的移情阶段（globe empathy，0～1岁）。此时，婴儿的自我意识尚未形成，未能区分对他人的情绪状态和自己的情绪状态的体验。

阶段二：自我中心的移情阶段（egocentric empathy，1～2岁）。在将近一岁时，儿童开始萌芽初步的自我意识，逐渐学会区分别人与自己的痛苦，但仍不能充分地把自己的内部状态与他人的内部状态相区分。因此，此阶段的幼儿会试图对他人的忧伤情感作出帮助性反应，但这种反应只是为了减轻自己的不安和痛苦，而且采用的帮助方式也往往是不适当的。

阶段三：认知的移情阶段（empathy for another's feeling，2～3岁）。随着儿童采择能力的发展，他们不断提高区别自己及他人情感的能力，此时的幼儿能够对他人的感受进行推断，做出更多的反应。3岁的幼儿不仅能对简单情境中他人的快乐或悲伤进行辨认并产生移情反应，还能够从情绪的象征性线索（语言）中辨别出意义来，甚至能在他人不在时通过听到对有关他人的感受的描述而产生移情。同时，此时由移情采用的行动方式能够更熟练地以合适的方式帮助别人。

阶段四：超越直接情境的移情阶段（empathy for another's life condition，童年晚期以后）。此阶段的幼儿换位思考能力不断发展，从对他人的即时痛苦的感情理解发展到对他人生活境遇的理解，并且已能理解痛苦并不是一种短暂的现状，而是一种持续痛苦的情绪生活。

霍夫曼还试图确定移情反应和道德行为发生的情境。他对涉及道德的境遇作了界定，提出了五个“包括了绝大部分亲社会的领域”的情境，这五种情境分别为：（1）清白旁观者情境（例如，亲眼目睹了某人的痛苦或悲伤）；（2）违背道德者情境（正在伤害或欲伤害他人的情境）；（3）假想伤害者情境（一种想象伤害他人的情境）；（4）多重道德要求情境（例如，对两者都需要帮助的情况下，个体必须择其一的情境）；（5）人道与司法相冲突的情境（例如，他人的实际状况与法律上的权利、责任和互惠等问题发生冲突）。这些内容被认为包含能引发个体内疚和移情反应的情境。另外，他认为移情也和以下一系列的道德反应有关：同情、对伤害他人的人感到愤怒或有攻击倾向、内疚和公正感（由感受道德不公平对待而引发的移情）。总之，在他看来，关怀与公正的道德原则是以移情为中介而发生作用的。

在以往的研究中，尽管科尔伯格也提到过移情是道德判断的预设前提，但他却没有进一步探究移情对道德发展的重要作用。而霍夫曼却另辟蹊径，认为道德动机会引发道德行为，而道德动机的主要来源就是移情，所以，人之所以有道德行为就是由于道德情感的需要促成的。霍夫曼把道德情感作为道德发展的中心要素，对当代西方道德发展理论的丰富及道德教育的实践作出了不可忽视的贡献。

在霍夫曼提出的道德移情理论的基础之上，国内学者从两个角度对道德移情进行了研究。一是中国儿童移情的发展水平。常宇秋、岑国祯（2003）的研究表明：我国 6 ~ 10 岁儿童面临道德情境时作出的道德移情反应随年龄的增长而提高；他们对集体的道德移情反应强于对个人的道德移情反应；他们对声誉损害的道德移情反应最强，其次是对人身伤害的，最后是对财物的损坏；他们在内疚感、气愤感等不同的道德情感上的移情反应与霍夫曼的设想既有相同点，也有不同之处。岑国祯等人（2004）的研究表明：我国 6 ~ 12 岁儿童均能做出移情反应和一般助人行为倾向反应，但 8 岁以上儿童的反应更为强烈和成熟；8 岁以上儿童才能在自己也有困难的冲突背景下仍做出助人行为倾向的反应；6 ~ 12 岁儿童的移情反应与其一般助人行为倾向反应有显著正相关关系；8 岁以上儿童才具有移情反应与冲突背景下的助人行为倾向反应的显著正相关关系；个人、集体两类情境会影响他们的移情反应；人身伤害、声誉损害、财物损坏等情境会影响他们的助人行为倾向。另外，一个研究角度则建立在霍夫曼对移情和亲社会行为关系的研究基础之上。李福芹（1994）认为移情是自我与亲社会行为之间的一个重要的中介变量，儿童在道德情境中的这种能力是他们履行道德行为的一个必不可少的条件。丁芳（2000）的研究结果表明：高道德判断水平儿童的亲社会行为受移情水平的影响比低道德判断水平的儿童明显；移情水平较高儿童的亲社会行为受道德判断水平的影响比移情水平较低的儿童明显；道德判断与移情之间的联系是以角色采择作为中介因素的；女孩在移情及亲社会行为表现上明显优于男孩。

12.2.3　道德情感能力发展

21 世纪初，道德情感研究出现了新的趋向，越来越多的研究者们改变了以往对道德情感分开探讨的研究习惯，尝试以更为整合的视角理解道德情感的动机功能，并将其与道德认知和道德行为的研究结合起来，其中，较有代表性的是“道德情感能力”概念的提出。

唐格尼（1991）最早采用“道德情感能力”(Moral Affective Capacity，MAC）的概念来区分道德情感和某些情绪状态。例如，移情不仅是一种情绪状态，而且是涉及对他人的情绪进行体验和反应的综合能力。一个完整的移情反应包括三个内在联系的技能：(1）对他人的角色采择或观点采择的能力；（2）区分或准确阅读他人的特定情绪体验的信号或线索的能力；（3）体验一系列情绪的能力。麦克等人（2002）以感戴为例，提出了个体在情感倾向性上有区别的四个维度：强度、频率、跨度（范围）、密度，从而提供了一种操作性地定义“道德情感能力”的方式。勒菲尔等人（2008）在文献回顾的基础上把道德情感能力定义为“与道德情感有关的、能促进亲社会行为的内隐的程序性能力”，并认为只有这样，才能充分体现以道德情感为中心的，包含道德直觉、美德在内的内隐联想网络的特点。联想网络的一部分担当着知觉敏感性（道德直觉）的功能，另一部分提供了动机性力量（道德情感），还有一部分提供了实践性互动所必需的程序性技能（美德）。例如，同情作为一种道德情感能力，需要敏锐觉察和领悟他人的苦痛，这种直觉又进一步因道德情感的其他方面（如生理反应、面部表情、冷认知评价等）的激活而被放大，并进一步使得某种程序性的互动技能（如与对方相似的表情、抚慰性的语言和动作、助人的行为等）得以激活。

道德直觉，是道德判断的社会直觉模式的核心概念。海特（2001）认为，道德直觉是有内在联系的道德概念通过无意识的方式进行的自动输出。在考察理论和研究的基础上，社会直觉论提出，道德直觉的某些部分是天生的，在此基础之上，人会在特定的文化中形成特定的道德规范。

社会直觉论的基本主张是道德判断由快速的道德直觉导致，接下来才是慢速的、追溯性的道德推理。直觉论把道德直觉看做道德判断的原因，同时也承认道德推理会导致道德判断。社会直觉论是认知的双重理论在道德领域的扩展，这一理论的提出为道德判断的理论发展注入了新活力，同时也为道德判断的研究指出了新的方向。在考察实证研究的基础上，社会直觉论创造性地提出了道德直觉和道德情感是道德判断的主要原因，但它并不是对传统理性论的简单否定，因为直觉论赞同道德推理同样会影响人的道德判断，同时也强调道德判断发生于人际间的互动。在直觉论的理论模型里，道德判断被看做是直觉、情感、推理及社会影响以动态的方式相互作用的结果，因此直觉论实质上是对传统理性论的超越和整合。这一新的理论形态将会激励研究者突破传统的道德研究模式，启发他们关注道德判断中的无意识过程和自动过程，并促使研究者进一步思索如何在复杂的社会作用中考察道德行为的深层次根源，从而探索道德教育和人格塑造的有效途径。

不过，社会直觉论尚处于发展阶段，其理论观点还有待于实证研究的进一步检验，尤其是道德直觉导致了道德判断的观点也许只能被看做一种描述性的看法，而不能看成规定性的主张。正确地理解和采纳直觉论的理论观点，充分发掘直觉判断和理性判断的效用，将有助于道德教育的有效性以及道德判断质量的提高。

资料来源：何亚云、冯江平：《道德理论的新进展——道德判断的社会直觉模式》，《心理科学》2004 年第 5 期。

各种道德情感能力彼此之间存在着一定的关联性，围绕着一定的主题，它们可以荟萃为一个相互建构彼此拓延的道德情感能力系统。以关爱为例，关爱具有多元的动机结构，其中，依恋动机连接并调节主体的亲密性，利他动机帮助并调节他人的主观幸福感，互惠动机调节相互关系和人际社会交换的公平性，补偿动机则修补和调节人际社会交换的持续性。与依恋动机相联的道德情感能力包括信任、爱和崇高，与利他动机相联的有移情和同情，与互惠动机有关的是感戴和自豪，与补偿动机有关的是内疚、宽恕和谦恭。上述十种道德情感能力构成了关爱品质的核心。关爱的道德情感能力模型反映了道德情感能力之间关系的两个基本假设。第一，特定动机系统内的各种道德情感能力之间显著相关，其相关程度高于与其他动机系统的道德情感能力的相关程度。这意味着，某一个体可能在与互惠动机有关的道德情感能力（如感戴）上有较高的水平，但在与补偿动机有关的道德情感能力（如宽恕）上则不一定如此。第二，一个特定动机领域内的有关道德情感能力也可能会激活不同动机领域的道德情感能力。以感戴为例，与互惠动机有关的倾向性感戴在很大程度上依赖于个体与利他动机有关的移情能力，否则就难以估量他人所施与恩情的价值和付出的代价，而且，感戴还可能要求受惠者信任（依恋动机）施予者主动提供的帮助，并以一种非应得的态度对所受恩情怀有谦恭之心（补偿动机）。

12.3　道德行为发展

12.3.1　斯金纳的行为主义品德理论

斯金纳是新行为主义的代表人物，其操作强化原理被广泛运用于解释行为的问题上，其中也包括道德行为问题。在斯金纳看来，儿童品德的形成是操作行为本身强化的结果。所谓善的东西，就是产生正强化的东西，即正强化物；所谓恶的东西，就是产生负强化的东西，即负强化物。因此，一切受到正强化的行为就是善或好的行为；一切受到负强化或惩罚的行为就是恶或坏的行为。他强调传统上人们认为善与恶、好与坏都是内在的价值观念和道德感受的观点，是错误的。从人格、心理状态、情感、目的和意图等主观感觉来解释人的价值和道德就会不可避免地走进"心灵主义"的死胡同。斯金纳坚持从强化理论来说明人的道德行为，指出道德"不过是强化作用的依随联系，而非这些依随联系所产生的感受"。强化有益于我们的行为，乃是人类的自然倾向。通过强化人们建立了各种社会性的依随联系，而这些依随联系又反过来强化行为。在斯金纳看来，这种强化作用构成了人类社会联系的基本方式。

斯金纳特别重视外部环境对道德行为的强化作用，他指出环境之所以能影响人的行为，是因为它构成了满足人们基本需要的必要条件和活动条件。斯金纳所主张的行为科学的宗旨就是通过分析人的行为与环境之间的复杂关系，达到对两者的严格控制。斯金纳认为他的这种行为分析技术提供了一种重要的道德教育方法。由于环境对行为具有重要的强化作用，道德教育就是通过环境的控制和改变而实现对道德行为的控制和改变。他批评了传统的一些道德教育方法，如自流放任法、指导法、依赖事物法和改变思想法。这些方法构成了千百年来人类控制行为的基本方式，但都无法达到科学的层次。放任法是一种不用控制的控制法，结果导致行为的灾难性后果，行为责任被转嫁到别的依随联系之上。指导法似乎可以克服无责任归属的缺点，但仍囿于人自身。改变思想的方法把一切都归咎于儿童的内在品性改造，无法达到行为之科学控制。依赖事物法较之其他方法要严格得多，已接近靠科学事实指导人的行为操作的途径，但并不全面，也未看到人的行为对事物环境的反作用因素。斯金纳将上述传统的方法归于错误的行为控制方式，认为只有他的行为控制技术才是最有效的方法。

总之，斯金纳是从外部环境和强化效应来解释道德行为的。他强调的是行为操作而非主观能力，是行为效果而非行为动机。这既不同于认知发展观的品德理论，也不同于精神分析的品德理论。他以科学事实说明价值判断，以外部环境规定道德行为，以行为分析技术作为道德教育方法，这些均对我们理解儿童的品德形成和进行品德培养具有一定的启发价值。但是，斯金纳简单地把道德行为归结为强化行为，忽视道德行动中的认知和情感活动，显然是片面的。同时，他在人与环境的关系上最终陷入机械唯物主义的循环论之中：人创造环境，环境又决定人，但两者关系究竟如何，他仍旧没有解释清楚。

12.3.2 班杜拉的社会认知理论

美国当代著名心理学家班杜拉运用社会认知理论来解释儿童的道德行为。他主张的社会认知主要是一种观察学习，即儿童通过观察他人在相同社会环境中的行为，从他人行为获得强化的观察中来进行体验学习。观察学习是儿童学习的主要形式，可以说，儿童的大部分道德行为是通过观察学习获得和改变的。

班杜拉的这一观点得到了一系列实验研究的支持，其中一项就是经典的波波玩偶研究实验。该实验随机将幼儿园孩子分为人数相等的三组，分别观看三部影片中的一部，影片中的一个人物对着和成人一般大小的充气娃娃拳打脚踢（见图 12.1）。第一部影片中，攻击者因其攻击行为得到了糖果和赞扬作为赞赏。第二部影片中，攻击者因其攻击行为遭到批评，还挨了打。第三部影片中，攻击者的行为没有带来任何后果。随后，每个孩子被独自留在放满玩具的房间，这些玩具中就包括波波玩偶。实验者透过单向玻璃观察孩子的举动。目睹影片中攻击者行为受到强化，或未受惩罚的儿童与目睹攻击者受到惩罚的儿童相比，前者更多地模仿攻击者的行为。该研究的一个重要发现就是不管影片中的示范性攻击行为是否受到强化，很多儿童都出现了观察学习。第二个重要发现则是儿童观察到了某种行为，但是未做出相应的行为表现时，该儿童可能已经以认知方式习得了所观察的行为反应。

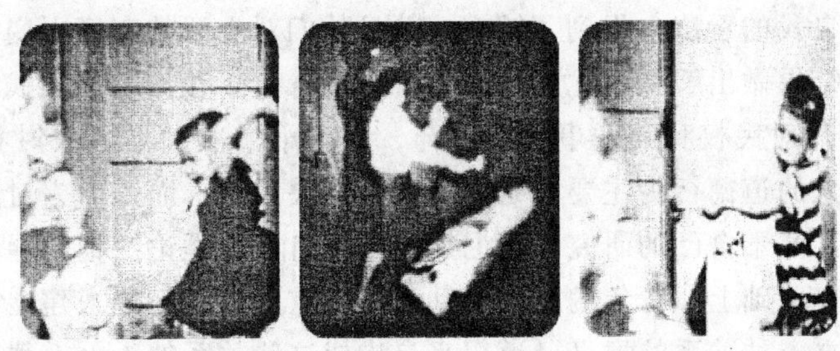

图 12.1　班杜拉的经典波波玩偶研究：观察学习对儿童攻击性的影响

班杜拉通过一系列实验获得了具有说服力的成果，使得他最后立足于社会学习交互论模型，科学解释了儿童的道德行为。他认为在儿童的道德行为形成过程中，个人、环境、行为是交互作用的，个体的行为是内部过程和外部影响复杂的相互作用的产物，社会环境因素和社会学习以及个人内部因素都在儿童的品德形成过程中发挥作用。从外部因素而言，儿童可以通过言语教导、榜样示范等方式来学习道德法则，进行道德判断。在这一过程中，父母、其他的成人、同伴及象征的榜样也同时发挥影响作用。大众媒体以广泛灵活的形式传播道德行为，是发展儿童社会学习的又一组成部分。从内部因素而言，随着儿童自我认知能力、思维能力的发展，他们开始有选择地接受榜样标准，按一定的社会要求和道德标准来控制和调节自己的行为。只有当儿童把社会、家长、学校、教师的标准要求内化为自己的标准，并可以利用这些标准进行自我评价、自我监督、自我调节时，儿童才能形成较稳定的道德行为。

班杜拉的社会认知理论有许多值得我们重视的方面。首先，它广泛研究了社会性行为的习得问题，充分强调了观察学习在儿童道德行为形成中的重要性，具有许多实际意义。它不仅强调了父母的教育方式对儿童品德形成的影响，而且还强调了社会环境中传播媒介对儿童道德发展的影响，这些都对我们有启发意义。另外，社会认知理论的成果大多建立在实验室研究的基础之上，因而在研究方法上也有积极的意义，而它与道德认知发展理论之间的争论也为品德心理学开辟了新的研究领域。当然，社会学习理论也还存在一些不足，比如，它忽略了儿童自身的认知结构在观察学习过程中的作用，而且实验室中的榜样对儿童道德发展的影响也不能完全用来解释现实生活中儿童的道德行为和道德习惯的养成，因而其理论中还有不少尚待深入的问题。

12.3.3　尤尼斯的道德发展理论

美国华盛顿天主教大学詹姆斯·尤尼斯认为要从社会服务和活动角度来探讨道德和社会性发展。从 1990 年开始，他开始研究参加社区服务和各种实践活动对青少年政治意识和道德发展的影响。

尤尼斯等人的研究着重探讨那些从事社区服务的青少年，考察这些活动是如何影响他们的政治——道德品质发展。在研究中，尤尼斯发现青少年参与一些社会性服务活动确实对他们产生了某种影响。比如，在帮助一些无家可归的流浪者的活动中，尤尼斯观察到青少年在这些活动中的变化，首先他们改变了对无家可归者的消极认知和冷漠情绪；其次他们对自我的看法也得到了转变，并且他们对生活的态度也变得更为积极和有力。为了对这些结果做出解释，尤尼斯查阅了关于青少年参加政治实践活动的文献，如20世纪五六十年代对民权和其他事业的参与，并对第二次世界大战时犹太人的营救者进行研究，提出人的道德行为主要不是由道德认知决定的，而是由人对生命、对他人的基本态度决定的。基于自己的研究，尤尼斯提出了自己的理论。他的理论建立在他对以下一些问题的研究基础上：青年的政治活动实践的重要性、与他人建立相互尊重关系的基础、与社会建立一种关系的意义、道德来自构成这些关系的人、道德可被理解为人的自我认同感的一个基本部分，道德品质与自我认同感之间的互补性。

尤尼斯认为与科尔伯格相比，自己的理论确立了更为重要的道德发展基础，并把研究集中在道德行为上，并结合了当时美国的青少年道德教育的实际情况，具有很强的实践指导意义。

12.4 亲社会行为与社会性发展

我们谈到道德和道德发展是为了更好地进行道德教育，道德教育的目的是为了促进积极的道德行为。积极的道德行为不仅可以推动个体健康发展，更有利于社会的稳定与发展。因为积极的道德行为不单纯只是一种道德行为，并且是对他人有益的行为，心理学家称之为亲社会行为。在这里，我们将进一步探讨亲社会行为与社会性发展。

12.4.1 亲社会行为的起源

所谓亲社会行为，就是做出有利于他人、表现出正向的社会行为，例如分享、合作、帮助他人以及照顾他人等。亲社会行为的纯粹形式是由利他主义激发的，这是一种帮助他人的无私兴趣。

很多学者认为亲社会行为在一定程度上是本能的，是人性的一种基本成分。扎-瓦克斯勒的研究表明，在12个月至18个月，幼儿开始表现出一些亲社会行为。开始时，他们对别人的痛苦没什么反应，逐渐地，他们对别人的痛苦表现出很关注，有时会用手指向对方，做出积极的反应，这种反应在这段时间发展得很快。威廉姆·达蒙也有研究证明，移情的变化早在婴儿早期就出现了。例如，当看见他人受伤之后，一个11个月大的婴儿就会掉眼泪，吮拇指，并且将头埋在母亲臂弯里。可是并不是所有的婴儿每次看见他人受伤时都会哭，很多次，他们会好奇地盯着他人的伤处。当他们处于1~2岁时，婴儿可能真实地感觉到他人的悲痛，但仅仅当他们在儿童早期才能对他人的悲痛做出适合的反应。这种能力依赖于儿童的新意识即人们对不同情况会有不同的反应。儿童晚期，他们可能开始对不幸的人们产生情感共鸣了，例如18个月的孩子看见一个小弟弟摔跤了、被人扶起后大哭不已，他会走过去，把手上的棒棒糖递过去说："不哭，吃糖糖。"从以上事例中我们可以看出低龄的婴幼儿对别人的内部状态有了相当的理解能力，虽然只限于身体上的感情接触，却已有了亲社会行为的萌芽和早期发展。

助人行为是指无私地关心他人并提供帮助的行为，它涉及助人者、受助者和情境三个方面，是亲社会行为的一个重要组成部分。亲社会行为是指人的那些受其所在社会接受和鼓励的行为，是个体自觉遵守社会规则，从而获得社会规范肯定的行为，包括助人、分享、合作等。缪森和埃森伯格（1979）认为，真正的亲社会行为是指行为者并不期望酬奖，不为避免惩罚，而试图帮助他人或为他人利益而行事。亲社会行为包括任何有助于社会、有助于他人的行为。

利他行为是动机最高的助人行为，通常表现为在短时的交往中，行为的发生是为了使他人受益，却不指望任何酬偿。采用这种观点，即认可利他行为是一种亲社会行为。艾森伯格（1983）等许多心理学家认为，利他行为是出于自愿而有益于他人的行为，亲社会行为一般指有意帮助他人而不考虑动机。因此一种亲社会行为，例如分享可能是出于利他的原因，也可能是出于移情或者遵守内化的价值的结果。

很多研究者研究了影响助人行为的因素，在这里我们罗列几种，对于亲社会行为的发展和培养有帮助。

（1）直接因素。

①道德判断。道德判断是指运用已有的道德概念和道德知识对现象进行分析、鉴别、评价和选择的心理过程。道德发展心理学家认为亲社会行为与道德有共同的认知基础，康尔提到儿童成熟的道德判断推理能力与亲社会倾向有一定的联系。埃森伯格在纵向研究中发现道德判断推理相对成熟的儿童和青少年比那些处于低水平的同伴更倾向于助人和慷慨，后来又发现内化的道德判断推理与亲社会行为呈显著正相关关系。

②移情。移情是体验他人情绪情感的能力，是一种替代性的情绪情感反应，也就是一个人设身处地为他人着想、识别并体验他人情绪和情感的心理过程。移情是儿童利他行为的重要促动因素，这一点在心理学界已形成共识。霍夫曼（1975）提出，移情是亲社会行为的重要动机源之一。1984 年他又指出，正确判断他人情绪状况的能力是利他行为发生的前提条件。国内关于移情与助人行为关系的实证研究数量也不多，但研究结果却一致，均得出移情与助人行为存在正相关关系。如岑国桢等人的测查表明：我国 6～12 岁儿童均能做出移情反应和一般助人行为倾向反应。李丹等人研究结果显示，具有不同帮助理由的被试者在情绪反应上呈现显著差异。选择角色采择的被试者有最强烈的同情情绪反应，选择规范压力的被试者则同情情绪反应较弱。李辽在研究中得出：青少年的移情能力与亲社会行为呈显著的相关，增强青少年的移情能力能促进他们亲社会行为水平的提高。邓逊的实验结果表明，心境、移情对助人行为的影响有明显的交互作用。

③其他认知影响因素：

角色采择能力　所谓角色采择能力，是指理解并推知他人情绪情感反应、思想、观点、动机和意图的能力。一些研究已证明角色采择与亲社会行为存在着显著的正相关关系，即角色采择能力的提高会促进儿童亲社会行为的发展。李丹在儿童角色采择能力与利他行为发展的相关研究中，对 120 名 5～7 岁儿童的角色采择能力与分享行为、捐献行为进行了相关研究，结果表明：角色采择能力与其捐献行为有一定相关，角色采择能力强的被试有更多的捐献行为。

价值取向　价值取向是指在社会化的过程中，逐渐形成的较为稳定的评价事物的标准和态度，是个体的信仰、价值、行为标准和规范的总和。斯陶布及其同事的许多研究发现，以道德价值取向，即以亲社会价值取向为特征的人更可能做出助人的反应。

自我认知　自我认知包括对自身条件的认知和自我角色的认知。对他人，尤其是困境严重的人采取救助行为是需要具备相应条件的，如能力、知识、经验、工具、时间等。假如自身不具备助人的条件，即使有助人的动机，有时也很难产生直接的助人行为。

情绪认知　情绪认知是指对自己或他人内在情绪状态的推测。杨丽珠等人通过个别施测，考察了600名3~9岁儿童在不同线索下的情绪认知、助人意向和助人行为，结果证实了情绪认知是影响助人意向、助人行为的因素。

结果预期——助人行为得到的奖赏　亲社会行为者在行为中得到了物质的、社会的或情感的报偿，为继续得到这种报偿而会更多地做出亲社会行为。斯塔道斯发现，有强烈社会赞许需要的人比社会赞许需要低的人更可能为慈善事业捐钱，但这仅仅是在有别人注意他们的时候。

④情绪、情感因素。情绪、情感因素还有心境。寇彧、唐玲玲研究了心境对亲社会行为的影响，一致认为积极的心境能促进亲社会行为，而消极的心境则有时促进亲社会行为，有时减少亲社会行为。

⑤助人者的其他因素。杨丽珠等人研究了社会抑制性与父母教养方式对幼儿利他行为的影响，研究结果表明，幼儿气质中的重要维度——社会抑制性影响幼儿的利他行为。爱社交的幼儿利他行为多于害羞的幼儿。行为方式对助人行为的影响很大，不同的行为方式会对利他行为产生影响（李丹等，1989）。郑健成等（1990）和李闻戈（1994）的研究证实了这一结果。

⑥情境。

情境的性质　首先，紧急和非紧急情境的研究。张向葵等人（1996）通过设置两类实验情境（非紧急情境，如问路；紧急情境，如急病人求助）测查儿童助人行为的发生。研究发现，不同情境对儿童助人行为的发生会产生极大影响，在紧急情况下受能力所限及自我保护心理的提示，儿童助人行为明显减少。其次，冲突与无冲突情境的研究。廖凤林、廖桂春等人研究了幼儿对不同被助对象的助人观念及其行为发展。结果表明，情境的不同深刻影响着幼儿的助人观念及其行为的发展，不论幼儿的助人观念还是助人行为的发展在冲突情境中都不如无冲突的情境，且二者的关系既不匹配也不平衡。

被助者的特征　影响助人行为的又一个重要因素是被助者。张向葵等人进行了儿童、青年、中年和老年人助人行为的普遍性和特殊性特征的比较研究，结果发现，在各年龄组之间的被试都倾向于帮助与自己性别相同的人。在对情境的认知中，也包括对救助对象的认知。一般来说，弱者（如老人、小孩、女性等）较易引发人们的同情心从而获得更多的帮助。

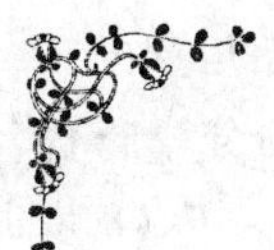

艾森伯格的亲社会行为模式

美国学者艾森伯格认为，亲社会行为的产生过程分为三大部分：对他人需要的注意阶段、确定助人意图阶段、意图和行为相联系阶段。一个潜在的助人者一旦注意到他人的需要，便需决定是否需要助人。这个过程至少可通过两种方式进行：其一，在紧急状态下情感因素在助人决策中起着主要作用；其二，在非紧急情况下，个体的认知因素和人格因素起着主要作用。认知因素对亲社会行为意图的影响主要包括两个方面：一是对亲社会行为的主观效用分析，即对亲社会行为的代价和受益的主观评估；二是对他人需要的原因归因。人格因素的激励力量主要有：关于“助人”和“仁慈”特质的自我认同，自尊和自然我聚焦，个体价值观、需要和偏好等。

资料来源：欧阳文珍：《品德心理学》，安徽大学出版社 2005 年版，第 60～62 页。

(2) 间接因素——环境因素。

①社会文化。助人行为作为一种社会行为，自然会受到一定文化背景上的价值观及行为规范的影响。J. 外汀（1994）对东非、印度、墨西哥、冲绳岛、菲律宾以及美国新英格兰州的奥查德镇等地儿童进行了利他—利己取向的跨文化研究，结果是东非儿童的利他取向最高，美国奥查德镇儿童的利他取向最低。

②榜样。有许多实验研究可以证明榜样学习对儿童利他行为的促进作用。榜样学习能够促进儿童利他行为的机制基于两点：一是模仿；二是内化。克雷伯（1970）指出，如果榜样学习过程中内化机制发生作用的话，榜样学习的结果应该能够泛化并具一定的持久性，米勒斯基和布莱恩（1972）、罗森汉（1969）、诺斯顿（1975）等人的一系列实验证明了克雷伯的推测。

③家庭。父母在个体的成长中起着非常重要的作用。马和梁（1995）的研究表明：生活在没有冲突、攻击的和谐家庭环境中的儿童具有更高的利他取向，同时注意教养的家庭与儿童的利他取向有密切的联系。杨丽珠等人研究了社会抑制性与父母教养方式对幼儿利他行为的影响，在实验室条件下的研究结果表明，权威型父母教养方式出的幼儿利他行为比溺爱型的多。社会抑制性、父母教养方式对幼儿的利他行为产生交互作用。

④同伴关系、学业成绩。伯依、道奇和科英研究得出亲社会行为和同伴的地位在相互作用多的群体中的关系是显著的，在相互作用少的群体中没有显著性。王美芳、陈会昌的研究结果表明，不同学业成绩组儿童的亲社会行为存在显著差异，即学业成绩也是影响亲社会行为的因素。

12.4.2　亲社会行为的发展

在教育的影响下，儿童很早就表现出一定的亲社会行为。随着年龄的增长，儿童不断接受各种社会强化，亲社会行为呈逐渐增加的趋势。在一项研究中，让一些男孩有机会与同伴分享糖果，帮助一个偶然撒落了铅笔的实验者、志愿参加帮助穷苦儿童的工作。结果发现，儿童的分享与助人行为均随年龄增长而增加：5～6岁儿童的分享行为为90%，7～8岁时为92%，9岁以上为100%，助人行为在5～6岁时为48%，7～8岁时为76%，9岁以上为100%。对利他行为的研究也指出，随着年龄的增长，儿童的行为一致性程度逐渐增加，年长儿童的道德行为与道德观念更趋于一致。在世界各国进行的研究都发现，小学初期以后，分享、助人和大部分其他形式的亲社会行为日益普遍。

达蒙通过儿童的分享发展描述了其发展的顺序。3岁儿童大多数的分享行为是非共情原因，其分享行为主要是由于趣味性或是模仿。在4岁左右，共情意识和成人鼓励的结合产生责任感。大多数4岁儿童并不是无私的圣人，然而他们认为他们有义务去分享，但并不能指望他们会像对自己一样慷慨地对待他人。他们的行为也并不总是支持他们的信念，尤其是当他们垂涎一件物品的时候。最重要的是儿童已经产生了分享是社会关系必要部分和包括对错问题的信念。这些早期的关于分享的想法，为儿童以后的大跨步提供了舞台。

但是自小学开始，儿童就开始表达了关于什么是公正的更加复杂的观点，包括公平、价值、仁爱：

（1）公平意味着每个人同等的对待。

（2）价值意味着对辛勤工作给予额外的奖励，有才能的表现或其他赞美的行为。

（3）仁爱意味着对处于不利环境中的个体给予特别关心。

公平是这些原则里最早被小学生一丝不苟运用的。六岁儿童将“公正”这个词作为“公平”或“同等”的同义词是很常见的。到小学中后期时，儿童同样认为公平意味着对那些应该得到照顾的人的特殊对待——一种应用了价值和仁爱原则的观点。

12.4.3 亲社会行为的培养

（1）亲社会行为的性别差异。在青少年阶段亲社会行为有性别差异吗？青春期女性认为她们更加亲社会并且共情，而且比男性更多地参加亲社会的行为。例如，一项研究发现从儿童到青春期，女生参加了更多的亲社会行为；最大的性别差异发生在友善和体谅的行为上，而分享行为的差异很小。

（2）文化、家庭因素与亲社会行为。文化的意义世界各地大不相同，这些文化系统塑造了儿童的道德观。比较美国和印度婆罗门的儿童，像其他非西方国家人们一样，印度将道德规范作为自然世界规则的一部分，这意味着印度人不能像美国人一样区分自然的、道德的和社会规则。例如，在印度违背食品禁忌和婚姻约束像伤害他人一样严重。在印度，社会规则就像法律条文一样是不可违反的。

根据威廉姆·达蒙的调查，像印度这样的地方，特定文化的实践呈现深奥的道德和宗教意义。那里儿童的道德发展就体现在他们对传统习俗的固守。相反，西方道德教义倾向于提高抽象原则到一个比传统习俗更高的道德状况，例如公正和安宁。

跨文化的研究表明，文化为一个儿童规定了在道德上哪些行为可以接受，哪些行为不可以接受，并且帮助儿童接纳这种观念。处于崇尚集体主义的中国文化背景中的儿童，逐渐接受了他们社会的共产主义和集体主义的亲社会行为的理想和保持谦虚谨慎的作风，他们认为一个孩子做了好事，如果向老师承认是自己做的，反倒不如不承认的好。一些重要的亚文化因素对道德推理也有重要影响，例如与那些具有较高社会地位的同龄人相比，在其社会中处于较低社会经济地位的个体，在面临一件事应该怎么去做时，更倾向于认为自己并没有太多的选择，在这种情况下听从权威的话就是道德良好的。

不同的文化对亲社会行为的认同或鼓励程度并不相同。儿童最富有利他性文化的是那些非工业化的、不提倡个体主义价值观的社会。在这些文化中，人们居住在大家庭中，需要准备一日三餐、照顾家人。在崇尚个体主义的西方社会，这些个体主义社会强调竞争、强调个体而非集体的目标。同时与那些儿童从事的家庭劳动相对较少，并且以自我服务（如清扫自己的房间）为主要责任的儿童相比，如果儿童被安排了对全家人都有好处的家务劳动，他们就会表现出较强的亲社会倾向。泛文化研究的结果显示出，不同文化背景的儿童，在道德判断的发展上，均依发展的阶段循序渐进，道德发展的速度及内容则受文化的影响而有所不同，例如与美国儿童比较起来，中国儿童较为相信隐含的正义、惩罚的集体责任，以及因果报应的观念。道德行为诸如诚实、利他、打抱不平等，更易受环境的影响。权威型父母的孩子社会能力和认知能力都比较出色。在掌握新事物和与别的小朋友交往过程中表现出很强的自信，具有较好的自控能力，并且心境比较乐观、积极。这种发展上的优势在青春期时仍然可以观察到，即这类青少年具有较高的自信，社会成熟度较高，学习上更勤奋，学业成绩也较好。

不同的家庭教育也将影响并致使儿童亲社会行为的程度不同。有人认为儿童有遵守成人权威形象的动机，成年人即是引导儿童分享发展的权威人物，但这并不是影响儿童分享发展的因素。出人意料的是，许多研究都表明成人权威对儿童分享的影响很小。例如当南希·艾森伯格要求儿童解释他们自发的分享行为时，他们大多数回答的原因基于是共情和实用主义，没有一个指出是成人权威的要求。尽管关心他人和安慰他人的例子甚至在幼儿园时就有发生，但亲社会行为更多地发生在青少年期而不是儿童时期。

父母的建议和敦促当然也会形成分享的标准，父母可以建立榜样使儿童应用到他们与同伴的相互交往中，但这一过程父母并不总在场，而同伴的互换要求却提供了分享最直接的刺激。同伴群体是幼儿学习社会行为的强化场。幼儿在最初与同伴交往的过程中，可能会表现出一些亲社会的举动，这种亲社会的行为尝试是否得到同伴的积极响应，是影响幼儿以后能否作出相似行为的关键因素。也就是说，同伴的反应对幼儿亲社会行为的学习、巩固和发展非常重要；所以要强化交往意识，鼓励幼儿主动与人交往，加强互动，同时向幼儿传授一些必要的社会交往技能。这些人际交往的技能对幼儿非常重要，它可以促进人际吸引，赢得同伴的喜爱和团体的认同，是构建良好人际氛围的要素之一。儿童在合作和商议中日复一日地建立起公正的标准。随着时间的推移和不断的与人交往，儿童对公平、优点、仁爱和和解的理解逐渐加深。由于这种理解，将会带来儿童分享的更加一致性和更多的慷慨行为。

最近有一项研究用五年时间跟踪调查了 423 对老夫妇，揭示了利他主义是大有益处的。调查之初，这些夫妇被询问有关他们以前提供或接受过的情感或行动上帮助的情况。五年之后，那些说过帮助过他人的老夫妇死亡率减少了一半。这种结果可能的原因是帮助他人可以减少压力荷尔蒙的分泌，这样有利于心脏血管的健康和免疫系统的增强。

然而有些人却认为真正的利他主义并不存在，因为在每一项行为之后人们都可以从行为中获取某些利益，因此这并不是真正的无私。确实，许多亲社会行为者显示的利他主义实质上是一种互惠行为。不过发展心理学家通常采用行为上的定义界定利他行为，不管行为者动机如何，只要对他人有益就是利他行为，并将之等同于亲社会行为。作为父母和教育工作者，要鼓励孩子们一切好的行为。

【阅读书目】

1. 陈琦、刘儒德主编:《当代教育心理学》，北京师范大学出版社 2007 年版。

2. 莫雷主编:《教育心理学》，教育科学出版社 2007 年版。

3. 高觉敷、叶浩生主编:《西方教育心理学发展史》，福建教育出版社 2005 年版。

4. 欧阳文珍主编:《品德心理学》，安徽大学出版社 2005 年版。

5. 杨韶刚主编:《西方道德心理学的新发展》，上海教育出版社 2007 年版。

6. 袁桂林著:《当代西方道德教育理论》，福建教育出版社 2005 年版。

7. 刘春琼主编:《领域理论的道德心理学研究》，上海教育出版社 2011 年版。

8. 陈会昌著:《道德发展心理学》，安徽教育出版社 2004 年版。

9. Melanie Killen, Judith Smetana. *Handbook of Moral Development*. Mahwah, NJ: Erlbaum, 2006.

【思考题】

1. 皮亚杰和科尔伯格所述的道德发展有哪些阶段？他们的理论有什么异同？

2. 试比较道德认知发展研究的公正视角与关怀视角。

3. 试评述道德领域理论。

4. 道德情感发展的研究中有哪些新的进展？

5. 试评述社会学习品德理论。

6. 个体的亲社会行为是与生俱来的吗？我们可以通过哪些途径来促进个体亲社会行为的发生？

第13章　家庭与教养方式

本章要论

家庭是以婚姻、血缘或收养关系组合起来的社会群体，具有多种结构和功能。

家庭会经历一个生命周期，在不同发展阶段具有不同特点。

家庭是由多个子系统构成的系统群，各个子系统之间互相影响。

家庭成员的互动影响着家庭关系，家庭关系也影响家庭成员的发展。

家庭生活方式影响着个体的身心状况。

父母的教养方式对儿童、青少年的发展具有关键性影响。

家庭是个体成长发展的一个非常重要的场所和背景。个体从出生之日起，便和家庭紧紧联系在了一起。家庭的结构和生活方式、家庭成员之间的互动和关系都会对个体产生强烈的影响，这种影响会一直持续到个体生命的结束。在众多的家庭关系中，父母和子女之间的互动是最为频繁的，父母的教养方式在影响个体发展的各种家庭因素中也占有最为重要的地位。

13.1　家　　庭

家庭是以一定的婚姻、血缘关系或收养关系组合起来的初级社会群体，是人类社会最原始的结合形式，是个人与社会联系的桥梁。谈到家庭，我们必须关注家庭的重要方面：家庭结构、家庭功能、家庭的发展阶段以及家庭关系等。

13.1.1　家庭的结构和功能

家庭结构是指作为人们家庭生活方式赖以形成的客观基础和条件，它包括家庭成员数量的多少、代际的多少和各家庭成员的角色构成等。对家庭结构的划分方法有很多，从社会学的角度看，家庭结构分为核心家庭和直系家庭（主干家庭）两种。核心家庭由一对夫妻或父母一方与未成年子女组成；直系家庭则是指由祖父母、父母和第三代子女所构成的家庭，其中祖辈教养是直系家庭的特点之一。随着社会的发展，家庭结构也越来越趋于多样化。根据当前我国实际情况，家庭结构可分为六种：核心家庭（包括夫妇核心家庭、一般核心家庭、单亲家庭）、直系家庭（包括二代直系家庭、三代直系家庭、四代直系家庭、隔代直系家庭）、复合家庭（父母和两个及以上已婚儿子及其孙子女组成的家庭）、单人家庭、残缺家庭（没有父母只有两个以上兄弟姐妹组成的家庭或兄弟姐妹之外再加上其他有血缘、无血缘关系成员组成的家庭）、其他家庭（户主与其他关系不明确成员组成的家庭)。随着我国人口控制政策的实行，核心家庭已成为我国城市家庭生活的普遍模式，其中独生子女家庭是核心家庭的一种特殊形式，其家庭人口容量达到核心家庭结构所需人口的最低限度。

从社会学结构功能主义观点来看，一定的家庭结构总是为了执行一定的家庭功能。美国社会学家奥格本把家庭的职能分为经济（生产）职能、社会职能和心理职能三类，其中社会职能分为保护、娱乐、教育、宗教、地位五种。杜瓦尔则认为家庭的社会功能包括再生产，孩子的社会化，遵守法律，承担工作责任。用马斯洛的层次需求理论分析，家庭除满足人的生理需求和安全需求，还可以帮助亲友以满足更高层次需求。霍罗克等人认为，家庭具有身份定义和经验定义的功能。所谓“身份定义”，是指在家庭中，个体确认自己的身份和明了自己将要扮演的社会角色。所谓“经验定义”，则是指家庭为个体步入社会提供经验支持和演习机会。后人考察了许多社会学家关于家庭的论述，简要地总结出家庭的八种角色功能：抚养孩子、孩子社会化、亲友、性、安慰、娱乐、生活资源提供者、家务。

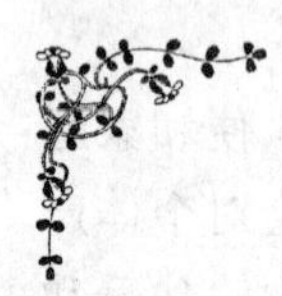

有关家庭功能的社会学观点

在试图回答“什么是家庭”这个问题上，社会学家重点指出三大功能：结婚、生子、建立亲属关系。瑞斯通过总结得出一个普遍性观点，该观点把家庭看做“以亲属关系建构起来的小型群体，其关键功能是养育性社会化”。杜瓦尔给家庭下的定义是：“通过婚姻、生育、领养等连接纽带而形成的互动单元，其中心意图是创造和维护一种共同文化，以促进各个成员的生理发展、精神成长、情感培育和社会化。”哈特曼与莱尔德对家庭的定义更为偏离传统，他们认为，当“两个或更多的人创造出一个亲密的、被他们自己视为家庭的环境，在这一环境中创造出大体上共享的生活空间、承诺、以及创造出各种各样的通常被认为是家庭生活组成部分的角色和功能”时，家庭就诞生了。因此，家庭是由那些决定按照家庭方式进行生活的人组成的。这个定义考虑到了各种形式的家庭，可能包括同性恋夫妇家庭、单亲家庭、没有血缘关系却住在一起的老人所形成的家庭群体，以及其他扩展家庭群体。尽管家庭正在发生明显的变化，它仍然是不社会联系在一起的强有力的纽带，因为它的功能是为各类群体提供社会化以及伴侣关系。

资料来源：［美］乔斯·B. 阿什福德等著：《人类行为与社会环境——生物学、心理学与社会学视角》(第二版)，王宏亮等译，中国人民大学出版社 2005 年版。

13.1.2 家庭生命周期

正如人的一生有一定的发展过程一样，社会学家认为家庭也会经历一个从形成、扩展、收缩在到最后终结的一定生命周期。潘允康（2002）认为，家庭生命周期显示了一个家庭自身的发展变化和在自身发展过程中不同阶段的不同特点。卡特和麦戈德里克提出了家庭发展的六阶段模式（见表 13.1）。

表 13.1　**家庭生命周期**

家庭生命周期的各个阶段	情感的变化过程：关键原则
离开家庭成为独立的成年人	独自承担情感和经济上的责任
通过婚姻联结的家庭——新婚夫妇	对新家庭的承诺与投入
生儿育女和为人家长	迎接新生命进入家庭
有青少年的家庭	家庭边界更加灵活，包括子女独立及祖辈的衰老
中年家庭	接受家庭成员的多次变更
晚年家庭	接受成为（外）祖父母的角色转变

离开家庭并成为一个单独的个体是家庭生活周期的第一个阶段。此阶段对于年轻人来说意味着一个起点，青年人不用再被强制要求遵从家长的期望，他们往往在此阶段制定生活目标，描绘生活蓝图以及形成自己的个性。在此阶段年轻人虽然离开了原来的家庭，但精神上并未与父母完全割断情感联系，当个体遇到生命中无法独自面临的冲突时，他们仍然会从原来的家庭中寻求庇护与帮助。

结婚，成为新婚夫妇是家庭生活周期的第二个阶段。人们一般在成年初期开始婚姻关系或其他稳定关系，人们由于爱情和生活的需要而建立家庭，婚姻和家庭是成年期心理发展的重要任务。那么结婚有什么意义呢？一般而言，人们通常把婚姻作为满足个人需要的主要资源。婚姻意味着两个独立的家庭系统的结合和第三个家庭子系统的形成。婚姻的双方可能来自完全不同的家庭和文化背景，而且因为一个新的婚姻系统的形成而带来的最初家庭、朋友及各种社会关系的重新组合，以及夫妻角色的转换，会给新婚夫妇带来一些前所未有的冲突，需要积极调适。

成为父母，家庭拥有小孩是家庭生活的第三个阶段。家庭中新生命的诞生在给年轻夫妻带来惊喜与感动的同时，也带来了一些前所未有的作为父母的责任，需要夫妻双方更紧密的合作来完成。在此阶段，由于增添孩子而带来的时间短缺和金钱的烦恼可能会给夫妻关系带来一些影响，需要夫妻继续进行感情投资以维持家庭的和谐。

有青少年的家庭是家庭生活的第四个阶段。毕生发展的理论家指出，在有青少年的中年家庭，中年父母可能付出多于回报。因为在子女处于青少年期时开始使自己脱离父母，发展他们自己的自我认同和自我依靠。青少年身心发展的这一特点决定了父母必须重新考虑对子女的教养方式，比如接受他们开始出现的成人感和独立性，不再把他们当孩子看，尊重孩子的意见等。亲子冲突成为这一阶段的特点之一，但它并没有达到 20 世纪初斯坦利·霍尔（Stanley Hall）所描述的那种严重程度，而且也并非人们普遍认为的那样，在青少年期，青少年的价值观和态度变得越来越远离父母的价值观和态度。事实上，大多数青少年与他们的父母对努力工作的意义、成就及职业期望等都有相似的看法，只有少数青少年（也许为20% ~25%）与父母有较为激烈的冲突，但绝大多数冲突的程度是中等或较低的，也就是说，父母和青少年之间的所谓代沟在很大程度上是一种刻板印象。有研究指出，青少年家庭冲突的增加未必会导致家庭纽带的断裂，与之相反，可能会对青少年的发展产生某些积极影响，但高水平的亲子冲突可能意味着家庭功能失调。

中年是家庭生活周期的第五个阶段。中年人被认为是“三明治”的一代。中年人不仅需要抚养未成年子女，而且由于父母寿命比过去更长，中年人还需赡养年迈的父母。他们承担着生活的巨大压力，但同时也是人生全程中收获成就的关键阶段。

老年期的空巢是家庭生活的第六阶段。老年人的生理和心理逐渐衰老，呈现出一种退缩、衰退的变化趋势，他们面临着退休带来的生活方式的改变，子女离开家庭以后带来的空巢等现象及心理落差等，需要重新调适。老年人还应学会适应这一阶段自己的情绪变化，理智和冷静地面对正在发生的一切。

13.1.3 家庭系统

家庭可以被认为是由世代、性别、角色这些子系统组成的一个系统群（Rothbaum et al.，2002）。每个家庭成员都同时参与多个子系统——有些是二重的（只包括两个人），有些是多重的（包括两个人以上），如父亲与孩子就是一个二重系统，而爸爸和妈妈则是另一个二重系统；父母和孩子就是一个多重系统，妈妈和两个侄女则是另一个多重系统。这些子系统互相作用和影响，例如父亲会通过各种途径，间接影响母亲和儿童的关系；同样，母亲也会通过各种途径间接影响儿童和父亲的关系；父母各方与孩子间的关系也会影响婚姻质量。如图13.1所示，婚姻关系、家庭教养以及儿童行为与发展都直接或间接影响着彼此（Belsky，1981）。研究发现，那些婚姻关系更加密切、沟通更加和谐的夫妻，对孩子也更充满感情（Grych，2002），而那些面临严重婚姻冲突的家长，往往会更为频繁、更加严厉地体罚他们的孩子（Kanoy et al.，2003）。父母争吵持续的时间和婚姻不和谐程度的增长可以预测儿童和青少年的攻击行为和其他问题行为的增加（Cui，Conger & Lorenz，2005；Sturge-Apple，Davis & Cummings，2006）。与此同时，儿童的行为也影响着父母。与多数家庭中成员之间的相互支持和关爱不同，高攻击性儿童通常生活在争吵不断的家庭氛围中。帕特森把这种情境称为“强制性家庭

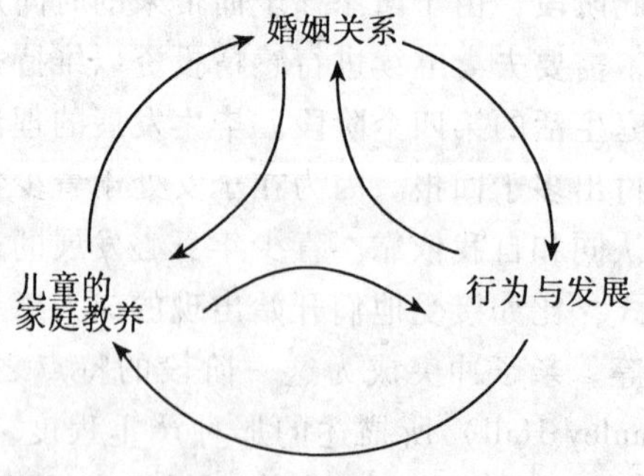

图13.1 婚姻关系、儿童的教养方式和行为与发展之间的互动模型

环境”，家庭成员之间采取的多为负性的交流方式。当一个家庭成员让另一个成员体验到不愉快时，后者就用抱怨、喊叫、嘲笑或踢打来迫使对方住手，而对方的反应对这种行为就形成一种强化。父母用消极的方式来应对孩子的问题行为，而孩子通过公开反抗父母和重复父母努力压制的行为来实施反控制，父母和孩子共同促进了敌意家庭环境的发展。

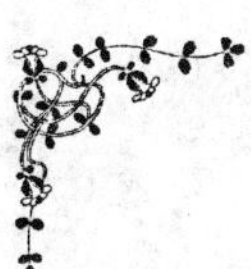

父母离婚、再婚对儿童、青少年的影响

大多数学者认为生活在离婚家庭的孩子比其他孩子更加脆弱。那些经历过父母离异的孩子容易产生更多问题。他们更容易遇到学业问题、外化的行为问题（如不良表现、犯罪等）和自身问题（如焦虑、抑郁等）。同时这些孩子容易不负责任、不善于发展亲密关系、逃学、过早卷入性行为、吸毒、加入不良团体和低自尊（Conger & Chao，1996）。但是值得注意的是，大多数离异家庭的孩子并没有表现出太严重的问题。如果离异的父母关系比较和谐，并且采用“权威型”教养方式，那么他们孩子的适应能力会有所改善（Hetherington，Bridges & Insabella，1998）。儿童在父母离异前的适应能力，儿童的人格、秉性、性别，以及受监护的情况等会影响离异家庭儿童的适应性。在父母离异后，儿童会表现出比离异前更弱的适应能力（Amanto & Booth，1996）。那些比较成熟、有责任感、表现出较少行为问题并且性情温和的孩子能更好地应对父母离婚，而脾气不好的孩子则较难应对父母离异（Hetherington，1999）。早期一些研究显示单亲母亲家庭的女孩子比男孩子更容易受到离婚的影响，但近年的研究则显示性别差异没有之前人们所认为的那么显著和一致。造成这种不一致的原因可能是越来越多的父亲获得了监护权、双方共同监护的增多以及无监护权的父亲对孩子（尤其是儿子）生活卷入的增多。父母共同监护似乎没有比单方监护表现出更多的优势（Hetherington，Bridges & Insabella，1998），一些研究表明男孩子在父亲监护的家庭、女孩子在母亲监护的家庭中会适应得更好，但还有一些研究并没有得出这样的结论（Santrock & Warshak，1979；Maccoby & Mnookin，1992）。

许多父母在离异或丧偶后会选择再婚，重新组建家庭。有三种重组家庭模式：（1）继父型；（2）继母型；（3）混合型。在拥有继父的家庭中，母亲首先获得了孩子的监护权，紧接着再婚，让孩子接受他们的继父。在拥有继母的家庭中，通常是父亲获得了监护权，然后再婚，使他们的孩子有了继母。在混合型再婚家庭中，再婚双方都获得了孩子的监护权，并在结婚后重组了一个新的家庭。孩子和自己监护人的关系，通常要比和继父（母）关系好一些（Santrock，Sitterle & Warshak，1988）。生活在“继父型”或“继母型”家庭的孩子，通常要比生活在“混合型”重组家庭的孩子有更好的适应力（Anderson et al.，1999；Hetherington & Kelly，2002）。重组家庭的孩子会比正常家庭的孩子遇到更多的适应问题。这些适应问题和离异家庭的孩子一样，大多数生活在重组家庭的孩子并没有表现出太多问题。一项分析显示：20%重组家庭的孩子会出现适应问题，而这个比例在完整家庭为10%（Hetherington & Kelly，2002；Hetherington & Stanley Hagan，2002）。另一项研究则显示，孩子们会在重组家庭建立的第一年表现出较多的抑郁情绪，但随着时间的流逝，他们的症状会有所好转（Sweeney，2003）。

资料来源：[美] 约翰·W. 桑特洛克著：《毕生发展》(第三版)，桑标等译，上海人民出版社2009年版。

家庭的发展离不开社会，家庭也是处于社会这个大系统中的一个子系统。社会历史的变迁、重大历史事件都会使家庭发生变化。例如，20世纪30年代美国经济大萧条使得人们经济能力丧失，对生活状况不满和悲观，同时，它造成婚姻矛盾加剧、抚养关系不稳定、生活方式不健康。再如，城市化进程使得很多家庭从农村、小镇向城市或者城市近郊迁移，在小城镇和乡村，人们周围往往是一辈子不变的邻居、亲戚和朋友，而如今邻居以及家庭外的支持系统已经不那么普遍。现在家庭的搬迁可能遍及整个国家，孩子往往会被迫离开自己已经熟悉已久的学校和伙伴。媒体和科技在改变家庭的过程中也扮演着重要的角色。由于父母工作繁忙，儿童、青少年将越来越多的时间花在看电视、上网上。孩子与父母一起交流分享体验的时间越来越少，和附近孩子玩耍的时间也越来越少。与此同时，电视、网络也使儿童和他们的家庭看到不一样的生活方式。

13.1.4 家庭关系

家庭关系是构成家庭系统的基础。家庭成员生活在复杂的家庭关系网络中。按照家庭系统的观点，家庭成员之间的互动影响着家庭关系，家庭关系反过来又对家庭成员产生影响，并且家庭关系之间也相互影响。配偶关系、亲子关系、兄弟姐妹间的同胞关系以及祖辈和孙辈间的关系是家庭中最主要的几对关系。我们有必要了解一下处于这几对关系中的家庭成员的互动情况以及家庭关系对个体发展的具体影响。

(1) 配偶关系。配偶间的婚姻关系是根据法律缔结的。影响人们选择配偶的因素有很多，爱和彼此间的吸引是其中一个主要因素。除此之外，像健康、可靠性、相似的社会地位、令人愉悦的性情、才智等也是重要的影响因素。新婚夫妇通常最开始会将对方理想化，但是，随着双方在一起生活的时间不断增长，对对方的了解日益深入，以及婚后要面对的问题和关系日益增多，彼此间的差异和矛盾也不断凸显，尤其是孩子的出生给夫妻双方的角色带来戏剧性变化。他们突然之间承担了新的角色，成为了“父亲”和“母亲”，这种新的角色完全淹没了他们对仍在继续的老角色(“丈夫”和“妻子”)的反应能力。对许多夫妇而言，照料新生儿所带来的过度疲劳，使他们的婚姻满意度比其他任何时候都低，对女性而言尤其如此。当然并非所有夫妇在孩子出生后都体验到婚姻满意度降低，有些夫妇的婚姻满意度一直保持着新婚阶段的水平，这样的夫妇在生育孩子的过程中往往也能保持较高的婚姻满意度。良好的婚姻关系需要夫妻双方共同经营和维持。研究发现，拥有美好婚姻关系的夫妇表现出一定的特征：他们彼此表达爱意，较少进行负性交谈；拥有幸福婚姻的夫妇往往把他们知觉为相互依存的夫妻，而非独立的个体；他们拥有相似的兴趣爱好；对各自的角色分工（如由谁投放垃圾，由谁照顾孩子等）达成共识。

有些在初期显得困难和动荡的婚姻关系到了中年期也会出现较好的顺应。在中年期，夫妻经济上的烦恼以及家务琐事的困扰都会减少，因此将有更多与对方相处的时间。此时，那些热衷于互动的夫妻就会对婚姻生活有更正面的评价。

从退休开始直到死亡的这段时间有时会被称作“婚姻进程的最后阶段”。退休改变了夫妻生活，同时这种改变也需要夫妻双方的适应。许多传统的“男主外，女主内”的家庭中，丈夫需要从工作者转变为家务的帮忙者，而妻子也需要从一个独掌家务的角色过渡到能够分配和委派家务的角色。

配偶间的良好关系能为人们带来很多益处。研究发现，拥有幸福婚姻的人比婚姻失败的人活得更长、更健康。拥有幸福婚姻的女性在血压、胆固醇、体重，以及抑郁、焦虑和愤怒水平上都要低于那些婚姻不幸福的女性。

配偶关系不仅影响着夫妻双方的身心健康，而且和儿童的行为与发展之间也存在着密切的联系。父母的冲突会对儿童的认知、情感和生理以及社会适应等方面会产生不良影响。与儿童有关的婚姻冲突可能会使儿童产生极大的羞耻感、自责、害怕陷入冲突。然而当婚姻冲突的表现形式是建设性的、中等程度的，并且出现在一个温暖和支持的家庭环境中，并显示出解决的迹象，儿童可能会吸取到如何协调冲突和解决差异的有价值的经验。

（2）亲子关系。亲子关系原是遗传学中的用语，指亲代和子代之间的生物血缘关系。近年来有人将其定义为“以血缘和共同生活为基础的父母与子女之间相互作用所构成的、亲子双维行为体系的自然关系和社会关系的统一体”（刘晓梅等，1996）。亲子关系会随着孩子年龄的变化而变化。在孩子的不同年龄阶段，亲子相互的态度和行为方式不同。在婴儿时期，不但要父母喂养、照顾、保护，在心理上也很依赖父母。婴儿由父母那儿获得安全感及信赖感，而父母经由婴儿获得身为父母的幸福与满足感。在幼儿时期，父母除了继续抚养之外，还要开始给予适当的管教，让幼儿了解学习生活上所需的基本知识及为人的是非准绳，逐渐获得管理与控制自己欲望及行动的能力。幼儿学习自律，父母因此而感到喜悦，并有轻松感。父母要鼓励儿童与外界接触，从生活中学习；向父母表达他们的意见，参与家庭的讨论，能以家庭一分子的身份发挥作用。到了青少年阶段，子女对父母的依赖减弱，亲子间的亲密感下降，冲突增多。成年子女除了谋求自己的社会与婚姻生活之外，应与父母建立起相互照顾、关心的关系。此阶段的父母，已不再养育子女，但需维持与子女良好的情感关系。父母年老时，一方面学习继续自己生活；另一方面适当地接受子女的关心及必要的照顾。总之，亲子关系是随着年岁的增长与发展而动态性地发展与变化的。

亲子关系的质量影响着亲子双方的身心健康。对孩子而言，早期的亲子关系更是对他们的人格、社会化与人际交往模式等起到决定性的影响。如果个体在婴儿期与父母建立了安全型依恋，那么他们在以后的人际关系中有更健康、更安全的内部工作模式：与父母的关系更积极，对人际关系的观念更健康，在同他人的关系中对自我的看法更积极，更适应社会竞争。父母和子女之间的作用是相互的，不仅父母对孩子施加着各种影响，促进孩子的社会化，孩子反过来也会使父母社会化，亲子之间存在着交互社会化的过程。

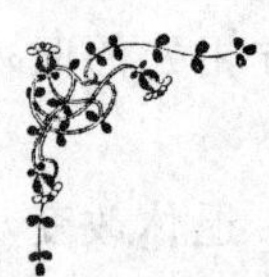

交互社会化

交互社会化是一种双向的社会化，儿童也会使家长社会化，就像家长对他们产生的影响一样。

例如，婴儿与母亲之间的互动，有时会被比作一种亲密的双人舞。这种舞蹈是相互协同的，因为一个人的行为往往由对方之前的行为引发和决定，或者说这种互动是一种精确的相互作用，两个人之间的行为互相匹配，比如一个人模仿另一个人的行为，或者相互微笑。早期同步互动最重要的一个例子就是相互注视和眼神交流。在一项调查中，母亲和婴儿在相互注视的时候会产生一系列行为，而当他们不注视彼此时，这种行为就减少了。有研究发现，亲子关系的同步性与儿童的社交能力有正相关。

资料来源：[美] 约翰·W. 桑特洛克著：《毕生发展》(第三版)，桑标等译，上海人民出版社 2009 年版。

亲子关系在孩子处于青春期时会发生变化，最突出的就是亲子之间的冲突会加剧。这些冲突包括日常生活中的琐事，如保持房间干净、穿戴整齐、按时回家、不要总打电话等，但较少涉及严重的问题，如青少年犯罪。青春早期的冲突可能有一系列原因造成，包括：青春期所带来的生理变化、逐渐增长的理想主义及逻辑推理能力等认知发展变化，以自我认同和独立意识发展为特征的社会性变化。父母的变化以及父母和青少年对对方期望的背离等。青少年喜欢将自己的父母和理想中的形象对比，然后会开始批判父母的不足之处，于是很多父母发现自己的孩子从原来的乖宝宝变成了越来越叛逆、敢于反抗自己标准的“坏孩子”。青少年与父母之间的冲突通常在青少年初期会升级，而在向青少年晚期过渡中，亲子冲突往往会逐步缓解。亲子冲突对青少年的影响既有积极的，也有消极的。亲子冲突会造成青少年的心理压力，甚至会导致各种问题行为，如离家出走、辍学、早婚早育、药物滥用、自杀等，但是小的冲突和谈判会促使青少年从依附父母的孩子成长为自主的个体。能成功应对这种变化的父母应该意识到适当的冲突和谈判可以促进孩子的发展，也可以降低他们对父母的敌意。

（3）同胞关系。同胞关系即兄弟姐妹之间的关系。虽然我国在 20 世纪 70 年代末起就已经开始实行计划生育政策，提倡一对夫妇生育一个孩子，但有几个孩子的家庭并没有消失。对于出生于 20 世纪 80 年代以前以及大多数农村家庭的人来说，和兄弟姐妹之间的关系在他们的人生历程中是不可忽略的。

兄弟姐妹之间的关系包括帮助、分享、教导、打架和玩耍等。孩子们之间既可以互相提供情感支持，也可能是竞争或是交流的对象。有研究显示，积极的同胞关系会对青少年产生良好的情绪影响，并有利于孩子在学校获得支持，而同胞之间的频繁冲突会对青少年的成长造成很多不良影响。一个儿童在家庭中的位置，和他或她的同胞兄弟姐妹的性别和数量被认为对儿童的发展和社会化有主要的影响（Volling & Belskey，1992）。这些因素构成儿童的社会环境，提供重要关系和角色的网络。有研究发现，出生顺序对孩子的性格方面有一些影响，比如长子（女）往往被父母寄予了更高的期望，承载着更大的压力，因此比其他孩子更加成熟、乐于助人、自律、渴望成功，并能更好地控制自己，然而长子（女）们也更容易有罪恶感、焦虑和难以应付压力环境。埃雷拉和同事（2003）综述了大多数关于出生次序的研究，探究出生次序差异的实证依据，发现头生子、排序中间的孩子、幼子及独生子人格特质的相对一致模式和对应的职业地位。许多研究的结果表明：①长子被看做聪明、顺从以及可靠和有责任心的；②排序中间的孩子被视为野心勃勃、充满爱心、友好和有思想的；③幼子被认为是有创造力、感情用事、友好、不服从、有最少责任心和健谈的；④独子被视为独立和自我中心的。杰克林和雷诺兹（1993）也发现较晚出生的儿童似乎比头生儿童具有更好的社会技能。

对头生儿和稍后出生的孩子之间差异的解释

许多研究一致发现长子比其他出生次序的孩子更聪明，因此往往得到较高的教育和职业身份。对于头生儿和稍后出生的孩子之间的差异主要有以下几种解释：

从整体上来说，父母和其他人往往对初生儿和稍后出生的孩子有不同的反应，而这反过来又会强化人格的刻板印象。研究揭示，父母较看重他们的第一个孩子。较多社会性的、情感的和照顾的互动在父母和他们的头生儿之间发生。因此，头生儿较多地暴露于成年人的模范作用和成年人的期待及压力中。

头生儿和稍后出生的孩子之间差异的第二种解释源自汇集理论（confluence theory），这是心理学家扎荣茨和同事设计的一个模型。汇集理论的得名来自家庭的智力发展像一条河，每个家庭成员的加入就如同交流的汇集的观点。依照扎荣茨的观点，年长的孩子体验到比年幼的孩子更丰富的智力环境。

第三种解释——资源稀释假设，扩展了汇集模型，包含了更多的资源而不只是丰富的智力环境。这个理论称，在大家庭资源变得同时满足太多的任务时，对所有子孙有损害。在现实中，家庭资源是有限的，包括父母亲的时间鼓励、经济的和物质的商品、各种不同的文化和社会的机会（音乐及跳舞课、旅行和大学储蓄金）这样的资源。其他的同胞兄弟姐妹确实减少了父母的资源，而且父母的资源对孩子教育的成功和社会情绪的发展具有重要的影响。

社会学家普遍采用资源稀释假设来解释他们发现的同胞兄弟姐妹数量和教

育成就之间的关系：同胞兄弟姐妹的数量增加，与经历学校教育较少年数和较少达成教育上的重要事件有关（在学校自治会中、在学校报纸上、在戏剧群体中的地位等）。以这种方式，家庭的大小与达成成就的程度有更大或更小的相关。

第四种解释强调同胞兄弟姐妹的权力和地位竞争在一个儿童的人格形成中扮演着重要角色。阿德勒将头生儿的“废君”视为初期儿童发展的关键事件。由于妹妹或弟弟的出生，头生儿突然失去他或她在父母亲注意上的垄断权。阿德勒说，这个损失，引发了强烈的对于赏识、注意、表扬的毕生需要，而这些赏识、注意和表扬是儿童和稍后的成人通过高成就寻求获得的。较晚出生的儿童发展的一个同样关键的因素是，与更年长和更多成就的同胞兄弟姐妹成就上的竞争性比赛。在许多情况下，当个体变得比较年长而且学会处理他们自己的事业和婚姻生活的时候，怨恨就会消失。

资料来源：［美］詹姆斯·W. 范德赞登等著：《人类发展》（第八版），俞国良、黄峥、樊召锋译，中国人民大学出版社 2011 年版。

（4）祖孙关系。祖孙关系指祖父母、外祖父母与孙子女、外孙子女之间的关系。虽然现代社会核心家庭已经取代大家庭成为家庭结构的主要模式，但是不管在我国还是其他国家，祖父母和外祖父母在孙辈的抚养中仍起着重要作用。对一些老人来说，成为祖父母是生命的一种延续；对另一些老人来说，成为祖父母可以满足他们的情感需要。看着小孩子玩耍、和孙子孙女们一起玩，是祖父母们最快乐的事情。而与后辈相处少，会给老人带来很多不好的影响。孙子女也能从祖父母那里获得可靠抚养、情感支持、指导与信心，祖父母也仍然是有影响的依恋角色。祖父母和孩子之间有着多种互动交流方式，其中最主要的有三种：普通交流方式、寻求乐趣的交流方式以及疏远的交流方式。在普通交流方式中，祖父母发挥着人们通常认为的恰当作用。这些祖父母对孩子们感兴趣，但对孩子的教养方式又很谨慎，不会提供意见。在寻求乐趣的交流方式中，祖父母们不那么严肃而充满童趣，孩子们则是他们的快乐来源，他们强调相互的满足。另外一些则是疏远型的交流方式，他们对孩子很友善，但并不经常和这些孩子交往。

13.1.5 家庭生活方式

家庭生活方式的选择对个体发展也有重要影响。生活方式是指通过经济基础，以物质满足为基本条件，以一种价值观取向为目标，体现一种个性追求和态度，通过主观选择，形成的包括家庭伦理、传统文化、教育和精神生活及信仰的一种生活模式。现代社会人们选择的家庭生活方式呈现出多样化的倾向，如保持单身、同居、结婚、离婚、再婚或是与同性居住在一起等。

（1）单身人群。单身人群一般包括那些对婚姻失望而单独居住的独身主义者，或是一时没有合适的结婚对象的人。单身有很多好处，可以有时间决定自己的生活，有时间发展个人资源并达成目标，自主做决定和按照自己的计划和兴趣行事的自由，尝试新环境和新事物的机会以及私密的空间，许多单身成年人表示他们“愿意享受独身”并“喜欢这种自由”。同时，我们不得不看到，单身的生活方式也给个体带来精神上的孤独和压抑，一位独身女性就曾说过，她很孤独，常觉得自己生活在沙漠中。另外，即使单身者自己很享受他们的生活，但人们对待单身者也仍然存在刻板印象。当然，对待单身人群的态度存在文化上的差异：在配偶家庭占主流的成年社会，比如在中国、日本，结婚成家是顺理成章的事情，一直独身被看做不正常的；而在西方国家，则很少受到这种观念的影响，他们认为结婚与否是个人的自由，和别人无关。随着人们婚姻观念的变化，中国近年来的独身人数有所增加。

一到 30 岁，要安顿下来和结婚的压力就会骤增，这也是单身者们决定结婚还是继续单身的时刻。也有一部分成人直到 65 岁都没有结婚，到晚年仍然没有结婚的人往往更容易应对晚年孤独，他们中的很多人在很早以前就已经学会了如何自力更生。

(2) 同居人群。同居是居住在一起并发生性关系，但并没有结婚。在西方国家，同居是一种比较常见的现象。调查显示，美国人婚前同居的比例在 1970 年时约为 11%，而到了 21 世纪初则上升至 60%。有些国家像瑞典，同居的比例甚至更高。在中国，同居曾是不被人们认可的，但在最近几年，人们对待同居现象的态度也有了不小的改变。作为一种必然的生活方式，人们开始接纳并尝试理解身边的同居人群。人们选择同居这样一种生活方式的原因是多种多样的，比如，解除同居关系比离婚容易得多，同居中的男女关系比婚后的夫妻关系来得平等，也有相当数量的人认为他们同居不是婚前的行为，而只是一种生活方式，他们不喜欢结婚那种正式性。虽然同居能带来一些好处，但同时也会产生一些问题，例如来自家长以及其他家庭成员的反对可能会给同居双方带来情感上的压力；有些同居者在共同拥有财产上也会产生问题；与离婚相比，法律对解除同居的权利界定更加不明确。

同居对于双方未来拥有稳定和幸福的婚姻生活是有利还是有害？一些研究者发现婚前同居和不同居的夫妻婚姻质量没有显著差异；而另一些研究表明先同居再结婚的夫妻婚姻满意度和责任感均低于那些婚前没有同居过的夫妻。在一项研究中，婚前同居的夫妻要比没有同居的夫妻更容易离婚；而一项长期追踪研究发现，同居的时间是影响婚姻关系的一个关键因素，那些订婚前同居的夫妻要比订婚后同居的夫妻更有可能经历失败的婚姻。对于同居和离婚的关系，一个普遍的观点是，同居的非传统性本身就吸引了那些不相信婚姻的人。另一种解释是，同居经验改变了人们的态度和习惯，而这些改变导致他们更容易离婚。

在西方国家，老年同居者的数量也在增加。1960 年，同居的老年人很少，而根据美国人口普查局的数据，2003 年大约有 3% 的老年人选择同居。大多数情况下，这样的同居更多意味着陪伴而不是爱情。研究发现，老年同居者要比年轻的同居者拥有更稳定和积极的关系，同时他们也更倾向于不结婚。

(3) 已婚人群。尽管同居在很多国家似乎成了流行趋势，但大多数人到了一定年龄阶段后还是会选择结婚。婚姻关系古已有之，然而婚姻状态随着时代的发展在不断变化着。例如，目前美国公民的结婚率处于 19 世纪 90 年代以来的最低点，这一现象部分归因于居高不下的离婚率，同时，人们决定推迟结婚也是一部分原因。2011 年美国人口普查局的调查数据显示，美国男性初婚的平均年龄从20世纪70年代的22.5岁提高至28.4岁，女性则从20.6岁提高到26.5岁。推迟结婚的现象在中国也存在：2006年，南开大学心理学研究中心在北京、上海、广州、昆明、成都、西安、长沙、郑州、南京、沈阳10个城市的调查结论显示，10城市平均结婚年龄为男性29.2岁、女性27.1岁，高于我国《婚姻法》规定的男性25周岁、女性22周岁的晚婚年龄，其中上海市在2000年男、女初婚年龄分别为26.69岁和23.75岁，而到了2006年则上升至31.1岁和28.4岁。中国香港的年轻人也越来越趋于晚婚，男性平均初婚年龄由1981年的27岁升至2006年的31.2岁，女性平均初婚年龄则由23.9岁升至28.2岁。人们为什么晚婚？有人认为这反映了人们在经济方面的顾虑和“先立业，后成家”的选择。一些人觉得，只有在职场站稳了脚跟，并且开始赚取足够收入的时候，才能做结婚的打算(Dreman，1997；White，2003)。此外，晚婚也和男女地位越来越趋于平等、人们接受教育年限延长以及生活范围扩大，能够在婚姻生活之外找到生活的乐趣等原因有关。

社会文化环境对于婚姻也有重大影响。结婚的年龄、对婚姻生活的期望以及婚姻的发展历程，不仅受时代影响不同，在不同文化间也有很多差异。例如婚姻的跨文化研究发现斯堪的纳维亚半岛的人要比美国人结婚晚，而东欧人结婚则比美国人早；在择偶的标准上，美国人认为爱和彼此间的吸引是婚姻最重要的因素，而中国男性则认为健康是重要的，中国女性认为情感的成熟和稳定性才是最重要的。

(4) 离婚人群。进入21世纪以来，我国的离婚率一直持续上升。据民政部门的统计资料显示，2008年我国有170多万对夫妻离婚，比2007年增长10%。离婚与低收入、低教育水平以及早婚等因素有显著关系。在我国，离婚率上升则更多和社会变革给婚姻的稳定带来巨大冲击以及人们对待离婚的态度和观念发生变化有关。不同的人在离婚后生活上会有不同的变化，有的人能够很好地应对离婚带来的压力，吸取经验教训，会变得更有能力，更会自我调节；有的人则无法妥善处理失败婚姻带来的压力，无法适应离婚后的生活，不能使自身问题得到很好的解决，甚至使问题加剧。不管怎样，离婚作为一种压力事件，对男性和女性的生理和心理健康都会产生影响。离婚后的男性和女性都会抱怨他们的孤独、自卑、对生活的忧虑以及难以形成新的令人满意的亲密关系。分居的女性比男性更容易患精神疾病、入院治疗、临床抑郁、酒精依赖以及身心失调。一些证据表明夫妻分居会降低免疫系统，从而使得分居或离婚者更容易患病和受感染。

(5) 再婚人群。有统计表明，许多人在离婚后四年内会再次找到生命中的另一半，在对男女性再婚时间的比较中发现，男性会比女性更快地进入第二次婚姻。再婚后的家庭，其组成比原来的家庭更复杂，面临的冲突和问题更多，需要个体对自身的角色重新定位，因为你有可能在再婚后成为别人孩子的父亲或母亲。总之，再婚后的家庭关系和第一次家庭的家庭关系所组成的庞大关系网也使你必须重新适应并稳固现在的婚姻，同时重新协调血缘上的父母关系和建立继父母子女和继兄弟姐妹关系。许多人再婚并不是为了爱，而只是出于经济原因、孩子的抚养或者减轻孤独感的考虑，有些人可能将早年婚姻的消极模式带入重组家庭中，再婚家庭的家长在小孩抚养上承受的压力也要多于从未离过婚的家庭，以上这些原因都可能使得重组家庭在维持再婚关系方面存在困难。

(6) 同性恋人群。人们通常对同性恋人群有一些错误的看法。事实上，有研究者发现男女同性恋在他们的性别角色上比异性恋者更灵活，并在许多方面与异性恋者有着惊人的相似之处，而且研究者还发现他们并不如传统上人们所想象的那样有大量的性伙伴，相反，同性恋者都希望和对方建立一种长期承诺、稳定的关系。不管是异性恋还是同性恋，只是性别取向的不同，人们并不应该存在任何偏见。越来越多的同性恋者开始建立有孩子的家庭，研究者发现那些在同性恋家庭长大的孩子在同伴中也同样很受欢迎，在顺应和心理健康方面与一般家庭的儿童没有什么差别，并且绝大多数在同性恋家庭成长的儿童仍然是异性恋趋向的。

13.2 教养方式

父母和子女之间存在着直接的不可分割的血缘联系，亲子关系可以说是家庭中最为密切的关系。父母对孩子的教养不仅是未成年的孩子得以生存发展的必要条件，而且不同的教养方式对孩子的发展方向也起着关键性的影响。

13.2.1 教养方式的含义

教养方式包括对孩子的“教”和“养”，即父母对子女的教育和抚养，是父母各种教养行为的特征概括，并形成相对稳定的行为风格。根据《辞海》对家庭教育概念的解释：家庭教育是父母或年长者在家庭里以儿童和青少年进行的教育。而家庭教养是在家庭生活中发生的，以亲子关系为中心，以培养社会所需要的人为目的的教育活动。

教养方式包括两层含义：一是教养态度；二是教养行为。教养态度是指父母在教育、哺养子女方面所持的知识、信念、情绪及行为倾向；教养行为是指父母在教育、哺养子女时所采取的实际行动。它既包含父母对孩子的抚养行为，也包括父母履行作为父母应尽到的职责，比如对孩子生活上的照料等，并塑造孩子的行为。社会文化的信念、价值和态度都在父母对子女的抚养教育的过程中向子女传递。

13.2.2 教养方式的类型

美国心理学家鲍姆林德较早地注意到了教养方式与儿童发展的关系。她把教养方式分为专制型、权威型、放任型三类。后来，麦考贝和玛丁（Maccoby & Martin，1983）在鲍姆林德的研究基础上，又增加了另一种教养方式——忽视型教养方式。

（1）专制型教养方式。这是一种限制性的、苛刻风格的教养方式，在有着这种教养风格的家庭中，父母对孩子有着固定的权限和控制，不允许有口头上的改变，如一个权力主义的父母可能说“你按我说的做，不然……”这种父母对孩子实施严格的制度但从不解释这些规则的必要性，而是依靠惩罚和强制性策略（如权力专断或爱的收回）迫使孩子顺从，还常当着孩子的面发怒。

（2）权威型教养方式。父母鼓励孩子成为一个独立的人，但仍然在孩子身上施加了固定的权限和控制。他们常常温和地对待孩子的错误并用适当的方式提醒孩子下次该怎么做。他们支持孩子们的建设性的行为并同样期望孩子懂事、独立，并有着与年龄适当的行为。与专制型父母相比，权威型父母能够认识到并尊重孩子的观点，以合理、民主的方式来控制孩子。

(3) 放任型教养方式。是指父母亲过度地放任子女并对他们施以很少的要求，让孩子做任何他们想做的事而不加以控制。这些孩子从不知道如何控制自己行为，而且一贯我行我素。一些父母错误地认为温暖的环境和较少的约束会使得孩子有创意、自信。事实上，这种教养方式下的孩子很少懂得尊重他人，他们往往盛气凌人，以自我为中心，并在和同伴交往中出现困难。

(4) 忽视型教养方式。父母对子女的忽视是指父母未深入到孩子的生活中，对孩子出现不闻不问的情况。这种类型的父母或者会拒绝孩子的要求，或者会由于过度关注自己的事情而对孩子投入极少的时间和精力。这种类型的父母几乎没有规则和要求，对孩子的需要不予理睬或不敏感。

这四种方式同时包含了两个维度：一方面是接纳与反应，是指父母对孩子提供支持、对孩子需要敏感的程度；另一方面是要求与控制，是指父母对孩子限制和控制的程度。这些要素的不同组合也就形成了专制型、权威型、放任型、忽视型四种教养方式(见表 13.2)。

表 13.2　**两个维度组合形成的四种教养方式类型**

接纳，反应	高	低
高	权威型	专制型
命令，控制		
低	放任型	忽视型

资料来源：E. E. Maccoby & J. A. Martin. Socialization in the contex of the family: Parent-child interaction. In: P H Mussen (Ed.), E M Hetherington (Vol. Ed.). *Handbook of Child Psychology*: *Vol.* 4. *Socialization*, *Personality and Social Development* (*4th ed.*). New York: Wiley, 1983.

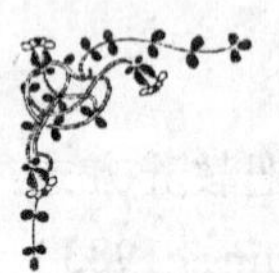

X、Y、Z 三种典型的家庭模式

1990 年研究者依据家庭中两代人之间的"独立—依赖"关系，归纳出了 X、Y、Z 三种典型的家庭模式。研究结果显示，不同文化下的家庭教养方式不同，对孩子人格的影响也不同。

X 型家庭模式　家庭中父母与子女在物质与情感上的关系都是相互依赖的，亲子关系的取向是顺从，属于集体主义模式。如韩国与日本的母亲总是热心于保持与孩子的交互作用，母亲千方百计地要把自己与孩子"焊接"起来，她们认为母子的亲密关系是儿童健康发展的重要条件。在家庭教养中，母亲总是力图创造一种"关系上的协调"，但是她们却难以培养孩子的心理独立性。

Z 型家庭模式　家庭中两代人之间在物质和情感上都是相互独立的，亲子关系的取向是独立的，属于个人主义模式。如美国和加拿大的母亲认为母子间的分离与个体化是孩子人格健康发展的条件，所以，母亲尽力把自己与孩子分离开，以培养孩子的独立自主性，母亲在家庭关系中创设的是一种“个体上的协调”。但是，这也会带给双方情感上的孤独与失落。

Y 型家庭模式 将上述两种模式辩证地综合在一起，强调在物质上的独立，在情感上的相互依赖。中国与土耳其的家庭近似这种模式。如土耳其 1990 年的研究发现，土耳其青年既忠于家庭，又注重本人才能的自我实现。在具有集体主义文化基础的发展中国家，大规模的城市化和现代化背景下，家庭人际关系可能向 Y 型转化。

资料来源：许燕主编：《人格心理学》，北京师范大学出版社 2009 年版。

13.2.3 父母教养方式对儿童、青少年的影响

儿童、青少年期是每个人成长、发展的关键时期，此阶段父母的教养方式无疑会对孩子的心理发展产生至关重要的影响。

（1）教养方式对儿童、青少年智力发展的影响。家庭环境的质量和特点对儿童的智力表现起着重要的决定作用，而父母教养方式则是决定家庭环境质量的一个重要指标。研究发现，对于学前儿童，父母亲的热情及父母鼓励性的语言和学术行为，与儿童将来的智力表现有比较密切的关系（Bradley 等，1988）。有创造性的儿童，父母通常都鼓励孩子进行智能活动，并能接受孩子的与众不同（Albert，1994；Runco，1992）。鲍姆林德对八九岁的儿童及其父母的观察发现，权威型教养方式下的孩子在智力、能力（如思维的创造性、较高的成就动机、喜欢智力挑战）上有良好的表现；专制型教养方式下的孩子的智力处于一般或一般以下水平；而放任型教养方式下的孩子智力方面的表现较差。对开发智力有利的家庭环境一般是这样的：父母很有热情，他们喜欢跟儿童进行语言交流，并渴望跟孩子一起活动；父母对新物体、新概念和新经验的解释清晰而准确，他们给孩子提供的任务是多样化的，而且符合儿童的智力发展水平；他们鼓励孩子提问和解决问题，还鼓励孩子对所学的东西进行思考；孩子上学之后，他们会对孩子强调学业的重要性。

（2）教养方式对儿童、青少年情绪发展的影响。父母的教养方式对儿童的情绪、情绪调节及其策略的发展都有影响。在良好的教养方式下，父母提供积极的情感表达，同孩子进行开诚布公的交流，能够让孩子体验较多的积极情绪并学会如何适度、准确地表达自己的情绪、情感。有研究者发现，父母的反应影响着儿童自我评价性情绪的体验和表达。在儿童失败时给予严厉指责的母亲，其子女在失败后表现出较高水平的羞愧，却很少在成功后感到骄傲；与此相对，那些更倾向于在孩子成功时做出积极反应的母亲，他们的孩子在成功后感到更骄傲，而在未能实现预期目标时表现出的羞愧则很少。另外，还有研究发现，父母控制可能会增加儿童的焦虑，而良好的父母教养方式，如情感温暖理解，会让青少年在调节焦虑时较多采用成熟型而较少采用不成熟的情绪调节策略（贾海燕等，2004）。

（3）教养方式对儿童、青少年性格发展的影响。家庭被称为“人类性格的工厂”。父母行为或教养方式对子女性格及行为的影响非常大，通常以母亲的影响为主，因母亲与子女接触较多。如果父亲或其他亲职代理人（如祖父母、兄姊、教师、保姆）与子女接触以及所负的教养责任多，则亦将产生直接的影响。鲍姆林德将专制型、权威型、放任型三种教养风格与处于每种教养风格之下的学前儿童的人格特征联系起来，她发现：权威型父母的孩子心情愉快，具有责任感，自立，有成就定向并能够与成人和同伴合作良好；专制型教养方式下的孩子一般情绪不稳定，大多数时间是不愉快、不友好的，而且容易被激怒，相对来说没有目标，对于周围事物不感兴趣；放任型父母的孩子尤其是男孩通常会表现出冲动和攻击性，他们一般比较粗鲁，喜欢以自我为中心，缺少控制性并具有较低的独立性和成就感。对青少年而言，权威型教养方式的优势仍然是比较明显的：与专制型和放任型教养方式下成长的孩子相比，权威型教养方式下的孩子相对来说比较自信，具有成就定向和一定的社会技能。相比于其他三种教养方式，忽视型教养或许是最不成功的。在这种教养方式下成长的孩子在童年早期就已经表现出较高的攻击性以及易于发怒等问题行为（Miller 等，1993）。这些孩子经常会成为充满敌意、自私、叛逆的青少年，他们缺少远大的目标，易于出现如酗酒、吸毒、性错乱、逃学等反社会行为和多种犯罪行为。

贝克（Becker，1964）根据一些研究成果描述了“温暖—敌意”与“限制—放纵”这两个维度的交互作用对儿童人格的影响：当父母教养方式是“温暖”与“限制”相匹配，孩子就会形成顺从、依赖、守规矩、懂礼貌、爱整洁等人格特征；如果是“温暖—放纵”的教养方式，孩子就会形成活泼、外向、进取、独立等人格特征；如果父母是“敌意—限制”型教养方式，孩子就会形成畏惧、退缩、自我攻击的人格特征，甚至出现心理问题；如果父母是“敌意—放纵”式教养方式，会导致孩子攻击、反叛，甚至会犯罪（见表 13-3）。

父母教养方式对子女性格与行为特征的影响，青少年期较儿童期更为显著。由于 12 岁子女的推理能力较强，专制或权威型的管教方式即使在子女儿童期可行，在青少年期则难免招致子女不满或反抗。同时在传统社会中可行的旧式管理方式，在现代家庭中可能已不适用。

表 13-3　　两种教养维度交互作用对子女人格形成的不同影响

	限　制	放　纵
温暖	顺从、依赖、有礼貌、整洁，很少攻击，守规矩，听话，不友善，缺乏创造力	活泼、外向、富创造力、进取，不守规矩，很少自我攻击，独立、友善，促成成人角色的学习
敌意	与人相处极畏缩，极多自我攻击，害羞，不太能接受成人角色（幼稚），神经质	不顺从，极端攻击，少年犯罪

(4) 教养方式对儿童、青少年社会性发展的影响。儿童的社会化是儿童的态度、技能和行为朝他所处的社会团体所期望的方向发展的过程。儿童的社会性发展首先是从家庭开始的，在父母的有意指导下和无形影响下儿童获得了自来到世界以来最初的生活经验、社会知识和行为规范。通过父母的教养行为，儿童获得了有着社会道德标准、最初的价值观念、个体行为的方式及相关态度的体系。许多研究表明，在权威型或民主型教养方式下成长的儿童青少年表现出更好的社会适应，如鲍姆瑞德发现权威型家庭中的儿童具有更多的社会责任感和成就倾向；放任型家庭中的儿童缺乏独立性；专制型家庭中的儿童缺乏社会责任感。又如兰伯恩等人对 14 ~ 18 岁青少年的调查结果显示，权威型教养方式的青少年在心理社会发展方面的得分最高，在心理与行为适应不良方面的得分最低，忽视型则相反。在一般情况下，家庭成员间温和而积极的情感联结以及对个别差异的容许会促进青少年的自我成熟，提高他们理解、遵从他人观点的能力。

上述许多研究结果都表明，权威型教养方式较之其他三种教养方式更能够对儿童、青少年发展造成积极影响。这主要是因为：首先，权威型家长能够建立一个合适的控制与自主的平衡，给予儿童自主的机会，同时又提供他们所需要的标准、限制和指导。其次，权威型家长往往会鼓励儿童进行言语交流，鼓励他们表达自己的意见。这样一种家庭讨论的形式往往能帮助儿童理解社会关系并使他们今后成为具有良好社会能力的人。最后，权威型家长对孩子是关爱和接纳的，他们对孩子表达了关爱，这种关爱可以促使孩子遵从父母的指导，接受父母的影响。总之，权威型或民主型的教养方式将关爱与适度合理的父母控制相结合，使得这种教养方式与积极的发展结果有最为密切的联系。

【阅读书目】

1. [美]约翰·W. 桑特洛克著：《毕生发展》(第三版)，桑标等译，上海人民出版社 2009 年版。

2. [美]David R. Shaffer & Katherine Kipp 著：《发展心理学——儿童与青少年》(第八版)，邹泓等译，中国轻工业出版社 2009 年版。

3. [美]罗伯特·费尔德曼著：《发展心理学——人的毕生发展》，苏彦捷等译，世界图书出版公司 2007 年版。

4. [美]詹姆斯·W. 范德赞登、[美]托马斯·L. 克兰德尔、[美]科琳·海恩斯·克兰德尔著：《人类发展》(第八版)，俞国良、黄峥、樊召锋译，中国人民大学出版社 2011 年版。

5. [美]乔斯·B. 阿什福德、克雷格·温斯顿·雷克劳尔、凯西·L. 洛蒂著：《人类行为与社会环境——生物学、心理学与社会学视角》(第二版)，王宏亮等译，中国人民大学出版社 2005 年版。

6. [美]劳拉·E. 贝克著：《儿童发展》(第五版)，吴颖等译，江苏教育出版社 2002 年版。

7. 许燕主编：《人格心理学》，北京师范大学出版社 2009 年版。

【思考题】

1. 家庭生命周期的六个阶段分别对个体提出了哪些发展任务？
2. 家庭系统理论是如何解释儿童问题行为的产生机制的？
3. 如何看待亲子关系对个体成长发展的影响？
4. 家庭教养方式有哪些类型？不同的教养方式对儿童、青少年的发展有什么影响？

第14章　学校、职业与社会

本章要论

学校是对社会成员施加有计划、有组织、有目的教育影响的专门机构。

幼儿园、小学、中学和大学教育具有不同特点，以不同方式促进个体各个阶段的身心发展。

职业和工作是成人期的重要主题，个体应根据自身情况进行职业选择和职业生涯设计。

从青少年期起，不少人就投入工作，到了老年则退休，工作和退休对个体的影响是双重的。

同伴关系、大众传媒、社会文化、社会制度、社会历史背景等都是对个体发展有重要影响的社会因素。

从幼年期起，在相当长的一段时间内，人们都在学校中生活并接受教育。在成长的关键期，学校是除家庭外影响个体心理发展的最为重要的环境因素。对绝大多数人而言，离开学校意味着要选择并从事一定的职业，正式步入社会。职业的选择和规划、工作以及退休在人生发展过程中占据着非常重要的地位。作为生活在社会环境中的人，个体的成长发展还离不开同伴关系、大众传媒、社会文化、社会制度、历史背景等因素的影响。这些社会因素的影响和学校相比，较少有目的性、计划性，但持续个体一生。

14.1　学　校

如果说个体在婴儿期的社会化的主要力量是家庭的话，那么当进入幼儿期特别是童年期以后，学校的影响便取代家庭影响上升到首要地位，成为最主要的社会化力量。学校是有计划、有组织、有目的地向社会成员施加教育影响的专门机构。学校将男生与女生引入各种社会关系与工作关系之中，使之学到未来社会所需要的技能。在学校教育中，学校除了在正规课程中传播系统的科学文化、道德法律知识以及在校纪校风中对学生进行规范训练外，还通过蕴含在正规课程中的价值观、态度、道德观等意识形态内容，通过学校的图书馆、宣传栏、标语牌及各种文娱活动等文化环境，通过教师的人格力量和榜样行为、人际关系、领导方式等人文环境对个体进行社会化教育，最终实现培养有文化、有道德和与社会关系融洽、被社会接受的成熟个体的目标。学校教育对个体发展有着重要影响。

14.1.1 幼儿园

幼儿园是国民教育体系中最初的一环，是中、小学基础教育的基础。如果说家庭是幼儿生活的第一个社会环境，那么幼儿园无疑是幼儿生活的第二个社会环境，这个社会环境比起家庭对幼儿社会化的影响更有意识、有目的、有计划。

幼儿园的教育对象是3～6岁的幼儿。他们的肌体（特别是大脑和大脑皮层）构造发育还处于稚嫩期间，很不健全。例如3岁儿童的脑重只有成年人的2/3，脑细胞还弱小，神经纤维少而短，只有随着儿童年龄的增长并辅以适当的游戏、运动、学习和自身实践活动，才能促使大脑循着自然规律逐渐发育成熟起来，形成复杂的神经系统，较好地支配各种器官发挥各自的机能。但是如果把幼儿园教育小学化，过早向幼儿灌输严密系统的科学知识，严格控制他们的思维和行为按固定模式进行，使幼儿大脑超负荷运行，那么不但不能促进儿童身心健康和谐的成长，反而会压抑、伤害了他们的肌体发育。

幼儿园坚持保教结合的原则，这符合幼儿生理、心理发展的特点和幼儿教育的规律。幼儿园应向幼儿进行“体、智、德、美”全面发展的教育，这就与中、小学要求使受教育者在德、智、体、美诸方面都得到发展，有着明显的区别。其所以把体育放在首位，就是要求幼儿园教育以促进幼儿身体发育为中心，同时通过适当的形式、方法进行德、智、美的教育，使幼儿具备健全的肌体、良好的学习兴趣和学习习惯，为进入小学阶段学习打下良好的基础。因此，游戏是幼儿园教育的主要形式和手段，儿童通过各种游戏得到运动和快乐促进各种器官肌体的发育，逐渐发展各种机能，同时，儿童通过游戏可以逐渐拓宽视野，积累生活经验，获得知识，发展思维。

幼儿园教育不仅增长了孩子的知识、锻炼了体魄，而且也促进了他们的个性和社会性的发展。在经常面对其他幼儿的不同愿望、需要、观点与行动的经历中，他们逐步学会克服自我中心，站在别人的角度去思考问题，使其社会能力得以逐步发展，学会关心与理解他人的情感，激发与他人分享快乐和解除别人痛苦的愿望。他们在交往中，一起解决困难，互相帮助，表现出自己的智慧、能力，认识到自己的力量与存在的价值，同时也能感受到他人的作用和集体的力量，从而正确认识自己。还可以培养幼儿互相体谅、团结协作、尊重他人权利、遵守集体行为规则、理解社会规范等方面的良好习惯。

14.1.2 小学

对许多儿童来说，进入一年级意味着从“家庭儿童”到“学校儿童”的转变。在学校，他们要扮演新的角色和承担新的义务。儿童成为一个学生，要与人交往，发展新关系，选择新的伙伴群体，去发展评价他们的新标准。学校为儿童形成他们的自我提供一个有许多新观念的丰富的渠道。

6～13岁是小学儿童身心发展速度最快的一段时期。他们从以游戏学习为主的生活方式进入以课堂学习各门学科为主的生活方式，即我们所说的由广义学习到狭义学习的转变。广义的学习，是指对动物和人的经验的获得及其行为和思维变化的过程，人类的广义学习是在生活中进行的。人自出生以后不久，就能建立条件反射机能，改变个别行为。在人一生的生活过程和实践中，也不断地积累知识经验，改变思想行为，所有这些都包含在学习的意义之中。

狭义的学习是指学生的学习。学生的学习过程是在各类学校的特定环境中，按照教育目标的要求，在教师的指导下，有目的、有计划、有组织地进行的一种特殊的认识活动。学生的学习是整个人类学习的重要组成部分。但是，学生的学习与一般意义上的人类学习也是有差别的，通常它具有以下一些特征：

（1）计划性。学生的学习活动是在教育情境中进行的，而教育是有目的、有计划地培养人的活动。因此，学生的学习必须根据培养目标的要求，在教师的指导下，按照一定教育计划的具体要求来进行。学习安排具有很强的计划性。

（2）间接性。人的认识可分为直接认识和间接认识两大类。直接认识是指人们在亲身参加变革现实的实践活动中直接获得的认识，这种认识的特点是不经过任何中间的环节。间接认识则是指人们虽然没有亲身参加变革某种现实的实践活动，但却通过某些中间环节（如书刊、传闻、讲授等）获得了有关变革这种现实的认识。学生的学习活动，既没有必要也不可能时时事事都直接参加实践，学生在学习过程中基本是以学习间接知识为主。

（3）高效性。学生的学习活动是在教师的指导下进行的，教师是经过教育和训练的专职教育工作者，他们按照一定的教育目的和要求，根据一定的计划，有系统、有组织地进行教育工作，教师的指导和传授，可以使学生的学习避免反复探索的曲折道路，而能够在较短的时间内取得更有效的学习成果。

从广义的学习到狭义的学习，意味着学习生活的一次彻底的转变，需要个体超越自身的经验的局限性，以相对抽象的间接经验作为自己的学习内容，从幼儿园到小学对于个体发展来说，是一个不小的挑战。有鉴于此，国内外一些学者提出在小学阶段应尽量弥合由直接经验向间接经验、由广义学习到狭义学习之间的鸿沟。比如主张通过游戏、活动进行教育；主张通过整合课程的方式，而不是过早地分学科的方式，因为这个阶段的儿童缺乏分科的概念，他们在学习语文的过程中，也获得了数学知识，在学习数学的过程中，也获得了语文知识；主张通过隐性课程来对学生学习环境进行整体营造等。这些都意味着小学观念和小学教育模式的改变。

14.1.3　中学

一般而言，学校的转变对学生来说有许多好处。进入中学以后，学生们更能感觉到自己在成长、有更多的科目可供选择，有更多的时间与同龄人在一起，可以找到相处融洽的朋友。他们越来越享受到从父母的直接监控下独立出来的喜悦，他们也可能在智力上受到学科任务的更大挑战。但是，向中学的转变对学生而言更是有些压力的，为什么呢？这个转变产生的同时，许多变化也在发生，例如个人的、家庭的和社会的变化。这些变化包括青春期和对身体形象的关注；至少出现了形式运算思维的一些方面，包括随之而来的社会认知的改变；责任感的增加；对父母的依赖降低。学校里的变化包括换到一个更大的、更缺乏人情味的教室；有更多的老师，有更多的、差异性更大的同龄人；更加关注学习成绩和表现。而且当学生向中学和初级高中转变时，都经历了一种“被剥夺的灾难”，也就是一种由最高层（在小学里年龄最大、个子最高、最强）变为最低层（在中学和初级高中里年龄最小、个子最矮、最弱）的情况。

随着年龄的增长和个性特征的形成，中学生（特别是初中生）一般都意识到自己不是一个小孩子了，在家庭中，他们被看成平等的一员，能够帮助父母操持家务；在学校里，他们的学习内容、范围、方法、态度、兴趣等都发生了变化；在社会上，他们已经成为一股不容忽视的力量。所以这时期的中学生产生了强烈的“成人感”，对老师、家长像小孩子似的无微不至的关怀表示反感。但他们毕竟不是成年人，生活不能完全自理，缺乏自学能力，不善于全面地分析问题，是非观念不清。作为老师，要尊重学生的人格，爱护他们的独立性，和他们以诚相待，鼓励他们独立思考，给他们应有的言论和行动的自由，并信任他们，支持他们的正当要求，有意识地让其经受各种困难的考验；同时坚持正面教育，多鼓励、少处罚，耐心指导，以理服人，心悦诚服，使他们的心理和思想品德沿着正确的轨道发展。

中学生正处在青春发育期，身高、体重明显增长，性机能日趋成熟，开始对异性产生特殊的好奇心和好感，他们既想和异性接触，又害怕接触。因此，这个时期教师应当注意丰富他们的精神生活，积极组织和开展适合他们年龄特征的各种集体活动，让男女同学在活动中自然交往，打破男女之间的神秘感，建立正常的友谊，使学生心理得到健康发展。

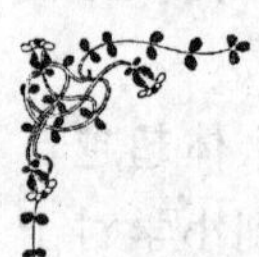

成功学校的学术氛围

什么样的学习环境可以帮助学生获得较高的学业成就？心理学家通过大量研究发现，好学校在价值观和教学实践上有以下几个特征：

重视学业　好学校有明确的教学目标，会定期给儿童布置家庭作业，并进行检查、纠正，还会与儿童讨论。

挑战性的、适应发展的课程　课程内容由于强调与儿童相关的行为，比如努力、注意力、出勤率和恰当的课堂行为。相反，对儿童或青少年没有挑战性，或者他们不觉得与自己有什么关系的内容，会导致不良的学校表现，并使学生疏远学校。

班级管理　在好学校里，老师发起活动或处理纪律问题方面花费的时间较少；准时上下课；学生很清楚老师对他们的期望，对于学习成绩，能得到明确的反馈；班级氛围让人感到很舒服；积极鼓励所有学生充分发挥能力，并对做得好的学生给予充分表扬。

组织纪律　好学校的工作人员严格执行规章制度，及时处理问题，而不是把违纪者送到校长办公室。教职员很少使用体罚措施。同时，行为表现良好的儿童、青少年在处理自己的事情时有一定自由，他们从中体会到强烈的自我效能感，这对学业上的成功很有帮助。

团队合作　好学校的全体教员组成一个工作团队，他们在校长积极而有活力的指导下共同设计课程目标、监督学生进步。

总之，好学校的环境很舒服，而且有条理有效率，在这样的环境中，学校激励学生好好学习，期待他们能获得学业成就。老师们很像权威型父母——关心学生，但又很严厉，很有控制力。研究一致表明，来自各种社会背景的儿童、青少年都偏爱权威型的指导，而且与专制型或溺爱型老师所教的学生相比，权威型老师的学生，更可能茁壮成长。

好学校对经济条件不好的学生来说非常重要。这些学生，不仅学业成绩不佳，而且他们的居住环境，可能会使他们面临更多的风险，比如出现行为问题、心理失调（如焦虑、抑郁）和其他反社会行为。但是布罗迪的研究发现，如果老师能创造一个良好的班级环境，就可以帮助低收入单亲家庭的7～15岁儿童，很好应对他们遇到的压力，在学习上不掉队，并且避免这种儿童群体中经常会出现的内部和外部失调。这项研究还发现，即使儿童的父母对他们的关怀不够（也就是说，父母给儿童很少温暖，很少监管），好学校也能对儿童进行有力的保护。道尼尔和她的同事发现，生活在暴力街区的高危青少年，如果能得到好学校老师的支持和鼓励，就不大容易受到不良同伴的影响，并且很少涉足药物滥用和其他反社会行为。

这些研究都表明，在儿童社会化过程中，有效教育对于促进积极的社会性和情绪发展以及良好的学业成绩有多么重要。

资料来源：Katherine Kipp 著：《发展心理学》，邹泓等译，中国轻工业出版社 2009 年版。

14.1.4　大学

大学阶段的学习是学生迈向社会前最后一次集中系统的学习，是在普通教育基础上，以专业教育为基础的一种教育。由于大学阶段是以专业为基础的教育方式，大学阶段的学习不同于普通教育阶段的学习。大学阶段的学习有以下几方面的特点：

（1）专业性。大学教育是建立在基础教育之上的专业性教育，培养的是各个专业或学科领域的高级专门人才。它的教育性质决定了其教学过程必然具有显著的专业性。所谓专业性，就是指其教学过程是以传授、学习专业理论知识和基本技能方法为主要任务，教学过程的全部活动，包括教学计划和教学大纲的制订，课程设置和学时安排，教学组织形式、方法与手段的选择和运用等，都紧紧围绕着具体的专业要求而进行。换句话说，大学的教学过程实际上已为学生适应某个具体的专业要求构建了一个知识结构和能力结构的基本框架。

（2）阶段性。大学教学所传授和学习的是专业理论知识和基本技能，同时使大学生具有合理的知识和能力结构。由于专业理论比较高深，构建合理的知识结构和能力结构比单纯学习科学文化知识要复杂得多，需要由浅入深、由一般到特殊有序地进行，因此，大学教学呈现明显的阶段性。根据其教学计划所构建的课程体系，大学学习过程一般可分为四个阶段：①基础知识学习阶段（一般自第一学期到第三学期）；②专业基础知识学习阶段（一般在第四、第五学期）；③专业知识学习阶段（大致在第六、第七学期）；④毕业设计（论文）阶段（第八学期）。大学生要把握每个阶段的特点，适时地改变自己的学习方法，搞好各阶段的过渡并去主动适应大学学习。

（3）创造性。在当今时代，要求大学培养创新人才。创新人才是掌握现代最先进的文化科学技术，能够创造性地运用所学知识和技能，为发展生产、发展科学技术作出创造性贡献的专门人才。所以，大学要求大学生不仅要继承前人积累的专业理论知识，还要进一步从事探索，发展创造能力，获得科学技术创造方法。

（4）开放性。所谓开放性，就是不拘于传统的、固定的或单一封闭的模式。首先，是大学教学要面向实践、面向经济建设、面向社会，实行产、学、研三结合，共同培养人才。其次，在学校内部，大学教学过程冲破了学科、课堂和书本的局限，呈现出高度的灵活性、多样性。比如在教学管理制度上实行学分制、选课制，学生在一定范围内可以自主制订学习计划，自由选修课程，高校之间可以相互承认学分。在教学途径上除了教师传授之外，学生自学占据重要地位。在教学形式上除了理论教学之外，还有各种功能不同的实践教学，包括实验、实习、设计、参观等。在教学内容上，教师在保证课堂教学基本要求的前提下，可以自主选择教材，自主组织内容体系并讲述自己的学术观点，此外各院系还组织有各种专题报告和讲座，学术思想异常活跃。

（5）自主性。大学学习的重要目的之一就是通过各种教学形式及方法，在教学过程的每个阶段、每个环节都有目的地训练和培养学生的独立学习能力和独立工作能力。大学学习的创造性和开放性特点，使学生在学习中自己思考的问题深了，自己支配的时间多了，学习渠道广了，学习内容的选择性大了。大学生要适应这些变化并能在学习中充分发挥自己的才智和个性特长，必须善于安排自己的学习计划，具有独立驾驭学习的能力，把握学习的主动权，发挥学习的自主性。大学生正处于智力发展的黄金期，他们的辩证逻辑思维的发展已达到较高水平，独立的个性形成和各种心理品质逐步成熟，情绪的稳定性、学习的持久性、自信心和自我调控能力等都有了较高的发展水平，大多已初步形成了具有独立个性的学习风格，在学习过程中乐于独立自主地对待和处理问题。

14.1.5 成人教育

成人教育是指成人参加的各种形式的学校和学习。现今社会是个学习型社会，就业和工作依然是学习者的重要目标，这就对成人教育的内容提出了要求，必须密切关注行业的针对性，考虑实用性。成人教育的增加是因为一些人的娱乐休闲时间的增加和为他人更新信息和技术的需要。有些老年人参加教育课程只是因为他们喜欢学习，想保持思维活跃。美国有调查表明，妇女在成人学习者中占大部分，约 60%，在 35 岁及 35 岁以上的人群中，妇女所占的比例更大，约 70%。这是因为她们早些年的时间大多用来照顾家庭和孩子了，现在决定回到学校为进人新的职场做准备。无论是什么人，离开学校很长时间后再回到教室是很有压力的。但是，如果这些学生认识到大学能给他们带来一笔财富的话，那么他们应该为自己的行为感到高兴。

随着终身教育、终身学习理念越来越深入人心，我国的成人教育事业也取得了长足的进展。据统计，2006 年我国参加各类培训和学历教育的企业职工共计 9174 万人次，占企业职工总数的 43.7%。尽管如此，从社会进步以及人的全面发展的需要角度来看，我国的成人教育还存在着与之不相适应的地方。目前，各类人才尤其是现代高级技术工人的短缺已成为制约中国经济、社会发展的一个瓶颈。据 2007 年国家统计局数据显示，全国 15 岁及以上人口平均受教育年限为 8.4 年，其中，从业人员平均受教育年限仍低于发达国家平均水平 3 年以上。劳动者科学文化素质偏低，导致我国产业技术水平不高，劳动生产率仅为发达国家的 25%。科技成果的转化率只有 15%，技术进步对经济增长的贡献率仅为 30%，不仅远远低于发达国家 60% ~80% 的水平，也低于发展中国家 35% 的平均水平。此外，由于近年来我国加快了经济结构调整、产业结构升级和城镇化进程，今后还将有大批农村富余劳动力转移到城镇和非农产业，加上我国已进入劳动年龄人口增长的高峰期，这些需要转岗、就业和新增劳动力都必须经过一定形式的教育培训才能就业上岗。

为了应对这样的状况，成人教育作为一种与经济发展、社会进步保持直接互动关系的人力资源的直接、深度的开发，其重要性鲜明地突显出来。对成人教育而言，要坚持"只要生长就是进步"的评价理念，不能与某一方面优异者进行横向比较，要以个人原有能力为标准进行纵向对比。要重视对个体特殊技能和专长的肯定与鼓励，要扬长避短、发挥优势、张扬个性，使学习者优势更优，持续发展。

14.2　职业与工作

在人生的很长一段时间内，都有一定的职业与我们相伴随。选择职业，发展职业，工作以及妥善处理好退休问题，这些都是成年时期的重大人生课题。

14.2.1　职业

职业是个人得以安身立命的工作岗位。一个人的职业观念随着年龄的发展而不断发生变化，许多孩子对他们长大后想要做什么都抱有理想化的幻想。例如，幼童想成为一个超人、体育明星，或者影星。进入中学后，他们开始在稍微不那么理想化的基础上考虑职业问题。在十几岁的晚期和二十多岁的早期，因为考察了不同的职业可能性并将目标对准了自己想要进入的那些行业，他们对职业的选择通常会变得更慎重。进入大学通常会选择一个必定导致在某一特定领域工作的专业，此时个体的职业观念往往会更加现实而具体。等到了二十多岁的时候，许多人已经完成了教育和培训，开始了全职工作。在成人期早期的剩余时间中，人们常常试图搭建他们成型的事业，提升自己的职务级别，并提高他们的经济地位。

(1) 职业选择。尽管职业的选择往往是偶然的、无计划的或盲目的，它们却是我们成年阶段最有意义的决定。职业的选择对于我们生活的许多方面都有重要意义，如我们的认同感。个体对职业进行选择的同时也向别人展示了自身的能力、动机和个性特征，例如是否具备进取心、成就感、独立性。此外，职业选择使个体置身于团队之中，决定了日常的朋友圈、生活方式和休假机会。

约翰·霍兰德认为，选择一个与个人的性格类型非常匹配的工作是非常重要的，当人们找到适合自己性格的工作时，他们比那些从事不适合自己性格工作的人更有可能享受工作，而且坚持某项工作的时间更长。霍兰德提出了六种与职业相关的基本性格类型：现实型、研究型、艺术型、社会型、事业型、常规型。

①现实型。他们喜欢户外和动手的活动。他们通常不那么爱社交，难以担负技术性职位，喜欢一个人工作。与这种性格类型最匹配的工作有体力劳动，如农业、卡车驾驶、建筑、工程和领航等。

②研究型。他们对概念的兴趣比对人的兴趣要大。对社交关系十分淡漠，会被感情场面所困扰，通常孤独而睿智。与这种性格类型相匹配的工作有科学研究、智力引导型职业。

③艺术型。他们富有创造性并乐于同那些能够使他们以新颖的方式表达自己的概念和材料打交道。他们重视的是不墨守成规、自由、不定性。有时他们在社交关系中会遇到麻烦。与这种性格类型相匹配的工作并不多。因此，一些艺术型的人以他们的第二或第三选择作为工作，而通过爱好和闲暇时间来展示自己的文艺兴趣。

④社会型。他们乐于与他人一起工作并倾向于得到辅助性的岗位。比起脑力工作，他们更乐于进行社会工作。这种性格类型适合进行教学、社会工作、咨询服务。

⑤事业型。他们更想面对人而不是事物或概念。他们可能会支配别人来达到自己的目标。他们善于说服别人。事业型适合销售、管理、行政工作等职业。

⑥常规型。他们能够在结构良好的职位上发挥作用，善于处理细节。他们乐于与数字为伍，乐于从事文书工作，而不是与概念和人打交道。常规型适合的工作有会计、银行出纳、秘书或档案管理员等。

如果所有的人（和职业）都很符合霍兰德的性格类型（理论），职业顾问的工作会很轻松。然而，个体有独特的复杂性。霍兰德认为人们很少有纯粹的类型，大多数人是两种或三种类型的综合体。尽管如此，人的能力与态度要与特定的工作相匹配这一基本观点仍对职业培训领域作出了重要贡献。

选择职业的另一个重要方面是它同时要与你的价值观相符。当人们了解到什么是他们认为最有价值的时候，即在生活中什么对他们是重要的，他们才能更有效地改进他们的职业选择。一些价值观在霍兰德的性格类型中有所反映，如一个人是认为涉及帮助他人的职业有价值，还是创造性被看重的职业有价值。这些被人们所重视的价值包括，和喜欢的人一起工作，从事有声望的职业，赚很多很多钱，感到愉快，不必长时间工作，内心受到挑战，有充足的时间进行业余追求，在合适的地方进行工作，在重视身体和心理健康的地方工作等。

（2）职业生涯设计。个人选择到一个适合的职业以后，所面临的问题就是如何对自己的职业生涯进行规划。职业生涯规划是个人根据自身情况和外部环境，制定自我职业发展的目标，并选择达到目标的可靠手段的方案设计。它实质上是通过自我认识，进行自我肯定，并自我成长，最终达到自我实现的个人发展过程。职业生涯设计并不限于成年时期的某一阶段，发现并从事工作是伴随一生的发展过程。对于某些职业，其发展轨迹可分为四个阶段：择业和加入、调整适应、维持、退休。这些阶段划分适合于按顺序发展的职业类型。对于其他一些职业，人们可能会在不同的工作角色中不断地选择和调整、加入和离职。

在求职中应该注意些什么？在众多的职业中，你如何去选择？如何进行自我评价？没有找到合适的职业该怎么办？解决好这些问题是现代人在自主择业中立于不败之地的关键。此外，随着科学技术的迅速发展以及新技术运用于现代生产的周期的日益缩短，一个人终生从事于某一项职业的可能性越来越小，多次更换职业将不可避免。因此对年轻一代而言，他们的未来要靠自己去掌握，学会选择是他们作为现代人必须具备的一项基本素质，这既是市场经济发展的必然结果，也是现代社会发展的客观要求。

正确地认识自我，是进行职业生涯设计的前提条件。因此，在进行生涯设计之前，首先要问一下自己：

①自己喜欢的工作到底是什么？

②自己的专长是什么？

③现有工作对自己的重要性？

④家庭对自己的重要性？

⑤有哪些工作机会可供选择？

⑥与工作有关的其他考虑？

弄清这些问题，明白自身的优点和缺点，就可以进行职业生涯的规划和设计了。

14.2.2　工作

对于很多人来说，工作并不只是谋生的一个手段。工作是定义个体最根本的形式，可以带来个人同一性的感觉；工作是个体结交朋友和进行社交活动的重要源泉；工作能带给人们心理的甚至精神上的幸福感和满足感。工作在许多方面塑造着人们的生活方式，对人们的经济承受能力、住房、花费时间的方式、居住地、朋友及健康都有重要影响。

（1）青少年期的工作。一边兼职一边上学的青少年人数在不断增长，这是近年来青少年生活中发生的最显著的变化。现在，即使教育阻止了许多青年人拥有全职工作，也不能妨碍他们在求学的同时兼职工作。在 1940 年的美国，只有 1/25 的十年级男生在上学的同时兼职。到了 1970 年，这个数字上升到了 1/4；现在，3/4 的学生同时上学和兼职。

那么，中国是一个什么样的情况呢？由于中国的特殊情况，在农村一部分学生中学毕业就开始工作了，但是由于知识技能所限，他们从事的大多是一些技术含量很低的工作，主要目的是挣钱，增加人生阅历，对以后的人生道路一般不会有什么影响。至于大学生，现在他们在上学期间兼职已经非常普遍。2008 年中国青年报社的社会调查中心对 1649 名大学生进行的一项调查显示，有 73.5% 的受访者曾做过兼职。至于兼职的首要目的，其中 35.6% 的人表示是为了锻炼个人能力，34.9% 是为了增加社会经验，而只有25.8%是为了赚钱。尽管如此，参与调查的大学生中有58.2%的人表示赚到一笔完全属于自己的收入，很有成就感。

做兼职对青少年有利也有弊。美国的一项研究指出，青少年做兼职可以鼓励他们养成良好的工作习惯。对于那些低工资水平、城市背景的青少年来说，兼职对他们来说可能特别有益，可以给他们提供经济益处以及成年人的督导，也许还可以提高入学几率，减少青少年犯罪。还有研究者认为，工作经验有助于青少年获得怎样保住一份工作以及管理金钱的经验，并有助于他们学会安排自己的时间，提高他们的成就自豪感且有助于评估自己的目标。但是，兼职的青少年为了工作不得不在其他方面作出一些牺牲，包括学业、体育运动、与同龄人交往、与家人相处等方面。与未兼职的学生相比，兼职的青少年成绩要差一些，更加不愿意参加学校活动，与家人相聚时间少。总体而言，在有偿劳动上花费大量的时间限制了青少年的发展，并且对某些人来说，还可能会引起一些冒险性的行为并会对身体健康造成损害。但是，对有些从事具有挑战性工作的年轻人来说，成年人可以给他们提供一些有建设性的指导及有利的工作环境，但这种益处是很有限的。

(2) 成年人的工作。大部分的个体会将三分之一的成年时间消耗在工作上。工作有利于个体塑造出生活的机构和步调，若长期不工作会失掉这种有节奏的生活。当个体没有能力工作时，他们通常会经历情绪上的失落及低自尊。但另一方面，工作也会带来压力。这些方面主要有：工作的高要求，如工作量大、工作时间长的压力及身体健康问题；没有足够多的机会参与决策；监控较严格；对什么是有能力的表现缺少清楚的界定。

一个人在工作生涯中的工作满意度是稳步增加的，这种模式男女均适用。因为我们年纪越大，收入就越多，地位越高，工作也越有保障，这些都可能使得人的满足感得到增加。在成年早期，年轻人仍在不断试验自己的工作并寻找适合自己的职业，他们可能更倾向于找出他们当前所从事工作的错误，而不是寻找它的合理之处。而到了成年中期，人们在工作上承担的责任也增大，会更加认真地对待工作，更少迟到，比年轻人更投入于工作。

工作角色是中年人生活的中心。中年人的地位和收入可能都达到了最顶点，但也会由于照料孩子、医疗以及照顾老年父母等原因而面临经济上的负担。中年人的职业进程的发展因个人而不同，有些人有稳定的工作，而另一些人则在劳动市场上进进出出，经历着下岗和失业。对许多人来说，中年意味着要对自己目前的工作及未来的理想职业进行评价、反思。人们在中年期面临的工作问题有：认识到职业发展的限制、决定是否要更换工作、如何权衡家庭与工作的关系，以及考虑退休计划。

夏洛特·布尔与其他一些人研究了400种传记与自传，他们从中发现，有某些阶段反复出现在他们所分析的任务的生命历程中。他们划分了五个彼此相联系的生物学阶段和五个心理社会发展阶段（如表14.1）。这种划分基本上是从目标设立的角度来看待心理社会发展的。该理论认为生命的顶峰阶段是在20多岁至40多岁期间，45岁之后则是回缩阶段。

表 14.1　　布尔的生命的生物学阶段和心理阶段

大致年龄	生物学阶段	心理社会阶段
0～15 岁	进行性生长发育	儿童呆在家里，尚不能自行选择目标
16～25 岁	继续生长发育，具有了生育能力	准备发展，尝试选择目标
26～45 岁	生长发育处于稳定阶段	达到顶峰
46～65 岁	逐渐丧失生育能力	在为目标奋斗之后进行评估
65 岁以上	退行性生长发育，生理机能衰退	体验成就或失败

虽然在许多国家，一过 60 岁就意味着退休，但也有相当部分的老年人仍活跃在工作岗位上。美国老年人纵向调查中发现，七八十岁仍继续工作的人，最重要的特点是：身体健康、心理上对工作有强烈的忠诚以及对退休的恐惧。许多上年纪的成年人会参加一些义务工作，如在志愿者协会中做志愿者或积极的参与者。这些选择为老年人提供了实现自己社会交往及积极同一性的机会。

14.2.3　退休

世界卫生组织的马勒博士说：那种把老年人看做风烛残年、既病又废的形象是不正确的。现代老年学研究发现，即使在 70 岁，他们也还能富有创造性地生活在社会中，并起到积极作用。

美国加利福尼亚大学的科学家研究发现，人类大脑即使到了晚年也不停止发育。如果让一位老年人学习一种新的语言的话，那么他的大脑语言中枢细胞就能够再次迅速发展起来。如果经常不用大脑思考问题，大脑细胞就会萎缩，甚至会发生老年认知障碍。脑科学研究证明了人的终生发展观以及大脑的“用进废退”原则，充分说明老年人学习新知识、新东西是有可能的，而且积极地学习、使用大脑还可以延缓大脑功能的衰退。

我国法定退休年龄为男性职工 60 周岁，女性干部 55 周岁，对特殊工种职工退休又提前放宽五年期限。这一法定退休年龄的制定依据主要是根据我国建国初社会发展状况和我国人口平均寿命。五十多年来，我国的社会经济格局已发生很大变化，人均寿命已提高到 1990 年的 70 岁，在世界各国中属于中等偏上水平，比一般发达国家低 6～8 岁，比许多发展中国家高 8～10 岁。我们知道，人均寿命的长短是影响退休年龄高低的一个至关重要的因素，考虑到我国未来面临的十分严峻的老龄化挑战，对于这一退休年龄已经有许多人表示出不同的意见。

据了解，目前欧盟的退休年龄一般是 65 岁，随着全球老龄化的进程，调整退休年龄已经成为一种趋势，但各国都很慎重。2011 年把退休年龄由 65 岁调整到 67 岁的美国，是经过了将近 20 年的研究才最终实施的。事实上，目前，各个城市已经根据自己的实际情况，采取了相应的应对措施。

在理论上，退休的影响有好也有坏：好的一方面在于退休后摆脱了工作和养育孩子的负担，坏的一方面在于这意味着收入、社会角色和同一性的丧失。实际情况是，关于退休的一般的僵化的看法是引退意味着一件坏事情，因为它与精神状况、生活满意度和健康状况的下降有关，或许还与死亡率的上升有关。

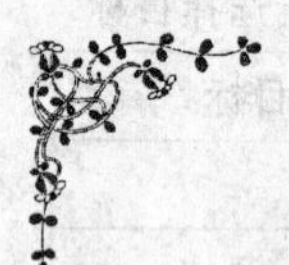

关于退休与老化的几种理论

角色退出理论 角色退出理论是半个世纪以前社会学家提出的一种老化社会理论。它总结了20世纪前半期关于老年人的普遍观点。该理论认为，为了有效地处理老化问题，老年人应该逐渐从社会中退出。在这种观点里，老年人应日益发展自我用心的活动，减少与别人的情感联系，并且显得对社会事务的兴趣减少，通过采取这些退出策略，他们相信老年人将享受提高生活的满足。

活动理论 活动理论恰好与角色退出理论相反。他们认为，老年人参与的活动越多，他们将越有可能对自己的生活满足。如果人们能将成年中期的角色持续到成年晚期，许多人将获得较多的生活满足感。如果这些角色被剥去(如提前退休)，那么对他们来说，找到一个可替代的角色以保持他们的活动和参与是重要的。总之，活动理论认为，当老年人是活动的、精力充沛的和生产性的时，与他们从社会中退出相比，老年人能更成功、更愉快地老化。

社会崩溃—重建理论 该理论认为，老化是由消极的心理作用所促成的，这些消极的心理作用源于社会对老年人的否定态度和对其不周到的照顾。社会崩溃由消极的社会观开始，由确认和将自己列为无能的人结束。社会重建由将老年人看做是有能力的、用积极的词句来形容他们（如助人者，自我控制的，明智的，胜任的)、提供给他们充足的支持系统而产生。

资料来源：约翰·W. 桑特洛克：《毕生发展》(第三版)，桑标译，上海人民出版社2009年版，第125～126页。

的确，一些证据表明，退休者的精神状况和健康状况比仍在工作的人差，死亡率也高。退休的人一般也比仍在工作的人更穷、更年迈。例如，罗伯特·阿奇利在对退休者进行调查时发现，30%的人报告自己有适应问题，但很少有人提出这是因为他们失去了工作；相反，他们提到钱的问题、健康问题以及亲人的死亡。如果退休与健康状况差有联系的话，这常常是因为健康恶化导致退休而不是反过来的情况。也有人认为，退休的影响取决于职业和人们对待工作的态度：工作越令人厌烦，人们对退休的态度越乐观，而工作越令人喜爱，人们也就越不愿意放弃它。实际上，关于工作态度和退休态度的研究并未发现二者之间有何联系。上述假说可能对某种类型的工作狂来说是成立的，但事实上即便在这种情况下也几乎没有证据支持上述假说。

人们常常认为退休对女性而言不如对男性的影响那么严重，因为女性在退休后仍然继续保持其主妇角色，而且女性在整个成年阶段中更为习惯角色变动。但现有的关于退休女性的少数研究发现，退休对女性而言和对男性一样令人痛苦，事实上在某些情况下可能意味着更大的问题，因为女性的低工资以及往往断断续续的工作史可能意味着她们的退休金比男性低得多。但是大多数男性和女性至少在相对短期内能成功地适应退休，而且他们中许多人积极主动地向往退休并享受退休生活的乐趣。退休所产生的心理冲击，无论是好是坏还是好坏参半，主要取决于在工作期间和退休后的收入水平、健康状况以及是否存在替代性活动（社会、休闲和家庭活动）。

总的说来，如果一个人已经为退休做好了调整适应，身体健康，有足够的收入，有活力，有教养，有包括朋友和家庭成员在内的更大的社会交往圈，通常会比退休前更满意他们的生活。但是没有足够的收入和身体不好的人，他们必须调整以适应退休后发生的其他压力，如丧偶，要度过一段艰难的日子以适应退休。另外，适应性也是一个人能否良好适应退休的重要因素。当人们退休后，他们不再有工作时的环境，所以，他们要灵活一点，寻找和发现他们自己的兴趣。培养与工作无关的兴趣、结交新朋友能提高退休后的适应能力，所以，在退休时不仅要做好经济上的计划，同时也要考虑生活中的其他方面，这是非常重要的。

14.3 社　会

一定的社会环境是人们心理发展的外部条件。一个人从出生之日起只有生活在人类社会里，他的心理活动才能得到正常的发展。无论是知识经验的获得、智力才能的发展，还是人格的培养、道德品质的形成，都离不开社会环境的影响，尤其是个体的社会性发展更是离不开与社会的互动。相同社会背景下成长起来的个体在心理发展上带有许多共性特征，而社会环境的差异性也使得不同个体在心理的发展方向上有着明显的差别。按照布朗芬伦纳的生态系统理论，影响个体发展的社会背景包括五个环境系统，分别是：（1）微观系统，即家庭、学校、同伴、工作等个体活动和交往的当前环境；（2）中间系统，指家庭、学校和同伴群体之间的联系和相互关系；（3）外层系统，如父母的工作等个体未直接参与其中但却受其影响的系统；（4）宏观系统，即社会文化、亚文化和社会阶层背景；（5）历时系统，即个体发展的时间维度。关于家庭和学校对个体发展的影响，前面已有专门章节进行了讨论，本节我们主要考察同伴、大众传媒、社会文化、社会制度以及社会历史的变迁是如何影响个体发展的。

14.3.1　同伴关系

在个体成长过程中，同伴关系是一个非常重要的影响因素。皮亚杰等一些理论家认为，同伴对儿童青少年的发展起到了与父母同样甚至更重要的作用。发展心理学家认为，同伴是社会地位相同的人，或者至少目前来说是行为复杂程度相似的个体。按照这种以活动水平为基础的定义，只要儿童在追求共同兴趣和目标时，调节自身行为以适合他人的能力，年龄上稍有不同也可以认为是同伴。同伴关系是一个多维的、复杂的结构模型，它主要包括三种类型：

（1）同伴团体关系。同伴团体是指互动着的、彼此有着某种程度交互影响的个体的集合。同伴团体通常是由于共同的兴趣或环境而自发形成的，也有些同伴团体关系如学校中的班级等则是正式建立的群体形式。同伴团体是一种群体单向作用过程，反映的是群体对个体的态度。同伴团体一般发生在儿童青少年期，其具有内聚力、等级结构性、异质性、规范性等特征，同伴团体关系对儿童青少年的社会性发展起着重要作用。

（2）友谊关系。友谊是带有依恋色彩的二元同伴关系。友谊通常在相似性的基础上建立，它是朋友之间一对一的相互作用过程，反映的是个体与个体之间的情感联系。友谊伴人一生，但不同的成长时期，友谊的特征和内容各不相同。友谊的特征可从不同的角度来考察，有的学者将友谊关系分为表层结构和深层结构。表层结构是指不同年龄阶段朋友交往的方式和内容特征，比如学龄前儿童的友谊关系仅仅停留在共同活动和游戏上，青少年则强调朋友之间的亲密、忠诚和相互理解信任，成年人的友谊关系则与工作、社会活动和成就需要联系在一起。深层结构是指友谊关系双方的互惠性。其又可从“有朋友”、“朋友的一致性”、“友谊质量”三个维度来考察。互惠性是友谊关系的本质特征。有的学者将友谊关系分为积极参与、冲突管理、任务活动和关系特征四种宽类型，并将每种宽类型又分为若干窄类型来考察友谊关系。他们认为后三种类型是友谊关系的关键特征，对个体的发展起着重要作用。

（3）欺负关系。欺负是指力量较强的一方在未受激怒的情况下对较弱小的一方重复进行攻击，主要发生在儿童青少年时期。欺负建立在不平等的基础上，是欺负者与受欺负者这一同伴群体中最小的必要单位相互作用的过程，反映的是欺负者与受欺负者长期稳定的一种交往模式。欺负包括直接欺负，如直接的身体攻击或语言攻击；间接欺负，如背后诽谤等。欺负具有三个特征：第一，它是有意性行为；第二，它暗含力量或力气上的不平衡；第三，它是一种长时间的重复行为，欺负者和受欺负者有时会在较长一段时间内形成稳定的欺负与受欺负关系，欺负者会重复把受欺负者作为攻击的对象。正是因为这些特征使欺负区别于儿童个体特征，而成为一种特殊的同伴关系。欺负行为属于攻击行为，其受害者既可能受到短期的影响，也可能受到长期的影响。从短期来看，受欺负的儿童在交友上可能更为孤独和困难，他们可能会变得抑郁和自卑，对学校功课丧失兴趣，甚至不想去上学。从长期来说，这种受欺负的影响甚至可能一直持续到成年期。研究表明，童年期受过欺负的男生比从未受过欺负的同龄人在 20 多岁时更为抑郁，自尊感更低。而那些欺负别人的儿童更可能发展反社会行为，如留级、抽烟、喝酒甚至犯罪等。

在生命的早期，婴儿就开始对同伴的出现表现出积极的反应。婴儿之间可以通过模仿复制彼此的行为，而这种向其他婴儿学习的能力会被保持，婴儿间的互动不仅促进了他们社交水平的发展，也对认知发展产生影响。2～5 岁的儿童的交往范围越来越广，而且从儿童早期起，个体开始和同伴发展友谊，他们与同伴的关系更多地建立在对陪伴、游戏和乐趣的需求上。在整个学前期阶段，一起玩耍在所有友谊中均占重要地位。帕腾发现，随着年龄的增长，儿童的联合游戏和合作游戏越来越多，在游戏中更多地和同伴进行互动、合作，这说明了同伴交往在社交复杂性方面的发展。进入小学之后，儿童相互交往的频率大大增加，共同参与的社会性活动也进一步增加，社会性交往也逐渐更富有组织性。由于小学儿童的社会认知能力得到发展，他们能更好地理解他人的动机和目的，能更好地对他人进行反馈，同伴间的交往更加有效。此时同伴交往的一大变化，是儿童的同伴交往经常以同伴群体的形式出现。同伴群体有自己的规范并形成了等级，并能为儿童提供归属感，在 6 ~ 10 岁这个阶段，同伴群体成为一个社交环境，儿童可以在其中发现团队合作的价值，形成实现共同目标的责任感和忠诚感，学习社会组织如何运作等许多重要课程。步入青春期后，初中生产生了许多心理上的不安和焦躁，他们需要有能倾吐烦恼、交流思想并能保守秘密的朋友。因此，初中生逐渐克服了团伙的同伴交往方式，交友范围逐渐缩小，只选择一至两个同性同伴作为最要好的朋友。青春早期的青少年逐渐将感情的中心从父母移向关系密切的朋友，他们会结成小“帮派”，这个小“帮派”通常由几个具有相似价值观和活动兴趣的同性别儿童组成，小“帮派”有助于他们树立很强的归属感或群体认同感。除此以外，随着身体的发育和第二性征的出现，初中生逐渐开始意识到同伴的性别问题，并对异性发生兴趣，或者在异性同伴面前表露出漠不关心，或者在言行中表现出对异性同伴的轻视，或者以一种不友好的方式攻击对方。到青春期中期，男女生之间开始融洽相处，并且在大多数男生与女生心中会有一位自己喜爱的异性朋友，当然这种爱慕之情是很幼稚的。到了高中阶段，初中生友谊的那种强烈性和热情有所下降。高中生的友谊是以感情的共鸣和体验的分享为基础的，通常选择性情相投的同伴作为朋友。高中生对异性的消极感受几乎都消失了，一半的男生和大多数女生跨过性别界限建立了友谊，信任和安全感是这种友谊的组成部分。高中生异性之间的爱慕之情，比初中生要深沉一些，他们往往更关心对方的内在品质、性情是否相投，但是随着年龄的增长、交往范围的扩大，价值观念的改变，这种感情很难长久地保持下来。

同伴关系在儿童、青少年行为认知、情感以及人格的健康发展和社会适应中起着重要作用：

第一，同伴是发展社会能力的背景。皮亚杰在他的早期著作中论述了同伴关系在社会能力发展中的作用。他认为，正是产生于同伴关系中的合作与感情共鸣使得儿童获得了关于社会的更广阔的认知视野。在儿童与同伴交往中出现的冲突将导致社会观点采择能力的发展并促进社会交流所需技能的获得。同伴关系的典型特征是有同等地位和权利，因此和与父母之间交往的不对等性、从属性相比，儿童、青少年与同伴之间的交往则具有平等性。如果同伴之间希望友好相处或者实现共同目标，就必须学会理解彼此的观点，互相协商、妥协、合作。游戏中的冲突和协商在引发折中主义和平等互惠的观念中都起着重要作用，这是在与父母和其他成人进行不平等互动的过程中很难获得的。尽管跨年龄交往也存在不平衡，但这种互动有助于儿童获得某些社会能力。青少年期个体指向同伴的亲密感情增多，因此同伴团体在青少年性别社会化、亲密男女关系的建立中发挥着重要作用，同时这一时期的同伴关系模式为成人期的社会关系提供了一个基础的框架。

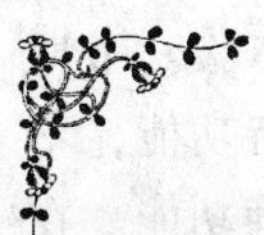

群体社会化发展理论

由美国心理学家哈里斯于 20 世纪 90 年代提出。该理论的核心假设是：社会化是一种高度情境化的学习形式。具体来说，就是儿童在其社会化过程中独立地习得了两套行为系统：一套用来适应家庭内部的生活；一套用来适应社会上的生活。该理论认为，每一个儿童都必然参与并认同于一个社会群体，在群体中学会在社会公众中的行为方式，在儿童群体中，共有的群体文化、规则和准则及其同化作用所导致的文化传递，使得群体中各个儿童变得十分相似；同时群体中也存在着由于等级地位不同和社会比较机制而产生的异化现象，这种异化现象是造成来自同一家庭的兄弟姐妹个性差异的一部分原因。儿童在家里也有不同的等级地位，也存在着家庭内部的社会比较，但这些相对来说影响较小。举例来说，来自同一家庭的两兄弟后来上了不同的学校，每个学校有不同的校风、班风，而这两兄弟在各自班里的地位又不同，哥哥所在班级班风好，学习气氛浓，而且他始终担任班干部；而弟弟所在班级则是一个“乱班”，他又一直默默无闻。后来，哥哥很自然地变成了一个热情、善交际、自信心强、品学兼优的学生，而弟弟则变成一个不善交际、自卑、成绩平平的学生。应该对这一结果负责的，不是家庭，不是父母，而是他们所在的学校和班级。也许正是这一机制，导致了来自同一家庭环境的兄弟姐妹的除遗传和测量误差之外的另外30%的个性差异。传统观点认为，家庭在文化传递中起着重要作用，但哈里斯针锋相对地指出，社会文化传递不是由家庭完成的，社会文化不是由父母传递给子女，而是由儿童群体传递的。如果说父母在文化传递中也起作用，那么他们也是与所有同辈人一起，作为一个父母群体、把文化传递给了下一代。社会文化的传递不是个体对个体的传递，而是群体对群体（上一代人向下一代人）的传递和群体内部的传递（同伴群体向每一个群体成员传递）。家庭对儿童年幼时最初社会化有重要影响，但这些影响后来逐渐减弱、淡化，被群体影响所取代。总之，这一理论的核心观点就是“家庭对儿童的社会化没有什么影响”，儿童的社会化主要是在同伴群体中完成的。

资料来源：陈会昌、叶子：《群体社会化发展理论述评》，《教育理论与实践》1997年第4期。

第二，同伴关系是满足社会需要、获得社会支持和安全感的重要源泉。精神分析导向的理论家指出，青少年期最重要的任务是“个体化”，在这一过程中，个体会重新建构与父母的关系，走向自主，由此必然产生焦虑、恐惧、自卑等消极情绪体验。青少年就是依赖支持性的同伴关系来寻求慰藉的。沙利文曾提到友谊的功能是互相证实、共享兴趣和希冀、分担恐惧、肯定自我价值、提供爱和亲密坦露的机会。他认为青少年期被群体孤立的体验将导致自卑感。他将朋友定义为同性别同伴的亲密的相互关系。作为一种平等关系，是个体第一次“通过他人的眼睛看自己”并获得亲密的情感体验。韦斯在社会需求理论中提出假设，即个体在与他人不同关系中寻求特殊的社会支持功能，不同类型的关系满足不同的社会需求，他列举了爱、亲密、增进自我价值等六种功能。在此基础上，弗曼等人进一步指出，个体在亲密的友谊关系中和一般同伴团体中所寻求的社会需要是不同的，爱、亲密和可靠的同盟更多是从亲密的朋友关系中获得的；归属感或包容感要更多地向同伴团体寻求；而工具性或指导性帮助、抚慰、陪伴和增进自我价值这二者均可提供。安德森等特别指出了友谊关系在青少年期的功能——在情绪不稳定的前青少年期和青年早期，友谊是社会支持的重要源泉，它能减少青少年对这一时期出现的急剧变化的焦虑和恐惧，促进安全感的发展。

第三，同伴交往有利于自我概念和人格的发展。个体与同伴的交往对自我的形成和发展是必不可少的。詹姆斯在关于成人的自我的论著中，特别强调了社会关系的重要性。他相信，我们具有被我们自己所关注、被我们的同类所赞赏的本能倾向。当自己没有受到或没有受到太多他人关注时，可能会对自己的价值产生疑问。沙利文尤其重视同伴关系在青少年期的重要作用，他认为同伴能为个体逐渐理解合作与竞争的社会规则和服从与支配的社会角色构建基本框架，这一时期充分良好的同伴关系是形成健康的自我概念所必需的。埃里克森将同伴经历看做同一性形成过程中必不可少的一部分，同伴关系提供社会支持和尝试不同社会角色的机会，这对青少年顺利度过“心理延缓偿付期”尤为重要。群体社会化理论认为现代家庭外的社会化发生在儿童中期的不同性别群体和青少年期的各个群体之中，群体过程（群体中的友好行为、群体外对立、组间比较、组内同化等群体行为）同时又是个性发展的基础机制。

14.3.2　大众传媒

大众传媒是指人们用于获取和交流信息的各种手段，包括报纸、杂志、广播、电视、网络等。在这个信息高度密集、高速更新的世纪，报刊、广播、电视和互联网已经组成了一个巨大的立体的大众传媒信息网，作为当代文化生态环境的一部分，成为影响人们特别是青少年发展的重要因素。

任何社会都会以大众传媒作为自己的喉舌或窗口，向人们传递各种各样社会化的信息和要求。大众传媒的内容会以一种先入为主的优势形成对大众的心理暗示，进而影响到他们对于生活、对于社会的情感态度。美国著名新闻工作者李普曼在他的《自由与新闻》(1920)、《舆论》(1922) 等论述中就提出了现代人“与第一手信息隔绝”的问题，他认为现代社会越来越巨大化和复杂化，人们由于活动范围、精力和注意力的有限性，不可能对与他们有关的整个外部环境和众多的事物都保持经验的接触，对超出自己亲身感知范围以外的事物，人们只能通过各种新闻机构去了解。这样，人们的认识和行为在很大程度上已不再是对客观环境及其变化的反应，而成了大众传媒提示的某种“拟态环境”的反应。大众传媒作为一种充斥全部时空的载体和工具，被赋予社会的道德与良知、公众价值取向，其传播的事实、思想与言辞在某种程度上获得全社会的认同。因此，在人们尤其是缺乏理性判断力的青少年面前，大众传媒的社会角色产生了强大的榜样效应，它所直接宣传或间接渲染的思想价值观念主导着人们的精神世界，其传播力量远远胜过家庭教育和学校教育中的说服与规劝。

20 世纪的传媒技术发展，使人类从以印刷文字为中心的“读文时代”转向以影像为中心的“读图时代”，其中电视图像已经成为当代支配性的传媒形式，它改变了社会认知与人际交往的模式，引发出深刻的文化变迁。与此同时，计算机网络和人们生活的联系也越来越密切。下面我们就讨论一下电视和计算机网络这两大媒体对青少年的身心发展有什么样的影响。

（1）电视。正在受教育的青少年对于媒体的理性辨别力最为微弱，因此，他们在吸收诸如影视文化等的积极影响的同时，也在或多或少地由其中的消极因素对其价值观念产生着误导。比如说看电视，尽管儿童看太多电视会影响他们的行为，但研究表明，适度看电视不可能损害儿童的认知发展、学业成绩或同伴关系。电视这种媒体对青少年是有利还是有害，主要取决于他们看到的内容，以及理解和解释所看内容的能力。

研究表明，观看电视中的暴力场景与现实中的攻击行为呈正相关关系。早期观看大量暴力节目，会导致敌意和反社会习惯的发展。例如，休斯曼追踪了一批参与过某项早期研究的被试，他发现被试者 8 岁时对电视暴力的偏好，不仅能够预测成年后的攻击性，还能够预测他们对严重犯罪活动的参与程度，那些儿童时期对暴力电视节目有较高偏好的被试者和有较低偏好的被试者相比，30 岁时的暴力犯罪水平也较高。即使儿童没有将电视上看到的攻击行为付诸行动，但是他们受到的影响也可能会通过其他方式表现出来。例如，长期接触电视暴力会被灌输一种残酷世界信念——认为世界充满着暴力，人们主要采用攻击手段来解决人际问题。长期观看暴力电视还会使儿童去敏感化，也就是说，他们对暴力行为很少会觉得情绪不安，并且更能够容忍真实生活中的暴力。电视对儿童的另一个不利影响，是强化了各种潜在的不良社会刻板印象。那些看了许多电视的儿童对男性或女性可能会持更为传统的观念。电视上对男人和女人的塑造方式会影响观看者的自我概念和自尊，经常观看外貌导向的电视节目之后，青少年会对自己的外貌更不满意，自尊心降低。

电视对青少年的成长发展也并不总是有害的。如果对电视进行有效监控，使青少年接触更多有用信息，那么电视就会成为教育青少年的有效方式。有研究发现，经常观看亲社会节目的儿童，亲社会行为会增加。但是，需要指出的是，这些节目的持续效应不是很显著，除非成人监控节目播放，并鼓励孩子模仿他所学习到的亲社会行为。只有当节目中没有暴力行为干扰儿童的注意力时，儿童才更有可能加工和模仿看到的亲社会行为。另外，儿童如果经常观看教育性的电视节目，则有助于认知的发展，可以提高他们在阅读、书写等方面的学业成绩。

（2）互联网。互联网作为一种新兴的大众传播媒体，对人们的生活和心理的影响越来越广泛而深刻。据中国互联网信息中心的统计，我国互联网用户中 81.2% 年龄在 35 岁以下。有知识的青年人在娱乐、学习、社交活动等方面的需求通过互联网得到了满足，并正与传统的生活方式告别，过渡到网络化生存的时代。网上交往与虚拟的社会实践活动成为信息时代青少年发展能力，培育思想品德的一种新形式。

电脑和网络的普及和使用给儿童、青少年的成长发展带来了许多益处。研究者认为，与读课文和其他传统学习技巧相比，在网上搜索信息十分有趣而且“学起来不痛苦”，于是在美好的时光中积极的学习效果也产生了。上网也有利于青少年社会性的发展，在线交流能增进友谊，并能帮助青少年完善自己的性认同。这主要是因为，网络提供了一个更为隐匿的空间，网络让青少年觉得在交流私密的内容时更为方便、安全。

但是电脑和网络的不当使用给儿童、青少年带来的消极影响也是显而易见的。首先，网络世界容易造成青少年的角色混乱。青少年期重要的是发展人格的自我同一性，即确信我就是我本身而非其他的一种心理过程；随着自我同一性的发展，就逐步形成了忠诚的品质，以此为基础，进一步形成爱和关心他人等品质。角色虚拟化是网上交往的一大特点，不同于人们在现实世界中交往是真实的、直接的，网上是以文字为载体的非直接的交往，是经过刻意加工的信息，不少互联网友以部分甚至全部虚假信息来保持隐私、保护自己或美化自己去吸引网友。网络具有的虚拟性，还使青少年在现实世界中不能满足的愿望、不能实现的目标能在网络世界得到满足和实现，对于处于自我同一性形成关键时期的青少年来说，容易将其真实人格和虚拟人格相混淆。其次，网络虚拟世界容易造成道德感缺失。道德是人格的核心，现实世界的社会实践活动塑造了人的道德品质。但在网络交往中人扮演了一种虚拟的角色，它具有获得性、间接性、多样性而缺乏责任性和内在的统一性；交往过程中平等性得到强化的同时，其中必要的道德特征却遭到弱化。比如，在好奇心、好胜心的驱使下，在黑客的负面榜样示范下，一些学生将网络作为自己施展才能的天地，他们做出散播病毒、破坏网页、发垃圾邮件等不良行为。在对他人的利益造成损失的同时自身却没有愧疚感，失去了对是非对错的正常判断能力。再次，沉溺网络易导致人格障碍。到目前为止，网络带来的心理问题受到国际社会的普遍关注，尤其是互联网带来的网络成瘾综合征（IAD），全球两亿多网民中有 1140 万人不同程度的上瘾，并且这一社会问题的严重性将与网络自身发展的速度同步。美国匹兹堡大学的心理学教授黄姆伯莉博士创办的 IAD 研究中心表明：IAD 最明显的症状，就是在网络上工作时间失控。为了达到自我满足，不惜增加网上停留时间，试图减少操作时间但难以自控，并为此常对人说谎，早晨醒来后有一种立即上网的需要；有关网络上的情况反复出现在梦中或想象中，患者多沉湎于网上自由说谈或网上互动游戏，而忽视现实生活的存在。患上 IAD 的学生成绩下滑、考试不及格、人际关系淡漠。由于无节制地泡在网上持续浏览聊天，造成情绪低落、生物钟紊乱、思维迟缓、出现自慰、自残的意念和行为，其中 20 ~ 35 岁的男性尤其是单身贵族为易患人群。成瘾者表现出的一系列人格障碍，对他们社交、职业和家庭生活带来严重的影响。他们虽然能意识到问题的严重性，但仍继续花费大量时间上网不能自拔，人格具有的正常双重性被唯一的网络生存方式夸大了，从而产生人格整体上的分离。

14.3.3　社会文化

任何社会都有其特定的文化，一个社会的文化为各类生活问题提供了既存的答案。个体在其成长过程中逐渐学会用本文化特有的角度来看这个世界。文化向他提供了应对这个世界的手段。

在西方，对文化的解释最早是从人类学开始的。英国人类学家泰勒提出："文化或文明，从一般民族学的意义上看，是一个复杂的整体，包括知识、信仰、艺术、道德、法律、风俗，以及社会成员的每一分子所获得的一切技能和习性。"泰勒之后，文化人类学家林顿认为文化既是行为模式，又通过行为结果表现在文化遗产中。对于什么是文化，目前也没有一个统一的定义，一般认为，社会文化是一个社会在一定时期内形成的思想、理念、行为、风俗、习惯、代表人物，以及由这个群体整体意识所辐射出来的一切活动。文化是社会整体性的产物，它有以下几个主要特点：

（1）文化具有普遍性和共享性。它一经产生就陶冶着每一个社会成员，渗透在人们的日常生活中，成为社会环境背后一种深层的力量，深刻地影响着该文化模式中的个人和群体，使人们的思想、观念、心理、行为与生活实践自然地符合它的要求与准则。

（2）文化是后天习得的。婴儿在出生时，并不具备社会行动所要求的文化价值、信仰和规范。这些东西均是孩子在成长过程中，经过不同方式的教与学才具备的。一个人生长在群体中，并从中来学习自己群体的文化。

（3）文化是以象征符号为基础的。文化需要传播一种浓缩了的表达方式，使之更容易为人们记忆和学习。这种表达方式被人类学家称为“象征”，文字就是这些象征符号中最典型的一种。象征是一种语言，也是一种浓缩了的历史和知识。

（4）文化具有整合性，它是一个民族的历史产物，是联结民族群体的纽带。文化带着它因为对一个民族的生存发展所作的贡献而激发的情感因素，以价值观念形态积淀于民族心理之中，得以世代相传，并在实际生活中发挥程度不同、功能不同的社会效应。

不同社会文化中的许多内容在带有普遍性的同时也具有自身的独特之处，正是这些独特之处对个体的社会化进而对不同民族成员的共同人格与社会行为起着决定性作用，它是一个民族的民族性格和民族心理的重要缔造者之一。维果茨基认为，人类的认知本质上是社会文化的，它受到由文化传递给个体的信仰、价值观、智力适应工具等的影响。文化常通过某种方式和途径进入民族成员的心理结构中，这就是文化的内化。民族心理是受到文化的熏陶而形成的，民族性格则是文化积淀的结果。文化积淀是一个文化继承和同化的过程，它体现的是人类或者具体说是一个民族的生活方式、传统、价值观等的传承。文化积淀一方面为一定民族性格的形成创造了特定的社会环境；另一方面为个体的行为提供了社会尺度，使人们按照一定社会的规范要求来行事，文化正是因为有了这种积淀、传承，才会在每个人的个性中和每个民族的性格中打下烙印。

在讨论文化对个体心理发展的影响时，个体主义和集体主义是经常被提到的一个维度。西方社会，如美国、加拿大、澳大利亚和欧洲工业国家可以被称为个人主义社会，社会中弥漫的是浓郁的个人主义文化氛围，即崇尚竞争和个体主动性，强调人与人之间的差异，人们常常为个人的成就而自豪。相反，许多亚洲国家可被认为是集体主义社会，在这样的社会中，人们之间更多的是合作和相互依赖而非竞争和独立，他们的身份和其所属的群体（如家庭、宗教组织、社区等）紧密联系而非个人的成就和个人特征，他们崇尚谦虚、不张扬，从对团体的贡献中获得自我价值。个人主义和集体主义的文化和价值体系的差异是非常突出的。这种差异造成了成长于不同社会中的个体在自我概念发展上的差异以及对成就动机、利他行为、道德发展的看法和评价。在个人主义文化的影响下，个体更倾向于从私人/个体特征方面来认识和描述自我，自尊更高，更容易容忍失败，但具有较低亲社会倾向，对习俗和规则的态度倾向于看它们是否保障了个体的权利并符合公平原则；而在集体主义文化的影响下，个体更倾向于从社会/关系特征方面认识和描述自我，儿童、青少年的自尊低于个人主义社会中的个体，有很强的成就动机，但害怕失败，但有较高的亲社会倾向，对习俗也更加服从。

美国和日本青年对“我是什么样的人”的回答，表现出了自我概念的性质和内容在文化间的差异。该问卷首先要求从私人/个体特征（如“我很坦率”、“我很聪明”）和社会/关系特征（如“我是个学生”、“我是个好儿子”）维度对自己评分。然后要求他们在以上的回答中标记出他们在自我概念中哪些是最核心的自我描述。

这项研究的结果很清楚。如图 14.1 所示，美国学生的自我概念的核心部分大部分是私人/个体特征（59%），而在日本学生的核心自我概念中这类特征仅占到 19%。与之对应，日本学生比美国学生更愿意把社会/关系特征列为自我概念中最重要的成分。从发展趋势来看，在日本和中国，以个体特征对人加以划分的倾向，青春后期的个体较青春前期的个体有所降低，而在美国这种倾向却会随年龄增加而加强（Crystal et al.，1986）。最后，研究还发现，移居美国的亚裔往往还保持着许多集体主义价值观，这类亚裔青少年要比欧裔美国人更为看重他们的社会认同度和与他人的联系。

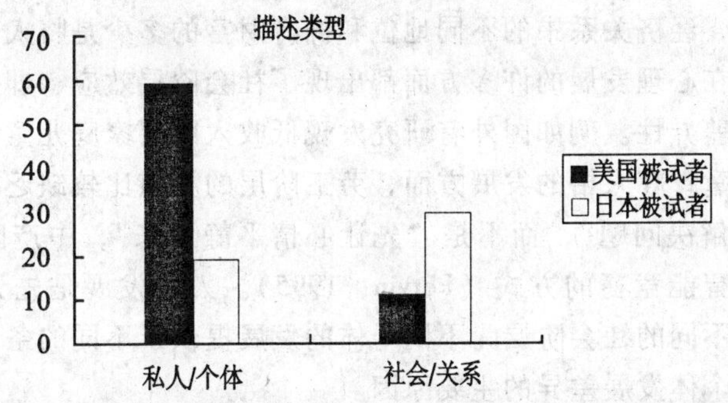

图 14.1　自我概念的核心维度中私人/个体和社会/关系特征所占百分比

资料来源：［美］David R. Shaffer & Katherine Kipp 著：《发展心理学》，邹泓等译，中国轻工业出版社 2009 年版。

14.3.4　社会制度

社会制度是为了满足人类基本的社会需要，在各个社会中具有普遍性、在相当一个历史时期里具有稳定性的社会规范体系。它是由一组相关的社会规范构成的，也是相对持久的社会关系的定型化，包括经济制度、政治制度、文化制度等。按照历史唯物主义的观点，现存社会制度是人们实践活动的产物，人们在生产实践中结成一定的生产关系，在此基础上形成家庭、阶级、国家等关系，并建立起维护特定关系和秩序的各种制度，社会制度形成后又会对人的实践活动产生影响。吉登斯把社会制度比作水泥，它们把所有社会生活形式凝结在一起。这些制度构建了基本的社会安排，人们大部分的日常生活是在这些社会安排中度过的。社会制度影响着人类行为的身份稳定性、角色稳定性和规范稳定性，影响着人们的生活方式、思维方式。社会制度的变革引起生活方式、社会心态的变化，进而也给个体心理的不同层面带来相应的变化。

经济制度和人们的心理发展之间有着非常密切的关系。经济制度是人类社会发展一定阶段占主要地位的生产关系的总和。经济制度通过对人们的经济地位、收入和消费状况、生活水平等的决定作用影响着社会心态，也深刻影响着个体的心理发展。首先，不同的经济制度下会形成不同的社会心态和国民性格。以我国为例，在封建时代占主导地位的自给自足的小农经济，导致了中国人性格中勤俭耐劳和冷漠无知、坚韧和保守的两重性；中华人民共和国成立后，在一段时期内实行的计划经济体制下，中华民族形成了高度政治化、高度同质化的社会心态，国人形成了崇尚权威、喜欢从众、缺乏竞争意识和创造精神的性格特点。而随着市场经济体制的确立，我国社会生产力快速发展，综合国力极大增强，人民生活大幅改善，人们的效率意识、开放意识、竞争意识、自主意识不断增强，国民性格也日益变得主动进取、开放包容、自信豁达；而与此同时，由于社会深刻转型过程中一系列深层次矛盾和问题日益显露出来，部分国民对此一时难以适应，导致心理失衡，也滋长了浮躁冒进、急功近利、贪大求全、极端偏激等不健康心态和性格特征。其次，经济关系中的不同地位和拥有财富的多少是将人们划分为不同的阶级或阶层的基础，在心理发展的许多方面都出现了社会阶层效应，即不同阶层的群体间在心理发展上存在差异性。例如国外有研究发现低收入阶层家庭儿童的智力分数要低于中产阶级的同龄儿童；在人格的发展方面，劳工阶层的男孩比较缺乏控制力，随时可能打架，喜欢“就地解决问题”，而不是“先让心情平静下来”，中产阶级的男孩更习惯于使用语言攻击和智能竞赛的方式（Pervin，1995）。人的发展是先天素质和后天环境共同作用的结果。不同的社会阶层为不同个体的发展提供了不同的条件和背景，而这应该是造成不同阶层个体发展差异的主要原因。

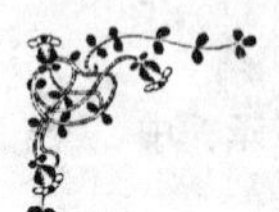

造成不同社会阶层儿童智能差异的原因

赫尔姆斯的研究发现低收入家庭或工人阶层家庭的儿童与中产阶级家庭中的同龄儿童比，标准智力分数低 10 ~ 15 分。很多研究者分析了这一情况产生的原因，认为：首先贫困家庭的孩子营养不足，这对他们大脑发展造成阻碍，并导致儿童的情绪低落和精神恍惚；其次，经济困难会使人产生心理压力，对生活现状不满会导致低收入的成人急躁、易怒，对孩子的敏感性、支持性和卷入孩子学习活动的能力都会降低；最后，低收入父母本身受教育水平一般也比较低，他们既没有知识也没有钱为孩子提供与年龄相适应的书、玩具或其他有利于刺激儿童智能发展的家庭环境。有研究也发现，当低收入父母给孩子提供了刺激更多的家庭环境时，即积极鼓励孩子学习并且让孩子不断接受挑战，儿童在智力测验中的表现会大大改善。像中产阶级儿童一样，他们也会对后来的学业成就产生内在兴趣。这些都充分表明，不同社会阶层儿童智能上的差异，从根本上说是环境因素造成的。

资料来源：[美] David R Shaffer、Katherine Kipp 著：《发展心理学》，邹泓等译，中国轻工业出版社 2009 年版。

政治制度对人的心理发展的影响同样不可忽视，有学者（周晓虹，2009）认为，长达两千多年的封建皇权统治，使得中国人具有鲜明的权威主义人格，而同样有数千年历史的宗法家族制度，使得中国人缺乏自我主义的情绪表达和普遍的社会关注；他们讲究人伦关系、推崇忠孝礼义，但缺乏对公共事务的兴趣、缺乏公德心。有研究者认为，在复杂、多样以及民主的社会中更能促进道德的发展，因为在民主化的社会中人们懂得应该重视不同群体的观点。还有研究者指出，当一些组织或人拥有特殊权力，从而能够支配他人时，他的认知会发生改变。掌权者只看到"我命令，他人服从命令"的结果，往往会夸大自己对世界的影响力，并易于将行动归为自己的原因而不是外部原因，并很少将被施以权力的人看做与自己平等的人。这种认知会导致掌权者道德水平的下降。

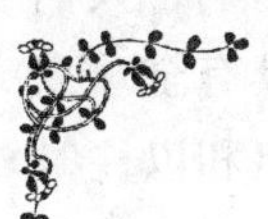

人格与文化、制度相互作用的理论

卡丁纳将文化描述为在有组织的社会生活中形成的习惯化了的规范，获取物质生活资料的技术，对待出生、成长、发展、衰老、死亡的习惯化态度等等。为了使文化这一概念具体化和操作化，卡丁纳主张使用"制度"这一术语。他认为："不同的制度造就了不同的人格结构。"他把社会制度分为初级制度和次级制度。所谓初级制度，也就是一些习俗，包括家庭组织、群体结构、基本规范、哺乳和断奶方式、对孩子的关怀或忽视、如厕训练、性的禁忌、谋生技能等。这些制度古老而稳定，很少受气候或经济变化的影响，是个人在童年期就面临的基本规范，被社会成员视为自然之物而加以接受。初级制度通过影响个体的早期经验来塑造基本人格结构，即同一文化中所具有的共同人格特征。已经形成的基本人格结构反过来对文化施加影响，并通过投射系统塑造该社会的次级制度，即次级制度是基本人格结构的投射物，包括宗教信仰、仪式、禁忌系统、思维方式等。因此，基本人格机构是初级制度和次级制度的一个中介、能动环节。

资料来源：郭永玉著：《人格心理学：人性及其差异的研究》，中国社会科学出版社 2005 年版。

14.3.5　社会历史背景

生活在不同历史背景下的人具有不同的经历，人生发展轨迹不同，在身体、智力、人格等方面的发展上会存在差异。例如古代社会生产力水平低下，人们认识世界、改造世界的条件有限，这自然影响到人们身心发展的时间和程度；而现代社会生产力水平大大提高，人们认识世界、改造世界的手段和工具大大进步，智能水平和古代相比有很大提高，发展时间也有所提前。历史背景对人格的影响则更为显著。影响人格的社会历史背景可以分为两大类，包括通常所说的宏观历史背景和人们出生并成长于其中的特定历史时期——所处的时代，如美国的大萧条时期、越战时期，中国的抗战时期、“文革”时期等。

社会学家曼海姆首次提出了“代”(generation）的概念，指在同一历史时期出生并形成共有的世界经验、信念组织、目标系统和生活方式的所有个体。他指出，不同时代的人，由于历史经验和发展途径不同，人格特征也会有所不同；而同一时代人的人格都会受到发生在这一时代的重要社会、历史事件的影响。例如在中国，1978 年改革开放政策实行以来，社会发生了巨大的变化，开始由“政治挂帅”向“以经济建设为中心”转变，由计划经济体制开始向市场经济体制转变，由传统农业社会向现代工业化、信息化社会转变，由封闭半封闭的社会向全面开放的社会转变，由单一社会向多元社会转变。改革开放这一重大历史事件对中国人的价值观和社会心态也产生了深刻影响，人们变得越来越理智和成熟、越来越开放和多元、越来越主动和积极，也越来越具有全球意识。社会的巨大变革使改革开放后出生并成长起来的一代人在人格上也呈现出和以往时代不一样的特征，如更趋向功利、富有竞争意识、开放、活泼、有创造力但缺乏吃苦耐劳精神等。曼海姆还特别强调，在青少年晚期和成人早期（18～25 岁期间）即人格形成的关键时期，重要的社会和历史事件对个体未来人格会产生重大影响。桑特洛克分析了美国经济大萧条对人们生活上的影响，发现自 1929—1933 年经济危机爆发后，那些年长的儿童（生于 20 世纪 20 年代初）在很小的时候就不得不离开学校，到劳动力市场去找工作，并不再依赖于父母，这样他们在以后的发展中就比年龄小的儿童（生于 20 世纪 20 年代末）更容易出现问题行为。其他研究者在曼海姆理论的基础上，认为除了发生在关键期，即青少年晚期的事件对人格有重要的影响外，那些在关键期前后发生的事件，对人格也有重要的影响。同一社会、历史事件对人格的作用主要视个体所处的年龄阶段而定。

正是因为特定历史时期成长起来的人具有属于这个时代的共性特征而和其他时代成长起来的人相区别，因此人们经常会把特定的称谓冠于某个时代出生并成长起来的所有个体的头上，作为他们的“标签”，像美国有所谓的“X 一代”、“Y 一代”，我国则有“80 后”、“90 后”这样的说法。

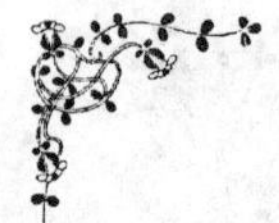

“X 一代”与“Y 一代”

“X 一代”来自加拿大作家道格拉斯库普朗（Douglas Coupland）1991 年出版的名为《X 一代：加速文化的故事》(*Generation X: Tales for an Accelerated Culture*）的小说。X 一代出生于 20 世纪 60—80 年代，他们不具有他们前辈十足的乐观主义，深谙迅速变化的世界、日趋减少的资源等社会现实。因他们对前途无法预定，又不愿从事、采取已适应于他们父辈的职业和生活方式，这样，他们的人生品质便成了“未知”或“虚无”的。为此，库普朗便冠以这代人为“X 一代”这一称谓（X 表示“未知数”）。

按照字母顺序，“X 一代”之后的新一代便称之为“Y 一代”。“Y 一代”原指在美国出生于 1981—2000 年的一代年轻人，也被称为“千禧一代”(the Millennial Generation)。他们强调自我主张，同时也追逐物欲，注重品牌。Y 一代精通科技，伴随他们成长的是手机（cell phones)、笔记本电脑(laptops)、互联网（Internet)、运动型多功能车（Sports Utility Vehicle，SUV)、自动取款机（Automatic Teller Machine，ATM）等。“Y 一代”在价值观与行为方式上与传统一代有很大的不同。他们从小娇生惯养（pampered)，崇尚个性表达，追求自我，奉行“想说就说”的人生观（speak-your-mind philosophy)。

资料来源：佘双好等：《美国“Y 一代”价值观念发展变化特点的研究状况》，《中国青年研究》2010 年第 4 期。

从个体毕生的发展过程来看，个体的发展是在特定的时间和空间范围内，在个体生命历程发展过程中不断发生演进的过程，随着个体年龄的增长，个体与社会联系的内容和领域逐渐拓展，个体生命历程的周期性与社会结合产生一系列关键事件，这些关键性事件既是影响个体发展的关键性因素，也造就了个体的差异，构成个体发展绚丽多彩的篇章。

【阅读书目】

1. 郭永玉著：《人格心理学：人性及其差异的研究》，中国社会科学出版社 2005 年版。

2. 乐国安编著：《社会心理学》，中国人民大学出版社 2009 年版。

3. 周晓虹主编：《现代社会心理学》，上海人民出版社 1997 年版。

4. 张文新主编：《青少年发展心理学》，山东人民出版社 2002 年版。

5. ［美］David R. Shaffer & Katherine Kipp 著：《发展心理学——儿童与青少年》(第八版)，邹泓等译，中国轻工业出版社 2009 年版。

6. ［美］约翰 · W. 桑特洛克著：《毕生发展》(第三版)，桑标等译，上海人民出版社 2009 年版。

7. ［美］罗伯特 · 费尔德曼著：《发展心理学——人的毕生发展》，苏彦捷等译，世界图书出版公司 2007 年版。

8. ［美］乔斯 · B. 阿什福德、克雷格 · 温斯顿 · 雷克劳尔、凯西 · L. 洛蒂著：《人类行为与社会环境——生物学、心理学与社会学视角》(第二版)，王宏亮等译，中国人民大学出版社 2005 年版。

【思考题】

1. 学校教育在促进个体发展方面有哪些影响？
2. 职业对于个体的发展有什么样的意义？
3. 社会文化和人的心理发展之间存在着什么样的关系？
4. 如何认识网络对青少年心理发展的影响？
5. 你是否认同“不同时代造就不同人格”？为什么？

第15章　生命的终结

本章要论

死亡是一个人生命的终结，但确定一个人的死亡却需要十分慎重。脑死亡被看做是死亡的重要标志。

临终护理是我们帮助濒临死亡者减少死亡痛苦的一种新的理念和方法。

安乐死是对身患绝症的患者放弃治疗使其无痛苦死亡的一种方式。

不同年龄阶段的个体对死亡的看法是不一样的，死亡教育是帮助人们正确认识死亡，减少死亡带来的消极影响进而尊重生命价值的教育。

人在面临死亡时会出现拒绝和孤立、愤怒、交涉、沮丧、接受等心理变化过程，也会有一些濒危体验。

要学会与临终亲人的死亡沟通，做好善后安排，积极处理亲人死亡所带来的悲伤。

如果说一个精子与一个卵子的结合形成合子是个体生命的起始，那么死亡就是个体生命的终结。死亡是一个最确定的事件，我们每一个人都会死亡，但是死亡又是一个最不能确定的事件，我们每一个人都不能确定什么时间死亡。因此，死亡的问题既让人敬畏，也引发人们的不安和思考。向死而生，了解死亡的必然性，珍视生命的尊严和价值，也许是对待死亡的最合理的方式。本章我们主要探讨死亡和死亡引起的恐惧和悲伤，以及如何面对死亡问题。

15.1　如何确定死亡

15.1.1　死亡的含义

什么是死亡？如何确定一个人是“生”还是“死”？对每一个生命来讲，死亡的判定是一件非常慎重的事。长期以来，医学界一直以一些特定的生物功能例如呼吸、心跳的停止和身体的僵直为死亡的清晰标志。但是，随着医学科学的发展，人工心肺机的使用，呼吸和心跳暂停的患者也可能重新恢复鲜活的生命，一些实际上已经永远不可逆转地丧失了自主呼吸和心跳的患者，也可以通过人工机器而长期维持着呼吸和循环功能。这样就给死亡的确定带来了一个严肃的问题：这些既没有意识也没有自主呼吸和循环功能的个体，仍然可以算作是“活着”的吗？

1959年法国医生莫拉瑞特首先使用了一个叫“失功性昏迷”的词语来描述临床上的一种比一般的“昏迷”程度更深的神经系统失功性状态。在这种状态下，患者在人工机器的维持下，保持着呼吸和心跳，但脑干反射完全消失。由于脑干是呼吸、心跳等重要生命现象的控制中枢，莫拉瑞特认为，这种“失功性昏迷”是不可逆的，患者恢复自主呼吸、心跳的可能已经永远丧失了。在同一年，另一位法国医生朱维特进一步提出了一个称为“中枢神经系统死亡”的概念。朱维特指出，在患者缺乏脑干反射、头皮和丘脑电极测定的脑电图消失这种状态下，由于患者控制呼吸和心跳的中枢神经系统已经不可逆地丧失了功能，因此实际上已经死亡。当所有的脑电波的活动终止达到一段特定的时期，我们就可以说这个人是脑死亡。

近年来，大部分外科医生定义脑死亡通常包括高级皮质功能的死亡以及低级脑干功能的死亡，而一些医学专家认为死亡的标准应只包含高级皮质功能的死亡。如果采用皮质功能死亡这一定义，那么即使一个人他的低级脑干功能仍然起作用，而他的高级皮质功能丧失的话，外科医生便会宣布这个人死亡了。皮质死亡这一定义的支持者认为，与人类密切相联系的某些功能，如智力、语言等，均位于大脑的皮质部分，当这些功能丧失的时候，人类也不再活着了。

15.1.2 安乐死

对于处于昏迷状态的病人来说，到底他们是选择那种痛苦的植物人状态还是选择死亡，这就涉及“死亡选择”的问题。“安乐死”是对患不治之症的病人，在危重濒死状态下，“为解除其精神和躯体上的极度痛苦”，在病人或其亲友的要求下，“经医生的同意并认可”，用人为的方法使病人在无痛苦的状态下终结生命的过程。“安乐死”来源于古希腊文“euthanasia”一词，它是由“美好”和“死亡”两个字组成的，现在人们一般用来指让病人无痛苦地死去。安乐死有两种类型：被动的和主动的。被动的安乐死是指允许个体放弃本应可以提供的医疗设备，例如维持生命的装置，像呼吸器和心肺机等而导致的个体的死亡。主动的安乐死是指给病人注射一些可以致命的药物，从而以人为的方式导致的死亡。

安乐死到目前为止还是不被很多人接受，对于安乐死的合法性的争论也一直没有停止。有人甚至认为这种办法等同于自杀和谋杀。例如，当病人对于放弃支持生命系统的装置的后果没有做出声明的时候，我们能否放弃对一个处于昏迷状态的病人的挽救措施。处于昏迷状态下的病人的家属是否有权宣布医生希望继续治疗的决定是无效的？这些问题没有简单的或广泛一致的答案。另一方面，对安乐死的争论还集中在伦理道德方面，比如：人对自己的生命有没有完全支配权？一个人有没有在特定情况下选择死亡的权利？一些人认为，当疾病无望治愈，患者在肉体和精神上极端痛苦，生理层次的生命价值已经很微小，主动结束生命寻求安乐死是对于人性更深层次的注解，应该是对人权更高层次的尊重。而反对者认为：生命是神圣的，人不是自己生命的主人，只有那赋予人生命而又保护生命的上帝才能决定人的生死；安乐死会使社会对病人、老人、残障者有负面的看法，认为他们没有生存的意义和价值，也就是说，安乐死会改变人与人之间的相互关系以及人类社会是一个共同体的结构。

2001年，荷兰放宽了它的安乐死法律，允许在特定指导原则下医生帮助的安乐死：必须有持久的医患关系，以及病人必须是荷兰的合法公民。医生可以在以下情况下帮助病人要求的安乐死：（1）当病人的疾病被认为是“无可救药和不能忍受时”；（2）当另一个医生经过独立的观察评估之后取得了一致意见时；（3）当病人知道所有其他可供选择的方案时；（4）当病人处于一种健全的心智状态时。以上这些情况可以认为病人的要求是自愿的、执意坚持的和没有非法影响的。

安乐死实际上是一个极其复杂的过程，对不同的人来说它有着不同的含义。安乐死也是人们对死亡争议最大的问题，所以我们必须阐明和澄清安乐死的确切含义，确定一个普遍为人们所接受的标准。

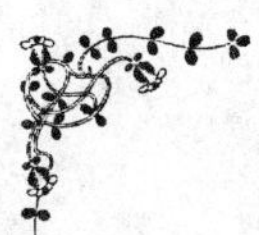

我国首例安乐死案的审判情况

1986 年，一名 57 岁身患绝症的女性患者名叫夏素文，她表现得非常痛苦：吃不下，尿不出，呻吟不止，用头碰床。其子陕西第三印染厂职工王明成不忍，跪求主治医师蒲连升对其母实施安乐死。医生要其签字后开处方注射复方冬眠灵 100 毫克，19 个小时后病人死亡。不久，检察机关以故意杀人罪起诉患者的儿子王明成和主治医师蒲连升。被告不服上诉，经过长达 6 年的诉讼，1992 年，汉中市中级人民法院做出终审裁定：注射冬眠灵与患者死亡之间没有直接联系，故意杀人罪不成立，被告人当庭释放。

资料来源：http：//news. sina. com. cn/vv/2003-08-04/1552502800s. shtml.

15. 1. 3　临终护理

死亡对于我们所有人来说，是不可避免和控制的，如何死得舒适、美好也许是我们对死亡唯一能做的事。临终护理是我们帮助濒临死亡者减少死亡痛苦的新兴的办法之一。临终护理是对濒临死亡的患者给予亲切的抚慰、良好的照顾和尽可能的帮助，其目的在于给临终病人减轻精神上和肉体上的痛苦，使之在有限时间内，安详、舒适并有尊严地度过人生旅程的最后一站。

临终护理主要包括组织形式（如病危医护病院）、治疗（如姑息疗法）和护理（临终监护）三个方面。临终护理的对象是那些濒临死亡的人，即诊断生命只有 6 个月或不足 6 个月的病人。临终护理不同于一般的医院以治为主，在临终治疗和护理过程中医护人员应根据临终病人心理反应特点，用自己的言语、表情、行为去影响或改变病人的感受和认识，减轻病人的痛苦，帮助他们建立最佳的心理状态。临终关怀医院不向病人提供治疗，其目的既不是治疗疾病或延长生命，也不是加速死亡，而是通过提供缓解性照料、疼痛控制和症状处理来改善个人余寿的质量。尽管研究尚无定论，接受临终护理的病人看起来确实要比其他传统方式接受治疗的病人对生活更为满意。

15.2 死亡观的毕生发展

我们通常将死亡与“上了年纪”联系在一起，但是对许多人来说，死亡到来得更早。不同文化背景下人们对死亡的态度不同，同时，在个体毕生发展的不同阶段，人们的主要死因及其对死亡的态度也不相同。死亡随年龄的发展变化而具备不同的特点，年龄的不同将影响人们看待死亡的态度。许多研究者发现，从儿童时期开始，人们看待死亡的态度逐渐成熟。成熟的成人式的对于死亡的理解是：死亡是不可更改和不可违背的，死亡代表了生命的结束，而且所有的生命都会死亡。

15.2.1 婴幼儿期的死亡观

一种特别难以应对的死亡便是产前死亡，又称流产。父母通常会和他们尚未出生的孩子建立起某种心理上的联系，因此如果孩子在尚未出生时就已经死亡，他们通常会觉得极度痛苦。另一种引发极端压力的死亡是婴儿猝死综合征（SIDS），它指的是看似正常的婴儿停止呼吸或因某种意外原因死亡。SIDS 通常发生于婴儿期 2~4 个月后，例如，一个健康的宝宝在午睡或夜间休息时被放入婴儿床里就再也没有醒来。随后，父母通常会感到极大的自责，熟人们也会怀疑死亡的真正原因。但研究至今没有发现 SIDS 明确的诱因，它几乎是随机发生的，因此父母并不需要对此感到内疚。

大多数的研究者认为婴幼儿甚至连一种不成熟的死亡概念都没有。然而，当婴幼儿对照料者形成了一种依恋时，他们就可能会经历由失去或者分离而带来的焦虑，或许焦虑就是婴幼儿对死亡最朦胧的反应。

15.2.2 儿童期的死亡观

在儿童期导致死亡最普遍的因素便是意外事故，特别是车祸、火灾、溺水等。对父母而言，孩子的死亡将引发极大的丧失感和悲痛情绪。事实上，在多数父母眼中没有比这更难接受的死亡了，包括丧偶或失去自己的父母在内。父母的极端反应部分源于对“孩子应比父母活得更长久”这一自然规律的违背。同时出于他们觉得自己有保护孩子脱离任何伤害的责任，一旦孩子死亡，他们就会觉得是自己的失职。

儿童对于时间的感知和成人是不一样的，所以即使短暂的分离对于儿童来说也可能是全部的丧失，而长期的别离和失去比如死亡，在儿童心目中是一个有概念而不能明确理解的话题。在一份较早的关于儿童对死亡的感知的调查表明：3~5 岁的儿童否认有死亡的存在，而 6~9 岁或者更大些的孩子则意识到死亡的定性和普遍性。根据对儿童对死亡感知的研究结果，我们可以看出：在 9 岁以前孩子们可能还没有意识到死亡的普遍性和必然性，7 岁以下的大多数儿童可能不明白死亡。即使他们看到了，他们对此也没有明确的概念。尽管没有进行跨文化的比较，根据皮亚杰的前运算阶段的认知特征，大多数前运算阶段思维的儿童不知道死亡是普遍的、不可避免的和无可挽回的。他们猜想死人经历着和他们活着时一样的生命过程，死人仅仅是“离开”并到天堂去生活、工作、吃饭、洗澡、购物和玩耍。他们相信那些已死的人继续有活着时所有一切具体的需要、情感和经历。研究死亡和垂危的专家卡斯腾鲍姆对于死亡的不同阶段的特点有着另外的看法。他认为事实上即使很小的孩子也很关注、害怕分离和失去，就像鲍尔比的依恋理论说的那样。因此，与认为儿童对死亡的理解有逻辑错误的观点相反，卡斯腾鲍姆认为孩子们有着很充分的准备去关心死亡，而且努力去理解它。

不管怎样，大人有义务和责任、细心地帮助儿童理解死亡的必然性并鼓励他们表达自己的感情和想法。我们通常是在一个很少讨论死亡的社会里长大的。一项研究对 3 万名成年人对于死亡的态度作了评价：超过 30% 的被试认为自己现在无法回忆在童年有过关于死亡的讨论，另外 30% 的被试报告说虽然曾经讨论过这些，但是这种讨论都是在不舒服的氛围中进行的；几乎每两个报告者中就有一人说他们自己遇见的第一个死者就是自己的祖父母。这些可能影响儿童对死亡的感知。我们同儿童讨论死亡最好的策略是坦率，而且对孩子们的关于死亡的质疑，除了坦率，我们最好根据他们的成熟水平来回答。孩子们更多的是需要大人们保证他们所爱的人不会被遗弃，而不是那些准确地对于死亡的解释。不管孩子们的年龄有多大，大人都应该用一种细心敏感、富有同情心的心态去鼓励孩子们表达他们自己的感情和看法。

15.2.3　青春期的死亡观

青少年与儿童相比，对死亡形成了更为抽象的概念。例如，他们会从黑暗、光明、转变或者消失的方面来理解死亡。他们同样在宗教和哲学方面也对死亡的本质以及死后是否还有生命这些问题有了进一步的看法。

青春期认知能力的飞速发展会使青少年对死亡的理解更加复杂深入，但他们的死亡观依然有一些不切实际的地方。当青少年了解到死亡的终结性和不可逆性时，他们倾向于觉得这件事不会发生在自己身上，处在这一时期的人们以一种冷酷的、旁观者的角度来回避这个话题，或者过分渲染它，或者欺骗或者否定了这个问题。这种观点是典型的青春期自我关注的思想。然而这些观点可能会引发某些危险行为，处理不当时这些危险行为会导致青少年死亡。比如说，青少年中最普遍的死亡原因是意外事故，通常包含机动车等交通工具。其他常见的原因还包括谋杀、自杀、癌症、艾滋病等。

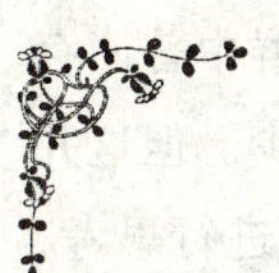

对青少年自杀的误解

1. 表示想自杀的青少年永不会付诸实行的。
2. 自杀发生前是没有先兆的。
3. 曾有自杀行为，就此生都有自杀倾向，无法可救。
4. 无论是企图自杀或自杀致死，青少年总会留下遗书。
5. 与青少年交谈时，应该避免讲及自杀，因为这会引起他们的动机。
6. 每位自杀的青少年都是抑郁的。
7. 自杀是遗传的。
8. 孩子是没有能力取自己生命的。

9. 一件小事（如测验成绩差）亦会驱使常态的青少年自杀。

10. 如果一位少年自杀未遂，他永远不会再尝试。

资料来源：谢永龄：《青少年自杀认识、预防与危机处理》，香港中文大学出版社 2004 年版，第 14～15 页。

当青少年的自我神话不得不面对死亡时，其结果常常是粉碎性的。这些青少年通常会感到气愤和受到欺骗，觉得命运对他们十分不公。

15.2.4 成年期的死亡观

在成年早期，最主要的死亡原因仍然是意外事故，接下来是谋杀、自杀、艾滋病和癌症。然而在成年早期临近结束的时候，疾病成为主要原因。

正如青少年一样，年轻人很容易成为不合作的病人。年轻人正积极地向完成生活目标努力着，任何阻碍他们的疾病都会让他们感到气愤和不耐烦。他们对所面临的困境感到暴怒，觉得世界很不公平，并将这种情绪指向养育者和所爱的人。

对于处在成年中期的个体而言，患上可能威胁生命的疾病并不会引发如此严重的打击。实际上，处在这一年龄段的人们已经很清楚地知道自己早晚会有一天是要死去的，因此他们能够从一个更为实际的角度看待死亡。

但从另一方面而言，他们的认清现实并不能使他们更容易地接受死亡。事实上，对死亡的恐惧往往比任何先前的年龄段都更加强烈，甚至比其后的年龄段还要强烈。这种恐惧将使人们开始关注自己还有多少年可活，而并非像先前那样关注自己已经活了多久。

当人们到达成年晚期的时候，他们已经知道自己的生命正在走向结束。除此以外，他们还面临着周围环境中越来越多的死亡。配偶、兄弟姐妹、朋友都可能已经率先离开了世界，这些都持续提醒着他们自己即将面临的死亡必然性。

成年晚期最可能的致死原因是癌症、中风和心脏病。由于死亡在老龄人群中普遍存在，因此和之前的其他年龄相比，这一年龄阶段的人群对死亡的焦虑相对减少。但这并不意味着他们欢迎死亡，只能代表他们对死亡的态度更为实际。他们对死亡进行思考，并开始为其做准备。

同那些比他们年轻些的人们相比，老年人被迫斟酌生命和死亡的含义。而对于死亡的不断深入的思考和转换以及对这个概念的不断完善，都使他们逐渐有了一种乐观的生活观，而这有助于老年人接受死亡。与年轻些的人相比，老年人大多放下了事业的包袱。他们不需要再去教养自己的孩子了，他们的配偶可能已经去世了，他们也可能很少有需要在生命期内必须而迫切完成的工作，对于老年人来讲，没有了这些期待，生命可能就没有太多感情上的痛苦。

苏格拉底在法庭上陈述的死亡观

人们如果从另一角度来思考死亡，就会发觉有绝大多数理由相信死亡是件好事。死亡可能是以下两种情形其中之一：或是完全没有知觉的虚无状态；或是大家常说的一套，灵魂经历变化，由这个世界移居到另一世界。倘若你认为死后并无知觉，死亡犹如无梦相扰的安眠，那么死亡真是无可形容的得益了。如果某人要把安恬无梦的一夜跟一生中的其他日子相比，看有多少日子比这一夜更美妙愉快，我想他说不出有多少天。不要说是平民，就是显赫的帝王也如此。如果这就是死亡的本质，那么死亡真是一种得益，因为这样看来，永恒不过是一夜。倘若死亡一如大家常说的那样，只是迁移到另一世界，那里聚居了所有死去的人，那么，我的诸位朋友、法官，还有什么事情比这样来得更美妙呢？假若这游历者到达地下世界时，摆脱了尘世的判官，却在这里碰见纯真正直的法官迈诺、拉达门塞斯、阿克斯、特立普托里玛斯，以及一生公正的诸神儿子，那么这历程就确实有意义了。如果可以跟俄尔甫斯、缪萨尤斯、赫西阿德、荷马相互交谈，谁不愿意舍弃一切？要是死亡真是这样，我愿意不断受死。我很希望碰见帕拉默底斯、蒂拉蒙的儿子埃杰克斯以及受不公平审判而死的古代英雄，和他们一起交谈。我相信互相比较我们所受的苦难会是件痛快的事情。更重要的是，我可以像在这世界一样，在那新世界里继续探求事物的真伪。我可以认清谁是真正的才智之士，谁只是假装聪明。法官们啊，谁不愿舍弃一切，以换取机会研究远征特洛伊的领袖、奥德修斯、西昔法斯和无数其他的男男女女！跟他们交谈，向他们请教，将是无穷快乐的事情！在那世界里，绝不会有人因发问而获死罪！如果传说属实，住在那里的人除了比我们快乐之外，还会永生不死。

法官们啊，不必为死亡而感丧气。要知道善良的人无论生前死后都不会遭逢恶果，他和家人不会被诸神抛弃。快要降临在我身上的结局绝非偶然。我清楚地知道现在对我来说，死亡比在世为佳。我可以摆脱一切烦恼，因此未有神谕显现。为了同样的理由，我不怨恨起诉者或是将我判罪的人。他们虽对我不怀好意，却未令我受害。不过，我可要稍稍责怪他们的不怀好意。

可是我仍然要请你们为我做一件事情。诸位朋友，我的几个儿子成年后，请为我教导他们。如果他们把财富或其他事物看得比品德还重，请像我烦劝你们那样烦劝他们。如果他们自命不凡，那么，请像我谴责你们那样谴责他们，因为他们忽视了该看重的事物，本属藐小而自命不凡。你们倘能这样做，我和我的儿子便会自你们手中得到公义。

离别的时刻到了，我们得各自上路——我走向死亡，你们继续活下去。至于生与死孰优，只有神明方知。

资料来源：[古希腊] 柏拉图著：《游叙弗伦 · 苏格拉底的申辩　克力同》，严群译，商务印书馆 2003 年版，第 78 ~ 80 页。

15.2.5 死亡教育

尽管一般来说，老年人比年轻人和中年人更能接受死亡，但一个个体过去对死亡的体验和碰撞，是对接受死亡的更好预测因素。

死亡教育有助于儿童、家庭和工作人员为经历有人去世做好准备，这些经历作为他们生活中的一部分常会重复出现。死亡教育帮助儿童学习这种悲伤和丧亲之痛的语言，帮助他们识别并说出自己的感受。随着语言水平的提高，他们能够表达自己的感受，并从朋友们和家庭那里获得更多的支持和安慰。

死亡教育课程旨在预防，就像接种疫苗来预防疾病。它们包括“处理濒危、死亡、悲伤、损失以及他们对个体和人类的影响的规范课程”。其益处包括：（1）促使学生为将来失去亲友做准备；（2）减轻与死亡有关的恐惧与焦虑；（3）提供更强的个人控制感；（4）帮助学生明白生命是珍贵的；（5）探索不同人群的悲伤行为，以加强对文化差异的理解。

15.3 如何面对自身的死亡

大多数临终的人希望能有机会对自己的生命和死亡做些决定。一些人想要完成自己没有实现的梦想，一些人想要更多的时间来安排一些事宜等。如果问人们，假如你的生命只剩下六个月，你会如何度过这段时光？年轻的成年人的答案大多是：旅行、去完成自己以前想做但没有做的事情，而年长的成年人的答案则会是沉思或者其他一些需要集中心思去思考的事情。当死亡越来越近时，人们会经历什么样的心理变化？

15.3.1 死亡的五个阶段

关于人们怎样应对死亡的最广泛地被引用的观点是由精神医生库柏勒·罗丝（Kübler-ross，1974）提出的，这种观点已经被运用于许多丧失经历中。他以濒死的人作为研究对象，在与大约 500 名绝症患者进行访谈之后，提出在与死亡“达成协议”的过程中，人们的思维和行为可能会经历以下五个过程，即：拒绝和孤立、愤怒、交涉、沮丧、接受。

拒绝和孤立常常是我们应对临终的第一步。在这个阶段，人们拒绝承认死亡会真的发生，人们可能会说：“不，不是我，那不可能。”这是对疾病末期的正常反应。然而，这种否定只是一种暂时的防御。当人们不得不面对诸如经济考虑、没有完成的事业等问题，或者担心世上的家人的时候，这种否定死亡的想法就会被不断增长的体察所代替。

愤怒是应对临终的第二步。在这个阶段，人们意识到并不能一直拒绝和否定死亡，拒绝常常会带来气愤、怨恨、发怒和嫉妒。垂危中的人们会问：“为什么会是我？”此时，人们对于控制自己发怒变得逐渐困难起来，而且可能会把这种感情转移并投射到医生、护士、家人甚至上帝身上。

交涉是应对临终的第三步。在这个阶段，人们希望死亡能从某种程度上延缓或推迟。

沮丧是应对临终的第四步。在这个阶段，临终的人们已经逐步地接受了死亡的必然性。在这个时候，临终的人们可能会变得平静，拒绝探望者，而且花费很多时间去哭泣和悲伤。这种行为是正常的，是为了割断自己和所爱之间的联系的一种努力。罗斯认为尝试去让处于这个阶段的人们振作起来是令人沮丧的，因为临终的人们需要思考愈来愈近的死亡。

接受是临终阶段的第五步。在这个阶段，人们逐渐形成了平和的感觉，接受了自己的命运。在这个阶段，感情和身体上的疼痛实际上可能已经消失了。罗斯把第五步描述成临终之人的最后一搏，死亡前夜的最后的一个休息阶段。

当然，并不是所有人都必定经历这五个阶段，在面对自己的死亡的时候，有些人可能会一直斗争到最后，拼命地想要留住自己的生命，他们从来没有接受过死亡的到来。一些心理学家认为人们越是极力地去避免他们所面对的这不可避免的死亡，越是否定它，那么他们在临终时想要平静地庄严地离去就会困难越大；其他一些心理学家则争论说对一些人来说直到最后才与死亡相抗争是合适的。

是否找到自己生命的意义和目的从某种程度上说，与他们如何面对自己的死亡紧密相连。在最近一份有 160 名生命不到三个月的人参与的研究表明，那些已经寻找到生命的意义和目的的人在最后的几个星期内感到的失望最少，而那些看不到生活的原因或生活的原因不准确的人痛苦最多、最想加速死亡。同时，在面对自己的死亡时，信仰也可能会帮助临终之人缓冲即将死亡带来的无比痛苦和沮丧。

库柏勒·罗丝对于我们有关死亡的看法产生了巨大的影响。作为系统观察人们如何面对自己死亡的第一人，她被认为是这一领域的先驱。另一方面，库柏勒·罗丝的研究成果也遭到了一些批评。首先，她关于死亡概念的定义具有明显的局限性。其次，不是每个人在死亡过程中都能经历每一个阶段，而且有些人会以其他的顺序经历这些阶段，还有些人也许会在同一个阶段上反复经历好几次。此外，库柏勒·罗丝在她的理论中考虑到的相关因素过少。最后，人们在面对即将到来的死亡时表现出巨大的差异。

15.3.2　弥留期

E. 曼赛尔·帕特森把生命历程定义为我们期望的寿命和我们度过一生的生活方式。当疾病或严重的损伤导致我们对期望的寿命进行修改时，这个生命历程也必须被修正。帕特森把我们发现自己将会比原先认为的更早地去世与我们实际死亡之间的这段时间称为弥留期。这段时间以三个阶段为特征：急性的、慢性的和临终的。那些为处于弥留期的人提供咨询就是为了帮助他们处理第一个或急性的阶段，帮助他们尽可能理智地活过第二个或慢性的阶段，把他们带到第三个或临终的阶段。帕特森看出了这些阶段的一些模式，根据疾病的性质，不同的人在每个阶段上所花的时间长度可能差别巨大。例如，有些疾病的患者弥留期只持续几个星期，而有些则长达几个月甚至几年，如那些患有慢性的、症状时轻时重的疾病或身体状况逐步衰竭的病人。

帕特森根据个体的反应和应对需要来描述每个阶段。在急性阶段，个体所面对的可能是在他们生命旅程里最严重的危机——意识到自己将会比原来估计的要死得早，不能完成和经历他们原来希望的所有事情。处于这个阶段的人觉得无法动弹，体验着一种高度的焦虑，并唤起一系列防御机制来应对他们极端的恐惧和压力。在这个阶段里，他们需要从别人那里获得大量的情感支持，还需要帮助去理性地处理死亡这个现实。

在慢性阶段，帕特森认为个体开始直接地面对他们对濒危的恐惧。对孤独、痛苦、与所爱的人分离和神秘未来的恐惧时常显现。健康的专职人员可以帮助濒危病人的途径有：帮助他们恰当地看待他们的生命，分析他们的心理防御机制，同他们对死亡和基本的恐惧进行公开的讨论。

在临终阶段，他们想康复的希望被知道自己只会一天不如一天的沮丧所代替，个体开始放弃。在这个阶段的末期，病人们变得内向，使他们自己远离人们和日常事务。就像库柏勒·罗丝的阶段论既不是固定的也不是恒常的一样，帕特森的濒危阶段论也不是一个能描述每个人死亡的单一历程；每个人在三阶段的每一个阶段的时间花费是不同的。一些人开始怀疑是否有必要描述死亡历程中在每个阶段所花费的时间，并认为更应该研究濒危的过程；对有些人来说，死亡是快速和突然的，几乎是没有时间准备的，而对另外一些人来说，准备的时间会持续几年。

麦凯恩和格拉姆林（1992）描述了17个人（21～71岁）应对艾滋病的濒危生涯，从最初诊断HIV为阳性开始，经过艾滋病确诊到接近死亡。麦凯恩和格拉姆林识别出死亡生涯的三个过程：（1）在垂死中生存；（2）对抗疾病；（3）变得筋疲力尽。

15.3.3 濒危体验

穆迪（1975）首先指出那些濒临死亡的人之间有着显著的相似之处。有过濒危体验的许多人报告出一系列相似的现象：（1）一种无法言表的宁静、平和与安静感；（2）持续的嘈杂声；（3）感觉进入一条黑暗的隧道或一种空虚感；（4）感到自己置身事外，例如，看到医生忙着挽救他们；（5）看到其他死去的人；（6）置身于强烈的白光之中；（7）回顾他们的生活；（8）到达边界线或者分界线后又返回。一些研究者认为，这些现象是因缺氧或创伤引起的高度紧张期间大脑的生理变化所引发的幻觉。

15.4 如何面对亲人的死亡

死亡意味着失去，在我们一生中，我们将面临无数失去，如离婚、宠物的死去、工作的失去等，但是，没有什么失去比父母、兄弟、配偶、亲戚或朋友这些我们所爱所关心之人的死去更让我们悲伤的了。这种巨大的悲痛可能在我们失去亲朋后很长一段时间内都不能恢复，甚至影响我们的健康。在我们的生活中，我们应该如何面对我们亲朋或别人的死亡？

15.4.1 与临终的人沟通

面对亲人的死亡，我们能做的首先是尽量与他们沟通。传统观念认为，对临近死亡的人，我们往往避免与他们谈到死亡，但实际上，临终者需要与他人分享感受并坦诚地讨论死亡问题。医生、护士和家人的沉默可能会形成一堵墙，使临终者感到被孤立和被隔离。因此，我们最好是让他们知道自己即将离去，并与他们进行沟通。这种开放式的关爱对临终之人有很多好处。首先，临终之人可以以他们自己对待死亡的方式来结束他们的生命之旅。其次，他们可以去完成一些计划和目标，可以对未亡之人做出安排。再次，临终之人可以有机会回忆自己的岁月，可以同那些曾经在自己生命中占有重要地位的人们交谈，还可以了断对于自己生命状况的关注。除了要公开的交流之外，一些专家认为谈话不应该集中在心里的病情上或者对死亡的准备上，而应该把精力集中在病人自己身上以及如何为余下的生命做好准备上。既然外在的成就已经不太可能了，那么我们所做的沟通就应该更多地集中在内在的改善上，帮助他们减少因即将死亡而带来的心理上的痛苦。

15.4.2　如何处理死亡带给我们的悲伤

朋友或亲人的死亡，尤其是配偶的死亡将会带给我们无尽的悲伤。这种悲伤的情绪将会伴随我们很长一段时间，甚至一生。“物是人非事事休，欲语泪先流”，这种感到自己无用、脆弱的心理往往会改变人们对世界观和对未来的看法，因此，亲友死亡后，我们需要用很多时间去调整自己的情绪。

亲友死亡后，人们的悲痛情绪大致会经历以下阶段：首先是开始阶段，一般表现为震惊或感情麻木，短时间内人会处于精神恍惚状态，看不出有多少感情流露。震惊之后，开始进入第二个阶段，即一阵阵强烈的悲痛。这个阶段的人有着希望死者复生的强烈愿望，有时会认为死者还活着，这段时间里，极度的悲痛和无声的绝望交织在一起，使人异常痛苦。接下来，悲痛的反应转变为情感淡漠、沮丧和抑郁阶段，这时人们开始意识到亲友去世已是无可改变的事实，进而认为自己无用的感觉笼罩着生者，他们通常需要两至三周之后才能继续工作或从事其他活动，但情感淡漠、绝望等抑郁表现仍然存在。

儿童在面对亲友死亡时需要特别的帮助，包括坦诚相对、鼓励对悲痛的表达，帮助孩子确信亲人的去世不是他们的错，以及理解儿童的悲痛可能以延迟或间接的方式显现出来等。

时间是治疗一切创伤的良药。随着时间的流逝，痛苦和为失去所做的抗议会渐渐趋于消失，即使沮丧和漠不关心会偶尔出现，或者分离的痛苦和失去的感觉一直伴随到人们生命的最后，但是我们中的大多数会从悲痛的眼泪中重新振作，会把我们的注意力再次转向有意义的目标上，重新恢复积极的生活。

毕淑敏：学会生死

生命之箭的抛物线，在越过了最高点之后，就会急速地下滑。在以往漫长的农耕时代，那箭的坠落之点就选在自己的家中。略有积蓄的农家，早早就筹划着有关死亡的各种部署。记得我十几岁到乡下学农，住在一户孤老太家中。院子里摆着棺木，每当艳阳天，老太太就在绳子上晾晒寿衣。斑斓的衣物那么精致，那么娇艳，璀璨满地，色彩将破败的小院映得燃烧般美丽。

这就是前工业社会的死亡，它虽然奇异，却并不是不可忍耐和不可接受的。从那位老人平静和周密的策划中，我甚至感到了一种筹划的快乐。

如今城里的孩子们是没有这份福气了。他们看不到死亡，死亡被封闭到医院雪白的帷帐之后，被浓重的药水浸泡着，与世隔绝。但是人们对于死亡的探索是与生俱来的。于是，人为地封闭了解死亡的天然途径，只为疑惧和恐吓留下了空间。见钱就钻的影视商人，岂能放过这一块令人垂涎的黑色蛋糕？屏幕上充斥的死亡是夸张和不自然的。为了种种剧情的需要和商业噱头，死亡被随心所欲地描述成：恐惧的、黑暗的、血腥的、冰冷的、丑陋的、残暴的、惊世骇俗和匪夷所思的……如果说这只是一个方面，那么另一个方面就有着更为迷人充满诱惑的效果。在一些作品中，死亡被描绘成一个神话，是令人神往、无限凄美、非常妖娆、缠绵悱恻并具有可逆性，等等。

作为艺术的死亡，可以有其发挥的空间，但是这种描述在人们对正常的死亡缺乏认知的空白之处膨胀，特别是对青少年来说，它所起到的传授和导向的力量就变得诡异而不可忽视。

死亡是生命的正常部分，死亡是生命的最后部分。死亡是成长的最后阶段，死亡是我们生活中不可分割的有机体。在现代医疗技术的帮助下，绝大多数的死亡，可以是平静的、安宁的、洁净的、有尊严的。

当我们能够坦然地接受死亡，生命的质量因此而提升。如果我们不能视死亡为正常生活中不可逃避的一部分，我们生命的枝蔓就无法真正地舒展，哀伤和恐惧就栖息在心灵某个幽暗的角落，在某个暗夜或是某个风雨大作的时刻，沮丧悲哀，让我们泪流满面甚至痛不欲生。

工业社会将正常的死亡从乡间搬到了城市，从自然消解变成了充满人工痕迹的抢救。我至今对“抢救”一词心怀惴惴。这是一个直接从工业化大生产中移植来的术语。君不见“抢购抢兑抢修抢班夺权”……凡事只要“抢”，就有了紧迫与暴烈的味道。在正常情况下，死亡是不需要抢的，死亡是渐进和缓释的，所以，我以为除了儿童和青壮年的车祸外伤和疾病需要争分夺秒地抢救，天然的死亡不妨从容安详。

生命的终结是一个任余音袅袅绕梁三日的过程。想一想还有哪些未完结的事情，等待着我们有一个妥帖的终了？有哪些亲切的话语还未对这个世界娓娓地表达？有哪些不放心的事项还不曾交代清晰？还有哪个想一见晤面的人，尚在路上奔跑，需要顽强地等待？还有哪件珍爱的纪念品，需要随身携带了远行？

资料来源：郑晓江：《学会生死》，中州古籍出版社 2007 年版。

死亡是每个个体都必须面对的事情，是生命发展的必然结果，无论你否认还是拒绝我们都无法抗拒它的到来。我们所要做的是以正确的态度、健康的心态去度过生活中的每一天，去接受生命中的每一个必然。如何面对自己的死亡，如何面对亲人的离去？这里，我们摘录英国著名哲学家罗素的一段关于死亡的演讲，作为本书的结语："有些老人因对死亡的恐惧而郁郁寡欢。克服这一点的最好方法——至少在我看来是这样——就是使你所关心的事情逐步地变得更广泛和超越个人圈子，直至自我之墙逐渐远离，你的生命就会日益融合于宇宙万物的生活之中。个人的存在应该像一条小河流——开始很小，狭窄地处在河的两岸；以后汹涌奔腾，经过巨石，越过瀑布；渐渐地河面变得宽阔，两岸后撤，河水流动变得更为平静；最终滔滔不绝汇入大海，并且毫无痛苦地失去独自的存在。上了年纪而能这样看待生活的人，就不会害怕死亡而感到痛苦，因为他所关怀的事物将继续下去。同时，如果疲惫随精力的衰退而增长，由此而有安息的想法也未尝不可。"

【阅读书目】

1. [美]罗伯特·费尔德曼著：《发展心理学：人的毕生发展》，苏彦捷等译，世界图书出版公司 2007 年版。

2. [美]K. W. 夏埃、S. L. 威里斯著：《成人发展与老龄化》，华东师范大学出版社 2003 年版。

3. [美]罗斯著：《论死亡与濒临死亡》，邱谨译，广东经济出版社 2005 年版。

4. [美]舍温·纽兰著：《我们怎样死——关于人生最后一章的思考》，褚律元译，世界知识出版社 1996 年版。

5. 郑晓江著：《学会生死》，中州古籍出版社 2007 年版。

【思考题】

1. 死亡的判定标准主要依据什么？

2. 如何看待安乐死现象？

3. 个体毕生对死亡的看法有哪些变化？

4. 如何对待自己的死亡？

5. 如何调整亲人死亡后的心理？

参考书目

1. 彭聃龄主编:《普通心理学》，北京师范大学出版社 2001 年版。
2. 孟昭兰主编:《普通心理学》，北京大学出版社 1994 年版。
3. 黄希庭主编:《心理学导论》，人民教育出版社 2003 年版。
4. 张春兴著:《现代心理学》，上海人民出版社 1997 年版。
5. 沙莲香著:《社会心理学》，中国人民大学出版社 1987 年版。
6. 周晓虹主编:《社会心理学》，上海人民出版社 1997 年版。
7. 任俊著:《积极心理学》，上海教育出版社 2006 年版。
8. 刘永芳:《归因理论及其应用》，山东人民出版社 1998 年版。
9. 张春兴著:《教育心理学》，浙江教育出版社 1998 年版。
10. 李伯黍、燕国材主编:《教育心理学》，华东师范大学出版社 2001 年版。
11. 邵瑞珍主编:《教育心理学》，上海教育出版社 1997 年版。
12. 莫雷主编:《教育心理学》，广东高等教育出版社 2002 年版。
13. 彭凯平编著:《心理测验——原理与实践》，华夏出版社 1989 年版。
14. 葛树人著:《心理测验学》，桂冠图书股份有限公司 2001 年版。
15. 黄希庭、张志杰主编:《心理学研究方法》，高等教育出版社 2005 年版。
16. 董奇著:《心理与教育研究方法》，北京师范大学出版社 2004 年版。
17. 陈向明著:《质的研究方法与社会科学研究》，教育科学出版社 2000 年版。
18. 李晓凤、佘双好编著:《质性研究方法》，武汉大学出版社 2006 年版。
19. 佘双好主编:《大学生思想政治教育研究方法》，高等教育出版社 2010 年版。
20. 袁方主编:《社会研究方法教程》，北京大学出版社 1997 年版。
21. 风笑天著:《社会学研究方法》，中国人民大学出版社 2005 年版。
22. 水延凯等编著:《社会调查教程》，中国人民大学出版社 2003 年版。
23. 宋林著:《社会调查研究方法》，上海人民出版社 1990 年版。
24. 林崇德主编:《发展心理学》，人民教育出版社 1995 年版。
25. 林崇德著:《发展心理学》，浙江教育出版社 2002 年版。
26. 佘双好主编:《毕生发展与教育》，武汉大学出版社 2005 年版。
27. 吕俊甫著:《发展心理与教育》，台湾“商务印书馆”1982 年版。
28. 雷雳著:《发展心理学》，中国人民大学出版社 2009 年版。
29. 孟昭兰著:《婴儿心理学》，北京大学出版社 1997 年版。
30. 桑标主编:《当代儿童发展心理学》，上海教育出版社 2003 年版。
31. 王振宇编著:《儿童心理发展理论》，华东师范大学出版社 2000 年版。

32. 朱智贤著:《儿童心理学》,人民教育出版社 1980 年版。

33. 刘金花主编:《儿童发展心理学》,华东师范大学出版社 1997 年版。

34. 许政援等编著:《儿童发展心理学》,吉林教育出版社 1996 年版。

35. 王振宇编著:《儿童心理学》,江苏教育出版社 2000 年版。

36. 程利用主编:《儿童发展心理学》,福建教育出版社 1997 年版。

37. 李丹主编:《儿童发展心理学》,华东师范大学出版社 1987 年版。

38. 张文新主编:《儿童社会性发展》,北京师范大学出版社 1999 年版。

39. 李幼穗著:《儿童社会性发展及其培养》,华东师范大学出版社 2004 年版。

40. 施建农、徐凡著:《超常儿童发展心理学》,安徽教育出版社 2004 年版。

41. 朱智贤主编:《青少年心理的发展》,北京师范大学出版社 1982 年版。

42. 莫雷、张卫著:《青少年发展与教育心理学》,暨南大学出版社 1997 年版。

43. 张日升著:《青年心理学》,北京师范大学出版社 1993 年版。

44. 雷雳、张雷主编:《青少年心理发展》,北京大学出版社 2003 年版。

45. 冯江平、安莉娟主编:《青年心理学导论》,高等教育出版社 2004 年版。

46. 张景莹主编:《大学心理学》,清华大学出版社 1986 年版。

47. 程学超著:《中年心理学》,山东教育出版社 1991 年版。

48. 许淑莲等编著:《老年心理学》,科学出版社 1987 年版。

49. 孟昭兰著:《人类情绪》,上海人民出版社 1989 年版。

50. 董奇、陶沙主编:《动作与心理发展》,北京师范大学出版社 2002 年版。

51. 梁宁建著:《当代认知心理学》,上海教育出版社 2003 年版。

52. 白学军著:《智力发展心理学》,安徽教育出版社 2004 年版。

53. 沃建中著:《智力研究的实验方法》,浙江人民出版社 1996 年版。

54. 陈会昌著:《道德发展心理学》,安徽教育出版社 2004 年版。

55. 黄希庭、郑涌著:《个性品质的形成理论与探索》,新华出版社 2004 年版。

56. 佘双好著:《青少年思想道德现状及健全措施研究》,中国社会科学出版社 2010 年版。

57. [美]Dennis Coon 著:《心理学导论——思想与行为的认识之路》,郑刚等译,中国轻工业出版社 2004 年版。

58. [美]赫根汉著:《心理学史导论》,郭本禹等译,华东师范大学出版社 2004 年版。

59. [美]萨哈金:《社会心理学的历史与体系》,贵州人民出版社 1991 年版。

60. [美]菲斯克·泰勒著:《社会认知——人怎样认识自己和他人》,张庆林等译,贵州人民出版社 1994 年版。

61. [美]Frederick T. L. Leong、James T. Austin,主编:《心理学研究手册》,周晓林等译,中国轻工业出版社 2006 年版。

62. [美]Bonnie L. Yegidis 等著:《社会工作研究方法》,黄晨熹、唐咏译,华东理工大学出版社 2004 年版。

63. [美]肯尼斯·S. 博登斯、布鲁斯·B. 阿博特著:《研究设计与方法》(第六版),袁军等译,上海人民出版社 2008 年版。

64. [美]Mills 著:《社会学的想象力》,陈强等译,北京三联书店 2001 年版。

65. [美]Frederic Reamer 著:《社会工作价值与伦理》,包承恩、王永慈等译,台北洪叶文化事业有限公司 2000 年版。

66. [美]Newman and Newman 著:《发展心理学》,白学军等译,陕西师范大学出版社 2005 年版。

67. [英]朱莉娅·贝里曼等著:《发展心理学与你》,陈萍等译,北京大学出版社 2000 年版。

68. [加]Guy R. Lefrancois 著:《孩子们——儿童心理发展》,王全志、孟祥芝等译,北京大学出版社 2004 年版。

69. [美]劳拉·E. 贝克著:《儿童发展》(第五版),吴颖等译,江苏教育出版社 2002 年版。

70. [美]R. 默里·托马斯著:《儿童发展理论》(第六版),郭本禹等译,上海教育出版社 2009 年版。

71. [美]J. O. 陆哥著:《90 年代毕生发展生活心理学》,符仁方等译,贵州教育出版社 1994 年版。

72. [美]保罗·马森等著:《人类心理发展历程》,孟昭兰等译,辽宁人民出版社 1991 年版。

73. [美]乔斯·B. 阿什福德等著:《人类行为与社会环境》,王宏亮等译,中国人民大学出版社 2005 年版。

74. [美]詹姆斯·O. 卢格著:《人生发展心理学》,陈德民等译,学林出版社 1996 年版。

75. [美]卢文格著:《自我的发展》,韦子木译,浙江教育出版社 1998 年版。

76. [美]埃里克·H. 埃里克森著:《同一性:青少年与危机》,孙名之译,浙江教育出版社 1998 年版。

77. [美]赫根汉:《人格心理学》,海南人民出版社 1987 年版。

78. [美]L. A. 珀文著:《人格科学》,周榕等译,华东师范大学出版社 2001 年版。

79. [美]Jerry M. Burger 著:《人格心理学》,陈会昌等译,中国轻工业出版社 2000 年版。

80. [美]Richard M. Ryckman 著:《人格理论》,高峰强等译,陕西师范大学出版社 2005 年版。

81. [美]L. A. 珀文等主编:《人格手册:理论与研究》,黄希庭主译,华东师范大学出版社 2003 年版。

82. [美]K. W. 夏埃、S. L. 威里斯:《成人发展与老龄化》,华东师范大学出版社 2003 年版。

83. [英]马丁·布鲁克斯著:《遗传学》,李彦译,三联书店 2003 年版。

84. [美]Robert E. Franken 著:《人类动机》,郭本禹等译,陕西师范大学出版社

2005 年版。

85. [美]Howard Gardner 著:《多元智能》,沈致隆译,新华出版社 1999 年版。

86. [美]威廉·赖特著:《基因的力量?人是天生的还是造就的》,郭本禹等译,江苏人民出版社 2001 年版。

87. [美]Philip L. Rice 著:《健康心理学》,胡佩诚等译,中国轻工业出版社 2000 年版。

88. [美]K. T. 斯托曼著:《情绪心理学》,张燕云译,辽宁人民出版社 1986 年版。

89. [美]Kurt Pawlik Mark R. Rosenzweig 主编:《国际心理学手册》,张厚粲主译,华东师范大学出版社 2002 年版。

90. [美]理查德·格里格等著:《心理学与生活》,王垒等译,人民邮电出版社 2003 年版。

91. [美]J. H. 弗拉维尔等著:《认知发展》,邓赐平等译,华东师范大学出版社 2002 年版。

92. [美]David R. Shaffer 著:《发展心理学》,邹泓等译,中国轻工业出版社 2009 年版。

93. [英]H. Rudolph Schaffer 著:《发展心理学的关键概念》,胡清芬译,华东师范大学出版社 2008 年版。

94. [美]柯尔伯格著:《道德发展心理学》,郭本禹等译,华东师范大学出版社 2004 年版。

95. [美]Phillip L. Rice 著:《健康心理学》,胡佩诚等译,中国轻工业出版社 2000 年版。

96. [美]保罗·贝内特著:《异常与临床心理学》,陈传峰等译,人民邮电出版社 2005 年版。

97. [美]劳伦·B. 阿洛伊等著:《变态心理学》(第九版),汤振宇等译,上海社会科学院出版社 2005 年版。

98. [美]Susan Nalen-Hoeksema:《变态心理学与心理治疗》(第三版),刘川、周冠英、王学成译,世界图书出版公司 2005 年版。

99. John W. Santrock. *A Topical Approach to Life-span Development.* Mcgraw-Hill Companies, Inc., 2004.

100. Chomsky, N.. *Language and Mind.* New York: Harcourt Brace Jovanovich, 1968.

101. Daniel Goleman: *Emontinal Intelligence: Why It Can Matter More Than IQ.* Bantam Books, 2005.

102. Alex Fedde Kalverboer, B. Hopkins, Reint Geuze. *Motor Development in Early and Later Childhood: Longitudinal Approaches.* Cambridge University Press, 1993.

103. V. Gretory Payne, Larry D. Isaacs: *Human Motor Development—A Lifespan Approach.* Mayfield Publishing Company, 2007.

104. E. Bruce Goldstein. *Blackwell Handbook of Sensation and Perception*. Wiley, John & Sons, Incorporated, 2005.

105. Philip J. Kellman, Martha E. Arterberry. *The Cradle of Knowledge: Development of Perception in Infancy*. MIT Press, 2000.

106. Wechsler, D.. *Wechsler Intelligence Scale for Children (Fourth Edition)*. San Antonio, TX: Psychological Corporation, 2003.

107. Zhu J-J, Weiss, L.. The Wechsler Scales, In: Flanagan, D. P., Harrison, P. L. (Eds.). *Contemporary Intellectual Assessment: Theories, Tests, and Issues (2nd Ed.)*. New York: Guilford Press, 2005.

后　记

本书是编者在给武汉大学政治与公共管理学院马克思主义理论与思想政治教育硕士点心理健康教育方向2003级学生和发展与教育心理学硕士点2004级学生讲授“发展与教育心理学专题”课程过程中逐渐形成的思考，也是以上两个专业方向师生在学习发展心理学过程中集体智慧的结晶。

2002年，武汉大学一批有志于从事心理健康教育与咨询的教师、医生和社会工作者联合组建的武汉大学心理咨询师培训中心被批准为中华人民共和国劳动与社会保障部和湖北省劳动与社会保障厅指定的心理咨询师培训基地，在面向社会培训心理咨询师，向社会推广心理健康教育理念的过程中，我们深深感到，要使心理咨询师培训工作得以健康顺利发展，需要强有力的学科支撑。于是，在心理咨询师培训工作合作的基础上，2003年武汉大学政治与公共管理学院与武汉大学中南医院神经精神学教研室和人民医院精神卫生中心联合申报了发展与教育心理学硕士点，主要进行发展与教育心理、临床心理及心理健康教育方向的教学和研究工作。为了高起点地建设硕士点，2004年5月至6月，我们邀请美国George Fox大学心理学系临床心理学资深教授Wayne Adams教授前来讲学和作学术交流。Adams教授推荐并赠送美国著名发展心理学家John W. Santrock教授主编的*A Topical Approach to Life-Span Development*作为研究生教材，后来，我们又通过中国教育进出口公司购得John W. Santrock主编的供本科生使用的教材*Life-Span Development*，在研究生课堂学习和讨论过程中，我们深深地被两本书的观点和引人入胜的论述所吸引，以至于萌生了在学习借鉴毕生发展心理学基本理论观点的基础上，结合中国实际编写一本适合于中国人阅读的发展心理学书籍的想法。这种想法得到了上述两个方向师生们的大力配合和支持，于是，我们就在此基础上开始了合作。本书由佘双好提出编写提纲和要求，作者分工如下：第一章，佘双好；第二章，吴小锋；第三章，吴飒；第四章，曲彩练、韦红娟；第五章，郭远兵、刘小丽；第六章，高丽娟、刘嘉；第七章，廖小琴；第八章，汪媛；第九章，刘森科；第十章，鲁美丽，刘婵媛；第十一章，周婧、李琳；第十二章，蒋敏、孔瑞婷；第十三章，刑哲。在作者们提供初稿的基础上，鲁美丽、廖小琴和李琳协助主编做了认真的充实、整理和修改工作，最后由主编修改统编定稿。

在本书的编写过程中，我们除了参考上面提到的著作以外，还参考了大量国内外同类书籍、教材和论文，这里我们向各位作者表示衷心的感谢！特别向Wayne Adams和John W. Santrock表示衷心感谢！向给本书提供过直接或间接支持的各位朋友表示衷心感谢！武汉大学出版社丁成标书记、王雅红编辑为本书的出版付出了艰辛的劳动，也一并表示衷心感谢！

由于我们的能力和时间的局限，本书肯定会存在诸多疏漏、缺点和问题，我们衷心希望读者和同行批评指正。

佘双好
2005年6月

再版后记

2005年，为了适应当时新建立的“发展与教育心理学”硕士点建设的需要，我主编了《毕生发展与教育》以供教学急需。2010年我主讲的“发展心理学专题”被列入武汉大学研究生通开课程建设项目。为了全面进行课程建设，在经过六轮课程教学实践以后，我们进行了第二版修订，并更名为《毕生发展心理学》。

第一版教材主要以研究生课外读物的方式进行写作，并没有按照教材的思路进行编写。本次修订我们在保留其写作风格的基础上，按照创新教材的格式和要求进行修订。在修订过程中我们着重强调了以下几个方面的内容：一是针对性。作为研究生教材，本次修订除了补充最新的研究成果和素材以外，还增加内容提要、拓展材料、阅读书目和思考题等属于教材的内容，对相关教学内容进行了拓展。二是新颖性。补充最新的研究材料和观点，从国内外最新发展动态中把握教材特点。三是深入性。考虑研究生教材的特点，还需要避免和本科教材的重复，提高教材的说理性。本次修订虽是再版修订，但绝大多数作者基本上对所承担章节进行了重新写作。

本次修订由佘双好提出章节目录和修订要求，各章修订人员如下：

第1章，发展与毕生发展，武汉大学佘双好；

第2章，毕生发展理论，武汉大学张荣华；

第3章，生命的起始，武汉理工大学华夏学院吴飒；

第4章，生理发展，武汉大学中南医院肖劲松；

第5章，运动、感知觉发展，武汉体育大学郭远兵；

第6章，语言发展，武汉大学张春妹；

第7章，认知发展，武汉大学张荣华；

第8章，智力发展，上海中医药大学廖小琴；

第9章，情绪发展，江汉大学实验学院汪媛；

第10章，性和性别发展，武汉大学黄代翠；

第11章，自我发展，武汉科技大学陈君；

第12章，道德和社会性发展，武汉大学程凌；

第13章，家庭与教养方式，海军工程大学于欧；

第14章，学校、职业与社会，海军工程大学于欧；

第15章，生命的终结，武汉大学佘双好。

张荣华、黄代翠、于欧协助主编做了认真的充实、整理和修改工作，最后由主编修改统编定稿。

由于发展心理学是心理学研究中发展比较迅速的学科专业，我们本次的修订仅作为一个阶段性成果，书中肯定会有许多疏漏和不足之处，我们衷心希望读者和同行批评指正。

佘双好

2012 年 9 月

高等院校通识教育系列教材

书　目

《四库全书》与中国文化
社会性别与女性发展
通识逻辑学
当代中国社会问题透视
女性学导论
伦理学简论
中国文化概论
美学
科学技术史（第二版）
工程项目管理（第二版）
维纳斯巡礼·西方美术史话
宇宙新概念
《孙子兵法》鉴赏
唐诗宋词名篇精选精讲
明清小说名著导读（修订版）
中国美术鉴赏
诗词曲赋鉴赏
电子商务与电子政务
博弈论
资源环境与可持续发展
美术鉴赏
中国音乐史
西方音乐史
音乐欣赏教程
商务文书写作（第二版）
机关公文写作（修订版）
事务文书写作
大学书法通识
毕生发展心理学（第二版）
人际沟通学

图书在版编目(CIP)数据

毕生发展心理学/佘双好主编. —2 版. —武汉:武汉大学出版社,2013.1
高等院校通识教育系列教材
ISBN 978-7-307-10207-1

Ⅰ.毕…　Ⅱ.佘…　Ⅲ.发展心理学—高等学校—教材　Ⅳ.B844

中国版本图书馆 CIP 数据核字(2012)第 236051 号

责任编辑:王雅红　　责任校对:刘　欣　　版式设计:马　佳

出版发行:武汉大学出版社　(430072　武昌　珞珈山)
(电子邮件:cbs22@whu.edu.cn 网址:www.wdp.com.cn)
印刷:湖北睿智印务有限公司
开本:787×1092　1/16　印张:24.75　字数:567 千字　插页:1
版次:2005 年 8 月第 1 版　　2013 年 1 月第 2 版
2013 年 1 月第 2 版第 1 次印刷
ISBN 978-7-307-10207-1/B·362　　定价:38.00 元